NOUVELLES SUITES

A

BUFFON,

FORMANT,

avec les œuvres de cet auteur,

UN COURS COMPLET D'HISTOIRE NATURELLE.

Collection

accompagnée de Planches.

PARIS

A LA LIBRAIRIE ENCYCLOPÉDIQUE DE RORET,

Rue Hautefeuille, N°10 ;

POURRAT frères, Rue des Petits Augustins, N°5.

ZOOLOGIE

CLASSIQUE,

ou

HISTOIRE NATURELLE

DU RÈGNE ANIMAL,

PAR

F.-A. POUCHET,

DOCTEUR EN MÉDECINE,

PROFESSEUR DE ZOOLOGIE AU MUSÉUM D'HISTOIRE NATURELLE DE ROUEN,
MEMBRE DE L'ACADÉMIE ROYALE DES SCIENCES, LETTRES ET ARTS DE CETTE VILLE,
ET DE PLUSIEURS ACADÉMIES FRANÇAISES ET ÉTRANGÈRES, ETC.

SECONDE ÉDITION,

CONSIDÉRABLEMENT AUGMENTÉE,

Puis accompagnée d'un Atlas de 44 planches et de 5 grands tableaux, gravés sur acier, représentant plus de 700 animaux et offrant tous les principaux genres de la série zoologique.

Prospectus.

Le charme qu'offre l'étude de l'histoire naturelle répand celle-ci de plus en plus parmi les diverses classes de la société, et cette science s'est même tellement propagée de nos jours qu'elle est devenue le complément indispensable de toute éducation solide et philosophique.

L'étude du règne animal, ou la zoologie, présente surtout le plus grand attrait en nous révélant à chaque pas des phénomènes qui excitent au dernier point la curiosité et dont l'examen offre à l'intelligence une ample source d'instruction.

C'est pour contribuer à favoriser le mouvement intellectuel qui conduit notre époque vers l'étude des connaissances positives que l'auteur a entrepris ce traité, dans lequel il s'est efforcé de simplifier l'ensemble de la science et d'en aplanir les difficultés.

Le célèbre Blumenbach sut rendre aimable la zoologie sans la dépouiller de ses formes classiques; l'auteur de l'ouvrage que nous annonçons a nourri la même pensée, et nous pouvons dire , sans préjuger du mérite d'un traité sur lequel le public seul est appelé à se prononcer, qu'il a considéré son sujet sous un jour nouveau.

L'expérience d'un long enseignement public ayant fait connaître à l'auteur quels étaient les besoins des personnes qui franchissent le seuil de la science, il s'est efforcé d'adapter son livre à leurs légitimes exigences et d'en faire un guide sûr et complet pour les étudiants et les gens du monde qui veulent s'initier à la connaissance du règne animal.

L'auteur du livre que nous offrons aujourd'hui au public a embrassé son sujet d'une manière plus complète qu'il ne l'a été dans les autres ouvrages élémentaires; il ne s'est pas borné à une sèche énumération des caractères de chacun des groupes qu'il décrit; mais après avoir exposé les particularités qui les différencient, et après avoir donné quelques notions sur la distribution géographique des Animaux qu'ils contiennent, le professeur trace l'histoire de ceux-ci avec soin, et décrit le jeu vital de leurs appareils organiques; puis il aborde l'histoire naturelle proprement dite, et étudie successivement et en détail les mœurs, les habitudes et les instincts des divers êtres de la série zoologique, dont la connaissance est toujours animée d'un si puissant intérêt.

L'auteur de la Zoologie classique a encore donné un attrait de plus à son traité en envisageant les Animaux sous le rapport de la géologie, de l'histoire et de l'archéologie, rapports entièrement négligés dans les ouvrages élémentaires. En effet, lorsqu'il y a lieu, il énumère quelle a été leur condition durant les créations qui se sont succédées à la surface du globe, ou dans quel ordre ils ont apparu parmi elles et se sont montrés tour à tour depuis les plus anciennes formations jusqu'à celles qui sont les plus rapprochées de nous.

Sous le point de vue archéologique et historique , le professeur s'est efforcé de profiter des documents qu'il a pu recueillir, et il rappelle avec soin quels ont été les rapports que certains animaux ont eus avec l'homme aux diverses phases de son histoire, et quel a été le cortége d'erreurs ou de vérités qui les a environnés dans les âges précédents. Enfin, comme les grands événements qui se sont manifestés parmi les nations ont souvent été traduits sur les monuments des arts par des figures allégoriques entremêlées d'animaux, et que ceux-ci sont parfois devenus le symbole de certains cultes , le professeur a complété leur histoire en scrutant les monuments et les médailles sur lesquels on les a représentés, et c'est ainsi qu'il expose successivement les documents intéressants ou curieux que l'on possède sur les divers êtres à la connaissance desquels ce livre est consacré.

Pour traiter la zoologie de cette manière , l'auteur a nécessairement été contraint de s'appuyer sur un grand nombre d'autorités ; mais afin que les lecteurs puissent connaître les savants qu'il cite, il termine son ouvrage par une liste dans laquelle il donne des notions abrégées sur ceux dont l'autorité a été invoquée.

2 volumes in-8°, contenant ensemble plus de 1,300 pages et accompagnés d'un atlas de 44 planches et de 5 grands tableaux gravés sur acier.

Prix des deux volumes. . . . . 16 fr.
— de l'Atlas, figures noires. . . . 10
— — figures coloriées. . 30

PARIS.

LIBRAIRIE ENCYCLOPÉDIQUE DE RORET,
RUE HAUTEFEUILLE, N° 10 BIS.

ROUEN.
FRANÇOIS, Libraire. || FRÈRE, Libraire.

NOUVEAU COURS COMPLET

D'AGRICULTURE

DU XIXe SIÈCLE,

CONTENANT

LA THÉORIE ET LA PRATIQUE DE LA GRANDE ET LA PETITE CULTURE, L'ÉCONOMIE RURALE ET DOMESTIQUE, LA MÉDECINE VÉTÉRINAIRE, ETC.

Ouvrage rédigé sur le plan de celui de ROZIER,
duquel on a conservé les articles dont la bonté a été prouvée par l'expérience ;

Par les membres de la Section

D'AGRICULTURE DE L'INSTITUT ROYAL DE FRANCE, ETC.,

MM. THOUIN, TESSIER, HUZARD, SYLVESTRE, BOSC, YVART, PARMENTIER, CHASSIRON, CHAPTAL, LACROIX, DE PERTHUIS, DE CANDOLLE, DUTOUR, DUCHESNE, FÉBURIER, BRÉBISSON, ETC.

La plupart membres de l'Institut, du conseil d'Agriculture établi près le Ministre de l'Intérieur, de la société d'Agriculture de Paris, et propriétaires-cultivateurs.

16 gros volumes in-8 (ensemble de plus de 8,800 pag.),

ORNÉS D'UN GRAND NOMBRE DE PLANCHES.

Prix : 56 fr. au lieu de 120 fr.

Cet ouvrage, le meilleur en ce genre, édité par M. DETERVILLE, ne doit pas être confondu avec des publications mercantiles où quelques bons articles sont mêlés avec des vieilleries décousues qui pourraient induire le cultivateur en erreur.

HISTOIRE NATURELLE

DES

VÉGÉTAUX.

—

PHANÉROGAMES.

X.

BELLE ÉDITION, FORMAT IN-OCTAVO.

SUITES A BUFFON

FORMANT, AVEC LES OEUVRES DE CET AUTEUR,

UN COURS COMPLET D'HISTOIRE NATURELLE

EMBRASSANT LES TROIS RÈGNES DE LA NATURE.

Les possesseurs des Œuvres de BUFFON pourront, avec ses SUITES, compléter toutes les parties qui leur manquent, chaque ouvrage se vendant séparément, et formant, tous réunis, avec les travaux de cet homme illustre, un ouvrage général sur l'Histoire naturelle.

Cette publication scientifique, du plus haut intérêt, préparée en silence depuis plusieurs années, et confiée à ce que l'Institut et le haut enseignement possèdent de plus célèbres naturalistes et de plus habiles écrivains, est appelée à faire époque dans les annales du monde savant.

Les noms des auteurs indiqués ci-après sont pour le public une garantie certaine de la conscience et du talent apportés à la rédaction des différents traités.

ZOOLOGIE GÉNÉRALE (supplément à Buffon) ou mémoires et Notices sur la zoologie, l'anthropologie et l'histoire de la science, par M. Isidore Geoffroy Saint-Hilaire. 1 vol. avec atlas. Prix : fig. noires, 8 f. 50 c ; figures coloriées, 12 fr.

CÉTACÉS (Baleines, Dauphins, etc.), ou Recueil et examen des faits dont se compose l'histoire de ces animaux, par M. F. Cuvier, membre de l'Institut, professeur au Muséum d'Histoire naturelle, etc. ; 1 vol. in-8, avec deux livraisons de planches. (*Ouvrage terminé*). Prix : figures noires, 12 fr. 50 c.; fig. coloriées, 18 fr. 50 c.

REPTILES (Serpents, Lézards, Grenouilles, Tortues, etc.), par M. Duméril, membre de l'Institut, professeur à la faculté de Médecine et au Muséum d'Histoire naturelle ; et M. Bibron, aide-naturaliste. 9 vol. et 9 livraisons de planches. *Les tomes 1 à 5 et 8 sont en vente; les tomes 6 et 7 paraîtront incessamment.* Prix des 6 vol. en vente avec les pl. en noir, 57 f.; color. 75 f.

POISSONS, par M.

ENTOMOLOGIE (Introduction à l'), comprenant les principes généraux de l'Anatomie et de la Physiologie des Insectes, des détails sur leurs mœurs, et un résumé des principaux systèmes de classification, etc., par M. Lacordaire, professeur d'histoire naturelle à Liége. (*Ouvrage terminé, adopté et recommandé par l'Université pour être placé dans les bibliothèques des Facultés et des Colléges, et donné en prix aux élèves.*) 2 vol. in-8. Figures noires, 19 fr.; figures coloriées, 22 fr.

INSECTES COLÉOPTÈRES (Cantharides, Charançons, Hannetons, Scarabées, etc.), par M.

— ORTHOPTÈRES (Grillons, Criquets, Sauterelles, par M. Serville, ex-président de la Société entomologique de France. 1. vol. avec planches. Prix : figures noires, 9 fr. 50 c.; et fig. coloriées, 12 fr. 50 c. (*Ouvrage terminé.*)

— HÉMIPTÈRES (Cigales, Punaises, Cochenilles, etc.), par M. Serville.

— LÉPIDOPTÈRES (Papillons), par M. le doct. Boisduval; tome 1er avec deux livraisons de planches. Prix : figures noires, 12 fr. 50 c.; figures coloriées, 18 fr. 50.

— NÉVROPTÈRES (Demoiselles, Éphémères, etc.), par M. le docteur Rambur.

— HYMÉNOPTÈRES (Abeilles, Guêpes, Fourmis, etc.), par M. le comte Lepelletier de Saint-Fargeau; tomes 1 et 2 avec 2 livraisons de planches. Prix : figures noires, 19 fr.; figures coloriées. 25 fr.

— DIPTÈRES (Mouches, Cousins, etc.), par M. Macquart, directeur du Muséum d'Histoire naturelle de Lille. 2 vol. in-8° et 2 cahiers de planches. (*Ouvrage terminé.*) Prix : figures noires, 19 fr.; figures coloriées. 25 fr.

— APTÈRES (Araignées, Scorpions, etc.), par M. le baron Walckenaer, membre de l'Institut ; tome 1 avec 3 cahiers de pl. Prix : figures noires, 15 fr. 50 c.; fig. coloriées, 24 fr. 50 c. *Le tome 2 et dernier paraîtra en 1841.*

CRUSTACÉS (Écrevisses, Homards, Crabes, etc.), comprenant l'Anatomie, la Physiologie et la Classification de ces Animaux, par M. Milne-Edwars, membre de l'Institut, professeur d'Hist. naturelle, etc.; 3 volumes et 4 livraisons de planches. Prix : figures noires, 31 fr. 50 c.: figures coloriées. 43 fr. 50 c.

MOLLUSQUES (Moules, Huîtres, Escargots, Limaces, Coquilles, etc.) par M. de Blainville, membre de l'Institut, professeur au Muséum d'Hist. naturelle, etc.

ANNÉLIDES (Sangsues, etc.), par M.

VERS INTESTINAUX (Ver solitaire, etc.), par M.

ZOOPHYTES ACALÈPHES, (Physale, Béroé, Angele, etc.), par M. Lesson, correspondant de l'Institut, pharmacien en chef de la Marine, à Rochefort.

— ÉCHINODERMES (Oursins, Palmettes, etc.), par M. Lacordaire, professeur d'histoire naturelle à Liége.

— POLYPIERS (Coraux, Gorgones, Éponges, etc.), par M. Milne-Edwards membre de l'Institut, professeur d'hist. naturelle, etc.

— INFUSOIRES (Animalcules microscopiques), par M. Dujardin, doyen de la Faculté des Sciences, à Rennes. 1 vol. orné de 2 livraisons de planches. Prix : 12 f. 50 c.; fig. color. 18 f. 50 c.

BOTANIQUE (Introduction à l'Étude de la), ou Traité élémentaire de cette science, contenant l'Organographie, la Physiologie, etc., etc.; par M. Alph. de Candolle, professeur d'histoire naturelle à Genève. (*Ouvrage terminé et autorisé par l'Université, pour les Colléges royaux et communaux.*) 2 vol. et un cahier de planches. Prix : 16 fr.

VÉGÉTAUX PHANÉROGAMES (à Organes sexuels apparents, Arbres, Arbrisseaux, Plantes d'agrément, etc.), par M. Spach, aide-naturaliste au Muséum d'Histoire naturelle; tomes 1 à 10, et 14 livraisons de planches. Prix : figures noires, 107 fr.; fig. col., 149 fr.

— CRYPTOGAMES (à Organes sexuels peu apparents ou cachés, Mousses, Fougères, Lichens, Champignons, Truffes, etc.), par M. de Brébisson de Falaise.

GÉOLOGIE (Histoire, Formation et Disposition des matériaux qui composent l'écorce du globe terrestre), par M. Huot, membre de plusieurs Sociétés savantes; 2 vol. ensemble de plus de 1500 pages. (*Ouvrage terminé.*) Prix, avec un Atlas de 24 planches : 19 fr.

MINÉRALOGIE (Pierres, Sels, Métaux, etc.), par M. Alex. Brongniart, membre de l'Institut, professeur au Muséum d'Histoire naturelle, etc., etc.; et M. Delafosse, maître des conférences à l'École Normale, aide-naturaliste, etc., au Muséum d'Histoire naturelle.

CONDITIONS DE LA SOUSCRIPTION :

LES SUITES A BUFFON formeront 65 vol. in-8° environ, imprimés avec le plus grand soin et sur beau papier ; ce nombre paraît suffisant pour donner à cet ensemble toute l'étendue convenable. Ainsi qu'il a été dit précédemment, chaque auteur s'occupant depuis longtemps de la partie qui lui est confiée, l'éditeur sera à même de publier en peu de temps la totalité des traités dont se composera cette utile collection.

En mars 1841, 34 volumes sont en vente, avec 40 livraisons de planches.

Les personnes qui voudront souscrire pour toute la Collection auront la liberté de prendre par portion, jusqu'à ce qu'elles soient au courant de tout ce qui est paru.

POUR LES SOUSCRIPTEURS A TOUTE LA COLLECTION :

Prix du texte, chaque vol. (1) d'environ 500 à 700 pag., 5 fr. 50. — Prix de chaque livraison d'environ 10 pl. noires, 3 fr.; coloriés, 6 fr.

NOTA. — Les personnes qui souscriront pour des parties séparées paieront chaque volume 6 fr. 50 c. Le prix des volumes papier vélin sera double du papier ordinaire.

(1) L'éditeur ayant à payer pour cette collection des honoraires aux auteurs, le prix des volumes ne peut être comparé à lui des réimpressions d'ouvrages appartenant au domaine public et exempts de droits d'auteurs, tels que Buffon, Voltaire, etc., etc.

ON SOUSCRIT, SANS RIEN PAYER D'AVANCE, A LA LIBRAIRIE ENCYCLOPÉDIQUE DE RORET, ÉDITEUR DE LA COLLECTION DES MANUELS, DU COURS D'AGRICULTURE AU XIXᵉ SIÈCLE, ETC., RUE HAUTEFEUILLE, 10 bis.

HISTOIRE NATURELLE

DES

VÉGÉTAUX.

PHANÉROGAMES.

Par M. Édouard SPACH,

AIDE-NATURALISTE AU MUSÉUM D'HISTOIRE NATURELLE, MEMBRE
DE PLUSIEURS SOCIÉTÉS SAVANTES.

TOME DIXIÈME.

OUVRAGE ACCOMPAGNÉ DE PLANCHES.

PARIS.

LIBRAIRIE ENCYCLOPÉDIQUE DE RORET,
RUE HAUTEFEUILLE, N° 10 BIS.

—

1841.

IMPRIMERIE SCHNEIDER ET LANGRAND,
rue d'Erfurth, 4.

VÉGÉTAUX PHANÉROGAMES

DICOTYLÉDONES.

VEGETABILIA DICOTYLEDONEA.

TRENTE-QUATRIÈME CLASSE.

LES COMPOSÉES.

COMPOSITÆ Bartl.

CARACTÈRES.

Herbes, ou *sous-arbrisseaux,* ou *arbrisseaux.* Tiges et rameaux cylindriques ou anguleux.

Feuilles éparses, ou opposées, ou verticillées, simples, ou moins souvent composées, non-stipulées.

Fleurs (par exception solitaires, ou agrégées en capitules non-involucrés) agrégées en capitule accompagné d'un involucre caliciforme (*péricline*), sessiles sur un réceptacle - commun, tantôt toutes conformes et hermaphrodites ou par avortement unisexuelles (soit régulières, soit irrégulières), tantôt les unes (placées à la circonférence du réceptacle et constituant ce qu'on appelle le *rayon* ou la *couronne*) irrégulières et unisexuelles ou neutres, les autres (occupant *le disque,* c'est-à-dire les parties plus centrales du réceptacle) régulières (ou du moins non-conformes à celles du rayon) et en général hermaphrodites.

Calice adhérent, à limbe (1) (quelquefois nul; en général accrescent) supère, soit réduit à un rebord membraneux et entier, soit composé de poils (simples ou plumeux), ou de soies, ou de paillettes (en nombre déterminé ou indéterminé) de forme variée; très-rarement le limbe-calicinal est foliacé.

Corolle épigyne, non-persistante, ou marcescente, soit tubuleuse et 5- (rarement 3-ou 4-) lobée (à estivation valvaire), soit liguliforme (c'est-à-dire à tube très-court, et à limbe unilatéral, en forme de languette 3-5-dentée au sommet), soit 2-labiée, soit 1-labiée (par absence ou par avortement de la lèvre supérieure). Tube des corolles régulières à 8 ou 10 nervures, dont 4 ou 5 plus fortes, alternes avec les segments du limbe, se bifurquant au sommet de manière à fournir une nervure intra-marginale à chacun des 2 segments voisins.

Étamines (nulles ou abortives dans les fleurs femelles et les fleurs neutres) 5 (par exception 4) insérées au tube de la corolle, et alternes avec les segments du limbe. Filets capillaires ou filiformes, libres. Anthères linéaires, soudées par les bords (de manière à former un tube cylindrique, engaînant le style), dithèques, introrses : bourses (souvent appendiculées à leur base) séparées par un connectif linéaire ou filiforme, souvent prolongé en languette terminale (*appendice-apicilaire*).

Pistil : Ovaire 1-loculaire (par exception à 3 loges, dont 2 très-petites et abortives), 1-ovulé : ovule attaché au fond de la loge et renversé (chez les Synanthérées), ou suspendu au sommet de la loge (chez les Calycérées), anatrope. Style filiforme, terminé en général par 2 stig-

---

(1) Le limbe-calicinal des Composées se désigne en phytographie sous le nom d'*aigrette*, même lorsqu'il est réduit à un rebord peu apparent.

mates allongés. Disque cupuliforme, ou urcéolaire, ou plan, couronnant le sommet de l'ovaire.

Péricarpe indéhiscent (en général sec; rarement charnu ou drupacé), 1-sperme, le plus souvent couronné du limbe-calicinal soit plus ou moins amplifié, soit peu apparent.

Graine apérispermée (excepté chez les Calycérées). Tégument membranacé. Embryon rectiligne ; cotylédons plans ou convexes, oléagineux, foliacés en germination; radicule (supère chez les Calycérées; infère chez les Synanthérées) courte.

Cette classe comprend les *Synanthérées* et les *Calycérées* (ou *Boopidées*).

CENT SOIXANTE-UNIÈME FAMILLE.

LES SYNANTHÉRÉES. — *SYNANTHEREÆ.*

Compositæ Tourn.; Vaill. ; Linn.; Adans. — Cass. Dict. des Sciences Nat. vol. 10, p. 151 (1818). — Lessing, *Synops. Compos.* (1832). — Kunth, in Humb. et Bonpl. Nov. Gen. et Spec. vol. 4. — De Cand. Prodr. vol. 5 (1836), 6 (1838) et 7 (pars I, 1838). — *Corymbiferæ*, *Cynarocephalæ* et *Cichoraceæ* Juss. Gen. — *Synanthereæ* Rich. Anal. — Cassini (*Mémoires sur les Synanthérées*) in Bullet. de la Soc. Philom.; Dict. des Sciences Nat. vol. 51, p. 445 (1827); Opuscules phytologiques (1826). — Bartl. Ord. Nat. p. 154. — Reichenb. Syst. Nat. p. 181 (exclusis. *Calycereis*). — *Mutisiaceæ, Cichoraceæ, Asteraceæ* et *Cynaraceæ* Lindl. Nat. Syst.

Les *Synanthérées* constituent la famille la plus riche en espèces, car elle comprend près de la 10e partie des phanérogames ; ces végétaux sont répandus sur le globe entier, mais on les trouve en proportion beaucoup plus forte dans la zône tempérée que dans les régions polaires, et c'est dans l'Amérique équatoriale qu'elles abondent beaucoup plus que partout ailleurs. Les usages et propriétés des Synanthérées sont très-variés ; quantité d'espèces s'emploient soit dans l'économie domestique ou en thérapeutique, soit comme plantes d'ornement.

Les caractères que nous venons d'exposer pour les Composées en général, s'appliquent de même aux Synanthérées en particulier, à cela près que leur ovule est constamment renversé (c'est-à-dire ayant son micropyle situé à l'extrémité inférieure), attaché au fond de la loge , et que la graine est toujours apérispermée, à radicule infère ; c'est par ces caractères seulement que les Synanthérées diffèrent des Calycérées.

Nous allons énumérer, en suivant principalement la classification proposée par M. de Cassini, la longue liste des genres que renferme cette famille.

Ire TRIBU. **LES LACTUCÉES.** — *LACTUCEÆ*
Cass. (1).

Capitules homogames, radiatiformes. Corolle liguliforme, 5-dentée, 5-ou 6-nervée. Style pubescent vers son sommet. Stigmates filiformes, divergents, arqués en dehors, semi-cylindriques, papilleux à toute la surface supérieure, pubescents à la surface inférieure, sans bourrelets.

SECTION I. **SCOLYMÉES.** Less.

Aigrette coroniforme ou paléacée (du moins l'extérieure). Réceptacle garni de paillettes. — Herbes épineuses. Fleurs jaunes. Capitules sessiles. Corolle scabre en dessous.

Diplostemma Hochst. et Steud. (non Neck.) — *Scolymus* Tourn. — *Myscolus* Cass.

SECTION II. **LACTUCÉES-PROTOTYPES VRAIES**
Cass.

Fruit aplati ou tétragone; aigrette blanche, composée de poils filiformes, caducs, légèrement barbellulés.— Corolle jaune.

Picridium Desfont. (Reichardia Roth.) — *Zollikoferia* De Cand. (non Neck.) — *Lomatolepis* Cass. — *Rhabdotheca* Cass. (Launæa Cass. Microrhynchus Less.) — *Ætheorhiza* Cass. — *Sonchus* Tourn. (Atalanthus Don.) — *Trachodes* Don. — *Malacothrix* De Cand.— *Youngia* Cass. — *Mulgedium* Cass. (Agathyrsus Cass.)—

---

(1) *Lactuceæ* Adans. — Cass. Dict. des Sc. Nat. vol. 8, p. 525; vol. 20, p. 555; vol. 25, p. 59; vol. 48, p. 421. — *Semiflosculosæ* Tourn. — *Ligulatæ* Gærtn. — *Cichoraceæ* Vaill. — Juss. — Less. Syn. — De Cand. Prodr. vol. VII. — *Cichoreæ* Spreng. Syst.

Lactuca Tourn. — *Phœnicopus* Cass. (Phœnopus De
Cand.) — *Mycelis* Cass. — *Anisoramphus* De Cand. —
Picrosia Don. — *Troximon* Gærtn. (Agoseris Raf.)

Section III. **LACTUCÉES-CRÉPIDÉES** Cass.

Fruit allongé, plus ou moins aminci vers le haut. Aigrette (quelquefois nulle) blanche, composée de poils
grêles, filiformes, légèrement barbellulés (quelquefois
barbés).

Lampsana Tourn. (Lapsana Linn.) — *Aposeris* Neck.
— *Rhagadiolus* Tourn. — *Kœlpinia* Pallas. — *Chon-
drilla* Linn. — *Peltidium* Zollik. (Willemetia Neck., nec
alior. Wibelia Rœhl. Calycocorsus Schmidt. Aspideium
Zollik. Zollikoferia Nees.) — *Zacintha* Tourn. — *Hete-
racia* Fisch. et Mey. — *Nemauchenes* Cass. (Endoptera
De Cand.) — *Gatyona* Cass. (Endoptera De Cand.) —
Borkhausia (Mœnch.) Cass. (Agoseris, Lagoseris et Le-
pidoseris Reichb. Barkhausia Spreng. Crenamus Adans.
Closirospermum Neck.) — *Paleya* Cass. — *Anisoderis*
Cass. (Hostia Mœnch. Barkhausia Link.) — *Catonia*
Mœnch. (non Cass. Omalocline Cass.) — *Soyeria* Monn.
(Catonia Cass. non Mœnch. Hapalostephium Don.) —
Geracium Reichb. (Intybellia Monn. nec Cass.) —
Crepis Linn. — *Brachyderea* Cass. — *Phœcasium* Cass.
— *Intybellia* Cass. nec Monn. (Myoseris Link.) — *Ptero-
theca* Cass. (Trichocrepis Visian.) — *Ixeris* Cass. (Ma-
crorhynchus Less.) — *Taraxacum* Hall. (Dens-leonis
Tourn. Lasiopus Don. non Cass.) — *Microderis* De Cand.
— *Helminthia* Juss. (Virea Adans. Deckera Schultz.) —
Spitzelia Schultz. — *Medicusia* Mœnch. — *Picris* Linn.
— *Rodigia* Spreng. — *Ammogeton* Schrad. — *Pachyle-
pis* Less. — *Pinaropappus* Less.

Section IV. **LACTUCÉES-HIÉRACIÉES** Cass.

Fruit court, aminci à la base, tronqué au sommet; aigrette (quelquefois nulle ou coroniforme) composée de poils filiformes, raides, très-barbellulés, le plus souvent roussâtres ou jaunâtres.

Prenanthes Vaill. — *Lygodesmia* Don. — *Nabalus* Cass. (Harpalyce Don. Esopon Rafin.) —*Rea* Decaisne. (Dendroseris Don.) — *Schmidtia* Mœnch. (Æthionia Don. Polychætia Tausch. nec Less.) — *Tolpis* Adans. (Drepania Juss. Chatelania Neck.) — *Krigia* Schreb. — *Fichtea* Schultz. — *Microseris* Don. (Bellaridia Colla, nec alior. Lepidonema Fisch.)—*Cynthia* Don. (Adopogon Neck. Luthera Schultz.) — *Arnoseris* Gærtn. —*Apogon* Elliott.—*Apatanthus* Vivian. — *Andryala* Linn. (Eriophorus Vaill. Forneum Adans. Voigtia Roth. Rothia Schreb. Cass.)

Section V. **LACTUCÉES-SCORZONÉRÉES** Cass.

Fruit cylindracé; aigrette composée de squamellules à partie inférieure laminée, à partie moyenne épaisse et ordinairement barbée, à partie supérieure grêle et barbellulée.

Robertia De Cand. (non Mérat nec Scopol.) — *Metabasis* De Cand. — *Phalacroderis* De Cand. — *Seriola* Linn. (Piptopogon Cass. Agenora Don.) — *Oreophila* Don. — *Achyrophorus* Scopol. — *Porcellites* Cass. — *Hypochœris* Vaill. — *Thrincia* Roth. (Colobium Roth.) —*Streckera* Schultz.—*Kalbfussia* Schultz.—*Leontodon* Juss. (Antodon Neck. Virea Adans. Apargia Willd.)— *Apargia* Less. (Fidelia Schultz.) — *Oporinia* Don. (Scorzoneroides Mœnch.) — *Millina* Cass. (Deloderium Cass.) — *Asterothrix* Cass. — *Podospermum* De Cand. (Podosperma Less. non Labill.) — *Geropogon* Linn. —

Tragopogon Tourn. — *Scorzonera* Linn. (Lasiospora Cass.) — *Gelasia* Cass. — *Pentachlamys* De Cand. — *Polyclada* De Cand.— *Hyoseris* Juss. (Hedypnois Gærtn. Achyrastrum Neck.) — *Hedypnois* Tourn. (Hyoseris Gærtn.)—*Hymenonema* Cass.— *Catanance* Tourn. (Catananche Vaill.) — *Hænselera* De Cand. — *Cichorium* Tourn.—*Acanthophyton* Less.— *Calais* De Cand. (Hymenonema Hook. non Cass.)

IIᵉ TRIBU. **LES CARLINÉES.**—*CARLINEÆ* Cass. (1).

Capitules homogames ou hétérogames, incouronnés (par exception radiés). Corolle des fleurs hermaphrodites régulière ou irrégulière, tubuleuse, 5-fide. Étamines à filets glabres, non-papilleux. Anthères à appendices-apicilaires longs, soudés inférieurement; appendices-basilaires très-longs, barbus. Style peu ou point renflé au sommet, légèrement barbu, ou imberbe. Stigmates courts, subovales, obtus, confluents vers leur base, plans et très-lisses à la surface interne, papilleux et convexes à la surface externe.

Section I. **CARLINÉES-XÉRANTHÉMÉES** Cass.

Aigrette (rarement nulle) composée de paillettes très-entières (quelquefois accompagnées de soies filiformes).

Xeranthemum Tourn. (Xeranthemum et Xeroloma Cass. Harrisonia Neck.) — *Chardinia* Desfont. — *Sie-*

---

(1) *Carlineæ* Cass. in Dict. des Sc. Nat. v. 7, p. 557 ; vol. 47, p. 497. — *Cynarocephalarum* genn. Vaill. — *Carduorum* et *Xeranthemorum* genn. Adans. — *Carduacearum* et *Labiatiflorarum* genn. De Cand. in Ann. du Mus. vol. 16 et 19. — *Barnadesiarum, Vernoniacearum* et *Carduacearum* genn. Kunth, in Humb. et Bonpl. Nov. Gen. et Spec. — *Cynareæ-Cardopateæ, Cynareæ-Xeranthemeæ, Cynareæ-Carlineæ* et *Mutisiacearum* genn. Less. Syn. — De Cand. Prodr. vol. 6 et 7.

bera Gay. — *Nitelium* Cass. (Macledium Cass.)—*Dicoma* Cass. (Leucophyton Less. non R. Br. Xeropappus Wallich.) — *Rhigiothamnus* Less. — *Cousinia* Cass. — *Stobœa* Thunb. (Arelina Neck.) — *Cardopatium* Juss. (Cardopatum Pers. Brotera Willd. nec alior.)

SECTION II. **CARLINÉES-PROTOTYPES** Cass.

Involucre entouré de bractées foliacées, ordinairement dentées-épineuses, formant un involucre externe.

Carlina Tourn. — *Mitina* Adans. — *Carlowizia* Mœnch. (Athamus Neck.) — *Chamœleon* Cass. — *Atractylis* Linn. — *Acarna* Willd. — *Anactis* Cass. — *Spadactis* Cass. — *Thevenotia* De Cand. (non Linn.) — *Ancathia* De Cand. — *Auchera* De Cand.

SECTION III. **CARLINÉES-BARNADÉSIÉES** Cass.

Corolle velue.

Barnadesia Linn. — *Bacasia* Ruiz et Pavon. — *Diacantha* Lagasca. —*Schlechtendalia* Lessing. (non Willd. nec Spreng.) — *Dasyphyllum* Kunth. — *Penthea* Don. — *Fulcaldea* Poiret. (Turpinia Humb. et Bonpl. non Vent. Voigtia Spreng. non Roth. nec Hornsch.) — *Chuquiraga* Juss. (Johannia Willd. Joannesia Pers. Joannea Spreng.) — *Nardophyllum* De Cand. — *Oldenburgia* Less. — *Scytala* E. Meyer.

SECTION IV. **CARLINÉES-STÉHÉLINÉES** Cass.

Aigrette composée de paillettes filiformes. Involucre dénué de bractées. Corolle glabre.

Proustia Lagasc. — *Harmodia* Don. — *Calopappus*

---

(1) *Centaurieæ* Cass. Dict. des Sc. Nat. vol. 7, p. 576; vol. 20, p. 358; vol. 44, p. 35; vol. 50, p. 245 et 247. — *Cynarocephalarum* genn. Vaill. ; Juss. — *Cynareæ-Centaurieæ* Less. Syn. — De Cand. Prodr. vol. VI.

Meyen. — *Hyalis* Don. — *Cyclolepts* Don. (non Moq.)
— *Leucomeris* Don. — *Gochnatia* Kunth. — *Hedraio-
phyllum* Less. — *Pentaphorus* Don. — *? Plazia* Ruiz
et Pavon. — *? Flotovia* Ruiz et Pavon. — *Stiftia* Mikan.
(Augusta et Sanhilaria Leand.) — *Anastraphia* Don.
— *Leucomeris* Don. (non Blum.) — *Hirtellina* Cass.—
Barbellina Cass. — *Stæhelina* De Cand. — *Stechmannia*
De Cand. — *Arctium* Daléch. (Arctio Lamk. Arction
Cass. Villaria Guett. Berardia Vill.) — *Dolomiæa* De
Cand. — *Aplotaxis* De Cand. (Eriostemon Less. Frolovia
Ledeb.) — *Saussurea* De Cand. (Heterotrichum Bieb.,
non De Cand. Bennetia Gray.) — *Lagurostemon* Cass.
(Cyathidium Royle.) — *Theodorea* Cass. (non Neck.)

IIIe TRIBU. LES CENTAURIÉES. — *CENTAURIEÆ* Cass. (1).

*Capitules hétérogames (rarement homogames), le plus
souvent radiés. Fleurs-radiales neutres, en général irrégulières. Corolle des fleurs hermaphrodites
tubuleuse, 5-fide, après l'anthèse plus ou moins courbée. Étamines à filets poilus ou papilleux. Anthères à
appendices-apicilaires soudés en tube ordinairement
courbé. Style un peu renflé et barbu au sommet. Stigmates articulés au style, convexes et papilleux à la
surface externe, plans et très-lisses à la surface interne, confluents par la base, en général cohérents
presque jusqu'au sommet. Ovaire en général poilu, à
aréole basilaire en général située dans une échancrure
sur le côté interne.*

Section I. CENTAURIÉES-PROTOTYPES Cass.

Aigrette ordinairement double, composée de paillettes

dont les plus longues sont filiformes, rétrécies de bas en haut, barbellulées.

Centaurea Linn. (Subgenn. Chartolepis, Phalolepis, Jacea, Pterolophus, Platylophus, Stenolophus, Stizolophus, Cheirolophus, Psephellus, Heterolophus, Melanoloma, Cyanus, Odontolophus, Lopholoma, Acrolophus, Acrocentron, Hymenocentron, Crocodilium, Mesocentron, Verutina, Triplocentron, Calcitrapa, Philostizus, Seridia, Pectinastrum, Microlophus, et Piptoceras Cass.) — *Centaurium* Cass. — *Crupina* Cass. — *Microlonchus* Cass. (Mantisalca Cass.) — *Zoegea* Linn. — *Cnicus* Vaill. (non Linn.) — *Plectocephalus* Don. — P *Tetramorphœa* De Cand. — *Tricholepis* De Cand. — *Tomanthea* De Cand.

Section II. **CENTAURIÉES-CHRYSÉIDÉES** Cass.

Aigrette ordinairement simple, composée de paillettes rétrécies vers la base, dentées.

Alophium Cass. — *Spilacron* Cass. — *Goniocaulon* Cass. — *Volutarella* Cass. (Lacellia Vivian.)—*Cyanopsis* Cass. (Cyanastrum Cass.) — *Chryseis* Cass. (Amberboa Pers.) — *Kentrophyllum* (Centrophyllum) Neck. (Hohenwartha Vest. Heracantha Link.)

IVͤ TRIBU. **LES CARDUINÉES.** — *CARDUINEÆ* Cass. (1).

Capitules homogames ou hétérogames, incouronnés (par exception radiés). Fleurs-radiales souvent neutres,

---

(1) *Carduaceœ* Cass. Dict. des Sc. Nat. vol. 7, p. 94; vol. 20, p. 559; vol. 41, p. 508; vol. 50, p. 465. — *Carduineœ* Cass. l. c. vol. 60,

mais du reste conformes aux autres fleurs. Corolle tubuleuse, 5-fide, ringente (les 2 incisions extérieures plus profondes que les autres), après l'anthèse plus ou moins courbée en dehors. Étamines à filets poilus ou papilleux : appendices-apicilaires libres, soudés inférieurement. Style plus ou moins renflé et en général barbu au sommet. Stigmates articulés au style, convexes et papilleux à la surface externe, plans et très-lisses à la surface interne. Ovaire comprimé, parfaitement glabre, à aréole-basilaire sessile, plane, un peu oblique et latérale, ou non-oblique et terminale.

Carduncellus Adans. — *Onobroma* De Cand. — *Carthamus* Tourn. — *Cestrinus* Cass. — *Rhaponticum* De Cand. — *Stemmacantha* Cass. — *Leuzea* De Cand (Rhacoma. Adans. —*Fornicium* Cass. (Halocharis Bieb.) — *Acroptilon* Cass. — *Jurinea* Cass. — *Klasea* Cass. — *Serratula* Linn. — *Mastrucium* Cass. — *Lappa* Tourn. (Arctium Willd.) — *Alfredia* Cass. — *Echenais* Cass. — *Silybum* Vaill. — *Cynara* Vaill. (Cinara Tourn.) — *Onopordon* Vaill. (Acanos Adans.) — *Spanioptilon* Lessing. — *Platyraphium* Cass. — *Lamyra* Cass. — *Ptilostemon* Cass. — *Notobasis* Cass. — *Erythrolœna* Sweet. — *Picnomon* (Lobel.) Adans. — *Cirsium* Tourn. (Cnicus Schreb.; Willd. Lophiolepis, Eriolepis, Onotrophe, Apalocentron, Microcentron, et Orthocentron Cass.) — *Breea* Less. (Cirsium Cass. Cephalonoplos Neck.) — *Clavena* De Cand. — *Tyrimnus* Cass. — *Carduus* Tourn. (Platylepis, Chromolepis, et Stenolepis Cass. Carduotypus Dumort.) — *Galactites* Mœnch.

---

p. 571. — *Cynarocephalarum genn.* Vaill. — Juss. — *Cynareæ-Carthameæ, Cynareæ-Silybeæ, Cynareæ-Carduineæ,* et *Cynareæ-Serratuleæ,* Less. Syn. — De Cand. Prodr. vol. VI.

Ve TRIBU. **LES ÉCHINOPODÉES.** — *ECHINOPO-DEÆ* Cass. (1).

Capitules homogames, globuleux, à involucre très-anomale, rudimentaire, formé de paillettes sétacées, réfléchies, beaucoup plus courtes que les fleurs. Fleurs accompagnées chacune d'un involucelle composé de paillettes pluri-sériées, diversiformes, insérées sur le stipe de l'ovaire. Corolle hypocratériforme, 5-fide, non-ringente : tube très-droit. Étamines glabres. Style barbu et un peu renflé au sommet. Stigmates très-glabres et lisses, plano-convexes, d'abord connivents en forme de cône, finalement divergents et arqués en dehors.

Echinops Linn. (Echinopus Tourn. Echinanthus Neck.) — *Acantholepis* Less.

VIe TRIBU. **LES ARCTOTIDÉES.**—*ARCTOTIDEÆ* Cass. (2).

Capitules hétérogames, radiés. Corolle-staminifère régulière, droite, tubuleuse, 5-fide. Corolle des fleurs-radiales liguliforme ou biligulée. Étamines à filets le plus souvent papilleux : appendices-apicilaires courts, libres ; appendices-basilaires courts, nus. Style filiforme, articulé au stigmate. Stigmate (de la fleur hermaphrodite) gros, columnaire, velouté, cilié à la

---

(1) *Echinopodeæ*, Cass. Dict. des Sc. Nat. vol. 14, p. 200 ; vol. 20, p. 562 ; vol. 41, p. 514 et 559 ; vol. 60, p. 572.— *Cynarocephalarum genn.* Vaill.— Juss. — *Cynareæ-Echinopsideæ* Less. Syn. — De Cand. Prodr. vol. VI.

(2) *Arctotideæ* Cass. Dict. des Sc. Nat. vol. 2, Suppl. p. 118 ; vol. 20, p. 364 ; vol. 29, p. 447 ; vol. 60, p. 575. — *Corymbiferarum genn.* Vaill. — Juss. — *Cynareæ-Arctotideæ* Less. Syn. — De Cand. Prodr. vol. VI.

base, divisé au sommet en 2 languettes divergentes, arquées en dehors, à surface supérieure plane, glabre, très-lisse, autrement colorée que la surface inférieure.

Section I. **ARCTOTIDÉES-GORTÉRIÉES** Cass.

Involucre formé d'écailles plus ou moins soudées.

Hirpicium Cass.—*Gorteria* Gærtn. (Personaria Lamk.) — *Chrysostemma* E. Meyer. — *Gazania* Gærtn. (Mussinia Willd.) — *Melanchrysum* Cass. (Mœhnia Neck.) — *Cuspidia* Gærtn. (Aspidalis Gærtn.)— *Didelta* L'Hérit. (Choristea Thunb. Favonium Gærtn. Breteuillia Buchoz.) — *Cullumia* R. Br.— *Stephanocoma* Less. — *Berkheya* Ehrh. (Rohria Vahl. Gorteria Lamk. non Gærtn. Zarabellia Neck. non Cass. Agriphyllum Juss. Basteria Less.) — *Evopis* Cass.

Section II. **ARCTOTIDÉES-PROTOTYPES** Cass.

Involucre formé d'écailles entièrement libres.

Heterolepis Cass. (Heteromorpha Cass.) — *Microstephium* Less. — *Cryptostemma* R. Br. (Cynotis Hoffmans.) — *Arctotheca* Wendl. — *Landtia* Less. —*Haplocarpha* Less. — *Venidium* Less. (Cleitria Schrad.) — *Cymbonotus* Cass. — *Arctotis* Gærtn. — *Odontoptera* Cass. — *Stegonotus* Cass. — *Damatris* Cass.

VIIe TRIBU. **LES CALENDULÉES.** — *CALENDULEÆ* Cass. (1).

Capitules hétérogames, radiés. Corolle-staminifère régulière, droite, tubuleuse, 5-fide, à segments demi-

---

(1) *Calenduleœ* Cass. Dict. des Sc. Nat. vol. 6, Suppl. p. 55; vol. 20, p. 566; vol. 50, p. 522; vol. 60; p. 575. — *Corymbiferarum genn.* Vaill. — Juss. — *Cynareœ-Calenduleœ (exclusis Othonneis)* Less. Syn. — De Cand. Prodr.

transparents. Corolle des fleurs-radiales liguliforme. Étamines à filets glabres ; anthères à appendices-basilaires subulés. Stigmates (de la fleur hermaphrodite) courts, larges, obtus, divergents, arqués en dehors : surface supérieure plane, lisse, bordée de 2 gros bourrelets veloutés, oblitérés vers le sommet, confluents à la base avec les bourrelets de l'autre stigmate; surface externe convexe, terminée en cône pubescent. Ovaire inaigretté, considérablement accrescent après la floraison.

Calendula Linn. (Caltha Vaill.; Mœnch, non Linn.) — *Oligocarpus* Less. — *Tripteris* Less. — *Dimorphotheca* Vaill. (Lestibodea et Gattenhofia Neck. Meteorina, Castalis et Blaxium Cass.) — *Arnoldia* Cass. — *Acanthotheca* De Cand. — *Gibbaria* Cass. — *Garuleum* Cass. — *Osteospermum* Linn. — *Eriocline* Cass.

VIIIe TRIBU. LES TAGÉTINÉES. — *TAGETINEÆ* Cass. (1).

Capitules hétérogames (radiés ou discoïdes), ou rarement homogames. Corolle-staminifère droite, tubuleuse, 5-fide, à segments ordinairement inégaux. Fruit long, étroit, ordinairement subcylindracé et strié, portant une aigrette composée de plusieurs paillettes persistantes, fortes, raides, fermes, cornées ou coriaces, non-fragiles. Involucre et feuilles ponctués de glandules contenant un suc d'une odeur particulière (en général forte et désagréable).

---

(1) *Tagetineæ* Cass. Dict. des Sc. Nat. vol. 20, p. 567; vol. 59, p. 64 ; vol. 60, p. 574. — *Corymbiferarum genn.* Vaill. — Juss. — *Vernoniaceæ - Pectideæ (exclus. Liabeis), et Senecionideæ-Tagetineæ* Less. Syn. — De Cand. Prod. vol. V et VI.

SECTION I. **TAGÉTINÉES-DYSSODIÉES** Cass.

Involucre double, ou caliculé, ou bisérié, ou imbriqué.

Clomenocoma Cass. (Bartolina Adans. non R. Br.) — *Dyssodia* Cavan. (Bœbera Willd. Dysodia De Cand. non Loureir.) — *Lebetina* Cass. (Bœbera Less. non Willd.) — *Adenophyllum* Pers. (Willdenowia Cavan. Schlechtendalia Willd.)

SECTION II. **TAGÉTINÉES - PROTOTYPES** Cass.

Involucre très-simple, formé de plusieurs écailles soudées jusque près du sommet.

Hymenatherum Cass. — *Tagetes* Tourn. — *Diglossus* Cass. — *Enalcida* Cass. — *Thymophylla* Lag.

SECTION III. **TAGÉTINÉES - PÉCTIDÉES** Cass.

Involucre très-simple, formé de plusieurs écailles libres dès la base.

Syncephalantha Bartl. — *Porophyllum* Vaill. (Kleinia Jacq.) — *Pectidopsis* De Cand. — *Pectidium* Less. (Pectis Cass.) — *Pectis* Linn. (Chthonia Cass. Lorentea Lag.) — *Lorentea* Less. non Lag. (Cryptopetalum Cass. non Hook.)

IXe TRIBU. **LES HÉLIANTHÉES.** — *HELIANTHEÆ* Cass. (1).

Capitules hétérogames (radiés, ou moins souvent discoïdes) ou homogames. Corolle-staminifère régulière,

---

(1) *Heliantheæ* Cass. Dict. des Sc. Nat. v. 20, p. 569; v. 38, p. 46; vol. 60, p. 574. — *Corymbiferarum genn.* Vaill. — Juss. — *Asteroideæ-Eclipteæ, Senecionideæ-Melampodineæ, Senecionideæ-Heliantheæ, Senecionideæ-Flaverieæ,* et *Senecionideæ-Helenieæ* Less. Syn. — De Cand. Prodr. vol. V et VI.

*tubuleuse, 4-ou 5-fide. Anthères ordinairement bru-
nes ou noirâtres. Ovaire obové, à 4 faces limitées chacune par une côte. Stigmates (de la fleur hermaphrodite) divergents, arqués en dehors, demi-cylindriques
inférieurement, semi-coniques vers le sommet, pubescents sur la partie supérieure de leur face externe, et
portant sur leur face interne 2 bourrelets finement
papilleux, ordinairement contigus, oblitérés vers le
sommet.*

Section I. **HÉLIANTHÉES-HÉLÉNIÉES** Cass.

Aigrette formée de plusieurs paillettes membraneuses,
scarieuses, ou quelquefois de soies filiformes barbées.

a) *Capitules radiés.*

Achyrachœna Schauer. — *Schkuhria* Roth. (Tetra-
carpum Mœnch. Miersia Lallav. nec Link.) — *Achyro-
pappus* Kunth. (Chamæstephanum Willd.) — *Tricho-
phyllum* Nutt. — *Eriophyllum* Lag. — *Bahia* Lagasc.—
Actinolepis De Cand. — *Gutierrezia* Lagasc. — *Actinea*
Juss. (Actinea et Dugaldea Cass. Actinella Less.) —
Burrielia De Cand.—*Lasthenia* Cass. (Rancagua Pœpp.)
— *Hologymne* Bartl. — *Picradenia* Hook. — *Bœria*
Fisch. et Mey. — *Hecubœa* De Cand. — *Helenium*
Linn. (Helenia Linn.) — *Tetrodus* Cass. — *Amblyolepis*
De Cand. — *Argyroxiphium* De Cand. — *Rosilla* Less.
— *Leptopoda* Nutt. — *Balduina* Nutt. — *Actinospermum*
Elliott. — *Gaillardia* Foug. (Galardia Lamk. Calonnea
Buchoz. Virgilia L'hérit. nec Mich.) — *Sabazia* Cass.
— *Selloa* Kunth. (Feæa Spreng.) — *Leontophtalmum*
Willd. (Mocinna Lag.) — *Galinsoga* Ruiz et Pavon.
(Galinsogæa Zuccagn. Wiborgia Roth.)—*Ptilostephium*
Kunth. — *Carphostephium* Cass. — *Sogalgina* Cass.

(Galinsogea Kunth, non Ruiz et Pav.) — *Layia* Hook.
— *Tridax* Linn. (Balbisia Willd. Bartolina Adans.)—
Allocarpus Kunth. (Alloispermum Willd.) — *Vargasia*
De Cand. — *Blepharipappus* Hook. (Eriopappus Arn.
non Dumort.) — *Caleacte* R. Br.—*Callilepis* De Cand.
— *Lematium* De Cand. (Caleacte Less. nec R. Br.)
— *Meyeria* De Cand. non Schreb. — *Schomburghia* De
Cand.

b) Capitules homogames, incouronnés.

Calea R. Br. — *Calydermos* Lag. — *Calebrachys* Cass.
— *Dimerostemma* Cass. — *Marshallia* Schreb. (Persoo-
nia Michx. non Sm. Trattinikia Pers. non Willd.) —
Dubautia Gaudich. — *Cephalophora* Cavan. (Græmia
Hook.) — *Jaumea* Pers. (Kleinia Juss. nec alior.)—*Hy-
menoxis* Cass. — *Hopkirkia* De Cand. non Spreng. —
Cercostylos Less. — *Espejoa* De Cand. — *Polypteris*
Nutt. — *Chænactis* De Cand. — *Hymenopappus* L'hérit.
(Rothia Lamk. non Schreb.) — *Florestina* Cass.

Section II. HÉLIANTHÉES-CORÉOPSIDÉES Cass.

Ovaire obcomprimé (c'est-à-dire dont le plus grand
diamètre est de droite à gauche); aigrette le plus
souvent formée de 2 paillettes situées l'une à droite,
l'autre à gauche, ordinairement trièdres et continues
avec l'ovaire.

a) Disque masculiflore. Couronne féminiflore.

Clibadium Linn. (Bailleria Aubl. Oswalda Cass.)—
Parthenium Linn. (Hysterophorus Vaill. Argyrochæta
Cavan. Villanova Orteg. non Lag.)—*Leptosyne* De Cand.
— *Coniothele* De Cand.—*Mendezia* De Cand.—*Moonia*
Arn. — *Guardiola* Humb. et Bonpl. — *Hidalgoa* Less.
— *Silphium* Linn.

b) *Disque androgyniflore. Couronne féminiflore.*

Synedrella Gærtn. (Ucacou Adans.) — *Calyptocarpus*
Less. — *Electra* De Cand. non Panz. — *Chrysanthellum*
Rich. (Chrysanthellina Cass. Sebastiania Bertol. non
Spreng. Collæa Spreng.) — *Neuractis* Cass. — *Glosso-
cardia* Cass. — *Heterospermum* Willd. (Heterosperma
Cavan.) — *Glossogyne* Cass. — *Narvalina* Cass. (Need-
hamia Cass.) — *Thelesperma* Less. — *Isostigma* Less.—
Dahlia Cavan. (Georgina Willd. Georgia Spreng.)

c) *Disque androgyniflore. Couronne neutriflore ou rarement nulle.*

Agarista De Cand. — *Coreopsis* Linn. — *Anacis*
Schrank. (Leachia Cass. Acispermum Neck. Chrysomelea
Tausch.) — *Peramibus* Rafin. — *Calliopsis* Reichb. (Di-
plosastera Tausch.) — *Chrysostemma* Less. — *Philoglossa*
De Cand. — *Campylotheca* Cass. — *Bidens* Linn. (Plu-
ridens et Edwarsia Neck.) — *Kerneria* Mœnch. —
Cosmos Cavan. (Cosmea Willd.) — *Adenolepis* Less.

Section III. **HÉLIANTHÉES-PROTOTYPES** Cass.

Ovaire comprimé bilatéralement. Aigrette le plus souvent formée de 2 paillettes situées l'une en dehors,
l'autre en dedans, persistantes, ou caduques, filiformes, ou trièdres, ou lamelliformes.

a) *Capitules incouronnés.*

Spilanthes Linn. — *Platypteris* Cass. — *Ditrichum*
Cass. — *Dunantia* De Cand. — *Petrobium* R. Br. —
Salmea De Cand. (Hopkirkia Spreng.) — *Melanthera*
Rohr. (Melananthera Mich. Amellus P. Browne, non
Linn.)

b) *Capitules radiés; fleurs-radiales femelles.*

Lipotriche R. Br. — *Blainvillea* Cass. (Ucacea Cass.)

— *Acmella* Rich. (Athronia Neck.) — *Micractis* De Cand. — *Sanvitalia* Cavan. (Lorentea Orteg. non Less.) — *Anactis* De Cand. — *Zinnia* Linn. (Crassina Scopol.) — *Philactis* Schrad. — *Tragoceras* (Tragoceros) Kunth. — *Hamulium* Cass. — *Verbesina* Linn. — *Ximenesia* Cavan.

c) *Capitules radiés ; fleurs-radiales neutres.*

Simsia Pers. — *Oyedœa* De Cand. — *Encelia* Adans. (Pallasia L'hérit. non Linn.) — *Philoglossa* De Cand. — *Actinomeris* Nutt. (Ridan Adans. Pterophyton Cass. Actimeris Rafin.) — *Helianthus* Linn. (Vosacan Adans. Corona-solis Tourn.) — *Harpalium* Cass. — *Leighia* Cass. — *Flourensia* De Cand. — *Viguiera* Kunth.

Section IV. **HÉLIANTHÉES-RUDBÉCKIÉES** Cass.

Aigrette coroniforme.

a) *Disque androgyniflore ; couronne neutriflore (rarement nulle).*

Tithonia Desfont. — *Echinacea* Mœnch. (Brauneria Neck. Bobartia Petiv. non Linn. Helichroa Rafin.) — *Rudbeckia* Linn. (Centrocarpha Don. Obeliscotheca Vaill. Obeliscaria Cass. Lepachys et Ratibida Rafin.) — *Dracopis* Cass. — *Andrieuxia* De Cand. — *Anomostephium* De Cand. — *Aspilia* Petit-Thou. — *Gymnopsis* De Cand. (Gymnolomia Kunth, non Ker.) — *Wulffia* Neck. (Chakiatella Cass. Chylodia Rich. Gymnoloma Ker.) — *Tilesia* Meyer. — *Euxenia* Chamiss. (Podanthus Lagasca, non Haw.).

b) *Disque androgyniflore ; couronne féminiflore.*

Ferdinanda Lagasc. — *Borrichia* Adans. (Diomedea et Diomedella Cass. Odontosperma Neck.) — *Heliopsis* Pers. — *Kallias* Cass. — *Balsamorhiza* Hook. — *Pas-*

calia Ortega. — *Rumfordia* De Cand. — *Helicta* Cass.
—*Alarconia* De Cand.—*Stemmodontia* Cass.—*Wedelia*
Jacq. — *Trichostephus* Cass. (Trichostemma Cass.) —
Eclipta Linn. (Micrelium Forsk.)

c) *Disque masculiflore. Couronne féminiflore.*

Baltimora Linn. (Baltimoria et Fougeria Mœnch.
Niebuhria Scopol. non De Cand.—*Chrysogonum* Linn.
(Diotostephus Cass.)

Section V. HÉLIANTHÉES-MILLÉRIÉES Cass.

Ovaire ordinairement large ou épais, arrondi vers le
sommet, arqué en dedans, toujours absolument inaigretté.

a) *Disque masculiflore.*

Melampodium Linn. — *Zarabellia* Cass. (Dysodium
Rich. non Cavan.) — *Alcina* Cavan. (Camutia Bonet.)
— *Acanthospermum* Schrank. (Centrospermum Kunth,
non Spreng.)— *Polymnia* Linn. — *Alymnia* Neck. (Po-
lymniastrum Lamk.) — *Espeletia* Mutis.—*Berlandiera*
De Cand. — *Pronacron* Cass. — *Aiolotheca* De Cand.
— *Trigonospermum* Less. — *Xenismia* De Cand. —
Scolospermum Less. — *Blennosperma* Less. (Apalus De
Cand.)— *Ichthiothere* Martius. — *Latreillea* De Cand.
—*Riencourtia* Cass.—*Milleria* Cass.—*Elvira* Cass. (Me-
ratia Cass. non Loisel. Delilia Spreng.) — *Unxia* Linn.
— *Madaria* De Cand. — *Hemizonia* De Cand.

b) *Fleurs du disque hermaphrodites, ou les unes hermaphrodites, les
autres mâles.*

Villanova Lagasc. — *Madia* Molin. (Madia et Biotia
Cass.) — *Oxyura* De Cand. — *Calycadenia* De Cand.—
Sclerocarpus Jacq. — *Enydra* Loureir. (Meyera Schreb.

Sobreyra Ruiz et Pav. Tetraotis Reinw.) — *Brotera*
Spreng. (Nauenburgia Willd.) — *Clairvillea* De Cand.
— *Flaveria* Juss. (Vermifuga Ruiz et Pavon.) — *Mo-
nactis* Kunth. — *Montañoa* Lallav. (Eriocoma Kunth,
non Nutt. Eriocarpha Cass. Montagnæa De Cand.) —
Ogiera Cass. — *Trimeranthes* Cass. (Schkuhria Mœnch,
non Roth.) — *Siegesbeckia* Linn. — *Jægeria* Kunth. —
Guizotia Cass. — *Zaluzania* Pers. — *Chrysophania*
Kunth. — *Hybridella* Cass. (Chiliophyllum De Cand.)

Xᵉ TRIBU. LES AMBROSIÉES.—*AMBROSIEÆ*
Cass. (1).

*Ovaire glabre, lisse, 'privé d'aigrette. Stigmates (des
fleurs hermaphrodites) bordés de 2 gros bourrelets
fortement papilleux, espacés. Anthères libres. Corolle verdâtre, herbacée, pyriforme, 4-dentée. Fleurs
unisexuelles.*

Tetranthus Swartz. — *Iva* Linn. (Denira Adans.) —
Cyclachœna Fresen. — *Euphrosyne* De Cand.—*Pinillo-
sia* De Cand. — *Xanthium* Tourn. — *Franseria* Cass.—
Ambrosia Tourn.

XIᵉ TRIBU. LES ANTHÉMIDÉES.—*ANTHEMIDEÆ*
Cass. (2).

*Capitules radiés, ou discoïdes, ou incouronnés. Corolle
-staminifère régulière ou subrégulière, tubuleuse, 5-*

---

(1) *Ambrosieæ* Cass. Dict. des Sc. Nat. vol. 2, Suppl. p. 9 ; vol. 20,
p. 371 ; vol. 25, p. 195; vol. 29, p. 175 ; vol. 60, p. 578. — *Corymbiferarum et Urticearum genn.* Juss. — *Senecionidearum genn.* Less.
Syn. — De Cand. Prodr. vol. VI.

(2) *Anthemideæ* Cass. Dict. des Sc. Nat. vol. 2. Suppl. p. 73 ; vol. 20,
p. 372; vol. 29, p. 176 ; vol. 50, p. 407; vol. 60, p. 578. — *Corymbiferarum genn.* Vaill. — Juss. — *Senecionideæ-Anthemideæ* Less. Syn.
— De Cand. Prodr. vol. VI.

dentée : segments ovales, arqués en dehors, papilleux à la surface supérieure. Anthères sans appendices-basilaires. Stigmates (des fleurs hermaphrodites) divergents, arqués en dehors, demi-cylindriques, inappendiculés, tronqués et barbus au sommet, à face supérieure bordée d'un bout à l'autre par 2 bourrelets papilleux, non-confluents; face inférieure convexe, glabre.

Section I. ANTHÉMIDÉES-CHRYSANTHÉMÉES Cass.

Réceptacle sans paillettes.

a) *Capitules non-radiés. Fruits inaigrettés, point obcomprimés.*

Abrotanella Cass. — *Stilpnophytum* Less. — *Oligosporus* Cass. — *Artemisia* Linn.— *Absinthium* Tourn. — *Humea* Smith. (Calomeria Vent. Agathomeris Delaun. Oxypheria Hortul. Razumowia Spreng.) — *Crossostephium* Less. — *Adenoselen* De Cand.

b) *Capitules non-radiés ou quelquefois courtement radiés. Fruits obcomprimés.*

Solivœa Ruiz et Pav. (Gymnostyles Juss.) — *Plagiocheilus* Arnott. — *Hippia* Linn. — *Cryptogyne* Cass. — *Monochlœna* Cass. — *Eriocephalus* Linn. — *Leptinella* Cass. — *Machlis* De Cand. — *Sphœromorphœa* De Cand. — *Myriogyne* Less. — *Cenia* Commers. (Lancisia Gærtn. non Ponted.) — *Strongylosperma* Less.—*Cotula* Gærtn. (Ananthocyclus Vaill.) — *Otochlamys* De Cand. — *Peyrousea* De Cand. (Lapeyrousia Thunb. non Pourr.)

c) *Capitules non-radiés. Fruits aigrettés.*

Balsamita Desfont. (Plagius De Cand.) — *Pentzia* Thunb. — *Marasmodes* De Cand. — *Chlamydophora*

Ehrenb. — *Tanacetum* Linn. — *Psanacetum* Neck. — *Matricarioides* Less. — *Brocchia* Visiani. — *Hippioides* De Cand.

d) *Capitules radiés.*

Gymnocline Cass. — *Pyrethrum* Gærtn. — *Coleostephus* Cass. — *Ismelia* Cass. — *Glebionis* Cass. — *Pinardia* Cass. (Heteranthemis et Centrachæna Schott. Centrospermum Spreng. non Kunth.) — *Argyranthemum* Webb. — *Chrysanthemum* Linn. (Leucanthemum Tourn. Phalacrodiscus Less.) — *Nananthea* De Cand. — *Brachanthemum* De Cand. — *Hisutsua* De Cand. — — *Phymaspermum* Less. — *Xanthocephalum* Willd. — *Leucopsidium* De Cand. — *Venegasia* De Cand. — *Coinogyne* Less. — *Psilothamnus* De Cand (Jacquemontia Bélang.) — *Gamolepis* Less. (Psilothonna E. Meyer.) — *Lidbeckia* Berg. (Lancisia Pers.) — *Steiroglossa* De Cand. — *Matricaria* Linn.

Section II. **ANTHÉMIDÉES-PROTOTYPES** Cass.

Réceptacle garni de paillettes.

a) *Capitules non-radiés.*

Hymenolepis Cass. — *Gonospermum* Less. — *Holophyllum* Less. (Pristocarpha E. Meyer.)—*Lonas* Adans. — *Athanasia* Cass. — *Eriocladium* Lindl. — *Morysia* Cass. — *Diotis* Desfont. non Schreb. (Otanthus Link.) — *Santolina* Tourn. — *Nablonium* Cass. — *Lyonettia* Cass. — *Lasiospermum* Lagasc. (Lanipila Burch. Mataxa Spreng.)—*Marcelia* Cass.

b) *Capitules radiés.*

Anacyclus Pers. (Hiorthia Neck.) — *Cyrtolepis* Less. — *Eumorphia* De Cand. — *Aganippea* De Cand. —

Epallage De Cand. (Helicta Less. non Cass.) — *An-
themis* Linn. — *Chamœmelum* Cass. — *Maruta* Cass. —
Lugoa De Cand. — *Ormenis* Cass. — *Cladanthus* Cass.
— *Lepidophorum* Neck. — *Ptarmica* Tourn. — *Achillea*
Linn. — *Osmitopsis* Cass. — *Osmites* Cass. — *Bellidiopsis*
De Cand. (Bellidiastrum Less. non Mich.) — *Spano-
trichum* E. Meyer. — *Ursinia* Gærtn. — *Sphenogyne* R.
Br. (Oligærion Cass. Thelythamnos Spreng. fil. Sper-
mophylla Neck.)

XIIᵉ TRIBU. LES INULÉES. — *INULEÆ* Cass. (1).

*Capitules radiés, ou discoïdes, ou incouronnés. Corolle
-staminifère très-régulière. Étamines à filets soudés à
la partie inférieure seulement du tube de la corolle ;
article-anthérifère grêle; appendices-basilaires longs,
subulés, souvent plumeux. Stigmates (des fleurs hermaphrodites) tantôt semblables à ceux des Anthémidées; tantôt peu ou point arqués, arrondis au sommet
où les 2 bourrelets confluent sur la face interne, pubérules en dessous vers le sommet.*

SECTION I. INULÉES-GNAPHALIÉES Cass.

Involucre scarieux. Stigmates tronqués au sommet.
Article-anthérifère long; appendice-apicilaire de
l'anthère obtus; appendices-basilaires longs, non-
pollinifères.

Siloxerus Labill. (Styloncerus Spreng. Ogcerostylus
Cass.) — *Hyalolepis* De Cand. — *Phyllocalymna* Benth.

---

(1) *Inuleæ* Cass. Dict. des Scienc. Nat. vol. 20; p. 574; vol. 25,
p. 559; vol. 49, p. 223; vol. 60, p. 579. — *Corymbiferarum genn.*
Vaill. — Juss. — *Asteroideæ-Inuleæ, Asteroideæ-Buphtalmeæ, et Se-
necionideæ-Gnaphalieæ* Less. Syn. — De Cand. Prodr. vol. V et VI.

— *Angianthus* Wendl. (Hirnellia Cass.) — *Skirrhophorus* De Cand. — *Myriocephalus* Benth.— *Gnephosis* Cass. — *Calocephalus* R. Br. — *Cylindrosorus* Benth. — *Leucophyta* R. Br.—*Craspedia* Forst. (Richea Labill. non Br.) — *Pycnosorus* Benth. — *Leontonyx* Cass. (Spiralepis Don.) — *Leontopodium* R. Br. — *Endoleuca* Cass. — *Anaxeton* Gærtn. (Argyranthus Neck.) —*Perotriche* Cass. (Gymnachæna Reichenb.) — *Seriphium* Cass. (Acrocephalum et Pleurocephalum Cass.)—*Stœbe* Linn. (Eustœbe, Etæranthis et Eremanthis Cass.) — *Disparago* Gærtn. (Wigandia Neck. non Kunth.) — *Amphiglossa* D. C. — *OEdera* Linn. — *Elytropappus* Cass. — *Metalasia* R. Br. — *Petalolepis* Cass. — *Ozothamnus* R. Br.—*Eriosphœra* Less. —*Faustula* Cass.— *Swammerdamia* De Cand.—*Antennaria* R. Br.—*Podolepis* Labill. — *Stylolepis* Lehm. — *Scalia* Sims. — *Ixiolœna* Benth. — *Millotia* Cass. — *Morna* Lindl. (Rhytidanthe Benth.) — *Leptorhynchos* Less. (Viraya Gaudich.) — *Podotheca* Cass. (Podosperma Labill. Phænopoda Cass.) — *Rhodanthe* Lindl.—*Xyridanthe* Lindl. — *Lawrencella* Lindl. — *Pithocarpa* Lindl. — *Rutidosis* De Cand. — *Quinetia* Cass. — *Crossolepis* Less. — *Lucilia* Cass. — *Chevreulia* Cass. — *Helichrysum* Gærtn. — *Pentataxis* Don. — *Lepiscline* Cass. (Euchloris Don. Lepicline et Ereciphyllum Less.) — *Chionostemma* De Cand. (Leucostemma Don. non Benth.)— *Syncarpha* De Cand. — *Argyrocome* Gærtn. (Helipterum De Cand.) — *Damironia* Cass. (Astelma Don. Argyrocome Schrank.) — *Macledium* Cass. —*Edmondia* Cass. (Aphelexis Don. non Bojer.) — *Aphelexis* Bojer. (non Don.) — *Stenocline* De Cand. — *Achyrocline* Less. — *Phagnalon* Cass. — *Schizogyne* Cass. — *Gnaphalium* Linn. — *Euchiton* Cass. — *Omalotheca* Cass. — *Clado-*

chæta De Cand. — *Pteropogon* De Cand. — *Lasiopogon*
Cass. — *Amphidoxa* De Cand. — *Erythropogon* De
Cand. — *Lachnospermum* Willd. (Carpholoma Don.)
— *Pachyrhynchus* De Cand. — *Trichogyne* Less. —
Ifloga Cass. — *Phænocomia* Don. — *Petalacte* Don. —
Anaphalis De Cand. — *Ammobium* R. Br. — *Ixodia* R.
Br. — *Rhynea* De Cand. — *Cassinia* R. Br. — *Chromo-*
chiton Cass. — *Achromolæna* Cass. — *Apalochlamys*
Cass. — *Billya* Cass. — *Syncephalum* De Cand. — *Oli-*
godorum De Cand. — *Nestlera* Spreng. (Columellea
Jacq. nec alior. Stephanopappus Less.) — *Polychætia*
Less. — *Relhania* L'hérit. — *Psilophyllum* Less. —
Eclopes Gærtn. — *Odontophyllum* Less. — *Rigiophyl-*
lum Less. — *Rhynchopsidium* De Cand. (Rhynchocar-
pus Less.) — *Leyssera* Linn. (Asteropterus Vaill.) —
Longchampia Willd. (Leptophytus Cass.)

Section II. **INULÉES-PROTOTYPES** Cass.

Écailles-involucrales non-sarieuses. Stigmates arrondis
au sommet. Article-anthérifère long; appendice-apicilaire de l'anthère obtus; appendices-basilaires longs,
non pollinifères.

Filago Tourn. (Gifola, Oglifa et Logfia Cass. Impia,
Acharitherium et Herotium Bluff et Fing.) — *Micropus*
Linn. (Gnaphalodes Tourn.) — *Micropsis* De Cand. —
Conyza Linn. — *Inula* Linn. (Corvisartia Mérat.) —
Limbarda Cass. — *Vicoa* Cass. — *Allagopappus* Cass. —
Asteridea Lindl. — *Francœuria* Cass. (Duchesnia Cass.)
— *Pulicaria* Gærtn. — *Tubilium* Cass. — *Jasonia* Cass.
— *Chiliadenus* Cass. (Myriadenus Cass. Orsina Bertol.)
— *Amblyocarpum* Fisch. et Mey. — *Carpesium* Linn. —
Denekia Thunb. — *Pentanema* Cass. — *Iphiona* Cass.
— *Pegolettia* Cass. — *Minurothamnus* De Cand. —

Cypselodontia De Cand. — *Strabonia* De Cand. — *Geigeria* Grissel. (Zeyheria Spreng. fil. non Mart.) — *Varthemia* De Cand. — *Rhanterium* Desfont. — *Cylindrocline* Cass. (Lepidopogon Tansch.) — *Telekia* Baumg. (Molpadia Cass.)

Section III. **INULÉES-BUPHTALMÉES** Cass.

Involucre non-scarieux. Stigmates arrondis au sommet. Article-anthérifère court ; appendice-apicilaire de l'anthère pointu; appendices-basilaires courts, pollinifères.

Buphtalmum Neck. — *Nauplius* Cass. (Asteriscus Mœnch.) — *Pallenis* Cass. — *Hochstettera* De Cand. — *Anvillea* Cass. — *Ceruana* Forsk. — *Egletes* Cass. — *Xerobius* Cass. — *Pyrarda* Cass. — *Grangea* Adans. — *Dichrocephala* De Cand. (Centipeda Cass. non Loureir.) — *Cyathocline* Cass. — *Lestâdia* Kunth. — *? Gymnarrhena* Desfont.

XIIIe TRIBU. **LES ASTÉRÉES.** — *ASTEREÆ* Cass. (1).

Capitules radiés, ou discoïdes, ou incouronnés. Corollestaminifère régulière. Anthères privées d'appendices basilaires. Ovaire plus ou moins comprimé bilatéralement, oblong, ou obovale-oblong. Aigrette irrégulière. Stigmates (des fleurs hermaphrodites) convergents, arqués en dedans, ayant une partie inférieure demi-cylindrique, bordée de 2 bourrelets non-confluents, et

---

(1) *Astereæ* Cass. Dict. des Sc. Nat. vol. 5, Suppl. p. 64 ; vol. 20, p. 375 ; vol. 57, p. 458 ; vol. 60, p. 581. — *Corymbiferarum genn.* Vaill — Juss. — *Asterineæ* Nees, Monogr. — *Asteroideæ-Astereæ* Less. Syn. — De Cand. Prodr. vol. V.

une partie supérieure semi-conique , pubescente à la surface externe.

SECTION I. **ASTÉRÉES-SOLIDAGINÉES** Cass.

Capitules radiés ou subradiés; couronne jaune.

Xanthocoma Kunth.—*Xerothamnus* De Cand.—*Anaglypha* De Cand. — *Gymnosperma* Less. — *Brachyris* Nutt. (Brachyachyris Spreng.) — *Hemiachyris* De Cand. — *Lepidophyllum* Cass. — *? Gutierrezia* Lag. — *Grindelia* Willd. (Demetria Lag. Donia R. Br. Grindelia et Aurelia Cass. Grindelia et Donia Desfont.) — *Heterotheca* Cass.ᵃ (Calycium Elliot. Diplocoma Don.) — *Aplopappus* Cass. (Diplopappus Less.) — *Rochonia* De Cand. — *Steiractis* De Cand. — *Amphirhapis* De Cand. — *Solidago* Linn. (Virgaurea Tourn.)—*Euthamia* Cass. — *Chrysopsis* Nutt. (Diplogon Rafin. non R. Br.) — *Neja* Don. — *Homochroma* De Cand. — *Nidorella* Cass. — *Microglossa* De Cand. — *Psiadia* Jacq. — *Elphegea* Cass. — *? Woodvillea* De Cand. — *Erato* De Cand. — *Sarcanthemum* Cass.— *Glyphia* Cass. (Glycideras Cass.)

SECTION II. **ASTÉRÉES-BACCHARIDÉES** Cass.

Capitules incouronnés.

Pachyderis Cass. — *Scepinia* Neck. (Pteronia et Henanthus Less.) — *Pteronia* Linn. (Pterophorus Vaill. Cass. Pterophora Neck.) — *Nolletia* Cass. — *Linosyris* Lob. (Crinataria Cass. Crinata Mœnch.) — *Chrysocoma* Linn. — *Pyrrocoma* Hook. — *Bigelowia* De Cand. (nec alior.) — *Fresenia* De Cand. — *Blepharispermum* Wight. — *Athroisma* De Cand. — *Sphæranthus* Vaill. — *Polypappus* Less. — *Sergilus* Cass.—*Baccharis* Linn. — *Tursenia* Cass. — *Fimbrillaria* Cass.

Section III. **ASTÉRÉES-PROTOTYPES** Cass.

Capitules radiés ; couronne point jaune. Disque plus haut que large ; réceptacle plan.

Dimorphanthes Cass. — *Lœnnecia* Cass. — *Erigeron* Linn. (Trimorphæa Cass.)— *Munychia* Cass. — *Therogeron* De Cand. — *Heterochæta* De Cand. — *Polyactidium* De Cand. (Polyactis Less. non Linn.)—*Fullartonia* De Cand. — *Vittadinia* Rich. fil. — *Leptocoma* Less. — *Melanodendron* De Cand. — *Rhynchospermum* Reinw. — *Microgyne* Less. (non Cass.) — *Simblocline* De Cand. —*Heteropappus* Less.— *Phalacroloma* Cass.— *Minuria* De Cand. — *Stenactis* Cass. — *Gymnostephium* Less. — *Charieis* Cass. (Kaulfussia Nees.) — *Chœtopappa* De Cand. (Chœtophora Nutt. nec alior.) — *Diplostephium* Kunth. — *Diplopappus* Cass. — *Rhinactina* Less. — *Noticastrum* De Cand. — *Distasis* De Cand. — *Dœllingeria* Nees. — *Aster* Linn. — *Olearia* Mœnch. — *Eurybia* Cass. — *Spongotrichum* Nees.— *Biotia* De Cand. — *Heleastrum* De Cand. — *Machœranthera* Nees. — *Sericocarpus* Ness.—*Arctogeron* De Cand.—*Asteropsis* Less. — *Eurybiopsis* De Cand. — *Galatella* Cass. — *Tripolium* Nees.—*Townsendia* Hook.—*Zyrphelis* Cass. —*Mairia* Nees.—*Heterothalamus* Less.—*Chiliotrichum* Cass. (Tropidolepis Tansch.) — *Agathœa* Cass. (Detris Adans.) — *Detridium* Nees.

Section IV. **ASTÉRÉES-BELLIDÉES** Cass.

Capitules radiés ; couronne point jaune. Disque plus large que haut. Réceptacle plus ou moins élevé.

Amellus Linn. — *Corethrogyne* De Cand. — *Polyarrhena* Cass. — *Felicia* Cass. — *Calimeris* (Kalimeris)

Cass. — *Turczaninovia* De Cand. — *Tetramolopium*
Nees.—*Henricia* Cass.—*Callistephus* Cass. (*Callistemma*
Cass.) — *Boltonia* L'hérit. — *Sommerfeltia* Less. (non
Schum.) — *Calotis* R. Br. — *Asteromœa* Blum; — *Bra-*
chycome Cass. (Brachystephium Less.) — *Paquerina*
Cass. — *Solenogyne* Cass. — *Lagenophora* Cass. (Lage-
nifera Cass. Microcalia Rich.) — *Ixauchenus* Cass. —
Myriactis Less. (Botryadenia Fisch. et Mey.) — *Keerlia*
De Cand. — *Aphanostephus* De Cand. — *Bellis* Linn.
(Kyberia Neck.) — *Bellium* Linn. — *Bellidiastrum*
Micheli. (Margarita Gaudin.)

XIVᵉ TRIBU. **LES SÉNÉCIONÉES.**—*SENECIONEÆ*
Cass. (1).

Capitules radiés, ou discoïdes, ou incouronnés. Corolle
-staminifère régulière. Anthères privées d'appendices
basilaires; article-anthérifère épaissi et strié. Ovaire
en général cylindracé, strié; aigrette composée de
poils filiformes, très-grêles, faibles, fragiles, striés,
barbellulés, blancs.

SECTION I. **SÉNÉCIONÉES-DORONICÉES** Cass.

Involucre formé d'écailles 2-ou 3-sériées.

Arnica Linn. — *Doronicum* Linn. — *Aronicum* Neck.
(Grammarthron Cass.) — *Dorobœa* Cass. — *Aspe-*
lina Cass. — *Culcitium* Humb. et Bonpl. (Oresigonia
Schlecht.) — *Tetradymia* De Cand. — *Eriothrix* Cass.

----

(1) *Senecioneæ* Cass. Dict. des Sc. Nat. vol. 20, p. 577; vol. 48,
p. 446 et 466; vol. 60, p. 582. — *Jacobearum et Conyzarum genn.*
Adans. — *Corymbiferarum genn.* Juss. Gen. — *Jacobæarum genn.*
Kunth, in Humb. et Bonpl. — *Senecionideæ-Senecioneæ* Less. Syn. —
De Cand. Prodr. vol. VI.

— *Heteractis* De Cand. — *Notonia* De Cand. — *Bedfordia* De Cand.

Section II. SÉNÉCIONÉES-PROTOTYPES Cass.

Involucre caliculé, formé d'écailles 1-sériées.

a) *Capitules radiés.*

Hubertia Bory. — *Gynoxis* Cass. — *Synarthrum* Cass. — *Sclerobasis* Cass. — *Jacobæa* Tourn. — *Obæjaca* Cass. — *Brachystephium* Less. — *Madaractis* De Cand. — *Brachyrhynchos* Less.

b) *Capitules discoïdes.*

Eudorus Cass. — *Neoceis* Cass. — *Stilpnogyne* De Cand.

c) *Capitules incouronnés.*

Cremocephalum Cass. (Crassocephalum Mœnch.) — *Gynura* Cass. — *Ætheolæna* Cass. — *Carderina* Cass. — *Senecio* Tourn. — *Faujasia* Cass. — *Scrobicaria* Cass. — *Pentacalia* Cass. (Psacalium De Cand.) — *Kleinia* Linn. non Juss. nec Jacq. (Cacalia Cass. non Tourn. Cacalianthemum Dill.) — *Cacalia* Tourn. (Pericalia Cass.) — *Acleia* De Cand.

Section III. SÉNÉCIONÉES-OTHONNÉES Cass.

Involucre non caliculé, formé d'écailles 1-sériées.

a) *Capitules incouronnés.*

Arnoglossum Cass. — *Erechthites* Rafin. — *Emilia* Cass. — *Pithosillum* Cass. — *Notonia* De Cand. — *Raillarda* Gaudich. — *Lopholæna* De Cand.

b) *Capitules discoïdes.*

Doria Thunb.

c) *Capitules radiés.*

Brachyglottis Cass. — *Gymnodiscus* Less. — *Othonna*
Linn. (Aristotela Adans. non L'hérit.) — *Hertia* Less.
(non Neck.) — *Ruckeria* De Cand. — *Euryops* Cass.—
— *Lachanodes* De Cand. — *Werneria* Kunth. — *Cineraria* Linn. — *Senecillis* Gærtn. — *Ligularia* Cass. nec
alior. (Hoppea Reichb. non L'hérit.) — *Mesogramma*
De Cand. — *Oligothrix* De Cand. — *Asterosperma* Less
— *Crocidium* Hook.

XVᵉ TRIBU. LES NASSAUVIÉES.—*NASSAUVIEÆ*
Cass. (1).

Capitules radiatiformes, jamais radiés. Corolle à 2 lèvres très-dissemblables : l'extérieure plus longue et plus large, radiante, liguliforme, 3-dentée; l'intérieure 2-partie. Anthères longuement appendiculées. Stigmates semblables à ceux des Anthémidées; bourrelets très-menus.

Section I. NASSAUVIÉES-TRIXIDÉES Cass.

Capitules composés de plus de 5 fleurs, disposées sur
plus d'un rang.

Jungia Linn. (Jungia, Dumerilia, et Martrasia Lag.;
Cass.; Trinacte Gærtn. Rhinactina Willd.) — *Ptilurus*
Don. — *Leuceria* Lag. (Leucæria, Leucheria et Leuchæria quorund.)—*Chabræa* De Cand. (Lasiorhiza Lagasc.
Cassiopea G. Don.) — *Clarionea* Lagasc. — *Perezia*

---

(1) *Nassauvieæ* Cass. Dict. vol. 8, p. 595; vol. 20, p. 378; vol. 54,
p. 204; v. 60, p. 585 et 598; Opusc. 2, p. 451. — Less. in Linnæa,
1830, p. 1. — *Nassauviaceæ* Less. Syn. — De Cand. Prodr. VII, pars I,
p. 48. — *Perdiciearum genn.* Spreng. Syst. — *Labiatiflorarum genn.*
De Cand. in Ann. du Mus. 19, p. 59. — *Chœnanlophorarum genn.*
Lag. Amœn. Hisp. 2, p. 29.

Lag. — *Drozia* Cass. — *Homoianthus* De Cand. (Isan-
thus De Cand. non Mich. Homæanthus Spreng. Clarionea Cass. nec alior. Scolymanthus Willd.)—*Acourtia*
Don. (Perezia Lallav. et Lex. non Cass.) — *Dumerilia*
Less. — *Trixis* P. Browne. — *Alcithoe* Don. — *Prio-
nanthes* Schrank. (Tenorea Colla nec alior. Eutrixis
Hook.) — *Holocheilus* Cass. (Platycheilus Cass. Clean-
thes Don.) — *Pleocarphus* Don. — *Moscharia* Ruiz et
Pav. (Moschifera Molin. Mosigia Spreng. Gastrocarpha
Don.) — *Dolichlasium* Lag. — *Pamphalea* (et Panpha-
lea) Lag. — *Cephalopappus* Nees et Martius.

SECTION II. **NASSAUVIÉES-PROTOTYPES** Cass.

Capitules composés de 1 à 5 fleurs 1-sériées.

Nassauvia Commers. (Nassovia Pers. Nassavia Spreng.)
— *Mastigophorus* Cass. — *Triachne* Cass. — *Triptilion*
Ruiz et Pav. — *Strongyloma* De Cand. (Acanthophyllum
Hook. et Arn. non C. A. Mey.) — *Caloptilium* Lag.
(Sphærocephalus Lag. non alior. —?Portalesia Meyen.)
— *Polyachyrus* Lag. (Bridgesia Hook. Misc.; non Hook.
et Arn. nec Berter. Polyachrus Hook et Arn. — ?Dia-
phoranthus Meyen.) — *Panargyrum* Lag. (Panargyrus
Lag. Pentanthus Less. non Hook. et Arn.) — *Pipto-
stemma* Don. — *Pentanthus* Hook.

XVIᵉ TRIBU. **LES MUTISIÉES.** — *MUTISIEÆ*
Cass. (1).

*Capitules presque toujours radiés, jamais radiatiformes.
Corolle à 2 lèvres isomètres : l'extérieure 3-fide; l'in-*

____

(1) *Mutisieæ* Cass. Dict. des Sc. Nat. vol. 8, p. 594; vol. 20, p. 579;
vol. 55, p. 462. — *Mutisiaceæ* Less. Syn.; Linnæa 1830, p. 257
(*excl. genn.*) — De Cand. Prodr. VII, pars I, p. 1 (*excl. genn.*) —
Labiatiflorarum genn. De Cand. in Ann. du Mus. vol. 19, p. 184. —
Chænantophorarum genn. Lag. Amœn. Hisp. —*Perdicieæ* Spreng. Syst.

térieure 2-fide. Anthères longuement appendiculées. Stigmates courts, non-divergents, demi-cylindriques, arrondis au sommet, ayant la face interne bordée de 2 bourrelets très-menus, confluents au sommet, et la face externe pubérule vers le sommet.

Mutisia Linn. — *Guariruma* Cass. — *Aplophyllum* Cass. — *Ainsliœa* De Cand. — *Chionoptera* De Cand. — *Carmelita* Cl. Gay. — *Gerbera* Linn. (Aphyllocaulon Lag. Gerberia Cass.) — *Leptica* E. Meyer. — *Oreoseris* De Cand. — *Berniera* De Cand. — *Lasiopus* Cass. — *Seris* Less. non Willd. — *Amblysperma* Benth. — *Trichocline* Cass. — *Lycoseris* Cass. — *Diazeuxis* Don. — *Moquinia* De Cand. non Spreng. (Spadonia Less. non Fries.) *Chœtanthera* Ruiz et Pavon.—*Bichenia* Don.—*Cherina* Cass. (Euthrixia Don.)—*Proselia* Don. (Prionotophyllum Less.)—*Tylloma* Don.—*Pachylœna* Don. — *Brachyclados* Don. — *Isotypus* Kunth. (Seris Willd. non Less.) — *Onoseris* De Cand. — *Cladoseris* Less. (Chætochlæna Don.) — *Hipposeris* Cass. (Centroclinium Don.)—*Perdicium* Lag. (Pardisium Burm.)—*Anandria* Siegesb. (Leibnitzia Cass. Chaptalia Ledeb. non Vent.) — *Chaptalia* Vent. — *Leria* De Cand. — *Lieberkuhna* Cass.— *Oxyodon* Less. — *Loxodon* Cass. — *Chevreulia* Cass.

XVIIe TRIBU. **LES TUSSILAGINÉES.** — *TUSSILAGINEÆ* Cass. (1).

Fleurs jamais hermaphrodites. Corolle régulière. Style des fleurs-femelles à 2 stigmates très-courts, cylindriques, arrondis au sommet, très-finement papilleux sur

---

(1) *Tussilagineæ* Cass. Dict. des Sc. Nat. vol. 20, p. 381 ; vol. 34, p. 195 ; vol. 59, p. 203. — *Eupatoriacearum genn.* De Cand. ; Less.

*toute leur surface. Style des fleurs mâles à stigmate
court, gros, pubescent, bifide au sommet.*

Tussilago Tourn. — *Adenocaulon* Hook. — *Petasites*
Tourn. — *Nardosmia* Cass.

XVIIIe TRIBU. LES ADÉNOSTYLÉES.—*ADENO-STYLEÆ* Cass. (1)

*Capitules contenant toujours des fleurs hermaphrodites.
Corolle régulière. Stigmates divergents, arqués en dehors, demi-cylindriques, arrondis au sommet, glanduleux à la surface externe, et ayant la face interne
occupée d'un bout à l'autre par 2 gros bourrelets ponc-
ticulés, presque contigus, confluents au sommet.*

Celmisia Cass. — *Homogyne* Cass. — *Adenostyles*
Cass. (Cacalia Tourn. non Cass. nec Less.) — *Paleolaria*
Cass. (Palafoxia Lagasc.)

XIXe TRIBU. LES EUPATORIÉES.—*EUPATORIEÆ* Cass. (2).

*Stigmates très-longs, colorés, ayant une partie infé-
rieure (ordinairement arquée en dehors) plus courte,
plus mince, demi-cylindrique, bordée de 2 bourrelets
très-menus, et une partie supérieure (ordinairement
arquée en dedans) plus longue, plus épaisse, subcylindracée, arrondie au sommet, papilleuse, ou glanduleuse. Capitules homogames. Corolle régulière.*

---

(1) *Adenostyleæ* Cass. Dict. des Sc. Nat. vol. 1, Suppl. p. 59 ; v. 20,
p. 582 ; vol. 26, p. 226. — *Eupatoriacearum genn.* Less. ; De Cand.

(2) *Eupatorieæ* Cass. Dict. des Sc. Nat. vol. 16, p. 9 ; vol. 20,
p. 583 ; vol. 26, p. 227. — *Eupatoriaceæ* Less. Syn. (*excl. genn.*) —
De Cand. Prodr. V, p. 103 (*excl. genn.*) — *Eupatoreæ* Kunth ; in
Humb. et Bonpl.

Section I. **EUPATORIÉES-AGÉRATÉES** Cass.

Fruit subpentagone ou comprimé. Aigrette nulle, ou coroniforme, ou composée soit de paillettes, soit de soies.

Nothites Cass. — *Stevia* Cavan. — *Phania* De Cand. — *Carelia* Less. — *Agrianthus* Martius. — *Ageratum* Linn. — *Pectinellum* De Cand. — *Anisochæta* De Cand. — *Cœlestina* Cass. — *Alomia* Kunth. — *Phalacræa* De Cand. — *Gymnocoronis* De Cand. — *Isocarpha* R. Br. — *Piqueria* Cavan. — *Orsinia* Bertol. — *Adenostemma* Forst. (Lavenia Swartz.) — *Sclerolepis* Cass. (Sparganophorus Michx. non Gærtn.)

Section II. **EUPATORIÉES-PROTOTYPES** Cass.

Fruit anguleux. Aigrette de poils filiformes.

Mikania Willd. — *Gyptis* Cass. — *Eupatorium* Tourn. — *Critonia* P. Browne (non Gærtn. nec Cass. Wickstrœmia Spreng. non Schrad.) — *Campuloclinium* De Cand. — *Hebeclinium* De Cand. — *Conoclinium* De Cand. — *Ooclinium* De Cand. — *Praxelis* Cass. — *Chromolæna* De Cand. — *Decachæta* De Cand. — *Carminatia* De Cand. — *Disynaphia* De Cand.

Section III. **EUPATORIÉES-LIATRIDÉES** De Cand.

Fruit subcylindracé, à environ 10 nervures ; aigrette de poils filiformes.

Coleosanthus Cass. — *Bulbostylis* De Cand. — *Kuhnia* Linn. (Critonia Gærtn. non P. Br.) — *Carphephorus* Cass. — *Trilisa* Cass. — *Suprago* Gærtn. — *Liatris* Schreb. — *Clavigera* De Cand.

XXᵉ TRIBU. **LES VERNONIÉES.** — *VERNONIEÆ*
Cass. (1).

Stigmates semblables à ceux des Lactucées. Capitules homogames ou rarement hétérogames. Corolle régulière, ou subbilabiée, ou palmée.

Section I. **VERNONIÉES-LIABÉES** Cass.

Capitules radiés.

Munnozia R. et Pav. — *Liabum* Adans. (Chrysactinium Kunth. Starkea Willd. Starkia Juss.) — *Alibum* Less. — *Andromachia* Humb. et Bonpl. (Viviania Willd. nec alior.) — *Hectorea* De Cand. — *Xanthisma* De Cand. — *Oligactis* Kunth. — *Cacosmia* Kunth.

Section II. **VERNONIÉES-PLUCHÉINÉES** Cass.

Capitules couronnés, discoïdes.

Epaltes Cass. (Ethulia Gærtn. non Cass.) — *Pluchea* Cass. (Stylimnus et Gynema Rafin. Leptogyne Elliott.) — *Pterocaulon* Elliot. (Chlænobolus Cass.) — *Monenteles* Labill. — *Tessaria* Ruiz et Pav. (Gyneheteria Willd.) — *Phalacromesus* Cass. — *Monarrhenus* Cass. — *Blumea* De Cand. non Nees nec Spreng.

Section III. **VERNONIÉES-TARCHONANTHÉES** Cass.

Capitules unisexuels, dioïques, en général pluriflores.

Tarchonanthus Linn. — *Henotogyna* De Cand. —

---

(1) *Vernonieæ* Cass. Dict. des Sc. Nat. vol. 20, p. 584 ; *ibid.*, vol. 57, p. 558. — *Vernoniaceæ* Less. Syn. ; De Cand. Prodr. V, p. 9 (*exclus. Pectideis*). — *Echinopsidearum, Vernoniacearum, Asterearum* et *Helianthearum genn.* Kunth, in Humb. et Bonpl.

Brachylæna R. Br. (Oligocarpha Cass.) — *Piptocarpha* Cass. — *Arrhenachne* Cass. — *Stephananthus* Lehm. — *Pingræa* Cass.

SECTION IV. **VERNONIÉES-PROTOTYPES** Cass.

Capitules homogames, 2-ou pluri-flores; fleurs herma-phrodites.

Ethulia L. non Gærtn. (Kahiria Forsk. Pirarda Adans. Leighia Scopol. non Cass.) — *Sparganophorus* Vaill. (Struchium P. Br. Athenæa Adans.) — *Oiospermum* Less. — *Herderia* Cass. — *Stokesia* L'hérit (Cartesia Cass.) — *Synchodendron* Bojer. — *Centauropsis* Bojer. — *Tecmarsis* De Cand. — *Oliganthes* Cass. — *Piptocoma* Cass. — *Lychnophora* Martius. — *Albertinia* Spreng. — *Pycnocephalum* Less. — *Lychnocephalus* Martius. — *Chronopappus* De Cand. — *Pythecoseris* Martius. — *Stachyanthus* De Cand. — *Chresta* De Cand. — *Stilpnopappus* Martius. — *Blanchetia* De Cand. — *Strophopappus* De Cand. — *Distephanus* Cass. — *Haplophyllum* De Cand. — *Webbia* De Cand. non Spach. — *Odontocarpha* De Cand. — *Platycarpha* Less. — *Bechium* De Cand.—*Centratherum* Cass. (Ampherephis Kunth. Spixia Schrank.) — *Cyanopsis* Blum. (Cyanthillium Blum. Isonema Cass. non R. Br.) — *Decaneurum* De Cand. (Phyllocephalum Blum. Gymnanthemum Cass.) —*Vernonia* Linn.—*Acilepis* Don.—*Hololepis* De Cand. — *Vannillosma* Less. — *Strobocalyx* Blum. — *Trianthæa* De Cand. — *Tephrodes* De Cand. (Isomeria Don.) — *Lepidaploa* Cass. — *Ascaricida* Cass. — *Centrapalus* Cass. — *Achyrocoma* Cass. — *Heterocoma* De Cand. —. *Pacourina* Aubl. (Meisteria Scopol. Haynea Willd.) — *Pacourinopsis* Cass. — *Dialesta* Kunth. — *Distreptus*

Cass. (Pseudo-Elephantopus Rohr. Matamoria Lallav. et Lex.) — *Elephantosis* Less. — *Elephantopus* Linn.

SECTION V. **VERNONIÉES-ROLANDRÉES** Cass.

Capitules 1-flores.

Eremanthus Less. non Cass. — *Haplostephium* De Cand. — *Shawia* Forst. — *Monosis* De Cand. — *Adenocyclus* Less. — *Odontoloma* Kunth. — *Trichospira* Kunth. — *Spiracantha* Kunth. (Acosta De Cand.) — *Lagasca* Cavan. (Nocçæa Jacq. non Mœnch.) — *Nocca* Cavan. (Lagascea Less.) — ? *Cœsulia* Roxb. — *Rolandra* Rottb. — *Corymbium* Linn. (Contarena Adans.) — *Gundelia* Tourn. (Gundelsheimera Cass.)

SYNANTHÉRÉES DE CLASSIFICATION DOUTEUSE.

Abasoloa Lallav. et Lex. — *Allendea* Lallav. et Lex. — *Anisopappus* Hook. — *Apatanthus* Vivian. — *Arrowsmithia* De Cand. — *Atractylodes* De Cand. — *Cadiscus* E. Mey. — *Dipterocome* Fisch. et Mey. — *Dolichogyne* De Cand. — *Elachia* De Cand. — *Galeana* Lallav. et Lex. — *Galophtalmum* Nees et Martius. — *Gnaphalopsis* De Cand. — *Hysterionica* Willd. — *Metazanthus* Meyen. — *Microspermum* Lagasc. — *Odontotrichum* Zucc. — *Onopix* Rafin. — *Ophryosporus* Meyen. — *Placus* Lour. — *Psilostrophe* De Cand. — *Scalesia* Arn. — *Serinia* Rafin. — *Trimetra* Moç.

Iᵉ TRIBU. **LES LACTUCÉES.** — *LACTUCEÆ* Cass.

Capitules homogames, radiatiformes. Corolle liguliforme, 5-dentée, 5-ou 6-nervée. Style pubescent vers son sommet. Stigmates filiformes, divergents,

*arqués en dehors, semi-cylindriques, papilleux à
toute la surface supérieure, pubescents à la surface
inférieure.*

Plantes lactescentes, la plupart herbacées. Feuilles alternes. Capitules
pluriflores. Involucre à écailles imbriquées ou 1-sériées. Réceptacle nu,
ou squamelleux, ou poilu. Corolle très-mince, diurne, non-marcescente,
en général jaune, quelquefois bleue , ou rouge , ou violette, ou orange ;
jonction du tube et du limbe souvent garnie d'une houppe de poils ; tube
court ; limbe long, étroit, à dents calleuses au sommet. Corolle des
fleurs intérieures graduellement plus courte que celle des fleurs de la circonférence du capitule. Étamines à filets soudés jusqu'au sommet du tube
de la corolle ; article anthérifère conforme au filet. Anthère longue :
connectif grêle ; appendice-apicilaire oblong, libre, terminé en demi-
cercle ; appendices-basilaires oblongs, non-polliniferes, soudés aux appendices des anthères voisines. Pollen ordinairement dodécaèdre. Ovaires
souvent stipités (à stipe souvent continu avec le réceptacle) ; leur forme et
leur aigrette sont très-variées, suivant les genres, et souvent, sur la même
plante, selon la situation centrale, marginale, ou intermédiaire des fleurs
dans le capitule.

La plupart des *Lactucées* ou *Chicoracées* habitent l'hémisphère septentrional, et c'est dans les régions voisines de la Méditerranée qu'elles abondent le plus. Le suc-propre de la plupart de ces végétaux est plus ou moins
amer et narcotique ; mais plusieurs espèces , du moins à l'état cultivé ,
fournissent des aliments sains et agréables.

Genre LAITUE. — *Lactuca* (Tourn.) Cass.

Capitules pluriflores. Involucre conique-cylindracé,
non-caliculé, composé d'écailles imbriquées, appliquées :
les extérieures ovales ; les intérieures oblongues. Réceptacle plan , nu. Nucules suborbiculaires ou elliptiques,
comprimées (quelquefois marginées), non-stipitées, terminées en long col filiforme ; aigrette composée de poils
nombreux, barbellulés, inégaux, filiformes, soyeux, très-
caducs.

Herbes annuelles , ou bisannuelles ; ou vivaces. Tige
feuillée. Feuilles indivisées ; ou pennatifides, ou sinuées,
souvent amplexicaules. Capitules petits, pédonculés , dis-

posés en panicule terminale. Corolle jaune , ou blanchâtre , ou violette , ou bleue : celle des fleurs marginales
plus longue que l'involucre.

LAITUE CULTIVÉE.—*Lactuca sativa* Linn.—Blackw. Herb.
tab. 88. — *Lactuca crispa* et *Lactuca capitata* C. Bauh.
—*Lactuca laciniata* Roth.— *Lactuca palmata* Willd.— Rameaux-florifères disposés en panicule subcorymbiforme. Feuilles (de forme très-variable) indivisées ou laciniées, lisses,
inermes. Corolle jaune. — Plante annuelle, très-glabre, haute
de 1 pied à 3 pieds. Tige raide, dressée, paniculée vers le sommet, feuillue inférieurement ; rameaux plus ou moins divergents, grêles, garnis de feuilles beaucoup plus petites que celles
de la tige. Feuilles minces, flasques, d'un vert gai (marbrées de
violet dans certaines variétés) : les radicales arrondies, ou oblongues, ou obovales, indivisées, ou sinuées, ou irrégulièrement
laciniées, souvent rugueuses (crépues ou ondulées chez certaines
variétés), rétrécies à leur base ; les caulinaires horizontales ou
subverticales, ovales, ou oblongues, denticulées, ou laciniées,
ou sinuées, amplexicaules (à oreillettes arrondies); feuilles-ramulaires cordiformes-orbiculaires, ou cordiformes-ovales, ou sagittiformes, acuminées, amplexatiles, en général très-petites. Fleurs
petites, d'un jaune pâle.

Cette Laitue, si fréquemment cultivée comme plante potagère, n'est probablement qu'une variété de quelque autre
espèce de ce genre; du moins elle n'a jamais été observée à
l'état sauvage, et sa culture remonte à l'antiquité la plus recu-
lée. Ses variétés les plus notables sont : la *Laitue pommée*
(ainsi nommée , parce qu'avant de développer sa tige, elle offre
une touffe de feuilles pressées les unes contre les autres, et formant une tête arrondie comme un chou); la *Laitue frisée*, dont
les feuilles, plus ou moins découpées et crépues, ne forment
point tête ; la *Laitue romaine*, caractérisée par des feuilles allongées, dressées, non-bosselées ni crépues, formant une tête allongée peu compacte; enfin la *Laitue-chicorée* ou *Laitue-épi-
nard*, facile à reconnaître à ses feuilles sinuées-lobées et ne

formant jamais une tête. La Laitue possède des propriétés cal-
mantes, relâchantes et diurétiques : son extrait est faiblement
narcotique.

LAITUE VIREUSE.—*Lactuca virosa* Linn. —Rameaux-florifères disposés en panicule allongée. Feuilles horizontales, spinelleuses en dessous (sur la côte) et aux bords : les inférieures indivisées ; les supérieures ordinairement pennatifides ; les caulinaires amplexicaules à oreillettes pointues. Fleurs jaunes. Nucules
scabres. — Plante tantôt annuelle, tantôt bisannuelle, haute de
3 à 8 pieds. Tige raide, dressée, spinelleuse inférieurement.
Feuilles oblongues ou oblongues-obovales, obtuses, rétrécies
vers leur base, sinuolées-denticulées, d'un vert glauque, quelquefois toutes indivisées ; denticules mucronées, piquantes. Capitules plus ou moins longuement pédicellés, disposés en panicule lâche. Nucules noires.

Cette espèce croît dans les haies, les décombres et autres localités incultes ; elle fleurit en été. Son suc-propre, très-âcre et
amer, a des propriétés narcotiques, analogues à celles de l'o-
pium ; l'extrait de ce suc a été préconisé comme un remède
contre l'hydropisie.

LAITUE SCARIOLE. —*Lactuca Scariola* Linn. —Engl. Bot.
tab. 268. — *Lactuca sylvestris* Lamk. — Cette espèce ne diffère de la précédente qu'en ce que ses feuilles caulinaires sont
verticales et en général toutes roncinées ; elle croît dans les mêmes localités que la *Laitue vireuse*, dont elle possède aussi les
propriétés. On la nomme vulgairement *Scariole* : dénomination
mal choisie, parce qu'elle est commune à une variété de la
Chicorée cultivée.

Genre LAITRON. — *Sonchus* (Linn.) Vaill.

Capitules multiflores. Involucre ovoïde (urcéolaire après
la floraison), à écailles imbriquées, apprimées, obtuses, un
peu membraneuses aux bords. Réceptacle nu, alvéolé. Nucules comprimées, aptères (quelquefois submarginées),

non-stipitées, non-rostrées, oblongues, ou obovales, longitudinalement striées, transversalement rugueuses (quelquefois presque lisses); aigrette composée de poils soyeux,
très-blancs, nombreux, inégaux, barbellulés.

Herbes, ou arbrisseaux. Tiges et rameaux fistuleux.
Feuilles de forme très-variée. Fleurs jaunes.

LAITRON COMMUN. — *Sonchus oleraceus* Linn. — Flor.
Dan. tab. 682. — Engl. Bot. tab. 843. — *Sonchus ciliatus* et
Sonchus spinosus Lamk. Flor. Franç.—*Sonchus lævis* Blackw.
Herb. tab. 130. — *Sonchus asper* Blackw. Herb. tab. 30. —
Flor. Dan. tab. 893. — *Sonchus lævis* et *Sonchus fallax*
Wallr. — *Sonchus lacerus* Willd.

Plante annuelle, haute de 1 pied à 4 pieds. Racine assez
épaisse, pivotante, blanchâtre. Tige lisse, cylindrique, dressée,
paniculée, glabre de même que les feuilles et les rameaux.
Feuilles opaques ou luisantes, minces, plus ou moins raides,
d'un vert glauque (surtout en dessous), de forme très-variable
(lyrées, ou roncinées, ou pennatifides, ou sinuées-dentées, ou
indivisées), denticulées, ou aristées-ciliées : les caulinaires amplexicaules, à oreillettes tantôt pointues, tantôt obtuses. Capitules pédonculés, terminaux, disposés en corymbes. Pédoncules
et involucres tantôt glabres ou floconneux, tantôt garnis de poils
glandulifères. Involucre-fructifère ovale-pyramidal, costé. Corolle d'un jaune pâle. Nucules tantôt lisses, tantôt transversalement rugueuses. — Cette plante, connue sous les noms vulgaires
de *Laitron, Laceron*, ou *Palais de lièvre*, est commune dans
les décombres et les localités cultivées; elle fleurit depuis le
mois de mai jusqu'en automne. Toutes les parties du Laitron
sont amères ; ses feuilles s'employaient jadis comme apéritives et
rafraîchissantes ; dans plusieurs contrées, on les mange en salade,
étant jeunes.

Genre ANISODÉRIS. — *Anisoderis* Cass.

Capitules multiflores. Involucre caliculé, campanulé
(urcéolaire après la floraison), composé d'écailles subfo-

liacées, 1-sériées, égales, oblongues ; écailles-caliculaires lâches, irrégulièrement disposées. Réceptacle plan, fimbrillifère. Nucules non-stipitées, subcylindriques, aptères, striées, muriquées : les marginales tronquées au sommet ou courtement rostrées ; les autres longuement rostrées ; aigrette composée de poils soyeux, très-blancs, nombreux, pluri-sériés, barbellulés.

Herbes annuelles ou bisannuelles. Tiges nues ou feuillées, en général rameuses. Feuilles pennatifides ou dentées : les caulinaires amplexicaules. Capitules solitaires, terminaux, nutants avant la floraison. Corolle jaune ou rouge : celle des fleurs marginales plus longue que l'involucre. Nucules du disque à bec graduellement plus long. Nucules marginales enveloppées par les écailles du réceptacle.

a) Écailles-caliculaires subscarieuses, ovales-lancéolées. Corolle d'un rose plus ou moins vif. Nucules marginales subrostrées.

ANISODÉRIS ROUGE. — *Anisoderis rubra* Cass. — *Crepis rubra* Linn. — Herb. de l'Amat. tab. 14. — *Barkhausia rubra* Mœnch, Meth. — *Crepis incarnata* Visian. — Plante tantôt annuelle, tantôt bisannuelle, haute de ½ pied à 1 ½ pied, parsemée d'une pubescence scabre. Tiges dressées ou ascendantes, simples, ou rameuses, tantôt subaphylles, tantôt feuillées. Feuilles sinuolées-denticulées, ou sinuées-dentées, ou pennatifides : les radicales oblongues-spathulées ; les caulinaires ovales-lancéolées, ou oblongues-lancéolées, pointues, subsagittiformes, ou hastiformes à la base. Capitules longuement pédonculés. Écailles-caliculaires glabres, 2 à 4 fois plus courtes que l'involucre. Involucre hispide, long d'environ 6 lignes. Nucules brunes, grêles : les marginales à peu près aussi longues que les écailles-involucrales ; les autres rétrécies en long bec filiforme.

Cette espèce, indigène de l'Europe méridionale, se cultive comme plante de parterre.

b) Écailles caliculaires petites, subulées. Corolle d'un jaune de citron en dessus, orangée en dessous. Nucules marginales non-rostrées.

ANISODÉRIS FÉTIDE.—*Anisoderis foetida* Cass. — *Crepis fœ-*

tida Linn. — Engl. Bot. tab. 406. — *Barkhausia fœtida* De Cand. Fl. Fr. — *Hostia fœtida* Mœnch, Meth. — *Barkhausia graveolens* Link. — *Barkhausia pinguis* Reichenb. — *Barkhausia rhœadifolia* Bieb. — *Barkhausia Candollii* Spreng. — *Barkhausia glandulosa* Presl. — *Crepis glandulosa* Gusson. — Plante haute de ¹/₂ pied à 3 pieds, plus ou moins rameuse, tantôt annuelle, tantôt bisannuelle, plus ou moins visqueuse et incane (par une pubescence glandulifère), en outre parsemée de poils scabres. Racine pivotante, peu rameuse. Tige dressée, anguleuse, feuillée, en général paniculée ; rameaux plus ou moins divergents, 1-7-céphales. Feuilles lyrées, ou roncinées, ou sinuées-pennatifides : les radicales rétrécies en pétiole ; les caulinaires amplexatiles, à oreillettes-basilaires pointues, plus ou moins longues ; les feuilles supérieures souvent linéaires-lancéolées et très-entières. Pédoncules (ramules-florifères) longs, grêles, ascendants. ou divergents, tantôt glabres, tantôt pubérules et visqueux : les fructifères non épaissis au sommet. Involucre plus ou moins velu, ordinairement visqueux. Nucules brunâtres : les marginales à peine aussi longues que les écailles involucrales ; les autres rétrécies en long bec filiforme.

Cette epèce est commune dans les localités arides et découvertes; elle est remarquable par une odeur très-pénétrante, analogue à celle du castoréum, qu'exhalent toutes ses parties, mais surtout sa racine.

Genre PISSENLIT. — *Taraxacum* Hall.

Capitules multiflores. Involucre caliculé, campanulé (urcéolé après la floraison), composé d'écailles foliacées, 1-sériées, égales, oblongues, calleuses au sommet ; écailles caliculaires imbriquées ou réfléchies, subovales. Réceptacle plan, nu. Nucules conformes, non-stipitées, suboblongues, un peu comprimées, striées, aptères, muriquées, ou spinelleuses, brusquement acuminées et rétrécies en long col filiforme ; aigrette composée de poils soyeux, très-blancs, nombreux, multisériés, barbellulés.

Herbes vivaces, acaules. Hampes grêles, nues, cylindriques, fistuleuses, 1-céphales, ou rameuses. Feuilles entières ou incisées, toutes radicales. Corolle jaune : celle des fleurs marginales plus longue que les écailles involucrales. Nucules marginales non-enveloppées par l'involucre.

PISSENLIT COMMUN. — *Taraxácum Dens-leonis* Desfont. Flor. Atlant. — *Leontodon Taraxacum* Linn. — Bull. Herb. tab. 217. — Engl. Bot. tab. 510. — Flor. Dan. tab. 754. — *Taraxacum officinale* Mœnch, Meth. — *Leontodon palustre* Smith, Engl. Bot. tab. 553. — *Leontodon lividus* Wald. et Kit. Hung. tab. 115. — *Leontodon salinus* Pollich. — *Leontodon gymnanthum* Link. — *Leontodon caucasicus* et *Leontodon alpinus* Stev. — *Leontodon ceratophorus*, *Leontodon glaucanthus*, *Leontodon leucanthus*, *Leontodon Stevenii* et *Leontodon lyratus* Ledeb. — *Taraxacum erythrospermum* Andrz. — *Leontodon obovatus* Willd. Hort. Berol. tab. 47. — *Leontodon corniculatus* Kit. — *Leontodon apenninus* Tenor. — *Taraxacum Dens-leonis*, *Taraxacum gymnanthum*, *Taraxacum mexicanum*, *Taraxacum latilobum*, *Taraxacum caucasicum*, *Taraxacum ceratophorum*, *Taraxacum lævigatum*, *Taraxacum corniculatum*, *Taraxacum glaucanthum*, *Taraxacum glabrum*, *Taraxacum erythrospermum*, *Taraxacum obovatum*, *Taraxacum Wallichii*, *Taraxacum eriopodum*, *Taraxacum glaucescens* (Reichb.), *Taraxatum lyratum*, *Taraxacum alpestre*, *Taraxacum apenninum*, *Taraxacum palustre*, *Taraxacum bicolor*, *Taraxacum collinum*, *Taraxacum parvulum*, *Taraxacum Stevenii*, et *Taraxacum hirsutum* (Hook.), De Cand. Prodr. 7, p. 145-149.

Plante tantôt très-glabre, tantôt plus ou moins pubescente ou poilue. Racine pivotante, rameuse, en général polycéphale. Feuilles de forme et de grandeur extrêmement variables (mais assez constantes sur le même individu), minces, rosclées, en général étalées sur terre, d'un vert tantôt glauque, tantôt plus ou moins foncé, indivisées, rétrécies vers leur base (obovales,

ou oblongues-obovales, ou oblongues , ou lancéolées-oblongues)
et plus ou moins profondément denticulées ou sinuolées (quelquefois très-entières), ou sinuées-dentées, ou roncinées, ou pennatiparties, obtuses, ou pointues. Hampes hautes de 2 pouces
à 1 pied, débiles, dressées, ou ascendantes, simples, 1-céphales.
Capitules de grandeur variable. Écailles-caliculaires ovales, ou
ovales-lancéolées, ou oblongues-lancéolées, tantôt apprimées,
tantôt étalées ou réfléchies. Corolle d'un jaune tantôt pâle, tantôt vif, souvent rougeâtre en dessous. Nucules oblongues ou oblongues-obovales, muriquées, ou squamelleuses (surtout vers leur
sommet), couleur de feuille morte, ou jaunâtres , ou rougeâtres,
2 à 4 fois plus courtes que le col. — Cette espèce, connue sous
les noms vulgaires de *Pissenlit* ou *Dent de lion*, est commune
dans les prairies et autres localités découvertes, soit sèches,
soit humides ; elle fleurit depuis le mois d'avril jusqu'en été, et
souvent de nouveau en automne. Toute la plante est amère ;
elle possède des propriétés dépuratives , apéritives , diurétiques
et antiscorbutiques ; les jeunes feuilles , ainsi que l'on sait , sont
assez recherchées comme salade de printemps.

Genre ÉPERVIÈRE. — *Hieracium* (Linn.) Cass.

Capitules multiflores. Involucre non-caliculé , campanulé (urcéolaire après la floraison), composé d'écailles 2-ou
pluri - sériées , inégales, imbriquées , apprimées , foliacées , sublinéaires. Réceptacle plan, alvéolé : bords des
fossettes dentés. Nucules cylindracées ou subfusiformes ,
non-stipitées , tronquées au sommet, 5-ou 10-costées ;
côtes lisses, ou rugueuses, ou denticulées , ou muriquées ;
aigrette 1-sériée , composée de poils raides , filiformes, barbellulés , ordinairement d'un blanc sale ou roussâtre.

Herbes vivaces, le plus souvent poilues. Pubescence souvent glanduleuse. Feuilles sessiles ou pétiolées , très-entières, ou dentées, ou incisées. Capitules solitaires ou fasciculés, terminaux, ou axillaires et terminaux. Corolle
jaune, ou rarement d'un rouge orangé, ordinairement

parsemée de poils : celle des fleurs marginales plus longue
que les écailles-involucrales. Nucules ordinairement plus
courtes que les écailles-involucrales.

*a) Plante acaule, stolonifère. Hampe 1-céphale. Corolle jaune en
dessus, rougeâtre en dessous.*

ÉPERVIÈRE PILOSELLE. — *Hieracium Pilosella* Linn. —
Blackw. Herb. tab. 365.—Bull. Herb. tab. 279.—Engl.
Bot. tab. 1093. — Flor. Dan. tab. 1110. — *Hieracium pilosel-
læforme* Hoppe. — *Hieracium pumilum* Lapeyr. — *Hieracium breviscapum* De Cand. Fl. Fr. (var. nana.) — *Hieracium Pelleterianum* Mérat. — Reichb. Plant. Crit. VIII, Ic.
— Racine pivotante, produisant une seule hampe (haute de 3
pouces à 1 pied) dressée, et plusieurs stolons feuillus, décombants, simples ou ramuleux. Feuilles lancéolées-oblongues, ou
oblongues-obovales, ou lancéolées-obovales, obtuses, très-entières, rétrécies en pétiole, cotonneuses-blanchâtres ou vertes en
dessus et hérissées de longs poils blancs; feuilles radicales roselées, étalées sur terre. Hampe cotonneuse, nue, grêle, par exception 2-céphale. Capitule de grandeur variable. Involucre
cotonneux, quelquefois en outre hérissé de longs poils blancs.
— Cette plante, nommée vulgairement *Piloselle*, ou *Oreille de
souris*, est commune dans les pâturages secs et autres localités
arides; elle fleurit en mai et juin; on lui attribue des propriétés
détersives et vulnéraires.

*b) Plante à tige presque nue, hérissée de poils bulbeux. Capitules en
cyme terminale. Corolle d'un rouge orangé.*

ÉPERVIÈRE ORANGÉE. — *Hieracium aurantiacum* Linn. —
Jacq. Flor. Austr. tab 410. — Plante tantôt non-stolonifère,
tantôt munie de stolons plus ou moins allongés, subaphylles.
Racine rampante. Feuilles-radicales roselées, étalées sur terre,
obovales, ou oblongues-obovales, ou lancéolées-oblongues, très-
entières, hérissées (de même que la tige) de poils blancs, à base
noirâtre et renflée. Feuilles caulinaires petites et peu nombreuses,
ou nulles. Tige haute de ½ pied à 1 pied, grêle, dressée, sca-

bre, terminée par une cyme dense de 7 à 15 capitules. Capitules petits, ordinairement géminés ou ternés sur un court pédoncule glanduleux ; pédicelles courts, 1-bractéolés à la base. Involucre couvert de glandules stipitées, noirâtres, en outre plus ou moins parsemé de poils blancs ; écailles pointues. Corolles marginales longues de 3 à 4 lignes. Nucules petites, brunâtres, à 10 côtes filiformes. — Cette espèce croît dans les prairies des Alpes ; on la cultive comme plante de parterre ; elle fleurit en été.

c) *Tige rameuse, feuillée, non-stolonifère. Capitules peu nombreux, solitaires, longuement pédonculés, terminaux. Corolle jaune.*

ÉPERVIÈRE MURALE. — *Hieracium murorum* Linn. — *Hieracium sylvaticum* Flor. Dan. tab. 1113. — Engl. Bot. tab. 2031. — *Hieracium pictum* et *Hieracium nemorosum* Pers.

Plante haute de 1 pied à 4 pieds, plus ou moins poilue (poils non-glanduleux, blancs). Racine pivotante. Tige tantôt presque simple et médiocrement feuillée, tantôt plus ou moins rameuse et feuillue, dressée. Feuilles d'un vert gai, ou glauques, souvent marbrées de violet : les radicales ovales, ou cordiformes, ou obovales, ou lancéolées-obovales, ou lancéolées-oblongues, sinuées-dentées, ou anguleuses, ou entières, longuement pétiolées ; les caulinaires de forme très-variable : les supérieures sessiles. Capitules en panicule plus ou moins lâche. — Cette espèce, nommée vulgairement *Pulmonaire des Français*, ou *Herbe à l'épervier*, est commune dans les bois secs et les buissons, ainsi que dans les localités découvertes et arides ; elle fleurit en été ; on lui attribuait jadis la vertu de guérir les hémoptysies et autres maladies des poumons.

Genre DRÉPANIE. — *Drepania* Juss.

Capitules multiflores. Involucre caliculé, campanulé (urcéolaire après la floraison), composé d'écailles 1-sériées, égales, appliquées, linéaires, pointues ; bractées-caliculaires plus longues que l'involucre, étalées, inégales, subulées, pluri-sériées (les inférieures insérées sur le pédoncule). Réceptacle plan, alvéolé : bords des alvéoles charnus, dentés. Nucules subcylindracées, cannelées, non-stipitées, lisses, tronquées au sommet; aigrette composée de 2 à 5 soies filiformes, alternes avec des squamelles membraneuses minimes; aigrette des nucules marginales abortive.

Herbe annuelle. Tige rameuse, feuillée. Capitules terminaux, ou latéraux et terminaux, longuement pédonculés, souvent ternés à l'extrémité des ramules. Pédoncules raides, fistuleux, dilatés au sommet (surtout après la floraison), jamais inclinés. Corolle ordinairement bicolore (d'un pourpre violet vers sa base, jaune supérieurement) : celle des fleurs marginales plus longue que l'involucre. Nucules petites, beaucoup plus courtes que l'involucre.

Drépanie barbue.—*Drepania barbata* Desfont. Flor. Atlant.—*Tolpis barbata* Gærtn. — *Crepis barbata* Linn.—Bot. Mag. tab. 35.—*Swertia barbata* Allion. — *Drepania umbellata* De Cand.—*Tolpis quadriaristata* Bivon. Monogr. tab. 1. —Pante haute de ¹/₂ pied à 2 pieds, glabre, ou pubérule. Tige ordinairement rameuse presque dès la base, dressée, grêle, effilée, anguleuse, striée; rameaux dressés, ou plus ou moins divergents ou diffus, souvent paniculés, médiocrement feuillés, ou subaphylles; ramules pédonculiformes, nus. Feuilles inférieures incisées-dentées, sublancéolées, rétrécies en court pétiole; feuilles supérieures lancéolées-oblongues, ou obovales-oblongues, pauci-dentées, ou denticulées; feuilles raméaires ordinairement linéaires et très-entières. Pédoncules de longueur très-variable : les latéraux en général plus longs, plus ou moins divergents. Corolles-marginales longues de 5 à 7 lignes. Nucules noirâtres, plus courtes que l'aigrette; aigrette blanche, débordé. par l'involucre. — Cette plante, commune dans l'Europe méridionale, se cultive dans les parterres; elle fleurit en été.

Genre SALSIFIS. — *Tragopogon* Linn.

Capitules multiflores. Involucre conique, non-caliculé, composé de 8 à 16 écailles 1-sériées, égales, appliquées, soudées par leur base, réfléchies lors de la maturité. Réceptacle nu, plan, fovéolé. Nucules non-stipitées, longitudinalement striées, subfusiformes, longuement rostrées ; aréole latérale ; aigrette caduque, composée de soies nombreuses, 1-sériées, raides, filiformes, barbées dans toute leur longueur (à l'exception de 5 qui sont plus longues que les autres, et imberbes à leur partie débordante).

Herbes bisannuelles ou vivaces. Tige rameuse, feuillée, souvent floconneuse aux aisselles des feuilles. Feuilles très-entières, nerveuses, longues, sublinéaires : les radicales rétrécies en pétiole ; les caulinaires sessiles. Capitules solitaires, terminaux ; pédoncule fistuleux, nu, souvent renflé au sommet. Corolle jaune, ou violette, ou rougeâtre.

SALSIFIS DES PRÉS. — *Tragopogon pratensis* Linn. — Bull. Herb. tab. 209.—Engl. Bot. tab. 43¡1.—Flor. Dan. tab. 906. —Feuilles carénées, plus ou moins ondulées ; les caulinaires élargies vers leur base. Pédoncules cylindracés, grêles. Écailles involucrales peu ou point débordées par les fleurs. Corolles assez larges, tronquées, jaunes. Nucules muriquées. — Plante bisannuelle, haute de ¹/₂ pied à 2 pieds, en général très-glabre, moins souvent floconneuse aux aisselles des feuilles supérieures. Racine longue, pivotante, blanchâtre, de la grosseur d'un doigt. Tige raide, dressée, simple, ou plus souvent rameuse. Feuilles lisses, glauques, acuminées. Pédoncules raides, dressés. Involucre de 8 écailles ovales-lancéolées. — Cette espèce, connue sous les noms vulgaires de *Cercifi, Sersifi, Sarsific,* ou *Barbe de bouc*, est commune dans les prairies ; on la cultive, mais moins généralement que la suivante, pour l'usage alimentaire de ses racines ; on attribue à ces racines des propriétés diurétiques, apéritives, sudorifiques et dépuratives ; mais elles ne

sont guère employées en médecine. Toutes les parties de la
plante, mais surtout ses jeunes pousses, ont une saveur douceâtre
et agréable ; aussi les mange-t-on en salade dans beaucoup de
contrées, et tous les bestiaux, excepté les chèvres, en sont très-
friands.

SALSIFIS A FEUILLES DE POIREAU.—*Tragopogon porrifolius*
Linn. — Jacq. Ic. Rar. tab. 159. — Flor. Dan. tab. 797.
— Engl. Bot. tab. 638. — *Tragopogon eriospermus* Tenor.
— *Tragopogon coloratus* C. A. Meyer. — Feuilles planes :
les caulinaires élargies vers leur base. Pédoncules renflés vers
leur sommet. Écailles-involucrales de moitié plus longues que
les fleurs. Corolle violette, étroite, tronquée, ou denticulée.
Nucules lisses ou muriquées. — Plante bisannuelle, haute de 1
pied à 3 pieds, glabre, ou moins souvent floconneuse aux aisselles des feuilles supérieures. Racine longue, pivotante, blanchâtre. Tige dressée, raide, rameuse. Feuilles lisses, glauques,
linéaires-lancéolées, acérées, assez raides. Involucre de 8 ou
10 écailles oblongues-lancéolées, ou linéaires-lancéolées. Pédoncules raides, dressés. Aigrette d'un blanc jaunâtre, ou violette. — Cette espèce, indigène de l'Europe méridionale, se
cultive fréquemment pour l'usage alimentaire de ses racines,
qu'on connaît sous le nom de *Salsifis*.

Genre SCORZONERE. — *Scorzonera* Tourn.

Capitules multiflores. Involucre subcampanulé ou cylindracé, non-caliculé, composé d'écailles 2-ou pluri-sériées,
imbriquées, appliquées : les extérieures courtes, ovales-
lancéolées, subcoriaces, quelquefois appendiculées au
sommet ; les intérieures longues, oblongues-lancéolées, carénées au dos, membraneuses aux bords. Réceptacle plan,
fovéolé, nu. Nucules substipités, non-rostrées, oblongues-cylindracées, longitudinalement striées ; aréole
latérale ; aigrette composée de soies nombreuses, pluri-
sériées, très-inégales, filiformes, plumeuses.
Herbes vivaces ou bisannuelles, à racine pivotante,

charnue. Tiges simples ou rameuses, feuillées. Feuilles très-entières ou dentéees, nerveuses, acuminées, en général sublancéolées : les radicales rétrécies en long pétiole ; les caulinaires la plupart sessiles. Capitules solitaires, terminaux, plus ou moins longuement pédonculés, toujours dressés. Corolle jaune ou pourpre : celle des fleurs-marginales en général plus longue que les écailles-involucrales.

Scorzonère cultivée. — *Scorzonera hispanica* Linn. — Blackw. Herb. tab. 406. — *Scorzonera denticulata* Lamk.— *Scorzonera edulis* Mœnch. — *Scorzonera glastifolia* Willd. — *Scorzonera rumicifolia* Schleich. — *Scorzonera taurica* et *Scorzonera crispa* Marsch. Bieb. — *Scorzonera montana* Mutel. — *Scorzonera graminifolia* Hoffm. — Plante bisannuelle, haute de ¼ pied à 2 pieds, en général très-glabre. Racine longue, à écorce noirâtre. Tige dressée, cylindrique, rameuse. Feuilles assez raides, d'un vert gai, très-entières, ou subdenticulées : les radicales lancéolées, ou lancéolées-elliptiques, ou lancéolées-spathulées ; les caulinaires la plupart linéaires ou linéaires-lancéolées, élargies vers leur base ; les raméaires petites, linéaires-subulées. Fleurs jaunes. Involucre plus court que les corolles-marginales. — Cette espèce, nommée vulgairement *Scorzonère noire*, *Salsifis d'Espagne*, ou *Salsifis noir*, croît spontanément dans l'Europe méridionale ; on la cultive pour l'usage alimentaire de ses racines, qui ont les mêmes propriétés que celles des vrais Salsifis.

Genre CATANANCHE. — *Catananche* Tourn.

Capitules multiflores. Involucre composé d'écailles multisériées, imbriquées, scarieuses, luisantes. Réceptacle plan, garni de poils raides. Stigmates courts, ovoides. Nucules obconiques-turbinées, non-rostrées, non-stipitées, 5-sulquées, 5-costées, hérissées de poils couchés ; aigrette de 5 à 7 paillettes scarieuses, longuement acuminées-cuspidées, denticulées.

Tige simple ou rameuse, subaphylle. Feuilles très-entières, ou dentées, ou pennatifides, étroites, sessiles. Rameaux longs, grêles, nus, dressés. Capitules solitaires , terminaux. Corolle bleue ou jaune : celle des fleurs-marginales plus longue que les écailles-involucrales.

CATANANCHE BLEUE. — *Catananche cœrulea* Linn. — Schk. Handb. tab. 226. — Barr. Ic. tab. 1139. — Plante vivace, pubescente, touffue, haute de ½ pied à 1 pied. Tiges dressées , grêles, raides, plus ou moins rameuses; rameaux simples ou bifurqués. Feuilles lancéolées-linéaires ou linéaires, pointues, très-entières, ou incisées-dentées, ou pennatifides , d'un vert glauque : dents ou lanières linéaires , ou pointues. Capitules grands, ovoïdes. Écailles – involucrales ovales ou elliptiques, 1-nervées, mucronées, subdiaphanes , ordinairement brunâtres. Corolle bleue. — Cette espèce, nommée vulgairement *Cupidone*, croît dans l'Europe méridionale; on la cultive comme plante d'ornement; elle fleurit en été.

Genre **CHICORÉE**. — *Cichorium* Tourn.

Capitules multiflores. Involucre foliacé, cylindracé, caliculé, composé d'écailles 1-sériées, linéaires-lancéolées, égales, apprimées, recourbées après la floraison ; écailles-caliculaires courtes, inégales, 1-sériées (ordinairement 5), recourbées. Réceptacle plan, alvéolé, subfimbrilleux. Nucules non-stipitées, non-rostrées, glabres, subturbinées, prismatiques , longitudinalement striées ; aigrette très-courte, composée de paillettes scarieuses, raides, plurisériées, imbriquées.

Herbes bisannuelles ou annuelles. Tige rameuse, feuillée. Rameaux raides, effilés, feuillés, fistuleux. Feuilles roncinées ou denticulées : les radicales rétrécies en court pétiole ; les caulinaires (du moins la plupart) et les raméaires élargies vers leur base, sessiles, subamplexatiles. Capitules géminés ou fasciculés, sessiles, ou pédonculés,

axillaires. Corolle bleue, ou par variation blanche, marginale, plus longue que les écailles-involucrales. Nucules
petites, beaucoup plus courtes que l'involucre.

CHICORÉE SAUVAGE. — *Cichorium Intybus* Linn. — Engl.
Bot. tab. 539. — Flor. Dan tab. 907. — Blackw. Herb. tab.
177 et 183.—*Cichorium Cicorea* Dumort.—Capitules géminés
ou ternés : l'un sessile; l'autre ou les 2 autres très-courtement
pédonculés; rameaux fermes, cannelés. —Plante glabre ou pubescente, haute de 1 pied à 3 pieds, bisannuelle. Racine longue,
pivotante, assez grosse. Tige raide, dressée, rameuse, cannelée;
rameaux dressés ou divergents, subflexueux, simples, ou subpaniculés, florifères presque dès leur base. Feuilles-inférieures
roncinées, ou lancéolées-spathulées et indivisées. Feuilles-supérieures ovales ou ovales-lancéolées, acuminées, indivisées : les
florales en général très-petites et recourbées, souvent très-entières.
Capitules disposés en grappe lâche. Corolle bleue, ou violette,
ou blanche. — Cette espèce est commune aux bords des chemins et des champs, ainsi que dans les prairies sèches; elle fleurit
tout l'été. A l'état sauvage, toute la plante est très-amère; ses
jeunes feuilles peuvent néanmoins être mangées en salade; c'est
en la faisant pousser dans une cave sombre, à l'effet d'étioler
(ou *blanchir*, comme disent les jardiniers) ses feuilles, qu'on
en obtient la salade appelée *Barbe de capucin* ou *Cheveux de
paysan*. Les racines et les feuilles de la *Chicorée sauvage*
s'emploient en médecine comme remède apéritif, dépuratif et
stomachique; elles entrent dans plusieurs préparations pharmaceutiques. L'infusion de la racine torréfiée était fort en vogue à
l'époque de la cherté des denrées coloniales, comme succédanée
du Café.

CHICORÉE ENDIVE. —*Chicorium Endivia* Linn. — Blackw.
Herb. tab. 578. — *Cichorium pumilum* Jacq. Obs. tab. 80.
— *Chicorium glabrum* Presl. Flor. Sicul. — Capitules subfasciculés, subsessiles : fascicules souvent accompagnés d'un
long pédoncule 1-céphale, claviforme au sommet. Rameaux légèrement striés, — Plante annuelle, haute de 1 pied à 3 pieds,

glabre, ou hispidule, ayant le port de l'espèce précédente. Feuilles de forme très-variable : les radicales indivisées ou roncinées (crépues et déchiquetées chez plusieurs variétés de culture), oblongues, ou lancéolées, ou lancéolées-spathulées ; les caulinaires ovales, ou ovales-lancéolées, ou ovales-oblongues, ou oblongues, amplexicaules, acuminées, denticulées ; les florales en général cordiformes et débordant les faisceaux de capitules. Involucre et corolle semblables à ceux de l'espèce précédente. — Cette espèce, qui passe pour originaire de l'Inde, est fréquemment cultivée comme plante potagère, et connue sous les noms vulgaires d'*Endive* ou *Chicorée cultivée*. On en possède quantité de variétés, qui se rapportent à 2 races principales, savoir : la *Chicorée frisée*, et la *Chicorée Scarole*, ou *Escarole*.

IIe TRIBU. LES CARLINÉES.—*CARLINEÆ* Cass. (1).

Capitules homogames ou hétérogames (par exception radiés). Corolle des fleurs hermaphrodites régulière ou irrégulière, tubuleuse, 5-fide. Étamines à filets glabres, non-papilleux ; anthères à appendices-apicilaires longs, soudés inférieurement ; appendices-basilaires très-longs, barbus. Style peu ou point renflé au sommet, légèrement barbu, ou imberbe. Stigmates courts, subovales, obtus, confluents inférieurement, planes et très-lisses à la surface interne, papilleux et convexes à la surface externe.

Plantes lactescentes ou non-lactescentes, herbacées, ou ligneuses, souvent épineuses. Feuilles alternes. Capitules pluriflores (par exception

---

(1) « Cette tribu, » dit M. de Cassini, « quoique faiblement caractérisée, est naturelle et suffisamment distincte. De tous les caractères » qui la distinguent des Centauriées et des Carduinées, le seul qui soit » exempt d'exceptions consiste dans la glabréité parfaite des filets des » étamines. »

1-flores). Involucre à écailles imbriquées : les intérieures souvent surmontées d'un appendice scarieux, coloré, radiant. Réceptacle en général
fimbrilleux. Corolle jaunâtre, ou rougeâtre , ou rarement bleue , le
plus souvent subcartilagineuse ou coriace; tube des corolles stamini-
fères plus ou moins allongé ; limbe souvent ringent ou palmé. Étamines à filets soudés inférieurement au tube de la corolle; article-anthérifère plus étroit que le filet ; appendice-apiciláire linéaire, pointu ,
coriace. Ovaire ordinairement cylindracé, non-comprimé , couvert de
longs poils 2-apiculés , muni d'au moins 5 nervures fines, non-sail-
lantes ; aréole-basilaire sessile, non-oblique. Aigrette ordinairement
régulière, composée de soies 1-ou-2-sériées, à peu près égales, soudées
inférieurement ou à la base, plumeuses, raides, le plus souvent élargies
inférieurement et filiformes vers leur sommet; quelquefois l'aigrette est
composée de paillettes. — Les propriétés des Carlinées sont ou peu marquées, ou semblables à celles des Centauriées et des Carduacées.

Genre XÉRANTHÈME. — *Xeranthemum* Tourn.

Capitules multiflores, hétérogames, discoïdes. Involucre
à écailles imbriquées, pluri-sériées, scarieuses (excepté
vers leur base), apiculées : les intérieures (correspondant
chacune à une fleur marginale) radiantes et colorées pendant la floraison, opaques ; les autres subdiaphanes. Réceptacle plan, garni de paillettes cartilagineuses, opaques, subulées, ordinairement 5-parties. — *Fleurs* de la
couronne 1-sériées, stériles, ananthères, irrégulières. Corolle 2-labiée : tube charnu, épais ; lèvres liguliformes :
l'extérieure plus courte et plus étroite, dressée, bipartie ;
l'intérieure plus longue et plus large, trilobée au sommet. — *Fleurs du disque* hermaphrodites, régulières.
Corolle tubuleuse, 5-dentée, marcescente ; tube ventru et
charnu inférieurement, coloré supérieurement; dents
égales, pointues, dressées. Anthères incluses. Style inclus
ou saillant, renflé à la base, légèrement barbu au sommet. Stigmates obtus, divergents, recourbés. Nucules
subturbinées, pentagones, soyeuses ; aigrette de 5 paillettes
scarieuses, diaphanes, 1-sériées, égales, linéaires-lancéolées, acérées, très-entières, persistantes.

Herbes annuelles, rameuses, inermes ; tiges et rameaux feuillés. Feuilles très-entières, plus ou moins cotonneuses, rétrécies en pétiole très-court. Ramules-florifères pédonculiformes, grêles, non-épaissis au sommet, nus supérieurement. Capitules solitaires, terminaux. Écailles-involucrales internes grandes, simulant des pétales, beaucoup plus longues que les fleurs. Corolle blanchâtre ou rougeâtre vers le haut, petite.

XÉRANTHÈME ÉLÉGANT. — *Xeranthemum ornatum* Cass. in Dict. des Sc. Nat. vol. 59, p. 114. — *Xeranthemum radiatum* Lamk. — *Xeranthemum annuum* Jacq. Flor. Austr. tab. 338. — Reichb. Plant. Crit. VII, tab. 641. — *Xeranthemum inodorum* Mœnch, Meth. — Plante haute de 1 pied à 2 pieds. Tige dressée, anguleuse, cotonneuse, grêle, rameuse en général dès la base; rameaux ordinairement paniculés. Feuilles comme aranéeuses et d'un vert foncé en dessus, cotonneuses-incanes en dessous, lancéolées, ou lancéolées-oblongues, pointues, mucronées, 1-nervées. Capitules assez grands, subhémisphériques. Écailles-involucrales externes pluri-sériées, ovales, ou elliptiques, arrondies ou acuminées au sommet, 1-nervées, plus ou moins longuement apiculées par le prolongement de la nervure. Écailles-involucrales internes 1-sériées, oblongues, ou lancéolées-oblongues, subapiculées, striées, roses, ou violettes, ou blanches, ou grisâtres, longues de 5 à 8 lignes, redressées après la floraison. — Cette espèce (à laquelle le nom vulgaire d'*Immortelle* s'applique ainsi qu'à beaucoup d'autres synanthérées dont l'involucre est scarieux) croît dans l'Europe méridionale; on la cultive fréquemment comme plante de parterre : elle se recommande par la longue durée de sa floraison; moyennant quelques soins de dessiccation ses capitules peuvent être conservés pendant long-temps dans toute leur beauté, et servir ainsi à l'ornement des appartements durant l'hiver. On en possède une variété à *fleurs doubles*, c'est-à-dire dont les paillettes réceptaculaires se développent en grandes languettes pétaloïdes, semblables à celles qui simulent le rayon chez la plante à l'état normal.

Genre CARLINE. — *Carlina* (Tourn.) Cass.

Capitules homogames, multiflores, incouronnés. Involucre double : l'extérieur composé d'écailles pauci-sériées, imbriquées, coriaces, linéaires-lancéolées, spinescentes au sommet, aristées-ciliées (excepté vers leur base, qui est élargi et incrme) ; l'intérieur formé d'écailles subunisériées, presque égales, radiantes, scarieuses (subcartilagineuses), colorées, liguliformes, inermes, très-entières. Réceptacle plan, hérissé de fimbrilles coriaces, inégales, subulées, plus longues que les fleurs, soudées en faisceaux par leur base. Corolle subrégulière, ou ringente, 5-fide, très-glabre. Étamines à appendices-basilaires longs, plumeux. Stigmates assez longs, soudés presque jusqu'au sommet, obtus. Nucules oblongues-cylindracées, soyeuses ; aigrette formée de 10 faisceaux égaux, 1-sériés, contigus, libres : chaque faisceau composé d'environ 4 soies filiformes, longuement plumeuses, soudées inférieurement en lame linéaire.

Herbes vivaces ou bisannuelles ; tige feuillée, quelquefois très-courte. Feuilles coriaces, sinuées-pennatifides, bordées de dents spinescentes très-inégales. Capitules grands, solitaires, terminaux. Fleurs petites, jaunâtres, beaucoup plus courtes que les écailles de l'involucre interne.

CARLINE A FEUILLES D'ACANTHE. — *Carlina acanthifolia* Allion. Pedem. tab. 51. — *Carlina acaulis* Lamk. Dict. (non Linn.) — *Carlina Chardousse* Vill. Dauph. — *Carlina Utzka* Hacq. Carn. tab. 1. — *Carlina Cynara* Pourr. — Plante acaule ou subacaule, bisannuelle. Racine longue, grosse, pivotante. Feuilles grandes, rosclées, étalées sur terre, pétiolées, ou subpétiolées, aranéeuses aux 2 faces ou du moins en dessous, réticulées, d'un vert pâle, plus ou moins profondément lobées ; lobes larges, anguleux. Capitule subsessile, de 2 à 4 pouces de diamètre. Involucre externe à écailles brunâtres, appliquées, plus courtes que les écailles de l'involucre interne, lesquelles sont lancéolées-linéaires, pointues, blanchâtres, ou jaunâtres, luisantes, opaques, longues de près de 2 pouces.

Cette plante, remarquable par l'élégance de son port, croît dans les Alpes et les Pyrénées ; on la nomme vulgairement *Chardousse*, *Chardonnerette*, ou *Caméléon blanc ;* le réceptacle de ses fleurs peut être mangé en guise d'artichauts ; les fleurs sèches, à ce qu'on dit, ont la propriété de faire cailler le lait ; la racine, hors d'usage aujourd'hui, passait chez les anciens pour un excellent remède contre les maladies pestilentielles, et elle s'employait aussi comme tonique.

Les écailles pétaloïdes des *Carlina* sont hygrométriques : elles sont conniventes lorsque l'atmosphère est chargé d'humidité, tandis qu'elles s'épanouissent lorsque l'air est sec.

Genre CHAMÉLÉON. — *Chamœleon* Cass.

Ce genre diffère des *Carlina :* 1° par son involucre interne à écailles ni radiantes, ni colorées; 2° par des anthères à appendices-apicilaires tronqués au sommet; et 3° par l'aigrette à faisceaux 2-sériés. — La corolle est pourpre et plus grêle que celle des *Carlina*.

CHAMÉLÉON GUMMIFÈRE. — *Chamœleon gummifer* H. Cass. in Dict. des Sc. Nat. vol. 50, p. 59. — *Atractylis gummifera* Linn.—Cavan. Ic. 3 , tab. 228.—*Acarna gummifera* Willd. —Sibth. et Smith, Flor. Græc. tab. 838.—*Carthamus gummiferus* Lamk. Dict. — *Carlina gummifera* Less. — Plante vivace, subacaule. Racine charnue, fusiforme, lactescente. Feuilles longues de 1 pied à 2 pieds, pétiolées, raides, pennatifides, glabres ou un peu laineuses, étalées en rosette sur terre; lobes inégaux, bordés de dents spinescentes. Capitules solitaires, gros, subsessiles, terminaux. Écailles de l'involucre externe laineuses, aristées-ciliées, 3-cuspidées au sommet. —Cette plante croît dans les localités arides et découvertes, en Barbarie, en Espagne, en Sardaigne, en Calabre, en Sicile, en

Grèce et dans l'Archipel. Le réceptacle de ses fleurs se mange en guise d'artichauts ; la racine est également comestible, et d'une saveur de salsifis. Le collet de la racine et le réceptacle laissent suinter une gomme inodore et insipide, qui s'attache aux feuilles et aux écailles de l'involucre : cette substance est très-visqueuse et peut tenir lieu de glu.

IIIe TRIBU. **LES CENTAURIÉES.**—*CENTAURIEÆ*
Cass.

Capitules hétérogames (rarement homogames), le plus souvent radiés. Fleurs de la couronne neutres, en général irrégulières. Corolle des fleurs hermaphrodites tubuleuse, 5-fide (à segments égaux ou presque égaux), après l'anthèse plus ou moins courbée en dehors. Étamines à filets poilus ou papilleux ; anthères à appendices-apicilaires soudés en tube ordinairement courbe. Style un peu renflé et barbu au sommet. Stigmates articulés au style, convexes et papilleux à la surface externe, planes et très-lisses à la surface interne, confluents par la base, en général cohérents presque jusqu'au sommet. Ovaire en général poilu, à aréole-basilaire ordinairement située dans une échancrure sur le côté interne.

Plantes non-lactescentes, la plupart herbacées. Feuilles alternes. Capitules multiflores, solitaires, terminaux. Involucre à écailles imbriquées, coriaces, ordinairement pourvues d'un appendice terminal (très-varié suivant les genres). Réceptacle plan, épais, charnu, hérissé de fimbrilles longues, inégales, libres, filiformes, ou subulées. Corolle jaune, ou rouge, ou bleue, ou blanche, ordinairement glabre ; tube plus ou moins allongé, en général évasé supérieurement ; limbe des corolles-staminifères ringent ou subringent, ou moins souvent non-ringent. Étamines à filets soudés inférieurement au tube de la corolle ; appendices-apicilaires subcartilagineux, arrondis ou pointus au sommet ; appendices-basilaires soudés collatéralement, frangés vers leur extrémité. Ovaire obové, le plus souvent comprimé sur les 2 côtés, à 4 côtes plus ou moins prononcées, garni de poils en général rares et fugaces, capillaires. Stigmates le plus souvent allongés, cohérents jusqu'au sommet. Aigrette simple ou double (par exception nulle), composée soit de paillettes élargies de bas en haut, soit de soies filiformes-subulées (souvent barbellulées, mais jamais plumeuses), très-anisomètres, plurisériées.

« Les Centauriées, » dit M. de Cassini, « ne diffèrent essentiellement des » Carduinées que par l'ovaire et son aigrette; c'est pourquoi il serait » peut-être plus convenable de réunir ces deux tribus en une seule, qu'on » diviserait en deux sections naturelles, sous les titres de *Carduinées-* » *Centauriées,* et *Carduinées-prototypes.* »

Genre PLÉCTOCÉPHALE. — *Plectocephalus* Don.

Capitules longuement radiés ; couronne 1-sériée. Involucre ovoïde ; écailles coriaces, imbriquées, surmontées d'un grand appendice scarieux, non-décurrent, opaque, mutique, pectiné-pennatifide, inappliqué : celui des écailles inférieures subaristé ; celui des écailles supérieures plus long, radiant, mutique. — *Fleurs de la couronne* sub-infondibuliformes, irrégulièrement 5-7-fides : tube et segments filiformes. — *Fleurs du disque* à corolle infondibuliforme, 5-fide, subringente, subrégulière. Nucules obovales-lenticulaires, subtétragones, lisses, striées ; aigrette simple, très-caduque, composée de soies subtrisériées, inégales, roussâtres, scabres, barbellulées, toutes filiformes.

Herbes annuelles. Tige et rameaux feuillus, épaissis au sommet. Feuilles indivisées : les radicales et les caulinaires-inférieures rétrécies en pétiole ; les autres sessiles. Capitules sessiles ou subsessiles, solitaires, terminaux. — Ce genre est propre à l'Amérique.

PLÉCTOCÉPHALE D'AMÉRIQUE. — *Plectocephalus america-nus* Don, in Sweet, Brit. Flow. Gard. ser. 2, tab. 51. — *Centaurea americana* Nutt. Journ. Acad. Philad. 1821, p. 117. — Colla, Hort. Rip. 1, tab. 6. — *Centaurea Nuttallii* Spreng. Syst. — Plante haute de 2 à 3 pieds. Tige rameuse supérieure-

ment, ou simple, dressée, feuillue, anguleuse, cannelée, glabre, ou
finement pubérule. Feuilles ponctuées et scabres aux 2 faces, très-
finement pubérules, un peu flasques, d'un vert gai : les radicales
oblongues-obovales, ou lancéolées-spathulées, sinuées-dentées; les
caulinaires la plupart ovales-lancéolées, ou oblongues-lancéolées, pointues, très-entières. Capitules grands, subsessiles. Involucre long de 1 pouce à 2 pouces; écailles striées, marginées :
les inférieures ovales ou ovales-lancéolées, courtes, pubérules
aux bords; les supérieures oblongues ou linéaires, longues, glabres; rebord subdiaphane, étroit, membranacé; appendices rougeâtres, ou jaunâtres, ou brunâtres, ou panachés de jaune et
de brun : ceux des écailles inférieures ovales ou ovales-oblongs;
ceux des écailles supérieures oblongs, plus profondément fimbriés. Corolle glabre, d'un rose plus ou moins vif : celle des
fleurs de la couronne longue de 18 lignes à 2 pouces. Nucules
noirâtres et inaigrettées à la maturité, longues d'environ 2 lignes.
— Cette espèce, remarquable par l'élégance de ses fleurs, est indigène dans les provinces méridionales de l'intérieur des États-
Unis; on la cultive, depuis plusieurs années, comme plante
d'ornement; elle fleurit en juillet et en août.

Genre ZOÉGÉE. — *Zoegea* Linn.

Capitules radiés; couronne 1-sériée. Involucre subcampanulé, radiant; écailles coriaces : les extérieures et les intermédiaires couronnées d'un appendice scarieux, oblong,
pectiné-cilié, subdécurrent, appliqué; les intérieures terminées en appendice très-long, radiant, liguliforme, scarieux, fimbriolé (quelquefois en outre aristé) au sommet.
— *Fleurs de la couronne* à corolle liguliforme, 5-ou 4-den-
tée au sommet. — *Fleurs du disque :* Corolle glabre, régulière, infondibuliforme, profondément 5-fide. Étamines
à filets très-finement papilleux; appendices-apicilaires libres, courts, droits, obtus. Stigmates longs, filiformes,
soudés presque jusqu'au sommet. Nucules comprimées,
obovées, écostées, lisses, couronnées d'un bourrelet cré-

nelé ; aigrette double : l'externe composée de 5 séries de
paillettes : les extérieures minimes, obtuses, imbriquées;
les intérieures sétiformes, aussi longues ou plus longues
que la nucule ; l'aigrette interne de 10 paillettes très-
courtes, égales, 1-sériées, linéaires, soudées par la base,
tronquées et denticulées au sommet.

Herbes annuelles, rameuses : tiges et rameaux feuillés.
Feuilles la plupart (du moins des inférieures) rétrécies en
pétiole : les inférieures pennatifides ; les supérieures très-
entières ou subdenticulées. Écailles-involucrales internes
de couleur pourpre, ou blanchâtre, ou jaunâtre, plus
longues que les fleurs du disque. Corolle d'un jaune vif.

ZOÉGÉE ÉLÉGANTE. — *Zoegea leptaurea* Linn. — L'hérit.
Stirp. tab. 29. — Jacq. Ic. Rar. 1, tab. 77. — *Centaurea ca-
lendulacea* Lamk. — Plante atteignant 2 pieds de haut. Tige
dressée, en général rameuse dès la base, couverte (de même que
les feuilles et les rameaux) d'une pubescence fine et très-scabre.
Rameaux plus ou moins divergents, ordinairement paniculés.
Feuilles - caulinaires la plupart très - entières, oblongues, ou
oblongues-spathulées, obtuses, submucronulées. Capitules du
volume de ceux du Bluet. Écailles - involucrales peu ou point
aristées : les extérieures et les intermédiaires à appendice cilié
de poils bruns; les internes blanchâtres, subobtuses, subdenticulées au sommet. Soies de l'aigrette à peine plus longues que la
nucule. — Cette plante, indigène de Syrie, se cultive pour
l'ornement des parterres.

Genre CENTAURÉE. — *Centaurea* Linn.

Capitules radiés ou discoïdes (par exception incouronnés); couronne 1-sériée. Involucre non-radiant : écailles coriaces, imbriquées, spinifères ou appendiculées au
sommet (1). — *Fleurs de la couronne* (soit plus petites, soit

---

(1) Appendice ou épine de formes très-variées, suivant les espèces.

plus grandes que les fleurs du disque) à corolle infondibuliforme ou tubuleuse, irrégulièrement 3-7-fide. —
Fleurs du disque : Corolle régulière ou subrégulière, infondibuliforme, 5-fide; limbe plus ou moins ringent. Nucules
comprimées, obovées, lisses, striées; aigrette (par exception nulle ou abortive) comme celle des *Zoegea.*

Herbes annuelles, ou bisannuelles, ou vivaces, en général rameuses. Feuilles indivisées, ou pennatifides, ou sinuées, épineuses chez plusieurs espèces. Capitules solitaires, terminaux. Corolle blanche, ou rouge, ou bleue,
ou jaune.

Sous-genre CHARTOLEPIS Cass.

Involucre ovoïde; écailles à appendice scarieux, diaphane
ou subopaque, non-décurrent, appliqué, mutique, ou
subaristé, très-entier, ou érosé, ou fimbrié. Fleurs
jaunes : celles de la couronne filiformes, profondément
3-5-fides, plus courtes que celles du disque. Stigmates
filiformes, allongés, soudés presque jusqu'au sommet.

CENTAURÉE A FEUILLES DE PASTEL. — *Centaurea glastifolia* Linn. — Bot. Mag. tab. 62. — Plante vivace, haute de 2
à 4 pieds. Tige dressée, feuillée, paniculée, anguleuse, ailée
par la décurrence des fenilles. Feuilles légèrement pubérules,
un peu scabres : les radicales longues d'environ 1 pied, lancéolées, ou lancéolées-spathulées, subobtuses, mucronulées,
très-entières, ou pennatifides ; les autres lancéolées-linéaires
ou sublinéaires, très-entières. Capitules assez longuement pédonculés. Involucre glabre, long d'environ 8 lignes; écailles
vertes, à peine marginées : les inférieures ovales; les supérieures oblongues ; appendice obovale, ou suborbiculaire,
diaphane, blanchâtre, mutique, brunâtre vers sa base, en
général très-entier, 2 à 3 fois plus court que la partie herbacée de l'écaille. Corolle des fleurs du disque longue de 12 à
15 lignes, à segments linéaires, obtus, isomètres, un peu plus
courts que la partie évasée du tube. Aigrette externe roussâtre.

Cette espèce, indigène de l'Arménie et du Caucase, se cultive comme plante d'ornement.

CENTAURÉE A GRANDS CAPITULES. — *Centaurea macrocephala* Willd. — Bot. Mag. tab. 1248. — Plante vivace, pubérule, touffue. Tiges simples, dressées, feuillues, anguleuses, 1-céphales, renflées et fistuleuses au sommet, hautes d'environ 2 pieds. Feuilles scabres aux 2 faces, d'un vert gai : les radicales lancéolées ou lancéolées-spathulées, grandes, pétiolées, dentelées, tantôt indivisées, tantôt pennatifides ou incisées-dentées vers leur base ; les caulinaires sessiles, amplexicaules, subdécurrentes, indivisées, en général très-entières, oblongues, ou oblongues-lancéolées, pointues. Capitule atteignant le volume d'un œuf d'oie, sessile, accompagné d'une collerette de feuilles sublinéaires ; écailles glabres, coriaces : les extérieures subovales ; les intérieures oblongues ; appendices ovales ou suborbiculaires, opaques, grands, plus ou moins longuement ciliés, ou lacérés seulement au sommet, tantôt mutiques, tantôt subaristés, brunâtres. Corolle des fleurs du disque longue d'environ 1 pouce. Aigrette d'un brun roux : l'extérieure à peu près aussi longue que la nucule. — Cette espèce, originaire du Caucase, se cultive comme plante d'ornement.

Sous-genre JACEA Cass.

Capitules radiés. Involucre ovoïde ; écailles à appendice scarieux, subopaque, inappliqué, non-décurrent, mutique, concave, fimbriolé, ou plus ou moins longuement cilié. Fleurs de la couronne infondibuliformes, grandes, 5-7-fides. Stigmates filiformes, allongés, soudés presque jusqu'au sommet. Aigrette souvent nulle ou courte et caduque.

CENTAURÉE JACÉE. — *Centaurea Jacea* Linn. — Flor. Dan. tab. 519. — *Centaurea amara* Linn. — *Centaurea pratensis* et *C. decipiens* Thuil. — *Jacea supina* Lamk. Fl. Franç. — *Jacea pratensis* Cass. Dict. des Sc. Nat. vol. 24, p. 89. — Plante vivace, haute de 1 pied à 2 pieds, tantôt glabre, tantôt plus ou moins incane. Tiges dressées, ou ascendantes, ou diffuses, paniculées, feuillées, anguleuses de même que les rameaux. Feuilles très-entières, ou dentées, ou pennatifides : les radicales lancéolées, ou lancéolées-spathulées, pétiolées ; les caulinaires lancéolées-linéaires, ou lancéolées, ou oblongues, ou linéaires, sessiles. Capitules sessiles ou subsessiles, de grandeur variable. Écailles-involucrales glabres ou pubescentes ; appendices blanchâtres, ou roussâtres, ou noirâtres, tantôt très-entiers, tantôt érosés, tantôt plus ou moins longuement ciliés (soit tous, soit seulement les inférieurs), en général ovales. Nucules petites, brunâtres, en général inaigrettées. — Cette espèce, connue sous le nom de *Jacée*, est commune dans les prairies et au bord des bois ; toute la plante est amère et astringente ; on assure qu'on peut en tirer une belle teinture jaune.

CENTAURÉE A FEUILLES BLANCHES. — *Centaurea dealbata* Willd. — *Centaurea sibirica* Linn. — *Centaurea Marschalliana* Spreng. — *Psephellus calocephalus* et *Heterolophus sibiricus* Cass. — Plante vivace, touffue, haute de $^1/_2$ pied à 2 pieds. Tiges simples ou rameuses, feuillées, dressées, ou ascendantes. Feuilles pennatifides, ou pennatiparties (à segments tantôt indivisés, tantôt incisés-dentés ou pennatifides), cotonneuses-incanes soit aux deux faces, soit seulement en dessous : les inférieures pétiolées ; les supérieures subsessiles. Capitules de la grandeur de ceux de la Jacée, sessiles, ou subsessiles ; écaille à appendice de forme très-variable, pectiné-pennatifide, ou plus ou moins longuement fimbrié, brunâtre, ou jaunâtre, ou noirâtre. Aigrette courte, roussâtre. — Cette espèce croît en Sibérie et au Caucase ; on la cultive comme plante d'ornement.

Sous-genre CYANUS Cass.

Capitules radiés. Involucre ovoïde : écailles à appendice scarieux, opaque, décurrent, appliqué, inaristé, cilié, ou pectiné-dentelé. Fleurs de la couronne à corolle grande, infondibuliforme, 5-7-fide. Stigmates courts, libres, divergents. Aigrette courte. Corolle bleue, ou rougeâtre, ou blanchâtre.

A. *Plantes annuelles, à tige paniculée.*

CENTAURÉE BLEUET. — *Centaurea Cyanus* Linn. — Engl.
Bot. tab. 277.—Flor. Dan. tab. 993.—Blackw. Herb. tab. 66.
— *Cyanus arvensis* Mœnch, Meth. — *Jacea segetum* Lamk.
Flore Fr. —Tige dressée; rameaux plus ou moins divergents.
Écailles-involucrales à appendice pectiné-denticulé. — Plante
haute de 1 pied à 2 pieds, plus ou moins cotonneuse. Feuilles plus
ou moins incanes : les inférieures pennatifides, ou dentées, subspathulées, rétrécies en pétiole; les autres linéaires ou lancéolées-linéaires, très-entières. Rameaux simples ou paniculés, nus
vers le sommet. Involucre long de 4 à 6 lignes. Écailles à appendice blanchâtre, ou brunâtre, ou noirâtre, court : les inférieures ovales ou ovales-lancéolées; les supérieures oblongues.
Fleurs bleues (par variation violettes, ou roses, ou blanches,
ou panachées). Aigrette plus courte que la nucule. — Cette
plante, nommée vulgairement *Bleuet, Bluet, Bluau,* ou
Barbeau, est très-commune dans les moissons, et se cultive
aussi fréquemment dans les parterres. Les fleurs du Bleuet s'employaient jadis en médecine, à titre de fébrifuge, de diurétique,
d'apéritif, et de vulnéraire; elles sont amères, ainsi que toutes
les autres parties de la plante.

CENTAURÉE DÉPRIMÉE. — *Centaurea depressa* Bieb. Flor.
Taur. Cauc. — Tige en général divisée dès sa base en rameaux
diffus. Écailles-involucrales fimbriées. — Plante ordinairement
touffue, plus ou moins cotonneuse, haute de ¹/₂ pied à 1 pied.
Feuilles semblables à celles de l'espèce précédente, mais plus
larges. Capitules plus grands, subsessiles. Écailles-involucrales
à rebord tantôt noirâtre, tantôt blanchâtre, tantôt roussâtre.
Feurs semblables à celles du Bleuet : les marginales d'un bleu
vif, les autres violettes. Nucules brunâtres; aigrette externe
roussâtre, un peu plus longue que la nucule. — Cette espèce,
indigène des contrées voisines du Caucase, mérite d'être cultivée
comme plante d'ornement.

B. *Plante vivace. Tiges simples ou peu rameuses, feuillues,
ailées par la décurrence des feuilles.*

CENTAURÉE DE MONTAGNE. — *Centaurea montana* Linn. —
Jacq. Austr. tab. 271. — Bot. Mag. tab. 77. — Jaume Saint-
Hil. Flor. et Pom. tab. 246. — *Centaurea mollis* Wald. et
Kit. tab. 219. — *Centaurea stricta* Wald. et Kit. tab. 178.
— *Centaurea seusana* Willd.— *Centaurea Triumfetti* Allion.
— *Centaurea ochroleuca* Sims, Bot. Mag. tab. 1175.—*Centaurea cheiranthifolia, C. Fischeri,* et *C. axillaris* Willd.—
Jacea alata Lamk. Fl. Fr. —Plante touffue, haute de ½ pied
à 2 pieds, plus ou moins cotonneuse et incane. Tiges dressées ou
ascendantes, 1-3-céphales. Feuilles de grandeur très-variable :
les radicales lancéolées-spathulées, pétiolées, tantôt pennatifides, tantôt incisées-dentées, tantôt très-entières; les caulinaires lancéolées, ou lancéolées-oblongues, ou lancéolées-linéaires, ou oblongues, très-entières, ou dentées, ou rarement
incisées-dentées. Capitules plus grands que ceux des deux espèces précédentes. Écailles-involucrales à appendice fimbrié,
tantôt noirâtre, tantôt brunâtre, tantôt blanchâtre, tantôt panaché. Fleurs de la couronne longues de 12 à 15 lignes, d'un
bleu vif, ou moins souvent soit d'un blanc tirant sur le jaune,
soit pourpres. Fleurs du disque violettes, ou brunâtres, ou
pourpres, ou blanchâtres. Aigrette plus courte que la nucule.
— Cette espèce, qu'on cultive fréquemment comme plante d'ornement, croît dans les montagnes de presque toute l'Europe
ainsi qu'en Orient; elle fleurit au commencement de l'été.

Sous-genre LOPHOLOMA Cass.

Capitules subradiés. Involucre ovoïde : écailles à appendice scarieux, opaque, subcoriace, apprimé, tantôt mutique, tantôt courtement aristé, longuement cilié, subdécurrent. Corolle des fleurs de la couronne irrégulièrement 3-5-fide, à tube filiforme. Stigmates filiformes,
allongés, cohérents presque jusqu'au sommet. Aigrette
externe à peu près aussi longue que la nucule.

Centaurée d'Orient. — *Centaurea orientalis* Linn. — *Centaurea tatarica* Reichb. Plant. Crit. tab. 445. — *Centaurea calocephala* Willd. — Reichb. l. c. tab. 446. — *Centaurea atropurpurea* Wald. et Kit. Hung. tab. 116.—Reichb. l. c. tab. 447. — Plante vivace, haute de 2 à 4 pieds. Racine pivotante. Tiges dressées, raides, paniculées, feuillées, plus ou moins floconneuses (surtout étant jeunes) de même que les rameaux. Feuilles raides, tantôt glabres, tantôt pubescentes ou floconneuses : les radicales et les caulinaires-inférieures pétiolées, pennatifides, ou pennatiparties, ou bipenniparties, ou lyrées ; les caulinaires sessiles, en général pennatiparties ; segments de forme très-variable, souvent linéaires-oblongs. Capitules assez grands, tantôt sessiles, tantôt pédonculés. Écailles ovales ou suborbiculaires (les intérieures oblongues), en général plus courtes que l'appendice ; appendice jaunâtre, ou brunâtre, ou noirâtre, ovale, ou oblong, ou suborbiculaire. Corolles jaunes ou d'un pourpre brunâtre. Aigrette roussâtre. — Cette espèce, indigène dans l'Europe orientale, se cultive comme plante de parterre.

Sous-genre HYMÉNOCENTRON Cass.

Capitules longuement radiés. Involucre ovoïde ; écailles à appendice petit, appliqué, scarieux, subdiaphane, décurrent, fimbriolé : celui des écailles inférieures courtement aristé ; celui des écailles supérieures submutique ou mutique. Corolle des fleurs de la couronne à limbe palmatifide. Stigmates filiformes, allongés, soudés presque jusqu'au sommet. — Corolle pourpre. Feuilles supérieures sessiles, décurrentes.

Centaurée rose. — *Centaurea diluta* Hort. Kew. — *Centaurea elongata* Schousb. Mar. — Plante annuelle, haute de 1 pied à 2 pieds. Tige dressée, anguleuse, rameuse, ailée supérieurement par la décurrence des feuilles ; rameaux plus ou moins divergents, souvent paniculés ; ramules divariqués. Feuilles assez raides, scabres en dessous et aux bords : les radicales lyrées ; les caulinaires inférieures oblongues-spathulées, sinuées-dentées ; les supérieures très-entières ou dentées, oblongues, obtuses ; celles des ramules-florifères petites, sublinéaires. Capitules du volume de ceux de la Jacée commune. Corolle d'un pourpre plus ou moins vif. Nucules petites, grisâtres : aigrette blanche ; l'externe plus longue que la nucule. — Cette espèce, indigène de l'Afrique septentrionale, se cultive comme plante d'ornement.

Sous-genre CALCITRAPA Cass.

Capitules radiants ou discoïdes. Involucre ovoïde ; écailles à appendice corné, spinescent, subulé, élargi et penné à la base. Aigrette courte ou nulle.

Centaurée Chausse-trape. — *Centaurea Calcitrapa* Linn. —Engl. Bot. tab. 125.—*Calcitrapa stellata* Lamk. Flor. Franç. — *Calcitrapa Hypophæstum* Gærtn. Fruct. 2, tab. 163, fig. 2. —Plante bisannuelle, formant une touffe arrondie, haute de 1 pied à 3 pieds. Tige dressée, rameuse dès sa base : rameaux divariqués, subdichotomes, sillonnés. Feuilles glabres ou pubescentes : les radicales roselées, étalées sur terre, lyrées, ou bipennatiparties ; les caulinaires et les raméaires sessiles, pennatifides ; les florales souvent indivisées. Ramules - florifères oppositifoliés ou axillaires, 1-céphales, très-courts, feuillés. Capitules discoïdes, assez petits, en général débordés par les feuilles florales. Involucre glabre : épines longues, fortes, jaunâtres, horizontales. Corolle rose, ou pourpre, ou blanche. Nucules petites, grisâtres, inaigrettées. — Cette espèce, connue sous les noms vulgaires de *Chausse-trape* ou *Chardon étoilé*, est commune aux bords des chemins, ainsi qu'en d'autres localités sèches et découvertes ; toute la plante est amère ; elle s'employait autrefois à titre de remède diurétique, apéritif, et fébrifuge.

Genre CNICUS. — *Cnicus* Vaill.

Capitules discoïdes, multiflores ; couronne 1-sériée, pauciflore. Involucre ovoïde, accompagné d'une collerette

de grandes bractées foliacées ; écailles imbriquées, apprimées, coriaces, surmontées d'un appendice corné, spini-
forme, aristé-cilié. Corolle des fleurs de la couronne plus
courte que celles du disque, à tube capillaire, et à limbe
irrégulièrement 3-5-parti. — Corolle des fleurs du disque
subinfondibuliforme, 5-fide, ringente. Nucules oblongues-obovales, subcylindriques, cannelées, multi-costées,
couronnées d'un bourrelet très-saillant, coroniforme,
corné, 10-denté ; aigrette double, caduque : l'extérieure
de 10 paillettes longues, égales, sétiformes, raides, scabres, 1-sériées, alternes avec les dents du bourrelet ; l'intérieure de 10 paillettes courtes, 1-sériées, barbellulées,
linéaires-subulées, un peu inégales, alternes avec les
paillettes externes. — Ce genre ne comprend que l'espèce
suivante.

CNICUS CHARDON-BÉNI.—*Cnicus benedictus* Linn.—Gærtn.
Fruct. 2, tab. 162, fig. 5. — *Centaurea benedicta* Linn. —
Carduus benedictus Blackw. Herb. tab. 456. — *Calcitrapa
lanuginosa* Lamk. Flor. Franç. — Plante annuelle, haute de
1 pied à 2 pieds, plus ou moins laineuse. Tige dressée, anguleuse, paniculée ; rameaux plus ou moins divergents. Feuilles
assez fermes, d'un vert clair, oblongues, 1-nervées, réticulées,
inégalement aristées-denticulées, mucronées, piquantes : les radicales et les caulinaires-inférieures sinuées-pennatifides ; les autres sinuées-dentées, amplexicaules, subdécurrentes ; les florales ovales-lancéolées, ou oblongues-lancéolées, débordant le
capitule ; côte saillante aux 2 faces, linéaire-lancéolée, blanchâtre. Capitules solitaires, terminaux, subsessiles. Involucre
laineux : écailles subchartacées, marginées, 1-costées : les extérieures ovales ; les intérieures oblongues ou oblongues - lancéolées ; appendice long, linéaire-subulé, blanchâtre, étalé après
la floraison. Corolle jaune : celle des fleurs du disque longue
d'environ 8 lignes. Nucules brunâtres, longues d'environ 4 lignes ;
aigrette roussâtre : l'externe un peu plus longue que la nucule.
— Cette espèce, nommée vulgairement *Chardon-béni*, croît

dans l'Europe méridionale ; toutes ses parties sont d'une extrême amertume ; elle jouit de propriétés toniques et fébrifuges très-prononcées.

Genre CENTAURIDE. — *Centaurium* Cass.

Capitules discoïdes; couronne 1-sériée. Involucre ovoïde, non-radiant; écailles coriaces, imbriquées, apprimées, scarieuses aux bords, obtuses, mutiques : les inférieures inappendiculées; les supérieures surmontées d'un petit appendice scarieux, diaphane, très-entier. Corolle des fleurs de la couronne profondément 5-fide, à tube filiforme. — Corolle des fleurs du disque subinfondibuliforme, subringente. Stigmates filiformes, allongés, soudés. Nucule et aigrette comme chez les Centaurées.

Herbes vivaces. Tige feuillée, paniculée. Feuilles pennatiparties. Capitules plus ou moins longuement pédonculés, assez grands. Corolle jaune ou pourpre. —Ce genre, très-caractérisé par le port, ne diffère pourtant essentiellement des Centaurées que par l'involucre à écailles la plupart inappendiculées.

CENTAURIDE ÉLANCÉE. — *Centaurea Centaurium* Linn. — Blackw. Herb. tab. 93. —Jaume Saint-Hil. Flore et Pom. Franç. tab. 241. — Feuilles à segments lancéolés ou lancéolés-oblongs, acuminés, doublement dentelés, décurrents; pétiole largement ailé entre chaque paire de segments. Écailles-involucrales rougeâtres aux bords, non-striées. —Plante très-glabre, haute de 3 à 6 pieds. Racine grosse, rameuse, pivotante. Tige cylindrique, dressée, paniculée et médiocrement feuillée vers le sommet; rameaux aphylles ou subaphylles. Feuilles inférieures longues de 1 pied à 2 pieds. Involucre long d'environ 1 pouce; écailles très-lisses, verdâtres : les inférieures ovales ou ovales-elliptiques; les supérieures oblongues. Fleurs d'un pourpre brunâtre. Nucules noirâtres, oblongues, tétragones-ancipitées; aigrette noirâtre, à peu près aussi longue que la nucule.

— Cette espèce, nommée vulgairement *Grande Centaurée*, croît dans les Alpes du Piémont et dans les Apennins; elle est propre à l'ornement des grands parterres. Sa racine est légèrement aromatique et amère; on lui attribue des propriétés toniques et sudorifiques.

CENTAURIDE D'AFRIQUE.—*Centaurea africana* Lamk. Dict. —Feuilles (d'un vert gai) à segments étroits, sublinéaires, acuminés, denticulés, décurrents. Écailles-involucrales striées de bandelettes noirâtres.—Plante très-glabre, haute de 2 à 4 pieds. Tige cannelée, dressée. Rameaux-florifères aphylles ou subaphylles, ordinairement paniculés. Feuilles inférieures longues de 5 à 12 pouces; dentelures fines, pointues, subcartilagineuses aux bords; rachis marginé par la décurrence des folioles. Involucre long de 5 à 8 lignes; écailles très-lisses : les inférieures ovales ou ovales-elliptiques; les supérieures oblongues, surmontées d'un appendice ovale ou oblong, diaphane. Corolle jaune : celle des fleurs du disque longue d'environ 1 pouce.— Cette espèce, originaire de Barbarie, se cultive comme plante de parterre.

CENTAURIDE DE RUSSIE.—*Centaurea ruthenica* Lamk. Dict. — Gmel. Sibir. 2, p. 89, tab. 41. — Feuilles (glauques, un peu charnues) à segments (souvent bifurqués) étroits, oblongs-linéaires, subobtus, denticulés, subdécurrents. Écailles-involucrales striées de bandelettes noirâtres. — Plante très-semblable à l'espèce précédente. Feuilles à segments plus larges, moins régulièrement décurrents. Dentelures acérées, subcartilagineuses aux bords. Corolle jaune. Nucules oblongues, tétragones-ancipitées, luisantes, jaunes vers leur base, noirâtres supérieurement, longues d'environ 3 lignes; aigrette d'un brun roux, un peu plus courte que la nucule. —Cette espèce, indigène de l'Europe orientale, se cultive aussi comme plante de parterre.

Genre CHRYSÉE.— *Chryseis* Cass.

Capitules radiés; couronne 1-ou 2-sériée. Involucre

ovoïde : écailles coriaces, submarginées, imbriquées, apprimées, mutiques : les extérieures courtes, larges, inappendiculées, ou très-courtement appendiculées ; les intérieures longues, étroites, surmontées d'un appendice lâche,
scarieux, diaphane, subovale, acuminé. — *Fleurs de la
couronne* à corolle infondibuliforme, ample, irrégulièrement multifide.*— *Fleurs du disque* à corolle régulière,
subinfondibuliforme, 5-fide. Ovaire soyeux. Stigmates filiformes, longs, soudés inférieurement, divergents et arqués
en dehors à partir du milieu. Nucules prismatiques, tétragones, un peu comprimées, finalement glabrescentes ; aigrette nulle ou simple, composée de paillettes inégales,
pluri-sériées, subdenticulées : les extérieures courtes,
étroites, linéaires ; les intérieures longues, linéaires-spathulées.

Herbes annuelles, glabres. Tige rameuse, feuillée. Feuilles pennatifides, ou lyrées, ou indivisées, la plupart pétiolées. Capitules assez gros, terminaux, solitaires, longuement pédonculés. Fleurs blanches, ou pourpres, ou jaunes,
odorantes.

CHRYSÉE ODORANTE. — *Chryseis odorata* Cass. in Dict. des
Sc. Nat. v. 9, p. 154.—*Centaurium suaveolens* Cass. l. c. v. 7,
p. 397.—*Centaurea Amberboi* Lamk. Dict. —*Centaurea ambracea* Schk. Handb. tab. 261.—*Centaurea suaveolens* Willd.
—Feuilles non-glauques : les inférieures ovales, ou obovales, ou
spathulées, indivisées, denticulées ; les supérieures lyrées ou
pennatifides. Écailles-involucrales inférieures surmontées d'un
très-court appendice sphacélé. Corolle jaune. Nucules aigrettées. —Plante haute de 1 pied à 2 pieds. Tige dressée, cannelée, paniculée supérieurement ; rameaux aphylles ou subaphylles,
un peu divergents. Feuilles la plupart indivisées, subobtuses.
Capitules-florifères longs de 1 pouce et plus. Écailles-involucrales striées longitudinalement (de lignes rougeâtres) : les inférieures ovales ou ovales-elliptiques, à appendice minime, chartacé, opaque, rougeâtre ; les supérieures oblongues ou ovales-

oblongües, à appendice oblong, long de 3 à 4 lignes. Fleurs de la couronne à corolle très-évasée, longue d'environ 1 pouce. Nucules noirâtres, longues de 2 à 3 lignes ; aigrette roussâtre, persistante, un peu plus longue que la nucule. — Cette plante, originaire d'Orient, se cultive fréquemment dans les parterres ; on la connaît sous les noms vulgaires de *Barbeau jaune*, *Ambrette jaune*, ou *fleur du Grand-Seigneur;* sa floraison commence en juin ou juillet, et dure jusqu'à la fin de l'été : les fleurs, plus grandes que celles du *Bleuet*, sont légèrement odorantes.

CHRYSÉE MUSQUÉE. — *Chryseis moschata* et *Centaurium moschatum* Cass. l. c. — *Centaurea moschata* Lamk. Dict. — *Amberboa moschata* De Cand. Prod. — Feuilles glauques, la plupart pennatifides ou pennatiparties. Écailles-involucrales inférieures suborbiculaires, inappendiculées, non-sphacélées au sommet. Corolle pourpre ou blanche. Ovaires et nucules inaigrettés. — Plante semblable par le port à l'espèce précédente. Feuilles-radicales sublyrées ou indivisées. Feuilles caulinaires en général profondément pennatifides, à segments falciformes, ou lancéolés-oblongs, ou sublinéaires, acuminés, tantôt très-entiers, tantôt sinués-dentés, ou denticulés. Capitules florifères longs de 1 pouce et plus. Écailles-involucrales à rebord pourpre, subchartacé ; appendice des écailles intérieures ovale, brunâtre, long de 2 à 3 lignes. Corolle des fleurs de la couronne longue d'environ 1 pouce. Nucules noirâtres, longues de 2 lignes. — Cette espèce, fréquemment cultivée dans les parterres, et connue sous les noms de *Centaurée musquée*, *Barbeau musqué*, ou *Bleuet du Levant*, croît en Grèce et en Orient. Ses fleurs sont très-élégantes ; elles exhalent une odeur légèrement musquée, analogue à celle de Scabieuse pourpre, et beaucoup plus prononcée que celle de l'espèce précédente. La floraison commence en juin, et se continue jusqu'en automne.

Genre CYANOPSIDE. — *Cyanopsis* Cass.

Capitules longuement radiés ; couronne 1-sériée. Involucre ovoïde, à écailles imbriquées, appliquées, subcoriaces, marginées, acuminées, aristées : les supérieures scarieuses vers leur sommet ; arête étalée ou recourbée.— *Fleurs de la couronne* amples, subinfondibuliformes, irrégulièrement 5-ou 6-fides.— *Fleurs du disque* à corolle subinfondibuliforme, 5-fide, subrégulière, un peu ringente. Stigmates longs, filiformes, libres presque dès leur base, divergents, arqués en dehors. Nucules oblongues, comprimées, 12-costées (à côtes égales, séparées par des sillons transversalement rugueux), couronnées d'un bourrelet coroniforme, 12-denté ; aigrette simple, composée d'environ 6 rangs de paillettes imbriquées, étagées, membraneuses, denticulées : les extérieures courtes, sublinéaires, obtuses ; les intérieures longues, linéaires-spathulées.

Herbe annuelle. Tige rameuse, feuillée. Feuilles inférieures pennatifides ou lyrées : les radicales rétrécies en pétiole ; les caulinaires la plupart sessiles. Capitules solitaires, terminaux, longuement pédonculés. Fleurs de la couronne pourpres. Fleurs du disque jaunâtres.

CYANOPSIDE RADIÉE.—*Cyanopsis radiatissima* Cass. in Dict. des Sc. Nat. v. 12, p. 268. — *Centaurea muricata* Linn.— *Centaurea muricata*, et *Centaurea pubigera* Pers.—*Calcitrapa elongata* Mœnch. — *Amberboa mucronata* De Cand. Prodr. —Plante haute de ¹/₂ pied à 2 pieds, couverte d'une pubescence scabre. Tige dressée, cannelée, ordinairement rameuse dès la base ; rameaux paniculés, aphylles supérieurement. Feuilles supérieures oblongues ou lancéolées - oblongues, en général très-entières ; pédoncules (ramules-florifères) dressés ou ascendants, très-grêles. Involucre pubescent, long d'environ 6 lignes ; écailles à rebord noirâtre, chartacé : les inférieures ovales ou ovales - lancéolées ; les supérieures linéaires - lancéolées ; arête brunâtre, un peu plus courte que l'écaille. Fleurs de la couronne longues de près de 1 pouce, à segments lancéolés-linéaires, pointus, plus longs que le tube. Nucules brunâtres, comme fovéolées entre les côtes, longues à peine de 2 lignes ; aigrette blanchâtre, un peu plus courte que la nucule. — Cette espèce croît dans l'Europe méridionale ; elle mérite d'être cultivée comme plante d'ornement.

IVᵉ TRIBU. **LES CARDUINÉES.** — *CARDUINEÆ* Cass. (1).

Capitules homogames, ou hétérogames, incouronnés (par exception radiés). Fleurs extérieures souvent neutres, mais du reste conformes aux autres fleurs. Corolle tubuleuse, 5-fide, ringente (les 2 incisions extérieures plus profondes que les autres), après l'anthèse plus ou moins courbée en dehors. Étamines à filets poilus ou papilleux ; appendices-apiciaires des anthères libres, soudés inférieurement. Style plus ou moins renflé et en général barbu au sommet. Stigmates articulés au style, convexes et papilleux à la surface externe, planes et très-lisses à la surface interne, presque toujours cohérents jusque vers leur sommet. Ovaire comprimé, parfaitement glabre : aréole-basilaire sessile, plane, un peu oblique et latérale, ou non-oblique et terminale.

Plantes non-lactescentes, herbacées, souvent épineuses. Feuilles alternes. Capitules multiflores. Fleurs pourpres, ou moins souvent jaunes, ou rarement bleues, ou quelquefois (par variation) blanches. Involucre à écailles imbriquées, coriaces, souvent spinescentes au sommet. Réceptacle plan ou presque plan, épais, charnu, hérissé de fimbrilles longues, inégales, filiformes-laminées, libres ; rarement le réceptacle est alvéolé, sans fimbrilles. Corolle à tube long, grêle, accrescent pendant la florai-

---

(1) « Cette tribu, » dit **M. de Cassini,** « diffère des Carlinées par les
» filets des étamines, hérissés de poils ou de papilles, et des Centauriées
» par la structure de l'ovaire et de l'aigrette. »

son ; limbe cylindracé, à base urcéolée, un peu gibbeuse du côté intérieur : segments longs, étroits, linéaires, médiocrement divergents , point arqués en dehors , calleux au sommet, subcartilagineux aux bords ; nervures fines, intra-marginales. Étamines à filets soudés inférieurement au tube de la corolle ; partie libre arquée en dedans. Article-anthérifère conforme au filet, mais un peu plus grêle et très-glabre. Anthères longues, étroites : connectif large ; appendices - apicilaires subscarieux, demi-lancéolés et libres supérieurement ; appendices-basilaires très-variables, pollinifères supérieurement, frangés vers l'extrémité, soudés collatéralement. Ovaire obové, comprimé bilatéralement, muni de 4 côtes ou arêtes : 1 intérieure, 1 extérieure, 2 latérales ; point de bourrelet basilaire ; bourrelet-apicilaire peu distinct, coroniforme. Aigrette (souvent brune en sa partie moyenne) insérée en général sur un anneau corné (qui se détache spontanément à la maturité), ordinairement composée de soies pluri-sériées, irrégulièrement disposées, inégales, barbellulées, ou barbées : celles des rangs intérieurs ordinairement élargies vers leur base, trièdres vers leur milieu, filiformes supérieurement, quelquefois épaissies au sommet ; celles des rangs extérieurs plus courtes, plus grêles, presque entièrement filiformes.

Genre CARTHAME. — *Carthamus* Tourn.

Capitules hétérogames, incouronnés. Involucre ovoïde ; écailles coriaces : les extérieures très-courtes , surmontées d'un grand appendice foliacé, étalé ; les suivantes ovales, surmontées d'un appendice moins grand, inappliqué , aristé-cilié , mucroné ; les intérieures oblongues, surmontées d'un petit appendice subcoriace , spinescent, apprimé. Corolle régulière , à tube grêle , cylindracé. Filets des étamines glabres, à peine papilleux. Appendices-apicilaires des anthères arrondis au sommet. Ovaires inaigrettés : les extérieurs allongés, grêles, inovulés, stériles. Nucules turbinées, inéquilatérales, tétragones, très-lisses, inaigrettées.

Herbe annuelle. Tiges feuillées, rameuses. Feuilles indivisées, denticulées (à dentelures mucronées ou courtement aristées) : les radicales longuement pétiolées ; les caulinaires la plupart sessiles. Rameaux-florifères 1-céphales, feuillés , épaissis au sommet. Paillettes-réceptaculaires linéaires, pointues. Corolle orange.

CARTHAME TINCTORIALE. — *Carthamus tinctorius* Linn. — Lamk. Ill. tab. 661, fig. 3. — Plante glabre, haute de 1 pied à 3 pieds. Tige grêle, dressée, effilée, cannelée, légèrement anguleuse, blanchâtre, rameuse vers son sommet ; rameaux simples, subfastigiés. Feuilles fermes, luisantes, d'un vert gai aux 2 faces, subréticulées, pointues : les radicales et les caulinaires-inférieures obovales-spathulées ; les suivantes lancéolées ou lancéolées-oblongues ; les supérieures et les raméaires oblongues, ou oblongues-lancéolées, ou ovales-lancéolées. Capitules assez grands. Écailles-involucrales verdâtres, comme aranéeuses à la surface externe ; appendices plus ou moins longuement mucronés, réticulés : ceux des écailles inférieures semblables aux dernières feuilles-raméaires ; ceux des écailles intermédiaires ovales ou elliptiques ; ceux des écailles supérieures jaunâtres, subtriangulaires. Corolle très-grêle, atteignant jusqu'à 18 lignes de long ; tube à peine évasé au sommet, beaucoup plus long que les segments. Nucules assez grosses, blanchâtres. —Cette plante, connue sous les noms vulgaires de *Carthame*, *Safran bâtard*, *Safran d'Allemagne*, ou *Graine de perroquet*, paraît originaire de l'Inde, où elle est fréquemment cultivée ainsi qu'en Orient et dans l'Afrique septentrionale. Les graines de la Carthame jouissaient d'une grande vogue dans la thérapeutique des anciens, à titre de purgatif : emploi qui ne s'est pas maintenu jusqu'à nos jours ; dans plusieurs contrées de l'Inde, on tire de ces graines une huile grasse, qui peut servir aux usages alimentaires. En Orient, en Afrique et dans l'Europe méridionale, la Carthame se cultive comme plante tinctoriale ; ses fleurs fournissent deux couleurs : l'une jaune, extractive, et soluble dans l'eau ; l'autre rouge, résineuse, et soluble dans les alcalis : cette dernière s'emploie surtout à la teinture des soieries et des plumes ; on en prépare aussi le cosmétique connu sous le nom de rouge végétal. La Carthame mérite de trouver place dans les parterres : ses fleurs sont très-élégantes et légèrement odorantes.

Genre SERRATULE. — *Serratula* (Linn.) Cass.

**Capitules homogames, unisexuels. Involucre conique ;
écailles mucronulées : les extérieures courtes, coriaces ; les
intérieures longues, scarieuses, colorées, submembranacées. Corolle subinfondibuliforme, 5-fide, ringente. Étamines (stériles dans les fleurs femelles) à filets papilleux ;
anthères à appendices-apicilaires obtus. Ovaire stérile dans
les fleurs mâles. Stigmates filiformes, obtus, libres presque dès leur base, divergents, arqués en dehors. Nucules oblongues, comprimées, subtétragones, striées : aigrette composée de soies (roussâtres) scabres, caduques.**

**Herbes vivaces, dioïques. Tige rameuse, feuillée. Feuil-
les indivisées ou pennatifides, inermes. Capitules terminaux, courtement pédonculés, ordinairement fasciculés.
Corolle pourpre (ou par variation blanche), plus longue
que l'involucre. Fimbrilles - réceptaculaires filiformes.**

SERRATULE TINCTORIALE. — *Serratula tinctoria* Linn. —
Flor. Dan. tab. 281. —Engl. Bot. tab. 38. — Plante haute
de 1 pied à 4 pieds. Racine fibreuse. Tiges raides, dressées, auguleuses, striées, ordinairement rameuses, souvent
rougeâtres, glabres de même que toutes les autres parties de
la plante. Feuilles d'un vert foncé, assez fermes, finement
dentelées, tantôt toutes indivisées, tantôt toutes pennatifides
ou lyrées, tantôt les radicales indivisées, et les caulinaires
pennatifides ou lyrées ; les radicales et les caulinaires inférieures
longuement pétiolées ; les autres courtement pétiolées ou sessiles ; dentelures acérées, très-rapprochées ; lobes ou segments de
forme très-variable. Rameaux en général courts et disposés en
corymbe terminal, 1-5-céphales. Capitules petits. Involucre
long de 4 à 5 lignes : écailles vertes ou violettes, ciliolées ; les
extérieures ovales, ou ovales-lancéolées ; les intérieures oblongues - liguliformes, pourpres, de moitié plus longues. Nucules
longues d'environ 2 lignes ; aigrette roussâtre ou jaunâtre, à
peu près aussi longue que la nucule. — Cette plante, nommée

vulgairement *Sarrète*, est commune sur les collines incultes,
et dans les clairières des bois; ses feuilles donnent avec l'alun
une assez belle couleur jaune, qui sert à la teinture des étoffes.
Toute la plante a une saveur amère et astringente.

Genre BARDANE. — *Lappa* Tourn.

Capitules homogames. Involucre subglobuleux, presque
aussi long que les fleurs; écailles imbriquées, appliquées,
coriaces, oblongues, surmontées (excepté les intérieures)
d'un appendice réfléchi ou étalé, très-long, subulé, subcoriace, se terminant en spinelle cornée, oncinée, courbée en dedans. Corolle infondibuliforme, 5-fide, parfaitement régulière : tube 10-nervé. Filets des étamines papilleux; anthères à appendices-apicilaires terminés en
languette filiforme; appendices-basilaires très-longs, subulés. Stigmates longs, linéaires, obtus, libres presque
dès leur base, divergents, arqués en dehors. Nucules très-
serrées, oblongues, comprimées, striées, transversalement
rugueuses; aréole-basilaire à peine oblique ; aigrette
courte, caduque, composée de soies parfaitement filiformes, barbellulées, pluri-sériées, libres.

Herbe bisannuelle. Tiges rameuses, feuillées. Feuilles
grandes, pétiolées, indivisées, denticulées, plus ou moins
profondément cordiformes à la base, cotonneuses ou pubérules en dessous, inermes. Capitules terminaux ou axillaires
et terminaux, pédonculés, tantôt solitaires, tantôt fasciculés. Écailles-involucrales intérieures scarieuses et colorées
vers leur sommet, mutiques, ou mucronées, dépourvues
d'appendice subulé. Fimbrilles-réceptaculaires longues,
inégales, subulées. Corolle pourpre, ou par variation
blanche.

BARDANE OFFICINALE. — *Lappa officinalis* Spach.
— α : A INVOLUCRES GLABRES. — *Arctium Lappa :* α, Linn. —
Lappa glabra Lamk. — *Lappa officinalis* Allion. — *Lappa*

major et *Lappa minor* De Cand. — *Arctium majus* et *Arctium minus* Schk. Handb. tab. 227. — *Lappa major* Engl.
Bot. tab. 1228. — *Arctium Lappa* Willd.

— β : A INVOLUCRES ARANÉEUX. — *Arctium Lappa* : 6, Linn.
— *Lappa tomentosa* Allion. — *Arctium Bardana* Willd.
— *Arctium tomentosum* Schk. Handb. tab. 227. — Mill.
Ic. tab. 159. — Flor. Dan. tab. 642.

Plante haute de 1 ½ pied à 4 pieds. Racine longue, pivotante, brunâtre, de la grosseur d'un doigt. Tige pubescente ou
cotonneuse, cannelée, ordinairement paniculée ; rameaux plus
ou moins divergents, souvent glabrescents et rougeâtres, tantôt
paniculés, tantôt indivisés presque jusqu'au sommet. Feuilles
vertes en dessus, cotonneuses-incanes ou moins souvent verdâtres en dessous, plus ou moins ondulées aux bords, obtuses,
ordinairement mucronées : les radicales et les caulinaires-inférieures très-grandes, longuement pétiolées, cordiformes ; les
caulinaires-supérieures et les raméaires courtement pétiolées,
ovales, à base tantôt subcordiforme, tantôt arrondie, tantôt
cunéiforme ; dentelures petites, mucronées. Capitules de volume
très-variable, plus ou moins longuement pédonculés, tantôt solitaires, tantôt en corymbes, en général tous terminaux. Écailles-
involucrales vertes, souvent ciliolées de glandules stipitées : les
intérieures subradiantes, tantôt mutiques, tantôt mucronées,
rougeâtres vers leur sommet. Corolle d'un pourpre noirâtre (par
variation blanche). Anthères blanchâtres. Nucules 3 à 4 fois
plus longues que leur aigrette, marbrées de brun et de noir.

Cette plante, connue sous les noms vulgaires de *Bardane*,
Glouteron, ou *Herbe aux teigneux*, est commune aux bords
des chemins et dans les décombres ; elle fleurit en juillet. Sa
racine, dont la saveur est à la fois douceâtre et un peu amère,
possède des propriétés sudorifiques et dépuratives fort actives :
aussi la donne-t-on fréquemment en décoction, contre les maladies chroniques de la peau, ainsi que contre les affections sy-
philitiques et rhumatismales ; jadis on l'employait en outre à
titre de fébrifuge, de pectoral, et de vulnéraire. Les feuilles de

la Bardane sont très-amères, et elles ont été recommandées
comme un excellent remède détersif; du reste, leur volume
considérable, joint à leur consistance molle, les rend assez propres au pansement, à défaut de linge. Les jeunes pousses sont
mangeables, et d'une saveur analogue à celle de l'artichaut; les
racines, à ce qu'on assure, peuvent être substituées aux Salsifis.

Genre SILYBE. — *Silybum* Gærtn.

Capitules homogames. Involucre ovoïde; écailles coriaces, appliquées, marginées : les extérieures courtes,
subovales, surmontées d'un grand appendice foliacé, subcoriace, plus ou moins étalé, aristé-cilié inférieurement,
se terminant en épine cornée; les intérieures longues,
étroites, appendiculées, mutiques, ou courtement aristées. Corolle subinfondibuliforme, inégalement 5-fide, ringente; limbe subglobuleux vers sa base, deux fois plus
court que le tube. Filets des étamines monadelphes, papilleux. Anthères à appendices-basilaires courts, subulés;
appendices-apicilaires pointus. Stigmates filiformes, soudés jusqu'au sommet. Nucules obovales, comprimées,
obscurément tétragones, finement striées et chagrinées,
marginées au sommet; aréole-basilaire petite, subcen-
trale, à peine oblique; aigrette composée de soies linéaires-subulées, finement pubérules, soudées par la base
en godet corné, caduc à la maturité.
Herbe annuelle. Tige feuillée, ordinairement rameuse.
Feuilles sinuées-pennatifides, épineuses aux bords, souvent marbrées (de taches blanches) : les radicales grandes,
rétrécies en pétiole ; les caulinaires la plupart sessiles,
amplexicaules. Capitules grands, solitaires, terminaux,
un peu inclinés pendant la floraison. Fimbrilles-réceptaculaires sétacées. Fleurs pourpres, plus longues que les
écailles réceptaculaires.

Silybe Chardon-Marie. — *Silybum Marianum* Gærtn.

Fruct. 2, tab. 168, fig. 2.—*Cardus Marianus* Linn. —Engl. Bot. tab. 976. — Blackw. Herb. tab. 79. — *Silybum macu-latum* Mœnch, Meth. — *Carthamus maculatus* Lamk. — Plante haute de 2 à 4 pieds. Racine longue, pivotante. Tige dressée, cylindrique, cannelée, ordinairement paniculée, plus ou moins floconneuse de même que les rameaux ; rameaux longs, en général presque dégarnis de feuilles. Feuilles fermes, lui-santes, glabres, d'un beau vert, le plus souvent marbrées de blanc : les radicales longues de 1 pied à 2 pieds, profondément lobées ; les caulinaires-supérieures et les raméaires petites, cor-diformes-ovales, acuminées, longuement aristées-dentées vers leur base, aristées-ciliolées supérieurement. Capitules du vo-lume d'un petit artichaut. Involucre glabre, comme radié ; écailles 1-costées, convexes, à rebord blanchâtre, submembra-nacé : les basilaires à appendice court, suborbiculaire, non-acu-miné ; les suivantes à appendice beaucoup plus grand, ovale-orbiculaire inférieurement, longuement acuminé, subcondupliqué ; les supérieures à appendice plus court, ovale-lancéolé ; les plus intérieures linéaires ou linéaires-lancéolées, débordées par le limbe des corolles. Corolles longues d'environ 15 lignes. Nucules brunes, luisantes, longues de 3 lignes ; aigrette d'un blanc sale, plus longue que la nucule.

Cette plante, connue sous les noms vulgaires de *Chardon-Marie*, *Chardon Notre-Dame*, *Chardon argenté*, *Chardon taché* ou *Artichaut sauvage*, croît dans l'Europe méridionale ; l'élégance de son feuillage la rend propre à l'ornement des grands parterres. Toutes ses parties ont une saveur amère, et elles étaient préconisées jadis à titre de remède sudorifique, diu-rétique, fébrifuge, et vulnéraire. Ses jeunes feuilles, débar-rassées des épines, se mangent comme herbe potagère ; les pé-tioles ont une saveur analogue à celle des cardons ; enfin le réceptacle des capitules peut être mangé en guise d'artichauts.

Genre ONOPORDE. — *Onopordon* Vaill.

Capitules homogames. Involucre ovoïde ou subhémi-

sphérique : écailles coriaces, imbriquées, **apprimées**, surmontées d'un appendice linéaire-lancéolé, subcoriace, spinescent au sommet, inappliqué (celui des écailles inférieures le plus souvent réfléchi). Réceptacle profondément alvéolé ; alvéoles membranacées, irrégulièrement sinuées - dentées. Corolle infondibuliforme, inégalement 5-fide, ringente ; limbe ventru vers sa base. Étamines à filets finement papilleux. Appendices - basilaires des anthères courts, subulés ; appendices-apicilaires linéaires-subulés. Stigmates longs, filiformes, obtus, soudés presque jusqu'au sommet. Nucules oblongues-obovées ou turbinées, tétragones-ancipitées, transversalement rugueuses ; aréolebasilaire petite, centrale, non-oblique ; aigrette composée de soies filiformes-subulées, barbellulées, soudées par la base en godet corné, caduc à la maturité.

Herbes bisannuelles, quelquefois acaules, le plus souvent cotonneuses. Tige feuillée, ailée par la décurrence des feuilles. Feuilles sinuées-pennatifides et dentées de même que les ailes ; dents spinescentes. Capitules gros, solitaires, terminaux, courtement pédonculés, dressés ; écailles-involucrales aranéeuses ou cotonneuses : les inférieures ovales ou ovales-lancéolées, courtes ; les supérieures graduellement plus longues. Corolle pourpre (ou par variation blanche), plus longue que les écailles-involucrales ; tube fortement arqué en dehors. Nucules non-luisantes, à peu près aussi longues que l'aigrette, marbrées de noir et de brun ; aigrette jaunâtre, ou roussâtre, ou d'un blanc sale.

Les Onopordes méritent d'être cultivés dans les grands parterres ; quoique hérissés d'épines, ces végétaux ont un feuillage élégant et un port très-pittoresque ; le réceptacle de leurs capitules peut, au besoin, être mangé en guise d'artichaut, et le pétiole de leurs feuilles a une saveur analogue à celle des cardons. Les espèces les plus remarquables sont les suivantes :

ONOPORDE COMMUN. — *Onopordon Acanthium* Linn. —

Flor. Dan. tab. 909. — Engl. Bot. tab. 977. — *Acanos spinosa* Scopol.

— β : GLABRESCENT. — *Onopordon virens* De Cand. Flore Franç. Suppl. — *Onopordon viscosum* Horn. — *Onopordon elatum* Sibth. et Smith, Flor. Græc. tab. 833. — *Onopordon tauricum* Willd. — Bieb. Flor. Taur.

Tige dressée, paniculée. Capitules subhémisphériques. Écailles-involucrales longuement appendiculées ; appendices linéaires-lancéolés : ceux des écailles extérieures à appendice étalé ou réfléchi. — Tige haute de 1 ¼ pied à 5 pieds, dressée, anguleuse, largement ailée, en général cotonneuse de même que les feuilles. Feuilles radicales atteignant jusqu'à 3 pieds de long. Écailles-involucrales aranéeuses ou laineuses. Corolle longue de 1 pouce ; tube 1 fois plus long que le limbe. Nucules longues d'environ 2 lignes ; aigrette roussâtre. — Cette espèce, connue sous les noms vulgaires d'*Acanthine*, *Grand Chardon aux ânes*, *Artichaut sauvage*, *Épine blanche sauvage*, ou *Pédane*, est commune aux bords des chemins ainsi que dans d'autres localités sèches et découvertes ; elle fleurit en été. Toute la plante est amère ; on lui attribuait jadis des propriétés apéritives, diurétiques, stomachiques, et vulnéraires.

ONOPORDE ÉLANCÉ. — *Onopordon elongatum* Lamk. Flore Franç. — *Onopordon illyricum* Jacq. Hort. Vindob. tab. 148. — Cette espèce, indigène dans l'Europe méridionale et en Orient, diffère de la précédente par sa taille plus élancée, sa tige et ses feuilles plus épineuses, ses involucres à écailles surmontées d'un appendice ovale-lancéolé.

ONOPORDE D'ARABIE. *Onopordon arabicum* Linn. — Jacq. Hort. Vindob. tab. 149. — Bot. Mag. tab. 3299. — Tige élancée, largement ailée, rameuse au sommet. Capitules ovoïdes, courtement pédonculés. Écailles-involucrales laineuses ; appendices dressés : ceux des écailles inférieures beaucoup plus courts que les supérieurs. — Tige haute de 5 à 8 pieds, en gé-

néral laineuse de même que les ailes et les feuilles. Feuilles radicales longues de 2 à 3 pieds; dents courtement aristées. Capitules moins gros que ceux des espèces précédentes. — Cette espèce croît dans l'Europe méridionale et en Orient.

Genre **NOTOBASE**. — *Notobasis* Cass.

Capitules hétérogames, incouronnés. Fleurs extérieures stériles, mâles. Involucre ovoïde-subglobuleux; écailles coriaces, imbriquées, appliquées, munies au-dessous du sommet d'une glande dorsale nerviforme, et surmontées d'un appendice subulé, trièdre, spinescent, arqué en dehors. Corolle subinfondibuliforme, inégalement 5-fide, très-ringente. Étamines à filets poilus. Anthères à appendices-basilaires très-courts; appendices-apicilaires pointus. Stigmates filiformes, soudés presque jusqu'au sommet. Nucules presque osseuses, résupinées, turbinées, très-gibbeuses au dos, comprimées bilatéralement, obscurément tétragones, très-lisses, non-striées; aréole-basilaire linéaire, verticale, dorsale; aigrette composée de paillettes filiformes-subulées, plumeuses, 2-sériées, soudées par la base en godet corné, caduc à la maturité.

Herbe annuelle. Tige rameuse, feuillée. Feuilles sinuées-pennatifides et dentées : les caulinaires sessiles, amplexicaules; dents aristées, spinescentes; côte et veines saillantes, luisantes, très-blanches. Capitules subsessiles ou pédonculés, terminaux, ou axillaires et terminaux (ceux-ci souvent fasciculés), accompagnés chacun d'une collerette de plusieurs feuilles semblables aux feuilles caulinaires, mais plus petites. Fimbrilles-réceptaculaires sublinéaires, libres, inégales. Fleurs mâles pluri-sériées, à ovaire abortif. Corolle pourpre ou blanche, plus longue que les écailles involucrales.

NOTOBASE DE SYRIE. — *Notobasis syriaca* Cass. in Dict. des Sc. Nat. vol. 35, p. 171. — *Carduus syriacus* Linn. —

Cirsium syriacum Gærtn. — *Cnicus syriacus* Willd. — *Cirsium maculatum* Mœnch. — *Cirsium bracteatum* Link. — *Cnicus obvallatus* Salzm. — Tige dressée, haute de 2 à 3 pieds, simple, ou paniculée au sommet, ordinairement pubescente ou floconneuse. Feuilles oblongues ou ovales-oblongues, d'un beau vert, glabres, ordinairement marbrées de blanc : les radicales et les caulinaires-inférieures rétrécies en pétiole. Capitules de grandeur médiocre, dressés, ordinairement débordés par les feuilles de la collerette. Involucre long de 6 à 9 lignes ; écailles pubérules, plus longues que leur appendice : les extérieures ovales ou ovales-lancéolées ; les intérieures oblongues-lancéolées. Corolle pourpre ou blanche, longue de 6 à 8 lignes ; tube aussi long que le limbe. Nucules longues d'environ 3 lignes, assez grosses, d'un brun clair, plus courtes que l'aigrette. Aigrette à paillettes blanches, luisantes. — Cette espèce croît dans la région méditerranéenne ; on la cultive, en Orient, comme plante à graines oléagineuses.

Genre CYNARE. — *Cynara* Vaill.

Capitules homogames, incouronnés. Involucre ovoïde ; écailles coriaces, imbriquées, apprimées, surmontées d'un large appendice spinescent ou mutique, étalé, ou réfléchi : celui des écailles extérieures subcoriace ; celui des écailles intérieures subscarieux. Corolle subinfondibuliforme, très-inégalement 5-fide, ringente ; limbe ventru et épaissi vers sa base, plus court que le tube. Étamines à filets papilleux ; appendices-apicilaires des anthères courts, obtus ; appendices-basilaires courts, subulés. Stigmates très-longs, filiformes, obtus, soudés jusqu'au sommet. Nucules presque osseuses, obovales-oblongues, subtétragones, inéquilatérales, finement striées, lisses, gibbeuses au dos ; aréole-basilaire assez grande, centrale, orbiculaire ; aigrette composée de paillettes pluri-sériées, filiformes-subulées, plumeuses, soudées par leur base en godet corné, caduc à la maturité.

Herbes vivaces. Tige simple ou rameuse, feuillée
Feuilles indivisées ou pennatifides (dents ou segments mutiques ou aristés) : les radicales et les caulinaires-inférieures
amples, pétiolées; les supérieures sessiles, quelquefois
subdécurrentes. Capitules sessiles ou subsessiles, gros,
solitaires, terminaux, dressés. Fimbrilles-réceptaculaires
inégales, libres, sétiformes. Écailles-involucrales charnues vers leur base, anisomètres : les intérieures graduellement plus longues; appendice des écailles inférieures foliacé, coloré en dessous; appendice des écailles
supérieures chartacé, luisant, nacré en dessus, brunâtre
en dessous, à peine débordé par les corolles. Corolle à
tube grêle, très-long, blanchâtre, arqué en dehors; limbe
d'un pourpe violet, à segments très-anisomètres, filifor-
formes-subulés, longuement débordés par les anthères.
Anthères d'un brun pâle. Stigmates longuement saillants,
d'un bleu de ciel très-vif. Aigrette à paillettes blanches,
luisantes, beaucoup plus longues que la nucule.

Cynare Artichaut. — *Cynara Scolymus* Linn.—Blackw.
Herb. tab. 458. — Feuilles indivisées ou pennatiparties; dents
mutiques ou subspinescentes. Écailles-involucrales à appendice
mutique, ou mucroné, ou courtement aristé. — Racine grosse,
longue, pivotante. Tige haute de 3 à 5 pieds, dressée, rameuse
vers le haut, cotonneuse-incane, cannelée; rameaux simples,
1-céphales, presque dressés. Feuilles inférieures très-amples,
atteignant jusqu'à 4 pieds de long; segments oblongs ou sublancéolés, pointus, incisés-dentés, ou pennatifides. Écailles-involucrales glabres : les inférieures ovales ou ovales-lancéolées;
les supérieures oblongues-lancéolées. Corolle longue d'environ
2 pouces. Nucules longues de 3 lignes, marbrées de jaune, de
brun, et de noir. — Cette plante, connue sous le nom d'*Artichaut*, paraît n'être qu'une variété de culture, issue de l'espèce
suivante; personne n'ignore l'emploi alimentaire des capitules
d'artichaut.

Cynare Cardon. — *Cynara Cardunculus* Linn. — Cette

espèce, connue sous les noms de *Carde, Cardon, Cardonnette,* ou *Artichaut épineux*, ne diffère de l'*Artichaut*, qui paraît en être une variété de culture, que par des feuilles toutes pennatiparties ou bipennàtiparties, à dents en général longuement aristées, et par des écailles-involucrales dont les inférieures ont leur appendice terminé en forte épine plus ou moins allongée. — Le *Cardon* croît spontanément dans les contrées voisines de la Méditerranée ; tout le monde sait qu'il est fréquemment cultivé comme plante potagère : c'est le pétiole de ses feuilles qui, étiolé (ou, comme disent les jardiniers, *blanchi*) moyennant un buttage, constitue un aliment sain et agréable. Les cultivateurs distinguent, comme variétés, le *Cardon de Tours*, qui est très-épineux, et le *Cardon d'Espagne*, dont les feuilles sont presque dépourvues d'épines.

Le *Cardon*, de même que l'*Artichaut*, méritent une place dans les grands parterres et les jardins paysagers, tant à raison de leurs grandes feuilles élégamment découpées, qu'à cause de la beauté des fleurs.

Genre CIRSE. — *Cirsium* Tourn.

Capitules homogames ou hétérogames, incouronnés. Involucre ovoïde ; écailles imbriquées, apprimées, coriaces, surmontées d'un appendice spinescent, ou aristé, ou mucroné, inappliqué, étroit. Corolle infondibuliforme, inégalement 5-fide, ringente. Étamines à filets papilleux ou poilus. Anthères à appendices-apicilaires linéaires-subulés ; appendices-basilaires très-courts, sétiformes. Stigmates filiformes, soudés jusqu'au sommet. Nucules oblongues, comprimées, subcoriaces, flexibles, non-striées, lisses, couronnées d'un bourrelet ; aigrette longue, composée de paillettes filiformes-subulées, pluri-sériées, inégales, soudées par leur base en godet corné, caduc à la maturité.

Herbes vivaces ou bisannuelles, parfois subacaules. Tiges feuillées. Feuilles indivisées, ou pennatifides, sou-

vent décurrentes ; lobes ou dents le plus souvent spinescents ou aristés. Capitules solitaires ou subfasciculés, terminaux, ordinairement sessiles ou subsessiles ; souvent
accompagnés d'une collerette de bractées foliacées. Corolles jaunes, ou pourpres, ou blanches, plus longues
que les écailles-involucrales. Fimbrilles-réceptaculaires
sétiformes, inégales, libres, ou soudées par leur base. Aigrette brune, ou roussâtre, ou grisâtre.

Sous-genre ERIOLEPIS Cass.

Écailles-involucrales à appendice coriace, aristé, très-
entier, aranéeux, ou laineux, plus ou moins recourbé.
Fleurs toutes hermaphrodites. Feuilles pennatifides,
épineuses, couvertes en dessus de poils scabres. Capitules gros, à collerette composée de bractées conformes
aux feuilles supérieures, mais plus petites. Corolles
pourpres.

CIRSE A FEUILLES LANCÉOLÉES. — *Cirsium lanceolatum*
Scopol. — *Carduus lanceolatus* Linn. — Flor. Dan. tab. 1173.
— Engl. Bot. tab. 107. — *Lophiolepis dubïa* et *Eriolepis
lanceolata* Cass. — Feuilles oblongues-lancéolées, hispides,
décurrentes, pennatifides : segments à 2 lobes divariqués, spinescents. Écailles-involucrales à appendice légèrement aranéeux.
— Plante bisannuelle. Tige haute de 2 à 5 pieds, rameuse,
cannelée, velue. Feuilles d'un vert pâle en dessus, subincanes
en dessous. — Cette espèce, l'une de celles qu'on désigne vulgairement par le nom de *Chardons*, est très-commune dans les
localités incultes et découvertes ; elle fleurit en été.

CIRSE LAINEUX. — *Cirsium eriophorum* Scopol. — *Carduus
eriophorus* Linn. — Jacq. Flor. Austr. tab. 171. — Engl. Bot.
tab. 386. — *Eriolepis eriophora* Cass. — Feuilles sessiles, pennatifides, hispides : segments spinescents, souvent bifurqués.
Écailles-involucrales à appendice laineux. — Plante bisannuelle,
haute de 3 à 5 pieds. Tige dressée, velue, rameuse. Capitules

solitaires ou subfasciculés. Involucre long d'environ 1 pouce. —Cette espèce, nommée vulgairement *Chardon aux ânes*, et *Chardon à grosse tête*, croît aux bords des chemins et dans les décombres.

Sous-genre ONOTROPHE Cass.

Écailles-involucrales glandulifères au dos (glande nerviforme), à appendice mucroniforme, ou foliacé, subulé au sommet, non - piquant. Fleurs toutes hermaphrodites.

CIRSE OLÉRACÉ.—*Cirsium oleraceum* Allion. — *Cnicus oleraceus* Linn.—Flor. Dan. tab. 860.—*Cnicus pratensis* Lamk. —Plante vivace, glabre, haute de 2 à 4 pieds. Tige simple ou presque simple, raïde, effilée, feuillue. Feuilles minces, lisses, d'un vert clair, ciliolées-denticulées, inermes, tantôt indivisées, tantôt pennatilobées : les radicales rétrécies en pétiole ; les caulinaires sessiles, amplexicaules. Capitules terminaux, subsessiles, agrégés en courte grappe, accompagnés chacun d'une collerette de grandes bractées ovales, jaunâtres. Involucre conique; écailles à appendice dressé, foliacé, sublancéolé, subulé au sommet. Corolle d'un jaune pâle. —Cette espèce est commune dans les prairies humides, surtout dans celles dont le sol est tourbeux. Ses feuilles et ses jeunes pousses sont mangeables.

Genre BRÉA. — *Breea* Lessing.

Capitules homogames, dioïques. Involucre ovoïde; écailles imbriquées, apprimées, coriaces, surmontées d'un appendice subscarieux, coloré, mucroniforme, non-piquant, étalé ou plus ou moins recourbé. Corolle comme celle des Cirses. Étamines stériles dans les fleurs femelles. Ovaire abortif dans les fleurs mâles. Fruit conforme à celui des Cirses.

Herbes vivaces, à racine traçante. Tiges rameuses. Feuilles sinuées-dentées ou pennatifides : les caulinaires sessiles, non décurrentes ; dents et segments aristés. Capitules solitaires ou fasciculés, pédonculés, terminaux. Corolle pourpre.

Bréa commun.—*Breea arvensis* Lessing . Comp.—*Serratula arvensis* Linn. — Flor. Dan. tab. 644.—Engl. Bot. tab. 975. — *Cnicus arvensis* Hoffm. — *Cirsium arvense* Lamk. — Tige dressée, sillonnée, paniculée, glabre, ou floconneuse, haute de 1 pied à 4 pieds. Feuilles glabres en dessus, cotonneuses-incanes ou pubescentes en dessous, ou glabres aux 2 faces et glauques en dessous, assez fermes, oblongues, sinuées-dentées, ou sinuées-pennatifides, aristées-ciliées. Capitules assez petits, en général rapprochés en panicule vers l'extrémité de chaque rameau. Involucre glabre ou pubescent, long de 5 à 8 lignes ; écailles munies d'un rebord violet de même que l'appendice. Corolle d'un pourpre pâle, un peu plus longue que l'involucre. Nucules petites, brunes, luisantes, beaucoup plus courtes que l'aigrette ; aigrette roussâtre. — Cette espèce, nommée vulgairement *Chardon des champs*, et *Chardon hémorroïdal*, croît dans les champs, les décombres et aux bords des bois ; elle se multiplie avec une rapidité étonnante, au moyen de ses racines traçantes, de sorte qu'elle devient souvent très-nuisible aux cultures.

Genre CHARDON. — *Carduus* Linn.

Capitules homogames, incouronnés. Involucre ovoïde ou subglobuleux ; écailles lancéolées ou linéaires, spinescentes ou aristées au sommet, coriaces, imbriquées, appliquées, immarginées. Corolle subinfondibuliforme, inégalement 5-fide, ringente. Étamines à filets papilleux. Anthères à appendices-apicilaires linéaires-subulés ; appendices-basilaires très-courts. Stigmates filiformes, soudés. Nucules oblongues, comprimées, finement striées ; aréole-basilaire petite, subterminale, à peine oblique ; aigrette longue, blanche, composée de soies filiformes,

inégales, finement barbellulées, soudées par la base en
godet corné, caduc à la maturité.

Herbes annuelles, ou bisannuelles, ou vivaces. Tige rameuse, feuillée, le plus souvent ailée par la décurrence
des feuilles. Feuilles indivisées, ou pennatilobées, aristées-
dentées, ou aristées-ciliées : les caulinaires sessiles, le plus
souvent décurrentes. Capitules solitaires ou fasciculés,
pédonculés, ou subsessiles, dressés, ou nutants, terminaux.
Corolles pourpres, ou par variation blanches.

CHARDON NUTANT. — *Carduus nutans.* Linn. — Flor. Dan.
tab. 653. — Engl. Bot. tab. 1112. — *Lophiolepis nutans* Cass.
— Feuilles semi-décurrentes, sinuées-pennatifides, épineuses
aux bords. Capitules solitaires, grands, nutants. Écailles-involucrales lancéolées, aranéeuses, spinescentes au sommet : les extérieures presque étalées. — Plante bisannuelle, haute de 1 pied à
4 pieds. Tige simple ou peu rameuse, dressée, interrupté-ailée.
Feuilles d'un vert glauque, raides, glabres, ou pubescentes aux
veines; lobes plus ou moins plissés. Capitules subhémisphériques, atteignant jusqu'à 3 pouces de diamètre. — Cette espèce, dont le port est très-élégant, croît dans les décombres et
autres localités découvertes.

CHARDON A FEUILLES D'ACANTHE. — *Carduus acanthoides*
Linn. — Jacq. Flor. Austr. tab. 249. — Feuilles décurrentes,
sinuées-pennatifides, épineuses aux bords. Capitules solitaires,
pédonculés, subglobuleux, dressés. Écailles-involucrales linéaires, dressées, subulées au sommet : les supérieures recourbées.
— Plante bisannuelle, haute de 2 à 4 pieds. Tige dressée, ordinairement paniculée; rameaux simples ou paniculés; ramules
1-céphales; ailes larges, épineuses. Feuilles raides, d'un vert
glauque, glabres, ou pubescentes en dessous; les radicales pennatiparties, à segments larges, sinués-lobés. Pédoncules en général courts, très-épineux. Capitules glabres ou pubescents,
petits. Involucre long de 4 à 6 lignes. — Cette espèce croît dans
les mêmes localités que la précédente

Chardon crépu. — *Carduus crispus* Linn. — Feuilles sinuées-dentées ou sinuées-pennatifides, sublancéolées, aristées-
ciliées, cotonneuses-incanes en dessous, décurrentes. Capitules
subglobuleux, subsessiles, agrégés à l'extrémité de la tige et
des rameaux. Écailles-involucrales subulées, mucronées, plus
ou moins recourbées. — Plante bisannuelle, haute de 3 à 5
pieds. Tige rameuse; rameaux ordinairement paniculés, largement ailés de même que la tige; ailes aristées-ciliées. Feuilles
d'un vert foncé en dessus. Capitules petits. — Cette espèce croît
dans les mêmes localités que la précédente.

Ve TRIBU. **LES ÉCHINOPODÉES.** — *ECHINOPO-DEÆ* Cass.

*Capitules homogames, globuleux, à involucre très-ano-
mal, rudimentaire, formé de paillettes sétacées, réfléchies, beaucoup plus courtes que les fleurs. Fleurs
accompagnées chacune d'un involucelle* (1) *composé de
paillettes pluri-sériées, diversiformes, insérées sur le
stipe de l'ovaire. Corolle hypocratériforme, 5-fide,
non-ringente : tube très-droit. Étamines glabres.
Style barbu et un peu renflé au sommet. Stigmates
très-glabres et lisses, plano-convexes, d'abord connivents en forme de cône, finalement divergents et arqués
en dehors.*

Herbes non-lactescentes. Feuilles alternes, épineuses. Capitules multiflores. Involucelle à paillettes imbriquées, étagées : les extérieures
pluri-sériées, sétiformes, blanches, barbellulées, courtes; les suivantes
sublancéolées ou spathulées, grandes, subcoriaces, luisantes, concaves,

---

(1) La plupart des auteurs considèrent cet involucelle comme l'involucre d'un capitule 1-flore ; M. de Cassini, au contraire, le regarde comme
une aigrette externe, implantée sur le stipe de l'ovaire.

colorées, subulées ou spinescentes au sommet, ciliées ou fimbriées aux bords (les supérieures, chez plusieurs espèces, soudées jusqu'au delà du milieu). Fleurs bleues ou blanches. Réceptacle globuleux ou subglobuleux, petit, charnu, aréolé, nu. Corolle à tube plus court que le limbe, évasé aux 2 bouts; limbe à segments un peu inégaux, étroits, sublinéaires, pointus, dressés et contigus à leur base, réfléchis en dehors supérieurement (durant l'épanouissement), garnis à la face supérieure, au-dessus de la base, d'un très-petit appendice squamuliforme. Filets des étamines soudés jusqu'au sommet du tube; partie libre courte, arquée en-dedans. Appendices-apicilaires des anthères linéaires-lancéolés, pointus; appendices-basilaires courts, sétiformes, soudés collatéralement. Ovaire 5-nervé (à bourrelet-basilaire 5-angulé, très-apparent, coriace), couvert d'une pubescence barbellulée. Aigrette courte, caduque, soit cupuliforme et entière, soit coroniforme et composée de paillettes 1-sériées, souvent soudées vers leur base.

Genre ÉCHINOPE. — *Echinops* Linn.

Capitules globuleux. Involucre rudimentaire, formé de paillettes sétacées, rabattues, beaucoup plus courtes que les fleurs. Corolle hypocratériforme, profondément 5-fide : segments subisomètres, non-ringents. Nucules droites, soyeuses, chartacées, subfusiformes, pentagones; aigrette soit cupuliforme et entière, soit coroniforme et composée de paillettes courtes, étroites, 1-sériées, légèrement barbellulées, linéaires-lancéolées, libres dès leur base, ou soudées inférieurement.

Herbes annuelles, ou bisannuelles, ou vivaces. Tiges feuillées, le plus souvent rameuses. Feuilles sinuées-pennatifides, ou roncinées, ou pennatiparties, ordinairement cotonneuses en dessous : les inférieures rétrécies en pétiole; les supérieures sessiles ou amplexicaules. Capitules solitaires, terminaux, pédonculés, dressés. Involucre inapparent avant la chute des fruits. Involucelles débordant le tube des corolles. Réceptacle très-petit proportionnellement au volume du capitule. Fleurs plus ou moins odorantes, assez grandes, très-serrées : les supérieures dressées, plus précoces; les intermédiaires horizontales; les inférieures rabattues, recouvrant l'involucre. Nucules recouvertes par les involucelles, caduques à la maturité.

La plupart des Échinopes se font remarquer par l'élégance de leurs fleurs, agrégées en gros capitules sphériques ; les espèces suivantes méritent plus spécialement d'être cultivées comme plantes d'ornement.

A. *Aigrette non-fimbriolée.*

ÉCHINOPE ÉLANCÉE. — *Echinops exaltatus* Schrad. Hort. Gœtt. — *Echinops strictus* Fisch. — Bot. Mag. tab. 2454. — *Echinops Ritro* Schk. (non Linn.) Handb. tab. 268. — Tige dressée, paniculée au sommet. Feuilles sinuées-pennatifides, aristées-ciliolées, cotonneuses-incanes en dessous ; segments incisés-dentés : dents aristées. Capitules très-longuement pédonculés. Involucelles à paillettes acuminées-subulées, glabres, non-spinescentes ; fimbriolées aux bords. — Plante vivace, haute de 3 à 5 pieds. Tige raide, dressée, floconneuse, cannelée ; rameaux dressés, 1-céphales. Feuilles assez minces, d'un vert foncé en dessus, courtement spinelleuses. Capitules du volume d'une grosse Noix. Corolle d'un bleu clair, longue de 5 à 6 lignes. Nucules brunes, longues de 5 à 6 lignes. — Cette espèce paraît être originaire de Sibérie. Ses fleurs exhalent une légère odeur de Vanille.

B. *Aigrette fimbriolée.*

a) *Capitules parfaitement globuleux, pédonculés. Paillettes des involucelles toutes distinctes. Réceptacle subglobuleux.*

ÉCHINOPE COMMUNE. — *Echinops sphærocephalus* Linn. — *Echinops paniculatus* Jacq. fil. Eclog. tab. 49. — Bot. Reg. tab. 356. — *Echinops persicus* Fisch. — *Echinops viscosus, Echinops villosus, Echinops altaicus,* et *Echinops giganteus* Hortul. — *Echinops multiflorus* Lamk. — Tige dressée, rameuse supérieurement : rameaux dressés ou ascendants, incanes, pubérules-glanduleux, souvent paniculés. Feuilles sinuées-pennatifides ou roncinées, cotonneuses en dessous, ordinairement scabres et glanduleuses en dessous, aristées-ciliolées ; segments spinescents au sommet. Involucelles à paillettes non-spinescentes, longuement subulées et ciliées au sommet, pubérules-glanduleuses à la surface externe. — Plante vivace, haute de 2 à 6 pieds. Feuilles assez minces, d'un vert foncé en dessus, incanes ou blanchâtres en dessous : les inférieures grandes. Capitules courtement pédonculés, de 1 à 2 pouces de diamètre. Involucelles longs de 6 à 9 lignes : paillettes verdâtres ou incanes à la surface externe. Corolle blanche, longue de 5 à 6 lignes. — Cette espèce, nommée vulgairement *Boulette*, ou *Chardon-boulette*, croît dans toute l'Europe méridionale, ainsi qu'en Sibérie et en Orient.

ÉCHINOPE DE HONGRIE. — *Echinops bannaticus* Rochel. — *Echinops ruthenicus* Reichb. Plant. Crit. V, fig. 642.—*Echinops Ritro* Bot. Mag. tab. 932. — Tige dressée, rameuse vers le sommet ; rameaux raides, dressés, non-glanduleux. Feuilles scabres et pubérules en dessus, cotonneuses en dessous, aristées-ciliolées : les inférieures subroncinées, à segments très-larges, irrégulièrement lobés ; les supérieures pennatifides ; lobes et segments courtement aristés. Involucelles à paillettes courtement aristées, un peu piquantes, fimbriées, glabres. — Plante vivace, haute de 2 à 4 pieds. Tige, rameaux et surface inférieure des feuilles couverts d'un coton blanchâtre ou grisâtre. Feuilles d'un vert foncé et non luisantes en dessus : les inférieures grandes. Capitules courtement pédonculés, du volume d'une Noix. Paillettes des involucelles bleuâtres. Corolle d'un bleu vif, longue d'environ 6 lignes. — Cette espèce croît en Hongrie et dans la Russie méridionale.

ÉCHINOPE A FEUILLES MENUES. — *Echinops tenuifolius* Fisch. — *Echinops Ritro* Ledeb. Flor. Alt. —*Echinops Ritro ruthenicus* Fisch. — *Echinops Ritro, β : tenuifolius* De Cand. Prodr. — *Echinops ruthenicus* Hort. Par. — Tige dressée, rameuse vers le haut, non-glanduleuse ; rameaux raides, grêles, dressés. Feuilles luisantes et glabres en dessus, cotonneuses en dessous, aristées-ciliolées : les inférieures pennatiparties, à segments allongés, assez étroits, pennatifides ; les supérieures pennatifides : lobes et segments courtement aristés. Involucelles à paillettes glabres, courtement aristées au sommet, non-piquantes, plus ou moins fimbriolées. — Plante vivace, haute de 3 à 4 pieds. Tige, rameaux et surface inférieure des feuilles couverts d'un coton blanchâtre. Capitules courtement pédonculés, moins grands que ceux de l'espèce précédente. Paillettes des involucelles bleuâtres. Corolle d'un bleu vif, longue de 4 à 5 lignes. — Cette espèce est originaire de la Russie méridionale.

b) *Réceptacle cylindracé. Capitules sessiles, subglobuleux. Involucelles à paillettes supérieures soudées jusque vers leur milieu.*

ÉCHINOPE LAINEUSE. — *Echinops lanuginosus* Lamk. Ill. tab. 719, fig. 2. — *Echinops græcus* Mill. Dict. — Tiges diffuses, rameuses dès la base. Feuilles pectinées-pennatiparties, aristées-denticulées, très-raides, glabres en dessus, cotonneuses en dessous : segments linéaires-lancéolés, spinescents au sommet, indivisés, révolutés aux bords. — Plante vivace, très-touffue, haute de 1 pied à 2 pieds. Tige et rameaux trèsfeuillus, laineux, ou cotonneux, non-glanduleux ; rameaux ascendants, 1-céphales. Feuilles d'un vert foncé et luisantes en dessus, blanches en dessous. Capitules du volume d'une grosse Noix. Involucelles à paillettes glabres, bleuâtres, aristées, piquantes, fimbriées. Corolle d'un bleu vif, longue d'environ 6 lignes. — Cette espèce habite la Grèce et l'Archipel.

VIe TRIBU. LES ARCTOTIDÉES. —*ARCTOTIDEÆ* Cass.

Capitules hétérogames, radiés. Corolle-staminifère régulière, droite, tubuleuse, 5-fide. Corolle des fleursradiales liguliforme ou bligulée. Étamines à filets le plus souvent papilleux : appendices-apicilaires courts,

libres ; appendices-basilaires courts, nus. Style fili-
forme, articulé au stigmate. Stigmate (de la fleur
hermaphrodite) gros, columnaire, velouté, cilié à la
base, divisé au sommet en 2 languettes divergentes,
arquées en dehors, à surface supérieure plane, gla-
bre, très-lisse, autrement colorée que l'inférieure.

Plantes herbacées ou ligneuses. Feuilles alternes ou rarement opposées.
Fleurs jaunes ; quelquefois celles de la couronne sont blanches ou pourpres. Réceptacle alvéolé, souvent en outre fimbrilleux. Écailles-involucrales ordinairement imbriquées, quelquefois 2-sériées, rarement 1-sé-
riées, très-souvent soudées inférieurement. Capitules multiflores, à disque
souvent masculiflore vers lé centre, et androgyniflore vers la circonférence. Corolle-staminifère à segments longs, étroits, souvent calleux au
sommet et subcartilagineux. Étamines à filets soudés jusqu'au sommet du
tube de la corolle ; anthères souvent noirâtres en tout ou en partie ; appendices-apicilaires souvent semi-orbiculaires, et imbriqués latéralement
durant la préfloraison ; appendices-basilaires souvent pollinifères et soudés
collatéralement. Ovaire obconique (rétréci en stipe cylindracé plus ou
moins long), soyeux, ou laineux, ayant une face intérieure dépourvue
de côtes, et une face extérieure à 5 côtes longitudinales ; sa cavité intérieure est souvent divisée en 3 loges, dont une ovulifère (correspondant
à la face intérieure), et 2 stériles semi-avortées. Aigrette tantôt nulle,
tantôt coroniforme, tantôt composée de paillettes 1-ou pluri-sériées, laminées, ou filiformes, barbellulées. — Cette tribu, dit M. de Cassini,
est très-remarquable par la structure de l'ovaire, surtout lorsqu'il est
3-loculaire. Les Arctotidées ne sont pas moins remarquables par la con-
formation du stigmate, qui démontre leur affinité avec les Échinopodées,
les Carduinées, les Centauriées et les Carlinées. — Toutes les Arctotidées
appartiennent aux régions extra-tropicales de l'Afrique australe.

Genre GAZANIE. — *Gazania* Gærtn.

Involucre cylindracé ou campanulé, formé d'écailles
2-ou pluri-sériées, un peu inégales, soudées, surmontées
d'un appendice libre, foliacé, étalé. Réceptacle conique,
alvéolé, ombiliqué en dessous. Fleurs de la couronne 1-
sériées, liguliformes, neutres. Fleurs du disque hermaphrodites, 5-dentées. Nucules petites, plano-convexes,

aptères, écostées, couvertes de longs poils soyeux; aigrette composée de paillettes 2-sériées, nombreuses, un peu inégales, membraneuses, linéaires-subulées, finement denticulées, en général débordées par les poils de l'ovaire.

Herbes, en général suffrutescentes à la base. Tiges ordinairement très-courtes. Feuilles indivisées ou pennatilobées (souvent sur le même individu), pétiolées. Pédoncules axillaires ou terminaux, longs, nus, 1-céphales. Capitules grands. Fleurs-radiales longues, jaunes ou de couleur orange, avec une tache noirâtre vers leur base, étalées au soleil, redressées à l'ombre et la nuit. Fleurs du disque plus courtes que l'involucre. — Les espèces suivantes se cultivent comme plantes d'ornement de serre tempérée.

a) *Plantes subacaules, à souche ligneuse. Involucre subcampanulé, légèrement ombiliqué à la base.*

GAZANIE ÉLÉGANTE. — *Gazania speciosa* Lessing, Syn. — *Mussinia speciosa* Willd. — *Melanchrysum spinulosum* Cass. Dict. — Feuilles glabres ou hispides en dessus, cotonneuses-blanchâtres en dessous : les unes lancéolées-spathulées; les autres pennatiparties : segments sublinéaires, pointus, spinelleux-ciliés. Pédoncules hispides. Involucre à appendices linéaires : les extérieurs ciliés. — Souche courte, polycéphale, finalement ligneuse, diffuse. Feuilles raides, coriaces, luisantes et d'un vert foncé en dessus, longues de 3 à 4 pouces. Pédoncules terminaux, ascendants, plus longs que les feuilles. Involucre plus ou moins hispide. Fleurs-radiales longues d'environ 15 lignes, de couleur orange, bidentées au sommet. — Indigène du Cap. Fleurit au printemps.

GAZANIE OEIL DE PAON. — *Gazania Pavonia* B. Br. in Hort. Kew. — Bot. Reg. tab. 35. — Herb. de l'Amat. vol. 6. — *Gorteria rigens* Thunb. (non Linn.) — *Gorteria Pavonia* Andr. Bot. Rep. tab. 523. — Feuilles hispides en dessus, cotonneuses-blanchâtres en dessous : les unes indivisées, subspathulées; les autres pennatiparties : segments elliptiques ou oblongs, décurrents, révolutés aux bords. Pédoncules glabres, 2 à 3 fois plus longs que les feuilles. Involucre à appendices triangulaires, pointus : les intérieurs plus longs que les extérieurs. — Plante semblable à l'espèce précédente par le port. Fleurs un peu plus grandes : les radiales de couleur orange, avec une grande tache noire vers la base. — Indigène du Cap. Fleurit au printemps.

GAZANIE RAIDE. — *Gazania rigens* R. Br. l. c. — *Gorteria rigens* Linn. — Mill. Ic. 1, tab. 49. — Bot. Mag. tab. 90. — *Melanchrysum rigens.* Cass. Dict. — Feuilles glabres en dessus, cotonneuses (très-blanches) en dessous : la plupart indivisées, spathulées, obtuses. Pédoncules glabres, à peu près aussi longs que les feuilles. Involucre à appendices inférieurs subciliés, et à appendices supérieurs subscarieux, obtus. — Plante semblable aux 2 précédentes par le port. Fleurs plus grandes : les radiales longues d'environ 18 lignes, de couleur orange, avec une grande tache noirâtre vers leur base. — Indigène du Cap. Fleurit au printemps.

b) *Plantes à tiges rameuses, herbacées, feuillées. Involucre turbiné, profondément ombiliqué à la base.*

GAZANIE A PÉDONCULES SOLITAIRES. — *Gazania uniflora* Sims, Bot. Mag. tab. 270. — Loddig. Bot. Cab. tab. 795. — *Gorteria uniflora* Linn. — *Mussinia uniflora* Willd. — Tiges décombantes. Feuilles glabres en dessus, cotonneuses-blanchâtres en dessous, oblongues-spathulées, obtuses, subrévolutées aux bords, très-entières, ou pauci-dentées. Pédoncules axillaires, plus longs que les feuilles. — Tiges longues de 1 pied à 2 pieds, suffrutescentes à la base. Feuilles longues de 2 à 4 pouces, un peu charnues, raides, d'un vert foncé en dessus. Pédoncules grêles, glabres, ascendants. Involucre glabre, à appendices subovales, acuminés, cotonneux ou floconneux vers les bords. Fleurs-radiales à corolle longue de 8 à 12 lignes, immaculée, d'un jaune de citron. — Indigène du Cap. Fleurit tout l'été,

Genre ARCTOTIS. — *Arctotis* Linn.

Involucre subhémisphérique, composé d'écailles imbriquées, appliquées, coriaces : les extérieures ovales, surmontées d'un appendice étalé, linéaire-subulé, foliacé ; les intermédiaires inappendiculées ; les intérieures oblongues, surmontées d'un appendice décurrent, large, arrondi, membraneux, scarieux. Réceptacle plan ou un peu convexe, charnu, à alvéoles fimbriées. Fleurs de la couronne 1-sériées, liguliformes, femelles. Fleurs du disque : les extérieures hermaphrodites ; les intérieures mâles. Ovaire (des fleurs femelles et des fleurs hermaphrodites) turbiné, très-poilu, 5-costé sur la face externe, à 3 loges dont 1 seule ovulifère, et les 2 autres beaucoup plus petites, stériles, remplies de parenchyme. Nucules très-poilues, subturbinées, triptères au dos ; ailes ordinairement dentées : la médiane plus étroite, rectiligne ; les 2 ailes latérales involutées, plus larges. Aigrette composée de paillettes 2-sériées, scarieuses, diaphanes, oblongues, arrondies au sommet : celles de la série intérieure ordinairement au nombre de 8.

Herbes (caulescentes ou acaules) ou sous-arbrisseaux. Feuilles indivisées ou pennatilobées, pétiolées, souvent cotonneuses en dessous. Pédoncules solitaires, terminaux, nus, 1-céphales. Fleurs du disque plus courtes que l'involucre : les mâles dépourvues de stigmate, à ovaire rudimentaire, presque inaigretté. Fleurs-radiales à corolle longue, lancéolée-oblongue, légèrement 2-ou 3-dentée au sommet, le plus souvent de couleur orange, avec une tache noirâtre vers leur base. Ovaire à poils soyeux, très-longs, biapiculés, dressés, appliqués. Fimbrilles-réceptaculaires longues, filiformes, inégales. — Toutes les espèces de ce genre croissent dans les contrées voisines du Cap de Bonne-Espérance. Celles dont nous allons faire mention sont remarquables par l'élégance de leurs fleurs, et se cultivent comme plantes d'ornement de serre tempérée.

A. *Plantes subacaules, à souche suffrutescente.*

ARCTOTIS ACAULE. — *Arctotis acaulis* Linn. — Bot. Reg.
tab. 122. — *Arctotis scapigera* Thunb. — *Arctotis humilis*
Salisb. — *Arctotis tricolor* Jacq. Hort. Schœnbr. 2, tab. 159.
— *Arctotis undulata* Jacq. l. c. tab. 160. — *Arctotis speciosa*
Jacq. l. c. tab. 161. — Bot. Mag. tab. 2182. — Feuilles indivisées ou sublyrées, scabres ou pubescentes en dessus, cotonneuses-blanchâtres en dessous. Pédoncule dressé, cotonneux,
poilu. — Feuilles longues d'environ 1 pied. Pédoncule aussi
long ou plus long que les feuilles. Fleurs-radiales d'un jaune
pâle, ou blanchâtres, ou orangées en dessus, en général pourpres
en dessous. Fleurs du disque d'un pourpre foncé.

B. *Plantes à tiges simples ou rameuses, feuillées.*

ARCTOTIS ALLONGÉ. — *Arctotis elongata* Thunb. Flor. Cap.
— *Arctotis grandiflora* Hort. Kew. (non Jacq.) — Tige herbacée, rameuse, cotonneuse inférieurement, glabrescente vers
le sommet. Feuilles sinueuses, sublyrées, aranéeuses en dessus,
soyeuses-argentées en dessous : segment terminal 3-ou 5-nervé.
Rameaux 1-céphales. — Écailles-involucrales intérieures à appendice oblong-obovale. Fleurs-radiales pourpres en dessous,
blanches en dessus avec une zone jaune au milieu, et une zone
rouge vers la base. Fleurs du disque d'un pourpre brunâtre.

ARCTOTIS A FEUILLES ÉTROITES. — *Arctotis angustifolia*
Linn. (non Jacq.) — *Arctotis decumbens* Jacq. Hort. Schœnbr.
3, tab. 381. — Tige herbacée, rameuse, un peu cotonneuse.
Feuilles lancéolées ou lancéolées-oblongues, subdenticulées, 3-
nervées, scabres en dessus, cotonneuses en dessous, inauriculées
à la base. Pédoncules poilus, à peine plus longs que les feuilles.
— Tige dressée ou ascendante. Fleurs-radiales jaunes en dessus,
d'un rouge de cuivre en dessous.

ARCTOTIS A FEUILLES DE PAQUERETTE. — *Arctotis bellidi-*
folia Berg. Cap. — *Arctotis muricata* Thunb. Cap. — *Arcto-*

tis paniculata Jacq. Hort. Schœnbr. 3, tab. 380. — Tige hispide ou un peu cotonneuse, herbacée, ascendante ; rameaux
allongés, nus au sommet. Feuilles hispides en dessus, cotonneuses et scabres en dessous, oblongues : les supérieures cor-
diformes-auriculées à la base, dentées, ou lyrées, ou sinuées-
pennatifides. Pédoncules scabres. Écailles-involucrales pubescentes.

ARCTOTIS LISSE. — *Arctotis lævis* Thunb. Cap. — *Arctotis
glabrata* Jacq. Hort. Schœnbr. 2, tab. 175. — *Arctotis grandiflora* Jacq. l. c. 3, tab. 378. — *Arctotis squarrosa* Jacq.
l. c. 2, tab. 177. — Tige ligneuse, rameuse. Feuilles plus ou
moins profondément incisées, ou pennatifides, glabres aux 2
faces, ou aranéeuses : les supérieures semi-amplexatiles. Pédoncules nus, plus longs que les feuilles. — Fleurs-radiales jaunes ou de couleur orange, longues de 12 à 18 lignes.

ARCTOTIS DÉCURRENT. — *Arctotis decurrens* Jacq. l. c.
tab. 165. — Tige suffrutescente, rameuse. Rameaux plus ou
moins poilus. Feuilles un peu hispides aux 2 faces, indivisées,
oblongues-obovales, à peine dentées, décurrentes sur leur pétiole. — Fleurs-radiales blanches en dessus, avec une bande
noirâtre vers leur base, roses en dessous.

ARCTOTIS RAMPANT. — *Arctotis reptans* Jacq. l. c. 3,
tab. 182. — Tige herbacée, ascendante, rameuse. Rameaux
hispides, feuillus. Feuilles hispides, subincanes en dessous,
oblongues-obovales, sinuées-pennatilobées, auriculées à la base,
amplexatiles. — Fleurs-radiales d'un jaune pâle en dessus,
striées de jaune et de pourpre en dessous.

ARCTOTIS SUPERBE. — *Arctotis fastuosos* Jacq. l. c. 2,
tab. 166. — *Arctotis spinulosa* Jacq. l. c. tab. 167. — Tige
herbacée, dressée, rameuse, hispide. Feuilles sinuées ou dentées, oblongues, poilues. Écailles-involucrales externes à appendice cilié, réfléchi, ou étalé. — Fleurs-radiales grandes, de
couleur orange, avec une zone pourpre vers leur base.

ARCTOTIS AURICULÉ. — *Arctotis auriculata* Jacq. l. c. 2 ,
tab. 169. — *Arctotis incisa* Thunb. Cap. — *Arctotis mela-
nocycla* Willd. — Jacq. fil. Eclog. 1, tab. 51. — *Arctotis
aspera* Linn. — *Arctotis maculata* Jacq. l. c. 3 , tab. 379.
— *Arctotis aureola* Ker, Bot. Reg. tab. 32. — *Arctotis cu-
prea* Jacq. l. c. tab. 176. — *Arctotis arborescens* Jacq. l. c.
tab. 171. — *Arctotis lyrata* et *Arctotis bicolor* Willd. —
Tige dressée, rameuse, suffrutescente à la base. Feuilles cotonneuses aux 2 faces, ou seulement en dessous et hispides en
dessus, pennatifides, ou lyrées : les supérieures cordiformes-
amplexicaules à la base. Rameaux 1-céphales, nus et cotonneux vers leur sommet. — Feuilles à lobes plus ou moins allongés, très-entiers, ou dentés, de forme très-variable. Fleurs-
radiales de couleur orange, ordinairement noirâtres vers leur
base, quelquefois roses en dessous.

ARCTOTIS RÉVOLUTÉ. — *Arctotis revoluta* Jacq. l. c. 2 ,
tab. 173.—Tige dressée, herbacée. Rameaux anguleux, striés,
cotonneux. Feuilles pennatifides , incanes en dessus, cotonneuses en dessous : lobes sublancéolés, dentés, révolutés aux
bords. Pédoncules hispidules. Écailles-involucrales externes à
appendice arqué en dehors. — Fleurs-radiales jaunes, avec une
bande noirâtre vers leur base.

ARCTOTIS A FEUILLES DE STÉCHADE. — *Arctotis stœchadifo-
lia* Berg. — *Arctotis grandis* et *Arctotis decumbens* Thunb.
Cap. — *Arctotis rosea* Jacq. l. c. 2 , tab. 162. — Tige ligneuse à la base, rameuse. Feuilles aranéeuses en dessus, cotonneuses-incanes en dessous, linéaires ou oblongues , dentées,
ou incisées , rétrécies vers leur base, sessiles, ou semi-amplexicaules. Écailles-involucrales externes arquées en dehors , cotonneuses.—Rameaux-florifères plus ou moins allongés. Fleurs-
radiales roses ou jaunes.

VIIe TRIBU. **LES CALENDULÉES.** —*CALENDU-LEÆ* Cass.

Capitules hétérogames, radiés. Corolle-staminifère régulière, droite, tubuleuse, 5-fide, à segments demi-transparents. Corolle des fleurs-radiales liguliforme. Étamines à filets glabres ; anthères à appendices-basilaires subulés. Stigmates (de la fleur hermaphrodite) courts, larges, obtus, divergents, arqués en dehors : surface supérieure plane, lisse, bordée de 2 gros bourrelets veloutés, oblitérés vers le sommet, confluents à la base avec les bourrelets de l'autre stigmate ; surface externe convexe, terminée en cône pubescent. Ovaire inaigretté, considérablement accrescent après la floraison.

Plantes herbacées ou ligneuses, quelquefois épineuses. Feuilles ordinairement alternes. Corolle jaune ou orangée, moins souvent blanche, ou pourpre, ou bleue. Écailles-involucrales 1-sériées ou pauci-sériées. Réceptacle inappendiculé, ou rarement fimbrillifère. Capitules multiflores ; fleurs-radiales femelles, ou par exception neutres ; fleurs du disque mâles, ou rarement toutes hermaphrodites : quelquefois les centrales mâles, et les extérieures hermaphrodites. Corolle-staminifère pyriforme en préfloraison. Étamines à filets soudés jusqu'au sommet du tube de la corolle ; article-anthérifère à peu près conforme au filet ; anthères noirâtres ou brunâtres ; appendice-apicilaire libre, subcordiforme, cartilagineux ; appendices-basilaires non-pollinifères inférieurement, en général libres. Ovaire cylindracé ou obové (abstraction faite des appendices), quelquefois comprimé bilatéralement, glabre. Nucules en général dissemblables : les extérieures ordinairement difformes. Stigmates des fleurs femelles longs, filiformes. Stigmates des fleurs mâles soudés en forme de cône poilu à la surface externe.

Les Calendulées se distinguent par une odeur aromatique, qui leur est particulière ; la plupart des espèces habitent l'Afrique, et surtout la région du Cap de Bonne-Espérance ; les autres croissent en Europe et en Asie. « Cette tribu, » dit M. de Cassini, « a de l'affinité avec les Arcto-

» tidées, ainsi qu'avec les Hélianthées-Millériées. Si nous n'avions pas
» cru devoir restreindre, autant que possible, la trop nombreuse tribu
» des Hélianthées, nous y aurions compris celle des Calendulées, qui est
» très-faiblement caractérisée. »

Genre SOUCI. — *Calendula* Linn.

Capitules subhémisphériques. Involucre à écailles subunisériées, subisomètres, linéaires, pointues, foliacées,
étalées pendant la floraison, puis réfléchies. Fleurs-radiales plurisériées, femelles, toutes fertiles. Fleurs du disque
mâles, toutes stériles. Réceptacle convexe, presque plan,
inappendiculé. — *Fleurs mâles :* Ovaire droit, grêle, lisse,
cylindrique, inovulé, plein intérieurement. Corolle subinfondibuliforme ; tube plus court que le limbe ; limbe
à 5 segments inappendiculés. Style long, filiforme. Stigmate
court, conique, poilu, échancré au sommet. — *Fleurs femelles :* Ovaire subcylindracé, très-arqué en dedans. Style
court. Stigmates longs, filiformes, papilleux vers le sommet, glabres inférieurement. Corolle à languette oblongue, tridentée. Nucules dissemblables, subcoriaces, plus
ou moins infléchies, muriquées, ou aristées au dos : les
extérieures grêles, aptères, arquées, rostrées ; les suivantes cymbiformes, bordées d'une aile chartacée ; les intérieures beaucoup plus petites, annulaires, aptères, non-
rostrées ; certaines espèces n'ont point de nucules ailées, ou
point de nucules longuement rostrées. Graine inadhérente.

Herbes annuelles, visqueuses par un duvet glandulifère. Tige rameuse, feuillée. Feuilles indivisées, ordinairement denticulées, molles : les radicales rétrécies en
pétiole ; les caulinaires sessiles. Capitules solitaires, terminaux, dressés, pédonculés. Fleurs-radiales à corolle
plus longue que l'involucre, barbue à la base, d'un jaune
de citron, ou orange. Fleurs mâles à corolle brunâtre, plus
courte que l'involucre, munies d'un nectaire cylindracé,
charnu, blanchâtre.

Souci officinal. — *Calendula officinalis* Linn. — Blackw. Herb. tab. 106. — Bot. Mag. tab. 3204. — Gærtn. Fruct. tab. 168. — *Calendula denticulata* Schousb. — *Caltha officinalis* et *Caltha dentata* Mœnch, Meth. — Fleurs-radiales 3 à 4 fois plus longues que l'involucre. Nucules-marginales plus ou moins longuement rostrées, muriquées au dos; nucules-intermédiaires largement ailées (à aile très-entière), tantôt muriquées au dos, tantôt très-lisses; nucules - internes sillonnées, tuberculeuses. — Plante haute de $^1/_2$ pied à 1 $^1/_2$ pied, ordinairement très-rameuse. Tige dressée, anguleuse; rameaux ascendants ou divergents. Feuilles très-entières ou sinuolées-denticulées, d'un vert gai : les inférieures obovales-spathulées, ou oblongues-obovales, très-obtuses, mucronulées; les supérieures oblongues ou lancéolées-oblongues, pointues. Fleursradiales à corolle tantôt rouge, tantôt d'un jaune de citron, longue de 9 à 15 lignes. Capitules-fructifères denses, subglobuleux, ombiliqués au centre, du volume d'une petite Noix.

Cette espèce, nommée vulgairement *Souci*, ou *Souci des jardins*, croît spontanément dans l'Europe australe et dans le nord de l'Afrique. On la cultive comme plante d'ornement; elle fleurit durant tout l'été; dans les jardins ses fleurs sont fréquemment doubles, c'est à-dire que la plupart des corolles du disque deviennent liguliformes. Toutes les parties du *Souci officinal* ont une odeur résineuse peu agréable. L'infusion des sommités fleuries possède des propriétés sudorifiques, antispasmodiques, et emménagogues.

Souci des champs. — *Calendula arvensis* Linn. — Bull. Herb. tab. 239. — *Caltha arvensis* Mœnch , Meth. — Fleursradiales de moitié à 1 fois plus longues que l'involucre. Nucules comme celles de l'espèce précédente. — Plante semblable à l'espèce précédente , mais plus petite en toutes ses parties. Tiges ascendantes ou diffuses. Fleurs-radiales à corolle longue de 3 à 6 lignes, ordinairement d'un jaune orange. — Cette espèce, nommée vulgairement *Souci sauvage*, ou *Souci des vignes*, n'est pas rare dans les vignes et les champs; elle

fleurit depuis mai et juin jusqu'au commencement de l'hiver ;
ses propriétés sont les mêmes que celles du *Souci officinal.*

Genre DIMORPHOTHÈQUE. — *Dimorphotheca* Vaill.

Capitules subhémisphériques. Fleurs-radiales 1-sériées,
femelles, fertiles. Fleurs du disque : les unes (centrales)
mâles, stériles ; les autres hermaphrodites, fertiles. Involucre subcampanulé, à écailles linéaires-lancéolées, à
peu près égales, foliacées. Réceptacle plan ou conique,
nu. — *Fleurs-radiales :* Corolle à languette elliptique-oblongue, 3-dentée au sommet ; tube et base du limbe hérissés de poils articulés. Stigmates longs, filiformes, obtus, à bourrelets glabres. — *Fleurs du disque :* Corolle infondibuliforme, à tube très-court : celle des fleurs mâles à
segments calleux au sommet ; celle des fleurs hermaphrodites à segments non-calleux. Stigmates des fleurs hermaphrodites libres, divergents, barbus en dessous au
sommet. Stigmates des fleurs mâles non-divergents, très-
courts. Nucules minces, chartacées : celles des fleurs-radiales plus courtes, claviformes, obtuses, subtrigones ou
trièdres, tuberculeuses, un peu courbées ; celles du disque
comprimées bilatéralement, droites, spathulées, bordées
d'une large aile obcordiforme, membraneuse, subdiaphane, munie d'une nervure intra-marginale.

Plantes herbacées ou suffrutescentes, plus ou moins
visqueuses, pubérules, ou cotonneuses. Tige rameuse,
feuillée. Feuilles dentées, ou incisées-dentées : les inférieures rétrécies en pétiole ; les supérieures sessiles. Capitules solitaires, terminaux, pédonculés, dressés. Pédoncules nus, plus ou moins épaissis au sommet. Écailles-involucrales étalées pendant l'épanouissement, puis dressées et
conniventes. Fleurs-radiales à corolle longue, blanche
(du moins en dessus), avec une zone violette à la base du
limbe, ou jaune, étalées seulement au soleil, redressées et
conniventes à l'ombre. Fleurs du disque plus courtes

que l'involucre, à corolle jaune ou blanchâtre. — Toutes
les espèces de ce genre croissent au Cap de Bonne-Espérance ; les suivantes se cultivent comme plantes d'ornement.

a) Plantes annuelles: Nucules du disque très-lisses.

· DIMORPHOTHÈQUE PLUVIALE. — *Dimorphotheca pluvialis*
Mœnch, Meth. — *Calendula pluvialis* Linn. — Mill. Ic. tab.
79, fig. 2. — *Calendula hybrida* Sweet, Brit. Flow. Gard.
tab. 39. (non Linn.) — Plante pubérule, visqueuse. Feuilles.
érosés-denticulées ou sinuées-pennatifides. Pédoncules grêles,
peu épaissis au sommet. Nucules marginales subtrigones, tuberculeuses à toute la surface. Nucules du disque petites, exactement obcordiformes, à aile épaissie aux bords. Fleurs-radiales
à corolle discolore. — Plante haute d'environ 1 pied. Tige dressée, en général rameuse dès la base ; rameaux grêles, dressés,
souvent paniculés au sommet. Feuilles un peu charnues, d'un
vert clair : les inférieures oblongues-obovales, ou obovales, ou
oblongues-spathulées, quelquefois lyrées ; les supérieures oblongues, ou sublinéaires, rétrécies vers leur base. Écailles-involucrales membraneuses aux bords. Fleurs-radiales à corolle longue de 5 à 7 lignes, jaunâtre ou violette en dessous. Nucules
brunâtres : celles du disque longues de 2 à 3 lignes.

DIMORPHOTHÈQUE A GROS PÉDONCULES. — *Dimorphotheca
incrassata* Mœnch, Meth. — Mill. Ic. 1, tab. 75, fig. 1 —
Calendula hybrida Linn. — *Dimorphotheca crassipes* Cass.
— Plante pubérule-incane, peu visqueuse. Feuilles érosées ou
sinuées-crénelées. Pédoncules assez gros : les fructifères claviformes au sommet. Fleurs-radiales à corolle non-discolore. Nucules marginales distinctement trièdres : angles crénelés ; faces
lisses ou presque lisses. Nucules du disque grandes, oblongues-
obovales, rétuses, à aile non-épaissie au bord. — Plante ayant
le même port que la précédente ; tige et rameaux en général plus
forts. Feuilles d'un vert glauque, charnues, très-obtuses, la plupart oblongues. Écailles-involucrales immarginées. Corolle des

fleurs-radiales longue de 6 à 8 pouces. Nucules du disque longues de 5 à 6 lignes, sur 2 à 3 lignes de large (y compris l'aile).

b) *Herbes vivaces, suffrutescentes à la base. Nucules du disque scabres aux bords. Fleurs radiales à corolle blanche en-dessus.*

DIMORPHOTHÈQUE A FEUILLES DE GRAMINÉE. — *Dimorphotheca graminifolia* De Cand. Prodr. — *Calendula graminifolia* Linn. — Mill. Ic. tab. 76, fig. 1. — Bot. Reg. tab. 289. — *Arctotis tenuifolia* Poiret. — Souche multicaule, finalement ligneuse. Rameaux très-simples, 1-céphales, feuillus à la base, presque nus supérieurement. Feuilles linéaires ou linéaires-spathulées, très-étroites, très-entières ou pauci-denticulées. — Rameaux dressés ou ascendants, grêles, effilés, hauts de 1 pied à 2 pieds. Feuilles longues de 3 à 5 pouces, larges de 1/3 de ligne à 1 ligne, obtuses, ou pointues, sessiles, glabres et lisses, ou scabres et pubérules. Capitules longuement pédonculés. Écailles-involucrales membraneuses aux bords, acérées. Fleurs radiales à corolle longue de près de 1 pouce, violette en dessous.

DIMORPHOTHÈQUE TRAGUS. — *Dimorphotheca Tragus* De Cand. Prodr. — *Calendula Tragus* Jacq. Hort. Schœnbr. 2, tab. 153. — Bot. Mag. tab. 1982. — Tige suffrutescente, rameuse. Rameaux feuillus presque jusqu'au sommet, glanduleux et scabres de même que les feuilles. Feuilles sublinéaires, acuminées, pauci-denticulées : les inférieures subsinuées. Capitules courtement pédonculés. — Fleurs-radiales à corolle pourpre en dessous.

c) *Sous-arbrisseaux. Fleurs-radiales à corolle jaune. Nucules du disque lisses. Nucules-radiales trièdres, tuberculeuses seulement aux angles.*

DIMORPHOTHÈQUE CUNÉIFORME. — *Dimorphotheca cuneata* De Cand. Prodr. — *Calendula cuneata* Thunb. Cap. — *Calendula viscosa* Andr. Bot. Rep. tab. 412. — *Arctotis glutinosa* Sims, Bot. Mag. tab. 1343. — Tige suffrutescente, glabre, rameuse, feuillue. Feuilles cunéiformes, incisées-dentées, subdécurrentes, glabres. Écailles-involucrales pubérules au dos, cotonneuses aux bords. Fleurs-radiales à corolle grande, de couleur orange.

DIMORPHOTHÈQUE DE VENTENAT. — *Castalis Ventenatii* Cass. — *Calendula flaccida* Vent. Malm. tab. 20. — *Dimorphotheca aurantiaca* De Cand. Prodr. — Tige ligneuse, dressée. Rameaux 1-céphales, grêles, aphylles vers le sommet. Feuilles linéaires-oblongues, subobtuses, entières, ou sinuolées, scabres. Écailles-involucrales acérées, membraneuses aux bords, scabres au dos. — Feuilles longues de 2 à 3 pouces, larges de 2 à 3 lignes. Capitules longuement pédonculés. Fleurs-radiales à corolle de couleur orange, longue de 1 pouce.

Genre ARNOLDIE. — *Arnoldia* Cass.

Ce genre ou sous-genre ne diffère essentiellement du précédent qu'en ce que toutes les fleurs du disque sont hermaphrodites, et absolument privées d'appendices calleux derrière le sommet des divisions de la corolle. — Les fleurs-radiales sont munies de 5 étamines stériles. — On ne connaît d'autre espèce que la suivante.

ARNOLDIE A FEUILLES DE CHRYSANTHÈME. — *Arnoldia aurea* Cass. — *Calendula chrysanthemifolia* Vent. Malm. tab. 56. — Bot. Reg. tab. 40. — Bot. Mag. tab. 2218. — *Dimorphotheca chrysanthemifolia* De Cand. Prodr. — Arbuste haut de 3 pieds ou plus. Rameaux dressés, effilés, striés, subcylindriques, 1-céphales, feuillés presque jusqu'au sommet. Feuilles obovales, ou oblongues-obovales, ou lancéolées-oblongues, obtuses, ou pointues, incisées-dentées, ou subpennatifides, rétrécies en pétiole, finement pubérules, un peu charnues, d'un vert glauque. Écailles-involucrales acérées, membraneuses aux bords, à peine plus longues que les fleurs du disque. Fleurs radiales à corolle longue de près de 1 pouce, d'un jaune orange. Nucules-radiales trièdres, à angles tantôt entiers, tantôt créne-

·lés. Nucules du disque obovales, lisses, largement ailées. — Cette plante, originaire du Cap de Bonne-Espérance, se cultive comme arbuste d'ornement.

VIIIᵉ TRIBU. **LES TAGÉTINÉES.** — *TAGETINEÆ* Cass.

Capitules hétérogames (radiés ou discoïdes), ou rarement homogames. Corolle-staminifère droite, tubuleuse, 5-fide, à segments ordinairement inégaux. Fruit long, étroit, ordinairement subcylindracé et strié, portant une aigrette composée de plusieurs paillettes persistantes, fortes, raides, fermes, cornées, ou coriaces, non-fragiles. — Involucre et feuilles ponctués de glandules contenant un suc d'une odeur particulière (en général forte et désagréable).

Plantes herbacées ou suffrutescentes, inermes, en général glabres. Feuilles opposées ou alternes, pennées, ou pennatifides, ou indivisées, souvent frangées ou ciliées vers leur base. Fleurs presque toujours jaunes ou orangées : les radiales souvent veloutées. Capitules multiflores ou pauciflores, le plus souvent radiés : fleurs-radiales femelles, liguliformes (à ligule cunéiforme ou obovale), peu nombreuses (excepté chez certaines variétés de culture dites à *fleurs doubles,* où la plupart des fleurs du disque sont aussi liguliformes) ; fleurs du disque hermaphrodites. Réceptacle inappendiculé ou fimbrillifère. Involucre à écailles libres ou soudées, ordinairement 1-sériées. Corolle-staminifère à limbe ordinairement très-peu distinct du tube, divisé en lanières longues, linéaires, dont la face supérieure est hérissée de papilles piliformes. Étamines à article-anthérifère long, conforme au filet ; appendice-apicilaire ordinairement demi-lancéolé, obtus ; appendices-basilaires presque nuls. Ovaire (des fleurs hermaphrodites) cylindracé ou prismatique, long, étroit (quelquefois un peu comprimé), obscurément et irrégulièrement anguleux, légèrement strié, hispidule, quelquefois pourvu d'un bourrelet-basilaire très-élevé. Aigrette le plus souvent irrégulière, composée de paillettes 1-ou pluri-sériées, ordinairement soudées par la base. Style (des fleurs hermaphrodites) couronné de 2 stigmates divergents, arqués en dehors pendant la floraison, longs, demi-cylindriques, terminés en demi-cône obtus : face supérieure couverte de 2 bourrelets demi-cylindriques, finement papilleux, presque contigus, oblitérés vers le sommet; face inférieure convexe, pubescente au sommet; chez plusieurs espèces les 2 stigmates sont soudés presque jusqu'au sommet.

« Les Tagétinées, » dit M. de Cassini, « ne sont réellement qu'une » section très-naturelle et très-remarquable de la tribu des Hélianthées, » dont elles diffèrent principalement par la forme de l'ovaire; elles ont » surtout la plus grande affinité avec les Hélianthées-Héléniées, ainsi » qu'avec les Hélianthées-Coréopsidées, et un genre d'Hélianthées-Pro- » totypes ; cependant quelques Tagétinées semblent se rapprocher des » Sénécionées ou des Astérées; mais c'est surtout pour diminuer un peu » la trop grande tribu des Hélianthées, que nous nous sommes décidés » à en séparer les Tagétinées. » — Presque toutes les Tagétinées habitent l'Amérique; elles sont remarquables par l'odeur forte et peu agréable dont sont imprégnées toutes leurs parties.

Genre TAGÈTE. — *Tagetes* Tourn.

Capitules radiés : disque multiflore; couronne 5-10-flore, 1-sériée (excepté chez les variétés de culture dites à fleurs doubles). Involucre plus court que les fleurs du disque, campanulé, ou subcylindracé, simple, 5-10-denté. Réceptacle convexe, subhémisphérique, non-fimbrillifère. — *Fleurs radiales :* Corolle à limbe obovale ou cunéiforme, ample, arrondi au sommet, glabre, finement velouté en dessus. Stigmates filiformes, glabres, inappendiculés. — *Fleurs du disque :* Corolle infondibuliforme, inégalement 5-fide : segments oblongs, pubescents en dessus, épaissis en bourrelet aux bords. Style à 2 stigmates libres, divergents, semi-coniques et poilus au sommet. Nucules minces, subcoriaces, linéaires, comprimées, un peu anguleuses, scabres : les radiales un peu plus larges; aigrette composée d'environ 5 paillettes 1-sériées, inégales, dissemblables, de forme variable, subcoriaces, blanchâtres, luisantes, denticulées aux bords : une ou deux des paillettes libres ou presque libres, subulées au sommet chez les fleurs du disque, tronquées chez les fleurs-radiales; les autres paillettes plus ou moins soudées inférieurement, obtuses ou tronquées au sommet.

Herbes annuelles. Tige rameuse, feuillée, anguleuse. Feuilles pennées ; folioles denticulées, ou dentelées, ou incisées-dentées : dents souvent sétifères au sommet. Capitules solitaires, dressés. Pédoncules terminaux, fistuleux, claviformes au sommet. Capitules ovoïdes en préfloraison. Involucre un peu charnu, verdâtre, plus court que les fleurs du disque, à dents courtes, dressées. Fleurs-radiales à corolle grande, jaune, ou discolore (brunâtre en dessus, jaune en dessous). Fleurs du disque à corolle jaune, glabre à la surface externe. — Ce genre est propre au Mexique. Les espèces suivantes se cultivent comme plantes de parterre ; mais il est à regretter qu'elles ne soient pas aussi agréables à l'odorat qu'à la vue.

TAGÈTE ÉLEVÉE. — *Tagetes erecta* Linn. — *Tagetes grandiflora* Hortul. — Tige et rameaux dressés. Folioles étroites, lancéolées, denticulées, sessiles. Pédoncules solitaires. Involucre exactement campanulé. Corolles-radiales cunéiformes-obovales, subbilobées, jusqu'à 3 fois plus longues que les fleurs du disque. — Plante très-rameuse, haute de 2 à 4 pieds. Corolles-radiales à ligule longue d'environ 1 pouce, d'un jaune de citron ou de safran, quelquefois rayée d'orange, ou blanchâtre. —. Cette espèce est nommée vulgairement *OEillet d'Inde, Grand OEillet d'Inde*, ou *Rose d'Inde* ; elle fleurit de juillet en octobre ; elle est fréquemment à fleurs doubles, c'est-à-dire que la plupart des fleurs du disque sont liguliformes.

TAGÈTE ÉTALÉE. — *Tagetes patula* Linn. — Dill. Elth. tab. 279, fig. 361. — Bot. Mag. tab. 150. — Tige dressée ; rameaux plus ou moins divergents. Folioles lancéolées ou lancéolées-oblongues, dentelées, ou denticulées, courtement pétiolulées. Pédoncules solitaires. Involucre subcylindracé. Corolles-radiales souvent à peine aussi longues que les fleurs du disque. — Plante très-touffue, en général moins élevée que l'espèce précédente, mais atteignant quelquefois 4 à 5 pieds de haut. Corolles-radiales à ligule elliptique-orbiculaire ou flabelliforme, subrétuse, longue d'environ 6 lignes, à peu près aussi large que longue, en général d'un brun orangé en dessus, moins souvent panachée de brun et de jaune, ou jaune aux 2 faces. — Cette espèce est connue sous le nom vulgaire de *Petit OEillet d'Inde.*

TAGÈTE A FEUILLES MENUES. — *Tagetes tenuifolia* Cavan. Ic. 2, tab. 169. — *Tagetes signata* Bartl. Hort. Gœtt. — Tige dressée, rameuse au sommet. Folioles lancéolées ou lancéolées-linéaires, pennatifides, ou incisées-dentées, subsessiles; rachis très-grêle, immarginé. Pédoncules en corymbe. Involucre subcylindracé. Fleurs-radiales à ligule courte, flabelliforme, tantôt jaune aux 2 faces, tantôt orange en dessus.

Genre DIGLOSSE. — *Diglossus* Cass.

. Ce genre ou sous-genre diffère des *Tagètes :* 1° par l'involucre, qui est grêle, cylindracé, pauci-denté, seulement 5-12-flore ; 2° par la couronne, composée seulement de 2 ou 3 fleurs, à ligule courte.

DIGLOSSE A FEUILLES LUISANTES. — *Diglossus lucidus* Cass. — *Tagetes lucida* Cavan. Ic. 3, tab. 264. — Plante vivace, touffue, haute de 1 pied à 2 pieds, glabre. Tige grêle, dressée, obscurément 4-gone, feuillue, rameuse au sommet; rameaux dressés, feuillés, dichotomes ou trichotomes au sommet. Feuilles fermes, d'un vert foncé, un peu luisantes, opposées, sessiles, oblongues, ou lancéolées-oblongues, ou oblongues-obovales, obtuses, finement dentelées, pectinées-ciliées à la base. Pédoncules 1-céphales, courts, terminaux, ternés, subfastigiés. Involucre long de 4 à 5 lignes. Fleurs d'un jaune vif : les radiales à ligule 2 fois plus courte que l'involucre, cunéiforme. — Cette espèce, originaire du Chili, se cultive comme plante d'ornement ; elle fait exception aux autres Tagétinées, en ce qu'elle a une odeur agréable, analogue à celle de la *Citronelle.*

IXe TRIBU. **LES HÉLIANTHÉES.**—*HELIANTHEÆ*
Cass.

*Capitules hétérogames (radiés, ou moins souvent dis-
coïdes), ou homogames. Corolle-staminifère régulière,
tubuleuse, 4-ou 5-fide. Anthères ordinairement brunes ou noirâtres. Ovaire obové, à 4 faces limitées chacune par une côte. Stigmates (de la fleur hermaphrodite) divergents, arqués en dehors, demi-cylindriques
inférieurement, semi-coniques vers le sommet, pubescents sur la partie supérieure de leur face externe, et
portant sur leur face interne 2 bourrelets finement
papilleux, ordinairement contigus, oblitérés vers le
sommet.*

Plantes herbacées ou ligneuses. Feuilles alternes ou opposées, souvent
5-nervées. Fleurs jaunes, ou blanches, ou pourpres. Capitules multiflores ou pauciflores. Ecailles-involucrales ordinairement 1- ou 2-sériées,
égales, ou peu inégales, souvent imbriquées. Réceptacle inappendiculé
ou garni de paillettes. Corolle des fleurs-radiales liguliforme. Corolle
des fleurs-staminifères en général d'un jaune foncé, garnie de poils subulés, articulés; tube court; limbe en général long et subcylindracé :
segments courts, souvent hérissés en dessus de papilles cylindriques. Étamines à filet soudé à la corolle jusqu'au sommet de son tube ; article-anthérifère à peu près conforme au filet; appendice-apicilaire libre, subcordiforme, cartilagineux ; appendices-basilaires longs comme l'article
anthérifère, obconiques, pollinifères, libres et divergents par leur côté
intérieur, soudés collatéralement par leur côté extérieur. Ovaire arrondi
ou tronqué au sommet ; aréole-basilaire sessile, le plus souvent oblique-
intérieure : aréole-apicilaire moins étendue que la sommité de l'ovaire.
Aigrette tantôt nulle, tantôt coroniforme, tantôt composée de paillettes
peu nombreuses, 1-sériées, souvent soudées par la base, persistantes ou
rarement caduques.

« De toutes les tribus dont se compose la famille des Synanthérées, »
dit M. de Cassini, « celle des Hélianthées est la plus nombreuse en genres,
» la plus difficile à caractériser ; elle est très-naturelle, et cependant il
» n'y a peut-être pas un seul de ses caractères qui ne soit sujet à beaucoup
» d'exceptions ou de modifications plus ou moins graves. »

Section I. HÉLIANTHÉES-HÉLÉNIÉES Cass.

Aigrette composée de plusieurs paillettes membraneuses, scarieuses, ou quelquefois de soies filiformes, barbées.

Genre HÉLÉNIUM. — *Helenium* Linn.

Capitules multiflores, radiés. Fleurs-radiales femelles, 1-sériées. Fleurs du disque hermaphrodites. Involucre double : l'extérieur composé d'écailles foliacées, sublinéaires, nombreuses, réfléchies, soudées en forme de disque par leur base ; l'intérieur composé de paillettes peu nombreuses, beaucoup plus courtes, dressées, subunisériées, inégales, libres. Réceptacle globuleux ou hémisphérique, nu. Fleurs-radiales à corolle grande, ligulée, 3-5-lobée, ou quelquefois infondibuliforme et irrégulièrement 3-5-fide. Fleurs du disque à corolle 5-fide. Nucules petites, subclaviformes, subtétragones, ordinairement 8-costées ; aigrette de 5 à 8 paillettes 1-sériées, acuminées-aristées, denticulées.

Herbes vivaces ou annuelles. Tige dressée, rameuse, feuillue. Feuilles dentées ou très-entières, alternes : les caulinaires décurrentes. Capitules terminaux, solitaires, courtement pédonculés ; pédoncules dressés, épaissis au sommet. Fleurs jaunes, toutes plus longues que l'involucre.

HÉLÉNIUM AUTUMNAL. — *Helenium autumnale* Linn. — Bot. Mag. tab. 2994. — *Helenia decurrens* Mœnch, Meth. — *Helenia autumnalis* Gœrtn. — *Helenium pubescens* Hort. Kew. — *Helenium pumilum* Willd. Hort. Berol. — Plante glabre ou pubérule, vivace, touffue, haute de 3 à 6 pieds. Racine fibreuse. Tiges dressées, anguleuses, paniculées au sommet, ailées par la décurrence des feuilles ; rameaux grêles, dressés, 1-céphales, ou oligocéphales, feuillés, subfastigiés. Feuilles lancéolées, pointues, dentelées, assez fermes, d'un vert gai, en général un peu scabres en dessous. Fleurs-radiales à ligule plane, 3-à 5-lobée, cunéiforme, ou spathulée-cunéiforme, d'un beau jaune, longue de 5 à 8 lignes. Disque globuleux, d'environ 5 lignes de diamètre. Aigrette 3 à 4 fois plus courte que les corolles du disque : paillettes linéaires-lancéolées. Nucules brunâtres, à peine longues de 1 ligne, glabres, ou pubérules. — Cette espèce, indigène des États-Unis, se cultive comme plante de parterre ; elle fleurit en août et en septembre.

Genre GALARDE. — *Gaillardia* Fouger.

Capitules radiés, multiflores. Fleurs-radiales neutres, 1-sériées, ligulées. Fleurs du disque hermaphrodites. Involucre à écailles 3-ou 4-sériées, foliacées, inégales, étroites, imbriquées, réfléchies après la floraison. Réceptacle petit, subglobuleux, garni de paillettes subulées ou inégales. Corolle des fleurs neutres à ligule cunéiforme, grande, 3-fide, multi-striée. Corolle des fleurs hermaphrodites à limbe 5-fide, très-poilu à la surface externe. Stigmates longuement subulés au sommet. Nucules cunéiformes, poilues, subtétragones ; aigrette de 5 à 8 paillettes persistantes, 1-sériées, subovales, acuminées, longuement aristées, subisomètres, 1-nervées : arête finement barbellulée.

Herbes vivaces, poilues, ayant une forte odeur de Camomille. Tige rameuse, feuillée. Feuilles indivisées, ou incisées-dentées, ou sinuées-pennatifides, alternes : les radicales roselées, pétiolées ; les caulinaires sessiles. Pédoncules terminaux, solitaires, dressés, longs, nus, grêles, 1-céphales. Capitules grands. Écailles-involucrales étalées ou réfléchies : les extérieures plus grandes, à peu près aussi longues que le disque. Disque presque plan au commencement de la floraison, finalement globuleux. Corolle des fleurs du disque rougeâtre à l'époque de la floraison :

limbe campanulé ou cylindracé, à lobes acuminés-subulés.
Corolle des fleurs-radiales marcescente, à ligule jaune ou
panachée de pourpre et de jaune; aigrette presque aussi
longue que la corolle. Nucules petites, caduques à la maturité. — Les 2 espèces de ce genre croissent dans l'Amérique septentrionale; elles se cultivent comme plantes
d'ornement.

GALARDE LANCÉOLÉE.—*Gaillardia lanceolata* Michx. Flor.
Bor. Amer.—*Gaillardia rustica* Cass. Dict.—Jaume Saint-Hil.
Flore et Pom. tab. 457.—*Galardia bicolor* Elliot. (non Lamk.)
— Bot. Mag. tab. 1602. — *Galardia aristata* Pursh, Flor.
Amer. Sept. — Bot. Reg. tab. 1186. — Bot. Mag. tab. 2940.
— Écailles-involucrales plus ou moins velues, laineuses à la
base. Réceptacle garni de paillettes subulées, submembranacées,
égales. Corolle des fleurs du disque à limbe subcylindracé :
segments très-velus, fimbriés aux bords.—Plante haute de 1 pied
à 2 pieds, touffue. Tiges dressées ou ascendantes, grêles, velues ;
rameaux dressés, effilés, feuillés inférieurement. Feuilles pubescentes ou cotonneuses aux 2 faces, molles, un peu charnues, subincanes ou d'un vert glauque : les radicales tantôt indivisées,
lancéolées-spathulées , tantôt lyrées ou pennatifides ; les caulinaires inférieures variant comme les radicales ; les supérieures et les
raméaires oblongues, ou oblongues-lancéolées, ou ovales-lancéolées, grossement dentées, ou très-entières. Fleurs-radiales longues de 10 à 15 lignes : ligule tantôt subflabelliforme, tantôt plus
ou moins longuement rétrécie vers sa base , glabre en dessus, pubescente en dessous, tantôt d'un jaune de safran, tantôt d'un jaune
de citron, tantôt panachée de ces deux couleurs. — Indigène des
États-Unis ; fleurit pendant la plus grande partie de l'été.

GALARDE ÉLÉGANTE.—*Gaillardia pulchella* Fouger. in Mém.
de l'Acad. 1786. — *Galardia bicolor* Lamk. Dict. (non Ell.)
— *Calonnea pulcherrima* Buchoz, Icon. tab. 126. — *Virgilia
helioides* L'hérit. Diss. cum Icon. — *Gaillardia picta* Sweet,
Brit. Flow. Gard. ser. 2, tab. 267. — *Gaillardia bicolor* var.

Drummondii Hook. Bot. Mag. tab. 3551. — *Gaillardia Dummondii* et *Gaillardia pulchella* De Cand. Prodr. — Écailles-involucrales ciliées, point laineuses à la base. Paillettes-réceptaculaires coriaces, piquantes, inégales. Corolle des fleurs du disque à limbe subcampanulé : segments ciliés, pubérules. — Tige haute de 1 ¹/₂ pied à 3 pieds, hispidule, dressée, rameuse. Feuilles variant de forme comme celles de l'espèce précédente, pubérules aux 2 faces, d'un jaune foncé : les caulinaires souvent la plupart pennatilobées. Fleurs-radiales à ligule longue de 6 lignes à 1 pouce, flabelliforme, peu ou point rétrécie à la base, violette ou pourpre tantôt seulement à la base, tantôt presque jusqu'au sommet. Corolle des fleurs du disque violette ou pourpre. — Cette espèce croît dans la Louisiane et au Texas ; elle fleurit tout l'été.

Section II. HÉLIANTHÉES-CORÉOPSIDÉES Cass.

Ovaire comprimé ; aigrette le plus souvent formée de 2 paillettes situées l'une à droite, l'autre à gauche, ordinairement trièdres et continues avec l'ovaire.

Genre SILPHIUM. — *Silphium* Linn.

Capitules radiés, multiflores ; fleurs-radiales 1-sériées, femelles, ligulées ; fleurs du disque mâles. Involucre campanulé ou subhémisphérique, formé d'écailles pauci-sériées, subcoriaces et appliquées vers la base, foliacées et inappliquées supérieurement. Réceptacle convexe, garni de paillettes submembranacées, linéaires-spathulées, obtuses, plus courtes que les fleurs. — *Fleurs du disque :* Corolle à tube très-court ; limbe long, cylindracé, 5 denté : dents étalées, pointues, poilues en dessus. Ovaire inovulé, irrégulièrement denticulé au sommet. Stigmate filiforme, entier, pubescent. — *Fleurs-radiales :* Corolle à ligule linéaire-oblongue. Stigmates filiformes, arqués en dedans, papilleux en dessus, glabres en dessous. Nucules obovales ou suborbiculaires, aplaties, échancrées, chartacées, ailées aux bords, inaigrettées, 2-apiculées au sommet.

Herbes vivaces. Tige dressée, rameuse, élancée, cylindrique, ou anguleuse. Feuilles indivisées ou pennatifides : les caulinaires opposées, ou verticillées, ou alternes, souvent connées par la base. Capitules pédonculés, disposés en grappe ou en panicule terminale. Écailles-involucrales inégales, plus longues que les fleurs du disque. Fleurs jaunes.—Ce genre appartient à l'Amérique septentrionale ; les espèces suivantes se cultivent comme plantes d'ornement. Ces plantes ont un port très-élégant, et elles fleurissent jusqu'en automne.

a) *Tige cylindrique ou obscurément hexagone.*

SILPHIUM LACINIÉ. — *Silphium laciniatum* Linn. —Linn. fil. Decad. tab. 3. — Jacq. fil. Eclog. 1, tab. 90.—*Silphium spicatum* Poir. Enc. — Tige cylindrique, hispidule et subpaniculée vers le haut. Feuilles alternes, scabres, interruptépennatiparties, à segments pennatifides ou incisés-dentés : les inférieures pétiolées ; les supérieures sessiles, subamplexatiles. Capitules disposés en panicule subracémiforme. Écailles-involucrales ovales, longuement acuminées, scabres, ciliées. — Plante atteignant 8 à 12 pieds de haut. Tige grêle, dressée, subaphylle supérieurement. Feuilles fermes, d'un vert gai : les radicales longues de 1 pied à 3 pieds, quelquefois lancéolées, sinuées-dentées. Ramules florifères aphylles ou subaphylles, courts, ordinairement 3-céphales. Fleurs-radiales longues d'environ 18 lignes.

SILPHIUM TÉRÉBINTHACÉ. — *Silphium terebinthinaceum* Linn. — Jacq. Hort. Vindob. 1, tab. 43. — Tige cylindrique, striée, glabre, paniculée au sommet. Feuilles alternes, scabres, sinuolées-denticulées : les inférieures ovales ou elliptiques, plus ou moins profondément cordiformes à la base ; les supérieures ovales. Capitules (la plupart longuement pédonculés) disposés en panicule subaphylle. Écailles-involucrales minces, glabres,

ovales ou elliptiques , très-obtuses. — Plante haute de 3 à 5
pieds , contenant une gomme-résine copieuse, d'une odeur analogue à celle de la térébenthine. Feuilles fermes , d'un vert gai :
les inférieures grandes, longuement pétiolées. Capitules de grandeur médiocre. Fleurs-radiales à ligule longue de 8 à 10 lignes.
Nucules obovales, 2-dentées.

SILPHIUM A FEUILLES TERNÉES. — *Silphium ternatifolium*
Michx. Flor. Bor. Amer. — *Silphium trifoliatum* Linn. —
Bot. Mag. tab. 3355. — *Silphium ternatum* Retz.—*Silphium
ternatum* et *Silphium trifoliatum* Desfont. Hort. Par. —
Tige obscurément hexagone , lisse , rameuse. Feuilles dentelées ou sinuolées-denticulées, scabres (du moins en dessous),
pointues : les radicales et les caulinaires-inférieures ovales , ou
ovales-lancéolées, longuement pétiolées ; les caulinaires verticillées-ternées ; les supérieures subsessiles , ovales, ou ovales-
lancéolées , ou oblongues-lancéolées. Capitules en panicule
feuillée , subtrichotome, souvent subfastigiée. Écailles-involucrales glabres ou ciliolées : les extérieures subobtuses ; les intérieures très-obtuses.—Plante haute de 3 à 5 pieds. Tige dressée,
souvent rougeâtre. Feuilles assez fermes , d'un vert foncé en
dessus, d'un vert pâle en dessous ; les florales sessiles, petites, sublinéaires. Rameaux-florifères polycéphales. Capitules
de grandeur médiocre, plus qu moins longuement pédonculés.
Écailles-involucrales oblongues, ou ovales-oblongues, ou ovales.
Fleurs-radiales longues de 12 à 18 lignes. Nucules obovales,
noirâtres.

b) *Tige hexaèdre ou tétraèdre. Feuilles-caulinaires verticillées-ternées ,
ou opposées, connées par la base.*

SILPHIUM PERFOLIÉ. — *Silphium perfoliatum* Linn. — Bot.
Mag. tab. 3354. — *Silphium conjunctum* Willd. — *Silphium
Hornemanni* Schrad. Hort. Gœtt.—*Silphium connatum* Linn.
—Plante haute de 5 à 9 pieds. Tige dressée, rameuse, ordinai-
rement lisse. Feuilles assez fermes , d'un vert foncé en dessus ,
scabres aux 2 faces, ciliolées : les radicales grandes, cordiformes,

incisées-dentées; les caulinaires ovales, ou deltoïdes, ou subcordiformes, acuminées, ou pointues, incisées-dentées, ou dentelées,
ou sinuolées-denticulées : les inférieures pétiolées; les supérieures
sessiles. Capitules assez grands, plus ou moins longuement pédonculés, disposés en panicules trichotomes, feuillées. Écailles-
involucrales glabres ou ciliolées, obtuses, oblongues, ou ovales,
ou ovales-oblongues. Feurs-radiales longues de 12 à 18 lignes.

Genre DAHLIA. — *Dahlia* Cavan.

Capitules radiés, multiflores; fleurs-radiales 1-sériées,
tantôt neutres, tantôt femelles; fleurs du disque hermaphrodites. Involucre double : l'extérieur un peu plus court
que l'intérieur, formé de 4 à 8 écailles foliacées, larges,
libres, étalées ou réfléchies; l'intérieur campanulé, formé
de 12 à 16 écailles membranacées, subbisériées, libres, obtuses, charnues à la base. Réceptacle plan, garni de paillettes membranacées, oblongues, entières, obtuses. Fleurs-
radiales à ligule elliptique, 3-dentée au sommet, veloutée
en dessus. Fleurs du disque à corolle 5-dentée. Stigmates
inappendiculés. Nucules larges, minces, aplaties, ailées,
tantôt inaigrettées, tantôt courtement bicornes au sommet.
Herbes vivaces, glabres ou presque glabres, à racine tubéreuse. Tige dressée, très-rameuse, feuillée. Feuilles
opposées, pétiolées, imparipennées; folioles dentelées, ou
quelquefois pennatiparties, ou irrégulièrement lobées,
subsessiles. Pédoncules terminaux, ou oppositifoliés et terminaux, longs, grêles, nus, dressés, 1-céphales. Capitules
grands, inclinés (excepté dans quelques variétés de culture). Fleurs du disque jaunes (sur les capitules non-dé-
formés par la culture). Fleurs-radiales de couleur très-
variable.

DAHLIA VARIABLE. — *Dahlia variabilis* Desfont. Cat. Hort.
Par. — *Georgina variabilis* Kunth, in Humb. et Bonpl. Nov.

Gen. et Spec. — *Dahlia pinnata* et *Dahlia rosea* Cavan. Ic. 1, tab. 80, et 3, tab. 265. — Thouin, in Ann. du Mus. III, tab. 3, fig. 1 et 3. — *Dahlia sambucifolia* et *Dahlia bidentifolia* Salisb. Parad. tab. 16 et 19. — *Dahlia purpurea* et *Dahlia crocea* Poir. Suppl. — *Georgina variabilis* et *Georgina coccinea* Willd. Hort. Berol. 2, tab. 93-96.—*Georgina superflua* et *Georgina frustanea* De Cand. in Ann. du Mus. — *Dahlia superflua* et *Dahlia frustanea* Hort. Kew. — *Dahlia variabilis, Dahlia Cervantesii* et *Dahlia coccinea* De Cand. Prodr.— *Georgina Cervantesii* Sweet, Brit. Flow. Gard. ser. 2, tab. 22. —Plante touffue, haute de 2 à 10 pieds. Tubercules fusiformes, fasciculés. Tiges cylindriques, cassantes, tantôt très-glabres, tantôt finement pubérules, souvent couvertes, ainsi que les rameaux, d'une fine poussière glauque. Feuilles à pétiole tantôt nu, tantôt ailé; folioles de forme et de grandeur très-variables, en général ovales ou ovales-lancéolées. Écailles-involucrales ovales, ou ovales-oblongues, ou oblongues, obtuses, plus longues que les fleurs du disque, plus courtes que les fleurs-radiales. Fleurs-radiales à ligule longue de 4 lignes à 1 pouce. Nucules oblongues-obovales, noirâtres. — Cette plante, originaire du Mexique, et dont on cultive aujourd'hui tant de belles variétés, n'est introduite en Europe que depuis 1790. Les tubercules de *Dahlia* ont souvent été prônées comme comestibles; mais, quoi qu'on en ait dit à ce sujet, ils ont une saveur peu agréable, qui répugne même au bétail.

Genre CALLIOPSIDE. — *Calliopsis* Reichenb.

Capitules multiflores, radiés; fleurs-radiales neutres, 1-sériées; fleurs du disque hermaphrodites. Involucre double : l'extérieur beaucoup plus petit, formé de squamules subunisériées, égales, libres, presque étalées, ovales, obtuses, foliacées, membraneuses aux bords; l'intérieur formé de 5 à 8 écailles submembranacées, 1-sériées, subovales, charnues et soudées vers la base. Réceptacle presque plan, convexe, garni de paillettes linéaires, membranacées , 2-nervées, plus courtes que les fleurs , caduques avec les fruits. Fleurs-radiales à ligule large, cunéiforme, inégalement 3-5-lobée au sommet. — *Fleurs du disque :* Corolle 4-dentée. Stigmates barbus mais inappendiculés au sommet. Nucules minces, petites , comprimées , subtétragones , plus ou moins courbées, finement ponctuées, oblongues, ou elliptiques, obtuses aux 2 bouts, inaigrettées, ailées aux bords, ou aptères.

Herbes bisannuelles (annuelles étant cultivées) , glabres. Tige dressée, rameuse, feuillée. Feuilles pennées ou bipennées : les radicales longuement pétiolées ; les caulinaires opposées, la plupart pétiolées. Pédoncules 1-céphales, terminaux, grêles, dressés, nus, ou pauci-bractéolés, en général ternés. Fleurs-radiales à ligule grande, tantôt tout à fait jaune, tantôt marquée vers sa base d'une tache plus ou moins grande, veloutée, d'un pourpre violet ou brunâtre. Corolle des fleurs du disque d'un pourpre violet, de même que les étamines : lobes ovales, obtus, étalés, glabres. Involucre-interne rougeâtre, semi-diaphane, un peu plus long que les fleurs du disque, demi-étalé pendant la floraison, plus tard connivent. Nucules noires, presque imbriquées : les extérieures un peu plus grandes que les intérieures.

CALLIOPSIDE BICOLORE. — *Calliopsis bicolor* Reichenb. Hort. Bot. tab. 70. — *Coreopsis tinctoria* Nuttall. — Barton, Flor. Amer. 2, tab. 45. — Bot. Mag. tab. 2512. — Bot. Reg. tab. 846. — Link et Otto, Ic. Rar. tab. 33. — Sweet, Brit. Flow. Gard. tab. 72. — *Diplusastera tinctoria* Tausch. — Plante haute de 1 pied à 3 pieds. Tige grêle, dressée, striée, subtétragone, non-ramifiée jusque vers le milieu. Rameaux plus ou moins divergents, trichotomes au sommet, opposés, souvent subfastigiés. Feuilles d'un vert gai : les radicales et les caulinaires-inférieures simplement pennées, à folioles oblongues, ou lancéolées - oblongues, tantôt indivisées, tantôt trifides ; les autres tantôt pennées, tantôt bipennées, à folioles linéaires, très-

entières, pliées en carène. Fleurs-radiales à corolle longue de 5
à 10 lignes, ordinairement bicolore. Nucules oblongues, aptères.
— Cette espèce, indigène des contrées voisines du golfe du
Mexique, se cultive fréquemment comme plante de parterre ;
elle fleurit tout l'été.

CALLIOPSIDE D'ATKINSON. —*Calliopsis Atkinsoniana* Hook.
Flor. Bor. Amer. — *Coreopsis Atkinsoniana* Dougl. — Bot.
Reg. tab. 1376.—*Calliopsis cardaminæfolia* De Cand. Prodr.
— Cette espèce ne diffère de la précédente que par des nucules
plus larges, elliptiques, bordées d'une aile membraneuse, blanchâtre, assez large. Les fleurs-radiales ont la ligule tantôt toute
jaune, tantôt bicolore comme celle du *Calliopsis bicolor*. —
Cette plante est originaire des mêmes contrées que la précédente,
et se cultive aussi dans les jardins.

Genre ANACIDE. — *Anacis* Schrank.

Capitules radiés, multiflores ; fleurs-radiales 1-sériées ou
rarement pauci-sériées, neutres ; fleurs du disque hermaphrodites. Involucre double : l'extérieur un peu plus
court, formé d'écailles foliacées, membraneuses aux bords,
étroites, étalées, subisomètres, obtuses, 1-sériées, soudées
par la base ; l'intérieur subcampanulé, formé d'écailles
submembranacées, colorées, 1-sériées, presque égales,
ovales, charnues et soudées à la base. Réceptacle hémisphérique ou conique, garni de paillettes caduques, membraneuses, colorées, obtuses, 2-nervées, élargies à la base,
plus longues que les fleurs du disque. — *Fleurs radiales* à
ligule cunéiforme, tronquée, inégalement 3-5-lobée au
sommet. — *Fleurs du disque :* Corolle à limbe 5-denté.
Stigmates inappendiculés au sommet. Nucules comprimées, cymbiformes, ailées aux bords, muriquées (par
variation lisses), couronnées de 2 paillettes marginales,
larges, épaisses, très-courtes, denticulées, ordinairement
oblitérées à la maturité.

Herbes annuelles ou vivaces. Tige rameuse, feuillée. Feuilles indivisées ou pennées : les radicales longuement pétiolées ; les caulinaires opposées, le plus souvent sub-sessiles. Pédoncules terminaux, ou dichotoméaires et ter-minaux, solitaires ou ternés, longs, grêles, nus, ou di-bractéolés vers le milieu, 1-céphales, inclinés au sommet pendant la floraison. Involucre-interne à écailles un peu plus longues que les fleurs du disque, presque étalé pen-dant la floraison, puis connivent. Involucre-externe ré-fléchi après la floraison. Ligules grandes, le plus souvent complétement jaunes. Fleurs du disque à corolle petite, jaune ou moins souvent d'un poupre noirâtre. Nucules imbriquées, noires et caduques à la maturité : les ex-térieures plus grandes que les intérieures. — Ce genre appartient à l'Amérique septentrionale ; les espèces sui-vantes se cultivent comme plantes d'ornement.

a) *Plantes annuelles. Feuilles toutes (ou du moins la plupart) pennées, pétiolées. Réceptacle à paillettes ovales inférieurement. Fleurs-radia-les à ligule marquée d'une tache basilaire, veloutée, d'un pourpre violet ou brunâtre. Fleurs du disque à corolle d'un pourpre violet.*

ANACIDE DE DRUMMOND. — *Calliopsis Drummondii* Sweet, Brit. Flow. Gard. ser. 2, tab. 315. — *Coreopsis diversifolia* Hook. Bot. Mag. tab. 3474 (non De Cand.) — Plante très-rameuse, touffue, haute de ½ pied à 1 ½ pied. Tige dressée, grêle, cannelée, rameuse dès la base, poilue de même que les rameaux, trichotome au sommet. Rameaux diffus, ou as-cendants, ou subdivariqués, trichotomes. Feuilles d'un vert foncé, un peu charnues, plus ou moins longuement pétiolées (excepté les supérieures), la plupart 3-ou 5-foliolées ; pétiole grêle, poilu, submarginé ; folioles ovales, ou elliptiques, ou sub-orbiculaires, ou oblongues, ou lancéolées-oblongues, ou ob-ovales, obtuses, pubérules et un peu scabres en dessous, lisses en dessus, la terminale ordinairement beaucoup plus grande que les latérales. Écailles de l'involucre-externe linéaires-lancéolées, ou oblongues-lancéolées, ou ovales-oblongues, subobtuses, vertes, subciliolées. Écailles de l'involucre-interne rougeâtres, subobtuses. Fleurs-radiales à ligule longue de 6 à 9 lignes, ordinairement 5-lobée. Nucules en général fortement muriquées. — Indigène du Texas; fleurit tout l'été. Fleurs semblables à celles du *Calliopsis bicolor*, mais plus grandes. .

b) *Plantes vivaces. Feuilles indivisées, ou 5-parties, ou 5-foliolées. Réceptacle à paillettes linéaires-lancéolées. Fleurs-radiales toujours complétement jaunes, de même que les fleurs du disque.*

ANACIDE LANCÉOLÉE.—*Anacis lanceolata* Spach.— *Coreopsis lanceolata* Linn.—Dill. Hort. Elth. tab. 48, fig. 56.— *Coreopsis crassifolia* Hort. Kew.—*Leachia lanceolata* et *Leachia crassifolia* Cass.—*Chrysomelea lanceolata* Tausch, Hort. Canal. fig. 1. — Feuilles toutes très-entières, lancéolées, ou lancéolées-oblongues, ou lancéolées-elliptiques, subobtuses, lisses, très-glabres, ou ciliolées, d'un vert glauque : les caulinaires courtement pétiolées.— Plante touffue, haute de 1 pied à 2 pieds. Tige grêle, effilée, dressée, obscurément 4-gone, striée, feuillue, ordinairement glabre, tantôt presque simple, tantôt trichotome supérieurement. Feuilles longues de 2 à 3 pouces, un peu charnues. Pédoncules très-longs, souvent ternés. Écailles de l'involucre-externe vertes, linéaires-lancéolées; écailles de l'involucre-interne ovales-lancéolées, ou oblongues-lancéolées : les unes et les autres subobtuses, glabres. Fleurs-radiales à ligule longue de 6 à 12 lignes. — Indigène des États-Unis; elle fleurit en été.

ANACIDE A GRANDES FLEURS. — *Anacis (Coreopsis) grandiflora* Sweet, Brit. Flow. Gard, ser. 2, tab 175. — Feuilles subciliolées : les unes indivisées, sublinéaires; les autres triparties, ou pennatiparties, ou bipennatiparties; segments linéaires ou lancéolées-linéaires, longs, étroits. — Plante touffue, haute d'environ 2 pieds. Tige grêle, anguleuse, cannelée, trichotome, en général glabre. Pédoncules très-longs, souvent ternés. Involucre-externe à écailles oblongues-lancéolées ou ovales-oblongues, subobtuses, vertes. Involucre - interne à écailles rougeâtres, subobtuses. Fleurs-radiales à ligule longue de près de 1 pouce. — Indigène du nord des Etats-Unis ; elle fleurit en été.

Genre CORÉOPSIDE. — *Coreopsis* Linn.

Capitules radiés, multiflores ; fleurs-radiales 1-sériées , neutres ; fleurs du disque hermaphrodites. Involucre double : l'extérieur plus court, formé de petites écailles foliacées, 1-sériées, égales, linéaires, obtuses, libres, confluentes avec la base de l'involucre interne ; involucre-interne subcampanulé, formé d'écailles 1-sériées , égales, submembranacées et inappliquées supérieurement, charnues inférieurement et soudées en forme de cupule. Réceptacle plan, garni de paillettes linéaires, obtuses, membranacées , 2-nervées , caduques avec le fruit. — *Fleurs-radiales* à ligule elliptique, subtridentée au sommet. — *Fleurs du disque :* Corolle à limbe 5-denté. Stigmates inappendiculés au sommet. Nucules elliptiques ou oblongues, comprimées , lisses , un peu courbées, ailées aux bords , couronnées de 2 paillettes très - courtes, dentiformes, trièdres, barbellulées.

Herbes vivaces. Tige rameuse , feuillée. Feuilles trifoliolées, ou pennées, ou bipennées : les radicales (nulles sur les plantes florifères) pétiolées; les caulinaires pétiolées ou sessiles, opposées. Pédoncules grêles, dressés, monocéphales, nus , ou pauci-bractéolés, terminaux, ordinairement ternés. Fleurs-radiales grandes, jaunes (jamais bicolores). Fleurs du disque à corolle d'un pourpre noirâtre, non-débordée par les écailles-involucrales. Écailles-involucrales internes réfléchies au sommet tant pendant qu'après la floraison. Nucules noirâtres, minces, à rebord membraneux, semi-diaphane. — Ce genre appartient à l'Amérique septentrionale; les 3 espèces suivantes se cultivent fréquemment comme plantes d'ornement.

CORÉOPSIDE TRIFOLIÉE.—*Coreopsis tripteris* Linn. — *Anacis tripteris* Schrank. — *Chrysostemma tripteris* Lessing (1). — Feuilles glabres : les inférieures pédalées ou pennées (5-ou 7-foliolées), pétiolées ; les supérieures 3-foliolécs ou simples. Folioles lancéolées, ou oblongues-lancéolées, ou lancéolées-oblongues, scabres aux bords, très-entières, subsessiles.—Plante haute de 3 à 5 pieds. Tige grêle, dressée, cylindrique, striée, lisse, paniculée vers le sommet. Rameaux trichotomes. Folioles assez fermes, d'un vert glauque, obtuses, ou pointues ; souvent inéquilatérales à la base et décurrentes, pétiolulées, ou sessiles, longues de 2 à 4 pouces. Pédoncules nus ou presque nus, très-grêles, très-lisses, assez longs, ordinairement ternés. Involucre-interne à écailles ovales-oblongues, ou ovales-lancéolées, brunâtres, membraneuses aux bords. Fleurs-radiales à ligule longue de 8 à 10 lignes. Nucules oblongues, obtuses aux 2 bouts, luisantes, d'un brun noirâtre, longues de 3 lignes.

CORÉOPSIDE A FEUILLES DE CONSOUDE. — *Coreopsis delphinifolia* Lamk. — *Coreopsis verticillata* Linn. — Bot. Mag. tab. 156.

— β : A FEUILLES MENUES. — *Coreopsis tenuifolia* Ehrh. — *Coreopsis verticillata* Lamk.

Feuilles 3-parties, sessiles, ou subsessiles : segments tripartis, ou pennatipartis, ou trifides (rarement indivisés) ; lanières linéaires ou sublinéaires, très-entières, lisses, ordinairement mucronées, plus ou moins allongées. — Plante touffue, glabre, haute de 1 pied à 2 pieds. Tige dressée, raide, grêle, cylindrique, striée, feuillue, rameuse ordinairement à partir du milieu. Rameaux plus ou moins divergents, trichotomes. Feuilles d'un vert foncé, fermes. Involucre interne à écailles ovales ou ovales-lancéolées, subobtuses. Fleurs-radiales à ligule longue de 6 à 9 lignes. Nucules oblongues ou oblongues-obovales, longues d'environ 3 lignes.

---

(1) Le caractère distinctif de ce prétendu genre consisterait, suivant son auteur, en une aigrette coroniforme, ce qui est tout à fait faux.

Genre COSMOS. — *Cosmos* Cavan.

Capitules multiflores, radiés; fleurs-radiales 1-sériées, neutres; fleurs du disque hermaphrodites. Involucre double, chacun formé de 7 à 10 écailles 1-sériées, acuminées, soudées par la base : les extérieures foliacées, un peu plus longues que les intérieures; les intérieures plus larges, membranacées, colorées. Réceptacle plan, garni de paillettes membraneuses, longuement subulées au sommet. — *Fleurs-radiales* à ligule elliptique ou oblongue, 3-dentée au sommet. — *Fleurs du disque :* Corolle à limbe 5-denté. Filets des étamines poilus. Nucules subfusiformes, pointues, obscurément 4-gones : les intérieures plus longues, à aigrette nulle ou d'une seule paillette; les extérieures à aigrette nulle, ou de 2 à 4 paillettes distancées, inégales, filiformes-subulées, subtrièdres, garnies chacune de 2 ou 3 spinelles rétrorses.

Herbes annuelles, le plus souvent glabres, ordinairement élancées. Feuilles opposées, bipennatiparties, sub-sessiles : lanières étroites, en général très-entières. Pédoncules terminaux, 1-céphales, nus ou dibractéolés, grêles, dressés, ordinairement ternés. Involucre à peu près aussi long que les fleurs du disque; écailles étalées supérieurement pendant la floraison, plus tard conniventes. Fleurs-radiales à ligule blanche, ou jaune, ou rosé, quelquefois à peine plus longue que les fleurs du disque. Fleurs du disque à corolle glabre, jaune, petite : limbe à dents étalées. Stigmates longuement appendiculés. Nucules caduques à la maturité avec les paillettes réceptaculaires. — Ce genre appartient au Mexique.

Cosmos élégant. — *Cosmos bipinnatus* Cavan. Ic. i, tab. 14. — *Cosmea bipinnata* Willd. — *Georgia bipinnata* Spreng. —*Coreopsis formosa* Bonato. —Plante glabre ou légèrement pubérule, haute de 3 à 5 pieds. Tige dressée, rameuse presque dès la base, cylindrique, striée. Rameaux grêles, plus ou moins divergents, dichotomes, ou trichotomes. Feuilles à lanières linéaires-filiformes, acérées, ordinairement très-entières. Involucre-externe à écailles ovales-lancéolées, acuminées, acérées, un peu plus longues que les fleurs du disque, 2 fois plus courtes que les fleurs-radiales. Involucre-interne à écailles ovales, subobtuses, semi-diaphanes, blanchâtres, ou rougeâtres. Fleurs-radiales à ligule rose, oblongue, arrondie ou tronquée au sommet, longue de 8 à 12 lignes, à 3 dents obtuses, très-courtes. Nucules noirâtres, assez grosses, longues de 3 lignes. — Cette plante, originaire du Mexique, se cultive pour l'ornement des parterres; elle fleurit depuis le mois d'août jusqu'à l'arrivée des premières gelées.

Section III. **HÉLIANTHÉES-PROTOTYPES** Cass.

Ovaire comprimé bilatéralement (c'est-à-dire, dont le grand diamètre est de dehors en dedans). Aigrette le plus souvent formée de 2 paillettes situées l'une en dehors, l'autre en dedans, adhérentes, ou caduques, filiformes-trièdres, ou planes.

Genre SPILANTHE. — *Spilanthes* Jacq.

Capitules subglobuleux, multiflores, homogames, incouronnés. Involucre subhémisphérique, formé d'écailles subbisériées ou pauci-sériées, subisomètres, appliquées, subfoliacées, étroites. Réceptacle élevé, cylindracé, garni de paillettes presque égales aux fleurs, demi-embrassantes, oblongues, membraneuses. Corolle à limbe large, 4-ou 5-lobé : lobes obtus, étalés, hérissés de papilles en dessus. Anthères noirâtres. Stigmates obtus, sans bourrelets, papilleux en dessus, pubescents en dessous. Nucules obovales, aplaties, ciliées; aigrette (souvent nulle) de 2 paillettes opposées, continues aux angles marginaux du fruit, courtes, inégales, filiformes, presque lisses, ou à peine barbellulées.

Herbes annuelles ou vivaces, rameuses. Feuilles opposées, pétiolées, indivisées. Pédoncules terminaux, ou
dichotoméaires et terminaux, solitaires, dressés, nus,
1-céphales. Fleurs jaunes, ou blanchâtres, ou rougeâtres.

La plupart des espèces de ce genre habitent l'Amérique
septentrionale.

SPILANTHE OLÉRACÉE. — *Spilanthes oleracea* Jacq. Hort.
Vindob. 2, tab. 135. — *Pyrethrum Spilanthus* Medic. —
Bidens fervida et *Bidens fusca* Lamk. — *Spilanthes fusca*
Desfont. Hort. Par. (var.) — Plante annuelle, glabre. Tige
dichotome, dressée, haute de ¹/₂ pied à 1 pied. Rameaux ascendants ou diffus. Feuilles ovales, ou ovales-elliptiques, ou
deltoïdes, pointues, ou acuminées, dentelées, ou sinuolées,
plus ou moins longuement pétiolées, à base arrondie, ou tronquée, ou cunéiforme, ou cordiforme. Capitules plus ou moins
longuement pédonculés, de forme et de grandeur très-variables.
Écailles-involucrales oblongues, obtuses, plus courtes que le
disque. Fleurs petites : les extérieures jaunes; les intérieures
souvent roussâtres. Nucules 2-aristées ou mutiques. — Cette
plante, connue sous le nom vulgaire de *Cresson de Para*, est
indigène de l'Amérique méridionale. Toutes ses parties, mais
surtout les capitules à l'époque de la floraison, ont une saveur
très-piquante qui provoque une abondante salivation, ce qui
les fait employer avec plus ou moins de succès comme palliatif
contre les maux de dents; c'est cette plante d'ailleurs qui
constitue la base de la préparation anti-odontalgique dite *Pa-
raguay-Roux*. Cette Spilanthe possède aussi des propriétés antiscorbutiques, et, dans l'Inde, on la cultive à titre de plante condimentaire.

Genre ZINNIA. — *Zinnia* Linn.

Capitules multiflores, radiés; fleurs-radiales 1-sériées ou
rarement pauci-sériées, femelles; fleurs du disque hermaphrodites. Involucre plus court que les fleurs du disque,
cylindracé, ou subcampanulé, composé d'écailles pauci-

sériées, imbriquées, appliquées (par exception recourbées au sommet), oblongues, striées, chartacées, surmontées d'un appendice membraneux, décurrent, obtus. Réceptacle conique ou cylindracé, plus ou moins élevé, garni de paillettes demi-embrassantes, condupliquées, oblongues, carénées au dos, membraneuses, colorées et denticulées ou fimbriées au sommet. — *Fleurs radiales :* Corolle continue avec le sommet de l'ovaire, persistante, scarieuse après la floraison ; ligule échancrée ou tridentée, réticulée, bordée de denticules piliformes, crochues. — *Fleurs du disque :* Corolle à tube très-court ; limbe très-long, subcylindracé, 5-denté : dents longues, linéaires, obtuses, arquées en dehors, hérissées en dessus de longs poils colorés. Anthères à appendices-basilaires très-courts. Nucules marginées ou immarginées, scabres, cortiquées, striées : les radiales subtrigones, inaigrettées ; celles du disque trigones ou aplaties (les extérieures ordinairement trigones), à aigrette persistante, soit réduite à un rebord bidenté, soit formée tantôt d'une seule arête (continuant l'angle interne du fruit) subulée, raide, cornée, barbellulée, tantôt de 2 ou 3 arêtes très-inégales.

Herbes annuelles. Tige dressée, rameuse, hispidule, ordinairement dichotome. Feuilles sessiles ou subsessiles, très-entières, 3-ou 5-nervées, scabres aux 2 faces, opposées, ou verticillées, arrondies à la base. Pédoncules solitaires, terminaux, nus, claviformes, fistuleux, 1-céphales, dressés. Écailles-involucrales subscarieuses, brunâtres, ou verdâtres, à appendice bordé de noir. Paillettes-réceptaculaires à peu près aussi longues que les fleurs. Fleurs-radiales à ligule grande, ordinairement discolore (face supé-rieure écarlate, ou pourpre, ou orange ; face inférieure d'un jaune livide), étalée ou révolutée. Disque très-accrescent pendant la floraison, d'abord plan ou hémisphérique, finalement conique. Corolle des fleurs du disque à limbe jaune en dessus, rougeâtre en dessous, marcescent ; tube accrescent, finalement charnu. Nucules brunes, un peu rétrécies à la base, tombant à la maturité avec les paillettes du réceptacle.

Ce genre est propre au Mexique. Les *Zinnia* sont remarquables par l'élégance et par la longue durée de leurs fleurs; les espèces que nous allons décrire se cultivent fréquemment comme plantes de partèrre.

A. *Écailles-involucrales apprimées. Paillettes-réceptaculaires finement denticulées ou légèrement fimbriolées au sommet. Nucules oblongues : celles du disque 1-3-aristées : les extérieures plus ou moins distinctement trièdres. — Ligules à face supérieure écarlate ou orangée.*

    a) *Feuilles opposées. Involucre subcylindracé. Fleurs-radiales subunisériées.*

ZINNIA ROULÉ. — *Zinnia tenuiflora* Jacq. Ic. Rar. 3, tab. 590. — Bot. Mag. tab. 555. — *Zinnia revoluta* Cavan. Ic. 3, tab. 251. — Tige scabre, finement pubérule. Feuilles ovales ou ovales-lancéolées, subobtuses, subcordiformes à la base, 3-nervées. Ligules linéaires-oblongues ou linéaires-spathulées, 2-dentées au sommet, révolutées, distancées. — Tige très-grêle, cylindrique, dichotome, haute de 1 à 2 pieds, souvent rougeâtre. Involucre long de 5 à 6 lignes. Paillettes-réceptaculaires à appendice rougeâtre, très-petit. Ligules longues d'environ 6 lignes, à face supérieure écarlate. Nucules du disque ordinairement 1-aristées; crête plus courte que la loge.

ZINNIA BRÉSINE. — *Zinnia multiflora* Kunth. — *Zinnia multiflora* et *Zinnia pauciflora* Linn. — *Zinnia hybrida* Sims, Bot. Mag. tab. 2123. (non Desfont.) — Tige hispidule. Feuilles ovales-lancéolées ou oblongues-lancéolées, subobtuses, 3-nervées, subcordiformes à la base. Ligules obovales, subrévolutées, imbriquées par les bords, échancrées ou 3-dentées au sommet. — Plante semblable à l'espèce précédente par le port et le feuillage. Ligules longues de 4 à 6 lignes, à face supérieure tantôt écarlate, tantôt orangée. Nucules du disque en général 1-aristées; arête 2 fois plus courte que la loge.

b) *Feuilles verticillées. Involucre campanulé. Ligules 5-ou pluri-sériées.*

ZINNIA VERTICILLÉ. — *Zinnia verticillata* Andr. Bot. Rep. tab. 189. — *Zinnia hybrida* Desfont. Hort. Par. — Plante haute de 1 pied à 2 pieds. Tige dressée, hispidule, anguleuse, rameuse vers le sommet; rameaux dressés, 1-céphales, verticillés, feuillés. Feuilles ovales-lancéolées ou oblongues-lancéolées, subobtuses, 3-nervées, verticillées au nombre de 4 à 8 (les raméaires souvent opposées ou éparses). Capitules plus gros que ceux de l'espèce précédente. Écailles-involucrales courtes, très-nombreuses, à rebord noir. Fleurs-radiales très-nombreuses : ligules obovales, échancrées, longues de 4 à 8 lignes, imbriquées, subrévolutées. Paillettes-réceptaculaires à appendice petit, légèrement fimbriolé, violet. Nucules du disque ordinairement 1-aristées; arête courte.

B. *Feuilles verticillées. Involucre campanulé. Ligules 3-ou pluri-sériées.*

ZINNIA ÉLÉGANT. — *Zinnia elegans* Jacq. Ic. Rar. 3, tab. 589. — Herb. de l'Amat. vol. 1. — *Zinnia violacea* Cavan. Ic. 1, tab. 81. — Andr. Bot. Rep. tab. 55. — Bot. Mag. tab. 527. — Bot. Reg. tab. 1294 (var. *coccinea*). — Plante plus forte en toutes ses parties que les espèces précédentes, haute de 1 $^1/_2$ pied à 3 pieds. Tige obscurément 4-gone, hispidule, dressée, rameuse, subdichotome. Feuilles ovales ou ovales-elliptiques, 3-ou 5-nervées, subcordiformes à la base, obtuses, ou subobtuses, sessiles, amplexatiles. Involucre campanulé ou subhémisphérique, long de 4 à 6 lignes ; écailles elliptiques ou obovales, verdâtres, à appendice noirâtre aux bords. Paillettes-réceptaculaires grandes, violettes ou pourpres à leur moitié supérieure. Ligules subunisériées, imbriquées par les bords, obovales, où oblongues-obovales, échancrées, longues de 6 à 12 lignes. Nucules longues de 3 à 4 lignes.

Genre XIMÉNÉSIE. — *Ximenesia* Cavan.

Capitules multiflores, radiés ; fleurs-radiales 1-sériées,
femelles ; fleurs du disque hermaphrodites. Involucre
étalé, presque plan, irrégulier, formé d'écailles foliacées,
linéaires-lancéolées, pointues, subbisériées, anisomètres.
Réceptacle peu élevé, subhémisphérique, garni de paillettes membraneuses, colorées au sommet, 1-nervées,
demi-embrassantes, lancéolées, persistantes. — *Fleurs-radiales* grandes, à ligule cunéiforme-oblongue, profondément trilobée. — *Fleurs du disque :* Corolle subinfondibuliforme ; limbe campanulé, 5-denté, glabre ; tube court,
hispide au sommet. Stigmates appendiculés au sommet.
— Nucules subcoriaces, comprimées, oblongues-obovales :
les radiales plus petites, tuberculeuses, obtuses, immarginées, obscurément 4-gones ; celles du disque plus grandes
mais plus minces, aplaties, courtement 2-aristées au sommet, bordées d'une large aile chartacée, subcrénelée,
2-fide au sommet ; arêtes insérées devant la base des dents
formées par l'échancrure de l'aile, et plus courtes que
ces dents.

Plante annuelle, rameuse, finement pubérule. Feuilles
opposées ou alternes, grandes, irrégulièrement dentées,
rétrécies en pétiole plus ou moins largement ailé, à base
cordiforme-bilobée, amplexicaule. Pédoncules terminaux
ou subterminaux, tantôt solitaires, tantôt géminés ou
ternés, grêles, dressés, nus, 1-céphales. Paillettes-réceptaculaires un peu plus courtes que les fleurs du disque.
Corolles jaunes de même que les organes sexuels.

XIMÉNÉSIE FAUSSE-ENCÉLIE.—*Ximenesia encelioides* Cavan.
Ic. 2, tab. 178. — *Pallasia serratifolia* Smith.—Plante haute
d'environ 3 pieds. Tige dressée, anguleuse, ordinairement rameuse presque dès sa base. Rameaux paniculés. Feuilles flasques, pubérules aux 2 faces, d'un vert foncé en dessus, subincanes en dessous, longuement pétiolées, cordiformes, ou del-

toïdes, ou ovales, ou (surtout les supérieures) ovales-lancéolées, acuminées ; pétiole des feuilles supérieures en général largement ailé, sinué-denté. Écailles-involucrales pubérules en dessous, 1-nervées, un peu plus longues que le disque. Ligules longues de près de 1 pouce. Nucules-radiales subturbinées, brunâtres, longues à peine de 2 lignes. Nucules du disque noires, ou marbrées de noir et de brun, longues de 3 à 4 lignes, à aile blanchâtre et subdiaphane avant la maturité, finalement opaque, brunâtre, souvent ponctuée de noir. — Cette plante, originaire du Mexique, se cultive fréquemment dans les parterres.

Genre HÉLIANTHE. — *Helianthus* Linn.

Capitules multiflores, radiés ; fleurs-radiales 1-sériées, neutres ; fleurs du disque hermaphrodites. Involucre composé d'écailles pauci-sériées, irrégulièrement imbriquées, foliacées, acuminées, inappliqués excepté vers leur base : les intérieures plus courtes que les extérieures. Réceptacle convexe, garni de paillettes oblongues, pointues, subcoriaces, persistantes, demi-embrassantes, plus courtes que les fleurs. — *Fleurs-radiales* grandes, à ligule elliptique ou oblongue, striée, tridentée au sommet. — *Fleurs du disque* : Corolle à tube court ; limbe infondibuliforme, ventru à la base, 5-denté : dents glabres, pointues, presque étalées. Stigmates appendiculés au sommet. Nucules coriaces, oblongues, ou obovales, subtétragones, à aigrette composée de 2 paillettes courtes, opposées (l'une antérieure, l'autre postérieure), acérées, caduques, ordinairement subulées.

Herbes annuelles ou vivaces, rameuses, en général scabres ou velues, souvent très-élancées. Feuilles opposées ou alternes, sessiles, ou pétiolées, très-entières, ou dentées, le plus souvent triplinervées. Pédoncules 1-céphales, terminaux, plus ou moins épaissis et inclinés au sommet, nus, ordinairement solitaires. Capitules ordinairement grands. Corolles persistantes. Fleurs radiales à ligule jaune ou orange. Fleurs du disque jaunes ou d'un pourpre brunâtre. — Ce genre, propre à l'Amérique, renferme une quarantaine d'espèces, dont la plupart se font re- marquer par l'élégance de leurs fleurs; quelques espèces sont en outre importantes à titre de plantes oléagineuses ou alimentaires.

A. *Plante annuelle. Pédoncules turbinés, inclinés. Capitules très-grands, nutants. Feuilles toutes pétiolées, dentelées, alternes (excepté quelquefois les inférieures). Fleurs du disque à corolle d'un pourpre brunâtre (à l'époque de la floraison; plus tard jaune).*

Hélianthe Tournesol. — *Helianthus annuus* Linn. — *Helianthus platycephalus* Cass. — *Helianthus indicus* Linn. (var. *pumila*). — *Helianthus pumilus* Pers. — *Helianthus macrocarpus* De Cand. — *Helianthus ovatus* et *Helianthus patens* Lehm. — *Helianthus lenticularis* Douglas, in Bot. Reg. tab. 1265. — Plante atteignant jusqu'à 15 pieds de haut. Tige simple ou rameuse, dressée, assez grosse, cylindrique, fis- tuleuse, hispidule, scabre, feuillue. Rameaux dressés ou un peu divergents, ordinairement 1-céphales. Feuilles cordiformes, ou ovales, ou ovales-lancéolées, acuminées, 3-nervées, scabres aux 2 faces, d'un vert foncé ou glauque, longuement pétiolées, plus ou moins réclinées, amples (les plus grandes atteignant 10 à 20 pouces de large). Pédoncules solitaires, hispides. Écailles- involucrales ovales, ou ovales-lancéolées, ou oblongues-lancéo- lées, longuement acuminées, scabres en dessous, ciliées. Capitules solitaires, larges de 3 pouces à 1 pied, subverticaux par l'inclinai- son du pédoncule. Paillettes-réceptaculaires liguliformes, violettes supérieurement, ordinairement 3-cuspidées : l'appendice intermé- diaire linéaire-subulé, 3 fois plus long que les 2 latéraux; appen- dices latéraux linéaires-lancéolés, acérés. Fleurs-radiales 1-ou 2-sériées, à ligule longue de 1 ½ pouce à 3 pouces, lancéolée- elliptique, ou lancéolée-oblongue, pointue, ou obtuse, en gé- néral 2-ou 3-dentée, d'un jaune plus ou moins vif. Corolle des fleurs du disque longue d'environ 4 lignes : limbe d'un pourpre violet en dessus, ainsi que la surface externe des anthères. Nucules glabres ou strigueuses, noires ou d'un brun noirâtre, immarginées, ou submarginées, obovales ; aigrette à paillettes ovales-lancéolées, acérées, denticulées, blanchâtres, très-caduques. — Cette espèce, connue sous les noms vulgaires de *Tournesol*, *Grand Tournesol*, *Soleil*, et *Grand Soleil*, se cultive tant comme plante d'ornement, qu'à cause de ses graines, dont on exprime une huile grasse qui peut servir aux usages alimentaires ; ces graines sont une excellente nourriture pour la volaille. L'écorce de la tige est filandreuse, et peut servir à faire des cordages grossiers. Toute la plante contient beaucoup de nitre.

On cultive, comme plante de parterre, une variété de Tournesol à fleurs presque pleines (c'est-à-dire dont presque tout le disque est garni de fleurs liguliformes et stériles), et à tige ne s'élevant pas à plus de 2 pieds.

B. *Plantes vivaces. Pédoncules dressés (excepté chez une espèce), peu épaissis au sommet. Corolles du disque à limbe jaune.*

a) *Feuilles supérieures alternes.*

HÉLIANTHE MULTIFLORE.—*Helianthus multiflorus* Linn.— Bot. Mag. tab. 227. — Feuilles dentelées, pétiolées, triplinervées, scabres aux 2 faces : les inférieures cordiformes ; les supérieures ovales. Pédoncules raides, subclaviformes, un peu inclinés. Écailles-involucrales oblongues-lancéolées ou linéaires-lancéolées, ciliolées. Fleurs-radiales très-nombreuses, subbisériées. Aigrette à paillettes linéaires-subulées. — Plante touffue ; haute de 3 à 4 pieds. Rhizome rampant, subcylindracé. Tiges nombreuses, rameuses, dressées, scabres. Rameaux dressés, subpaniculés. Feuilles grandes, d'un vert foncé. Fleurs-radiales à ligule elliptique-oblongue, obtuse, ordinairement échancrée, longue d'environ 15 lignes. Nucules elliptiques-oblongues, noirâtres. Paillettes-réceptaculaires oblongues, pointues, ordinairement 1-dentées d'un côté. — Cette espèce, indigène de l'Amérique septentrionale, et nommée vulgairement *Petit Soleil*, se cultive comme plante de parterre.

Hélianthe Topinambour. — *Helianthus tuberosus* Linn.
— Jacq. Hort. Vindob. tab. 161. — Jaume Saint-Hil. Flore et
Pom. Franç. tab. 17. — Feuilles pétiolées, triplinervées, scabres, dentelées, longuement acuminées : les inférieures subcordiformes; les supérieures ovales ou ovales - lancéolées; pétiole
cilié. Écailles-involucrales linéaires-lancéolées, ciliées. Fleurs-
radiales assez nombreuses, 1-sériées. — Plante touffue, haute de
8 à 15 pieds. Racine rampante, garnie de tubercules oblongs,
assez gros, rougeâtres en dehors, blancs en dedans, assez semblables à certaines variétés de la Pomme de terre. Tige dressée, scabre, rameuse et poilue au sommet. Pédoncules terminaux, solitaires, grêles, dressés. Ligules longues d'environ
1 pouce, oblongues, ou elliptiques-oblongues, pointues, ordinairement 2-dentées. Nucules 2-aristées. — Cette espèce, nommée vulgairement *Topinambour*, est originaire de l'Amérique
méridionale, et se cultive comme plante alimentaire. Ses tubercules ont une saveur légèrement sucrée, analogue à celle de
l'Artichaut; mais du reste ils servent moins à la nourriture de
l'homme qu'à celle des animaux domestiques. La culture de
cette plante est très-productive, et elle réussit dans les terrains
les plus ingrats. Dans le nord de la France, le Topinambour
fleurit en octobre.

Hélianthe élancé. — *Helianthus giganteus* Linn. — *Helianthus virgatus* Lamk. — *Helianthus altissimus* Jacq. Hort.
Vindob. 2, tab. 62 (non Linn.) — Feuilles lancéolées, acuminées,
dentelées, 1-nervées, très-scabres, subsessiles. Écailles-involucrales linéaires-lancéolées, scabres, ciliées, plus longues que les
fleurs du disque. Fleurs-radiales au nombre de 9 à 15. Aigrette
à paillettes oblongues-lancéolées, acérées, fimbriolées. — Plante
touffue, haute de 10 à 15 pieds. Tige dressée, rameuse, souvent rouge. Rameaux dressés, paniculés; ramules effilés, plus
ou moins poilus. Pédoncules grêles, souvent en corymbe. Ligules
oblongues, bidentées, longues à peine de 1 pouce. Nucules oblongues, glabres. — Espèce indigène de l'Amérique septentrionale; on la cultive comme plante d'ornement; elle fleurit en
automne.

b) *Feuilles (excepté quelquefois les ramulaires) opposées.*

HÉLIANTHE DIVARIQUÉ. — *Helianthus divaricatus* Linn. — Feuilles ovales ou ovales-lancéolées, pointues, scabres, 3-nervées, dentelées, subsessiles. Écailles-involucrales linéaires-lancéolées, pointues, ciliolées, réfléchies. Pédoncules subternés. Fleurs-radiales 1-sériées, au nombre d'environ 10. Nucules 2-aristées. — Plante touffue, haute de 3 à 4 pieds. Racine rampante. Tiges dressées, cylindriques, rameuses. Rameaux subtrichotomes, scabres vers le sommet, souvent rougeâtres. Pédoncules grêles. Écailles-involucrales à peu près aussi longues que les fleurs du disque. Ligules longues de 6 à 8 lignes, elliptiques-oblongues. Paillettes-réceptaculaires oblongues, pointues, souvent 3-dentées. — Indigène de l'Amérique septentrionale. Plante d'ornement; fleurit en été.

HÉLIANTHE DÉCAPÉTALE. — *Helianthus decapetalus* Linn. — Feuilles ovales ou ovales-lancéolées, pointues, 3-nervées, pétiolées, peu ou point dentées, scabres, pubescentes en dessous. Pédoncules subternés. Écailles-involucrales linéaires-lancéolées, pointues, ciliolées, réfléchies. Fleurs-radiales 1-sériées, au nombre d'environ 10. Nucules 2-aristées. — Plante semblable par le port à l'espèce précédente. Ligules longues de 1 pouce, elliptiques-oblongues. Paillettes-réceptaculaires oblongues, pointues, ordinairement tridentées. — Espèce indigène de l'Amérique septentrionale; cultivée comme plante d'ornement; elle fleurit en été.

HÉLIANTHE PUBESCENT. — *Helianthus pubescens* Willd. — Bot. Reg. tab. 524. — *Helianthus mollis* Lamk. Dict. — *Helianthus canescens* Michx. — Feuilles ovales ou ovales-lancéolées, acuminées, 1-nervées, subcrénelées, sessiles, semi-amplexicaules, scabres en dessus, cotonneuses ou mollement pubescentes (subincanes) en dessous. Écailles-involucrales oblongues-lancéolées, acérées, pubescentes, plus ou moins étalées, un peu plus longues que les fleurs du disque. Paillettes-réceptaculaires oblongues, acuminées, entières. Fleurs-radiales nombreuses, subbisériées.

Aigrette à paillettes linéaires-lancéolées, acérées.—Plante haute de 3 à 4 pieds. Tiges nombreuses, dressées, rameuses, cylindriques, poilues de même que les rameaux. Feuilles longues de 2 à 4 pouces, d'un vert glauque en dessous. Pédoncules raides, dressés, subclaviformes, solitaires. Ligules longues de 12 à 15 lignes, elliptiques-oblongues, obtuses, ordinairement 1-ou 3-dentées. Nucules petites, subturbinées, glabres. — Espèce indigène de l'Amérique septentrionale; fleurit en été; cultivée comme plante d'ornement.

HÉLIANTHE A FEUILLES DE DORONIC. — *Helianthus doronicoides* Lamk. — *Helianthus pubescens* Vahl. (non Willd.)— Bot. Mag. tab. 2278.—*Helianthus mollis* Willd. (non Lamk.) — Espèce voisine de la précédente; dont elle diffère par des écailles-involucrales linéaires-lancéolées, longuement ciliées ; des paillettes - réceptaculaires trifides; des fleurs - radiales moins nombreuses.

Genre LÉIGHIE. — *Leighia* Cass.

Ce genre ou sous-genre ne diffère essentiellement des Hélianthes que par le réceptacle qui est conique ou convexe; l'aigrette est formée de plusieurs paillettes dont l'extérieure et l'intérieure sont beaucoup plus longues que les latérales.

a) *Corolle des fleurs du disque à limbe d'un pourpre brunâtre. Aigrette caduque.*

LÉIGHIE ÉLANCÉE.—*Leighia orgyalis* De Cand. Prodr. (*sub Heliantho*). — *Helianthus angustifolius* Linn. (non Michx.) — Tige glabre, très-élancée. Feuilles linéaires-lancéolées, acérées, subérosées, 1-nervées, glabres, lisses, sessiles, éparses. Pédoncules grêles, souvent en corymbe. Écailles - involucrales linéaires-subulées, réfléchies, subciliolées. Paillettes-réceptaculaires linéaires-spathulées, fimbriolées au sommet. Aigrette à paillettes oblongues-lancéolées, mucronées, denticulées-ciliolées.

— Plante vivace, touffue, haute de 6 à 12 pieds. Tige dressée, rameuse; rameaux cylindriques, effilés, ordinairement paniculés. Pédoncules longs, très-grêles, dressés. Feuilles fermes, d'un vert gai, longues de 3 à 6 pouces, larges de 1 ligne à 2 lignes. Capitules petits. Involucre à peu près aussi long que les fleurs du disque. Fleurs-radiales au nombre de 12 à 15 : ligules oblongues, 2-ou 3-fides au sommet, longues de 6 à 8 lignes. Nucules oblongues, glabres. — Espèce indigène des États-Unis; cultivée comme plante d'ornement; fleurit d'août en octobre.

LÉIGHIE BICOLORE. — *Leighia bicolor* Cass. — *Helianthus angustifolius* Michx. Flor. Bor. Amer. (non Linn.)—Bot. Mag. tab. 2051. — *Rudbeckia angustifolia* Linn. (exclus. syn.)—Feuilles sessiles, linéaires, révolutées aux bords, 1-nervées, un peu scabres : les inférieures opposées; les supérieures éparses. Écailles-involucrales linéaires-lancéolées, réfléchies. Paillettes-réceptaculaires cunéiformes, 3-fides, denticulées au sommet. — Plante touffue, haute de 1 ½ pied à 3 pieds. Tiges dressées, un peu velues. Pédoncules longs, grêles, subsolitaires. Écailles-involucrales à peu près aussi longues que les fleurs du disque. Fleurs-radiales 1-sériées, au nombre de 12 à 15. Nucules oblongues, glabres; aigrette de 2 à 4 paillettes. — Cette plante, indigène des États-Unis, se cultive aussi dans les parterres.

b) Corolle des fleurs du disque à limbe jaune. Aigrette persistante.

LÉIGHIE A FEUILLES LINÉAIRES.—*Leighia linearis* De Cand. Prodr. — *Helianthus linearis* Cavan. Ic. 3, tab. 218. — Bot. Reg. tab. 523. — *Helianthus squarrosus* Kunth, in Humb. et Bonpl. 4, tab. 377. — *Leighia elegans* Cass.—Plante vivace, touffue, très-rameuse; haute d'environ 4 pieds. Tige grêle, dressée, scabre. Ramules effilés, feuillés, plus ou moins divergents, scabres, pubérules, striés. Feuilles petites, éparses, sessiles, 1-nervées, sublinéaires, obtuses, très-entières, révolutées aux bords, scabres et subincanes aux 2 faces. Pédoncules longs, grêles, solitaires, dressés. Capitules petits.

Écailles-involucrales scabres, linéaires-oblongues, obtuses, recourbées. Paillettes-réceptaculaires oblongues, acuminées, mucronées, très-entières. Fleurs-radiales au nombre d'environ 20; ligules oblongues, bifides, longues de 4 à 5 lignes. Nucules petites, noirâtres, oblongues, strigueuses, 2-aristées, et en outre couronnées de 5 à 6 paillettes fimbriées. — Cette espèce, indigène du Mexique, se cultive comme plante d'ornement.

Genre·HARPALION. — *Harpalium* Cass.

Ce genre diffère des Hélianthes : 1° par l'involucre formé d'écailles régulièrement imbriquées, subcoriaces, inappendiculées, entièrement appliquées; 2° par l'aigrette, composée de plusieurs paillettes (1-sériées, caduques) dont 2 (extérieure et intérieure) grandes, opposées, les autres petites.

HARPALION RAIDE.—*Harpalium rigidum* Cass.—*Helianthus atrorubens* Linn.—Bot. Reg. tab. 508. — *Helianthus diffusus* Sims, Bot. Mag. tab. 2020. — *Helianthus missuricus* Spreng. — *Helianthus rigidus* Desfont. Hort. Par.—Plante vivace, touffue, haute de 2 à 4 pieds. Racine rampante. Tiges dressées, paniculées, scabres et hispidules de même que les rameaux. Rameaux et ramules grêles, dressés, souvent rougeâtres. Feuilles d'un vert glauque, un peu charnues, raides, opposées, sessiles, triplinervées, hispidules et très-scabres aux 2 faces : les inférieures lancéolées-elliptiques, ou lancéolées-oblongues, pointues, subcrénelées; les supérieures obovales, ou oblongues-obovales, ou oblongues, obtuses, en général très-entières. Pédoncules solitaires ou ternés, longs, grêles, raides, dressés, scabres. Écailles-involucrales plus courtes que les fleurs du disque, ovales, subobtuses, noirâtres, ciliées. Paillettes-réceptaculaires oblongues, obtuses, mucronulées, ciliées au sommet. Corolles des fleurs du disque à limbe d'un pourpre brunâtre. Fleurs-radiales au nombre d'environ 20, subbisériées : ligules elliptiques-oblongues, obtuses, échancrées, d'un jaune vif, longues de 12 à 15 lignes. Nucules oblongues - obovales, glabres; aigrette à paillettes ovales - lancéolées, acérées, fimbriolées aux bords. — Cette espèce, indigène des États-Unis, et très - remarquable par l'élégance de ses fleurs, se cultive dans les parterres ; elle fleurit en août et septembre.

Section IV. HÉLIANTHÉES-RUDBÉCKIÉES Cass.

Aigrette coroniforme ou nulle.

Genre TITHONE. — *Tithonia* Desfont.

Capitules multiflores, radiés; fleurs-radiales 1-sériées, neutres; fleurs du disque hermaphrodites. Involucre sub-campanulé, formé d'écailles libres, irrégulièrement sub-trisériées : les extérieures subbisériées, un peu inégales, dissemblables, larges, coriaces, presque arrondies, multi-nervées, appliquées, surmontées d'un grand appendice ovale, foliacé, inappliqué; les intérieures subunisériées, beaucoup plus petites, un peu inégales, suboblongues, membraneuses, striées, inappendiculées. Réceptacle co-nique, garni de paillettes subcoriaces, striées, embrassan-tes, subspinescentes au sommet. — *Fleurs-radiales* astyles, à ligule elliptique-oblongue, multinervée, ordinairement 3-dentée au sommet. — *Fleurs du disque :* Corolle à tube très-court; limbe très-long, cylindracé, 5-fide au sommet, globuleux et velu à la base : lobes oblongs-lancéolés, gla-bres. Stigmates très-longs, linéaires, subulés au sommet. Nucules lisses, oblongues, 4-gones, un peu comprimées; aigrette courte, persistante, coriace, opaque, composée de plusieurs paillettes très-inégales, 1-sériées, libres, ir-régulièrement denticulées, souvent accompagnées d'une ou de 2 arêtes continues avec les angles du fruit.

Herbes annuelles, velues, rameuses. Feuilles alternes, pétiolées, dentelées, triplinervées : les inférieures quel-quefois profondément trilobées. Pédoncules terminaux,

ou axillaires et terminaux, nus, solitaires, 1-céphales,
raides, dressés, souvent claviformes au sommet. Fleurs-
radiales jaunes ou orangées. Fleurs du disque jaunes.
Anthères noirâtres. — Ce genre est propre à l'Amérique
équatoriale.

TITHONE A FLEURS DE TAGÈTE. — *Tithonia tagetiflora* Desfont. in Ann. du Mus. 1, tab. 4.—Plante haute de 3 à 4 pieds.
Tige dressée, cylindrique, striée, fistuleuse, lisse, finement pubérule. Feuilles grandes, scabres, minces, décurrentes sur leur
pétiole, réclinées : les inférieures en général profondément 3-lo-
bées, à lobes subovales, acuminés ; séparés par de larges sinus
arrondis ; les supérieures ovales, ou subtriangulaires, longuement acuminées, plus ou moins profondément cordiformes à la
base. Pédoncules cotonneux, claviformes au sommet. Fleurs-radiales à ligule de couleur orange, longue d'environ 6 lignes. —
Cette espèce, originaire du Mexique, se cultive comme plante
d'ornement ; elle fleurit en automne, et il est rare que ses graines
arrivent à maturité dans le nord de la France.

Genre ÉCHINACE. — *Echinacea* Mœnch.

Capitules multiflores, radiés ; fleurs-radiales 1-sériées,
neutres ; fleurs du disque hermaphrodites. Involucre formé
d'écailles 3-ou 4-sériées, ovales-lancéolées, inégales (les
intérieures plus courtes), à partie inférieure appliquée, coriace, et à partie supérieure foliacée, finalement réfléchie.
Réceptacle conique, très-élevé, garni de paillettes demi-
embrassantes, membraneuses, oblongues, plus longues
que les fleurs, terminées en pointe charnue, raide, 4-gone,
colorée, finalement spinescente. — *Fleurs-radiales* astyles,
à ligule sublinéaire, ou elliptique, ou oblongue, bifide au
sommet. — *Fleurs du disque* : Corolle à tube nul ou très-
court ; limbe cylindracé, 5-denté, glabre, fortement gibbeux (antérieurement) à la base. Stigmates filiformes,
longs, subulés au sommet. Nucules turbinées, 4-gones,

subéreuses, lisses, un peu comprimées ; aigrette courte, persistante, irrégulièrement 4-dentée et denticulée, de même consistance que le péricarpe. Graine inadhérente.

Herbes vivaces, ordinairement rameuses, glabres et lisses, ou couvertes d'une pubescence scabre. Feuilles éparses, pétiolées, dentelées, triplinervées. Pédoncules solitaires, terminaux, dressés, raides, épaissis au sommet, 1-céphales. Écailles-involucrales plus courtes que les fleurs du disque. Fleurs-radiales à ligule longue, pourpre, ordinairement réfléchie. Corolle des fleurs du disque petite, d'un rouge verdâtre, à base très-épaisse, charnue : dents triangulaires, courtes, presque dressées. Anthères noirâtres. Paillettes-réceptaculaires naviculaires, persistant après la chute des fruits. Aigrette peu apparente, verdâtre avant la maturité. — Ce genre appartient à l'Amérique septentrionale. Les espèces suivantes se cultivent comme plantes d'ornement.

ÉCHINACE POURPRE. — *Echinacea purpurea* Mœnch, Meth. — *Rudbeckia purpurea* Linn. — Bot. Mag. tab. 2. — Schk. Handb. tab. 259. — Mill. Ic. tab. 224, fig. 1. — Catesb. Carol. 2, tab. 59. — Tige glabre, lisse. Feuilles glabres aux 2 faces, pubérules et scabres aux bords, dentelées, décurrentes sur le pétiole : les inférieures ovales ; les supérieures lancéolées, ou lancéolées-oblongues. Fleurs-radiales beaucoup plus longues que le disque, à ligule lancéolée-linéaire, très-étroite. — Plante haute de 2 à 3 pieds. Tige simple, ou rameuse, grêle, dressée, médiocrement feuillée ; rameaux dressés, en général 1-céphales et presque nus. Feuilles fermes, d'un vert gai en dessus : les caulinaires la plupart longuement pétiolées ; pétiole longuement ailé jusqu'à la base. Écailles-involucrales ciliolées, à partie supérieure oblongue-lancéolée, pointue. Paillettes-réceptaculaires à pointe brunâtre, à peu près aussi longue que la lame. Ligules longues de 2 à 3 pouces, sur 1 $\frac{1}{2}$ ligne à 2 lignes de large, réfléchies, quelquefois ondulées, à 2 dents assez longues, pointues. Corolle des fleurs du disque à tube très-court, mais cependant évident. — Indigène des montagnes des États-Unis ; fleurit en été.

ÉCHINACE TARDIVE.—*Echinacea sérotina*Sweet, Brit. Flow. Gard. tab. 4. —Lodd. Bot. Cab. tab. 1539.—*Rudbeckia hispida* Hoffm. —*Rudbeckia speciosa* Link, Hort. Berol. (non Schrad.)— Tige hispidule, scabre. Feuilles scabres et pubérules aux 2 faces, dentelées, peu ou point décurrentes sur le pétiole : les inférieures ovales ; les supérieures ovales - lancéolées ou oblongues-lancéolées. Fleurs-radiales 1 à 2 fois plus longues que le disque, à ligule oblongue ou elliptique-oblongue. — Plante ayant le même port que l'espèce précédente. Feuilles fermes, d'un vert foncé, acuminées : les caulinaires la plupart courtement pétiolées. Écailles - involucrales scabres, ciliées, à partie supérieure linéaire-lancéolée, pointue. Paillettes-réceptaculaires à pointe d'un pourpre brunâtre, à peu près aussi longue que la lame. Ligules longues de 12 à 18 lignes, larges de 3 à 4 lignes, 2-ou 3-dentées au sommet, ordinairement réfléchies ; dents pointues.—Indigène des provinces méridionales des États-Unis ; fleurit en août et septembre ; on la confond souvent, dans les jardins, avec l'espèce précédente.

Genre RUDBÉCKIA. — *Rudbeckia* Linn.

Capitules multiflores, radiés ; fleurs-radiales 1-sériées, neutres ; fleurs du disque hermaphrodites. Involucre formé d'écailles bisériées, foliacées, inappliquées (excepté par la base), inégales. Réceptacle cylindracé ou conique, garni de paillettes subcoriaces, demi-embrassantes, apiculées, ou cuspidées, ou mutiques, plus courtes que les fleurs. — *Fleurs-radiales* astyles, à ligule elliptique-oblongue, ou oblongue, 2-ou 3-dentée au sommet. — *Fleurs du disque :* Corolle courte, infondibuliforme, glabre, 5-dentée, non-rétrécie ni renflée à la base. Stigmates à appendice court, obtus. Nucules tétragones, subcylindracées, un peu comprimées, subcoriaces, lisses ; aigrette nulle, ou courte, cartilagineuse, irrégulièrement lobée ou crénelée.

Herbes vivaces ou bisannuelles, rameuses, souvent poilues. Feuilles indivisées, ou lobées, ou laciniées, ou pennées, triplinervées : les radicales pétiolées; les caulinaires pétiolées ou sessiles , éparses. Pédoncules solitaires, terminaux, raides, grêles, dressés, nus, 1-céphales. Capitules assez grands, ovoïdes ou cylindracés après la floraison. Écailles-involucrales le plus souvent aussi longues ou plus longues quele disque.Fleurs-radiales à ligule longue, jaune, ordinairement réfléchie. Corollé des fleurs du disque d'un pourpre noirâtre, ou moins souvent jaune, subpersistante: dents triangulaires, courtes, dressées. Anthères noirâtres. Paillettes-réceptaculaires naviculaires ou subnaviculaires.

Ce genre est propre à l'Amérique septentrionale ; on cultive comme plantes d'ornement les espèces suivantes :

Section I. CENTROCARPHA Don.

Réceptacle conique, garni de paillettes apiculées ou aristées. Disque pendant la floraison court, subhémisphérique , finalement ovoïde, à corolles d'un pourpre noirâtre.

A. *Plante bisannuelle. Paillettes-réceptaculaires assez longuement aristées. Feuilles-radicales et feuilles-caulinaires inférieures la plupart profondément 3-lobées ou pennatilobées.*

Rudbéckia trilobé.— *Rudbeckia triloba* Linn.— Jaume Saint-Hil. Flore et Pom. tab. 383.—Bot. Reg. tab. 525.— *Rudbeckia triloba* et *Rudbeckia aristata* Pursh.—Tige très-rameuse, un peu scabre, dressée, poilue ; rameaux divergents, paniculés. Feuilles un peu scabres, subciliolées : les supérieures lancéolées-oblongues ou ovales-lancéolées, dentées, sessiles, ou rétrécies en pétiole court. Écailles-involucrales linéaires-lancéolées, ciliées, 1 fois plus courtes que les fleurs-radiales, un peu plus longues que le disque. Aigrette réduite à un rebord peu apparent, obscurément 1-4-denté.— Plante haute de 2 à 3 pieds. Tige et rameaux d'un pourpre violet, parsemés de poils blancs.

Feuilles flasques, d'un vert foncé : les radicales longuement pétiolées, tantôt indivisées, ovales, profondément crénelées, tantôt
trilobées ou sublyrées. Capitules en général courtement pédonculés, très-nombreux, disposés en panicule. Paillettes-réceptaculaires de même couleur que les fleurs du disque, subovales. Ligules longues de 8 à 10 lignes, d'un jaune foncé en dessus, d'un
jaune pâle en dessous, elliptiques-oblongues, plus ou moins réfléchies. — Cette espèce croît dans les montagnes des États-Unis;
elle fleurit en août et septembre.

B. *Plantes vivaces, à racine rampante. Feuilles indivisées.
Paillettes - réceptaculaires lancéolées, courtement apiculées.*

Rudbéckia brillant. — *Rudbeckia fulgida* Hort. Kew. —
Bot. Mag. tab. 1996. —*Rudbeckia chrysomela* Michx. Flor. Bor.
Amer. —*Rudbeckia aspera* Desfont. Hort. Par. — *Rudbeckia
hirta* Linn. —Sweet, Brit. Flow. Gard. 1, tab. 82. — Dill.
Hort. Elth. tab. 218, fig. 285. — Mill. Ic. tab. 224, fig. 1.
—Tige dressée, paniculée, scabre et poilue de même que les
rameaux. Feuilles pubérules ou strigueuses, scabres, dentées, ou
crénelées, ou subdenticulées : les inférieures pétiolées, décurrentes sur le pétiole ; les supérieures sessiles, subamplexicaules.
Écailles-involucrales oblongues ou lancéolées-oblongues, obtuses, à peu près aussi longues que les ligules. Aigrette peu apparente.—Plante haute de 2 à 3 pieds, en général rameuse presque
dès la base. Rameaux simples ou paniculés, plus ou moins divergents, souvent rougeâtres. Feuilles assez fermes, d'un rouge
foncé : les radicales longuement pétiolées, ovales, ou ovales-lancéolées, cunéiformes vers leur base ; les caulinaires inférieures
conformes aux radicales, ou lancéolées-spathulées, ou obovales;
les supérieures oblongues, ou oblongues-obovales, ou lancéolées-
oblongues, ou lancéolées. Pédoncules en général très-longs.
Fleurs-radiales à ligule oblongue, d'un jaune vif, longue de 8 à
12 lignes. —Cette espèce habite les montagnes des États-Unis;
elle fleurit en août et septembre.

RUDBÉCKIA ÉLÉGANT. — *Rudbeckia speciosa* Schrad. Ind.
Sem. Hort Gœtt. — Tige dressée, paniculée, poilue et scabre
de même que les rameaux. Feuilles scabres et pubérules en dessus, presque lisses en dessous : les raméaires et la plupart des
caulinaires sessiles : les inférieures profondément et inégalement
dentées ; les supérieures très-entières. Écailles-involucrales oblongues, ciliées, la plupart de moitié à 1 fois plus courtes que
les ligules. Aigrette peu apparente. — Plante haute de 1 pied à
2 pieds. Rameaux raides, divergents, en général 1-céphales.
Feuilles fermes, d'un vert foncé en dessus : les radicales et les
caulinaires - inférieures longuement pétiolées, ovales, ou ovales - oblongues, ou ovales - elliptiques, ou oblongues-lancéolées,
pointues, crénelées, 3-ou 5-nervées ; les autres oblongues-lancéolées, ou linéaires - lancéolées, pointues. Pédoncules raides,
anguleux, ordinairement très-longs. Fleurs-radiales nombreuses, à ligule oblongue, d'un jaune vif en-dessus, d'un jaune
pâle en dessous, longue de 12 à 15 lignes. — On ignore l'origine de cette espèce, qu'on cultive fréquemment dans les jardins,
et qu'on confond ordinairement avec la précédente.

RUDBÉCKIA A GRANDES FLEURS. — *Rudbeckia* (*Centrocarpha*) *grandiflora* Don, in Sweet, Brit. Flow. Gard. ser. 2,
tab. 87. — Tige dressée, hispidule, peu rameuse. Feuilles scabres, pubescentes : les inférieures crénelées ; les supérieures
très-entières. Ligules lancéolées-oblongues, beaucoup plus longues que les écailles - involucrales. — Plante haute de 3 à 4
pieds. Feuilles fermes, d'un vert un peu glauque : les radicales
grandes, longuement pétiolées, 5-ou 7-nervées, ovales, rugueuses, pointues, cunéiformes vers la base ; les caulinaires inférieures conformes aux radicales, mais moins longuement pétiolées ;
les supérieures lancéolées - oblongues. Pédoncules longs, raides,
scabres, hispidules, anguleux, sillonnés. Écailles-involucrales
lancéolées-oblongues, longues de 4 à 5 lignes. Ligules longues
de près de 3 pouces, d'un jaune vif en dessus, d'un jaune pâle
et pubescentes en dessous. Aigrette courte. — Espèce assez rare
dans les jardins ; indigène de la haute Louisiane.

Section II. OBELISCARIA Cass.

Réceptacle cylindracé, élevé, garni de paillettes obtuses, mutiques, oblongues-spathulées, naviculaires. Disque subglobuleux ou cylindracé et élevé dès le commencement de la floraison, à corolles jaunes ou d'un pourpre noirâtre. Feuilles toutes ou la plupart pennées ou profondément lobées.

Rudbéckia lacinié. — *Rudbeckia laciniata* Linn. — *Rudbeckia digitata* Mill. — *Rudbeckia intermedia, Rudbeckia angustifolia* et *Rudbeckia multifida* Hortul. — Tige glabre, lisse, paniculée, ésulquée. Feuilles-scabres, finement pubérules. Pédoncules en général de longueur médiocre. Écailles-involucrales beaucoup plus courtes que les ligules. Disque subglobuleux, à corolles jaunes. Nucules aigrettées. — Plante vivace, touffue, haute de 2 à 3 pieds. Racine rampante. Tige dressée, anguleuse de même que les rameaux. Rameaux plus ou moins divergents, souvent paniculés. Feuilles fermes, d'un vert un peu glauque, de formes extrêmement variables : les radicales et les caulinaires-inférieures plus ou moins longuement pétiolées, tantôt pennées-trifoliolées (à folioles pétiolulées, subcordiformes, ou ovales, ou ovales-lancéolées, incisées-dentées : la terminale en général beaucoup plus grande, souvent profondément 3-lobée), tantôt pennatiparties (à segments pennatifides, ou incisés-dentés, ordinairement sublancéolés), tantôt bipennatiparties (à segments lancéolés ou oblongs); les supérieures tantôt pennatifides, tantôt 3-parties ou pennatiparties, tantôt indivisées (subcordiformes, ou ovales, ou ovales-lancéolées, ou lancéolées, ou oblongues, incisées-dentées, ou pauci-dentées, ou très-entières), subsessiles. Pédoncules anguleux, sillonnés, longs de 2 à 6 pouces, quelquefois pubérules. Écailles-involucrales longues de 2 à 3 lignes. Paillettes-réceptaculaires verdâtres, pubérules au dos, un peu plus courtes que l'ovaire. Fleurs-radiales au nombre de 10 à 15, à ligule longue de 1 pouce à 2 pouces, oblongue, ou lancéolée-oblongue, 2-dentée, ou bifide

au sommet, réfléchie. Capitules-fructifères longs d'environ
1 pouce. — Cette espèce habite le Canada et les États-Unis ; elle
fleurit tout l'été.

RUDBÉCKIA PENNÉ. — *Rudbeckia pinnata* Vent. Hort. Cels.
tab. 71. — Smith, Exot. Bot. tab. 38.—Bot. Mag. tab. 2310.
— *Lepachys pinnatifida* Rafin.—*Obeliscaria pinnata* Cass.—
Tige paniculée, sillonnée, pubérule et scabre de même que les
rameaux et pédoncules. Feuilles scabres, pubérules, subincanes :
les inférieures pennées. Pédoncules en général très-longs. Écailles-involucrales sublinéaires, 3 à 4 fois plus courtes que les ligules. Disque conique-cylindracé, à corolles d'un pourpre noirâtre. Nucules inaigrettées. — Plante vivace, touffue. Tiges
grêles, dressées, hautes de 2 à 3 pieds. Rameaux souvent paniculés. Feuilles fermes, d'un vert glauque : les radicales et les
caulinaires-inférieures longuement pétiolées, 5-9-foliolées (folioles pétiolulées ou sessiles, oblongues, ou oblongues - lancéolées, ou ovales-lancéolées, ou ovales, pointues, 3-ou 5-nervées,
inéquilatérales, inégalement dentées ou incisées-dentées : la terminale souvent trifide, en général plus grande ; les latérales
quelquefois profondément 2-lobées ; les supérieures pennées, ou
pennatifides, ou 3-fides, ou indivisées, courtement pétiolées, ou
subsessiles. Pédoncules très-grêles, atteignant jusqu'à 1 pied de
long. Écailles - involucrales pubérules, subincanes, longues de
3 à 4 lignes. Fleurs - radiales au nombre de 8 à 12, à ligule
d'un jaune orangé en dessus, lancéolée-oblongue, longue de 15
à 20 lignes, réfléchie, profondément 2-ou 3-dentée au sommet.
Capitules-fructifères longs de 12 à 15 lignes, obtus.—Cette espèce croît dans les provinces méridionales des États-Unis ; elle
fleurit en été.

Genre DRACOPIDE. — *Dracopis* Cass.

Capitules multiflores, radiés ; fleurs-radiales 1-sériées,
femelles ; fleurs du disque hermaphrodites. Involucre formé
d'écailles 2-sériées : les extérieures étalées, subisomètres,

lancéolées-linéaires, pointues, foliacées ; les intérieures appliquées, petites, absolument semblables aux paillettes-réceptaculaires. Réceptacle conique - cylindracé, grêle, très-élevé, garni de paillettes plus courtes que les fleurs, demi-embrassantes, naviculaires, oblongues-spathulées, acuminulées, submembraneuses.—*Fleurs-radiales* à ligule elliptique, 2-ou 3-dentée au sommet. — *Fleurs du disque :* Corolle tubuleuse, 5-dentée, rétrécie inférieurement. Stigmates à appendice subulé. Nucules subcylindracées, obscurément 4-gones, glabres, finement striées, chagrinées : les extérieures à aigrette réduite à un rebord peu apparent ; les intérieures inaigrettées.

Herbe annuelle, glabre, glauque, lisse, rameuse. Feuilles éparses, très-entières ; les caulinaires et les raméaires sessiles, amplexatiles, cordiformes-bilobées à la base. Pédoncules solitaires, terminaux, 1-céphales, longs, grêles, dressés. Écailles-involucrales beaucoup plus courtes que le disque. Fleurs-radiales à ligule grande, réfléchie. Paillettes-réceptaculaires tombant avec les fruits. Disque élevé, cylindracé, obtus, à corolles d'un pourpre noirâtre de même que les anthères. — Ce genre n'est fondé que sur l'espèce suivante :

DRACOPIDE AMPLEXICAULE.—*Dracopis amplexicaulis* Cass. — *Rudbeckia amplexicaulis* Vahl. — *Rudbeckia amplexifolia* Jacq. Ic. Rar. 3, tab. 592.—*Rudbeckia perfoliata* Cavan. Ic. 3, tab. 252. — Plante haute de 1 pied à 2 pieds. Tige grêle, dressée, striée, rameuse en général dès sa base ; rameaux plus ou moins divergents, paniculés. Feuilles ovales, ou ovales-oblongues, ou ovales-lancéolées, pointues. Écailles-involucrales externes longues de 2 à 3 lignes. Paillettes-réceptaculaires rougeâtres et ciliées vers leur sommet. Fleurs - radiales au nombre de 7 à 10, à ligule longue d'environ 1 pouce, d'un jaune vif. Capitules-fructifères cylindracés, obtus, longs d'environ 1 pouce. Nucules petites, noires. — Cette plante, originaire de la Louisiane, se cultive dans les parterres.

Genre HÉLIOPSIDE. — *Heliopsis* Pers.

Capitules multiflores, radiés ; fleurs-radiales 1-sériées, femelles ; fleurs du disque hermaphrodités. Involucre sub-campanulé, formé d'écailles 3-sériées, presque égales, imbriquées, à partie inférieure subcoriace et appliquée, à partie supérieure foliacée, inappliquée, réfléchie. Réceptacle conique, garni de paillettes plus courtes que les fleurs, embrassantes, naviculaires, spathulées, obtuses, submembraneuses, colorées au sommet. — *Fleurs-radiales* grandes, à ligule oblongue, 2-ou 3-dentée au sommet. — *Fleurs du disque :* Corolle tubuleuse, rétrécie à la base, 5-dentée, glabre. Nucules coriaces, glabres, lisses, tronquées au sommet, inaigrettées, tétragones : les marginales plus grosses, turbinées, un peu comprimées ; les autres subcylindracées, point comprimées.

Herbe vivace, rameuse. Feuilles opposées, indivisées, pétiolées. Pédoncules solitaires, terminaux, 1-céphales, grêles, dressés, nus. Écailles-involucrales plus courtes que les fleurs du disque. Fleurs jaunes. Réceptacle gros, élevé. Capitules fructifères assez gros, ovales. — L'espèce suivante est la seule qu'on puisse rapporter avec certitude à ce genre.

HÉLIOPSIDE FAUX-HÉLIANTHE. — *Heliopsis helianthoides* Spach. — *Helianthus lævis* Linn. — *Buphtalmum helianthoides* Linn. — L'hérit. Stirp. tab. 45. — *Silphium solidaginoides* Linn. — *Rudbeckia oppositifolia* Linn. — *Heliopsis lævis* Pers. — Bot. Mag. tab. 3372. — *Heliopsis lævis* et *Heliopsis scabra* Dunal. — *Heliopsis canescens* Don, in Bot. Reg. tab. 592. — Plante touffue, haute de 3 à 4 pieds, tantôt lisse et très-glabre, tantôt scabre et plus ou moins pubérule. Tiges dressées, rameuses ; rameaux simples, ou bifurqués, ou trichotomes, dressés. Feuilles fermes, d'un vert gai, triplinervées, ovales, ou ovales-triangulaires, ou ovales-oblongues, ou ovales-lancéolées, acuminées, dentelées, ou profondément dentées. Écailles-involucrales ovales, ou ovales-lancéolées, ou oblongues, obtuses, ou pointues, pubérules, souvent ciliolées. Fleurs-radiales au nombre de 10 à 15 : ligule longue d'environ 1 pouce. Paillettes-réceptaculaires jaunes au sommet, caduques avec les fruits. Nucules longues de 2 lignes, d'un brun de châtaigne. — Cette plante, indigène de l'Amérique septentrionale, se cultive dans les parterres; elle fleurit tout l'été.

Section V. HÉLIANTHÉES-MILLÉRIÉES Cass.

Ovaire ordinairement épais ou large, arrondi au sommet, arqué en dedans, toujours absolument privé d'aigrette.

Genre MADIE. — *Madia* Molin.

Capitules multiflores ou pauciflores, radiés; fleurs-radiales femelles, 1-sériées; fleurs du disque hermaphrodites. Involucre subglobuleux, formé d'écailles 2-sériées, foliacées, naviculaires, embrassantes, carénées au dos, appendiculées au sommet : les extérieures (en même nombre que les fleurs femelles) ordinairement plus longues que les intérieures. Réceptacle petit, plan, nu. — *Fleurs-radiales* à corolle tantôt ligulée, tantôt palmée, tantôt subbilabiée, tantôt infondibuliforme et irrégulièrement 3-5-fide. — *Fleurs du disque :* Corolle tubuleuse, 5-dentée. Stigmates filiformes, barbus au sommet. Nucules turbinées ou obovales-oblongues, subcoriaces, aplaties, ou plus ou moins comprimées bilatéralement et obscurément pentagones, 4-ou 5-costées, ou écostées, obtuses, finement ponctuées, ou tuberculeuses, glabres, plus ou moins courbées.

Herbes annuelles, poilues, en outre parsemées de quantité de glandules stipitées, très-visqueuses. Feuilles linéaires-lancéolées ou oblongues, 3-nervées, très-entières, ou subdenticulées, sessiles : les inférieures opposées; les supérieures éparses. Pédoncules terminaux ou axillaires et terminaux , nus ou bractéolés, courts ou plus ou moins allongés, 1-céphales. Capitules de grandeur médiocre, dressés , accidentellement incouronnés et homogames : les fructifères subglobuleux. Fleurs petites , jaunes : les radiales (de forme variable chez toutes les espèces) beaucoup plus courtes que les écailles-involucrales. Écailles-involucrales conniventes. — Ce genre est propre à l'Amérique.

Madie cultivée. —*Madia sativa* Molin. Chil. — Plante haute de 1 pied à 2 pieds. Tige simple ou rameuse, grêle, dressée, effilée, très-feuillue. Feuilles plus ou moins visqueuses , molles , d'un vert foncé , oblongues , ou linéaires-oblongues , pointues, subdenticulées, ou érosées, ou très-entières : les inférieures atteignant jusqu'à 6 pouces de long, sur 4 à 6 lignes de large; les supérieures graduellement plus petites. Capitules tantôt multiflores, tantôt pauciflores , disposés vers l'extrémité de la tige et des rameaux en grappe plus ou moins longue; pédoncules 2 - bractéolés , beaucoup plus courts que les feuilles. Écailles-involucrales velues et visqueuses au dos, membraneuses aux bords, les intérieures de moitié plus courtes que les extérieures, toutes surmontées d'un appendice liguliforme, foliacé. Nucules noires ou grisâtres, ovales-oblongues, finement ponctuées, obscurément pentagones, un peu comprimées, peu courbées , longues de 2 lignes ou un peu plus. — Cette espèce croît au Chili, où on l'appelle *Madi*, et où elle est cultivée à titre de plante oléagineuse ; ce sont ses graines qui fournissent, par expression, ou par la simple coction, une huile grasse d'une saveur qu'on dit être au moins aussi agréable que celle de l'huile d'olives; aussi cette huile est-elle employée aux usages alimentaires. La culture de la *Madie* a été essayée, depuis quelques années, en Allemagne ainsi qu'en France , et il paraît qu'elle est assez profitable ; la plante offre d'ailleurs l'avantage de s'accommoder parfaitement de notre climat, même étant semée en automne, et de prospérer dans les terrains les plus médiocres.

Genre MADARIE. — *Madaria* De Cand.

Capitules multiflores, radiés ; fleurs-radiales 1-sériées , fertiles (femelles); fleurs du disque incomplétement hermaphrodites (par imperfection du pistil), stériles. Involucre double : l'extérieur subhémisphérique , formé d'écailles 1-sériées , égales , libres, subfoliacées, naviculaires , embrassantes, carénées au dos, surmontées d'un appendice plan, inappliqué, foliacé; l'intérieur (*situé entre les fleurs-radiales et les fleurs du disque*) plus court, formé d'écailles 1-sériées , submembranacées, égales , subnaviculaires, soudées jusque vers le milieu. Réceptacle court, conique, garni de courtes fimbrilles filiformes. — *Fleurs du disque :* Corolle infondibuliforme ; tube grêle , poilu; limbe 5-fide : segments étalés, ovales, obtus, hérissés de papilles en dessus. Ovaire grêle, cylindracé. Style court, terminé en stigmate indivisé, subulé, poilu. — *Fleurs-radiales* à ligule beaucoup plus longue que l'involucre, oblongue-cunéiforme, profondément trilobée. Stigmates filiformes , finement papilleux. Nucules obovales , comprimées, chagrinées, écostées, calleuses aux bords , à peine courbées.

Plante annuelle, velue, en outre couverte d'une pubescence glandulifère très-visqueuse. Feuilles éparses, sessiles, en général très-entières, obscurément 3-nervées, étroites. Pédoncules axillaires et terminaux, nus, ou pauci-bractéolés, 1-céphales, ou oligocéphales, grêles, un peu inclinés pendant la floraison. Corolles jaunes : les ligules marquées à la base d'une tache oblongue, veloutée, d'un pourpre brunâtre. Écailles-involucrales externes à peine aussi longues que les fleurs du disque. Anthères noirâtres.

MADARIE ÉLÉGANTE. — *Madaria elegans* De Cand. Prodr. — *Madia elegans* Lindl. in Bot. Reg. tab. 1458.—Bot. Mag. tab. 3548. — Tige simple ou paniculée, haute de 1 pied à

3 pieds, grêle, dressée, cylindrique, feuillue (surtout inférieu rement). Rameaux simples ou paniculés au sommet, feuillés, dressés, effilés. Feuilles molles, un peu charnues, subincanes, plus ou moins visqueuses : les radicales linéaires-lancéolées ou liguliformes, subobtuses, denticulées, plus ou moins hispides, étalées, atteignant jusqu'à 6 pouces de long ; les caulinaires graduellement plus courtes, linéaires-lancéolées, ou oblongues-lancéolées, pointues, plus ou moins élargies à la base ; les ramulaires très-petites, sublinéaires. Capitules disposés en corymbe, ou en grappe, ou en panicule tantôt subfastigiée, tantôt plus ou moins allongée, vers l'extrémité de la tige et des rameaux. Pédoncules (ramules - florifères) beaucoup plus longs que les feuilles supérieures. Fleurs-radiales au nombre de 15 à 20 : ligules longues de 1 pouce, à lobes linéaires, obtus. Nucules longues de 2 lignes, marbrées de brun et de noir.—Cette espèce, originaire de la Californie, et remarquable par l'élégance de ses fleurs, se cultive comme plante d'ornement. Ses fleurs, qui se succèdent pendant plusieurs mois de l'été, ont une odeur analogue à celle des Tagètes.

XIᵉ TRIBU. **LES ANTHÉMIDÉES.**—*ANTHEMIDEÆ* Cass.

Capitules radiés, ou discoïdes, ou incouronnés. Corolle staminifère régulière ou subrégulière, tubuleuse, 5-dentée : segments ovales, arqués en dehors, papilleux à la surface supérieure. Filets des étamines soudés a la partie inférieure seulement du tube de la corolle ; article-anthérifère subglobuleux. Anthères sans appendices-basilaires. Stigmates (de la fleur hermaphrodite) divergents, arqués en dehors, demi-cylindriques, inappendiculés, tronqués et barbus au sommet : face supérieure bordée d'un bout à l'autre par 2 bourrelets papilleux, non-confluents ; face inférieure convexe, glabre.

Plantes herbacées, ou suffrutescentes, ou ligneuses, en général amères et aromatiques. Feuilles alternes, le plus souvent profondément découpées. Fleurs-liguliformes en général blanches, moins souvent jaunes ou pourpres. Fleurs-tubuleuses en général jaunes. Capitules multiflores, ou rarement pauciflores. Réceptacle soit appendiculé, soit garni de paillettes ou de fimbrilles. Ecailles-involucrales ordinairement imbriquées. Corolle-staminifère ordinairement glanduleuse à la surface externe, à tube au moins aussi long et presque aussi large que le limbe, presque difforme, inégalement anguleux, souvent prolongé par sa base autour du sommet de l'ovaire, d'une substance très-épaisse, spongieuse, verdâtre ; limbe régulier ou subrégulier, campaniforme, à nervures verdâtres, divisé presque jusqu'au milieu : lobes très-calleux au sommet ; glandules sessiles ou stipitées, didymes. Anthères courtes, faiblement soudées, pointues à la base, à appendice-apicilaire liguliforme, charnu. Ovaire épais ou large, irrégulier, anguleux, glabre, de formes variées, ordinairement glanduleux, muni de côtes très-fortes, inégales, souvent dissemblables, irrégulièrement disposées, arrondies, ou aliformes ; la substance du péricarpe renferme souvent des réservoirs de sucs-propres ; aréole-basilaire sessile, large, irrégulière, point oblique. Aigrette le plus souvent nulle ou coroniforme et irrégulière, quelquefois composée de paillettes distinctes.

Les Anthémidées, dit M. de Cassini, ont beaucoup d'affinité avec les Hélianthées. Elles ressemblent, par les stigmates, à beaucoup d'Inulées, aux Sénécionées et aux Nassauviées ; mais elles s'en distinguent bien par les autres organes floraux.

SECTION I. ANTHÉMIDÉES-CHRYSANTHÉMÉES Cass.

Réceptacle sans paillettes.

Genre OLIGOSPORE. — *Oligosporus* Cass.

Capitules ovoïdes ou subglobuleux, petits, hétérogames, discoïdes ; fleurs-radiales 1-sériées, femelles, fertiles, irrégulières ; fleurs du disque mâles, régulières. Involucre ovoïde ou hémisphérique, formé d'écailles peu nombreuses, inégales, pauci-sériées, imbriquées, appliquées, larges, concaves, arrondies au sommet, subcoriaces, membraneuses aux bords. Réceptacle hémisphérique ou ovoïde, nu. — *Fleurs du disque :* Ovaire rudimentaire. Corolle 5-fide.

Étamines à anthères libres ou faiblement cohérentes. Style ordinairement simple, tronqué et poilu au sommet, ou quelquefois terminé en 2 stigmates très-courts, à bourrelets plus ou moins oblitérés. — *Fleurs-radiales :* Corolle courte, tubuleuse, renflée inférieurement, très-obliquement tronquée, ou irrégulièrement trifide au sommet. Stigmates longs, filiformes. Nucules obovées - oblongues, obtuses, glabres, lisses, inaigrettées, plus ou moins comprimées.

Plantes herbacées ou ligneuses. Tiges en général paniculées. Feuilles indivisées ou pennatiparties. Capitules pédonculés, disposés en grappes terminales, ou axillaires et terminales, le plus souvent unilatérales; pédoncules subfiliformes, 1-bractéolés à la base, en général plus ou moins inclinés. Fleurs très-petites, d'un jaune verdâtre ou rougeâtre.

a) *Tiges herbacées. Feuilles très-entières (excepté les radicales , qui sont quelquefois trifides au sommet).*

Oligospore Estragon.—*Oligosporus condimentarius* Cass. —*Artemisia Dracunculus* Linn. — *Dracunculus hortensis* Blackw. Herb. tab. 116. — *Artemisia inodora* Willd. (var.) —Plante touffue, très-glabre, lisse, haute de 2 à 3 pieds. Racine pivotante. Tiges dressées ou ascendantes, cylindriques, cannelées, rameuses presque dès la base; rameaux ascendants, ou plus ou moins divergents, grêles, effilés, feuillés, ordinairement paniculés : les inférieurs (plus tardifs que les florifères) stériles. Feuilles un peu charnues, d'un vert gai, luisantes en dessus, sessiles, 1-nervées, linéaires-lancéolées, ou oblongues-lancéolées, pointues. Rameaux-florifères formant une grande panicule subpyramidale. Grappes unilatérales, lâches, plus longues que les feuilles, en général rameuses à la base, axillaires, ascendantes, ou plus ou moins divergentes. Bractées petites, linéaires - lancéolées. Capitules atteignant quelquefois le volume d'un grain de Poivre, subglobuleux, plus ou moins inclinés. Écailles-involucrales elliptiques ou oblongues, un peu plus courtes que les fleurs du disque. Corolle d'un jaune verdâtre. Anthères jaunes.

—Cette espèce, indigène de la Sibérie méridionale, e connue sous le nom vulgaire d'*Estragon*, se cultive comme plante condimentaire; ses feuilles et ses jeunes pousses ont, comme l'on sait, une saveur piquante et en même temps assez agréable. Toutefois cette qualité n'appartient qu'à l'Estragon cultivé, tandis qu'à l'état sauvage, la plante est à peu près insipide.

b) *Tiges suffrutescentes ou frutescentes à la base. Feuilles pennatiparties ou bipennatiparties.*

OLIGOSPORE COMMUN. — *Oligosporus campestris* Cass. — *Artemisia campestris* Linn. —Flor. Dan. tab. 1175. —Engl. Bot. tab. 338. — Plante vivace, haute de 1 pied à 2 pieds, en général plus ou moins soyeuse sur les jeunes pousses et feuillés. Racine pivotante, ligneuse. Tiges grêles, ascendantes, ordinairement très-rameuses. Rameaux ascendants ou divergents, en général paniculés, la plupart florifères. Feuilles à segments linéaires ou filiformes, étroits, plus ou moins allongés, ordinairement pointus : les inférieures longuement pétiolées, 2-ou 3-pennatiparties; les supérieures sessiles, simplement pennatiparties. Grappes dressées, ou ascendantes, ou divergentes, axillaires, distancées, plus longues que les feuilles, tantôt simples, tantôt rameuses, lâches, ou plus ou moins denses, en général unilatérales. Capitules ovoïdes ou subglobuleux, courtement pédonculés, en général inclinés, du volume d'un grain de Moutarde. Bractées petites, linéaires-filiformes. Écailles-involucrales ovales ou elliptiques, à peu près aussi longues que les fleurs.—Cette espèce, connue sous le nom vulgaire d'*Armoise des champs*, est commune aux bords des chemins et dans les pâturages secs. Elle fleurit en août et en septembre. Toute la plante a une saveur aromatique et très-amère; elle participe aux propriétés médicales de l'*Absinthe*.

Genre ARMOISE. — *Artemisia* (Linn.) Cass.

Ce genre ne diffère du précédent qu'en ce que les fleurs du disque sont hermaphrodites et par conséquent fertiles comme celles de la couronne.

a) *Tiges ligneuses.*

ARMOISE DE JUDÉE. — *Artemisia judaica* Linn. — Arbuste touffu, haut de 1 pied à 2 pieds, cotonneux - incane sur toutes ses parties herbacées. Tige paniculée. Feuilles petites : les inférieures pennatifides, à lobes obovales, crénelés; les supérieures obovales, crénelées; les florales très-entières. Grappes unilatérales, disposées en panicules. Capitules petits, hémisphériques, inclinés. Écailles-involucrales elliptiques. Fleurs jaunâtres. Réceptacle presque plan. — Cette espèce croît en Syrie, en Arabie, et dans le nord de l'Afrique; toutes ses parties ont une saveur aromatique assez agréable; ses capitules fructifères, connus en pharmacie sous les noms de *Semen contra*, *Sementine*, et *Barbotine*, s'emploient fréquemment comme remède vermifuge.

ARMOISE AURONE. — *Artemisia Abrotanum* Linn. — Blackw. Herb. tab. 555. — Arbuste droit, touffu, haut de 2 à 3 pieds. Tiges dressées, cylindriques, très-rameuses. Rameaux grêles, effilés, feuillus, dressés, garnis dans presque toute leur longueur de ramules-florifères très-grêles, raides, dressés, simples, formant une panicule très-allongée. Feuilles subpersistantes, finement pubérules et subincanes étant jeunes, finalement glabrescentes : les inférieures 2-ou 3-pennatiparties; les supérieures simplement pennatiparties, pétiolées; les florales indivisées, linéaires-filiformes; segments linéaires-filiformes, plus ou moins allongés. Grappes axillaires plus courtes que la feuille, oligocéphales, dressées, disposées en panicules racémiformes, subunilatérales. Capitules courtement pédonculés, inclinés, hémisphériques, du volume d'un grain de Moutarde. Écailles-involucrales oblongues ou ovales-oblongues, pubérules ou cotonneuses à la surface externe, à peu près aussi longues que les fleurs. — Cette espèce, indigène de l'Europe méridionale, et connue sous les noms vulgaires d'*Aurone*, *Aurone mâle*, *Citronelle*, et *Garderobe*, se cultive fréquemment comme plante d'agrément; ses feuilles et ses capitules exhalent une odeur aromatique, ana-

logue à celle du citron ; leur saveur est amère ; elles participent
aux propriétés médicales de l'Absinthe , mais à un degré moins
prononcé.

b) *Plantes herbacées, ou suffrutescentes à la base, vivaces.*

ARMOISE D'ORIENT. — *Artemisia pontica* Linn. — Jacq.
Flor. Austr. tab. 99. — *Artemisia altaica* Desfont. Hort. Par.
— Racine ligneuse, rampante. Tiges droites, rameuses , hautes
de 1 pied à 2 pieds , suffrutescentes à la base. Rameaux dressés
ou ascendants, simples, ou paniculés , effilés , incanes étant jeunes. Feuilles 2-ou 3-pennatiparties, pubérules et grisâtres en
dessus, cotonneuses (incanes ou blanchâtres) en dessous : lobules courts, linéaires, obtus, rapprochés. Grappes plus ou moins
lâches, axillaires, oligocéphales , subunilatérales , disposées en
panicules effilées. Bractées linéaires. Capitules assez longuement
pédonculés , inclinés , subglobuleux, du volume d'un grain de
Moutarde. Écailles-involucrales elliptiques ou oblongues, incanes à la surface externe, un peu plus courtes que les fleurs. Anthères jaunes. — Cette espèce, nommée vulgairement *Petite
Absinthe*, ou *Absinthe pontique*, croît dans l'Europe méridionale et en Orient; l'odeur agréablement aromatique de toutes
ses parties la fait aussi cultiver comme plante d'agrément ; du
reste, elle peut remplacer l'Absinthe quant aux propriétés médicales.

ARMOISE COMMUNE. — *Artemisia vulgaris* Linn. — Blackw.
Herb. tab. 451. — Bull. Herb. tab. 350. — Engl. Bot. tab.
978. — Flor. Dan. tab. 1176. — *Artemisia coarctata* Stechm.
— *Artemisia violacea* Desfont. Hort. Par. — Racine rampante.
Tiges hautes de 2 à 7 pieds, herbacées, dressées, ou ascendantes, cylindriques, cannelées, plus ou moins rameuses, ordinairement d'un pourpre violet. Rameaux dressés , ou ascendants,
ou divergents, simples, ou paniculés. Feuilles d'un vert foncé
en dessus, cotonneuses (tantôt grisâtres, tantôt blanchâtres) en
dessous : les inférieures pétiolées, pennatifides, ou pennatiparties, ou bipennatiparties (à segments de forme et de grandeur

très-variables, souvent larges et incisés-dentés lorsque la feuille est simplement pennatisecte); les supérieures pennatifides, ou trifides, à segments le plus souvent lancéolés ou linéaires-lancéolés; les florales petites, lancéolées-linéaires. Grappes simples, ou rameuses, oligocéphales, ou polycéphales, courtes, ou plus ou moins allongées, tantôt lâches, tantôt denses, souvent unilatérales. Panicule-générale tantôt pyramidale, tantôt contractée et effilée. Capitules ovoïdes, ou oblongs, ou subglobuleux, dressés, ou inclinés, subsessiles. Écailles-involucrales elliptiques ou oblongues, pubérules ou cotonneuses à la surface externe, à peu près aussi longues que les fleurs. Fleurs jaunes, ou rougeâtres, ou blanchâtres.—Cette espèce, nommée vulgairement *Herbe de la Saint-Jean*, ou *Armoise* (sans autre épithète spéciale), est commune aux bords des champs et des chemins, ainsi que dans d'autres localités incultes; elle fleurit en juillet et août. Toute la plante est amère et aromatique; ses propriétés médicales sont les mêmes que celles de l'Absinthe, qui toutefois est beaucoup plus efficace. L'*Armoise commune* était l'un des médicaments les plus préconisés dans la thérapeutique des anciens, qui en faisaient un remède presque universel; aujourd'hui cette plante ne se prescrit guère qu'à titre d'emménagogue.

b) *Plantes annuelles.*

ARMOISE ANNUELLE. — *Artemisia annua* Linn. — Amman. Ruth. tab. 193, fig. 23. — *Artemisia suaveolens* Fisch. — Plante très-glabre, haute de 1 pied à 3 pieds. Tige dressée, rameuse dès la base. Rameaux paniculés, plus ou moins divergents. Ramules grêles, effilés, ascendants, ou presque étalés, souvent réclinés, disposés en panicule tantôt subpyramidale, tantôt plus ou moins allongée. Feuilles d'un vert gai, 2-ou 3-pennatiparties : les inférieures triangulaires en contour; les supérieures oblongues en contour; lobules courts, très-rapprochés. Grappes spiciformes, tantôt lâches, tantôt denses, de longueur très-variable, subunilatérales, ordinairement réclinées, axillaires, disposées en panicules lâches, subpyramidales, plus ou moins allongées. Capitules petits, courtement pédonculés, subglobuleux, inclinés. Écailles-involucrales elliptiques, presque scarieuses. Fleurs jaunes. — Cette espèce habite la Perse et la Sibérie méridionale ; elle fleurit en automne ; ses capitules ont une saveur très-forte, analogue à celle des Camomilles ; les feuilles sont amères et odorantes.

Genre ABSINTHE. — *Absinthium* Tourn.

Ce genre ou sous-genre ne diffère des Armoises qu'en ce que le réceptacle est garni de fimbrilles filiformes.

ABSINTHE OFFICINALE. — *Absinthium vulgare* Lamk Ill. — *Artemisia Absinthium* Linn.—Blackw. Herb. tab. 17.—Engl. Bot. tab. 1230. — Flor. Dan. tab. 1654.—Plante bisannuelle, haute de 2 à 4 pieds. Tiges dressées, cannelées, pubérules-incanes ou cotonneuses ; rameaux simples ou paniculés, dressés. Feuilles soyeuses (argentées ou grisâtres) surtout en dessous, larges, pétiolées : les inférieures 2-ou 3-pennatiparties ; les supérieures palmatifides ou triparties ; les florales linéaires, indivisées ; segments oblongs, ou lancéolés - oblongs, ou cunéiformes - trifides, obtus. Grappes axillaires, oligocéphales, disposées en panicules nutantes ou réclinées, unilatérales, lâches, effilées. Capitules courtement pédonculés, hémisphériques, petits, inclinés. Écailles - involucrales pubérules ou cotonneuses en dessous. Nucules grisâtres, du volume d'un grain de Pavot.—Cette espèce, nommée vulgairement *Absinthe*, *Grande Absinthe*, ou *Alvine*, croît dans les endroits pierreux et incultes de l'Europe méridionale, ainsi qu'en Orient et en Sibérie ; on la cultive pour l'usage pharmaceutique. Toutes les parties de l'Absinthe ont une odeur pénétrante et une saveur extrêmement amère ; cette amertume est tellement intense qu'elle se communique au lait et à la chair des animaux qui ont mangé la plante. L'Absinthe s'emploie fréquemment comme remède tonique et stimulant, ainsi que comme vermifuge et comme emménagogue : propriétés qui, du reste, sont communes, à un degré plus ou moins prononcé, à la plupart de ses congénères, notamment à l'*Absinthium glaciale* et à l'*Absinthium Mutellina*, plantes habitant les Alpes, et que les montagnards de la Savoie et du Dauphiné nomment *Génipi*.

Genre HUMÉA. — *Humea* Smith.

Capitules 3-ou 4-flores, homogames, incouronnés. Involucre cylindracé, formé d'écailles peu nombreuses, pauci-sériées, presque égales, imbriquées, appliquées, oblongues, scarieuses (excepté vers la base). Réceptacle très-petit, inappendiculé, nu. Corolle tubuleuse, 5-dentée. Nucules oblongues, obtuses, glabres, glanduleuses, inaigrettées.

Herbe bisannuelle, élancée, paniculée, odorante. Feuilles éparses, sessiles, amplexicaules, très-entières. Capitules pédicellés, disposés en panicules axillaires, pendantes, bractéolées; pédicelles en grappes plus ou moins allongées. Écailles-involucrales semi-diaphanes, blanchâtres, aussi longues que les fleurs.

L'espèce suivante constitue à elle seule le genre.

HUMÉA ÉLÉGANT. — *Humea elegans* Smith, Exot. Bot. 1, tab. 1. — *Calomeria amarantoides* Vent. Malm. tab. 73. — Tige grêle, dressée, cylindrique, pubérule, haute de 3 à 10 pieds, simple inférieurement; rameaux plus ou moins divergents, feuillés, formant une longue panicule subpyramidale, garnis dans la plus grande partie de leur longueur de ramules-florifères aphylles ou subaphylles, filiformes. Feuilles un peu visqueuses et finement pubérules aux 2 faces, fermes, penninervées, rugueuses en dessus, réticulées en dessous, cordiformes-biauriculées à la base, acuminées : les inférieures grandes, lancéolées-elliptiques, ou lancéolées-oblongues, ou subpanduriformes; les supérieures graduellement décrescentes, oblongues-lancéolées, ou ovales-lancéolées. Inflorescence générale de chaque rameau subpyramidale, réclinée, longue de $1/2$ pied à 2 pieds; panicules-axillaires beaucoup plus longues que les feuilles, très-rameuses, polycéphales. Pédicelles presque capillaires, plus courts que les capitules, accompagnés de bractéoles scarieuses.

Capitules longs de 2 lignes, panachés de blanc et de pourpre ou de violet. Fleurs très-petites, rouges.—Cette plante, remarquable par l'élégance de son inflorescence, est indigène de la Nouvelle-Hollande; on la cultive dans les collections de serre.

Genre TANAISIE. — *Tanacetum* Linn.

Capitules multiflores, hémisphériques, hétérogames, discoïdes. Fleurs de la couronne 1-sériées, femelles, à corolle tubuleuse, 3-fide. Fleurs du disque hermaphrodites, à corolle 5-dentée. Involucre cyathiforme, court, formé d'écailles pauci-sériées, imbriquées, appliquées, foliacées, petites, surmontées d'un petit appendice scarieux, décurrent. Réceptacle convexe, nu, inappendiculé. Nucules conformes, subcylindracées, anguleuses, glabres, couronnées d'un rebord membraneux soit tronqué, soit 5-denté.

Herbes vivaces, quelquefois suffrutescentes. Feuilles pennées ou bipennées, éparses. Capitules pédonculés, terminaux, dressés, disposés en corymbe, ou en cyme, ou en panicule. Écailles-involucrales presque aussi longues que les fleurs. Fleurs jaunes, petites.

TANAISIE COMMUNE.—*Tanacetum vulgare* Linn.—Blackw. Herb. tab. 464.—Engl. Bot. tab. 1229.—Flor. Dan. tab. 871. — Plante touffue, légèrement pubérule, haute de 2 à 3 pieds. Racine rampante, ligneuse. Tiges simples, ou rameuses au sommet, dressées, feuillues, cannelées, souvent rougeâtres. Feuilles d'un vert foncé, interrupti-pennées; folioles sessiles : les unes très-petites, subovales, incisées-dentées; les autres longues de 12 à 15 lignes, oblongues en contour, profondément pectinées-pennatifides, à lobes courts, obtus, incisés-dentés. Corymbes ou cymes polycéphales, denses. Capitules larges de 3 à 4 lignes. Écailles-involucrales ovales ou oblongues, obtuses. Fleurs très-serrées, d'un jaune foncé. Nucules petites, grisâtres. — Cette espèce, connue sous les noms vulgaires de *Tanaisie*,

Tanésie, *Herbe aux vers*, ou *Barbotine*, est commune dans les localités incultes ; elle fleurit en juillet et août. Toute la plante a une saveur aromatique et amère, ainsi qu'une odeur très-pénétrante ; on l'emploie comme tonique, fébrifuge, sudorifique, vermifuge et emménagogue.

Genre PYRÈTHRE. — *Pyrethrum* Gærtn.

Capitules multiflores, radiés, hétérogames (ou, chez quelques espèces ,.par variation homogames et incouronnés); fleurs-radiales 1-sériées, liguliformes, femelles, à ligule elliptique ou oblongue, en général beaucoup plus longue que le disque ; fleurs du disque hermaphrodites, à corolle infondibuliforme, 5-fide. Involucre court, hémisphérique, formé d'écailles pauci-sériées, imbriquées, appliquées, foliacées, petites, surmontées d'un petit appendice scarieux, décurrent. Réceptacle convexe, nu, inappendiculé, peu élevé. Nucules subcylindracées, anguleuses, glabres, conformes, couronnées d'un rebord crénelé ou denté, court, coriace.

Herbes annuelles, ou bisannuelles, ou vivaces. Feuilles dentées, ou lobées, ou pennaticisées, éparses. Capitules terminaux, pédonculés, souvent disposés en corymbes ou en cymes. Écailles-involucrales un peu plus courtes que les fleurs du disque. Ligule des fleurs-radiales jaune, ou blanche, ou rouge. Corolle des fleurs du disque jaune, à tube en général 2-ptère. Nucules petites, toujours aptères, relevées de côtes filiformes, inégales.

A. *Plante variant tantôt à capitules radiés, tantôt à capitules incouronnés.*

Pyrèthre Balsamite.

— α : A capitules incouronnés. — *Pyrethrum Tanacetum* De Cand. — *Tanacetum Balsamita* Linn. — *Balsamita major* Desfont. — *Balsamita vulgaris* Willd. — *Balsamita suaveolens* Pers. — *Balsamita mas* Blackw. Herb. tab. 98.

— β : A CAPITULES RADIÉS. — *Pyrethrum Balsamita* Willd.
— *Chrysanthemum Balsamita* Linn.

Plante vivace, touffue, haute de 2 à 3 pieds, finement pubérule, quelquefois plus ou moins incane. Racine rampante. Tiges dressées, anguleuses, feuillues, rameuses ; rameaux simples ou paniculés. Feuilles fermes, subcoriaces, crénelées, ou dentelées, ovales, ou elliptiques, ou oblongues : les inférieures pétiolées ; les supérieures sessiles, souvent 2-ou 4-auriculées à la base. Capitules larges de 2 à 4 lignes, plus ou moins longuement pédonculés, disposés en cymes ou en corymbes tantôt lâches et oligocéphales, tantôt denses et polycéphales. Écailles - involucrales elliptiques ou oblongues, obtuses, noirâtres aux bords. Ligules (le plus souvent nulles) longues de 2 à 3 lignes, blanches, oblongues. — Cette plante, connue sous les noms vulgaires de *Grande Tanaisie, Menthe-Coq, Menthe Notre-Dame, Herbe au coq, Coq des jardins, Grand Baume,* ou *Pasté,* est commune dans l'Europe méridionale ainsi qu'en Orient, et fréquemment cultivée dans les jardins. Ses feuilles et ses fleurs ont une saveur aromatique et amère, jointe à une odeur forte mais assez agréable ; on les emploie comme remède stomachique, antispasmodique et emménagogue ; en Italie, on s'en sert pour l'assaisonnement.

B. *Capitules toujours radiés.*

PYRÈTHRE A FLEURS TARDIVES. — *Pyrethrum serotinum* Willd.—*Chrysanthemum serotinum* Linn.—*Pyrethrum uliginosum* Wald. et Kit. —Bot. Mag. tab. 2706. — Tige rameuse vers le sommet ; rameaux subfastigiés, feuillés, ordinairement monocéphales. Feuilles lancéolées ou lancéolées-oblongues, pointues, incisées-dentées, sessiles. Fleurs-radiales à ligule blanche, étroite, lancéolée-oblongue. — Plante glabre ou légèrement pubescente, touffue, haute de 1 pied à 3 pieds. Racine rampante, vivace. Tiges dressées, feuillues, cannelées, lisses, ou un peu scabres ; rameaux dressés, grêles, quelquefois corymbifères au sommet. Feuilles d'un vert foncé en dessus, d'un vert

glauque en dessous, ordinairement un peu scabres aux 2 faces ;
dents grandes, acérées. Capitules subsessiles, assez grands.
Écailles-involucrales oblongues, obtuses, à rebord brunâtre ou
noirâtre, diaphane, assez large. Fleurs-radiales à ligule longue
de près de 1 pouce. Nucules d'un brun jaunâtre, à rebord très-
court, légèrement crénelé. — Cette espèce, indigène de Hongrie,
se cultive comme plante de parterre; elle fleurit en septembre.

Pyrèthre a fleurs carnées.—*Pyrethrum carneum* Bieb.
Flor. Taur. Cauc.—*Pyrethrum roseum* Lindl. Bot. Reg. tab.
1084. (non Bieb.) — *Chrysanthemum coccineum* Sims, Bot.
Mag. tab. 1080. (non Willd.) — Tiges simples, ordinairement
1-céphales. Feuilles pennatiparties; segments lancéolés, ou lancéolés-oblongs, ou subfalciformes, incisés-dentelés, ou pennatifides,
largement décurrents, distancés. Fleurs-radiales à ligule pourpre ou rose, oblongue. — Plante vivace, glabre, haute de 1 pied
à 2 pieds. Tige dressée, grêle, feuillée. Feuilles fermes, d'un
vert gai : les inférieures pétiolées; les supérieures sessiles. Capitules de la grandeur de ceux du *Chrysanthemum Leucanthemum*, longuement pédonculés. Écailles-involucrales courtes,
oblongues, ou ovales-oblongues, à rebord bleuâtre ou noirâtre.
Ligules longues de 6 à 10 lignes. Nucules pyramidales, d'un
brun clair, longues d'environ 2 lignes. — Cette espèce, indigène
du Caucase, se cultive comme plante d'ornement.

Pyrèthre a fleurs roses. — *Pyrethrum roseum* Bieb.
Flor. Taur. Cauc.—*Chrysanthemum roseum* Adams.—*Chrysanthemum coccineum* Willd. (non Sims.)—Tiges rameuses.
Feuilles pennatiparties ; segments oblongs, pennatifides, subdécurrents, assez rapprochés; lobes courts, incisés-dentés. Fleurs-
radiales à ligule pourpre ou rose, oblongue.—Plante touffue,
vivace, glabre, haute de 2 à 3 pieds, semblable à l'espèce précédente par les fleurs. Tige grêle, dressée, feuillée, rameuse
au sommet; rameaux 1-céphales ou oligocéphales, presque nus.
— Espèce indigène du Caucase; cultivée comme plante d'ornement; fleurit en été.

PYRÈTHRE MATRICAIRE.—*Matricaria Parthenium* Linn. —
Bull. Herb. tab. 203.—Blackw. Herb. tab. 192.—Flor. Dan.
tab. 674. — *Pyrethrum Parthenium* Smith. — *Pyrethrum
Parthenium, Pyrethrum parthenifolium* et *Pyrethrum pul-
verulentum* Willd. — *Pyrethrum niveum* Lagasc. — *Matricaria odorata* Lamk. — *Chrysanthemum præaltum* Vent.
Hort. Cels. tab. 43. —*Chrysanthemum Parthenium, Chrysanthemum præaltum,* et *Chrysanthemum parthenifolium*
Pers. — Tige anguleuse, paniculée. Feuilles glabres, ou pubérules, ou incanes, la plupart pétiolées : les radicales et les
inférieures bipennées, ou pennées, à folioles pennatifides; les
supérieures pennées ou pennatifides; les raméaires quelquefois
cunéiformes ou spathulées, indivisées. Cymes ou corymbes lâches, oligocéphales. Écailles-involucrales linéaires-oblongues,
légèrement marginées, à peine appendiculées. Fleurs-radiales
à ligule blanche, 2 à 3 fois plus longue que l'involucre, elliptique-oblongue, obtuse. — Plante touffue, bisannuelle, haute
de 1 pied à 3 pieds. Tiges dressées ou ascendantes, rameuses
souvent dès la base. Rameaux simples ou paniculés, dressés,
le plus souvent très-grêles. Feuilles d'un vert foncé ou incanes,
molles, flasques; pétiole trigone, grêle, marginé, quelquefois
2-ou 4-auriculé à la base; folioles ou segments ovales, ou oblongs, ou cunéiformes, bipennatifides, ou pennatifides, ou incisés-dentés, ou profondément crénelés, de grandeur très-variable. Capitules de grandeur variable, plus ou moins longuement
pédonculés. Réceptacle hémisphérique. Ligules longues de 3 à
5 lignes. Nucules minces, longues de ¹/₂ ligne ou un peu plus,
d'un blanc tirant sur le gris; aigrette tronquée, ou crénelée,
ou dentelée, très-courte. — Cette espèce, connue sous les noms
vulgaires de *Matricaire,* ou *Espargoute,* croît dans l'Europe
méridionale et en Orient; on la cultive tant comme plante médicinale que pour l'ornement des jardins; toute la plante a une
odeur fortement aromatique et un peu camphrée, jointe à une
saveur très-amère; elle possède des propriétés emménagogues
très-efficaces, et elle s'emploie en outre comme stomachique,
comme fébrifuge et comme anthelmintique; c'est l'infusion des

capitules qui sert plus spécialement à ces usages. On cultive
dans les parterres une variété de la Matricaire à fleurs pleines
(c'est à dire dont les capitules n'offrent que des corolles ligulées),
connue des amateurs sous le nom de *Matricaire Mandiane ;*
cette variété est vivace, et se multiplie par éclats.

Genre CHRYSANTHÈME. — *Chrysanthemum* Linn.

Ce genre ne diffère des Pyrèthres qu'en ce que les nucules
(du moins celles du disque) ne sont point couronnées d'un
rebord; chez certaines espèces, les nucules marginales
sont couronnées d'un rebord peu apparent, prolongé ou
denté au sommet de l'angle interne.

CHRYSANTHÈME LEUCANTHÈME. — *Chrysanthemum Leucanthemum* Linn.—Blackw. Herb. tab. 42. — Bull. Herb. tab.
211. —Flor. Dan. tab. 994. —Engl. Bot. tab. 601. —Jaume
Saint-Hil. Flore et Pom. tab. 150. — Plante vivace, herbacée.
Feuilles glabres ou velues : les inférieures pétiolées, spathulées,
obtuses, incisées-lobées, ou incisées-dentées ; les supérieures
oblongues ou oblongues-lancéolées, profondément dentées, ou
dentelées, pennatifides à la base, sessiles, amplexicaules. Capitules solitaires, pédonculés. — Racine rampante. Tige haute
de ½ pied à 3 pieds, simple ou rameuse, feuillée, dressée,
grêle, anguleuse, glabre ou poilue, souvent rougeâtre ; rameaux 1-céphales, médiocrement feuillés. Feuilles un peu charnues, d'un vert foncé, ordinairement luisantes en dessus : les
radicales roselées. Involucre presque plan à l'époque de la floraison. Écailles courtes, oblongues, à rebord brun ou noirâtre.
Fleurs-radiales à ligule blanche, oblongue, obtuse, longue de
6 à 12 lignes. Nucules toutes inaigrettées, à peine longues de
1 ligne, grisâtres, à côtes minces, carénées. — Cette plante,
connue sous les noms vulgaires de *Grande Marguerite, Marguerite des prés, Grande Paquerette,* ou *Grand œil de bœuf,*
est commune dans les prairies ; toute la plante est légèrement
âcre et amère ; on l'employait jadis comme vulnéraire, apéritive,
diurétique et dépurative.

CHRYSANTHÈME DE CHINE. — *Chrysanthemum sinense* Sabine, in Hort. Trans. —*Chrysanthemum indicum* Thunb. (non Linn.) — Bot. Mag. tab. 327, 2042, et 2556. — Bot. Reg. tab. 4, 455, et 616. — *Anthemis stipulacea* Mœnch. — *Anthemis artemisiæfolia* Willd.—*Anthemis grandiflora* Hortul. — Tiges suffrutescentes, rameuses; rameaux corymbifères, pubescents; feuilles pétiolées, sinuées-pennatifides, dentées, subcoriaces. Fleurs-radiales à ligule oblongue, beaucoup plus longue que les écailles-involucrales. — Arbuste touffu, haut de 2 à 4 pieds. Feuilles d'un vert glauque, plus ou moins pubérules. Capitules grands, en corymbes terminaux. Fleurs (dans les variétés cultivées en général toutes ou la plupart liguliformes ou longuement tubuleuses) pourpres, ou roses, ou blanches, ou jaunes, ou oranges, ou panachées. — Cette plante, fréquemment cultivée dans les jardins, et connue sous les noms vulgaires de *Chrysanthème des Indes*, ou *Anthémis à grandes fleurs*, est originaire de Chine; elle a été introduite en Europe vers la fin du dernier siècle.

Genre ISMÉLIE. — *Ismelia* Cass.

Capitules multiflores, radiés; fleurs-radiales femelles, 1-sériées, à corolle liguliforme. Fleurs du disque hermaphrodites, à corolle infondibuliforme, 5-dentée. Involucre hémisphérique ou campaniforme, formé d'écailles pauci-sériées, imbriquées, appliquées, courtes, foliacées, surmontées (du moins les intérieures) d'un appendice membranacé, scarieux, décurrent. Réceptacle convexe, peu élevé, nu, inappendiculé. Nucules hétéromorphes, couronnées d'un rebord plus ou moins apparent : les radiales trigones, ou trièdres, triptères, convexes au dos; celles du disque graduellement plus petites : les extérieures aplaties ou plus ou moins comprimées, ailées aux bords; les intérieures tétragones ou pentagones, à angles plus ou moins largement marginés, ou immarginés à l'exception de l'angle interne.

Herbe annuelle. Feuilles profondément pennatifides, ou pennatiparties, sessiles, souvent amplexicaules. Pédoncules longs, solitaires, terminaux, 1-céphales. Fleurs-radiales à ligule grande, cunéiforme-oblongue, 3-5-dentée, 2-nervée, blanche, panachée de jaune et de pourpre (ou seulement de l'une ou de l'autre de ces couleurs) vers la base, étalée au soleil, rabattue à l'ombre. Fleurs du disque à corolle d'un pourpre noirâtre (ou par variation jaune).

ISMÉLIE PANACHÉE. — *Ismelia versicolor* Cass. — *Chrysanthemum carinatum* Schousb. Marocc. tab. 6. — *Chrysanthemum tricolor* Andr. Bot. Rep. tab. 109. — Plante glabre, lisse, d'un vert glauque, haute de $^1/_2$ pied à 2 pieds, ayant une odeur camphrée analogue à celle de certains *Pelargonium*. Tige rameuse, dressée; rameaux ascendants ou diffus, ordinairement paniculés. Feuilles fermes, luisantes, un peu charnues, spathulées en contour, incisées-dentées vers leur base, pennatiparties ou profondément pennatifides à leur partie supérieure; segments linéaires ou oblongs, incisés-dentés, ou pennatifides. Écailles-involucrales ovales, obtuses, carénées au dos : les inférieures légèrement marginées, à peine appendiculées au sommet; les supérieures largement marginées, à appendice brunâtre, subdiaphane, arrondi. Disque presque plan, large d'environ 6 lignes. Fleurs-radiales à ligule longue de 8 à 10 lignes. Nucules brunâtres ou noirâtres, chartacées : les radiales à ailes subchartacées, larges, à peu près égales; les autres à ailes inégales, subdiaphanes (l'aile de l'angle interne notablement plus large que celle de l'angle externe, qui est souvent réduite à un rebord étroit). — Cette plante, originaire des environs de Mogador, est recherchée pour l'ornement des parterres; elle fleurit pendant la plus grande partie de l'été.

Genre GLÉBIONE — *Glebionis* Cass.

Capitules multiflores, radiés (par variation incouronnés); fleurs-radiales femelles, 1-sériées, liguliformes; fleurs du disque hermaphrodites, à corolle infondibuliforme, 5-dentée. Involucre et réceptacle comme chez l'*Ismélie.* Nucules incouronnées, hétéromorphes, turbinées, anguleuses : les radiales 5-gones, à 2 ou 3 ailes étroites, inégales (l'intérieure plus large, dentiforme au sommet; les autres marginiformes); celles du disque graduellement plus petites : les extérieures plus ou moins comprimées bilatéralement, ailées à l'angle interne, marginées au dos; les intérieures peu ou point comprimées, aptères, marginées à l'angle interne.

Herbes annuelles. Feuilles pennatiparties, ou profondément pennatifides, ou incisées-dentées, sessiles, amplexicaules. Pédoncules solitaires, terminaux, nus, 1-céphales. Fleurs-radiales à ligule jaune, large, inégalement 3-5-dentée au sommet. Nucules brunes, coriaces : ailes et rebords chartacés.

GLÉBIONE DES JARDINS. — *Glebionis coronaria* Cass. — *Chrysanthemum coronarium* Linn. —Plante glabre, glauque, presque inodore, haute de ½ pied à 3 pieds. Tige dressée, rameuse, cylindrique; rameaux ascendants ou diffus, en général paniculés. Feuilles fermes, luisantes, un peu charnues, profondément pennatifides; segments linéaires, ou oblongs, ou cunéiformes : les inférieurs entiers, ou bidentés au sommet; les supérieurs trifides ou 3-dentés au sommet, ou subpennatifides, ou incisés-dentés. Involucre campaniforme; écailles ovales, obtuses, carénées au dos : les inférieures légèrement marginées, à peine appendiculées au sommet; les supérieures à appendice grand, arrondi, brunâtre, diaphane. Disque presque plan, jaune, large de 3 à 6 lignes. Ligules jaunes (ou par variation blanches), elliptiques-oblongues, longues de 6 à 12 lignes. — Cette plante, nommée vulgairement *Chrysanthème des jardins,* ou *Chrysanthème à bouquets,* et fréquemment cultivée dans les parterres, croît spontanément dans la région méditerranéenne; elle fleurit tout l'été.

Genre **MATRICAIRE**. — *Matricaria* Linn.

Ce genre ou sous-genre ne diffère des *Pyrèthres* et des *Chrysanthèmes* que par la forme du réceptacle, qui est conique et très-élevé. Les nucules sont tantôt inaigrettées comme chez les Chrysanthèmes, et tantôt couronnées d'un rebord comme chez les Pyrèthres.

Matricaire Camomille. — *Matricaria Chamomilla* Linn. — Curt.. Lond. 5, tab. 63. — *Chamœmelum* Blackw. Herb. tab. 298. — Feuilles pennatiparties on bipennatiparties : segments linéaires–filiformes, allongés, souvent 2- ou 3-fides. Pédoncules solitaires, 1-céphales. Nucules couronnées d'un rebord entier, très-court. — Plante annuelle, glabre, haute de 1 pied à 2 pieds. Tige ascendante ou dressée, grêle, striée, en général rameuse dès la base; rameaux ascendants, ou diffus, ou dressés, ordinairement paniculés. Feuilles un peu charnues, d'un vert gai. Capitules de grandeur médiocre. Écailles-involucrales linéaires-oblongues, membraneuses aux bords. Disque conique ou hémisphérique, jaune. Fleurs-radiales à ligule blanche, oblongue, longue de 2 à 3 lignes. — Cette plante, nommée vulgairement *Camomille*, ou *Camomille commune*, croît dans les champs et les décombres; elle fleurit tout l'été; toutes ses parties, mais notamment ses fleurs, ont une odeur fortement aromatique, analogue à celle du camphre, et une saveur très-amère. La Camomille est fréquemment employée en médecine à titre de tonique, de stomachique, d'antispasmodique, de fébrifuge, et d'emménagogue. Les fleurs donnent, par la distillation, une huile essentielle d'un bleu verdâtre.

Le *Matricaria suaveolens* Linn., qui ne diffère de la *Camomille commune* qu'en ce que ses fruits sont tout à fait inaigrettés, jouit aussi des mêmes propriétés médicales; cette espèce, commune dans l'Europe orientale, paraît être rare en France.

Section II. **ANTHÉMIDÉES-PROTOTYPES** Cass.

Réceptacle garni de paillettes.

Genre LONAS. — *Lonas* Adans.

Capitules subglobuleux, homogames, incouronnés. Involucre subhémisphérique, plus court que les fleurs, formé d'écailles pauci-sériées, imbriquées, appliquées, subcoriaces, membraneuses aux bords, oblongues, obtuses, concaves. Réceptacle subcylindracé, grêle, élevé, garni de paillettes submembraneuses, plus courtes que les fleurs, semblables aux écailles-involucrales, arrondies et colorées au sommet. Corolle tubuleuse, 5-dentée. Nucules petites, subturbinées, anguleuses, glabres; aigrette courte, membranacée, cupuliforme, persistante, irrégulièrement denticulée.

Plante annuelle. Feuilles pennatifides : les inférieures opposées, subspathulées; les supérieures sessiles. Capitules terminaux, courtement pédonculés, fasciculés, ou en cymes, ou en corymbes, ou solitaires. Fleurs jaunes.

Lonas inodore. — *Lonas inodora* Gærtn. — *Athanasia annua* et *Achillea inodora* Linn. — *Lonas umbellata* et *Lonas minima* Cass. — Plante haute de ¼ pied à 1 pied. Tige dressée, grêle, anguleuse, effilée, ordinairement rameuse dès la base; rameaux ascendants ou plus ou moins divergents, ordinairement paniculés, la plupart opposés. Feuilles glauques, un peu charnues, le plus souvent cunéiformes en contour; segments linéaires, ou oblongs, ou linéaires-lancéolés, obtus, ou pointus, distancés. Capitules-florifères longs d'environ 4 lignes. Capitules-fructifères coniques, amplifiés. Nucules petites, grisâtres. — Cette plante, qui habite les contrées voisines de la Méditerranée, se cultive pour l'ornement des parterres; elle fleurit tout l'été.

Genre SANTOLINE. — *Santolina* Tourn.

Capitules subglobuleux, multiflores, homogames, in-couronnés (ou accidentellement discoïdes, à quelques fleurs-radiales femelles, très-courtement ligulées). Invo-lucre subhémisphérique, plus court que les fleurs, formé d'écailles pauci-sériées, imbriquées, appliquées, ovales, ou oblongues, coriaces, la plupart scarieuses aux bords. Ré-ceptacle gros, subhémisphérique, garni de paillettes plus courtes que les fleurs, demi-embrassantes, oblongues, subcoriaces, tronquées au sommet. Corolle infondibuli-forme, 5-fide; tube long, très-arqué en dehors, à base pro-longée inférieurement en anneau engaînant le sommet de l'ovaire; lobes fortement calleux au sommet. Nucules subcylindracées ou obconiques, anguleuses, subtétrago-nes, inaigrettées, glabres.

Herbes vivaces, ou arbustes, fortement aromatiques. Feuilles indivisées ou pennati-lobées, petites, éparses, sessiles. Pédoncules solitaires, terminaux, 1-céphales, grêles, dressés, nus. Fleurs jaunes ou blanchâtres.

SANTOLINE COMMUNE. — *Santolina Chamæcyparissus* Linn. — Blackw. Herb. tab. 346. — *Santolina incana* Lamk. — *Santolina tomentosa* Pers. — *Santolina squarrosa* Willd. — *Santolina villosa* Mill. — *Santolina villosissima* et *Santolina ericoides* Poir. — Arbuste touffu, haut de 1 pied à 2 pieds. Tiges dressées ou ascendantes, très-rameuses, ligneuses de même que les rameaux adultes. Jeunes pousses plus ou moins cotonneuses : les unes latérales, grêles, ordinairement simples, florifères, annuelles, à feuilles distancées; les autres termina-les, finalement ligneuses, garnies dans toute leur longueur de ramules-stériles courts, très-rapprochés, très-feuillus. Feuilles glabrescentes, ou plus ou moins cotonneuses, linéaires en con-tour, pectinées-pennatilobées : celles des rameaux-stériles per-sistantes; lobes courts, obtus, disposés sur 4 rangs. Capitules larges de 3 à 5 lignes. Écailles-involucrales glabres ou pubescentes, oblongues-lancéolées, subobtuses, non-scarieuses aux bords, carénées au dos. Fleurs jaunes. — Cette espèce, connue sous les noms vulgaires d'*Aurone femelle*, *Citronnelle*, *Garderobe*, *Petit-Cyprès*, ou *Santoline*, est commune dans les localités arides et découvertes de l'Europe méridionale ; elle fleurit en juillet et août. Son odeur aromatique la fait cultiver comme arbuste d'agrément ; sa saveur est très-amère ; ses capitules peuvent être employés, en médecine, aux mêmes usages que ceux des Matricaires. L'odeur forte de cette plante, lorsqu'on la met avec des étoffes de laine, préserve celles-ci de l'attaque des teignes et autres insectes rongeurs.

Genre ANACYCLE. — *Anacyclus* Pers.

Capitules radiés ou discoïdes, hétérogames ; fleurs de la couronne 1-sériées, femelles, ordinairement ligulées ; fleurs du disque hermaphrodites. Corolle infondibuliforme, 5-fide ; lobes gibbeux au sommet : la bosse des 2 lobes intérieurs plus saillante, pointue. Involucre orbiculaire ou subhémisphérique, à peu près aussi long que les fleurs du disque, formé d'écailles pauci-sériées, imbriquées, appliquées, inégales, ovales-oblongues, subcoriaces, scarieuses aux bords. Réceptacle convexe ou conique, garni de paillettes plus courtes que les fleurs, larges, presque planes, subcunéiformes, acuminées, submembranacées. Nucules obcomprimées, obovales, glabres, lisses, largement ailées, couronnées d'une petite aigrette coroniforme, irrégulièrement découpée, dimidiée, continue avec le rebord (nulle sur les nucules-radiales d'une espèce).

Plantes annuelles, ou bisannuelles, rameuses. Feuilles pennatilobées ou pennatiparties, éparses. Pédoncules solitaires, terminaux, monocéphales, nus, dressés, le plus souvent épaissis au sommet. Fleurs-radiales à ligule jaune, ou blanche, ou pourpre.

Sous-genre PYRETHRARIA De Cand.

Fleurs-radiales à corolle marcescente , continue avec
l'ovaire ; ligule large, pourpre ou blanche en dessus,
pourpre en dessous ; ovaire inaigretté. Corolle des fleurs
du disque à bosses presque égales. Pédoncules-fructifères point épaissis au sommet.

ANYCYCLE PYRÈTHRE. — *Anacyclus Pyrethrum* De Cand.
Flore Franç. Suppl. — *Anthemis Pyrethrum* Linn. — Mill.
Ic. tab. 38. — Blackw. Herb. tab. 390. — *Anacyclus officinarum* Hayn. Arzn. 9, tab. 46. — Plante tantôt annuelle,
tantôt bisannuelle, diffuse, pluricaule, plus ou moins pubescente. Racine subfusiforme, pivotante, atteignant la grosseur
d'un doigt. Tiges longues de ½ pied à 1 ½ pied , très-rameuses ; rameaux ascendants, en général 1-céphales. Feuilles un
peu charnues, d'un vert glauque, suboblongues en contour,
pennées, longues de 2 à 4 pouces ; folioles pennatiparties ou 2-
pennatiparties (les inférieures très-petites, ordinairement 3-
fides ou indivisées) ; segments et lobules courts, linéaires,
pointus. Involucre glabre où pubescent, hémisphérique , large
de 5 à 10 lignes. Réceptacle court, subhémisphérique. Ligules
radiantes , distancées, oblongues-obovales, 3-dentées au sommet, longues de 3 à 5 lignes. Fleurs du disque à corolle jaune.
Capitules-fructifères subhémisphériques. Nucules serrées, brunâtres, à aile blanchâtre, subdiaphane. Cette espèce, indigène
des contrées voisines de la Méditerranée, se cultive en Allemagne pour l'usage médical de sa racine ; cette racine a une saveur très-piquante, analogue à celle de la Spilanthe (vulgairement *Cresson de Para*, ou *Salivaire*), et qui agit non moins
énergiquement sur les glandes salivaires ; on l'emploie aussi
comme palliatif contre les maux de dents ; les parties herbacées de la plante sont presque insipides.

Genre ANTHÉMIDE. — *Anthemis* Linn.

Capitules radiés, hétérogames (par variation homogames

et incouronnés), multiflores ; fleurs-radiales 1-sériées , femelles , ligulées ; fleurs du disque à corolle infondibuliforme, 5-fide. Involucre orbiculaire ou subhémisphérique,
court , formé d'écailles pauci-sériées , imbriquées, appliquées , subcoriaces, membraneuses aux bords. Réceptacle
conique ou hémisphérique , garni de paillettes scarieuses ,
cuspidées, demi-embrassantes, plus courtes que les fleurs.
Nucules lisses ou striées, cylindracées, ou obconiques, subtétragones , couronnées d'une aigrette dimidiée ou cupuliforme , courte, persistante, membranacée, irrégulièrement
denticulée, ou tronquée.

Herbes annuelles ou vivaces, rameuses. Feuilles pennatiparties ou bipennatiparties, éparses. Pédoncules longs,
solitaires, terminaux, dressés, nus, 1-céphales, grêles.
Fleurs - radiales blanches ou rarement jaunes, submar-
cescentes.

Anthémide tinctoriale. — *Anthemis tinctoria* Linn. —
Blackw. Herb. tab. 439. — Engl. Bot. tab. 1472. — Flor.
Dan. tab. 741.

— α : A ligules jaunes. — *Anthemis tinctoria* auctor.

— β : A ligules blanches. — *Anthemis austriaca* Jacq.
Flor. Austr. tab. 444. — Reichenb. Plant. Crit. fig. 509. —
Anthemis rigescens Willd. Hort. Berol. 1, tab. 62. — *An-
themis caucasica* Horn. — *Anthemis Triumfetti* De Cand.
Flore Franç. Suppl.

— γ : A capitules incouronnés. — *Anthemis discoidea*
Willd.

Plante haute de 1 pied à 3 pieds, vivace, glabre ; finement pubescente, ou presque cotonneuse. Racine fibreuse. Tiges dressées, cannelées, anguleuses, raides , le plus souvent
rameuses dès la base ; rameaux dressés ou divergents , raides,
simples, ou paniculés. Feuilles d'un vert foncé, ou soyeuses,
ou cotonneuses-incanes, pennatiparties, fermes, un peu charnues : segments sublinéaires, pectinés - penhatifides de même

que le rachis : lobules dentiformes, ordinairement pointus. Pédoncules longs de 5 à 6 pouces, cylindriques, striés. Involucre
courtement hémisphérique, ordinairement pubescent à la surface externe ; écailles oblongues, obtuses, fimbriolées au sommet. Réceptacle court, hémisphérique. Ligules ordinairement
d'un jaune vif (moins souvent d'un jaune pâle, ou blanches),
oblongues, obtuses, 2-ou 3-dentées au sommet, longues de 6 à
9 lignes. Fleurs du disque à corolle jaune. Capitules-fructifères
hémisphériques, de 5 à 10 lignes de diamètre. Nucules cylindracées ou obconiques, d'un brun clair, débordées par les paillettes du réceptacle ; aigrette petite, complète, cupuliforme,
tronquée. — Cette espèce, nommée vulgairement *OEil de bœuf*,
Camomille des teinturiers, ou *Fausse-Camomille jaune*,
croît dans les pâturages secs ; elle fleurit en juin et juillet. Toute
la plante est presque inodore et à peu près insipide ; les fleurs
peuvent servir à teindre les laines en jaune.

Genre CAMOMILLE. — *Chamæmelum* Cass.

Ce genre ne diffère des Anthémides qu'en ce que les
nucules sont absolument inaigrettées.

CAMOMILLE ODORANTE. — *Chamæmelum nobile* Allion. Pedem.—*Anthemis nobilis* Linn.—Engl. Bot. tab. 980.—*Chamæmelum romanum* Blackw. Herb. tab. 526.—Plante vivace,
pubescente, haute de ½ pied à 1 pied. Racine grêle, oblique.
Tiges diffuses ou ascendantes, rameuses ; rameaux ascendants ou
dressés, ordinairement simples, 1-céphales, ou oligocéphales.
Feuilles pennées, éparses; folioles pennatiparties ou irrégulièrement chiquetées, en général rapprochées, sessiles ; segments
courts, linéaires-filiformes, ou sétacés ; rachis linéaire, étroit.
Pédoncules solitaires, terminaux, 1-céphales, grêles, dressés,
plus ou moins allongés. Capitules du volume de ceux du *Matricaria Chamomilla*. Involucre hémisphérique : écailles oblongues, floconneuses, surmontées d'un grand appendice scarieux,
blanchâtre, membranacé, subdiaphane, décurrent. Réceptacle co-

nique, obtus, assez élevé. Paillettes-réceptaculaires mucronulées
ou mutiques, subfimbriolées aux bords, oblongues, scaricuses,
un peu plus courtes que les fleurs du disque. Fleurs-radiales à
ligule blanche, oblongue, 2-ou 3-dentée, longue de 3 à 4 lignes.
Disque hémisphérique, jaune. — Cette espèce, nommée vulgairement *Camomille romaine*, ou *Camomille noble*, croît sur les
pelouses sèches; elle fleurit en été; les feuilles et surtout les
fleurs ont une odeur aromatique et une saveur très-amère; elle
possède les mêmes propriétés médicales que la Camomille commune (*Matricaria Chamomilla*), et on l'emploie plus fréquemment que cette dernière, parce que sa saveur est plus agréable.

Genre MAROUTE. — *Maruta* Cass.

Capitules multiflores, radiés; fleurs-radiales 1-sériées,
neutres, ligulées; fleurs du disque hermaphrodites, à corolle subinfondibuliforme, 5-dentée. Involucre hémisphérique, plus court que les fleurs du disque, formé d'écailles
pauci-sériées, imbriquées, appliquées, oblongues, à bor-
dure membraneuse. Réceptacle cylindracé, garni de paillettes chartacées, subdiaphanes, subulées, plus courtes
que les fleurs. Nucules obconiques ou subturbinées,
anguleuses, glabres, tuberculeuses : les inférieures à aigrette réduite à un rebord unilatéral ; les supérieures
inaigrettées.

Herbes annuelles, fétides. Feuilles éparses, pennées :
folioles pennatiparties ou bipennatiparties, à lanières linéaires, étroites. Pédoncules solitaires, terminaux, 1-cé-
phales, grêles, nus, dressés. Capitules de grandeur médiocre. Fleurs-radiales à ligule blanche, absolument dépourvues de pistil. Tube des corolles du disque comprimé,
2-ptère.

MAROUTE FÉTIDE. — *Maruta fœtida* Cass.—*Anthemis Cotula* Linn.—Curt. Flor. Lond. 2, tab. 179. — Flor. Dan. tab.
1179. — *Anthemis fœtida* Lamk. Flore Franç. —*Chamœme-*

lum Cotula Allion. — *Cotula fœtida* Blackw. Herb. tab. 67.
— *Anthemis ramosa* Link. — *Anthemis psorosperma* Tenore. —
Plante glabre ou pubescente, haute de 1 pied à 2 pieds. Tige dressée ou ascendante, feuillée, rameuse ordinairement dès la base ;
rameaux ascendants , ou dressés, ou plus ou moins divergents,
souvent paniculés. Feuilles ovales ou oblongues en contour ,
molles , ordinairement glabres. Folioles alternes ou opposées ,
sessiles ou pétiolulées, à lanières plus ou moins divariquées , de
longueur très-variable, en général linéaires-subulées. Écailles-involucrales obtuses, à rebord blanchâtre. Fleurs-radiales à ligule
longue de 3 à 4 lignes. Nucules petites, brunâtres, de moitié
plus courtes que les paillettes. — Cette espèce , connue sous les
noms vulgaires de *Maroute*, ou *Camomille puante*, est commune
dans les champs incultes, dans les décombres, aux bords des
chemins, etc. ; elle fleurit tout l'été ; elle participe aux propriétés médicales des Camomilles, mais, à raison de son odeur forte
et désagréable, on ne l'emploie guère en thérapeutique.

Genre CLADANTHE. — *Cladanthus* Cass.

Capitules multiflores, radiés ; fleurs-radiales 1-sériées,
ligulées, neutres ; fleurs du disque hermaphrodites, subinfondibuliformes , 5-dentées , à tube prolongé inférieurement en capuchon membraneux, irrégulier, oblique, sinué
en son bord , engaînant la partie supérieure de l'ovaire.
Involucre formé d'écailles 1-sériées , ovales , égales , surmontées d'un grand appendice scarieux , fimbriolé. Réceptacle cylindracé, garni de paillettes (en même nombre que
les fleurs et plus courtes qu'elles) et de poils ; paillettes
membraneuses, naviculaires, pointues, laineuses extérieurement ; poils très-nombreux. Nucules obovées , écostées,
striées , glabres , inaigrettées , très-petites.
Plante annuelle, très-rameuse ; rameaux et ramules verticillés. Feuilles alternes, ponctuées, pennatiparties : segments linéaires ou à 3 lanières linéaires. Capitules alaires
et terminaux, sessiles, solitaires, accompagnés chacun

d'une collerette de feuilles semblables aux feuilles-raméaires. Fleurs de couleur orange. Fleurs-radiales insérées sur la base des écailles-involucrales.

CLADANTHE PROLIFÈRE. — *Cladanthus arabicus* Cass. — *Anthemis arabica* Linn. — *Anthemis prolifera* Pers. — *Chamœmelum proliferum* Mœnch. — *Cladanthus proliferus* De Cand.
Prodr. — Plante glabre, haute de ½ pied à 2 pieds. Tige dressée ou ascendante, cylindrique, ordinairement rameuse presque
dès la base, souvent rougeâtre de même que les rameaux. Rameaux grêles, plus ou moins divergents, médiocrement feuillés,
nus vers le sommet. Feuilles un peu luisantes, d'un vert gai :
la plupart rétrécies en long pétiole linéaire-filiforme; celles des
collerettes plus longues que le capitule. Capitules larges de 3 à
6 lignes. Ligules elliptiques-oblongues, longues de 3 à 4 lignes.
— Cette plante, indigène de l'Afrique septentrionale, se cultive
dans les parterres; elle fleurit tout l'été.

Genre PTARMIQUE. — *Ptarmica* Tourn.

Capitules multiflores, radiés; fleurs-radiales (au nombre
de 5 à 20) 1-sériées; femelles, à ligule elliptique ou suborbiculaire, débordant les fleurs du disque; fleurs du
disque hermaphrodites, à corolle subinfondibuliforme,
5-fide. Involucre campaniforme, formé d'écailles pauci-
sériées, imbriquées, appliquées, à rebord scarieux, brunâtre. Réceptacle plan, ou convexe, ou subglobuleux,
garni de paillettes scarieuses, naviculaires, plus courtes
que les fleurs. Nucules inaigrettées : les extérieures aplaties, ailées aux bords; les intérieures plus ou moins comprimées, ordinairement marginées.

Herbes vivaces. Feuilles dentelées, ou pectinées, ou pennatifides, ou pennatiparties, alternes : les caulinaires sessiles. Capitules terminaux, courtement pédonculés, disposés en cyme, ou en corymbe. Fleurs-radiales à ligule
blanche. Fleurs du disque à corolle blanche ou d'un
jaune pâle; tube aplati, ailé aux bords.

PTARMIQUE NAINE. — *Ptarmica nana* De Cand. Prodr. — *Achillea nana* Linn.—Allion. Pedem. tab. 9, fig. 2. — Tiges simples. Feuilles pennées ou bipennées, très-velues ; folioles linéaires, dentées. Capitules en corymbe dense. — Racine rampante. Tiges ascendantes ou dressées, laineuses, hautes de 3 à 4 pouces. Écailles-involucrales obtuses, laineuses. Fleurs-radiales au nombre de 5 à 8 ; ligules obovales-orbiculaires, 3-dentées, longues de 2 à 3 lignes. Corolle des fleurs du disque jaunâtre. — Cette espèce, nommée vulgairement *Génipi blanc*, croît dans les régions les plus élevées des Alpes ; elle a une odeur aromatique très-agréable ; les montagnards de Suisse et de Savoie la considèrent comme un remède contre la plupart des maladies.

PTARMIQUE MUSQUÉE. — *Ptarmica moschata* De Cand. Prodr.—*Achillea moschata* Jacq. Flor. Austr. Suppl. tab. 33. — *Achillea livia* Scopol. Insubr. tab. 3. — *Achillea atrata* Linn. — *Achillea Clusiana* Tausch. — Tiges ascendantes ou dressées, simples. Feuilles ponctuées, pectinées-pennatiparties : segments courts, linéaires, mucronés, trifides ou très-entiers. Corymbe oligocéphale. — Racines rampantes. Tiges hautes de 3 à 6 pouces, en général glabres. Feuilles d'un vert gai : pédoncules filiformes, pubescents, ou glabres. Écailles-involucrales glabres ou pubérules, elliptiques, obtuses. Fleurs-radiales au nombre de 5 à 8, à ligule elliptique-orbiculaire ou cunéiforme, 3-dentée, longue de 2 à 3 lignes. Fleurs du disque tantôt blanchâtres, tantôt d'un pourpre noirâtre. — Cette espèce, nommée vulgairement *Génépi*, *Génipi*, ou *Achillée noire*, croît dans les mêmes localités que la précédente ; elle participe aussi aux mêmes propriétés.

PTARMIQUE DE SIBÉRIE. — *Ptarmica impatiens* De Cand. Prodr. — *Achillea impatiens* Linn.—Gmel. Sibir. 2, tab. 83, fig. 1. — Tiges dressées, rameuses. Feuilles pectinées-pennatifides ou pectinées-dentées, lancéolées, ou linéaires-lancéolées, pointues ; dents ou lanières linéaires ou linéaires-lancéolées, acérées, le plus souvent ciliolées-denticulées. Capitules en cymes lâches ou denses. Fleurs-radiales au nombre de 7 à 9. — Plante haute de 2 à 3 pieds, en général presque glabre. Racine rampante. Tige grêle, cylindrique, cannelée, en général indivisée jusque vers le milieu ; rameaux grêles, dressés, subfastigiés. Feuilles fermes, d'un vert gai. Corymbes ordinairement multiflores, courtement pédonculés. Involucre le plus souvent pubescent à la surface externe ; écailles ovales ou ovales-oblongues, subobtuses. Réceptacle peu élevé, hémisphérique ; paillettes laineuses au sommet, conformes aux écailles-involucrales. Ligules cunéiformes ou elliptiques, tronquées au sommet, ou arrondies, ou échancrées, ou 3-dentées. Fleurs du disque blanchâtres. — Cette espèce, indigène de Sibérie, se cultive comme plante de parterre ; elle fleurit tout l'été ; ses feuilles ont une saveur piquante, analogue à celle de la racine de l'*Anacyclus Pyrethrum ;* les fleurs ont la saveur et l'odeur des Camomilles.

PTARMIQUE COMMUNE. — *Ptarmica vulgaris* Bl ckw. Herb. tab. 256. — *Achillea Ptarmica* Linn. — Curt. Fler. Lond. II, tab. 476. — Flor. Dan. tab. 643. — *Achillea pubescens* et *Achillea linearis* De Cand. Flore Franç. — *Achillea cartilaginea* Ledeb. — *Achillea fragilis* Balb. — *Achillea speciosa* Hænk. — Tige dressée, rameuse. Feuilles linéaires-lancéolées, ou linéaires-liguliformes, ou lancéolées, ou lancéolées-oblongues, acuminées, ou pointues, finement dentelées ; dentelures contiguës ou imbriquées, subcartilagineuses aux bords, denticulées-ciliolées, acérées. Capitules en cymes un peu lâches. — Plante glabre ou pubérule, haute de 1 pied à 3 pieds. Racines rampantes. Tiges dressées ou ascendantes, anguleuses, feuillues, le plus souvent rameuses seulement au sommet ; rameaux subfastigiés, feuillés. Feuilles fermes, un peu charnues, d'un vert glauque ou très-foncé. Écailles-involucrales oblongues, obtuses, plus ou moins pubescentes ou laineuses. Réceptacle petit, subhémisphérique ; paillettes oblongues, laineuses au sommet, souvent 2-fides. Fleurs-radiales au nombre de 7 à 10 ; ligules elliptiques ou suborbiculaires, ordinairement 3-dentées, longues de 3 à 4 lignes. Fleurs du disque à corolle blanchâtre. — Cette espèce, connue sous les noms vulgaires de *Ptarmique*, *Bouton d'ar-gent*, ou *Herbe à éternuer*, croît dans les prairies et autres localités humides ; elle fleurit en juillet et aqût ; on la cultive aussi comme plante d'ornement. Les feuilles fraîches et surtout les racines de cette plante ont une saveur très-piquante (analogue à celle de la racine de l'*Anacyclus Pyrethrum* ou des capitules du *Spilanthes oleracea*), qui agit fortement sur les glandes salivaires; réduites en poudre et aspirées par le nez, elles provoquent des éternuments plus ou moins prolongés. Les fleurs de la Ptarmique, cultivée comme plante de parterre, sont le plus souvent la plupart liguliformes.

PTARMIQUE A GRANDES FLEURS. — *Ptarmica grandiflora* De Cand. Prodr. — *Achillea grandiflora* Bieb. Flor. Taur. Cauc. — *Pyrethrum ptarmicæfolium* Willd. — *Achillea dracunculoides* Desfont. Hort. Par. — Tige dressée, en général paniculée. Feuilles linéaires ou linéaires-lancéolées, inégalement ciliolées-denticulées, pointues. Cymes lâches, oligocéphales. —Plante glabre ou légèrement pubescente, haute de 1 pied à 2 pieds. Racine rampante. Tiges grêles, anguleuses, ordinairement rameuses dès la base; rameaux plus ou moins divergents, très-grêles, non-fastigiés. Feuilles fermes, étroites, d'un vert foncé, subcartilagineuses aux bords. Capitules en général plus longuement pédonculés que ceux de l'espèce précédente. Écailles-involucrales oblongues, subobtuses, ordinairement pubérules. Réceptacle petit, subhémisphérique; paillettes oblongues, souvent 2-fides au sommet. Fleurs-radiales au nombre de 7 à 9; ligules elliptiques ou obovales, longues de 3 à 4 lignes, ordinairement 3-dentées. Fleurs du disque à corolle blanche. — Cette espèce, originaire du Caucase, se cultive comme plante de parterre; elle fleurit en été; elle jouit des mêmes propriétés que la Ptarmique commune.

PTARMIQUE HERBA-ROTA. —*Ptarmica Herba-rota* De Cand. Prodr.—*Achillea Herba-rota* Allion. Pedem. tab. 9, fig. 3.— *Achillea cuneifolia* Lamk. — Souche suffrutescente. Rameaux

ascendants, simples. Feuilles très-glabres : les inférieures spa-
thulées-cunéiformes, pauci-dentées au sommet ; les supérieures
lancéolées ou lancéolées-oblongues, sessiles, très-entières, ou
dentelées à la base. Capitules en cyme assez dense. — Plante
touffue, haute de 3 à 8 pouces ; rameaux glabres, ou pubérules
vers le sommet. Capitules petits, en général courtement pédonculés. Involucre glabre, ou pubérule; écailles ovales ou elliptiques, obtuses, subtrinervées. Réceptacle presque plan. Fleurs-
radiales au nombre de 5 à 8 ; ligules très-entières ou 3-dentées,
elliptiques, ou obovales-orbiculaires, longues de 2 à 3 lignes.
Fleurs du disque à corolle blanche. — Cette espèce croît dans
les hautes Alpes du Piémont et du Dauphiné, où on la désigne
par le nom de *Herba-rota.* Toute la plante est très-aromatique ;
les habitants des Alpes l'emploient en guise de Camomille.

Genre ACHILLÉE. — *Achillea* Vaill.

Capitules multiflores, hétérogames, radiés (par variation homogames, incouronnés) ; fleurs-radiales 1-sériées,
(au nombre de 3 à 7), femelles, à ligule cunéiforme ou
suborbiculaire, courte ; fleurs du disque hermaphrodites,
à corolle subinfondibuliforme, 5-fide. Involucre ovoïde
ou cylindracé, formé d'écailles pauci-sériées, imbriquées,
appliquées, obtuses, subfoliacées, immarginées, ou bordées d'une membrane scarieuse. Réceptacle conique ou
cylindracé, plus ou moins élevé, garni de paillettes scarieuses, naviculaires, plus courtes que les fleurs. Nucules
inaigrettées, plus ou moins comprimées, elliptiques ou
oblongues, écostées, glabres, lisses, ou striées.
Herbes vivaces, à tiges dressées. Feuilles dentelées, ou
pectinées, ou pennatifides, ou pennatiparties, ou décom-
posées, alternes : les caulinaires la plupart sessiles. Capitules terminaux, en cymes denses. Fleurs jaunes, ou roses,
ou blanches : les ligules de même couleur que les corolles
du disque, le plus souvent plus courtes que celles-ci. Corolles des fleurs du disque à tube aplati, ailé aux bords.

A. Involucre ovoïde, à écailles scarieuses aux bords. Récep-
tacle conique, peu élevé. Capitules toujours radiés ; ligules
plus longues que les fleurs du disque ; disque 7-12-flore,
débordant à peine l'involucre.— Fleurs roses ou blanches.
Feuilles une ou plusieurs fois pennées ou pennatiparties.

ACHILLÉE A FEUILLES DE SCOLOPENDRE. — *Achillea asple-*
nifolia Vent. Hort. Cels. tab. 95. — *Achillea rosea* Desfont.
Hort. Par. — *Achillea crispa* Lamk. — Feuilles glabres, profondément pectinées-pennatifides : lobes ovales ou oblongs, obtus, subimbriqués, pennatilobés, ou incisés-dentés, ou dentelés.
Fleurs toujours roses. — Plante haute de 1 ½ pied à 3 pieds.
Racine rampante. Tiges grêles, anguleuses, cannelées, simples,
ou rameuses seulement vers le sommet, glabres, ou pubérules
au sommet. Feuilles d'un vert foncé, un peu luisantes, oblongues-linéaires en contour ; segments-basilaires amplexicaules.
Cymes denses, multiflores, subfastigiées, aphylles, ou subaphylles, très-rameuses, en général courtement pédonculées. Capitules
courtement pédonculés. Involucre long d'environ 2 lignes :
écailles glabres ou presque glabres, elliptiques, ou oblongues,
à rebord brunâtre. Ligules (ordinairement 6 ou 7) cunéiformes-
orbiculaires, longues de ½ ligne à ¾ de ligne. — Cette espèce,
dont l'origine n'est pas certaine, se cultive comme plante de
parterre ; elle fleurit presque tout l'été.

ACHILLÉE MILLEFEUILLE. — *Achillea Millefolium* Linn. —
Flor. Dan. tab. 737. — Curt. Flor. Lond. II, tab. 177. —
Engl. Bot. tab. 758. — Bull. Herb. tab. 163. — Blackw.
Herb. tab. 18. — *Achillea lanata* Spreng.—*Achillea setacea*
Waldst. et Kitaib. Hungar. tab. 80. — *Achillea magna* Linn.
—*Achillea dentifera* De Cand. Flore Franç. Suppl.—Feuilles
velues, ou soyeuses, ou glabres : les inférieures pennées, à fo-
lioles pennatiparties ou bipennatiparties ; les supérieures pen-
natiparties ou bipennatiparties, à segments incisés-dentés
ou dentelés, subimbriqués, acérés, de largeur très-variable.
Fleurs roses ou blanches. — Plante en général plus ou moins

pubescente, haute de quelques pouces à 2 pieds. Racine rampante. Tiges subcylindriques, striées, tantôt simples, tantôt plus ou moins rameuses ; rameaux en général subfastigiés. Feuilles incanes ou d'un vert foncé. Cymes polycéphales, planes, aphylles, tantôt subsessiles, tantôt pédonculées. Capitules courtement pédonculés. Involucre long de 1 $^1/_2$ ligne à 2 lignes, ordinairement laineux ; écailles elliptiques ou oblongues, obtuses, à rebord brun ou noirâtre. Paillettes-réceptaculaires oblongues-lancéolées, acuminées. Fleurs-radiales en général au nombre de 5 ; ligules cunéiformes-orbiculaires, tridentées, longues d'environ 2 lignes. — Cette espèce, nommée vulgairement *Mille-feuille*, *Herbe au charpentier*, ou *Herbe à la coupure*, est commune dans les prairies et autres localités découvertes ; elle fleurit tout l'été. On en cultive, comme plante de parterre, une variété à fleurs roses. Toute la plante est aromatique et légèrement amère ; on la considérait jadis comme un excellent vulnéraire et comme pectorale ; aujourd'hui elle est peu employée en thérapeutique.

B. *Involucre subcylindracé, à écailles immarginees. Réceptacle cylindracé, élevé. Capitules tantôt radiés, tantôt incouronnés ; ligules plus courtes que les fleurs du disque ; disque multiflore, débordant l'involucre. — Fleurs jaunes. Feuilles pennées, ou pennatiparties, ou indivisées.*

ACHILLÉE A CYMES COMPACTES.—*Achillea compacta* Willd. — Jacq. fil. Eclog. tab. 88. — *Achillea glomerata* Bieb. Flor. Taur. Cauc. —*Achillea velutina* Desfont. Hort. Par.— Feuilles soyeuses : les radicales pennées ; les caulinaires pennatiparties ; folioles et segments pennatifides ou incisés-dentés, oblongs ; dents ou lanières sublinéaires, acérées ; rachis denté. Cymes très-denses, convexes, longuement pédonculées. — Plante haute de 2 à 3 pieds. Tiges fermes, cylindriques, cannelées, feuillues, plus ou moins rameuses, cotonneuses-incanes. Feuilles oblongues en contour, couvertes d'une pubescence satinée. Capitules du volume de ceux de la Millefeuille, subsessiles. Involucre soyeux ; écailles oblongues, obtuses. Fleurs d'un jaune vif : ligules très-petites, au nombre de 3 à 5. — Cette espèce, indigène de la Russie méridionale et de la Hongrie, se cultive comme plante d'ornement; elle fleurit en été.

ACHILLÉE A FEUILLES DE FILIPENDULE. — *Achillea filipendulina* Lamk. — *Achillea Eupatorium* Bieb. Flor. Taur. Cauc. — Feuilles pubérules : les inférieures pennées ; les autres pennatiparties ; segments et folioles suboblongs, obtus, pennatifides, ou incisés-dentés, ou doublement dentés : rachis doublement denté. Cymes très-denses, convexes, longuement pédonculées. — Plante fortement aromatique, haute de 2 à 3 pieds. Tige plus ou moins rameuse, anguleuse, cannelée, ferme, feuillue, pubérule. Feuilles oblongues en contour, d'un vert foncé. Cymes à ramules subtrichotomes. Capitules courtement pédonculés. Involucre pubérule, long de 2 lignes; écailles oblongues, obtuses. Fleurs d'un jaune vif : les radiales au nombre de 3 à 5, à ligule très-courte. — Cette espèce, indigène du Caucase, se cultive comme plante de parterre; elle fleurit tout l'été. Toutes ses parties ont une très-forte odeur de Camomille.

ACHILLÉE VISQUEUSE. — *Achillea Ageratum* Linn. — Blackw. Herb. tab. 300.— Mill. Ic. tab. 10. — *Achillea viscosa* Lamk. — Feuilles glabres, ponctuées, un peu visqueuses, sessiles, oblongues, ou cunéiformes-oblongues, obtuses, dentelées, 2-ou 4-auriculées à la base. Cymes polycéphales, très-denses, presque planes. —Plante glabre, touffue, fortement aromatique, haute de ½ pied à 1 ½ pied. Racine rampante. Tiges plus ou moins rameuses, dressées, ou ascendantes, ordinairement garnies (ainsi que les rameaux) de ramules-axillaires stériles. Rameaux simples, ou paniculés, dressés, effilés. Feuilles longues de 4 à 15 lignes, fermes, d'un vert foncé aux 2 faces. Cymes plus ou moins longuement pédonculées, ou subsessiles, solitaires, aphylles, 3-7-radiées : ramules trichotomes, en général courts. Capitules courtement pédonculés. Involucre long d'environ 2 lignes : écailles ovales ou oblongues, obtuses.

Paillettes-réceptaculaires oblongues , subobtuses. Fleurs d'un jaune pâle. — Cette espèce , nommée vulgairement *Eupatoire de Mésué* , et *Herbe au charpentier*, est indigène de l'Europe méridionale ; on la cultive comme plante d'agrément ; elle fleurit tout l'été ; toutes ses parties ont une saveur amère, et une odeur aromatique analogue à celle des Camomilles ; on l'emploie à titre de vulnéraire , de tonique, et de vermifuge.

XIIe TRIBU. **LES INULÉES.** — *INULEÆ* Cass.

Capitules radiés, ou discoïdes, ou incouronnés. Corolle-staminifère très-régulière, subinfondibuliforme, 6-fide. Filets des étamines soudés à la partie inférieure seulement du tube de la corolle ; article-anthérifère grêle. Anthères à appendices-basilaires longs, subulés, souvent plumeux. Stigmates (de la fleur hermaphrodite) soit semblables à ceux des Anthémidées ; soit peu ou point arqués, linéaires ou linéaires-spathulés, arrondis au sommet, inappendiculés : face supérieure bordée de deux bourrelets confluents au sommet ; face inférieure pubérule au sommet, glabre inférieurement.

Plantes herbacées , ou suffrutescentes, ou ligneuses. Feuilles alternes ou moins souvent opposées, ordinairement indivisées, souvent cotonneuses. Réceptacle nu, ou poilu, ou garni de paillettes. Involucre ordinairement formé d'écailles imbriquées, souvent surmontées d'un appendice scarieux , coloré. Capitules souvent agrégés. Fleurs ordinairement jaunes. Corolle des fleurs de la couronne ligulée ou irrégulièrement tubulée. Corolle-staminifère grêle, à limbe pyriforme, peu distinct du tube ; lobes courts, peu divergents, peu arqués, demi-lancéolés, épaissis aux bords, terminés en corne calleuse, garnis en dessous de poils apprimés. glandulifères. Anthères à appendice-apicilaire souvent sublinéaire , obtus, un peu soudé inférieurement avec les appendices des deux anthères voisines. Stigmates planes en dessus, convexes en dessous. Ovaire ordinairement grêle, non-comprimé, cylindrique, arrondi aux 2 bouts, dépourvu de côtes ou de nervures saillantes, souvent garni de poils ou de papilles. Aigrette ordinairement très-longue, régulière, composée de soies 4-sériées, égales, barbellulées, assez souvent soudées par leur base.

« Beaucoup d'Inulées, » dit M. de Cassini, « ont les stigmates sembla-
» bles à ceux des Anthémidées, des Sénécionées et des Nassauviées;
» mais leur ovaire, leur aigrette, leurs étamines, leur corolle les fixent
» solidement dans la tribu des Inulées. D'autres Inulées, au contraire,
» sont fixées dans cette tribu par le style, quoique les autres organes
» offrent des anomalies. Les Inulées ont des rapports d'affinité avec les
» Carlinées. — Il y a des Inulées dans les 4 parties du monde, et surtout
» dans l'Afrique méridionale. Presque toutes les Synanthérées des Terres-
» australes appartiennent à cette tribu. »

SECTION I. **INULÉES-GNAPHALIÉES** Cass.

Stigmates tronqués au sommet. Article-anthérifère long; appendice-apicilaire de l'anthère obtus; appendices-basilaires longs, non-pollinifères.

Genre AMMOBE. — *Ammobium* R. Br.

Capitules multiflores, homogames, incouronnés. Involucre subhémisphérique; presque aussi long que les fleurs, formé d'écailles nombreuses, plurisériées, imbriquées, appliquées, subcoriaces, petites, surmontées d'un grand appendice scarieux, concave, obtus, décurrent, inappliqué. Réceptacle gros, conique, garni de paillettes subcoriaces, oblongues-naviculaires, acuminées-aristées, denticulées au sommet, carénées au dos. Corolle très-grêle. Anthères 2-aristées à la base. Stigmates saillants, arqués, barbus au sommet. Nucules un peu comprimées, obscurément 4-gones, sublinéaires, lisses, couronnées d'une aigrette cyathiforme, chartacée, courte, tronquée, tantôt mutique, tantôt 2- à 4-aristulée.

Herbes vivaces, cotonneuses, rameuses; tige et rameaux anguleux, ailés aux angles. Feuilles très-entières, alternes: les inférieures spathulées; les supérieures sessiles, peu ou

point rétrécies vers leur base. Capitules solitaires ou subsolitaires, terminaux, pédonculés. Écailles-involucrales à
appendice blanc. Fleurs jaunes. — Ce genre, propre à la
Nouvelle-Hollande, ne comprend que l'espèce suivante.

Ammobe ailée. — *Ammobium alatum* R. Br. in Bot. Mag.
tab. 2459.—Sweet, Brit. Flow. Gard. ser. 1, tab. 18. — *Ammobium spathulatum* Gaudich. in Freycin. tab. 90. — Plante
touffue, haute de 1 pied à 2 pieds. Tiges dressées ou ascendantes, paniculées; rameaux subaphylles. Feuilles aranéeuses ou
cotonneuses (subincanes) aux 2 faces (les adultes souvent sub-
glabrescentes), acuminées : les radicales spathulées-lancéolées,
ou spathulées-obovales, roselées, longues de 4 à 8 pouces; les
caulinaires-inférieures conformes aux radicales, graduellement
plus petites; les supérieures lancéolées ou linéaires-lancéolées;
les ramulaires très-petites, squamiformes. Capitules disposés
vers l'extrémité de la tige et des rameaux en panicule très-lache,
oligocéphale. Involucre large de 5 à 8 lignes : appendices ovales, ou elliptiques, d'un blanc de nacre. Paillettes-réceptaculaires plus courtes que les fleurs, blanchâtres au sommet, noirâtres inférieurement. Corolle longue de 2 lignes. Nucules d'un
brun noirâtre, longues de 1 ligne ou un peu plus; aigrette
brune : arêtes sétiformes, très-courtes. — Cette espèce se cultive comme plante d'ornement.

Genre CASSINIE. — *Cassinia* R. Br.

Capitules 9-13-flores, homogames, incouronnés. Involucre subcylindracé, un peu plus long que les fleurs, courtement radié, formé d'écailles pauci-sériées, étagées : les
extérieures et les intermédiaires inégales, ovales ou oblongues, obtuses, laineuses extérieurement, un peu concaves, entièrement appliquées, inappendiculées, coriaces,
opaques, non-colorées; celles du rang intérieur plus longues, caduques, surmontées d'un petit appendice très-
étalé, pétaloïde (blanc), scarieux, arrondi, radiant. Réceptacle plan, garni de paillettes caduques, plus longues

que les fleurs, analogues aux écailles intérieures de l'involucre. Corolle subcylindracée. Anthères 2-aristées à la base; appendices-apicilaires pointus. Stigmates glabres. Nucules oblongues-obovées; aigrette persistante, blanche, aussi longue que la corolle, formée de soies filiformes, un peu soudées par la base, très-peu barbellulées, épaissies au sommet.

Arbustes très-rameux. Feuilles· petites, éparses, très-entières, sessiles, révolutées aux bords, glabres en dessus, cotonneuses-incanes en dessous. Capitules petits, subsessiles, agrégés au sommet des ramules. Corolle jaune; aigrette blanche. — Ce genre appartient à la Nouvelle-Hollande ; l'espèce suivante se cultive comme arbuste d'orangerie.

CASSINIE A PETITES FEUILLES. —*Cassinia leptophylla* R. Br. in Trans. Linn. Soc. — *Calea leptophylla* Forst. Prodr. —Arbuste haut de 2 à 3 pieds. Tiges et rameaux-adultes ligneux. Ramules très-nombreux, rapprochés, très-grêles, feuillus, simples, cotonneux-incanes. Feuilles longues de 1 ligne à 2 lignes, coriaces, persistantes, oblongues, ou obovales, obtuses. Capitules longs de 2 lignes, agrégés en cyme ou en corymbe.

Genre CHROMOCHITE. — *Chromochiton* Cass.

Capitules 9-13-flores, homogames, incouronnés. Involucre cylindracé, un peu plus long que les fleurs, non-radié, formé d'écailles toutes uniformes, entièrement dressées ou appliquées, inappendiculées, glabres, coriaces et opaques vers la base, scarieuses et colorées supérieurement. Réceptacle et fleurs comme ceux des *Cassinia*. Aigrette caduque, formée de soies filiformes, barbellulées, amincies vers le sommet, quelquefois un peu laminées vers la base. — Arbustes ayant le port des *Cassinia*.

Ce genre est propre à la Nouvelle-Hollande ; les espèces dont nous allons faire mention se cultivent comme plantes d'ornement d'orangerie.

Cassinie jaune. —*Cassinia aurea* R. Br. in Linn. Trans.—
Bot. Reg. tab. 764. —Feuilles lancéolées ou lancéolées-linéaires, subtrinervées, pointues, glabres, discolores, finement ponctuées, non-révolutées aux bords. Cymes terminales, trichotomes,
très-rameuses, polycéphales. Écailles-involucrales jaunes, elliptiques. —Arbuste glabre, haut de 2 à 3 pieds. Rameaux feuillus, subpaniculés ; ramules grêles, feuillés, subfastigiés, parsemés (de même que les feuilles) de glandules ponctiformes,
résineuses. Feuilles subcoriaces, persistantes, longues de 1 pouce
à 2 pouces, d'un vert foncé en dessus, blanchâtres en dessous.
Capitules courtement pédonculés, longs de 1 ligne ou un peu plus.

Cassinie a longues feuilles. —*Cassinia longifolia* R. Br.
l. c.—Cette espèce ne diffère de la précédente (dont elle est peut-
être une variété) que par des feuilles cotonneuses en dessous, et
par des capitules à écailles brunâtres.

Cassinie spinelleuse. — *Cassinia aculeata* R. Br. l. c. —
Calea aculeata Labill. Nov. Holl. tab. 185. —Feuilles raides,
étalées, linéaires, mucronées, révolutées aux bords, muriquées
en dessus, cotonneuses-incanes en dessous. Cymes très-rameuses, polycéphales. Capitules 3-flores.

Genre IXODIE. — *Ixodia* R. Br.

Capitules multiflores, homogames, incouronnés. Involucre subcylindracé, plus long que les fleurs, radiant, formé
d'écailles imbriquées, appliquées, oblongues : les extérieures coriaces, vertes, arrondies et gibbeuses au sommet ;
les intérieures subcoriaces, surmontées d'un grand appendice étalé, scarieux, coloré (d'un blanc pur), obovale,
raide, ondulé aux bords. Réceptacle conique, peu élevé,
garni de paillettes un peu plus longues que les fleurs, oblongues-naviculaires, semblables aux écailles-involucrales
internes. Corolle à lobes glanduleux en dessous. Anthères
2-aristées à la base. Stigmates glabres, papilleux au sommet. Nucules subcylindracées, papilleuses, inaigrettées.

Arbuste très-rameux, très-glabre, visqueux. Feuilles éparses, coriaces, persistantes, sessiles, linéaires-spathulées, très-entières, ou subdenticulées, ponctuées de glandules résineuses. Capitules petits, subsessiles, agrégés au sommet des ramules. — Ce genre, propre à la Nouvelle-Hollande, n'est fondé que sur l'espèce suivante.

IXODIE FAUSSE-ACHILLÉE. — *Ixodia achilleoides* R. Br. in Hort. Kew. — Bot. Mag. tab. 1534. — Arbuste touffu, haut d'environ 2 pieds, couvert sur toutes ses parties vertes d'un vernis gluant. Rameaux et ramules anguleux par la décurrence des feuilles. Feuilles obtuses, étalées, d'un vert foncé : les raméaires longues d'environ 6 lignes ; les ramulaires longues de 2 à 3 lignes. Involucre long d'environ 3 lignes, hygrométrique. Corolle grêle, à limbe jaune en dessus, rougeâtre en dessous.—Cette espèce se cultive comme arbuste d'orangerie.

Genre APALOCHLAMYDE. — *Apalochlamys* Cass.

Capitules 10-16-flores, homogames, incouronnés. Involucre subcampaniforme, un peu plus long que les fleurs, formé d'écailles très-inégales, pauci-sériées, imbriquées, étagées, dressées, larges, minces, membranacées, subdiaphanes, mucronulées, brunâtres. Réceptacle petit, presque plan, garni d'environ 8 paillettes caduques, un peu plus longues que les fleurs, oblongues, subdiaphanes, membranacées. Corolle subcylindracée, glabre, courtement 5-dentée. Nucules obovées ; aigrette caduque, longue, blanche, composée de soies 1-sériées, entièrement filiformes, barbellulées de la base jusqu'au sommet, un peu soudées par la base.

Plantes herbacées, plus ou moins cotonneuses. Feuilles éparses, sessiles, très-entières : les inférieures subdécurrentes. Capitules sessiles ou courtement pédicellés, petits, disposés en panicules très-rameuses, subpyramidales, po-

lycéphales ; pédicelles solitaires, disposés en grappes unilatérales, accompagnés chacun d'une bractéole basilaire,
scarieuse, semblable aux écailles-involucrales. — Ce
genre, qui appartient à la Nouvelle-Hollande, a beaucoup d'affinité avec le *Humea* (de la tribu des Anthémidées), dont il est peut-être plus voisin que des Gnaphaliées.

APALOCHLAMYDE ÉLÉGANTE.—*Apalochlamys Kerrii* De Cand.
Prodr.—*Cassinia spectabilis* Ker, Bot. Reg. tab. 678.—Herbe
annuelle ou bisannuelle, haute de 3 à 4 pieds. Tige grêle, dressée, cylindrique, feuillue, cotonneuse, rameuse vers le sommet ;
rameaux dressés, cotonneux, feuillés, paniculés, formant une
grande panicule pyramidale ; ramules grêles, cotonneux, subaphylles, paniculés. Feuilles minces, acuminées, vertes et pubérules en dessus, pubescentes ou cotonneuses en dessous : les
inférieures grandes, oblongues; les supérieures oblongues-lancéolées ; les ramulaires ovales-lancéolées, petites. Panicules amples, plus ou moins réclinées lors de la floraison. Capitules subsessiles, longs de 2 lignes. Écailles-involucrales mucronées :
les extérieures courtes, suborbiculaires ; les suivantes elliptiques ; les intérieures obovales ou subspathulées, caduques. —
Cette espèce se cultive comme plante d'ornement.

Genre LÉPISCLINE. — *Lepiscline* Cass.

Capitules multiflores, homogames, incouronnés ; par
variation offrant très-souvent à la circonférence 1 ou
2 fleurs femelles à corolle plus grêle. Involucre ovoïde-
cylindracé, à peu près égal aux fleurs, formé d'écailles
imbriquées, appliquées : les extérieures ovales, scarieuses ; les intérieures oblongues, coriaces, surmontées
d'un appendice scarieux, coloré, oblong, dressé, concave,
arrondi au sommet. Réceptacle petit, plan, sétifère, ou
garni de paillettes plus longues que les ovaires, oblongues,
obtuses, tronquées ou dentées au sommet. Anthères 2-

aristées à la base. Corolle 5-dentée. Nucules oblongues, glabres, munies d'un bourrelet basilaire; aigrette caduque, composée de soies libres, filiformes, barbellulées, non-épaissies et presque lisses au sommet. — Herbes ou arbustes. Feuilles éparses, entières, sessiles, souvent décurrentes. Capitules disposés en cyme ou en corymbe.

LÉPISCLINE CYMEUSE. — *Lepiscline cymosa* Cass. — *Gnaphalium cymosum* Linn. — Dill. Elth. tab. 107, fig. 128. — *Helichrysum cymosum* Less. — Arbuste haut de 2 à 5 pieds. Tiges ligneuses, rameuses. Rameaux cotonneux, blanchâtres, feuillus. Feuilles longues de 6 à 12 lignes, larges d'environ 2 lignes, étalées, semi-amplexicaules, un peu décurrentes, oblongues-lancéolées, mucronées, 3-nervées, vertes en dessus, cotonneuses-blanchâtres en dessous. Capitules 8-à 10-flores, longs d'environ 2 lignes, très-nombreux, disposés en cyme sessile, convexe, entourée d'une collerette d'environ 5 petites feuilles lancéolées. Écailles-involucrales d'un jaune vif. —Cette espèce, indigène du Cap, se cultive comme arbuste d'ornement.

Genre EDMONDIE. — *Edmondia* Cass.

Capitules multiflores, homogames, incouronnés. Involucre radié, beaucoup plus long que les fleurs, formé d'écailles imbriquées, appliquées, petites, linéaires, coriaces, surmontées d'un très-grand appendice ovale-oblong ou lancéolé, scarieux, coloré, radiant. Réceptacle plan, garni de fimbrilles plus ou moins longues, de forme variée. Anthères 2-aristées à la base. Corolle 5-dentée. Nucules cylindracées, ou comprimées et marginées; aigrette longue, composée de soies filiformes, égales, plumeuses au sommet. — Herbes, ou arbustes. Rameaux feuillus. Feuilles petites, sessiles, éparses, coriaces, presque imbriquées, cotonneuses en dessus, vertes en dessous, sublinéaires. Capitules solitaires, terminaux. —Ce genre appartient au

Cap de Bonne-Espérance. Les espèces suivantes, nommées vulgairement *Immortelles*, se cultivent dans les collections de serre.

EDMONDIE NAINE. — *Edmondia humilis* Less. — *Xeranthemum sesamoides* Curt. Bot. Mag. tab. 425. — *Helichrysum spectabile* Lodd. Bot. Cab. tab. 59. — *Xeranthemum humile* Andr. Bot. Rep. tab. 652. — *Aphelexis humilis* Don. — *Xeranthemum pinifolium* Lamk. — Feuilles arrondies au dos. Involucre turbiné, à écailles acuminées. — Arbuste haut de 1/2 pied à 1 pied, multicaule. Tiges simples ou rameuses, dressées, ou ascendantes. Feuilles longues de 6 à 12 lignes, involutées. Involucre glabre, long d'environ 1 pouce, d'un pourpre violet, ou blanc. Fimbrilles-réceptaculaires planes, linéaires, très-courtes. Ovaires glabres.

EDMONDIE FAUX-SÉSAME. — *Edmondia sesamoides* Less. — *Edmondia splendens* Cass. — *Xeranthemum sesamoides* var. Linn. — *Helichrysum sesamoides* Willd. — *Aphelexis sesamoides* Don. — Feuilles anguleuses au dos. Involucre ovoïde, à écailles acuminées. Fimbrilles-réceptaculaires subsétacées, peu nombreuses. — Arbuste très-rameux, haut de 1 à 2 pieds. Rameaux très-grêles, un peu cotonneux, souvent agrégés. Feuilles longues de 3 lignes. Involucre long d'environ 1 pouce, blanc, ou rose. Ovaires scabres.

EDMONDIE FASCICULÉE. — *Edmondia fasciculata* Less. — *Xeranthemum fasciculatum* Andr. Bot. Rep. tab. 242 et 279. — *Xeranthemum heterophyllum* Lamk. — *Aphelexis fasciculata* Don. — Feuilles anguleuses au dos, étalées. Involucre courtement turbiné, à écailles acuminées. Paillettes-réceptaculaires assez larges, condupliquées. — Arbuste semblable, par le port, à l'espèce précédente. Involucre jaune ou blanc. Ovaires scabres.

EDMONDIE FILIFORME. — *Edmondia filiformis* Less. — *Helichrysum filiforme* Lodd. Bot. Cab. tab. 1954. — *Aphelexis filiformis* Don. — Feuilles anguleuses au dos, étalées. Involucre

turbiné : écailles-intérieures obtuses ou subobtuses.—Rameaux
filiformes. Feuilles condupliquées, longues de 3 à 9 lignes. Involucre long de 1 pouce : écailles-extérieures ovales, brunâtres ;
écailles-intérieures jaunes ou roses. Paillettes-réceptaculaires
larges, raides, condupliquées. Nucules elliptiques-oblongues,
scabres.

Genre ASTELME. — *Astelma* R. Br.

Ce genre ou sous-genre diffère du précédent par le réceptacle, qui est alvéolé, et par l'aigrette, dont les soies
sont longuement plumeuses dès leur base. —Les Astelmes
habitent l'Afrique australe ; les espèces suivantes se cultivent comme arbustes d'ornement.

ASTELME ÉLÉGANT. — *Astelma speciosissimum* Don. —*Helichrysum speciosissimum* Willd. —*Xeranthemum speciosissimum* Linn.—Capitules solitaires. Involucre radiant, campanulé : écailles-intérieures acuminées.—Arbuste haut de quelques
pieds. Tige ligneuse, aphylle inférieurement ; rameaux cotonneux : les florifères aphylles et flexueux au sommet. Feuilles
longues de 1 ¼ ligne à 2 ½ lignes, elliptiques, ou obovales, mucronulées, planes, semi-amplexicaules, cotonneuses-incanes aux
2 faces. Capitules grands, d'environ 9 lignes de diamètre. Involucre blanc ou jaunâtre, campaniforme. Nucules subglobuleuses,
papilleuses, striées.

ASTELME PANACHÉ. — *Astelma variegatum* Less. — *Helichrysum variegatum* Thunb.— *Xeranthemum variegatum*
Berg. —*Helichrysum spirale* Andr. Bot. Rep. tab. 262.—
— *Damironia cernua* Cass. — *Helipterum variegatum* De
Cand. Prodr. —Capitules solitaires. Involucre radiant, campanulé : écailles obtuses.—Tige haute de 1 pied et plus, ligneuse ;
rameaux alternes ou agrégés : les florifères allongés, médiocrement feuillés vers le sommet. Feuilles éparses, subimbriquées,
linéaires, 1-nervées, pointues, cotonneuses (ordinairement rous-

sâtres) aux 2 faces, longues de 8 à 10 lignes. Capitules grands, d'un pouce de diamètre. Écailles-involucrales blanches, ou panachées de blanc et de brun. Nucules subglobuleuses, papilleuses .

ASTELME EFFILÉ. — *Astelma virgatum* Less. — *Helichrysum virgatum* Willd. — *Pteronia pauciflora* Sims, Bot. Mag. tab. 1697. — *Xeranthemum Stœhelina* Andr. Bot. Rep. tab. 428. — Capitules solitaires, sub-12-flores. Involucre à peine radiant : écailles-inférieures obtuses ; écailles-supérieures pointues. — Espèce ayant le même port et feuillage que la précédente. Capitules plus petits, longs d'environ 6 lignes ; écailles-involucrales jaunes. Nucules obovées, papilleuses.

ASTELME INCANE. — *Astelma canescens* Don. — *Xeranthemum canescens* Linn. — Bot. Mag. tab. 420. — *Xeranthemum serpyllifolium* Lamk. — *Helichrysum canescens* Willd. — Capitules solitaires. Involucre turbiné : écailles plus ou moins obtuses. — Arbuste haut de 1 pied, ou plus. Rameaux alternes, étalés, grêles, cotonneux : les florifères aphylles vers le sommet. Feuilles longues de 3 lignes, subimbriquées, membranacées, cotonneuses-blanchâtres aux 2 faces, elliptiques-oblongues. Écailles-involucrales blanches ou roses, longues d'environ 8 lignes.

ASTELME MAGNIFIQUE. — *Astelma eximium* R. Br. in Bot. Reg. tab. 532. — *Gnaphalium eximium* Linn. — Bot. Mag. tab. 300. — Capitules en corymbes. Involucre campaniforme. — Arbuste haut de 2 à 3 pieds. Tige grêle, simple, feuillue. Feuilles membranacées, planes, cotonneuses-blanchâtres, subimbriquées, semi-amplexicaules, 1-nervées, elliptiques, acuminées, longues d'environ 2 lignes, sur 1 ligne de large. Corymbe simple, terminal ; pédoncules cotonneux, longs de 1 pouce à 2 pouces. Capitules longs d'environ 1 pouce. Involucre non-radiant, d'un pourpre violet ; écailles planes : les intérieures elliptiques-oblongues. Nucules subglobuleuses, papilleuses.

Genre HÉLICHRYSE. — *Helichrysum* (Vaill.) Cass.

Capitules incouronnés ou discoïdes : fleurs de la couronne peu nombreuses, 1-sériées, femelles, subrégulières ; fleurs du disque très-nombreuses, hermaphrodites. Involucre (soit égal aux fleurs, soit plus long, soit plus court) plus ou moins radiant, ou connivent, formé d'écailles appliquées, imbriquées : les intermédiaires subcoriaces, surmontées d'un grand appendice inappliqué, scarieux, luisant, coloré, ovale, concave ; les extérieures presque réduites au seul appendice ; les intérieures souvent presque inappendiculées. Réceptacle presque plan ou convexe, nu, fovéolé, à réseau subdenticulé. Fleurs de la couronne très-grêles, 4-ou 5-fides, tubuleuses. Corolles du disque glabres, 5-fides, tubuleuses. Anthères 2-aristées à la base. Nucules cylindracées, obtuses, non-stipitées, à aréole terminale ; aigrette formée de soies filiformes, scabres, libres, égales.

Herbes ou arbustes. Feuilles éparses, sessiles, entières, ni éricoïdes, ni résupinées. Capitules solitaires ou agrégés, terminaux. — La plupart des espèces de ce genre habitent l'Afrique australe ; quelques-unes sont indigènes ; aucune n'appartient à l'Amérique. Ces végétaux, auxquels le nom vulgaire d'*Immortelle* s'applique ainsi qu'à beaucoup d'autres Gnaphaliées, se font en général remarquer par l'élégance de leurs fleurs, dont l'involucre conserve tout son éclat, non-seulement durant la floraison, mais longtemps même après la dessiccation. Les espèces dont nous allons faire mention se cultivent comme plantes d'ornement.

A. *Écailles-involucrales blanches, ou rouges, ou brunâtres,*
ou d'un jaune très-pâle.

a) *Capitules subglobuleux, peu ou point radiants. —Arbustes du Cap de*
Bonne-Espérance.

HÉLICHRYSE A GRANDES FLEURS. — *Helichrysum grandiflorum* Less. Syn. — *Gnaphalium grandiflorum* Linn. — *Gna*

phalium fruticans Willd. (non Linn.) — Feuilles oblongues-lancéolées ou linéaires-lancéolées, sessiles, cotonneuses-
blanchâtres aux 2 faces. Capitules en cymes. Involucre campaniforme : appendices jaunâtres : les inférieurs pointus. — Arbuste
dressé, suffrutescent, haut de ½ pied à 3 pieds. Tiges en général
simples, aphylles vers la base. Feuilles longues de 1 ½ pouce
à 3 pouces, fermes, semi-amplexicaules, planes, très-rapprochées. Cyme multiradiée, très-dense.

Hélichryse frutescent. — *Helichrysum frutescens* Less.
— *Gnaphalium fruticans* Linn. — Bot. Mag. tab. 1802. —
Gnaphalium grandiflorum Willd. (non Linn.) — Andr. Bot.
Rep. tab. 489. — Feuilles elliptiques, obtuses, mucronulées,
coriaces, trinervées, semi-amplexicaules, glabres en dessus,
cotonneuses-blanchâtres en dessous. Capitules en cyme. Involucre campaniforme : appendices blancs, les extérieurs pointus.
— Tige simple ou rameuse, cotonneuse, feuillue, suffrutescente, haute de ½ pied à 3 pieds. Feuilles longues de 1 pouce
à 3 pouces, coriaces. Capitules du volume d'une Cerise.

Hélichryse agrégé. — *Helichrysum felinum* Less. — *Gnaphalium elongatum* et *Gnaphalium congestum* Lamk. —
Gnaphalium congestum Bot. Reg. tab. 243. — Bot. Mag.
tab. 2328. — *Gnaphalium felinum* et *Gnaphalium serratum*
Thunb. — Feuilles ovales-lancéolées ou linéaires-lancéolées,
acuminées, sessiles, rugueuses (tantôt glabres, tantôt aranéeuses
ou poilues) en dessus, cotonneuses-blanchâtres en dessous. Capitules en cyme. Involucre campaniforme. Appendices obtus. —
Tige ligneuse, rameuse; rameaux divergents, allongés : les florifères aphylles vers leur sommet. Feuilles longues de 4 à 7
lignes, larges de 2 à 3 lignes. Cymes dichotomes, subaphylles,
plus ou moins denses. Capitules du volume de ceux de l'*Antennaria margaritacea*. Involucre pourpre, ou rose, ou panaché de blanc et de pourpre.

B. *Écailles-involucrales à appendice d'un jaune vif (par variation blanchâtre).*

a) Capitules petits, disposés en cymes ou en corymbes.

HÉLICHRYSE STOECHAS. — *Helichrysum Stæchas* De Cand. Flore Franç. — *Gnaphalium Stœchas* Linn. — *Gnaphalium citrinum* Lamk. — Tige suffrutescente, très-rameuse, diffuse. Rameaux cotonneux, feuillus, subfasciculés. Feuilles linéaires, révolutées aux bords, cotonneuses aux 2 faces ou seulement en dessous. Capitules ovoïdes, disposés en cymes denses. Involucre subradiant, un peu plus long que les fleurs du disque; écailles à appendice obtus ou subobtus. — Arbuste haut de 1 pied à 2 pieds. Rameaux tantôt simples, tantôt ramulifères au sommet, grêles, effilés. Cymes 3-à 7- radiées, sessiles ou subsessiles. Capitules longs d'environ 2 lignes, hétérogames.— Cette espèce, nommée vulgairement *Stéchas*, est commune dans l'Europe méridionale; ses feuilles et ses jeunes pousses ont une odeur aromatique agréable; on les employait jadis comme remède vulnéraire.

HÉLICHRYSE D'ORIENT. — *Helichrysum orientale* Gærtn. — *Gnaphalium orientale* Linn. — Tiges suffrutescentes, tortueuses. Rameaux simples, cotonneux. Feuilles 1-nervées, cotonneuses aux 2 faces : les inférieures lancéolées-spathulées, obtuses; les supérieures linéaires-spathulées ou linéaires, pointues. Capitules assez longuement pédonculés, en cyme un peu lâche. — Tiges ascendantes, atteignant 3 à 4 pieds de long; rameaux grêles, effilés. Feuilles plus ou moins rapprochées : les inférieures longues de 2 à 4 pouces, larges de 3 à 5 lignes. Cymes sessiles, 5-à 9-radiées, convexes, larges de 2 à 4 pouces. Capitules subglobuleux, larges de 3 à 4 lignes. Involucre un peu plus long que les fleurs du disque; écailles à appendice elliptique, obtus, souvent mucronulé, d'un jaune soit pâle, soit vif. — Cette espèce, originaire de Candie, est très-fréquemment cultivée comme arbuste d'agrément, et plus spécialement désignée sous le nom d'*Immortelle jaune;* elle fleurit tout l'été.

Ses corymbes, cueillis un peu avant la floraison, et desséchés avec les précautions convenables, s'emploient souvent en guise de fleurs artificielles.

HÉLICHRYSE DES SABLES. — *Helichrysum arenarium* De Cand.—*Gnaphalium arenarium* Linn.—Flor. Dan. tab. 641. — Blackw. Herb. tab. 524. — Tiges ascendantes ou dressées, simples, herbacées, cotonneuses. Feuilles 1-nervées, cotonneuses aux 2 faces : les inférieures oblongues-spathulées, obtuses; les supérieures sublinéaires, pointues. Capitules subglobuleux, courtement pédonculés, en cyme dense. — Plante touffue, haute de ¹/₂ pied à 1 pied. Racine ligneuse. Tiges cylindriques, grêles, effilées, feuillées jusqu'au sommet, feuillues vers la base. Feuilles fermes, blanchâtres, souvent ondulées : les inférieures longues de 1 pouce à 2 pouces. Cyme ordinairement multiradiée, convexe, subaphylle. Capitules larges d'environ 2 lignes. Involucre aussi long ou un peu plus long que les fleurs : écailles à appendice elliptique, obtus, ordinairement d'un jaune vif, souvent mucroné. — Cette espèce croît dans les landes sablonneuses de presque toute l'Europe; elle fleurit en juillet et août; ses cymes s'emploient aussi en guise de fleurs artificielles.

b) Capitules grands, radiants, solitaires, ou en corymbes simples.

HÉLICHRYSE FÉTIDE. — *Helichrysum fœtidum* Cass. — *Gnaphalium fœtidum* Linn. — Bot. Mag. tab. 1987. — *Anaxeton fœtidum* Gærtn.—Tige dressée, herbacée, rameuse. Feuilles grandes, planes, étalées, scabres en dessus, cotonneuses ou floconneuses en dessous, ovales-lancéolées, ou oblongues-lancéolées, pointues, cordiformes-amplexicaules à la base. Capitules solitaires ou en corymbe, subsessiles. Involucre hémisphérique, de moitié plus long que les fleurs; écailles à appendice ovale-lancéolé, pointu. — Plante annuelle ou bisannuelle, haute de 1 pied à 2 pieds. Tige feuillée jusqu'au sommet, un peu visqueuse; rameaux simples, ou paniculés au sommet. Feuilles longues de 1 pouce à 3 pouces, minces, un peu charnues, plus ou moins visqueuses, d'un vert foncé en dessus. Involucre, lors de l'épanouissement, large de 6 à 8 lignes; écailles à appendice jaune ou d'un blanc argenté. — Cette espèce est originaire du Cap; ses feuilles et ses jeunes pousses ont une odeur bitumineuse.

HÉLICHRYSE BRILLANT. — *Helichrysum fulgidum* Willd. — *Xeranthemum fulgidum* Linn. — Jacq. Ic. Rar. 1, tab. 173. — Bot. Mag. tab. 414. — Tiges feuillues, suffrutescentes à la base. Feuilles linéaires-oblongues, obtuses, mucronées, semi-amplexicaules, dressées, vertes et glanduleuses aux 2 faces, laineuses aux bords. Capitules solitaires, subsessiles. Involucre hémisphérique, de moitié plus long que les fleurs. Écailles-involucrales à appendice oblong, acuminé, mucroné. — Tiges hautes de ¹/₂ pied à 2 pieds, plus ou moins laineuses (surtout vers le sommet), grêles, effilées, ascendantes, ou dressées, très-simples, ou divisées au sommet en 2 ou 3 ramules 1-céphales. Feuilles longues de 1 ¹/₂ pouce à 3 pouces, larges de 2 à 6 lignes, membranacées. Capitules, lors de l'épanouissement, larges de 15 à 18 lignes. Involucre hémisphérique, d'un jaune brillant. — Cette espèce est originaire du Cap.

HÉLICHRYSE BRACTÉOLÉ. — *Helichrysum bracteatum* Willd. — *Xeranthemum bracteatum* Vent. Malm. 2, tab. 2. — Tige herbacée, paniculée, légèrement pubérule et scabre de même que les feuilles et les rameaux. Feuilles lancéolées ou lancéolées-linéaires, pointues, planes. Capitules solitaires, accompagnés de bractées foliacées. Écailles-involucrales à appendice chartacé : celui des inférieures court, elliptique; celui des intermédiaires grand, oblong, acuminulé; celui des intérieures linéaire-lancéolé, ou oblong-lancéolé, acuminé. — Plante annuelle, haute de 2 à 3 pieds. Tige dressée, striée. Rameaux simples ou paniculés, feuillés, un peu divergents. Feuilles longues de 1 pouce à 3 pouces, larges de 3 à 8 lignes, minces, d'un vert foncé en dessus, d'un vert pâle en dessous. Capitules tantôt subsessiles, tantôt plus ou moins longuement pédonculés. Involucre

tantôt d'un jaune vif, tantôt d'un blanc argenté, lors de l'épanouissement presque plan, large de 15 à 20 lignes, de moitié
plus long que les fleurs du disque. Nucules cylindracées, 4-
gones, d'un brun de châtaigne, lisses, longues d'environ 1 ligne;
aigrette blanche ou jaunâtre. — Cette espèce, fréquemment cultivée dans les parterres, est originaire de la Nouvelle-Hollande;
elle fleurit tout l'été.

Genre STYLOLÉPIDE. — *Stylolepis* Lehm.

Capitules multiflores, radiés; fleurs-radiales 1-sériées,
femelles, à corolle ligulée, 3-dentée au sommet; fleurs du
disque hermaphrodites, à corolle infondibuliforme, 5-
dentée, courbée en dehors. Involucre ovoïde, urcéolé,
égal aux fleurs du disque, formé d'écailles pluri-sériées
imbriquées, appliquées, petites, stipitiformes, charnues,
glanduleuses, surmontées d'un grand appendice scarieux,
membranacé, subdiaphane, inappliqué, ovale, 1-nervé.
Réceptacle concave, nu, aréolé. Anthères à appendices
basilaires capillaires. Stigmates épaissis au sommet. Nucules petites, elliptiques, comprimées, subtétragones,
chagrinées; aigrette formée de soies filiformes, scabres,
libres dès leur base, égales.

Plante annuelle, très-glabre, paniculée. Tige et rameaux raides, grêles, fragiles, très-lisses. Feuilles lancéolées ou linéaires-lancéolées, pointues, très-entières, raides,
éparses : les caulinaires et les raméaires biauriculées à la
base, à auricules adnées. Pédoncules grêles, raides, terminaux, 1-céphales, solitaires, claviformes au sommet :
partie épaissie charnue, couverte de bractées semblables
aux écailles-involucrales. Fleurs-radiales d'un rose très-
pâle, ou blanchâtres, beaucoup plus longues que les fleurs
du disque. Fleurs du disque d'un rose vif.

Stylolépide grêle. — *Stylolepis gracilis* Lehm. Ind. Sem.
Hort. Hamb. 1828. — *Podolepis gracilis* Graham, in Bot.

Mag. tab. 2904. — Sweet, Brit. Flow. Gard. tab. 285. — Plante haute de 1 pied à 2 pieds. Racine grêle, pivotante. Tige dressée, feuillée, plus ou moins flexueuse, ordinairement rougeâtre ; rameaux plus ou moins divergents, médiocrement feuillés, ou subaphylles, simples, ou paniculés. Feuilles d'un vert gai et luisantes aux 2 faces, dressées, subrévolutées aux bords, fortement 1-costées en dessous et munies de 2 nervures latérales oblitérées vers le haut ; les feuilles radicales et les caulinaires-inférieures spathulées-oblongues, obtuses, longues de 2 à 3 pouces ; les autres oblongues-lancéolées, ou linéaires-lancéolées, pointues, graduellement plus petites ; les ramulaires minimes. Écailles-involucrales à appendice incolore ou panaché de brun, ordinairement mucroné. Fleurs-radiales longues d'environ 8 lignes, nombreuses ; ligule linéaire-cunéiforme, 2-ou-3-dentée, étalée lors de l'épanouissement. Nucules d'un noir clair, longues de $^1/_2$ ligne ; aigrette blanche, 2 fois plus longue que la nucule. — Cette plante, originaire des côtes occidentales et australes de la Nouvelle-Hollande, se cultive dans les parterres ; elle est très-élégante, et fleurit tout l'été.

Genre ANTENNAIRE. — *Antennaria* Gærtn.

Capitules dioïques ou subdioïques, multiflores, subglobuleux. Involucre aussi long ou plus long que les fleurs, subradiant, formé d'écailles pluri-sériées, imbriquées, scarieuses, la plupart colorées presque dès leur base. Réceptacle convexe, nu, alvéolé. Corolles tubuleuses, 5-dentées : celles des fleurs femelles filiformes. Anthères semi-saillantes ; appendices-basilaires sétiformes. Style des fleurs mâles tronqué ou courtement bifide au sommet. Nucules petites, subcylindracées ; aigrette formée de soies à peine barbellulées : celles des fleurs femelles filiformes ; celles des fleurs mâles épaissies au sommet.

Herbes vivaces, cotonneuses. Feuilles planes, très-entières : les caulinaires sessiles, alternes. Capitules termi-

naux, pédonculés, disposés en cymes ou en corymbes.
Écailles-involucrales blanches ou pourpres.

*a) Plante stolonifère, à tiges-florifères simples, dressées. — Capitules
absolument dioïques, en corymbe serré.*

ANTENNAIRE DIOÏQUE.—*Antennaria dioica* Gærtn. — *Gnaphalium dioicum* Linn. — Bull. Herb. tab. 325. — Engl.
Bot. tab. 267. — Flor. Dan. tab. 1228. — *Antennaria hy-
perborea* Don, in Engl. Bot. Suppl. tab. 2640.—Racine rampante. Tiges hautes de 3 à 8 pouces, grêles, feuillées jusqu'au
sommet, cotonneuses de même que les stolons. Feuilles subcoriaces, cotonneuses soit aux 2 faces, soit seulement en dessous :
les radicales et celles des stolons spathulées ; les caulinaires linéaires-lancéolées. Corymbe 3-9-céphale, en général très-serré
(du moins à l'époque de la floraison). Pédoncules grêles, cotonneux, tantôt à peine aussi longs que les capitules, tantôt plus
longs. Involucre long de 2 à 4 lignes ; écailles oblongues ou obovales, très-obtuses, laineuses à la base, glabres et colorées
(tantôt blanches, tantôt d'un rose plus ou moins vif) supérieurement. — Cette espèce, connue sous le nom vulgaire de *Pied-
de-Chat* (à cause de l'aspect soyeux de ses capitules), croît
sur les pelouses sèches, dans toute l'Europe ; elle fleurit en été ;
l'infusion de ses capitules jouissait jadis d'une grande vogue à
titre de remède pectoral.

*b) Plantes non-stolonifères. Tiges rameuses au sommet. Capitules sub-
dioïques (les mâles ayant ordinairement une couronne de fleurs neutres).
Capitules en cymes.*

ANTENNAIRE DE VIRGINIE. — *Antennaria margaritacea*
R. Br. — *Gnaphalium margaritaceum* Linn. — Engl. Bot.
tab. 2018. —*Helichrysum margaritaceum* Mœnch.—Feuilles
lancéolées ou lancéolées-linéaires, pointues, 3-nervées, glabrescentes en dessus, cotonneuses en dessous. Écailles-involucrales
elliptiques ou oblongues, obtuses. — Racine rampante. Tiges
touffues, dressées, cotonneuses, raides, effilées, feuillues,
hautes de 1 ½ pied à 2 ½ pieds, ramulifères au sommet ; ra-

mules médiocrement feuillés ou subaphylles, subfastigiés. Feuilles longues de 2 à 4 pouces, larges de 2 à 5 lignes, fermes,
d'un vert foncé et luisantes en dessus. Cymes 3-7-radiées, subsessiles, denses, convexes; pédoncules cotonneux, en général
à peu près aussi longs que les capitules. Capitules larges de 3 à
4 lignes; écailles cotonneuses vers leur base, glabres, d'un
blanc argenté supérieurement. — Cette espèce, indigène de
l'Amérique septentrionale, et connue sous les noms vulgaires
d'*Immortelle blanche*, ou *Immortelle de Virginie*, se cultive
fréquemment comme plante d'ornement; elle fleurit de juillet
en septembre.

ANTENNAIRE A FEUILLES NERVEUSES. — *Antennaria triplinervis* Sims, Bot. Mag. tab. 2468. — *Gnaphalium nepalense*
Hortul. — *Gnaphalium cynoglossoides* Trevir. — Feuilles
acuminées, subamplexicaules, glabrescentes en dessus, cotonneuses en dessous : les inférieures obovales, ou lancéolées-obovales, ou lancéolées-elliptiques, 5-ou 7-nervées; les supérieures oblongues, ou oblongues-lancéolées, ou lancéolées-
oblongues, 3-nervées. Écailles-involucrales ovales ou ovales-
lancéolées, acuminées, ou pointues. — Plante touffue, haute
d'environ 2 pieds. Racine rampante. Tiges flexueuses, dressées,
feuillues, cotonneuses; rameaux plus ou moins divergents, ramulifères au sommet, médiocrement feuillés, tantôt subfastigiés,
tantôt formant une panicule pyramidale. Feuilles fermes, luisantes et d'un vert foncé en dessus : les inférieures longues de
3 à 6 pouces, larges de 1 pouce à 2 pouces. Cymes subpaniculées, polycéphales, assez denses, feuillées. Involucre large de 5
à 6 lignes (lors de l'épanouissement), plus long que les fleurs;
écailles d'un blanc argenté, cotonneuses-ferrugineuses vers leur
base. — Cette espèce, originaire du Népaul, se cultive comme
plante d'ornement.

SECTION II. **INULÉES-PROTOTYPES** Cass.

Écailles-involucrales non-scarieuses. Stigmates arrondis au sommet. Article-anthérifère long; appendice-apicilaire de l'anthère obtus. Appendices-basilaires longs, non-pollinifères.

Genre PULICAIRE. — *Pulicaria* Gærtn.

Capitules multiflores, radiés; fleurs-radiales nombreuses, subunisériées, femelles, ligulées; fleurs du disque très-nombreuses, hermaphrodites, à corolle infondibuliforme, 5-dentée. Involucre subhémisphérique, un peu plus long que les fleurs du disque, formé d'écailles nombreuses, inégales, pauci-sériées, irrégulièrement imbriquées, linéaires-subulées, subfoliacées (les intérieures submembranacées). Réceptacle presque plan, fovéolé, nu. Nucules cylindriques, obtuses aux 2 bouts; aigrette double : l'extérieure courte, membranacée, cupuliforme, denticulée ; l'intérieure longue, formée de soies peu nombreuses, filiformes, 1-sériées, finement barbellulées.

Herbes annuelles ou vivaces, rameuses, aromatiques, ordinairement velues. Feuilles entières ou dentelées : les caulinaires éparses, sessiles, cordiformes-biauriculées à la base : oreillettes embrassantes. Pédoncules solitaires ou en corymbe, terminaux, 1-céphales. Corolles jaunes : les radiales à ligule linéaire, 3-ou 5-dentée au sommet.

PULICAIRE DYSSENTÉRIQUE.—*Pulicaria dyssenterica* Gærtn. — *Inula dyssenterica* Linn. — Curt. Flor. Lond. tab. 178: — Flor. Dan. tab. 410. — Engl. Bot. tab. 1115. — Plante vivace, haute de 1 1/2 pied à 3 pieds. Racine rampante. Tige dressée, rameuse, velue; rameaux grêles, velus, feuillés, plus ou moins divergents, ordinairement paniculés. Feuilles denticulées, ordinairement pointues, vertes en dessus, cotonneuses ou

pubescentes-incanes en dessous (moins souvent vertes aux 2 faces),
un peu visqueuses : les radicales et les caulinaires-inférieures lancéolées ou lancéolées-oblongues; les autres oblongues ou oblongues-lancéolées, cordiformes-bilobées à la base. Capitules subsolitaires ou en corymbe lâche ; pédoncules longs de 1 pouce à 2
pouces, pubescents, visqueux, épaissis au sommet. Involucre
velu, d'environ 6 lignes de diamètre. Ligules de moitié à 1 fois
plus longues que le disque. Nucules très-petites, brunes, striées.
— Cette espèce, nommée vulgairement *Herbe de saint Roch*,
est commune aux bords des eaux et dans les prairies humides;
elle fleurit tout l'été. Toute la plante a une saveur astringente et
légèrement aromatique ; elle passe pour un bon remède anti-dyssentérique.

Genre INULE. — *Inula* Linn.

Capitules radiés; fleurs-radiales nombreuses, subunisériées, femelles, ligulées ; fleurs du disque très-nombreuses, hermaphrodites, à corolle infondibuliforme, 5-
dentée. Involucre aussi long ou plus long que les fleurs du
disque, subhémisphérique, formé d'écailles imbriquées,
appliquées, pluri-sériées : les extérieures plus larges,
coriaces, surmontées d'un appendice étalé, foliacé; les
intérieures étroites, linéaires, inappendiculées, submembranacées. Réceptacle plan ou convexe, inappendiculé.
Anthères à appendices-basilaires sétiformes, plumeux.
Nucules oblongues-cylindracées ; aigrette formée de soies
filiformes, barbellulées, inégales, subunisériées, souvent
soudées par la base.

Herbes rameuses, le plus souvent vivaces. Feuilles très-
entières ou dentelées : les caulinaires alternes, sessiles,
souvent amplexicaules. Pédoncules solitaires ou en corymbe, terminaux, ou axillaires et terminaux, 1-céphales.
Corolles jaunes : celles des fleurs-radiales à ligule linéaire,
2-ou 3-dentée.

INULE AULNÉE. — *Inula Helenium* Linn. — Blackw. Herb.

tab. 473.—Engl. Bot. tab. 108.—Flor. Dan. tab. 728.—*Corvisartia Helenium* Mérat, Flor. Par.—Plante vivace, haute de 2 à 4 pieds. Racine pivotante, grosse, charnue, rameuse, brune à l'extérieur, blanchâtre en dedans, d'une saveur âcre, aromatique, légèrement amère. Tige dressée, cylindrique, velue, cannelée, ferme, grosse, rameuse vers le sommet; rameaux simples ou paniculés, divergents, médiocrement feuillés. Feuilles fermes, réticulées, inégalement dentelées, vertes et rugueuses en dessus, cotonneuses-subincanes (veloutées) en dessous : les radicales lancéolées ou lancéolées-elliptiques, pointues, longuement pétiolées, longues de 1 pied à 2 ¹/₂ pieds (y compris le pétiole), larges de 4 à 8 pouces; les caulinaires ovales, ou ovales-lancéolées, ou ovales-oblongues, acuminées, amplexicaules, plus ou moins profondément cordiformes à la base. Capitules terminaux, ou axillaires et terminaux (ceux-ci souvent en corymbe; les inférieurs toujours solitaires), grands, tantôt sessiles, tantôt pédonculés. Involucre de 10 à 20 lignes de diamètre; écailles-extérieures à appendice grand, ovale; écailles-intérieures glabres, rougeâtres. Fleurs-radiales à ligule longue d'environ 1 pouce, très-étroite. Nucules tétragones, striées, brunâtres, longues de 2 lignes; aigrette blanche.—Cette espèce, connue sous les noms vulgaires d'*Aulnée*, *Aunée*, ou *Énule*, croît dans les bois et les prairies humides; elle fleurit en juillet et août. Sa racine est tonique, vermifuge, emménagogue, apéritive, diurétique, et sudorifique; on l'emploie assez souvent tant en thérapeutique que dans l'art vétérinaire. La plante se cultive aussi pour l'ornement des jardins.

Genre LIMBARDE. — *Limbarda* Adans.

Ce genre ne diffère du précédent que par l'involucre, dont toutes les écailles sont étroites, linéaires-lancéolées, subcoriaces, inappendiculées, entièrement appliquées.

LIMBARDE FAUX-CRITHME.—*Limbarda crithmoides* Cass.—*Inula crithmoides* Linn.—Engl. Bot. tab. 68.—*Inula*

crithmifolia Willd. — Arbuste touffu, haut de 1 pied à 3 pieds.
Tige suffrutescente, dressée, très-rameuse. Rameaux ascendants,
raides, cylindriques, effilés, feuillus, tantôt simples, tantôt garnis dans toute leur longueur de ramules, les uns stériles, feuillus, très-courts; les autres florifères, plus ou moins allongés,
1-céphales, ou oligocéphales. Feuilles glabres ou finement pubérules, persistantes, charnues, glauques, innervées, planes en
dessus, convexes en dessous, sessiles, linéaires, ou linéaires-spathulées, obtuses, ou pointues : les raméaires longues de 1 pouce
à 2 pouces, ordinairement tridentées au sommet ; les ramulaires
plus petites, en général très-entières. Pédoncules solitaires ou en
corymbe, terminaux, grêles, épaissis au sommet, garnis de bractéoles sétacées. Involucre glabre, hémisphérique, large d'environ
6 lignes, plus court que les fleurs du disque. Corolles jaunes : les
radiales plus longues que celles du disque, à ligule 2-ou 3-den-
tée, linéaire, longue de 4 à 5 lignes. — Cette espèce croît sur
les plages salines voisines de la Méditerranée ; elle fleurit en
juillet et août ; ses feuilles et ses jeunes pousses ont une saveur
piquante et légèrement aromatique, analogue à celle des racines
de Panais ; on les mange confites au vinaigre ou à la saûmure ;
elles ont des propriétés apéritives et dépuratives.

Genre TÉLÉKIE. — *Telekia* Baumg.

Capitules orbiculaires, radiés ; fleurs-radiales nombreuses, 1-sériées, femelles, à corolle ligulée ; fleurs du
disque très-nombreuses, hermaphrodites, à corolle infondibuliforme, 5-dentée, arquée en dehors. Involucre suborbiculaire, aussi long que les fleurs du disque, formé
d'écailles pluri-sériées, imbriquées : les extérieures ovales-
oblongues, appliquées et coriaces à la base, à partie supérieure foliacée, inappliquée ; les intérieures appliquées,
linéaires-oblongues, terminées en appendice inappliqué,
élargi, arrondi, subscarieux. Réceptacle très-large, presque plan, garni de paillettes plus courtes que les fleurs,
raides, linéaires-subulées. Anthères à appendices-basilai-

res longs, sétacés, plumeux. Nucules grêles, lisses, striées, subtrièdres; aigrette coroniforme, très-courte, subcartilagineuse, irrégulièrement denticulée, offrant quelquefois une seule soie longue et filiforme.

Herbes vivaces, rameuses, élancées. Feuilles doublement dentées : les caulinaires alternes; les inférieures pétiolées, profondément cordiformes à leur base; les supérieures sessiles, amplexicaules, légèrement cordiformes à leur base. Pédoncules terminaux ou axillaires et terminaux, solitaires, 1-céphales, bractéolés au sommet. Corolles jaunes : les radiales à ligule linéaire, très-longue, très-étroite.

TÉLÉKIE ÉLÉGANTE. — *Telekia speciosa* Baumg. Flor. Transylv.—*Buphtalmum cordifolium* Wald. et Kit. Hungar. 2, tab. 113. — *Buphtalmum speciosum* Schreb. Decad. tab. 6. — *Inula caucasica* Pers. — *Molpadia suaveolens* Cass. — Plante vivace, haute de 3 à 4 pieds, ayant le port de l'*Aulnée*. Racine pivotante. Tige dressée, ferme, rameuse, cylindrique, pubescente, feuillée. Rameaux simples ou subpaniculés, feuillés, plus ou moins divergents. Feuilles d'un vert gai et rugueuses en dessus, pubescentes en dessous (et en outre parsemées de glandules ponctiformes), acuminées, minces, odorantes, veineuses : les radicales à limbe cordiforme-ovale, long de près de 1 pied, sur 6 à 9 pouces de large; pétiole long de ½ pied à 1 pied, semi-cylindrique; les caulinaires-inférieures conformes aux radicales, mais à pétiole moins long, ailé; les autres elliptiques, ou ovales, ou ovales-oblongues, ou ovales-lancéolées, arrondies ou subcordiformes à la base, graduellement moins grandes. Capitules terminaux ou axillaires et terminaux, plus ou moins longuement pédonculés, Bractées oblongues. Pédoncules pubescents, épaissis au sommet. Involucre large de 18 lignes à 2 pouces, glabre; écailles obtuses : les intérieures à appendice fimbriolé. Fleurs d'un jaune vif : les radiales à ligule longue d'environ 1 pouce.—Cette espèce, indigène au Caucase, ainsi que dans les montagnes de l'Europe orientale, se cultive comme plante d'ornement ; elle fleurit en juin et juillet ; ses feuilles ont une odeur balsamique assez agréable.

SECTION III. **INULÉES-BUPHTALMÉES** Cass.

Involucre non-scarieux. Stigmates arrondis au sommet. Article-anthérifère court ; appendice-apicilaire de l'anthère pointu ; appendices-basilaires courts, pollinifères.

Genre BUPHTALME. — *Buphtalmum* Linn.

Capitules radiés ; fleurs - radiales nombreuses, femelles, 1-sériées, à corolle ligulée ; fleurs du disque très-nombreuses, hermaphrodites, à corolle infondibuliforme, 5-dentée. Involucre subhémisphérique, à peu près égal aux fleurs du disque, formé d'écailles irrégulièrement 2-ou 3-sériées, subisomètres, appliquées, étroites, pointues, coriaces, membraneuses aux bords. Réceptacle conique, peu élevé, garni de paillettes plus courtes que les fleurs, embrassantes, oblongues ou sublinéaires, 1-nervées, subulées au sommet, submembraneuses. Nucules obconiques ou turbinées, lisses : les radiales trièdres, légèrement ailées aux angles ; celles du disque trièdres ou comprimées, à angle interne ailé ou marginé ; aigrette très-courte, coroniforme, scarieuse, irrégulièrement denticulée et fimbriolée.

Herbes vivaces. Feuilles peu ou point dentées : les caulinaires alternes ; les inférieures pétiolées ; les supérieures sessiles. Pédoncules solitaires, terminaux, 1-céphales. Corolles jaunes : les radiales à ligule linéaire-oblongue, 3-ou 4-dentée au sommet, plus longue que les fleurs du disque.

BUPHTALME A FEUILLES DE SAULE. — *Buphtalmum salicifolium* Linn. — Jacq. Flor. Austr. tab. 70. — *Buphtalmum grandiflorum* Linn. — Plante touffue, haute de ½ pied à 2 pieds, tantôt glabre, tantôt plus ou moins velue. Tige simple ou rameuse, dressée, feuillée; rameaux dressés ou divergents, simples ou paniculés, feuillés. Feuilles très-entières ou subdenticulées, ou dentelées, d'un vert foncé : les inférieures oblongues-spathulées ou lancéolées, plus ou moins longuement pétiolées, ordinairement obtuses; les supérieures linéaires-lancéolées, pointues. Pédoncules longs, grêles. Écailles-involucrales ovales-lancéolées ou oblongues-lancéolées, acuminées-cuspidées, parsemées de glandules ponctiformes. Fleurs d'un jaune vif; ligules longues de 6 à 9 lignes. — Cette espèce croît dans les pâturages secs des montagnes; elle fleurit en juillet et août; on la cultive comme plante de parterre.

XIIIe TRIBU. **LES ASTÉRÉES.** — *ASTEREÆ* Cass.

Capitules radiés, ou discoïdes, ou incouronnés. Corolle-staminifère régulière, ou subrégulière, subinfondibuliforme, 5-fide. Anthères privées d'appendices basilaires. Ovaire plus ou moins comprimé bilatéralement, oblong, ou obovale-oblong. Aigrette irrégulière. Stigmates (de la fleur hermaphrodite) convergents, arqués en dedans, ayant une partie inférieure demi-cylindrique, bordée de 2 bourrelets non-confluents, et une partie supérieure semi-conique, pubescente à la surface externe.

Herbes, ou sous-arbrisseaux, ou arbrisseaux. Feuilles ordinairement alternes, toujours indivisées. Réceptacle nu, ou moins souvent garni de paillettes ou de fimbrilles. Écailles-involucrales ordinairement imbriquées, quelquefois 1-sériées. Corolle-staminifère jaune; limbe en général pyriforme avant l'épanouissement : lobes ovales ou oblongs, subacuminés, membraneux, bordés d'un gros bourrelet cylindrique; tube ordinairement poilu vers le sommet. Filets des étamines soudés ordinairement jusqu'au sommet du tube de la corolle; article-anthérifère (souvent jaune ou orangé) très-distinct du filet; anthères à bourses arrondies à la base; appendice-apicilaire libre, demi-lancéolé, obtus. Ovaire stipité, ordinairement poilu (à poils bi-apiculés), plus ou moins comprimé sur les 2 côtés, muni d'une côte sur chacune des 2 arêtes, et quelquefois d'autres côtes moindres sur les 2 faces. Aigrette (rarement nulle ou demi-avortée) le plus souvent composée de soies filiformes ou subtrièdres, épaisses, flexueuses, hérissées de barbellules longues et fortes, rapprochées, irrégulièrement disposées; quelquefois l'aigrette est composée en tout ou en partie de paillettes.

« Cette tribu, » dit M. de Cassini, « est caractérisée principalement par les stigmates qui suffisent pour la distinguer de toute autre tribu, quand les caractéres de cet organe sont bien prononcés. Dans le cas contraire, il faut recourir aux autres organes floraux, qui offrent aussi plusieurs bons caractères. Les Astérées sont répandues inégalement sur toutes les parties de la terre; il y en a beaucoup dans l'Amérique septentrionale et en Afrique. »

Section I. **ASTÉRÉES-SOLIDAGINÉES** Cass.

Capitules radiés ou discoïdes. Fleurs-radiales à ligule jaune (par exception blanchâtre).

Genre VERGE-D'OR. — *Solidago* Linn.

Capitules oblongs, radiés; fleurs-radiales au nombre de 5 à 15, femelles, 1-sériées, plus ou moins distancées, ligulées; fleurs du disque tantôt plus nombreuses que les fleurs femelles, tantôt moins, hermaphrodites, à corolle infondibuliforme, inégalement 5-dentée. Involucre oblong, subcylindracé, plus court que les fleurs du disque, formé d'écailles inégales, pauci-sériées, imbriquées, appliquées, foliacées, 1-nervées, ovales-oblongues, obtuses, membraneuses aux bords. Réceptacle petit, plan, alvéolé, à cloisons épaisses, charnues, ordinairement dentées. Filets soudés jusqu'au milieu seulement du tube de la corolle. Nucules cylindracées ou obconiques, un peu comprimées, striées; aigrette 1-sériée, longue, composée de soies filiformes, barbellulées, inégales, amincies au sommet.

Herbes vivaces, rameuses. Tiges dressées, cylindriques. Feuilles entières ou dentées : les radicales plus grandes, rétrécies en pétiole ; les caulinaires graduellement plus petites, plus étroites, éparses, la plupart sessiles. Capitules petits, pédicellés, disposés en grappes terminales, ou axillaires et terminales, denses (souvent unilatérales et plus ou moins recourbées, rarement simples, ordinairement composées de cymules oligocéphales) ; pédicelles 1-bractéolés à la base, dressés. Corolles jaunes (dans une seule espèce les ligules sont blanchâtres) : les radiales à ligule linéaire, ou oblongue, ou elliptique, obtuse, ordinairement courte et étalée. — A l'exception de quelques espèces, dont une seule est indigène, ce genre appartient à l'Amérique septentrionale. Beaucoup d'entre elles se cultivent comme plantes d'ornement ; ces végétaux sont très-rustiques, et ils s'accommodent des terrains les plus ingrats. Nous ne ferons mention que des espèces les plus notables.

A. *Grappes unilatérales, plus ou moins recourbées, grêles, en général rapprochées en panicule pyramidale.*

a) *Feuilles triplinervées, en général étroites. Grappes très-denses, dégarnies de grandes feuilles, rapprochées en panicule ininterrompue.*

Verge-d'or élancée. — *Solidago procera* Hort. Kew. — Tige velue, élancée, rameuse vers le sommet. Feuilles scabres en dessus, pubescentes en dessous, pointues : les caulinaires obscurément crénelées, ou érosées, ou dentelées, lancéolées, étroites; les raméaires lancéolées, ou linéaires-lancéolées, ou oblongues-lancéolées, très-entières. Grappes peu recourbées, très-longues, nutantes avant la floraison. Ligules très-courtes, linéaires-oblongues. — Tiges hautes de 4 à 10 pieds, feuillues. Rameaux non-fastigiés. Ramules-florifères subfiliformes, garnis de feuilles courtes, lancéolées-linéaires, acérées, plus ou moins recourbées. Feuilles minces, non-luisantes, d'un vert foncé en dessus, grisâtres ou d'un vert pâle en dessous : les caulinaires longues de 3 à 6 pouces, larges de 4 à 8 lignes. Capitules longs de 2 lignes ; ligules plus courtes que l'involucre.

Verge-d'or du Canada.—*Solidago canadensis* Linn. — *Solidago nutans* Desfont. Hort. Par. —Tige velue, en général paniculée au sommet. Feuilles pubescentes aux 2 faces ou seulement en dessous., scabres : les caulinaires lancéolées, acuminées, fortement dentelées ; les raméaires lancéolées ou lancéolées-linéaires, très-entières, ou dentelées, pointues. Grappes longues, fortement recourbées. Ligules très-courtes, linéaires-oblongues. — Plante haute de 3 à 4 pieds, très-semblable à l'espèce précédente par le feuillage et les capitules.

Verge-d'or glabre.—*Solidago glabra* Desfont. Hort. Par. — *Solidago fragrans* et *Solidago gigantea* Willd. — Tige glabre, lisse. Feuilles glabres et lisses aux deux faces, scabres aux bords, la plupart (excepté les ramulaires) dentelées, acuminées aux deux bouts : les inférieures lancéolées-oblongues ou lancéolées-elliptiques ; les supérieures lancéolées ou linéaires-lancéolées. Grappes longues, fortement recourbées. Ligules sublinéaires, plus courtes que l'involucre. —Plante haute de 2 à 4 pieds, semblable à l'espèce précédente par le port ; capitules plus grands. Feuilles inférieures longues de 3 à 6 pouces, et atteignant jusqu'à 7 pouces de large.

Verge-d'or lisse. —*Solidago lævigata* Hort. Kew. —Tige glabre et très-lisse, de même que les feuilles, en général simple. Feuilles un peu charnues, subcoriaces, mucronées, très-entières, ponctuées : les caulinaires lancéolées-oblongues ; les ramulaires petites, linéaires-lancéolées. Grappes courtes, très-serrées, presque droites. Ligules oblongues, plus longues que les fleurs du disque. —Tiges hautes de 3 à 5 pieds, très-feuillues. Feuilles d'un vert gai : les caulinaires longues d'environ 3 pouces, sur 9 lignes de large. Pédoncules pubescents. Capitules longs de 3 lignes. — Espèce très-distincte ; à Paris elle fleurit en octobre et novembre.

Verge-d'or toujours verte.—*Solidago sempervirens* Linn.
—Tige élancée, effilée, anguleuse, très-glabre et lisse de même
que les feuilles. Feuilles un peu charnues, subcoriaces, très-
entières, ponctuées, terminées en pointe calleuse : les caulinaires
lancéolées-linéaires ou linéaires-lancéolées ; les ramulaires sublinéaires. Ligules sublinéaires, plus longues que les fleurs du
disque.—Tige haute dé 5 à 8 pieds, très-feuillue, simple, ou
rameuse au sommet. Feuilles d'un vert gai : les caulinaires longues de 2 à 4 pouces, larges de 3 à 6 lignes. Grappes tantôt
courtes et plus ou moins recourbées, tantôt grêles et droites.
Capitules longs de 2 à 3 lignes. — Cette espèce fleurit en octobre et novembre.

b) *Feuilles veineuses ou penninervées : les inférieures en général larges. Grappes en général feuillées, peu recourbées.*

Verge-d'or a dentelures pointues. — *Solidago arguta*
Hort. Kew. — Tige glabre de même que les feuilles. Feuilles
lisses aux 2 faces, quelquefois scabres aux bords, acuminées :
les caulinaires la plupart dentelées ; les inférieures lancéolées-
spathulées, ou lancéolées-obovales, ou lancéolées-elliptiques ; les
supérieures lancéolées-oblongues ; les raméaires lancéolées-linéaires. Grappes feuillues, plus ou moins divergentes. Ligules
elliptiques, en général plus longues que les fleurs du disque. —
Tiges dressées, en général paniculées. Feuilles minces, un peu
luisantes, d'un vert foncé en dessus : les radicales longues de 4
à 8 pouces, sur 2 à 4 pouces de large. Grappes plus ou moins
recourbées, disposées en panicule tantôt pyramidale, tantôt plus
ou moins allongée. Capitules longs de 3 à 4 lignes.

Verge-d'or scabre. — *Solidago aspera* Hort. Kew. —Tige
pubescente. Feuilles scabres, pubérules, rugueuses, acuminées
aux 2 bouts : les caulinaires lancéolées-elliptiques, ou lancéolées-oblongues, inégalement dentées ; les raméaires ovales ou
ovales-lancéolées, très-entières, ou légèrement crénelées, petites.
Grappes presque droites, disposées en panicule très-lâche. Capitules petits ; ligules courtes, sublinéaires.—Tige dressée, pani-

culée, haute de 2 à 3 pieds ; rameaux très-grêles, effilés, simples, presque dressés. Feuilles caulinaires longues de 1 pouce à 3 pouces. Capitules longs de 2 lignes.

Verge-d'or étalée. — *Solidago patula* Mühlenb. — Tige dressée, ordinairement paniculée : rameaux divariqués, simples. Feuilles scabres, pubérules, acuminées : les radicales oblongues-spathulées, crénelées ; les caulinaires crénelées ou dentées, lancéolées-oblongues ; les raméaires lancéolées ou lancéolées-linéaires, petites, très-entières. Panicule diffuse, interrompue. Grappes bractéolées, ordinairement courtes. Ligules sublinéaires, allongées.—Tiges anguleuses, effilées, haute de 1 pied à 2 pieds. Feuilles fermes, d'un vert gai : les inférieures longues de 3 à 4 pouces. Grappes denses, bractéolées : les raméaires courtes. Capitules longs d'environ 3 lignes.

Verge-d'or glauque. — *Solidago cæsia* Linn. — Dill. Hort. Elth. 2, tab. 307, fig. 395.—*Solidago gracilis* Poir. — *Solidago livida* Willd. — *Solidago axillaris* Pursh.—*Solidago Schraderi* De Cand. Prodr. — Tige dressée, paniculée ; rameaux grêles, dressés. Feuilles très-glabres et lisses aux 2 faces, glauques en dessous, la plupart dentelées : les radicales lancéolées-spathulées ; les caulinaires lancéolées ou lancéolées-oblongues. Grappes tantôt droites, tantôt courbées, axillaires, courtes, disposées en panicules feuillées, effilées. Capitules pauciflores : ligules oblongues, en général plus longues que le disque. — Plante lisse, haute de 1 ¹/₂ pied à 2 pieds. Tige grêle, cylindrique, souvent rougeâtre, en général rameuse dès la base; rameaux en général simples, formant une panicule subpyramidale. Feuilles d'un vert gai en dessus, ordinairement pendantes; les radicales longues de 4 à 8 pouces, larges de 1 pouce à 2 pouces. Inflorescence très-variable. Grappes inférieures plus courtes que les feuilles. Capitules longs de 2 lignes.

Verge-d'or effilée. — *Solidago virgata* Michx. — *Solidago stricta* Hort. Kew. —Tige dressée, simple, ou rameuse au

sommet ; rameaux très-grêles, effilés, simples, feuillus, subfastigiés. Feuilles fermes, glabres, scabres : les radicales et les caulinaires-inférieures lancéolées-spathulées ; les supérieures et les
raméaires petites, lancéolées, ou linéaires-oblongues, ou oblongues, mucronées, en général très-entières. Grappes courtes, axillaires, bractéolées, disposées en panicules racémiformes, denses,
effilées. — Plante haute de 1 ½ pied à 3 pieds. Tige verte, cylindrique, striée, lisse de même que les rameaux. Feuilles subcoriaces, d'un vert gai : les inférieures longues d'environ 6 pouces, sur 6 lignes de large ; les caulinaires-supérieures et les
raméaires longues de 4 à 8 lignes. Panicules grêles, longues
de 4 à 8 pouces, en général denses. Capitules longs de 2 lignes ;
ligules sublinéaires, un peu plus longues que les fleurs du disque.

B. *Grappes non-unilatérales, droites, en général oligocéphales, disposées ordinairement en panicule oblongue. Feuilles
veineuses : les inférieures larges.*

VERGE-D'OR A FEUILLES DE LIMONE. — *Solidago limoni-
folia* Pers. — *Solidago mexicana* Linn. — Tige ascendante,
rameuse. Feuilles obtuses, très-glabres, toutes très-entières : les
radicales lancéolées-elliptiques, ou lancéolées-oblongues ; les caulinaires lancéolées, ou oblongues ; les raméaires petites, oblongues. Grappes axillaires, courtes, lâches, disposées en panicules
allongées. Ligules sublinéaires, un peu plus longues que les
fleurs du disque. — Tiges assez grosses, fermes, charnues, cylindriques, striées, hautes de 1 pied à 2 pieds ; rameaux dressés,
non-fastigiés, en général racémifères à presque toutes les aisselles. Feuilles d'un vert un peu glauque, veineuses, finement réticulées en dessous : les radicales longues d'environ 1 pied, larges de 1 ½ pouce à 3 pouces, dressées. Pédoncules bractéolés,
filiformes, allongés. Capitules longs d'environ 3 lignes. — Cette
espèce, nommée vulgairement *Verge-d'or du Mexique*, croît
dans les provinces méridionales des États-Unis ; elle fleurit
en été.

VERGE-D'OR A FEUILLES DE LITHOSPERME. — *Solidago litho-*

spermifolia Willd. — Tiges simples, ou rameuses au sommet, dressées. Feuilles subcoriaceś, glabres, plus ou moins scabres : les radicales et les caulinaires-inférieures lancéolées-oblongues ou lancéolées-elliptiques, obtusés, dentées ; les autres lancéolées, très-entières, pointues. Grappes courtes, axillaires, lâches, disposées en panicule allongée. Ligules oblongues, plus longues que les fleurs du disque. — Plante haute de 2 à 3 pieds. Tige grêle, cylindrique, striée, pubérule, un peu scabre, souvent rougeâtre; rameaux nuls, ou courts et disposés en panicule allongée. Feuilles d'un vert un peu glauque : les radicales longues de 6 à 12 pouces, larges de 1 pouce à 2 pouces. Pédoncules filiformes, allongés. Capitules longs d'environ 3 lignes.

VERGE-D'OR RAIDE. — *Solidago rigida* Linn. — Tiges simples, ou rameuses au sommet, dressées. Feuilles scabres, pubérules, fermes, obtuses : les radicales grandes, elliptiques, ou elliptiques-oblongues, obtuses, crénelées; les caulinaires ovales, ou ovales-oblongues, ou oblongues, la plupart très-entières. Panicules thyrsoïdes ou cymeuses, feuillées, denses. Ligules oblongues, plus longues que les fleurs du disque. — Tiges fermes, droites, cylindriques, pubescentes, scabres, hautes de 2 à 4 pieds ; rameaux grêles, presque dressés. Feuilles d'un vert un peu glauque : les radicales longues d'environ 1 pied, larges de 2 à 4 pouces. Capitules longs d'environ 3 lignes, multiflores, plus ou moins longuement pédonculés.

VERGE-D'OR A GRANDES FLEURS. — *Solidago grandiflora* Desfont. Hort. Par. — Espèce très-semblable à la précédente par le port et l'inflorescence ; elle en diffère 1° en ce que les feuilles radicales sont notablement moins grandes (longues d'environ 6 pouces, sur 2 pouces de large), lancéolées-oblongues, pointues, dentelées ; 2° par les feuilles caulinaires qui sont pointues, ovales-lancéolées, la plupart dentelées ; 3° par ses ligules un peu plus longues.

VERGE-D'OR PUBÉRULE. — *Solidago hirta* Willd. — Tige

dressée, ordinairement paniculée (du moins au sommet); rameaux subfastigiés. Feuilles assez fermes, rugueuses, veineuses, pointues, inégalement ou doublement dentelées, pubérules, un peu scabres : les radicales lancéolées-spathulées ; les caulinaires lancéolées ou lancéolées-oblongues. Panicules denses, thyrsoïdes, feuillées, en général courtes. Ligules oblongues, plus longues que le disque. — Tiges hautes de 1 ¹/₂ pied à 3 pieds, raides, droites, cylindriques, feuillues, souvent rougeâtres; rameaux dressés ou un peu divergents, simples, feuillés, grêles, effilés. Feuilles d'un vert foncé en dessus, non-luisantes : les radicales longues de 3 à 4 pouces, larges de ¹/₂ pouce à 1 pouce. Capitules grêles, longs de 2 à 3 lignes, plus ou moins longuement pédonculés.

VERGE-D'OR FLEXUEUSE. — *Solidago flexicaulis* Linn. — Tige dressée, flexueuse, glabre, anguleuse, simple ou rameuse ; rameaux non-fastigiés. Feuilles minces, glabres, veineuses, rugueuses, acuminées, doublement dentelées : les radicales grandes, lancéolées-oblongues; les caulinaires ovales ou ovales-lancéolées, brusquement rétrécies en pétiole ailé. Grappes axillaires, denses, la plupart plus courtes que les feuilles, rapprochées en panicule thyrsoïde.—Tiges hautes de 1 ¹/₂ pied à 3 pieds, grêles, lisses de même que les autres parties de la plante; rameaux grêles, dressés. Feuilles d'un vert foncé en dessus, d'un vert pâle en dessous : les radicales longues de 5 à 10 pouces, larges de 1 ¹/₂ pouce à 3 pouces. Fleurs odorantes. Capitules courtement pédicellés, longs de 2 à 3 lignes. Ligules courtes, elliptiques.

VERGE-D'OR COMMUNE. — *Solidago Virga-aurea* Linn. — Engl. Bot. tab. 301. — Flor. Dan. tab. 663. — *Solidago vulgaris* Lamk. — *Solidago minuta* Linn. — *Solidago alpestris* Willd. — *Solidago cambrica* Hort. Kew. — *Solidago minor* Pers. — *Solidago arenaria* Horn.— *Solidago littoralis* Savi. — *Solidago nudiflora* Vivian. — Tiges simples ou rameuses, dressées, plus ou moins anguleuses; rameaux non-fastigiés. Feuilles glabres, ou pubescentes, acuminées, ou pointues, den-

telées, ou crénelées, minces, veineuses : les radicales et les caulinaires-inférieures lancéolées, ou lancéolées-oblongues, ou lancéolées-elliptiques, ou lancéolées-spathulées, pétiolées ; les autres
lancéolées ou lancéolées-oblongues, la plupart subsessiles. Pédoncules 1-à 12-céphales, allongés, filiformes, axillaires, disposés
en panicule thyrsoïde, assez dense, plus ou moins allongée. Ligules lancéolées-oblongues, débordant les fleurs du disque. —
Plante très-variable, haute de quelques pouces (dans les localités
arides ou alpestres) à 2 pieds. Tiges glabres, ou pubescentes, ou
poilues, grêles, plus ou moins flexueuses, souvent rougeâtres, en
général peu ou point rameuses. Feuilles d'un vert foncé en dessus : les inférieures longues de 3 à 5 pouces. Capitules longs de
3 à 5 lignes. — Cette espèce, connue sous le nom vulgaire de
Verge-d'or, est commune dans les bois, les buissons et les pelouses sèches; elle fleurit de juillet en septembre; parmi ses
nombreuses congénères, c'est la seule qui soit indigène d'Europe;
on l'employait jadis comme détersive, vulnéraire, diurétique, et
astringente.

VERGE-D'OR BICOLORE. — *Solidago bicolor* Linn. — Tige
dressée, anguleuse, en général paniculée. Feuilles fermes, scabres, pubérules : les radicales spathulées-obovales, crénelées,
subacuminées ; les caulinaires lancéolées-oblongues, ou lancéolées-
obovales, ou lancéolées-elliptiques, subérosées, ou pauci-créne-
lées, acuminées, ou pointues ; les raméaires ovales, ou oblongues,
petites, très-entières, subobtuses. Pédoncules 3-à 12-céphales,
axillaires, disposés en longue panicule interrompue. Ligules
blanches, courtes, elliptiques-oblongues. — Plante haute de 1
pied à 2 ¹/₂ pieds. Tige grêle, raide, pubérule, plus ou moins
flexueuse ; rameaux très-grêles, effilés, simples, dressés, non-
fastigiés, florifères presque dès leur base. Feuilles d'un vert un
peu glauque : les radicales veineuses, longues de 4 à 8 pouces,
larges de 1 ¹/₂ pouce à 3 pouces. Grappes ou cymules tantôt
plus courtes que les feuilles, tantôt plus longues. Capitules courtement pédicellés, longs de 3 lignes. Fleurs du disque à corolle
d'un jaune très-pâle. Ligules longues à peine de 1 ligne. — Es-

pèce très-distincte par la couleur des fleurs ; fleurit en septembre et octobre.

Section II. **ASTÉRÉES-BACCHARIDÉES** Cass.

Capitules incouronnés, homogames.

Genre LINOSYRE. — *Linosyris* Cass.

Capitules multiflores. Involucre campaniforme, plus court que les fleurs ; formé d'écailles foliacées, linéaires, pointues, inégales, pauci-sériées, plus ou moins recourbées, appliquées et élargies à la base. Réceptacle large, presque plan, fovéolé : cloisons basses, charnues, dentées. Corolle infondibuliforme, 5-fide : segments linéaires, très-étalés, arqués en-dehors. Anthères saillantes. Stigmates plus longs que les anthères. Nucules oblongues-obovales, comprimées, non-rostrées, écostées, soyeuses ; aigrette rousse, plus courte que la corolle, composée de soies nombreuses, pauci-sériées, filiformes, barbellulées, amincies au sommet. — Herbe vivace. Feuilles non-ponctuées, linéaires, très-entières, sessiles, éparses. Pédoncules terminaux, 1-céphales, grêles, bractéolés, disposés en corymbe ou en cyme. Corolle jaune.

Linosyre commune. — *Linosyris vulgaris* Cass. — *Chrysocoma Linosyris* Linn. — Plante touffue, haute de ¹/₂ pied à 3 pieds, finement pubérule et un peu scabre à toutes ses parties herbacées. Tiges simples ou rameuses, dressées, ou ascendantes, cylindriques, feuillues, grêles, effilées, souvent rougeâtres ; rameaux fastigiés ou subfastigiés, oligocéphales, médiocrement feuillés. Feuilles subcoriaces, d'un vert gai, 1-nervées, pointues, longues de ¹/₂ pouce à 2 pouces, larges de ¹/₃ de ligne à 1 ligne. Cymes ou corymbes tantôt lâches, tantôt denses, 3-à-7-céphales. Capitules longs d'environ 6 lignes. — Cette plante croît dans les pâturages secs; elle fleurit en août et en septembre; on la cultive dans les parterres.

Genre CHRYSOCOME. — *Chrysocoma* Linn.

Capitules multiflores, hémisphériques. Involucre large, campaniforme, plus court que les fleurs, formé d'écailles inégales, pauci-sériées, irrégulièrement imbriquées, appliquées, linéaires-lancéolées, pointues, coriaces, membraneuses aux bords. Réceptacle large, plan, fovéolé ou alvéolé, à cloisons peu élevées, charnues, dentées. Corolles subinfondibuliformes, courtement 5-lobées : les extérieures arquées en dehors; les intérieures droites. Anthères incluses. Stigmates saillants. Nucules obovales, comprimées, non-rostrées, obscurément 1-costées à chaque face, presque glabres; aigrette blanche, subcaduque, composée de soies filiformes, barbellulées, épaissies au sommet, 1-sériées, contiguës, subisomètres. — Arbustes très-rameux. Feuilles linéaires, éparses, sessiles, le plus souvent très-entières. Capitules solitaires, terminaux, longuement pédonculés. Corolles jaunes.

CHRYSOCOME DORÉ. — *Chrysocoma Coma-aurea* Linn. — *Chrysocoma aurea*, *Chrysocoma patula*, et *Chrysocoma cernua* Thunb. Cap. — Arbuste touffu, haut de 2 à 3 pieds. Tige et rameaux adultes ligneux, aphylles. Ramules ascendants ou plus ou moins divergents, grêles, feuillus, en général simples. Feuilles subcoriaces, persistantes, très-entières, obtuses, longues de 6 à 12 lignes, larges de $^1/_4$ de ligne à 1 ligne, le plus souvent étalées ou réfléchies. Capitules larges d'environ 6 lignes. — Cette espèce, originaire du cap de Bonne-Espérance, se cultive comme arbuste d'ornement de serre tempérée; elle fleurit tout l'été.

Genre BACCHARIS. — *Baccharis* (Linn.) Cass.

Capitules multiflores, dioïques. Réceptacle aussi long que les fleurs ou plus court, campaniforme, ou cylindracé,

formé d'écailles coriaces, membraneuses aux bords, imbriquées, appliquées, ovales, obtuses : les intérieures sublinéaires. Réceptacle presque plan ou rarement conique,
fovéolé, ou alvéolé. — *Fleurs mâles :* Corolle infondibuliforme, 5-fide. Anthères saillantes. Ovaire abortif, à aigrette irrégulière, courbée, formée de soies inégales, chiffonnées, 1-sériées, filiformes, barbellulées. Style indivisé,
sans stigmates. — *Fleurs femelles :* Corolle filiforme, sub-
tronquée. Anthères nulles. Stigmates saillants. Nucules
subcylindracées , obtuses , glabres, 10-costées ; aigrette
longue, irrégulière, courbée, composée de soies nombreuses, inégales, chiffonnées, soudées par la base, filiformes,
irrégulièrement barbellulées. — Arbrisseaux ou sous-arbrisseaux (propres à l'Amérique, et abondant surtout
dans les contrées intertropicales), le plus souvent résineux.
Feuilles sessiles ou pétiolées, éparses, tres-entières, ou
dentées, penninervées, ou 1-nervées, ou triplinervées,
coriaces, le plus souvent parsemées de glandules ponctiformes, ou d'une pubescence furfuracée. Pédoncules terminaux ou axillaires et terminaux ; capitules en général
petits, ordinairement glomérulés au sommet des pédoncules. Corolle blanchâtre.

BACCHARIS A FEUILLES D'HALIME. — *Baccharis halimifolia*
Linn. — Duham. Arb. ed. 1, vol. 1, tab. 35; ed. 2, vol. 1,
tab. 60. — *Baccharis cuneifolia* Mœnch. — *Conyza halimifolia* Desfont. Hort. Par. — Buisson ou arbrisseau haut de 5 à
12 pieds. Rameaux paniculés, disposés en cyme touffue. Jeunes-
pousses visqueuses, et plus ou moins anguleuses de même que
les ramules-florifères. Feuilles d'un vert glauque, ponctuées de
blanc, penninervées : les raméaires rhomboïdales , ou ovales-
deltoïdes, pointues, plus ou moins profondément sinuées-dentées, pétiolées, longues de 1 pouce à 2 pouces ; les ramulaires
plus petites, lancéolées-obovales, ou lancéolées-oblongues, ou
oblongues-spathulées, obtuses, sessiles, ou subsessiles, en général triplinervées : les inférieures dentées ou sinuées-dentées ;

les supérieures très-entières. Pédoncules 1-7-céphales, ordinairement plus longs que les feuilles. Capitules-mâles subglobuleux, pédicellés. Capitules femelles sessiles ou subsessiles, subcylindracés, longs d'environ 4 lignes. Écailles-involucrales verdâtres ou rougeâtres : les inférieures obtuses ; les supérieures mucronées. — Cette espèce, nommée vulgairement *Conyze* (ou *Conise*) *de Virginie*, ou *Bacchante de Virginie*, croît dans les provinces méridionales des États-Unis ; l'élégance de son port et de son feuillage toujours vert la fait cultiver comme arbuste d'ornement, mais elle résiste difficilement aux hivers du nord de la France.

Section III. **ASTÉRÉES-PROTOTYPES** Cass.

Capitules radiés : ligules jamais jaunes. Disque plus haut que large. Réceptacle plan.

Genre ERIGERE. — *Erigeron* Linn.

Capitules multiflores. Fleurs-radiales subbisériées, dressées, femelles, ligulées, aussi longues ou plus longues que les fleurs du disque ; ligules linéaires, très-étroites. Fleurs du disque tubuleuses, 5-fides, hermaphrodites, ou les extérieures femelles, les centrales hermaphrodites. Involucre aussi long que les fleurs du disque, subcylindracé, formé d'écailles subfoliacées, pauci-sériées, irrégulièrement imbriquées, linéaires. Réceptacle plan, nu, fovéolé ; bords des fovéoles dentés. Nucules oblongues, comprimées, non-rostrées, hispides ; aigrette formée de soies filiformes, barbellulées, nombreuses, 1-sériées, plus longues que la corolle. — Herbes, la plupart annuelles ou bisannuelles. Feuilles entières, ou dentées, ou lobées, alternes. Pédoncules terminaux ou axillaires et terminaux, 1-céphales, ou oligo-céphales. Fleurs-radiales blanches, ou bleues, ou rouges. Fleurs du disque jaunâtres.

ÉRIGÈRE ACRE. — *Erigeron acre* Linn. — Engl. Bot. tab.
1158. — *Erigeron podolicus* Bess. — *Erigeron ciliatum* et
Erigeron elongatum Ledeb. — Plante bisannuelle, haute de
¹/₂ pied à 3 pieds, en général pubescente ou hispidule. Tige grêle,
dressée, ferme, anguleuse, feuillée, plus ou moins flexueuse,
souvent violette ou rouge, tantôt simple et oligocéphale, tantôt
rameuse au sommet, tantôt paniculée; rameaux grêles ou filiformes, dressés, médiocrement feuillés, ordinairement 1-ou oligocéphales. Feuilles d'un vert glauque, un peu charnues, glabres,
ou pubescentes : les radicales lancéolées ou lancéolées-oblongues, pétiolées, sinuolées-denticulées, obtuses, mucronulées,
longues de 4 à 8 pouces; les caulinaires lancéolées-oblongues,
ou oblongues-liguliformes; les raméaires en général très-petites.
Pédoncules terminaux (en corymbe), ou axillaires et terminaux,
1-céphales, longs, filiformes. Capitules subturbinés, longs de 3
à 4 lignes. Fleurs-radiales blanchâtres, ou roses, ou violettes,
aussi longues ou un peu plus longues que les fleurs du disque.
Fleurs du disque la plupart femelles. Aigrette roussâtre ou blanchâtre, luisante, 2 fois plus longue que la ligule. — Cette plante
est commune dans les localités découvertes et incultes.

ÉRIGÈRE DU CANADA. — *Erigeron canadense* Linn. — *Erigeron paniculatum* Lamk. — *Cænotus paniculatus* Nutt. —
Plante annuelle, pubescente, haute de 1 pied à 4 pieds. Tige
dressée, effilée, feuillue, cylindrique, poilue, en général rameuse, presque dès la base; rameaux simples, très-grêles, ou
filiformes, médiocrement feuillés, disposés en longue panicule
thyrsoïde. Feuilles molles, pubescentes, ciliées, d'un vert clair :
les radicales oblongues-spathulées, très-obtuses, profondément
crénelées; les caulinaires lancéolées ou lancéolées-linéaires, pointues : les inférieures dentées ou dentelées; les supérieures et les
raméaires très-étroites, très-entières. Pédoncules 1-à 5-céphales,
axillaires, disposés en grappes allongées; pédicelles filiformes,
tantôt épars, tantôt fasciculés. Capitules petits, cylindracés. Fleurs
radiales blanchâtres, dressées, à peine aussi longues que les
fleurs du disque. Fleurs du disque jaunâtres, toutes hermaphro-

dites. Aigrette blanche, luisante, 2 fois plus longue que la nucule. — Cette plante, qui passe pour originaire de l'Amérique
septentrionale, est depuis longtemps commune en Europe ; elle
croît de préférence au bord des champs, et dans d'autres localités
découvertes et sèches ; ses capitules ont une saveur piquante,
analogue à celle de la Menthe poivrée. Les cendres de l'*Erigère
du Canada* contiennent beaucoup de potasse.

Genre STÉNACTIS. — *Stenactis* Cass.

Capitules multiflores. Fleurs-radiales 2-ou pluri-sériées,
femelles, ligulées, plus longues que les fleurs du disque :
ligules longues, linéaires, en général très-étroites. Fleurs du
disque hermaphrodites, à corolle subinfondibuliforme, 5-
dentée. Involucre subhémisphérique, aussi long que les
fleurs du disque, formé d'écailles 2-ou 3-sériées, subisomètres, appliquées, linéaires, pointues, foliacées. Réceptacle
plan ou convexe, large, plus ou moins fovéolé. Nucules
oblongues-obovales, comprimées, hispidules, non-rostrées ;
aigrette double : l'extérieure très-courte, composée de paillettes 1-sériées, sublinéaires ; l'intérieure longue (mais un
peu plus courte que la corolle), caduque, composée de soies
peu nombreuses, subisomètres, 1-sériées, distancées, filiformes, barbellulées. — Herbes (la plupart indigènes de
l'Amérique septentrionale) annuelles, ou bisannuelles,
ou vivaces, ou suffrutescentes. Feuilles entières, ou dentées, ou pennatifides, alternes. Capitules solitaires ou en
corymbe, terminaux, pédonculés, en général assez grands.
Pédoncules épaissis au sommet. Fleurs du disque à corolle jaune. Fleurs-radiales très-nombreuses, blanches,
ou pourpres, ou violettes, ou bleues.

STÉNACTIS GLAUQUE. — *Stenactis glauca* Nees. Aster. —
Erigeron glaucus Ker, Bot. Reg. tab. 10. — *Aster glaucus*
Desfont. Hort. Par. — Tige basse, suffrutescente. Rameaux or-
dinairement simples, subfastigiés, 1-céphales. Feuilles glabres,

ou presque glabres, visqueuses, trinervées, obtuses : les inférieures pétiolées, spathulées-obovales, dentées ; les raméaires
oblongues, ou oblongues-spathulées, sessiles, en général très-
entières. Ligules lancéolées-oblongues. — Herbe vivace, suffrutescente à la base, haute de 1 pied à 2 pieds. Tiges adultes
aphylles inférieurement, feuillues au sommet. Rameaux ascendants, poilus, plus ou moins allongés, annuels, subverticillés à
l'extrémité des tiges, simples, ou rameux au sommet. Feuilles
d'un vert glauque, fermes, un peu charnues, scabres : les caulinaires longues de 3 à 6 pouces, ordinairement roselées ; les raméaires éparses, graduellement plus petites. Pédoncules longs
de 1 pouce à 2 pouces, turbinés au sommet, garnis de 1 ou 2
bractéoles sétacées. Capitules à disque large de 8 à 9 lignes. Ligules longues dé 5 à 6 lignes, de couleur lilas. Involucre pubescent. Réceptacle presque plan. Aigrette roussâtre, deux fois
plus longue que la nucule. — Cette espèce, originaire de
Buénos-Ayres, se cultive comme plante d'ornement d'orangerie ;
elle fleurit tout l'été.

STÉNACTIS GLABRESCENT. — *Stenactis glabella* Nutt. (*sub
Erigero.*)—Bot. Mag. tab. 2923. — Racine rampante. Tiges
simples ou rameuses, ascendantes, herbacées, velues (de même
que les rameaux et pédoncules). Feuilles glabres ou ciliolées,
très-entières, acuminulées, ou obtuses et mucronées : les inférieures spathulées-lancéolées ; les autres oblongues ou oblongues-lancéolées, sessiles. Pédoncules terminaux, ou axillaires et
terminaux (en corymbe), 1-céphales, inclinés en préfloraison.
Ligules linéaires, très-étroites, de moitié plus longues que les
écailles-involucrales.—Plante vivace, haute de 1 pied à 1 ¹/₂ pied.
Tiges solitaires ou en touffe, dressées, ou ascendantes, feuillées,
anguleuses, souvent rougeâtres ; rameaux nuls, ou grêles et 1-cé-
phales, subaphylles : les supérieurs subfastigiés. Feuilles minces, d'un vert gai, finement penni-nervées : les radicales roselées, longues de 3 à 6 pouces ; les caulinaires graduellement
plus petites ; les raméaires très-petites. Pédoncules longs de
1 pouce à 2 pouces, pubescents, turbinés au sommet, nus, ou

garnis vers leur sommet d'une bractéole filiforme. Capitules à
disque large de 4 à 6 lignes. Involucre pubérule. Ligules lilas,
longues de 5 à 6 lignes, étalées. Réceptacle plan. Nucules petites, d'un brun clair; aigrette blanchâtre : l'intérieure plus
longue que la nucule. — Indigène de l'Amérique septentrionale;
cultivée comme plante de parterre; fleurit tout l'été.

STÉNACTIS ÉLÉGANT. — *Stenactis speciosa* Lindl. Bot. Reg.
tab. 1577. — Racine pivotante. Tiges simples ou peu rameuses,
dressées, feuillues, velues vers le sommet. Feuilles très-entières,
subtrinervées, ciliées, glabres aux 2 faces, pointues : les inférieures spathulées-lancéolées ; les autres oblongues ou oblongues-
lancéolées, semi-amplexicaules. Pédoncules axillaires et terminaux, longs, 1-céphales, disposés en corymbe, raides, dressés
en préfloraison. Ligules linéaires-spathulées, étroites, 1 fois plus
longues que les écailles-involucrales. — Plante touffue, vivace,
haute de 1 ½ pied à 3 pieds. Tiges dressées ou ascendantes,
grêles, effilées, feuillues; rameaux nuls, ou grêles, 1-céphales,
subaphylles. Feuilles assez fermes, d'un vert gai, luisantes en
dessus : les inférieures longues de 3 à 5 pouces, larges de 4 à
8 lignes ; les autres graduellement plus courtes, mais aussi larges ou plus larges. Pédoncules longs de 1 pouce à 3 pouces, subfastigiés, nus, ou pauci-bractéolés, pubérules de même que les
écailles-involucrales. Capitules à disque large de 5 à 10 lignes.
Réceptacle presque plan. Ligules d'un bleu tirant sur le violet,
longues de 6 à 9 lignes. Nucules petites, brunes ; aigrette blanchâtre : l'intérieure 2 fois plus longue que la nucule. — Indigène de la Californie; cultivée comme plante de parterre; fleurit
tout l'été.

Genre ASTER. — *Aster* Linn.

Capitules radiés ; fleurs-radiales femelles, 1-sériées, à
ligule linéaire ou oblongue, assez large ; fleurs du disque
hermaphrodites, à corolle subinfondibuliforme, 5-dentée.
Involucre aussi long que les fleurs du disque, ou plus
court, subhémisphérique, formé d'écailles 3-ou pluri-sé-

riées (rarement 2-sériées), subfoliacées (du moins au sommet), imbriquées, plus ou moins recourbées ou étalées
vers leur sommet (quelquefois inappliquées presque dès
leur base, ou bien complétement appliquées), membraneuses aux bords. Réceptacle-plan, alvéolé : bords des
alvéoles plus ou moins dentés. Nucules (glabres, ou pubérules, ou strigueuses) obovales, obtuses, comprimées,
immarginées; aigrette simple, persistante, composée de
soies pluri-sériées, filiformes, anisomètres, barbellulées.

Herbes vivaces, à rhizôme rampant. Racine le plus
souvent stolonifère. Tiges le plus souvent rameuses, polycéphales, touffues. Feuilles très-entières ou dentées,
alternes : les radicales et les caulinaires-inférieures soit
pétiolées et notablement plus larges que les autres, soit
seulement rétrécies vers leur base ; les supérieures dentelées ou très-entières, graduellement plus petites, en général sessiles. Capitules disposés en corymbes, ou en panicules, ou en grappes, ou rarement solitaires. Fleurs-radiales (au nombre de 6 à 30, ou quelquefois plus) à ligule
blanche, ou rose, ou violette, ou bleue, le plus souvent
plus longue que les fleurs du disque. — La plupart des
espèces de ce genre habitent l'Amérique septentrionale;
on en cultive beaucoup comme plantes de parterre; nous
ne ferons mention que des plus notables.

Section I. ALPIGENI Nees, *Astereœ.*

Écailles-involucrales étroites, herbacées, subisomètres.
Réceptacle scrobiculé, nu. Nucules hispidules; aigrette
scabre, pauci-sériée. Stigmates courts, triangulaires.
— Tige monocéphale, ou corymbifère au sommet.
Feuilles en général assez larges : les inférieures dentelées ou crénelées, veineuses, ou subtriplinervées. Capitules assez grands, à ligules longues.

Aster des Alpes. — *Aster alpinus* Linn. — Jacq. Flor.
Austr. 1, tab. 88.—Feuilles radicales très-entières, subspathu-

lées, plus petites que les caulinaires-inférieures. Tige 1-céphale.
Écailles-involucrales lâches, lancéolées, ou lancéolées-linéaires.
— Plante haute de quelques pouces, hispidule. Feuilles-cauli-
naires-inférieures longuement pétiolées, 3-nervées, spathulées,
obtuses, crénelées; les supérieures lancéolées-oblongues. Écailles-involucrales colorées, à peu près aussi longues que les fleurs
du disque. Fleurs-radiales bleues, 2 fois plus longues que l'involucre. — Cette espèce croît dans les montagnes de l'Europe ;
elle fleurit en été.

ASTER DE SIBÉRIE. — *Aster sibiricus* Linn. — *Aster pyre-
næus* De Cand. — *Grindelia sibirica* Spreng. — Tige corymbifère au sommet, feuillue. Feuilles sessiles, semi-amplexicaules,
oblongues-lancéolées, pointues, dentelées, pubescentes, scabres.
Écailles-involucrales lâches, lancéolées-oblongues, acuminées.
—Tiges raides, hispidules, hautes de 1 pied à 2 pieds. Corymbe
simple ou paniculé. Capitules du volume de ceux de l'*Aster
Amellus.* Fleurs-radiales bleues, longues de 6 à 8 lignes. —
Cette espèce croît en Sibérie et dans les Pyrénées; elle fleurit
en été.

SECTION II. AMELLI Nees ; *l. c.*

Écailles-involucrales ciliées, plus ou moins recourbées :
les extérieures herbacées; les intérieures colorées, submembranacées (du moins vers leur sommet). Réceptacle
alvéolé, à cloisons dentées ou fimbriolées. Stigmates
lancéolés au sommet. Nucules striées. — Tige corymbifère ou paniculée, raide. Feuilles très-entières ou
dentelées, pubérules et scabres aux 2 faces. Capitules
grands.

ASTER RADULE. — *Aster Radula* Hort. Kew.—Feuilles lancéolées, dentelées vers le milieu, rugueuses, très-scabres. Ramules oligocéphales, disposés en corymbe. Écailles-involucrales
oblongues, pointues, étalées au sommet, pluri-sériées. — Tiges
hautes de 1 pied à 2 pieds, anguleuses, glabres., rougeâtres.
Feuilles longues d'environ 2 pouces, larges de 4 à 5 lignes,

d'un vert foncé, à peu près de même grandeur tout le long de
la tige. Capitules du volume de ceux de l'*Aster Amellus*. Écailles-involucrales plus courtes que les fleurs du disque. Fleurs-
radialés à ligule d'un rose pâle, aussi longue que l'involucre. —
Indigène de l'Amérique septentrionale; fleurit en automne.

Aster OEil de Christ. — *Aster Amellus* Linn. — Jacq.
Flor. Austr. tab. 435. — *Aster amelloides* Bess. — *Aster elegans* Willd. — Tige corymbifère au sommet. Feuilles-caulinaires oblongues, ou lancéolées-oblongues, ou oblongues-lancéolées,
pointues, ou obtuses, subtriplinervées, très-entières, ou pauci-
dentelées. Écailles-involucrales oblongues, obtuses, étalées. —
Tiges hautes de 1 pied à 2 pieds, feuillues, hispidules, anguleuses, accidentellement très-simples; ramules 1-5-céphales.
Feuilles vertes ou subincanes, fermes : les inférieures oblongues
ou spathulées, rétrécies en pétiole; les supérieures plus petites,
sessiles, très-entières. Écailles-involucrales presque aussi longues que les fleurs du disque. Fleurs-radiales 2 fois plus longues
que l'involucre, nombreuses, à ligule lancéolée-linéaire, d'un
bleu de ciel vif, ou d'un bleu violet; fleurs du disque à corolle
jaune. — Cette espèce, nommée vulgairement *OEil de Christ*,
croît en Europe et en Sibérie, dans les pâturages secs; elle
fleurit en août et en septembre.

Aster de la Nouvelle-Angleterre. — *Aster Novæ-An-
gliæ* Linn. — *Aster spurius* Willd. — *Aster amplexicaulis*
Lamk. — *Aster roseus* Hort. Par. (*var.*) — *Aster decorus*
Hortul. — Tige raide, feuillue, rameuse au sommet; rameaux
formant une panicule thyrsoïde ou subpyramidale. Feuilles lancéolées ou oblongues-lancéolées, bi-auriculées à la base, subamplexicaules, très-entières, 3-nervées. Capitules en thyrses. Écailles-involucrales lâches, sublinéaires. — Tiges hautes de 3 à 6
pieds, hispidules; rameaux courts, ou allongés, ou ascendants.
Feuilles d'un vert foncé. Fleurs-radiales nombreuses, 1 à 2 fois
plus longues que l'involucre, à ligule violette ou pourpre.

Aster étalé. — *Aster patens* Hort. Kew. — *Aster diver-*

sifolius et *Aster amplexicaulis* Michx. — *Aster phlogifolius*
Willd. — Tige rameuse; rameaux disposés en panicule thyrsoïde. Feuilles ovales-oblongues ou oblongues-lancéolées, cordiformes à la base, amplexicaules, très-entières, ou pauci-dentelées. Pédoncules courts. Écailles-involucrales lâches, scabres,
linéaires-lancéolées. — Tiges hautes de 2 à 3 pieds. Fleurs-radiales pourpres.—Indigène des États-Unis; fleurit en automne.

ASTER A GRANDES FLEURS. — *Aster grandiflorus* Linn. —
Tiges paniculées, poilues; rameaux longs, raides, divergents.
Feuilles très-scabres, très-entières, sessiles, réfléchies, oblongues, ou lancéolées-oblongues, obtuses, mucronées : les ramulaires très-petites. Capitules solitaires ou en corymbe. Écailles-
involucrales linéaires-lancéolées. —Tiges hautes de 2 à 3 pieds,
ordinairement rougeâtres de même que les rameaux; rameaux
en général paniculés. Feuilles inférieures longues de 2 à 3 pouces. Capitules grands. Involucre à peu près aussi long que les
fleurs du disque. Fleurs-radiales 1 fois plus longues que l'involucre, à ligule sublinéaire, étroite, d'un bleu violet. — Cette
espèce, l'une des plus élégantes du genre, croît dans les forêts
de la Caroline et de la Virginie; elle fleurit en octobre et novembre.

ASTER SATINÉ. — *Aster sericeus* Vent. Hort. Cels. tab. 33.
— *Aster argenteus* Michx.—Tiges paniculées; rameaux diffus,
oligocéphales. Feuilles lancéolées, très-entières, sessiles, satinées-argentées aux 2 faces. Capitules solitaires. Écailles-involucrales satinées-argentées, foliacées, recourbées. — Tiges rameuses, grêles, glabres, suffrutescentes à la base, hautes de 1 pied
à 2 pieds. Feuilles entières, 3-nervées. Écailles-involucrales à
peu près aussi longues que les fleurs du disque, 2 fois plus
courtes que les fleurs-radiales; conformes aux feuilles-ramulaires. Fleurs-radiales longues de près de 1 pouce, nombreuses, à
ligule linéaire, très-étroite, d'un bleu violet. Aigrette rousse.—
Indigène de l'Illinois et des contrées voisines du Missouri; fleurit en septembre et octobre.

Section III. GENUINI Nees *l. c.*

Écailles-involucrales appliquées ou inappliquées, plus ou moins membraneuses aux bords, presque entièrement membraneuses vers leur base. Réceptacle à alvéoles dentées. Nucules glabres ou légèrement pubérules ; aigrette scabre, pluri-sériée. — Tige plus ou moins élancée.

A. *Feuilles inférieures (ou du moins les radicales) arrondies ou cordiformes à la base, pétiolées.*

Aster a feuilles cordiformes. — *Aster cordifolius* Linn. — Feuilles-caulinaires toutes cordiformes, dentelées, pétiolées, acuminées, scabres en dessus. Rameaux grêles, divergents, médiocrement feuillés, disposés en panicule thyrsoïde ou subracémiforme. Capitules en grappes simples ou rameuses. Écailles-involucrales étroites, appliquées. — Tiges grêles, dressées, flexueuses, anguleuses, pubérules ; rameaux ordinairement courts, simples, garnis de feuilles beaucoup plus petites que les caulinaires. Feuilles pubescentes ou glabres en dessous ; pétiole plus ou moins poilu. Capitules larges de 5 à 6 lignes, courtement pédonculés. Fleurs-radiales d'un bleu pâle, de moitié plus longues que l'involucre. — Indigène du Canada et des États-Unis ; fleurit en automne.

Aster paniculé. — *Aster paniculatus* Hort. Kew. — *Aster cordifolius* Lamk. — Feuilles pubérules et scabres en dessus, glabres en dessous : les caulinaires toutes pétiolées, ovales, ou ovales-lancéolées, cordiformes à la base, acuminées, dentelées. Rameaux feuillés, paniculés, dressés, ou presque dressés, disposés en panicule thyrsoïde. Écailles-involucrales lâches, étroites. — Plante plus rameuse et plus robuste que l'espèce précédente, à laquelle elle ressemble d'ailleurs quant au feuillage et quant aux capitules. Feuilles-ramulaires petites, lancéolées, très-entières. Capitules petits, courtement pédonculés. Fleurs-radiales violettes. Fleurs du disque à corolle d'abord jaune, après l'anthèse violette. — Indigène des États-Unis; fleurit en août et septembre.

ASTER HÉTÉROPHYLLE. — *Aster heterophyllus* Willd. — *Aster cordifolius* Nutt. (non Linn.) — Feuilles scabres en dessus (ou du moins aux bords) : les radicales et les caulinaires-inférieures cordiformes, dentelées, pétiolées (à pétiole ailé); les supérieures ovales-oblongues ou oblongues; les florales lancéolées-linéaires, petites. Rameaux paniculés. Écailles-involucrales apprimées. — Espèce semblable à la précédente par le port. Rameaux grêles, flexueux, vagues. Capitules du volume de ceux des 2 espèces précédentes. Fleurs-radiales de couleur lilas. — Indigène des États-Unis; fleurit en septembre.

a) *Feuilles assez larges, dentelées : les inférieures longuement rétrécies en forme de pétiole.*

ASTER ÉTALÉ. — *Aster patulus* Lamk. Enc. — *Aster Cornuti* Wendl. — *Aster paniculatus* Willd. Spec. — *Aster Tradescanti* Hoffm. Phytogr. — *Aster pallens* Willd. Enum. — *Aster acuminatus* Michx. — Feuilles finement pubérules et scabres en dessus, glabres en dessous, acuminées, dentelées : les inférieures ovales-lancéolées ou oblongues-lancéolées; les supérieures et les raméaires lancéolées, courtement rétrécies. Rameaux feuillés, étalés, paniculés vers leur sommet. Écailles-involucrales lâches. — Tige haute de 2 à 3 pieds, dressée, plus ou moins flexueuse, ordinairement rougeâtre, rameuse presque dès la base. Feuilles minces, d'un vert foncé en dessus; les ramulaires très-entières ou dentelées, petites. Ramules-florifères simples ou paniculés, 1-7-céphales, grêles. Capitules en thyrses, ou en cymes, ou en cymules; pédoncules en général plus longs que l'involucre. Involucre long d'environ 3 lignes; écailles sublinéaires. Fleurs-radiales 1 fois plus longues que l'involucre, à ligule d'abord carnée, puis pourpre. Fleurs du disque rougeâtres après l'anthèse. — Indigène des États-Unis; fleurit en août et septembre.

b) *Feuilles lancéolées, ou oblongues-lancéolées, ou linéaires-lancéolées,
sessiles : les inférieures courtement rétrécies à leur base.*

ASTER THYRSIFLORE. — *Aster thyrsiflorus* Hoffm. Phytogr.
— Feuilles glabres, linéaires-lancéolées, denticulées, mucronées,
amplexatiles, scabres aux bords. Rameaux longs, effilés, dressés, disposés en panicule thyrsoïde ; ramules très-grêles, feuillés,
1-céphales, dressés, disposés en panicule racémiforme. Écailles-
involucrales anisomètres, lâches, recourbées, lancéolées-linéaires.—Tiges hautes de 3 à 4 pieds, lisses, rougeâtres, dressées.
Rameaux ramulifères à peu près à partir du milieu. Feuilles
fermes, d'un vert foncé et luisantes en dessus ; cordiformes-biauriculées à la base. Involucre long d'environ 3 lignes. Fleurs-
radiales 1 fois plus longues que l'involucre, à ligule bleue. —
Indigène des États-Unis ; fleurit en octobre et novembre.

ASTER AGRÉABLE. — *Aster amœnus* Lamk. Enc. —*Aster
hispidus* Lamk. Enc.—*Aster puniceus* L.—*Aster firmus* Nees.
— Feuilles rugueuses, glabres, scabres en dessus, lisses en dessous, dentelées, acuminées, subamplexatiles : les inférieures
lancéolées ; les supérieures oblongues-lancéolées. Rameaux étalés, en général paniculés. Ramules oligocéphales. Capsules subsolitaires ou en cymules. Écailles-involucrales lâches, subisomètres, subulées. —Tiges glabres ou hispidules, fermes, très-rameuses, hautes de 2 à 4 pieds. Feuilles fermes, d'un vert gai.
Involucre long d'environ 3 lignes. Fleurs-radiales 1 fois plus
longues que l'involucre, à ligule d'un pourpre violet, ou lilas.
— Indigène des États-Unis ; fleurit en septembre et octobre.

ASTER ÉLANCÉ. — *Aster præaltus* Poir. — *Aster salicifo-
lius* Hort. Kew.—Feuilles linéaires-lancéolées, acérées, subamplexatiles, scabres (du moins aux bords) : les inférieures subdenticulées ; les autres très-entières ; les ramulaires sublinéaires,
réfléchies. Rameaux presque dressés, effilés, garnis de ramules
grêles, feuillés, le plus souvent 1-céphales, disposés en grappe.
Écailles-involucrales lancéolées-linéaires, anisomètres, recourbées au sommet. —Tiges très-rameuses, hautes de 5 à 8 pieds,

glabres. Rameaux-supérieurs subfastigiés. Feuilles fermes, d'un vert foncé. Involucre long d'environ 3 lignes. Fleurs-radiales 1 fois plus longues que l'involucre, d'un bleu pâle. Fleurs du disque à corolle violette après l'anthèse. — Indigène des États-Unis ; fleurit d'août en octobre.

ASTER TARDIF. — *Aster tardiflorus* Linn. — *Aster cæspitosus* Hortul. — Feuilles glabres, scabres vers les bords, dentelées vers leur sommet, obliquement amplexatiles, pointues : les ramulaires petites, subovales, obtuses, souvent recourbées. Rameaux paniculés, divariqués, subfastigiés : ramules oligocéphales. Écailles-involucrales imbriquées, recourbées : les inférieures plus longues, subradiantes. — Tiges très-raides, glabres, hautes de 1 1/2 pied à 3 pieds. Feuilles fermes, luisantes, d'un vert foncé. Ramules-florifères grêles, divergents, feuillus presque jusqu'au sommet. Involucre long de 2 à 3 lignes. Fleurs-radiales 1 fois plus longues que l'involucre, à ligule bleue ou lilas. — Indigène des États-Unis ; fleurit en août et septembre.

ASTER LISSE. — *Aster lævis* Willd. — Feuilles glabres, mucronées, un peu scabres aux bords : les inférieures lancéolées, un peu dentelées ; les autres oblongues-lancéolées, très-entières, amplexatiles ; les ramulaires petites, sublinéaires. Rameaux paniculés ; ramules courts, submonocéphales, disposés en courtes grappes. Involucre plus court que le disque ; écailles linéaires-lancéolées, graduellement plus longues : les inférieures inappliquées. — Tiges hautes de 2 à 3 pieds, dressées, paniculées, lisses, glabres. Feuilles assez fermes, d'un vert foncé en dessus. Involucre long d'environ 3 lignes. Fleurs-radiales nombreuses, à ligule oblongue, d'un bleu pâle, longue de 5 à 6 lignes. — Indigène des États-Unis ; fleurit en août et septembre.

ASTER A FLEURS CHANGEANTES. — *Aster mutabilis* Hort. Kew. — Feuilles glabres, glauques en dessous, scabres aux bords : les inférieures lancéolées, dentelées vers le milieu ; les autres oblongues-lancéolées, subamplexatiles, ordinairement très-entières ; les ramulaires petites, sublinéaires.

Rameaux paniculés ; ramules courts, disposés en thyrse. Involucre plus court que le disque ; écailles oblongues-lancéolées,
apprimées, graduellement plus longues. — Tiges glabres, très-
rameuses, paniculées, hautes de 3 à 4 pieds ; rameaux disposés
en thyrse dense. Feuilles assez fermes, d'un vert foncé en dessus. Ramules 3-7-céphales ; capitules subfastigiés. Involucre
long d'environ 3 lignes. Fleurs-radiales nombreuses, à ligule
longue de 5 à 6 lignes, oblongue, d'abord blanche, plus tard
violette. Fleurs du disque à corolle d'un brun violet après l'anthèse. — Indigène des États-Unis ; fleurit d'août en octobre.

ASTER VERSICOLORE. — *Aster versicolor* Willd. Spec. — Cet
Aster ne diffère du précédent, dont il est probablement une variété, que par des feuilles lisses même aux bords, et vertes
aux 2 faces.

ASTER ÉMINENT. — *Aster eminens* Nees. — *Aster junceus*
Hort. Kew. — *Aster longifolius* Lamk. — Feuilles glabres,
scabres aux bords : les inférieures lancéolées, dentelées vers le
milieu ; les autres oblongues-lancéolées, subamplexatiles, en général très-entières ; les ramulaires petites, sublinéaires. Rameaux
paniculés au sommet, plus ou moins divergents ; ramules 1- ou
oligocéphales, subfastigiés. Écailles-involucrales linéaires-lancéolées, inappliquées, subisomètres : les inférieures plus ou
moins recourbées. — Plante glabre, haute de 3 à 4 pieds. Rameaux disposés en panicule thyrsoïde. Feuilles fermes, d'un vert
foncé en dessus, un peu glauques en dessous. Involucre long
d'environ 3 lignes. Fleurs-radiales à ligule bleue, longue de 5
à 6 lignes. — Indigène des États-Unis ; fleurit d'août en octobre.

ASTER A FEUILLES DE SAULE. — *Aster salignus* Willd. —
Feuilles glabres, scabres aux bords, acuminées, subamplexatiles : les inférieures lancéolées, dentelées vers le milieu ; les supérieures et les raméaires oblongues-lancéolées, souvent très-entières ; les ramulaires petites, sublinéaires. Rameaux effilés,

paniculés ou corymbifères au sommet. Écailles-involucrales sub-isomètres, lâches.—Tiges raides, dressées, glabres, hautes de 1 pied à 3 pieds, plus ou moins rameuses; rameaux presque dressés. Feuilles fermes, luisantes, d'un vert foncé. Involucre long d'environ 3 lignes. Fleurs-radiales 1 fois plus longues que l'involucre, à ligule bleue ou rarement lilas. —Indigène de l'Amérique septentrionale; naturalisé dans plusieurs localités en France et en Allemagne; fleurit en août et septembre.

Aster a feuilles de Coride. — *Aster coridifolius* Michx. —*Aster sparsiflorus* Willd. Enum.—*Aster foliolosus* β : *coridifolius* Nutt. — Feuilles pubérules, scabres (du moins, aux bords), réfléchies : les caulinaires linéaires-lancéolées, acuminées, denticulées; les raméaires et les ramulaires petites, sublinéaires, subobtuses. Rameaux étalés, paniculés; ramules filiformes, divariqués, 1-céphales, feuillés jusqu'au sommet. Écailles-involucrales appliquées, linéaires, mucronées.—Tiges hautes de 1 pied à 2 pieds, dressées, scabres, pubérules, très-rameuses. Feuilles-ramulaires longues de 1 ligne à 2 lignes. Involucre turbiné, long de 2 lignes. Fleurs-radiales 1 fois plus longues que l'involucre, à ligule sublinéaire, carnée. Fleurs du disque à corolle jaune. Aigrette jaunâtre. — Indigène de l'Amérique septentrionale; fleurit en septembre et octobre.

Aster multiflore. — *Aster multiflorus* H. Kew. —*Aster ericoides* Lamk. (non Linn.) — Feuilles glabres, très-entières, linéaires, étroites : les ramulaires très-petites, mucronées, recourbées. Rameaux plus ou moins divergents, disposés en panicule pyramidale; ramules filiformes, subunilatéraux, dressés, 1-céphales, disposés en grappes. Écailles-involucrales sublinéaires, mucronées, appliquées; pointe recourbée. — Tiges hautes de 2 à 3 pieds; rameaux grêles, touffus, ramulifères presque dès leur base. Feuilles fermes, d'un vert pâle : les ramulaires longues de ¹/₂ ligne à 1 ligne. Capitules petits, très-nombreux. Involucre long d'environ 2 lignes; écailles vertes au sommet, blanches inférieurement. Fleurs-radiales à peine plus longues que celles du disque, à ligule courte, d'un blanc rougeâtre. Fleurs du disque violettes après l'anthèse. Aigrette roussâtre. — Indigène du Canada et des États-Unis; fleurit d'août en novembre.

ASTER FRAGILE. — *Aster fragilis* Willd. — Feuilles scabres aux bords, glabres : les inférieures oblongues, denticulées; les autres linéaires, ou linéaires-lancéolées, sessiles, très-entières; les ramulaires (quelquefois sublancéolées) très-courtes, mucronées, étalées. Rameaux plus ou moins divergents, ramulifères en général dès leur base; ramules étalés, subfiliformes, feuillés jusqu'au sommet, en général 1-céphales, disposés en grappe. Écailles-involucrales sublinéaires, apprimées, graduellement plus longues. — Tiges glabres ou pubérules, raides, dressées, hautes de 2 à 3 pieds, en général rameuses dès leur base; rameaux grêles, feuillus, quelquefois horizontaux. Feuilles d'un vert foncé : les caulinaires (ordinairement réfléchies) larges de 1 ½ ligne à 4 lignes. Capitules disposés en grappes plus ou moins denses. Involucre long de 2 lignes, plus court que les fleurs du disque. Fleurs-radiales nombreuses, subbisériées, 1 fois plus longues que l'involucre, à ligule blanche, elliptique-oblongue. Fleurs du disque à corolle violette après l'anthèse. — Indigène des États-Unis; fleurit d'août en novembre.

ASTER RÉCLINÉ. — *Aster pendulus* Hort. Kew. — *Aster horizontalis* Hort. Par. — Feuilles pubérules et scabres en dessus : les caulinaires et les raméaires lancéolées ou lancéolées-oblongues, dentelées; les ramulaires très-petites, subovales, très-entières, réfléchies, mucronées. Rameaux paniculés, divariqués et réclinés de même que les ramules. Ramules-florifères filiformes, en général courts et 1-céphales, disposés en grappes. Écailles-involucrales appliquées, sublinéaires, mucronulées. — Tiges hautes de 2 à 3 pieds, très-rameuses, dressées, pubérules; rameaux très-touffus; ramules très-rapprochés. Feuilles d'un vert foncé. Involucre long d'environ 2 lignes. Fleurs-radiales presque 1 fois plus longues que l'involucre, à ligule rougeâtre.

Fleurs du disque d'un rouge de cuivre après l'anthèse. — Indigène de l'Amérique septentrionale; fleurit en octobre et novembre.

ASTER A FEUILLES DE BRUYÈRE. — *Aster ericoides* Linn. — *Aster tenuifolius* Willd. Spec.— *Aster dumosus* Hoffm. Phyt. — Feuilles linéaires, étroites, très-entières, très-glabres, lisses : les ramulaires subulées, recourbées. Rameaux effilés, plus ou moins divergents, disposés en panicule pyramidale. Ramules longs, filiformes, feuillés, ordinairement 1-céphales, disposés en grappes subunilatérales. Écailles-involucrales linéaires, subulées et étalées au sommet. — Tiges hautes de 3 à 4 pieds, très-rameuses. Feuilles d'un vert gai. Involucre long de 2 à 3 lignes. Fleurs-radiales 1 fois plus longues que l'involucre, à ligule blanche. — Indigène du Canada et des États-Unis; fleurit en septembre et octobre.

ASTER POURPRÉ.—*Aster purpuratus* Nees, Astereæ, p. 118.— *Aster miser* Desfont. Hort. Par. (non Linn.)—Feuilles glauques, glabres, pointues, scabres aux bords : les caulinaires-inférieures lancéolées-spathulées, dentelées vers le sommet; les autres lancéolées ou oblongues-lancéolées, très-entières, subamplexicaules; les raméaires ovales-lancéolées ou oblongues-lancéolées, petites, isomètres; les ramulaires linéaires-lancéolées, minimes. Tige rameuse à partir du milieu. Rameaux longs, très-grêles, effilés, raides, feuillus, dressés, simples, ou ramulifères vers le sommet; ramules courts, filiformes, 1-céphales, feuillus jusqu'au sommet, disposés en grappes subunilatérales. Écailles-involucrales appliquées, graduellement plus courtes. — Tiges hautes de 2 à 4 pieds, très-grêles, effilées, lisses, cylindriques, souvent rougeâtres. Rameaux disposés en panicule racémiforme. Feuilles fermes, dressées : les inférieures longues de 2 à 3 pouces; les raméaires supérieures et les ramulaires longues de 2 à 3 lignes, presque imbriquées, plus ou moins recourbées. Involucre long d'environ 3 lignes; écailles conformes aux feuilles-ramulaires. Fleurs-radiales 1 fois plus longues que l'involucre, à ligule d'un

pourpre violet. Fleurs du disque à corolle rougeâtre. — Fleurit
en octobre et novembre; patrie incertaine.

ASTER A TIGE ROUGE. — *Aster rubricaulis* Lamk. Enc. —
Aster expansus et *Aster glaucus* Nees. — *Aster cyaneus*
Hoffm. Phyt. —Feuilles glauques, glabres, scabres aux bords :
les caulinaires-inférieures lancéolées ou lancéolées-oblongues,
souvent dentelées; les raméaires oblongues ou oblongues-
lancéolées; les supérieures amplexatiles, très-entières; les
ramulaires petites, ovales-oblongues, ou ovales-lancéolées,
étalées; les radicales spathulées-obovales. Rameaux plus ou
moins divergents, paniculés; ramules en grappes ou en thyrses
lâches. Écailles-involucrales appliquées, graduellement plus
longues. — Tiges hautes de 2 à 3 pieds, grêles, raides, dressées, cylindriques, lisses, glabres, glauques, ou rougeâtres.
Feuilles inférieures longues de 3 à 4 pouces. Involucre long de
3 lignes. Fleurs-radiales 1 fois plus longues que l'involucre, à
ligule bleu de ciel. Réceptacle à fovéoles fimbriées. Nucules glabres ou pubérules; aigrette blanchâtre. — Indigène des États-
Unis ; fleurit d'août en octobre.

Genre BIOTIE. — *Biotia* De Cand.

Capitules radiés. Fleurs-radiales femelles, 1-sériées, à
ligule assez large. Fleurs du disque hermaphrodites, à
corolle infondibuliforme, 5-dentée. Involucre subcylindracé, formé d'écailles pluri-sériées, appliquées, oblongues, ou ovales, membraneuses aux bords, dépourvues
d'appendice foliacé. Réceptacle plan, alvéolé : bords des
alvéoles légèrement dentés. Stigmates très-courtement appendiculés. Nucules (glabres ou pubérules) cylindracées,
3-costées, striées; aigrette comme chez les *Aster*.
Herbes vivaces, peu rameuses. Feuilles alternes, dentelées, pétiolées (du moins les-inférieures) : les radicales
grandes, cordiformes. Capitules en corymbes, ou en cymes, terminaux. Écailles-involucrales graduellement plus

longues. Fleurs-radiales à ligule blanche, ou d'un rose pâle. Aigrette raide, en général roussâtre. — Ce genre appartient à l'Amérique septentrionale. Les espèces suivantes se cultivent comme plantes d'agrément.

BIOTIE DE SCHRÉBER. — *Biotia Schreberi* De Cand. — *Eurybia Schreberi* Nees. — Tige glabre; rameaux subfastigiés, paniculés au sommet. Feuilles glabres, rugueuses, scabres en dessus : les radicales réniformes à la base; les caulinaires inférieures ovales, rétrécies en pétiole foliacé; les supérieures ovales-oblongues, ou ovales-lancéolées, subsessiles. Écailles-involucrales oblongues, obtuses, apprimées, 1 fois plus courtes que les fleurs radiales. — Tiges raides, touffues, médiocrement feuillées, dressées, hautes d'environ 2 pieds; rameaux grêles, dressés, subaphylles, polycéphales : les inférieurs plus longs que les supérieurs. Capitules en cymes lâches : pédoncules divergents ou divariqués, plus longs que les capitules. Involucre long d'environ 3 lignes. Ligules blanches. Aigrette ordinairement rousse. — Fleurit en août et septembre.

BIOTIE A GRANDES FEUILLES. — *Biotia macrophylla* De Cand. — *Eurybia macrophylla* Cass. — *Aster macrophyllus* et *Aster divaricatus* Linn. — Tige pubérule ou glabre; rameaux subfastigiés, divergents, paniculés au sommet. Feuilles scabres, pubescentes aux 2 faces, rugueuses : les inférieures cordiformes ou ovales, longuement pétiolées; les supérieures ovales, ou ovales-lancéolées, ou sublancéolées, rétrécies en court pétiole foliacé. Écailles-involucrales oblongues-lancéolées, obtuses, apprimées, 1 fois plus courtes que les fleurs radiales. — Plante semblable à l'espèce précédente par le port et le feuillage; rameaux en général oligocéphales. Fleurs-radiales blanches ou lilas. — Fleurit en août et octobre.

BIOTIE A CORYMBES. — *Biotia corymbosa* De Cand. — *Eurybia corymbosa* Cass. — *Aster corymbosus* Hort. Kew. — Tige glabre; rameaux subfastigiés, dichotomes au sommet. Feuilles lisses, glabres : les inférieures cordiformes ou ovales, longuement pétiolées;

les supérieures ovales-lancéolées ou oblongues-lancéolées, sessiles,
ou rétrécies en court pétiole. Écailles-involucrales ovales ou oblongues, obtuses, apprimées, 1 fois plus courtes que les fleurs-radiales.
— Tiges dressées, flexueuses, glabres, hautes de 1 pied à 2
pieds. Rameaux plus ou moins divergents, subaphylles, en général courts. Feuilles minces, d'un vert gai, acuminées : les radicales larges de 2 à 3 pouces. Capitules en cymes dichotomes,
plus ou moins denses. Pédoncules aussi longs que les capitules,
ou plus longs. Bractées ovales, très-entières. Involucre long d'environ 3 lignes. Ligules oblongues, d'abord blanches, finalement
violettes. — Fleurit en août et septembre.

Genre TRIPOLE. — *Tripolium* Nees.

Capitules radiés ; fleurs-radiales 1-ou 2-sériées, femelles ;
fleurs du disque hermaphrodites, à corolle infondibuliforme, 5-fide. Involucre subcylindracé, formé d'écailles
pauci-sériées, imbriquées, appliquées ou inappliquées,
colorées : les extérieures petites ; les intérieures grandes,
membraneuses aux bords. Réceptacle plan, alvéolé : alvéoles à bord denté. Stigmates subulés au sommet. Nucules oblongues, comprimées, écostées, barbues à la base ;
aigrette simple, pluri-sériée, composée de longues soies
filiformes, luisantes, scabres.

Herbes annuelles ou vivaces, glabres. Feuilles charnues : les caulinaires éparses ; les inférieures spathulées,
pétiolées ; les autres étroites, sessiles. Capitules en corymbes terminaux. Fleurs-radiales à ligule bleue ou blanche.

Tripole commun. — *Tripolium vulgare* Nees. — *Aster
Tripolium* Linn. — Flor. Dan. tab. 615. — Engl. Bot. tab. 87.
— *Aster maritimus* Lamk. — *Aster pannonicus* Jacq. Hort.
Vindob. 1, tab. 8. — Plante bisannuelle, haute de 1 pied à 3
pieds. Tige tantôt simple, ou seulement ramulifère au sommet,
tantôt paniculée ; rameaux dressés ou divergents, feuillés, simples, ou paniculés, ou cymeux seulement au sommet. Feuilles

glauques, très-entières, scabres aux bords : les radicales (nulles
chez les plantes florifères) longuement pétiolées, oblongues-spathulées, obtuses, triplinervées ; les caulinaires lancéolées, ou
lancéolées-oblongues, ou sublinéaires, pointues, mucronées,
1-ou 3-nervées ; les raméaires en général linéaires ou linéaires-
lancéolées, étroites. Corymbes 2-7-céphales ; pédoncules filiformes, bractéolés, ordinairement plus longs que l'involucre. Involucre long de 2 à 3 lignes, plus court que les fleurs du disque ; écailles-intérieures elliptiques, obtuses, appliquées. Fleurs-radiales
plus longues que celles du disque, à ligule lancéolée-oblongue,
3-dentée, d'un rose vif ou lilas. Fleurs du disque à corolle
jaune. Nucules jaunâtres, glabres, ou soyeuses, beaucoup plus
courtes que l'aigrette ; aigrette blanche. — Cette espèce croît sur
les plages de l'Océan et de la Méditerranée, ainsi que dans les
marais salins de l'intérieur de l'Europe et en Sibérie ; elle fleurit en août et septembre ; on la cultive dans les parterres.

Genre GALATELLE. — *Galatella* Cass.

Capitules radiés ; fleurs-radiales 1-sériées, neutres (à
ovaire abortif, inaigretté) ; fleurs du disque hermaphrodites, à corolle infondibuliforme, 5-fide. Involucre subcampaniforme, plus court que les fleurs du disque, formé
d'écailles pluri-sériées, imbriquées, inappendiculées, appliquées (les extérieures quelquefois inappliquées), graduellement plus longues : les extérieures subcoriaces ; les
intérieures submembranacées. Réceptacle presque plan,
alvéolé, à cloisons fimbriées. Stigmates à appendices ovales, subobtus. Nucules oblongues ou oblongues-obovales,
comprimées, soyeuses, ou poilues ; aigrette simple, pluri-
sériée, composée de poils filiformes, scabres.

Herbes vivaces. Tiges feuillues, dressées, en général rameuses seulement vers leur sommet ; rameaux dichotomes, ou trichotomes, ou à ramules disposés en corymbe,
subfastigiés. Feuilles conformes (les radicales plus petites),
étroites, sessiles, subverticales, ou réfléchies, très-entières,

1-ou 3-nervées, raides, scabres, le plus souvent marquées de fossettes ponctiformes. Fleurs-radiales (en général plus longues que les fleurs du disque) à ligule blanche, ou bleue, ou pourpre. — Les espèces que nous allons décrire se cultivent comme plantes de parterre.

a) *Feuilles ponctuées.*

GALATELLE A FEUILLES D'HYSSOPE. — *Galatella hyssopifolia* Nees. — *Aster hyssopifolius* Linn. — Rameaux ascendants, subtrichotomes, disposés en corymbe dense. Feuilles linéaires ou linéaires-lancéolées, mucronées, 3-nervées. Fleurs-radiales presque 1 fois plus longues que celles du disque. Ligules lancéolées-oblongues. — Tiges raides, hautes de 1 pied à 2 pieds, quelquefois paniculées. Feuilles d'un vert foncé : les caulinaires longues de 10 à 15 lignes, larges de 1 ligne à 1 1/2 ligne; les raméaires et les ramulaires très-petites. Involucre long d'environ 2 lignes ; écailles vertes, apprimées, obtuses. Fleurs-radiales longues de 5 à 6 lignes, à ligule d'un bleu pâle. — Indigène de l'Amérique septentrionale; fleurit d'août en octobre.

GALATELLE PONCTUÉE. — *Galatella punctata* et *Galatella intermedia* Cass. — Nees. — *Aster punctatus* Waldst. et Kit. Hungar. tab. 109. — Rameaux et ramules presque dressés, en général en corymbe dense. Feuilles linéaires ou linéaires-lancéolées (souvent subfalciformes), fortement 3-nervées, acuminulées, mucronées. Ligules linéaires-oblongues, de moitié plus longues que les fleurs du disque. — Tiges hautes de 1 1/2 pied à 3 pieds, quelquefois rameuses presque dès leur base. Rameaux corymbifères ou paniculés au sommet. Feuilles pubérules ou presque glabres, d'un vert un peu glauque en dessus : les caulinaires longues de 1 pouce à 2 pouces, larges de 1 1/2 ligne à 3 lignes. Involucre verdâtre, long d'environ 3 lignes : écailles apprimées. Fleurs-radiales longues de 5 à 8 lignes, à ligule bleue. — Indigène de la Hongrie et de la Russie méridionale ; fleurit d'août en octobre.

GALATELLE INCANE. — *Galatella cana* Cass. — Nees. — *Aster canus* Waldst. et Kit. Hungar. 1, tab. 30. — Rameaux et ramules divergents ou divariqués, disposés en cyme lâche. Feuilles oblongues-lancéolées, acuminulées, mucronées, fortement 3-nervées, cotonneuses-incanes (du moins en dessous). Ligules oblongues, un peu plus longues que les fleurs du disque. — Tiges hautes de 1 pied à 2 ½ pieds, effilées, raides, souvent rameuses presque dès leur base; rameaux grêles, subaphylles, paniculés, pubérules ou cotonneuses de même que la tige. Feuilles caulinaires longues de 6 à 18 lignes, larges de 2 à 3 lignes. Fleurs-radiales longues de 5 à 6 lignes, à ligule bleue. —Indigène de Hongrie; fleurit d'août en octobre.

b) *Feuilles non-ponctuées.*

GALATELLE ACRE. — *Galatella acris* Nees. — *Galatella rigida* Cass. — *Aster acris* Linn. — *Aster acris* : β *trinervis* Pers. — Rameaux plus ou moins divergents, en général oligocéphales, en corymbe lâche. Feuilles linéaires-lancéolées ou lancéolées-linéaires, acuminulées, mucronées, fortement 3-nervées. Ligules oblongues, presque 1 fois plus courtes que les fleurs du disque.—Tiges raides, glabres, effilées, hautes de 1 pied à 2 pieds. Feuilles d'un vert gai : les caulinaires longues de 1 pouce à 2 pouces, larges de 1 ½ ligne à 3 lignes. Involucre long d'environ 3 lignes; écailles apprimées. Fleurs-radiales longues d'environ 6 lignes, à ligule bleue. — Indigène de l'Europe méridionale; fleurit en août et septembre.

Genre DOELLINGÉRIE. — *Dœllingeria* Nees.

Capitules radiés; fleurs-radiales 1-sériées, femelles ; fleurs du disque hermaphrodites, à corolle infondibuliforme, 5-fide. Involucre subcampaniforme, plus court que les fleurs du disque, formé d'écailles herbacées, inappendiculées, imbriquées, appliquées, ou inappliquées. Réceptacle presque plan, scrobiculé. Stigmates courtement appendiculés. Nucules oblongues-obovales, obtuses, comprimées, striées; aigrette double : l'extérieure courte, 2-sériée, formée de poils anisomètres, sétacés; l'intérieure

longue, formée de poils pluri-sériés, épaissis et infléchis
au sommet. — Herbes vivaces. Tiges rameuses vers leur
sommet ; rameaux subfastigiés, cymeux au sommet. Feuilles très-entières ou dentelées, veineuses, rétrécies en court
pétiole. Fleurs-radiales à ligule blanche ou rose , débordant les fleurs du disque.

DOELLINGÉRIE A OMBELLES. — *Dœllingeria umbellata* Nees.
— *Diplostephium amygdalinum* Cass. — *Aster umbellatus*
H. Kew.—Tiges hautes de 1 ½ pied à 3 pieds, dressées, anguleuses, un peu scabres, feuillées; rameaux grêles, feuillés, un
peu divergents, disposés en panicule cymeuse. Feuilles lancéolées ou lancéolées-oblongues, acuminées, un peu scabres, très-
entières, d'un vert foncé en dessus, glauques en dessous : les caulinaires longues de 2 à 3 pouces. Capitules en cymes un peu
lâches. Involucre long d'environ 2 lignes : écailles linéaires ou
oblongues, obtuses, inégales, verdâtres, membraneuses aux
bords, apprimées. Fleurs-radiales blanches, peu nombreuses,
distancées, longues de 3 à 4 lignes, à ligule oblongue. — Cette
espèce, indigène des États-Unis, se cultive comme plante d'ornement; elle fleurit en août et septembre.

Genre. AGATHÉE. — *Agathea* Cass.

Capitules radiés; fleurs-radiales 1-sériées, femelles ,
fleurs du disque hermaphrodites, à corolle infondibuliforme, 5-fide. Involucre campaniforme, formé d'un seul
rang d'écailles foliacées, isomètres, pointues, sublinéaires.
Réceptacle alvéolé. Nucules obovales, aplaties, scabres, à
rebord nerviforme; aigrette simple, formée de poils scabres
ou barbellulés, filiformes, blancs (persistants ou caducs),
pluri-sériés. — Herbes ou arbustes. Feuilles très-entières
ou subdenticulées, opposées (du moins les inférieures),
sessiles, ou pétiolées, 1- ou 3-nervées, en général scabres.
Pédoncules terminaux, solitaires, 1-céphales, très-longs,
nus. Fleurs-radiales plus longues que les-fleurs du disque,

à ligule bleue. Fleurs du disque à corolle jaune. — Ce genre est propre au Cap de Bonne-Espérance.

AGATHÉE CÉLESTE. — *Agathœa cœlestis* Cass. Dict. des Sc. Nat. Ic. — *Cineraria amelloides* L. — Arbuste touffu, haut de 1 à 2 pieds. Rameaux subtrichotomes, pubérules, scabres, feuillés, ascendants. Feuilles ovales, ou elliptiques, ou suborbiculaires, obtuses, mucronulées, courtement pétiolées, très-entières, ou subdenticulées, scabres, strigueuses, d'un vert foncé en dessus, d'un vert pâle en dessous, toutes opposées, longues de 4 à 8 lignes, larges de 2 à 4 lignes, subtrinervées. Pédoncules longs de 5 à 10 pouces. Écailles-involucrales longues de 3 à 4 lignes, 1-nervées, pubérules. Fleurs-radiales longues de 6 à 7 lignes, à ligule oblongue, révolutée, d'un bleu de ciel vif. Fleurs du disque à peine aussi longues que l'involucre, à corolle jaune. Nucules petites, noirâtres, chagrinées, pubérules. — Cette espèce se cultive comme arbuste d'ornement; elle fleurit tout l'été.

Genre CHARIÉIDE. — *Charieis* Cass.

Capitules radiés; fleurs-radiales 1-sériées, femelles; fleurs du disque hermaphrodites, à corolle infondibuliforme, 5-fide. Involucre hémisphérique, égal aux fleurs du disque, formé d'écailles 1-sériées, isomètres, apprimées, subspathulées, foliacées, membraneuses aux bords. Réceptacle presque plan, alvéolé; bords des alvéoles fimbriés. Stigmates anisomètres. Nucules cunéiformes-obovales, comprimées, marginées (à rebord nerviforme): celles des fleurs-radiales plus petites et inaigrettées; celles des fleurs du disque couronnées d'une aigrette simple, formée de poils filiformes, plumeux, subisomètres, 1-sériés. — Herbe annuelle, hispide. Feuilles très-entières ou légèrement dentées: les inférieures opposées; les supérieures alternes. Pédoncules longs, nus, terminaux, solitaires, 1-céphales. Fleurs-radiales plus longues que celles du disque, à ligule bleue; fleurs du disque à corolle jaune.

CHARIÉIDE HÉTÉROPHYLLE. — *Charieis heterophylla* Cass.
— *Kaulfussia amelloides* Nees, Hor. Phys. Berol. p. 58, tab.
11. — Plante haute de ¹/₂ pied à 1 pied, ordinairement multicaule. Tiges diffuses, ou ascendantes, rameuses. Feuilles lancéolées-spathulées, ou oblongues-spathulées, longues de 1 pouce à
2 pouces. Écailles-involucrales longues de 2 lignes. Ligules oblongues, longues d'environ 6 lignes. —Indigène du Cap de Bonne-
Espérance ; cultivée comme plante d'ornement; fleurit tout l'été.

SECTION IV. **ASTÉRÉES-BELLIDÉES** Cass.

Capitules radiés; couronne point jaune. Disque plus
large que haut. Réceptacle plus ou moins élevé.

Genre FÉLICIE. — *Felicia* Cass.

Capitules orbiculaires, radiés; fleurs-radiales 1-sériées,
femelles, à ligule étroite; fleurs du disque hermaphrodites, à corolle infondibuliforme, 5-fide. Involucre égal
aux fleurs du disque, convexe, formé d'écailles nombreuses, subbisériées, subisomètres, appliquées, linéaires-subulées. Réceptacle convexe, inappendiculé, ponctué. Nucules obovales, comprimées ; aigrette courte, simple, caduque, composée de poils 1-sériés, isomètres, filiformes,
barbelullés, blancs. —Herbes ou arbustes. Rameaux subfastigiés. Feuilles linéaires, un peu charnues, éparses.
Pédoncules longs, bractéolés, solitaires, terminaux, 1-cé-
phales.

FÉLICIE DÉLICATE. — *Felicia tenella* Nees. — *Aster tenellus*
Linn. — *Felicia fragilis* Cass. — Plante annuelle, haute de 3 à
6 pouces. Tige dressée ou ascendante, pubérule, grêle, fragile,
ordinairement rameuse dès la base; rameaux ascendants ou diffus, très-grêles, ramulifères vers leur sommet, ou simples. Feuilles longues de 10 à 18 lignes, assez rapprochées, ciliolées, subobtuses, plus ou moins recourbées. Écailles-involucrales longues

d'environ 2 lignes. Fleurs-radiales longues de 5 à 6 lignes, à ligule lancéolée-linéaire, révolutée, d'un lilas pâle. — Indigène du Cap de Bonne-Espérance; cultivée comme plante d'ornement; fleurit tout l'été.

Genre CALLISTÈPHE. — *Callistephus* Cass.

Capitules larges, orbiculaires, radiés; fleurs-radiales femelles (ordinairement pluri-sériées chez la plante cultivée), à ligule oblongue-linéaire, 3-dentée au sommet, aussi longue que le diamètre du disque; fleurs du disque hermaphrodites, à corolle infondibuliforme, 5-fide. Involucre double : l'extérieur presque aussi grand que le capitule, composé d'écailles étalées, foliacées, 3- ou 4-sériées, inégales, sublinéaires; l'intérieur beaucoup plus court; l'extérieur composé d'écailles subbisériées, égales, apprimées, membraneuses, scarieuses, colorées, subspathulées. Réceptacle large, orbiculaire, convexe, alvéolé : bords des alvéoles entiers. Nucules obovales-cunéiformes, comprimées, hispidules; aigrette double : l'extérieure composée de paillettes sétacées, anisomètres, irrégulières, denticulées, 1-sériées, très-courtes, soudées par la base; l'intérieure composée de soies 1-sériées, filiformes, barbellulées, caduques. — Herbe annuelle; rameaux simples, subfastigiés, 1-céphales, feuillés presque jusqu'au sommet. Feuilles dissemblables, alternes, la plupart sinuées-dentées ou incisées-dentées : les inférieures larges, pétiolées; les autres sessiles. Fleurs-radiales (tubuleuses chez une variété de culture) à ligule bleue, ou blanche, ou pourpre, ou violette, ou lilas, ou panachée; fleurs du disque jaunes (liguliformes et de même couleur que les fleurs -radiales chez certaines variétés de culture).

CALLISTÈPHE DE CHINE. — *Callistephus chinensis* Nees. — *Callistephus hortensis* et *Callistemma hortense* Cass.— *Aster chinensis* Linn. — Plante haute de ¹/₂ pied à 2 pieds. Tige grêle, dressée, hispidule, souvent violette, ordinairement rameuse ; rameaux longs, plus ou moins divergents. Feuilles glabres, ciliées, penninervées : les inférieures cordiformes ou ovales, acuminées, longues de 2 à 3 pouces ; pétiole largement ailé; les suivantes lancéolées-oblongues, ou cunéiformes-oblongues ; les supérieures oblongues-spathulées, ou linéaires-spathulées, très-entières, obtuses. Capitules larges de 1 ½ pouce à 4 pouces (y compris le rayon). Involucre externe à écailles obtuses, ciliées. Involucre interne à écailles très-obtuses, ordinairement panachées de jaune et de pourpre. Nucules soyeuses; obscurément 4-gones, longues d'environ 2 lignes.—Cette plante, si fréquemment cultivée dans les parterres, et connue sous le nom vulgaire de *Reine-Marguerite*, est originaire de Chine ; elle a été introduite en Europe vers 1750.

Genre CALLIMÉRIS. — *Callimeris* Cass.

Capitules radiés; fleurs-radiales 1-sériées, femelles ; fleurs du disque hermaphrodites, à corolle infondibuliforme, 5-fide. Involucre égal aux fleurs du disque, subturbiné, formé d'écailles subisomètres, paucisériées, lâchement appliquées, foliacées, oblongues, 1-nervées. Réceptacle hémisphérique, fovéolé: fovéoles subrhomboïdales. Nucules obovales, comprimées, marginées, hispidules; aigrette simple, très-courte, persistante, formée de paillettes 1-sériées, sétacées, scabres. — Herbes vivaces. Rameaux 1-céphales ou paniculés, feuillés, subfastigiés. Feuilles alternes, incisées-dentées (excepté les supérieures) : les inférieures rétrécies en pétiole; les autres sessiles. Fleurs-radiales grandes, plus longues que les fleurs du disque : ligules bleues ; fleurs du disque à corolle jaune.

CALLIMÉRIS A GRANDS CAPITULES.—*Callimeris platycephala* Cass. — *Grindelia incisa* Spreng. — *Aster tataricus* Linn. fil. — *Aster incisus* Fisch. — *Aster sibiricus* Hortul. — Plante haute de 1 ½ pied à 2 pieds. Tiges raides, dressées, anguleuses, un peu scabres; rameaux grêles, plus ou moins divergents.

Feuilles lancéolées ou lancéolées-oblongues, pointues, scabres aux bords, d'un vert gai, assez fermes, ordinairement glabres. Capitules solitaires, pédonculés. Involucre long de 2 à 3 lignes. Fleurs-radiales longues de 8 à 10 lignes : ligules lancéolées-oblongues, étroites. Nucules brunes, longues de 1 ligne; aigrette jaunâtre, raide, trois fois plus courte que la nucule. — Indigène de Sibérie; cultivée comme plante de parterre; fleurit en juillet et août.

Genre BOLTONE. — *Boltonia* L'hérit.

Capitules radiés; fleurs-radiales femelles, 1-sériées; fleurs du disque hermaphrodites, à corolle infondibuliforme, 5-fide. Involucre orbiculaire, plus court que les fleurs du disque, formé d'écailles paucisériées, subisomètres, appliquées, herbacées, membraneuses aux bords, sublinéaires. Réceptacle hémisphérique, alvéolé. Nucules obovales - cunéiformes, aplaties, marginées; aigrette courte, irrégulière, composée de paillettes sétacées, inégales, peu nombreuses, 1-sériées. — Herbes vivaces. Rameaux paniculés ou cymeux au sommet. Feuilles alternes, sessiles, glauques, finement veinées, étroites, très-entières (ou les inférieures seulement dentées). Fleurs - radiales plus longues que les fleurs du disque, à ligule blanche ou d'un bleu pâle, étroite, sublinéaire; fleurs du disque à corolle jaune.

BOLTONE A FEUILLES DE PASTEL. — *Boltonia glastifolia* L'hérit. — Herb. de l'Amat. vol. 7. — Feuilles lancéolées ou lancéolées-oblongues, scabres aux bords : les inférieures dentelées. Aigrette persistante : celle des fleurs du disque à 2 paillettes beaucoup plus longues que les autres. — Tiges hautes de 3 à 6 pieds, dressées, grêles, anguleuses, glabres de même que toute la plante, hautes de 3 à 6 pieds; rameaux plus ou moins divergents, feuillés, effilés, ordinairement paniculés au sommet. Feuilles subverticales, mucronées, fermes : les inférieures longues de 4 à 6 pouces; les ramulaires petites, sublinéaires. Capitules subsolitaires, ou en corymbes lâches, courtement pédonculés. Involucre large d'environ 3 lignes. Fleurs-radiales longues de 5 à 6 lignes ; ligules blanches ou d'un bleu lilas. — Indigène de l'Amérique septentrionale; cultivée comme plante d'ornement ; fleurit d'août en octobre.

Boltone a feuilles d'Aster.—*Boltonia asteroides* L'hérit. — *Matricaria asteroides* Linn. — Feuilles très-lisses, toutes très-entières : les inférieures lancéolées-linéaires ; les supérieures liguliformes-oblongues. Aigrette caduque, à paillettes subisomètres. — Plante très-glabre, haute de 2 à 3 pieds. Tiges dressées, anguleuses, médiocrement feuillées, en général rameuses seulement au sommet; rameaux disposés en cyme lâche. Feuilles fermes, subverticales, mucronées : les inférieures longues de 2 à 3 pouces, larges de 2 à 3 lignes. — Capitules un peu plus grands que ceux de l'espèce précédente ; fleurs-radiales à ligule blanche. — Indigène de l'Amérique septentrionale ; cultivée comme plante d'ornement ; fleurit d'août en octobre.

Genre PAQUERETTE. — *Bellis* Tourn.

Capitules radiés; fleurs-radiales 1-sériées, femelles ; fleurs du disque hermaphrodites, à corolle infondibuliforme, 5-dentée. Involucre plus long que les fleurs du disque, orbiculaire, convexe, formé d'écailles subbisériées, subisomètres, appliquées, foliacées, oblongues, obtuses. Réceptacle conique, élevé, nu, fistuleux. Anthères incluses. Nucules obovales, marginées, inaigrettées, hispidules. —Plantes annuelles ou vivaces, acaules, ou à tige rameuse. Feuilles spathulées, pétiolées, crénelées : les radicales roselées; les caulinaires alternes. Pédoncules terminaux ou axillaires, longs, très-grêles, nus, 1-céphales. Fleurs-radiales plus longues que celles du disque, à ligule oblongue-linéaire, arrondie au sommet, blanche, ou rosé, ou pourpre. Fleurs du disque à corolle verdâtre ou jaune : dents conniventes, arquées en dedans.

PAQUERETTE VIVACE. —*Bellis perennis* Linn. — Engl. Bot. tab. 424.—Flor. Dan. tab. 5o3.—Plante acaule ou subacaule, pubescente. Racine fibreuse, rampante. Feuilles d'un vert gai, étalées, obovales-spathulées, obtuses, plus ou moins profondément crénelées. Hampes (pédoncules) hautes de 3 à 8 pouces, dressées, ou ascendantes, souvent violettes. Fleurs-radiales à ligule blanche, ou pourpre, ou rose, ou blanche en dessus et pourpre en dessous. — Cette plante, connue sous les noms vulgaires de *Marguerite*, *Páquerette*, ou *Fleur de Páques*, est commune dans les prairies et les pâturages ; elle fleurit de mars en juillet ; tout le monde sait qu'on l'emploie fréquemment à faire des bordures de parterre ; les variétés les plus recherchées sont la *rose*, la *rouge*, la *panachée*, et la *double fistuleuse* (c'est-à-dire dont tous les fleurons sont longuement tubuleux).

XIVe TRIBU. LES SÉNÉCIONÉES.—*SENECIONEÆ* Cass.

Capitules radiés, ou discoïdes, ou incouronnés. Corolle-staminifère régulière, subinfondibuliforme, 5-fide. Anthères privées d'appendices basilaires ; article-anthérifère épaissi et strié. Ovaire non-comprimé, cylindracé, strié ; aigrette composée de soies filiformes, très-grêles, fragiles, striées, barbellulées, blanches. Stigmates ordinairement semblables à ceux des Anthémidées.

Tiges herbacées ou ligneuses. Feuilles alternes , ou rarement opposées, souvent pennatifides. Fleurs jaunes, ou rouges , ou violettes, ou orangées , ou blanchâtres. Écailles-involucrales le plus souvent 1-sériées ou subunisériées, isomètres, oblongues, quelquefois soudées inférieurement. Réceptacle ordinairement inappendiculé, souvent alvéolé, quelquefois fimbrilleux, jamais garni de paillettes. Corolle-staminifère à tube lisse ; limbe pyriforme, courtement 5-fide, à lobes semi-ovales, souvent calleux au sommet, bordés d'un bourrelet papilleux. Étamines à filets ordinairement soudés jusqu'au sommet du tube : partie libre souvent flexueuse avant la floraison : anthères à bourses pointues à la base.

SECTION I. **SÉNÉCIONÉES-DORONICÉES** Cass.

Involucre formé d'écailles 2-ou 3-sériées.

Genre ARNIQUE. — *Arnica* Linn.

Capitules grands, radiés; fleurs-radiales 1-sériées, ligulées, femelles; fleurs du disque hermaphrodites. Involucre égal aux fleurs du disque, formé d'écailles isomètres,
2-sériées, linéaires-lancéolées, pointues, foliacées. Réceptacle presque plan, pubescent. Stigmates terminés en cône
poilu. Nucules subcylindracées, hispidules, anguleuses;
aigrette longue, persistante, composée de poils pluri-sériés, raides, filiformes, anisomètres, barbellulés. —
Herbes vivaces, garnies d'une pubescence glandulifère.
Tiges simples ou peu rameuses. Feuilles opposées, sessiles,
très-entières. Pédoncules solitaires ou ternés, terminaux,
longs, nus, 1-céphales. Fleurs-radiales à ligule très-longue,
orangée, oblongue, 3-dentée au sommet; tube souvent
muni de 4 étamines stériles. Fleurs du disque à corolle
poilue : tube plus court que le limbe ; lobes papilleux à la
surface externe.

ARNIQUE DE MONTAGNE. — *Arnica montana* Linn. — Flor.
Dan. tab. 63.—Plante haute de ¹/₂ pied à 2 pieds. Racine subhorizontale, garnie de longues fibres filiformes. Tige simple ou peu rameuse, grêle, dressée, cylindrique ; entrenœuds supérieurs beaucoup plus longs que les feuilles ; rameaux toujours simples,
1-céphales, presque nus. Feuilles pubérules aux 2 faces, minces, d'un vert gai, finement 3-ou 5-nervées : les inférieures
longues de 4 pouces à 1 pied, lancéolées-oblongues, ou elliptiques-oblongues, ou lancéolées-spathulées, pointues ; les supérieures ovales-lancéolées ou oblongues-lancéolées, petites, souvent
alternes ; les raméaires sublinéaires, alternes. Capitules un peu
inclinés. Écailles-involucrales longues de 5 à 6 lignes. Fleurs-
radiales longues d'environ 1 pouce. —Cette plante, connue sous

les noms vulgaires de *Doronic d'Allemagne, Tabac des Vosges, Tabac des montagnes, Bétoine des montagnes,* et *Plantain des Alpes,* croît dans les pâturages des montagnes. Toutes les parties de l'Arnique ont une saveur âcre et amère, et, à l'état frais, une odeur désagréable ; la racine et les fleurs sont émétiques et purgatives ; les feuilles, séchées et réduites en poudre, sont sternutatoires.

Genre DORONIC. — *Doronicum* Linn.

Capitules grands, radiés ; fleurs-radiales ligulées, 1-sériées, femelles ; fleurs du disque hermaphrodites. Involucre plus long que les fleurs du disque, formé d'écailles 2-sériées, appliquées, isomètres, foliacées, linéaires-lancéolées. Réceptacle conique, pubescent. Stigmates tronqués, à bourrelets confluents en une seule masse. Nucules 10-sulquées : celles des fleurs-radiales glabres, obconiques, inaigrettées ; celles des fleurs du disque hispidules, turbinées, à aigrette composée de soies nombreuses, filiformes, barbellulées.—Herbes vivaces. Tiges simples ou rameuses. Feuilles denticulées ou dentelées, alternes : les inférieures pétiolées, cordiformes ; les supérieures sessiles, amplexicaules. Capitules subsolitaires, terminaux, pédonculés. Fleurs jaunes : celles du disque à tube creusé intérieurement de 5 fossettes longitudinales.

DORONIC PARDALIANCHE.—*Doronicum Pardalianches* Linn. — Jacq. Flor. Austr. tab. 350. – Engl. Bot. tab. 630. — Feuilles denticulées, hispidules de même que la tige. Rhizome rampant, comme tubéreux. — Plante haute de 2 à 3 pieds. Rhizome oblong, noueux, fibreux. Tige simple, ou rameuse, grêle, dressée, cylindrique, médiocrement feuillée. Rameaux 1-céphales ou oligocéphales. Feuilles supérieures cordiformes, ou cordiformes-oblongues, ou spathulées-ovales. Pédoncules turbinés au sommet. Écailles-involucrales longues d'environ 3 lignes. Fleurs-radiales longues de 6 à 8 lignes. —Cette plante,

nommée vulgairement *Doronic,* croît dans les Alpes et les Pyrénées; sa racine passe pour être vénéneuse.

DORONIC D'ORIENT. — *Doronicum orientale* Adams. —
Doronicum caucasicum Marsch. Bieb. — *Doronicum Co-
lumnæ* Tenor. Flor. Napol. tab. 79. — Rhizome pivotant.
Feuilles sinuées-dentées, glabres de même que la tige. — Plante
touffue, haute de ½ pied à 1 ½ pied. Tiges dressées ou ascendantes, grêles, médiocrement feuillées, paniculées au sommet.
Rameaux 1-céphales ou oligocéphales, subaphylles. Feuilles
lisses, d'un vert gai en dessus : les radicales et les caulinaires-
inférieures larges de 3 à 4 pouces, très-longuement pétiolées,
tantôt réniformes ou réniformes-ovales, tantôt cordiformes-ovales, à lobes distants ou équitants; feuilles supérieures en général
cordiformes-ovales ou cordiformes-oblongues. Involucre long de
5 à 6 lignes. Fleurs-radiales longues de 1 pouce. — Indigène du
Caucase et des montagnes de l'Europe méridionale; cultivée
comme plante de parterre; fleurit en avril et mai.

SECTION II. **SÉNÉCIONÉES-PROTOTYPES** Cass.

Involucre formé d'écailles 1-sériées, accompagné d'un
calicule.

Genre JACOBÉE. — *Jacobæa* Tourn. (Cass.)

Capitules radiés; fleurs-radiales 1-sériées, ligulées, femelles; fleurs du disque hermaphrodites. Involucre ordinairement plus court que les fleurs du disque, cylindracé,
ou ovoïde, formé d'écailles isomètres, libres, contiguës,
appliquées, sublinéaires, pointues, un peu charnues, ordinairement membraneuses aux bords, presque toujours
noirâtres au sommet. Réceptacle plan, souvent fovéolé ou
alvéolé. Corolles des fleurs-radiales égales, uniformes, à
ligule large, plus longue que le tube, révolutées après
l'anthèse. Corolles du disque à limbe à peu près aussi long

que le tube. Nucules cylindracées, striées, couronnées
d'un bourrelet : aigrette longue, blanche, composée de
poils nombreux, anisomètres, capillaires, peu barbellulés, quelquefois soudés par la base. — Herbes ou sous-
arbrisseaux. Tiges rameuses. Feuilles indivisées ou pennatifides, alternes. Capitules terminaux, pédonculés, disposés en cymes ou en corymbes. Fleurs-radiales à ligule
jaune, ou lilas, ou pourpre (par variation blanche). Fleurs
du disque à corolle jaune ou rouge.

JACOBÉE COMMUNE. — *Jacobæa vulgaris* Gærtn. — *Senecio
Jacobæa* Linn. — Engl. Bot. tab. 1130. — Herbe vivace; rameaux dressés, subfastigiés. Feuilles inférieures pétiolées, lyrées.
Feuilles supérieures amplexicaules, sinuées-bipennatifides : segments érosés, révolutés aux bords. Fleurs jaunes.—Plante glabre,
ou plus ou moins cotonneuse, haute de 2 à 3 pieds. Racine fibreuse.
Tiges dressées, cylindriques, striées, rameuses supérieurement.
Feuilles un peu charnues, d'un vert foncé étant glabres; lobes
ordinairement obtus, divergents, subcunéiformes. Cymes denses,
polycéphales. Nucules hispidules. — Cette plante, connue sous
les noms vulgaires d'*Herbe de Saint-Jacques*, *Fleur de Saint-
Jacques*, ou *Jacobée*, est commune dans les bois et les prairies;
elle fleurit en juin et juillet; ses feuilles et ses fleurs s'employaient
jadis comme émollientes, résolutives, apéritives et vulnéraires.

JACOBÉE ÉLÉGANTE. — *Jacobæa elegans* Cass. — *Senecio
elegans* Linn. — Jaume Saint-Hil. Flore et Pom. Franç.
tab. 77. — Bot. Mag. tab. 238. — Plante annuelle, glabre.
Feuilles amplexicaules, profondément sinuées-pennatifides; segments oblongs ou cunéiformes, obtus, sinués-dentés, ou sinués-lobés. Corymbes 3-7-céphales, lâches; capitules longuement pédonculés. Fleurs-radiales à ligule pourpre (par variation
rose ou blanche). — Tige dressée, paniculée, haute de 1 pied à
3 pieds, anguleuse; rameaux simples ou paniculés, les supérieurs
subfastigiés. Feuilles un peu charnues, d'un vert foncé en dessus. Corymbes plus ou moins longuement pédonculés; pédon-

culés secondaires garnis de plusieurs bractéoles éparses, linéaires-lancéolées, petites, foliacées. Involucre ovoïde, 3 fois plus
long que le calicule. Écailles-caliculaires ovales-lancéolées,
noirâtres au sommet, petites. — Indigène. du Cap de Bonne-
Espérance ; fréquemment cultivée comme plante de parterre ;
fleurit de juillet en octobre.

JACOBÉE A GRANDES FLEURS. — *Senecio grandiflorus* Berg.
— *Senecio venustus* Hort. Kew. — Bot. Reg. tab. 901. —
Senecio lilacinus Schrad. — Bot. Reg. tab. 1342. — Tige
finalement aphylle et ligneuse ; rameaux dressés, feuillus, annuels. Feuilles pennatifides, ou pennatiparties, ou incisées-
dentées, subamplexicaules : segments pointus, linéaires-lancéolés. Corymbes lâches, 3-7-céphales, quelquefois subpaniculés.
Fleurs-radiales à ligule pourpre.— Arbuste glabre, touffu, haut
de 2 à 4 pieds. Rameaux simples ou paniculés, grêles, plus ou
moins allongés, souvent subfastigiés, très-nombreux: Feuilles
longues de 2 à 4 pouces, très-variables quant aux incisions, lancéolées-oblongues, ou oblongues, assez fermes, un peu charnues,
d'un vert gai. Capitules plus ou moins longuement pédonculés,
du volume de ceux de l'espèce précédente ; pédoncules grêles,
bractéolés. Involucre.ovoïde, 3 à 4 fois plus long que le calicule.
— Indigène du Cap de Bonne-Espérance ; cultivée comme arbuste d'ornement ; fleurit tout l'été.

Section III. SÉNÉCIONÉES-OTHONNÉES Cass.

Involucre non-caliculé, formé d'écailles 1-sériées.

Genre ÉMILIA. — *Emilia* Cass.

Capitules incouronnés, homogames. Involucre ovoïde,
plus court que les fleurs, formé d'écailles contiguës, isomètres, linéaires, pointues, sphacélées au sommet. Réceptacle plan, inappendiculé. Corolle à limbe subringent,
grêle ; lanières linéaires-lancéolées : les 2 supérieures un

peu plus courtes. Stigmates terminés en appendice co-
nique-subulé. Nucules cylindracées, 5-costées : côtes saillantes, presque contiguës, alternes chacune avec une nervure filiforme ; aigrette caduque, à poils pluri - sériés,
finement barbellulés.

Herbes annuelles, rameuses. Feuilles alternes, amplexicaules (excepté les inférieures), denticulées, ou dentelées.
Rameaux-florifères longs, simples, presque nus. Capitules
plus ou moins longuement pédonculés, disposés en corymbes terminaux. Fleurs jaunes, ou pourpres, ou écarlates. Écailles-involucrales réfléchies après la floraison.

ÉMILIA ÉCARLATE. — *Emilia flammea* Cass. Atlas du Dict.
des Sc. Nat. 3ᵉ cahier, pl. 5. — *Cacalia sagittata* Vahl. —
Cacalia coccinea Bot. Mag. tab. 564. — *Cacalia sonchifolia*
Hortul. (non Linn.) — *Emilia sagittata* De Cand. Prodr. —
Plante haute de 1 pied à 2 pieds. Tige dressée, ordinairement rameuse dès la base, glabre, ou poilue ; rameaux ascendants ou
dressés, grêles, cylindriques, très-effilés, fistuleux, en général
lisses et glabres, ordinairement paniculés. Feuilles minces, d'un
vert glauque (avec un rebord denticulé, subcartilagineux, violet,
très-étroit), glabres, ou pubérules, acuminées, ou pointues : les
inférieures spathulées ; les autres ovales, ou ovales-lancéolées,
cordiformes ou sagittiformes à leur base ; les florales beaucoup
plus petites, linéaires-lancéolées. Corymbes 3-7-céphales, lâches ; pédoncules filiformes. Capitules longs de 6 lignes. Corolles
écarlates, près de 1 fois plus longues que l'involucre : les extérieures arquées en dehors. — Cette plante, connue sous les noms
vulgaires de *Cacalia écarlate*, ou *Cacalia à feuilles de Laitron*,
et fréquemment cultivée dans les parterres, est originaire de
l'Inde ; elle fleurit tout l'été.

Genre OTHONNE. — *Othonna* Linn.

Capitules radiés ; fleurs-radiales femelles, ligulées, 1-
sériées ; fleurs du disque mâles. Involucre ovoïde, plus
court que les fleurs du disque, ou égal aux fleurs du disque,

formé d'écailles isomètres , appliquées, contiguës presque
jusqu'au-sommet (de manière à paraître soudées), soudées
par la base, isomètres, charnues, quelquefois noirâtres ou
sphacélées au sommet. Réceptacle convexe ou un peu conique, fovéolé ou subalvéolé, à réseau papilleux, ou fimbriolé, ou légèrement poilu. Fleurs mâles à stigmate indivisé, conique, et à ovaire inovulé, grêle, à aigrette
pauci-sériée. Nucules assez grosses, cylindracées, striées ;
aigrette longue, droite, composée de poils pluri-sériés,
très-nombreux, anisomètres, barbellulés, striés longitudinalement.—Herbes ou sous-arbrisseaux. Feuilles membranacées ou charnues, indivisées, ou découpées, ou incisées, alternes. Capitules solitaires, terminaux, longuement pédonculés. Fleurs jaunes.

OTHONNE A FEUILLES DE GIROFLÉE. — *Othonna cheirifolia*
Linn. — Duham. Arbr. 2, tab. 17. — Bot. Reg. tab. 266. —
Othonna calthoides Mill. — Sous-arbrisseau glabre, très-
touffu, haut de 1 pied à 3 pieds. Tiges diffuses, ou rampantes,
très-rameuses, finalement ligneuses et aphylles. Rameaux cylindriques, charnus, un peu flexueux, feuillus, ramulifères en général à toutes les aisselles ; ramules plus ou moins allongés, ou
très-courts, dressés, très-feuillus. Feuilles lancéolées-spathulées
ou oblongues-spathulées, très-entières, marginées, acuminulées,
mucronées, ponctuées, glauques, charnues, subcoriaces, sessiles,
érigées : les raméaires longues de 2 à 3 pouces ; les ramulaires
plus longues. Pédoncules longs de 4 à 8 pouces, claviformes au
sommet. Involucre long de 6 lignes, un peu plus court que les
fleurs du disque. Écailles ovales-lancéolées, pointues, marginées
au sommet. Réceptacle plan. Fleurs-radiales longues d'environ
1 pouce. Ligules elliptiques-oblongues, 2-ou 3-dentées au sommet, étalées. — Cette espèce, indigène de Barbarie, se cultive
comme arbuste d'ornement.

XVIIe TRIBU. **LES TUSSILAGINÉES.** — *TUSSILA-GINEÆ* Cass.

Capitules discoïdes ou radiés; fleurs toujours uni-sexuelles : celles de la couronne femelles; celles du disque mâles. Corolle régulière. Fleurs femelles à 2 stigmates très-courts, cylindriques, finement papilleux sur toute leur surface. Fleurs mâles à stigmate claviforme, pubescent, bifide au sommet.

Plantes herbacées, à hampes 1-céphales ou polycéphales. Feuilles plus tardives que les fleurs, radicales, pétiolées, anguleuses, ou dentées, ordinairement suborbiculaires. Corolles jaunes, ou rougeâtres, ou blanchâtres. Écailles – involucrales subunisériées. Réceptacle inappendiculé. Corolle -staminifère régulière, à limbe large, campaniforme, 5-fide jusqu'au milieu : segments étroits, semi-ovales, semi-transparents comme la partie indivise, bordés d'un bourrelet. Étamines à article-anthérifère presque imperceptible; anthères à appendice-apicilaire demi-lancéolé, obtus, libre; appendices-basilaires très-courts, arrondis, pollinifères, en forme d'oreillettes. Ovaire stipitulé, oblong, non comprimé, cylindracé, muni d'un bourrelet basilaire et d'un bourrelet apicilaire; aréole-basilaire point oblique. Aigrette formée de poils filiformes, finement barbellulés. Presque toutes les Tussilaginées habitent l'Europe. — M. Lessing et M. de Candolle réunissent cette tribu aux Eupatoriées.

Genre TUSSILAGE. — *Tussilago* Tourn.

Capitules multiflores, longuement radiés; fleurs-radiales pluri-sériées, ligulées. Involucre campaniforme, plus long que les fleurs du disque, formé d'écailles subisomètres, subunisériées, appliquées, oblongues-linéaires; obtuses, subfoliacées. Réceptacle plan, inappendiculé, fovéolé. *Fleurs du disque :* Corolle à segments arqués en dehors. Ovaire court, cylindracé, glabre, inovulé, abortif, à aigrette de poils peu nombreux. Style inclus. — Nucules grêles, cylindracées, glabres; aigrette blanche, molle, très-longue, composée de poils pluri-sériés, anisomètres. — Herbe vivace. Hampe 1 - céphale. Feuilles anguleuses, denticulées, cordiformes à la base. Fleurs jaunes.

TUSSILAGE PAS-D'ANE.—*Tussilago Farfara* Linn.—Blackw. Herb. tab. 204. — Engl. Bot. tab. 429. —Flor. Dan. tab. 595. —Racines longues, rampantes, brunâtres, de la grosseur du petit doigt. Hampes subsolitaires ou touffues, grêles, aranéeuses, rougeâtres, fistuleuses, dressées, hautes de 3 à 8 pouces, garnies d'écailles oblongues ou ovales-oblongues, obtuses, submembranacées, rougeâtres, sessiles. Feuilles cordiformes-ovales ou cordiformes-orbiculaires, pointues ou obtuses, d'un vert clair en dessus (les jeunes floconneuses), cotonneuses-incanes en dessous. Involucre glabre, long d'environ 6 lignes. Fleurs-radiales un peu plus longues que l'involucre, à ligule linéaire, très-étroite, 1-nervée, entière ou échancrée au sommet, plane, étalée, 2 fois plus longue que le tube. — Cette plante, connue sous le nom vulgaire de *Pas-d'âne*, est commune dans les terrains argileux, humides ; elle commence à fleurir dès les premiers jours du printemps. Ses feuilles et ses fleurs jouissaient jadis d'une grande vogue à titre de remède pectoral.

Genre PÉTASITE. — *Petasites* Tourn.

Capitules multiflores, hétérogames, subdioïques, discoïdes ; capitules mâles offrant 1 à 5 fleurs femelles marginales, beaucoup plus courtes ; capitules femelles offrant 1 à 5 fleurs mâles, centrales. Involucre subcylindracé, un peu plus court que les fleurs, formé d'écailles ovales ou oblongues, subisomètres, subunisériées, appliquées, subfoliacées, membraneuses aux bords. Réceptacle plan, inappendiculé. — *Fleurs mâles :* Ovaire inovulé, abortif, à aigrette de poils peu nombreux. Style saillant. Corolle infondibuliforme, 5-fide. — *Fleurs femelles* à corolle filiforme, 5-dentée au sommet. Nucules oblongues, cannelées, glabres ; aigrette longue, blanche, molle, composée de

poils pluri-sériés, filiformes, anisomètres. — Herbes vivaces, à racine rampante. Hampes polycéphales, dressées,
fistuleuses, garnies d'écailles éparses, sessiles, submembranacées, colorées, pointues. Capitules pédonculés, disposés en grappe terminale. Pédoncules bractéolés, épaissis
au sommet. Écailles-involucrales plus ou moins colorées.
Fleurs jaunes ou d'un lilas pâle. Feuilles plus ou moins
anguleuses, denticulées, grandes.

PÉTASITE COMMUN. — *Petasites vulgaris* Desfont. — *Petasites officinalis* Gærtn. — *Tussilago Petasites* Linn. (*mas.*)—
Engl. Bot. tab. 431. — Flor. Dan. tab. 842. — Bull. Herb.
tab. 391. — *Tussilago hybrida* Roth. (*fœm.*) — Engl. Bot.
tab. 430.—Feuilles pubescentes en dessous. Grappe thyrsoïde :
pédoncules ordinairement 1-céphales. Fleurs d'un lilas pâle.
Écailles-involucrales obtuses, oblongues-obovales. — Racines
longues, grosses, charnues, noirâtres en dehors. Hampes hautes
de ½ pied à 1 pied, floconneuses; écailles violettes ou d'un
rouge verdâtre, ovales, ou ovales-lancéolées, plus ou moins floconneuses : les inférieures grandes; les supérieures graduellement
plus petites; les florales linéaires-lancéolées; la plupart plus
longues que les pédoncules. Grappe dense, longue de 3 à 6
pouces : celle des individus mâles ovale-oblongue; celle des
individus femelles oblongue. Capitules mâles longs de 3 à 4 lignes. Capitules femelles longs de 2 à 3 lignes. Écailles-involucrales glabres, rougeâtres. Feuilles réniformes ou cordiformes,
glabres en dessus, larges de 4 pouces à 1 pied. — Cette plante,
nommée vulgairement *Grand Pas-d'ane*, *Herbe à la teigne*, ou
Chapelière, croît aux bords des fossés et des rivières; elle fleurit
en mars et avril. Ses fleurs exhalent une légère odeur de Vanille.
La racine de cette Pétasite a une saveur amère et un peu aromatique; on l'emploie parfois comme sudorifique, pectorale, diurétique
et apéritive.

PÉTASITE A FLEURS BLANCHES. — *Petasites albus* Hall. —
Tussilago alba Linn.— Flor. Dan. tab. 524.—Feuilles cotonneuses-incanes en dessous. Grappe subfastigiée : pédoncules

2-7-céphales. Écailles-involucrales linéaires-lancéolées, pointues. Fleurs blanches. — Hampes hautes de 4 pouces à 1 pied, dressées, plus ou moins cotonneuses. Écailles d'un jaune verdâtre : les inférieures ovales ou ovales-lancéolées; les supérieures linéaires-lancéolées. Grappe dense, subcorymbiforme, longue de 1 $^1/_2$ pouce à 4 pouces : pédoncules en général plus longs que les écailles de la hampe; bractéoles subulées. Capitules longs de 4 à 6 lignes. Écailles-involucrales d'un jaune verdâtre. Feuilles cordiformes ou réniformes, atteignant jusqu'à 1 pied de large. — Cette espèce croît dans les bois des montagnes; elle fleurit au printemps; on la cultive comme plante d'ornement.

Genre NARDOSMIE. — *Nardosmia* Cass.

Capitules courtement radiés, multiflores; fleurs-radiales 1-sériées, peu nombreuses, femelles, ligulées. Involucre subturbiné, égal aux fleurs de la couronne, formé d'écailles subisomètres, subunisériées, appliquées, oblongues, pointues, subfoliacées, membraneuses aux bords. Réceptacle plan, nu. — *Fleurs mâles :* Corolle infondibuliforme, 5-fide, à segments arqués en dehors. Style saillant. Ovaire inovulé, abortif, à aigrette de poils peu nombreux. — *Fleurs femelles :* Corolle à tube long; ligule elliptique-oblongue, entière ou légèrement 3-dentée au sommet, à peu près aussi longue que le tube, dressée. Style beaucoup plus court que la corolle. Nucules et aigrette comme ceux des Pétasites. — Plantes vivaces, ayant le port et le feuillage des Pétasites. Fleurs roses ou jaunâtres.

NARDOSMIE ODORANTE. — *Nardosmia (Tussilago) fragrans* Vill. Act. Par. 1, tab. 12. — *Nardosmia denticulata* Cass. — *Tussilago suaveolens* Desfont. Hort. Par. — *Cacalia alliariæfolia* Poir. Voy. (non Linn.) — Hampe dressée, haute d'environ 1 pied, cylindrique, striée, floconneuse, garnie de quelques écailles éparses, distantes, rougeâtres, pointues : les inférieures ovales-lancéolées; les supérieures oblongues-lancéolées. Grappe thyrsoïde ou subfastigiée, dense ; pédoncules floconneux, grêles, épaissis au sommet, ordinairement 1-céphales. Bractéoles subulées. Capitules longs de 5 à 6 lignes. Écailles-involucrales linéaires-lancéolées, pointues, rougeâtres. Corolle d'un rose pâle : les radiales au nombre d'environ 12. Anthères violettes. Feuilles subréniformes ou cordiformes-orbiculaires, obtuses, denticulées, glabrescentes et d'un vert gai en dessus, pubérules en dessous, larges de 3 à 6 pouces. — Cette espèce, nommée vulgairement *Héliotrope d'hiver*, croît dans les montagnes de l'Italie, de la Sicile et de la Mauritanie ; elle fleurit en janvier et février ; on la cultive comme plante d'ornement : ses fleurs exhalent une odeur de Vanille.

XIXe TRIBU. LES EUPATORIÉES.—*EUPATORIEÆ* Cass.

Capitules homogames. Corolle régulière. Stigmates très-longs, colorés, ayant une partie inférieure (ordinairement arquée en dehors) plus courte, plus mince, demi-cylindrique, bordée de 2 bourrelets très-menus, et une partie supérieure (d'ordinaire arquée en dedans) plus longue, plus épaisse, subcylindracée, arrondie au sommet, papilleuse, ou glanduleuse.

Tiges herbacées ou ligneuses. Feuilles opposées ou alternes. Fleurs rouges, ou blanches, ou bleues, ou rarement jaunes. Capitules en général multiflores. Ecailles-involucrales imbriquées, ou 2-sériées, ou 1-sériées. Réceptacle inappendiculé (moins souvent garni de fimbrilles ou de paillettes). Corolle de forme variée. Etamines à article-anthérifère quelquefois épaissi. Appendice-apicilaire (nul chez quelques espèces) arrondi au sommet ; appendices-basilaires nuls ou presque nuls. Ovaire oblong (rarement comprimé), un peu épaissi de bas en haut, ordinairement prismatique (à 5 faces limitées par 5 côtes saillantes), quelquefois cylindracé, à 5 ou 10 nervures. Aigrette (rarement nulle ou coroniforme) ordinairement composée de poils ou de paillettes 1-ou 2-sériées. — Presque toutes les Eupatoriées habitent l'Amérique ; une seule espèce est indigène d'Europe.

Genre STÉVIE. — *Stevia.* Cavan.

Capitules 5-flores. Involucre cylindracé, plus court que les fleurs, formé de 5 ou 6 écailles 1-sériées, herbacées, dressées, appliquées, subisomètres, oblongues, pointues, ou acuminées. Réceptacle plan, nu. Corolle subhypocratériforme, 5-fide. Étamines incluses. Nucules subcylindriques, ou prismatiques, grêles, striées ; aigrette double : l'intérieure membranacée, coroniforme, ou de 3 à 5 paillettes distinctes ; l'extérieure (accidentellement nulle) de 1 à 5 arêtes filiformes, barbellulées. — Herbes vivaces, ou sous-arbrisseaux. Feuilles très-entières ou dentelées, en général sessiles : les inférieures (ou quelquefois toutes) opposées. Capitules petits, le plus souvent courtement pédonculés, disposés en cymes terminales. Fleurs blanches, ou roses, ou pourpres. — Ce genre est propre à l'Amérique. La plupart des espèces se font remarquer par l'élégance des fleurs : celles dont nous allons faire mention se cultivent comme plantes d'ornement.

a) *Feuilles penniveinées, subcoriaces, toutes opposées, très-entières, étroites, rétrécies en court pétiole ; pétioles connés par la base. Tige frutescente. Cymes denses, trichotomes ; capitules subsessiles.*

STÉVIE A FEUILLES DE SAULE. — *Stevia salicifolia* Cavan. Ic. 4, tab. 354. — Feuilles glabres, pointues, un peu visqueuses : les inférieures lancéolées-oblongues ; les supérieures lancéolées-linéaires ou linéaires-lancéolées. Rameaux trichotomes au sommet : ramules subfastigiés. — Arbuste haut de 2 à 3 pieds, très-touffu. Rameaux cylindriques, effilés, pubérules, visqueux, feuillus. Feuilles d'un vert gai et un peu luisantes en dessus, longues de 1 pouce à 3 pouces, larges de 2 à 6 lignes. Fleurs longues d'environ 4 lignes. Corolle rose avant l'épanouissement, puis blanchâtre. — Indigène du Mexique ; fleurit tout l'été.

b) *Feuilles 3-nervées, non-coriaces : les inférieures opposées, dentelées, rétrécies en pétiole ; les supérieures sessiles, ou subsessiles, très-entières ou dentelées, alternes. Plantes herbacées.*

STÉVIE A FLEURS POURPRES. — *Stevia purpurea* Pers. — Jacq.

Fragm. tab. 127, fig. 2. — *Stevia Eupatoria* Bot. Reg. tab. 93 (non Willd.). — Feuilles obtuses, 3-nervées, la plupart alternes : les inférieures obovales ou oblongues-obovales, paucidentées vers leur sommet, courtement pétiolées ; les autres sessiles, oblongues, la plupart très-entières. Ramules - florifères subfastigiés ; cymes denses, subtrichotomes. Corolles presque 1 fois plus longues que l'involucre. — Plante touffue, finement pubérule, haute de 2 à 3 pieds. Tige dressée, très-rameuse ; rameaux grêles, dressés, cylindriques, féuillés, effilés, ramulifères vers leur sommet. Feuilles longues de 6 à 15 lignes, d'un vert foncé en dessus. Capitules courtement pédicellés. Corolle pourpre, longue d'environ 3 lignes ; lobes oblongs, subobtus. — Indigène du Mexique ; fleurit de juillet en octobre.

STÉVIE A FEUILLES D'EUPATOIRE. — *Stevia Eupatoria* Willd. — *Stevia punctata* Pers. — *Stevia hyssopifolia* Cavan. (non Sims, nec Kunth.) — *Stevia ivæfolia* Willd. — Feuilles la plupart alternes : les inférieures lancéolées ou lancéolées-oblongues, pétiolées, dentelées du milieu jusqu'au sommet ; les supérieures oblongues, sessiles, en général très-entières. Rameaux subfastigiés. Cymes denses, subtrichotomes. Corolles de moitié plus longues que l'involucre. — Plante pubérule ou presque glabre, haute de 2 à 3 pieds. Tige effilée, grêle, dressée, rameuse vers le sommet. Feuilles d'un vert foncé en dessus : les inférieures longues d'environ 2 pouces, sur 6 lignes de large. Capitules courtement pédonculés ; corolle pourpre. — Indigène du Mexique ; fleurit de juillet en octobre.

STÉVIE A FEUILLES DENTELÉES. — *Stevia serrata* Cavan. Ic. 4, tab. 355. — *Ageratum punctatum* Jacq. Hort. Schœnbr. tab. 300. — Feuilles la plupart oblongues : les inférieures lancéolées, longuement pétiolées, profondément dentelées presque dès leur base ; les supérieures lancéolées-linéaires, très-entières. Rameaux très-grêles, subfastigiés, irrégulièrement dichotomes. Cymes un peu lâches, subpaniculées. Corolles 1 fois plus longues que l'involucre. — Plante semblable, par le port, à l'espèce

précédente, en général pubescente. Rameaux médiocrement feuillés. Feuilles étroites. Capitules distinctement pédicellés. Fleurs
blanches. — Indigène du Mexique; fleurit de juillet en octobre.

STÉVIE A FEUILLES D'HYSSOPE. — *Stevia hyssopifolia* Cavan. Prælect. (non Kunth, nec Sims.) — *Stevia Eupatoria*
Sims, Bot. Mag. tab. 1849. — Feuilles-caulinaires oblongues
ou lancéolées-oblongues : les inférieures courtement pétiolées,
pauci-dentelées vers leur sommet; les raméaires oblongues, ou
ovales-oblongues, ou elliptiques, très-entières, sessiles. Tige paniculée; rameaux simples ou presque simples, feuillus. Cymes
denses, subtrichotomes. — Plante finement pubérule, haute de
2 à 3 pieds. Tige grêle, dressée, en général rameuse dès sa base;
rameaux effilés, dressés, non-fastigiés. Feuilles d'un vert gai :
les caulinaires-inférieures longues de 15 à 18 lignes, sur 2 à
3 lignes de large; les raméaires longues de 5 à 8 lignes, sur 2
à 3 lignes de large. Corolles d'un rose pâle, à peu près 1 fois
plus longues que l'involucre. — Indigène du Mexique; fleurit
de juillet en octobre.

STÉVIE A FLEURS LACHES. — *Stevia laxiflora* De Cand. Hort.
Monsp. — *Stevia purpurea* Lagasc. non Pers. — *Stevia hyssopifolia* Kunth, non Cavan. nec Sims. — Tiges et rameaux paniculés. Feuilles la plupart alternes : les caulinaires-inférieures
lancéolées-linéaires ou lancéolées, dentelées, courtement pétiolées;
les supérieures sublinéaires, très-entières; les raméaires oblongues ou linéaires-oblongues, très-entières. Cymes lâches, paniculées, oligocéphales. Corolles presque 2 fois plus longues que
l'involucre. Aigrette externe à 5 arêtes très-longues. — Plante
pubérule, haute de 2 à 3 pieds. Tige dressée, souvent rameuse
dès la base; rameaux grêles, subdichotomes, plus ou moins divergents, médiocrement feuillés. Feuilles d'un vert foncé en
dessus : les caulinaires-inférieures longues d'environ 2 pouces,
sur 2 à 3 lignes de large. Capitules en général longuement pédonculés. Fleurs pourpres, longues d'environ 6 lignes. — Indigène du Mexique; fleurit de juillet en octobre.

STÉVIE A FEUILLES OVALES. — *Stevia ovata* Lag. Elench.
— *Stevia paniculata* Lag. l. c. — *Stevia hyssopifolia* Sims,
Bot. Mag. tab. 1861. (non Cav. nec Kunth.)—Tige paniculée;
rameaux subtrichotomes. Feuilles glabres : les caulinaires la plupart opposées, dentelées , cunéiformes et très-entières vers leur
base : les inférieures ovales-rhomboïdales ou obovales, longuement
pétiolées; les supérieures lancéolées-oblongues; les raméaires
ovales, ou oblongues, ou lancéolées-oblongues , dentelées, ou
très-entières, en général sessiles. Cymes denses ou paniculées.—
Plante haute de 2 à 3 pieds. Tige dressée , cylindrique, en général rameuse presque dès la base; rameaux plus ou moins divergents, médiocrement feuillés. Feuilles assez fermes, d'un vert
foncé en dessus, d'un vert un peu glauque en dessous : les caulinaires-inférieures larges de 12 à 18 lignes; les supérieures
graduellement plus étroites. Capitules tantôt agrégés et subsessiles, tantôt lâches et plus ou moins longuement pédonculés.
Fleurs petites, blanches. —Indigène du Mexique; fleurit de
juillet en octobre.

Genre AGÉRATE. — *Ageratum* Linn.

Capitules multiflores. Involucre campaniforme, plus
court que les fleurs, formé d'écailles pauci-sériées, subisomètres, appliquées, herbacées, linéaires-lancéolées, acérées. Réceptacle nu, conique. Corolle infondibuliforme,
5-dentée, Étamines incluses. Nucules grêles, prismatiques-
pentagones.—Plantes annuelles. Feuilles opposées (excepté
les supérieures), pétiolées, dentées. Capitules petits, disposés en cymes terminales; pédoncules bractéolés. Fleurs
bleues ou blanchâtres.

AGÉRATE A FLEURS BLEUES. — *Ageratum cœruleum* Desfont. Hort. Par. — *Ageratum mexicanum* Bot. Mag. tab. 2524.
— Plante haute de 1 ½ pied à 3 pieds, plus ou moins pubescente, ordinairement pluri-caule. Tiges dressées ou ascendantes,
paniculées, médiocrement feuillées ; rameaux trifurqués ou bi-

furqués au sommet, velus. Feuilles ovales, ou cordiformes, ou deltoïdes, obtuses, ou pointues, fortement dentées ou crénelées, 3-nervées, longuement pétiolées, pubescentes aux 2 faces. Cymes 3-5-radiées, longuement pétiolées, tantôt denses, tantôt lâches et subpaniculées; rayons 3-5-céphales. Capitules courtement pédicellés, subhémisphériques, larges de 3 à 4 lignes. Fleurs d'un beau bleu de ciel. — Indigène du Mexique; cultivée comme plante de parterre; fleurit de juillet en novembre.

Genre CÉLÉSTINE. — *Cœlestina* Cass.

Capitules multiflores. Involucre campaniforme, formé d'écailles pauci-sériées, anisomètres, imbriquées, appliquées, herbacées, linéaires-lancéolées, acérées. Réceptacle nu, conique. Corolle infondibuliforme, 5-dentée. Étamines incluses. Nucules grêles, prismatiques, 5-gones, glabres; aigrette subcartilagineuse, coroniforme, à bord irrégulièrement sinué et denticulé. — Sous-arbrisseau, à rameaux subtrichotomes. Feuilles opposées (les supérieures parfois subalternes), peu ou point dentées, triplinervées, courtement pétiolées, subcoriaces. Capitules petits, en cymes ou en corymbes terminaux. Fleurs bleues.

CÉLÉSTINE BLEUE. — *Cœlestina cærulea* Cass. Dict. des Sc. Nat. vol. 6, Suppl. p. 8; Atlas du Dict. des Sc. Nat. Ic. —*Cœlestina corymbosa* De Cand. —*Ageratum corymbosum* Zuccar. —Arbuste touffu, haut de 2 pieds à 4 pieds. Tiges adultes ligneuses, aphylles. Rameaux grêles, un peu scabres, finement pubérules et glanduleux; ramules-florifères subaphylles. Feuilles rugueuses, d'un vert gai, et scabres en dessus, finement pubérules et subincanes en dessous : les inférieures ovales, ou ovales-lancéolées; les supérieures et les ramulaires linéaires-lancéolées ou linéaires. Bractées subulées, courtes. Cymes denses, polycéphales, en général longuement pédonculées. Capitules longs de 2 ½ à 3 lignes. Corolles et stigmates bleu de ciel. — Indigène du Mexique; cultivée comme arbuste d'ornement.

Genre AGÉRATINE. — *Ageratina* Spach.

Capitules multiflores. Involucre ovoïde ou campaniforme, plus court que les fleurs, formé d'écailles 1-ou 2-sériées, herbacées, subisomètres, appliquées. Réceptacle plan, nu. Corolle infondibuliforme, 5-fide. Étamines un peu saillantes. Nucules grêles, prismatiques, 5-ou 10-gones; aigrette formée de soies filiformes, nombreuses, 1 - sériées, barbellulées. — Herbes ou sous - arbrisseaux. Feuilles opposées (ou moins souvent alternes), pétiolées, dentelées, ou dentées, ou crénelées. Capitules en cymes terminales. Fleurs jamais jaunes.

AGÉRATINE AROMATIQUE. — *Ageratina aromatica* Spach.— *Eupatorium aromaticum* Linn.—Tiges herbacées, pubérules, paniculées. Feuilles opposées, triplinervées; ovales, ou ovales-lancéolées, longuement acuminées, crénelées, rugueuses, sub-cordiformes à leur base, un peu scabres. Capitules 8-15-flores. Écailles-involucrales-linéaires-lancéolées, pointues.—Plante vivace, touffue, haute de 2 à 3 pieds. Tiges cylindriques, dressées, rameuses en général dès leur base; rameaux simples ou paniculés, grêles, ascendants, ou diffus. Feuilles d'un vert gai en dessus : les inférieures longuement pétiolées. Cymes denses, polycéphales. Capitules longs de 3 à 4 lignes. Fleurs blanches. —Indigène de l'Amérique septentrionale; cultivée comme plante d'ornement; fleurit d'août en octobre.

AGÉRATINE A FEUILLES CORDIFORMES. — *Ageratina cordata* Spach. — *Eupatorium cordatum* Walt. — *Eupatorium melissoides* Willd. —Diffère de l'espèce précédente (dont elle est peut-être une variété) par des feuilles profondément dentées.

AGÉRATINE FAUSSE-AGÉRATE. — *Ageratina ageratoides* Spach. — *Eupatorium ageratoides* Linn. fil. — *Ageratum altissimum* Linn. —*Batschia nivea* Mœnch, Meth. — Tige glabre, herbacée, paniculée. Feuilles opposées, triplinervées,

ovales, ou ovales-deltoïdes, acuminées, profondément dentées
ou crénelées, arrondies ou subcordiformes à la base. Cymes
denses, multiflores. Capitules sub-20-flores. Écailles-involucrales linéaires-lancéolées, pointues.—Plante vivace, touffue, haute
de 2 à 3 pieds. Tige et rameaux cylindriques; rameaux plus ou
moins divergents, ordinairement paniculés. Feuilles lisses, d'un
vert foncé : les inférienres longuement pétiolées. Fleurs blanches, semblables à celles des deux précédentes. — Indigène de
l'Amérique septentrionale; cultivée comme plante d'ornement;
fleurit de juillet en octobre.

Genre EUPATOIRE. — *Eupatorium* Tourn.

Capitules pauci- ou multi-flores. Involucre cylindracé,
plus court que les fleurs, formé d'écailles herbacées ou
subcoriaces, anisomètres, imbriquées, appliquées, pauci-
ou pluri-sériées : les inférieures petites. Réceptacle nu,
plan. Corolle 5-fide, ou 5-dentée, infondibuliforme. Étamines incluses ou subsaillantes. Nucules cylindracées ou
obconiques, 5-ou 10-gones, prismatiques; aigrette composée de soies nombreuses, 1-sériées, anisomètres, filiformes, barbellulées. — Herbes ou arbustes. Feuilles opposées, ou verticillées, ou alternés, sessiles, ou pétiolées,
dentelées, ou dentées, ou crénelées, ou pennatifides, ou
rarement comme digitées. Capitules petits, très-nombreux,
disposés en cymes ou en panicules. Fleurs roses, ou pourpres, ou blanches, ou bleues, jamais jaunes. Aigrette aussi
longue ou plus longue que la corolle.

a) *Feuilles la plupart opposées, courtement pétiolées, comme digitées (5-
ou 5-parties* ſ *: les supérieures subalternes, ordinairement indivisées,
ou 2-auriculées à la base. Capitules sub-5-flores. Écailles-involucrales
rougeâtres. Corolle courtement 5-dentée.*

EUPATOIRE A FEUILLES DE CHANVRE. — *Eupatorium canna-
binum* Linn. — Flor. Dan. tab. 745. — Engl. Bot. tab. 428.
—Herbe vivace, plus ou moins pubescente, haute de 3 à 6 pieds.
Racine rampante. Tige cylindrique, dressée, obscurément tétra-

gone, rameuse dans sa partie supérieure. Rameaux plus ou moins divergents, paniculés au sommet. Feuilles molles, flasques, d'un vert foncé en dessus, souvent pubérules-incanes en dessous : segments oblongs-lancéolés, acuminés, dentelés, ou incisés-dentés, subsessiles, penninervés, le terminal plus grand que les latéraux. Cymes denses, polycéphales, subtrichotomes, bractéolées; bractées subulées. Capitules pédicellés, longs de 3 à 4 lignes. Écailles-involucrales linéaires-oblongues, obtuses, de moitié plus courtes que les corolles. Corolles et stigmates roses, ou carnés, ou blanchâtres. — Cette espèce (qui est la seule Eupatoriée indigène) est commune aux bords des fossés, des ruisseaux, et dans d'autres localités humides; elle fleurit en juillet et août. Toute la plante a une saveur amère et aromatique ; la racine passe pour purgative.

b) *Feuilles indivisées, courtement pétiolées, verticillées. Capitules 5-à 10-flores. Écailles-involucrales rougeâtres, chartacées. Corolle 5-dentée.*

EUPATOIRE VERTICILLÉE. — *Eupatorium verticillatum* Willd. — *Eupatorium maculatum*, et *Eupatorium purpureum* Linn. — Herbe vivace, haute de 3 à 6 pieds. Tige glabre ou pubérule, grêle, striée, dressée, rameuse dans sa partie supérieure, ordinairement rougeâtre ou marbrée de violet; rameaux plus ou moins divergents, médiocrement feuillés, souvent subfastigiés. Feuilles (au nombre de 3 à 6 par verticille) lancéolées, ou ovales-lancéolées, ou oblongues-lancéolées, ou ovales, acuminées, plus ou moins profondément dentelées, cunéiformes vers leur base, en général pubérules ou un peu scabres (du moins en dessous), fermes, d'un vert foncé en dessus, d'un vert glauque en dessous. Cymes denses, convexes, polycéphales, bractéolées, plus ou moins longuement pédonculées. Bractées petites, subulées. Capitules pédicellés, 7-à 10-flores, longs de 3 à 4 lignes. Pédicelles filiformes. Écailles-involucrales oblongues : les inférieures ovales ou elliptiques; les supérieures oblongues. Fleurs roses. — Indigène de l'Amérique septentrionale; cultivée comme plante d'ornement ; fleurit en été.

c) *Feuilles opposées, indivisées, triplinervées, rétrécies en court pétiole.*
Capitules 5-flores. Écailles-involucrales herbacées, verdâtres. Corolle
à limbe 5-fide.

EUPATOIRE ÉLANCÉE. — *Eupatorium altissimum* Linn. —
Jacq. Hort. Vindob. tab. 164. — Herbe vivace, haute de 2 à 3
pieds. Tige dressée, cylindrique, pubescente, paniculée; rameaux plus ou moins divergents, trichotomes au sommet. Feuilles lancéolées, ou lancéolées-oblongues, pointues, inéquilatérales,
pubérules, un peu scabres, fermes, d'un vert glauque : les inférieures crénelées ou dentelées vers leur sommet; les supérieures
très-entières. Cymes denses, trichotomes, bractéolées, disposées
en panicules terminales. Bractées petites, subulées. Capitules
subsessilés, longs de 3 à 4 lignes. Écailles-involucrales oblongues,
obtuses, pubescentes. Fleurs blanches. — Indigène de l'Amérique septentrionale; cultivée comme plante d'ornement; fleurit
en juillet et octobre.

d) *Feuilles connées ou amplexicaules, sessiles, opposées, indivisées, pen-*
ninervées. Capitules 5-à 12-flores. Écailles-involucrales herbacées,
verdâtres. Corolle à limbe 5-fide.

EUPATOIRE À FEUILLES SESSILES.—*Eupatorium sessilifolium*
Linn. — Tige glabre, rameuse au sommet. Feuilles ovales-lancéolées, ou oblongues-lancéolées, acuminées, dentelées, ou crénelées, un peu scabres, arrondies à leur base, semi-amplexicaules. Cymes assez denses, subtrichotomes. Écailles-involucrales
pubescentes, oblongues, obtuses.—Herbe vivace, haute de 1 pied
à 2 pieds. Tige grêle, cylindrique, dressée; entrenœuds plus
courts que les feuilles; rameaux courts, simples, subfastigiés,
médiocrement feuillés. Feuilles fermes, d'un vert foncé, longues
de 2 à 3 pouces. Capitules courtement pédicellés, longs de 3 à 4
lignes. Fleurs blanches. — Indigène des États-Unis; cultivée
comme plante d'ornement; fleurit en été.

EUPATOIRE PERFOLIÉE. — *Eupatorium perfoliatum* Linn.—
Bigel. Med. Bot. tab. 2. — *Eupatorium salviæfolium* Sims,
Bot. Mag. tab. 2010.— *Eupatorium connatum* Michx. Flor.

Bor. Amér. — *Eupatorium truncatum* Willd. —Tige dressée, velue, ordinairement paniculée. Feuilles oblongues-lancéolées ou ovales-lancéolées, acuminées, crénelées, ou dentelées, connées par la base (les supérieures et les raméaires quelquefois distinctes, amplexicaules), rugueuses, hispidules en dessus, cotonneuses-incanes ou pubérules en dessous. Cymes denses, polycéphales, subtrichotomes. Écailles-involucrales pubérules, oblongues, acuminulées.—Herbe vivace, haute de 1 ¹/₂ pied à 3 pieds. Tige grêle, dressée, cylindrique, feuillue, souvent rougeâtre; rameaux plus ou moins divergents, feuillés, ramulifères au sommet : les supérieurs subfastigiés. Ramules grêles, subaphylles, fastigiés. Feuilles d'un vert foncé en dessus, d'un vert pâle ou incanes en dessous : les inférieures longues de 2 à 3 pouces; les raméaires assez souvent alternes. Capitules longs de 3 à 4 lignes, courtement pédicellés. Fleurs blanches, à odeur de Vanille. — Indigène des États-Unis; fleurit en été; cultivée comme plante d'ornement. Toute la plante est amère et aromatique; en Amérique, sa décoction s'emploie fréquemment à titre de remède sudorifique et fébrifuge, ainsi que comme émétique.

Genre AYAPANE. — *Ayapana* Spach.

Capitules pluriflores. Involucre campaniforme, caliculé, plus court que les fleurs, formé d'écailles 2-sériées, appliquées, imbriquées, herbacées : les extérieures plus courtes; bractées-caliculaires petites, subulées. Réceptacle, fleurs et fruit comme chez les *Eupatoirés*.—Herbes ou sous-arbrisseaux. Feuilles opposées, indivisées. Capitules en cymes ou en panicules trichotomes. Fleurs jamais jaunes.

Ayapane officinale. — *Ayapana officinalis* Spach.—*Eupatorium Ayapana* Vent. Malm. tab. 3. — *Eupatorium triplinerve* Vahl.—Arbuste glabre, très-rameux. Tiges ascendantes, rameuses; rameaux paniculés; divariqués et tétragones de même que les ramules; ramules médiocrement feuillés, axillaires, opposés. Feuilles subcoriaces, inéquilatérales, pointues, tripliner-

vées, très-entières, rétrécies en court pétiole : les raméaires longues de 2 à 3 pouces, lancéolées, ou lancéolées-oblongues; les
ramulaires lancéolées-linéaires, petites. Capitules sub-20-flores,
longs d'environ 3 lignes, à peu près aussi larges que longs; longuement pédicellés, disposés en panicules 5-à 15-céphales; lâches,
trichotomes; divariquées. Écailles-involucrales linéaires-lancéolées, pointues, membraneuses aux bords. Fleurs roses. — Cette
plante croît au Brésil, où on la nomme *Ayapana*; elle passait
jadis pour un antidote contre la morsure des serpents, et pour un
remède contre une foule de maladies; mais il paraît que ces vertus se réduisent aux propriétés communes à beaucoup d'autres
plantes aromatiques.

Genre MIKANIA. — *Mikania* Willd.

Ce genre ne diffère des *Eupatoires* qu'en ce que les capitules sont toujours 4-flores, à involucre de 4 écailles
1-sériées, isomètres, accompagnées parfois de quelques
bractéoles accessoires. — La plupart des espèces ont des
tiges grimpantes; toutes sont plus ou moins amères et aromatiques.

Mikania Guaco.—*Mikania Guaco* Humb. et Bonpl. Plant.
Équat. 2, tab. 105. — Tiges herbacées, volubiles, poilues.
Feuilles opposées, pétiolées, ovales, subacuminées, rétrécies à
la base, dentées, veineuses, scabres en dessus; velues en dessous. Pédoncules ou ramules-florifères axillaires. Capitules ternés, sessiles, disposés en cymes denses. Écailles-involucrales
linéaires-oblongues, obtuses, pubescentes. — Tiges longues,
cylindriques, très-rameuses; rameaux opposés, paniculés. Feuilles longues de 8 à 9 pouces; dents distancées. Fleurs blanches.
Nucules glabres. — Cette espèce croît dans la Nouvelle-Grenade, où on la nomme *Guaco* ou *Huaco*; on lui attribue la
propriété d'être un antidote infaillible contre la morsure des serpents venimeux.

Mikania grimpant. —*Mikania scandens* Willd. — *Eu-*

patorium scandens Linn. — Jacq. Ic. Rar. 1, tab. 169. —
Tiges glabres ou pubérules, herbacées, grimpantes. Feuilles
longuement pétiolées, cordiformes, ou cordiformes-orbiculaires,
longuement acuminées, anguleuses, ou érosées, ou sinuolées-
denticulées, un peu scabres et pubérules en dessus, glabres en
dessous ou poilues, tripli-ou quintupli-nervées. Ramules-florifères axillaires, 2-phylles au sommet, aphylles inférieurement.
Cymes denses, trichotomes. Écailles-involucrales linéaires-lancéolées, acuminées-cuspidées. — Tiges longues, grêles, très-
rameuses. Rameaux paniculés. Ramules-florifères axillaires,
opposés, tantôt plus longs que les feuilles, tantôt plus courts.
Feuilles minces, veineuses : les raméaires larges de 1 pouce à
2 pouces ; les ramulaires beaucoup plus petites. Cymes polycéphales, subdivariquées après la floraison. Capitules longs de 3 à
4 lignes, pédicellés, 1-bractéolés à la base. Bractées subulées ,
plus courtes que l'involucre. Fleurs d'un blanc bleuâtre. Nucules glabres, noires ; aigrette blanche ou rougeâtre. — Indigène
des États-Unis et du Canada ; cultivée comme plante d'ornement.

Genre LIATRIDE. — *Liatris* Schreb.

Capitules 5-ou pluri-flores. Involucre cylindracé ou campaniforme, aussi long que les fleurs, ou moins long, caliculé, formé d'écailles pluri-sériées, anisomètres, imbriquées, appliquées, coriaces, surmontées d'un appendice
foliacé, plus ou moins grand, plus ou moins étalé. Réceptacle plan, nu, fovéolé. Corolle tubuleuse, grêle, profondément 5-fide : segments linéaires, poilus en dessus, glanduleux en dessous. Étamines incluses. Nucules obconiques,
subtrigones , 10-nervées ; aigrette très-longue, composée
de poils 1-sériés, mous, isomètres, longuement plumeux.

Herbes vivaces, aromatiques, à rhizome tubéreux ; subglobuleux, résineux. Tige simple, feuillue. Feuilles éparses, très-entières, coriaces, finement striées, ponctuées,
étroites : les inférieures rétrécies en pétiole foliacé ; les supérieures sessiles, graduellement plus petites ; les florales

courtes. Capitules sessiles ou pédonculés, solitaires, axillaires, rapprochés en grappe ou en épi terminal : les inférieurs plus tardifs que les supérieurs. Fleurs pourpres ou roses. — Ce genre appartient à l'Amérique septentrionale ; on en connaît 5 ou 6 espèces ; les 2 suivantes se cultivent comme plantes d'ornement.

LIATRIDE SQUARREUSE. — *Liatris squarrosa* Willd. — Sweet, Brit. Flow. Gard. tab. 44.—*Serratula squarrosa* Linn. — Dill. Hort. Elth. tab. 71, fig. 82. — *Liatris intermedia* Bot. Reg. tab. 948. — Feuilles glabres ou pubérules, cartilagineuses aux bords, mucronées : les radicales oblongues-spathulées ; les caulinaires-inférieures linéaires-spathulées ou lancéolées-linéaires, très-longues ; les autres linéaires. Capitules multiflores, cylindracés, peu nombreux, disposés en grappe lâche. Écailles-involucrales à appendice ovale ou ovale-lancéolé, acuminé, mucroné, étalé. — Tige haute de 2 à 3 pieds, pubescente, un peu scabre, grêle, effilée, striée. Feuilles d'un vert foncé : les inférieures atteignant 1 pied de long, larges de 3 à 4 lignes. Grappe feuillée, 3-à 5-céphale. Capitules longs d'environ 1 pouce. Écailles-involucrales ciliolées. Bractées-caliculaires linéaires-lancéolées, presque aussi longues que l'involucre. Nucules noirâtres, pubescentes : aigrette rougeâtre. Fleurs d'un pourpre foncé.

LIATRIDE ÉLÉGANTE. — *Liatris elegans* Willd. — Bot. Reg. tab. 267. — *Serratula elegans* Hort. Kew. — *Eupatorium speciosum* Vent. Hort. Cels. tab. 79.—Feuilles cartilagineuses aux bords, mucronées, linéaires, ou linéaires-lancéolées, scabres en dessous. Capitules courtement pédonculés, 5-flores, cylindracés, nombreux, disposés en grappe spiciforme, dense. Écailles-involucrales ovales-lancéolées, acuminées : les intérieures très-longues, liguliformes, colorées. — Tige grêle, effilée, dressée, subincane, haute de 3 à 5 pieds. Feuilles souvent subfalciformes : les inférieures très-longues, obscurément 5-nervées. Grappe longue, cylindracée, feuillée. Corolle lilas, plus courte que l'involucre. Graines très-velues ; aigrette colorée. —Indi-

gène des provinces méridionales des États-Unis ; fleurit vers la
fin de l'été.

Genre SUPRAGE. — *Suprago* Cass.

Capitules pluri-flores. Involucre cylindracé ou campaniforme, aussi long que les fleurs ou plus court, formé d'é-
cailles herbacées ou subscarieuses, membraneuses aux
bords, obtuses, anisomètres, imbriquées, appliquées, ou
plus ou moins étalées : les extérieures ovales ou obovales ;
les intérieures oblongues, colorées. Réceptacle petit, plan,
nu. Corolle glabre, infondibuliforme, 5-fide ; tube graduellement évasé ; segments demi-lancéolés, pointus, glanduleux à la surface externe. Étamines incluses. Nucules
obconiques, subtrigones, 10-nervées ; aigrette longue,
composée de soies subtrisériées, nombreuses, anisomètres, filiformes, courtement barbellulées. — Herbes vivа-
ces. Rhizome, tige, feuilles et inflorescence, comme chez
les *Liatrides*. Ce genre est propre à l'Amérique septentrionale ; on en connaît environ 12 espèces, toutes remarquables par l'élégance de leurs fleurs ; les suivantes
se cultivent comme plantes d'ornement.

a) *Involucre campaniforme : écailles herbacées, colorées aux bords : les
inférieures étalées ; les intermédiaires apprimées ; les intérieures surmontées d'un petit appendice inappliqué.*

SUPRAGE SCARIEUSE. — *Suprago scariosa* Cass. — *Liatris
scariosa* Willd. — *Liatris squarrulosa* Michx. — *Serratula
scariosa* Linn. — *Vernonia scariosa* Poir. — Feuilles glabres
ou pubérules, pointues, finement veineuses : les radicales lancéolées-spathulées ; les caulinaires inférieures lancéolées ou lancéolées-linéaires ; les supérieures linéaires. Capitules subsessiles ou pédonculés, 15-3o-flores, nombreux, disposés en longue
grappe feuillée. Écailles-involucrales glabres ou pubescentes :
les extérieures ovales-oblongues ; les suivantes obovales ou
oblongues-obovales ; les intérieures spathulées. Corolles plus

longues que l'involucre.—Tige haute de 2 à 3 pieds, dressée,
effilée, très-grêle, striée, glabre, ou pubérule, ou hispidule,
souvent rougeâtre. Feuilles subcoriaces, d'un vert foncé : les
inférieures longues de ¹/₂ pied à 1 pied ; les florales petites.
Grappe longue, tantôt dense, tantôt plus ou moins lâche ; pédoncules bractéolés, longs de 1 ligne à 6 lignes. Capitules larges de ¹/₂ pouce à 1 pouce. Écailles-involucrales à rebord rouge.
Corolles d'un pourpre foncé, plus longues que l'involucre.
Nucules noirâtres, poilues ; aigrette rougeâtre. — Indigène
des provinces méridionales des États-Unis ; fleurit d'août en
octobre.

b) *Involucre cylindracé : écailles chartacées, inappendiculées, scarieuses
aux bords, toutes apprimées.*

SUPRAGE EN ÉPI. — *Suprago spicata* Cass. — *Liatris spicata* Willd. — Bot. Mag. tab. 1411. — Andr. Bot. Rep.
tab. 401. — Sweet, Brit. Flow. Gard. tab. 49. — *Liatris
gracilis* Lodd. Bot. Cab. tab. 1909. (non Nutt.) — *Liatris
macrostachya* Michx. — *Liatris pilosa* Bot. Reg. tab. 395. —
Lodd. Bot. Cab. tab. 356. (non alior.) — Feuilles glabres, ou
ciliées vers leur base, nerveuses, pointues, subcartilagineuses
aux bords : les inférieures lancéolées-linéaires ; les supérieures
linéaires ou linéaires-lancéolées. Capitules sessiles ou subsessiles,
6-à 10-flores, très-nombreux, disposés en épi (en général dense)
bractéolé. — Plante haute de 2 à 5 pieds. Tige grêle, effilée,
dressée, glabre. Feuilles-inférieures longues de 1 pied ou plus,
larges de 2 à 4 lignes ; feuilles-florales la plupart réduites à des
bractées plus courtes que les capitules. Capitules longs de 5 à 8
lignes. Involucre plus court que les fleurs ; écailles panachées de
vert et de blanc, ou de rouge et de vert, à rebord blanchâtre :
les inférieures ovales ou elliptiques ; les supérieures oblongues.
Corolle pourpre. Nucules noirâtres, poilues ; aigrette rougeâtre.
—Indigène des États-Unis ; fleurit d'août en octobre.

XXᵉ TRIBU. **LES VERNONIÉES.** — *VERNONIEÆ.*
Cass.

Corolle à incisions égales ou inégales, mais jamais semblable à celle des Lactucées. Stigmates semblables à ceux des Lactucées.

Tiges herbacées ou ligneuses. Feuilles alternes, ou rarement opposées, souvent ponctuées. Fleurs pourpres, ou blanches, ou bleues, ou jaunes. Capitules incouronnés, quelquefois discoïdes, rarement-radiés ou radiatiformes, quelquefois 1-ou-pauci-flores, rarement unisexuels. Réceptacle ordinairement appendiculé, quelquefois fimbrilleux, rarement garni de paillettes; écailles imbriquées, ou moins souvent 1-ou 2-sériées, quelquefois soudées inférieurement. Corolle-staminifère ordinairement glanduleuse, souvent arquée en dehors ; tube et limbe le plus souvent peu distincts l'un de l'autre; limbe subrégulier ou palmé : segments longs, étroits, linéaires. Anthères, munies ordinairement d'appendices-basilaires pollinifères. Ovaire sessile ou stipitulé, cylindracé, ou subcylindracé, ou obconique; souvent anguleux, en général muni d'un bourrelet basilaire ; bourrelet-apicilaire souvent nul, quelquefois.très-gros et coroniforme; aréole-basilaire rarement oblique. Aigrette simple ou double, le plus souvent composée de soies filiformes ou laminées, barbellulées, ou inappendiculées. Style (des fleurs hermaphrodites) pubérule au sommet, à 2 stigmates demi-cylindriques, divergents et arqués en dehors à l'époque de la floraison, finement papilleux en dessus, pubérules en dessous.

Les Vernoniées diffèrent essentiellement des Lactucées par la forme de la corolle, et de toutes les autres tribus par les stigmates, qui sont absolument analogues à ceux des Lactucées. Cette tribu, qui compte un très-grand nombre d'espèces, la plupart indigènes d'Amérique, est tout à fait étrangère à l'Europe.

Genre VERNONE. — *Vernonia* Schreb.

Capitules multiflores, androgyniflores, incouronnés, équaliflores. Involucre ovoïde ou campaniforme, plus court que les fleurs, formé d'écailles régulièrement imbriquées, subcoriaces, appliquées, mucronulées, ou surmontées d'un appendice subulé et inappliqué : les intérieures

élargies et colorées au sommet. Réceptacle plan, fovéolé,
Corolle subinfondibuliforme, 5-fide, ringente, arquée en
dehors. Nucules subcylindracées, pubérules, 10-costées, à
bourrelet-basilaire cartilagineux ; aigrette double : l'extérieure courte, composée de paillettes linéaires ou subulées,
1-sériées ; l'intérieure longue, composée de soies filiformes, finement barbellulées. — Herbes vivaces. Tiges rameuses au sommet, élancées, feuillues. Rameaux subfastigiés ou surfastigiés. Feuilles éparses, sessiles, ou subsessiles, dentelées, penninervées. Capitules en panicules
terminales, ou axillaires et terminales, bractéolées, lâches,
subcymeuses, irrégulièrement trichotomes. Corolles pourpres. — Les 2 espèces suivantes se cultivent comme plantes
d'ornement.

VERNONE ÉLANCÉE. — *Vernonia præalta* Nutt. — *Serratula
præalta* Linn. — Dill. Elth. fig. 343. — Mill. Ic. tab. 234. —
Écailles-involucrales mucronulées, inappendiculées, apprimées.
— Plante haute de 5 à 10 pieds. Tige raide, dressée, effilée,
cannelée, pubérule, souvent rougeâtre. Rameaux simples, ou paniculés au sommet, feuillés, plus ou moins divergents ; ramules
subaphylles. Feuilles lancéolées ou oblongues-lancéolées, acuminées, denticulées, ou dentelées, subsessiles, rugueuses, glabres
en dessus, plus ou moins pubescentes en dessous ; dentelures
raides, acérées. Panicules lâches, 7-15-céphales. Involucre
ovoïde, glabre, long d'environ 3 lignes : écailles-extérieures
ovales ou elliptiques, arrondies au sommet ; écailles-intérieures
oblongues, pourpres au sommet. Fleurs longues d'environ 6 lignes. Corolle d'un pourpre foncé. — Indigène des États-Unis ;
fleurit en septembre et octobre.

VERNONE DU NEW-YORCK. — *Vernonia novæboracensis* Willd.
— *Serratula novæboracensis* Linn. — Dill. Elth. 2, fig. 342.
— *Suprago glauca* Gærtn. — Écailles-involucrales inférieures
surmontées d'un long appendice subulé, inappliqué. — Plante
haute de 3 à 5 pieds. Tige dressée, raide, pubescente, canne-

lée; rameaux plus ou moins divergents, simples, feuillés. Feuilles lancéolées, ou lancéolées-obovales, ou lancéolées-oblongues,
subacuminées, dentelées, subsessiles, peu ou point rugueuses,
glabres en dessus, pubérules en dessous. Inflorescence semblable à celle de l'espèce précédente. Involucre campaniforme,
large de 3 à 4 lignes, 1 fois plus court que les fleurs ; écailles
ovales ou oblongues : les intérieures rouges au sommet. Corolles
pourpres, longues d'environ 5 lignes. Nucules brunes, glabres,
presque aussi longues que l'involucre; aigrette roussâtre.—Indigène du Canada et des États-Unis; fleurit en juillet et août.

CENT SOIXANTE-DEUXIÈME FAMILLE.

LES CALYCÉRÉES. — *CALYCEREÆ.*

Calycereæ R. Br. in Linn. Trans. XII, p. 152. — Rich. in Mém.
du Mus. VI, p. 28. — Bartl. Ord. Nat. p. 155. — De Cand. Prodr. V,
p. 1. — *Boopideæ* Cass. in Journ. de Phys. 1816 ; Opusc. phytol. 2,
p. 344 ; Dict. des Sc. Nat. V, suppl. p. 26. — *Synanthereæ*, trib. II :
Syncarpicæ, sectio III : *Calycereæ*, Reichb. Syst. Nat. p. 182.

Ce petit groupe, qui se rapproche beaucoup des
Dipsacées et des Valérianées, ne diffère essentiellement
des Synanthérées que par l'insertion de l'ovule, qui est
suspendu au sommet de la loge, et par la graine, qui est
munie d'un périsperme charnu, assez épais, à embryon
axile, ayant sa radicule supère ; elles diffèrent des Dipsacées par le port et la nervation de la corolle, semblables à ceux des Synanthérées, ainsi que par la soudure
plus ou moins complète des filets et des anthères. Toutes
les Calycérées habitent l'Amérique méridionale ; ces
plantes sont d'un intérêt purement scientifique. La famille ne se compose que de 4 genres, savoir :

Gamocarpha De Cand. — *Boopis* Juss. — *Calycera*
Rich. (Calicera Cavan.). — *Acicarpha* Juss. (Cryptocarpha
R. Br. Sommea Bory. Echinolema Jacq. fil. Acantho-
sperma Arrab.)

LES AGRÉGÉES.

AGGREGATÆ Bartl.

CARACTÈRES.

Herbes, ou *sous-arbrisseaux*, ou *arbrisseaux*.

Feuilles opposées, ou alternes, ou éparses, simples (très-entières, ou dentées, ou pennatifides), non-stipulées.

Fleurs régulières, ou irrégulières, en général hermaphrodites, souvent agrégées en capitules involucrés.

Calice adhérent ou inadhérent, herbacé, ou scarieux, persistant, quelquefois doublé; limbe tronqué, ou denté, ou plus ou moins profondément lobé, plissé ou imbriqué en préfloraison.

Corolle régulière ou irrégulière, hypogyne, ou périgyne, ou épigyne, caduque, ou marcescente, 4-ou 5-fide (chez quelques espèces 5-pétale); estivation imbricative ou contortive.

Étamines en même nombre ou en plus petit nombre que les lobes de la corolle, interposées (par exception antéposées), insérées au tube de la corolle (ou sur les onglets des pétales, ceux-ci étant libres). Filets libres, saillants, en général capillaires, en préfloraison le plus souvent indupliqués, ou infléchis au sommet. Anthères incombantes, 2-thèques, libres, distantes : bourses parallèles, contiguës, déhiscentes chacune par une fente longitudinale.

Pistil : Ovaire inadhérent, ou adhérent, soit 1-loculaire et 1-ovulé, soit 3-loculaire et 3-ovulé, soit 2-à 4-loculaire (par un placentaire central septiforme ou à plusieurs lames.) et pluri-ovulé. Ovules soit anatropes et suspendus, soit amphitropes et peltés. Style indivisé, terminé par un stigmate soit entier, soit 2-ou 3-fide.

Péricarpe indéhiscent (le plus souvent recouvert par le calice ou couronné du limbe calicinal), soit 1-loculaire et 1-sperme, soit 3-loculaire (l'une des loges 1-sperme, les 2 autres par avortement aspermes), soit 2-ou 4-loculaire (à loges 1-spermes, ou 2-spermes, ou rarement polyspermes).

Graines périspermées ou apérispermées, inarillées. Périsperme farineux ou charnu, conforme à la graine. Embryon rectiligne, axile : radicule en général supère.

Cette classe, qui n'est guère naturelle, comprend les *Valérianées*, les *Dipsacées*, les *Globulariées*, les *Plombaginées*, et les *Plantaginées*. — M. Endlicher (*Gen. Plant.* p. 350.) admet aussi une classe à laquelle il donne le nom d'Agrégées, mais il n'y place que les Valérianées et les Dipsacées.

CENT SOIXANTE-TROISIÈME FAMILLE.

LES VALÉRIANÉES. — *VALERIANEÆ*.

Dipsacearum sect. II. Juss. Gen. — *Valerianeæ* De Cand. Fl. Franç.
ed. 5, vol. IV, p. 416; Mém. VII. — Juss. in Ann. du Mus. X, p. 308.
— Dufresne, Histoire naturelle et médicale des Valérianées, 1811.
— De Cand. Prodr. IV, p. 623. — Bartl. Ord. Nat. p. 131. — Endl.
Gen. Plant. p. 550. — *Dipsaceæ*, tribus III : *Valerianeæ* Reichenb.
Syst. Nat. p. 178.

Les Valérianées ont beaucoup d'affinités non-seulement avec les Dipsacées, mais aussi avec les Caprifolia-
cées et les Rubiacées. La plupart des espèces habitent
les régions tempérées de l'hémisphère septentrional, et
surtout les contrées voisines de la Méditerranée. La
racine de plusieurs Valérianées est d'une odeur fort
pénétrante, et douée de vertus médicales très-prononcées. Plusieurs espèces se cultivent comme plantes
d'ornement, ou comme plantes potagères.

CARACTÈRES DE LA FAMILLE.

Herbes vivaces (à souche souvent suffrutescente) ou
annuelles. Tiges et rameaux noueux avec articulation.

Feuilles simples (entières, ou pennatifides, ou pennatiparties) : les radicales roselées, ordinairement rétrécies en pétiole; les caulinaires opposées, sessiles, ou
pétiolées; pétiole élargi et semi-amplexicaule à la base.

Fleurs hermaphrodites, ou par avortement unisexuelles (soit monoïques, soit dioïques), blanches, ou
bleues, ou rouges, ou jaunes, irrégulières, ou rarement
subrégulières, solitaires-dichotoméaires, ou plus souvent disposées en cymes dichotomes ou trichotomes.

Calice à tube adhérent; limbe épigyne, en général accrescent, tantôt rectiligne en préfloraison; persistant, irrégulièrement 2-à 4-denté, ou 2-à 4 fide, ou coroniforme, tantôt formant un bourrelet d'abord involuté, se transformant après la floraison en aigrette plumeuse, finalement caduque.

Corolle hypocratériforme, ou subinfondibuliforme, irrégulière (rarement subrégulière), non-persistante, insérée sur un disque épigyne; tube cylindracé ou obconique, à base souvent prolongée antérieurement en éperon creux ou en bosse; limbe 5-lobé (moins souvent 3-ou 4-lobé), souvent 2-labié; estivation imbricative.

Étamines au nombre de 1 à 5 (en général moins de 5), interposées, insérées au tube de la corolle. Filets libres, saillants, défléchis, en préfloraison infléchis au sommet. Anthères médifixes, introrses, versatiles : connectif inapparent.

Pistil : Ovaire adhérent, soit 3-loculaire (2 des loges inovulées, plus petites, quelquefois minimes, la 3° loge 1-ovulée), soit 1-loculaire et 1-ovulé. Ovule anatrope, suspendu au sommet de la loge. Style filiforme, indivisé, terminé par 1 à 3 stigmates.

Péricarpe coriace ou membranacé, indéhiscent, 1-sperme, soit 1-loculaire (souvent par avortement); soit à 2 ou 3 loges dont 1 seule (en général difforme) séminifère.

Graine suspendue, en général apérispermée; tégument en général mince, membranacé. Embryon rectiligne : cotylédons oblongs, épais, beaucoup plus longs que la radicule; radicule courte, obtuse, supère, contiguë au hile.

La famille des Valérianées comprend les genres suivants :

Patrinia Juss. (Mouffeta Neck. Gytonanthus Rafin. Fedia Adans. non alïor.) — *Nardostachys* De Cand. — *Dufresnia* De Cand. — *Valerianella* Mœnch. (Polypremum Adans. non Mich. Odontocarpa Neck. Fediæ sp. Vahl.) — *Astrephia* De Cand. (Hemesotria Rafin. Oligæoce Willd.) — *Fedia* Mœnch. — *Plectritis* De Cand. — *Centranthus* (Kentranthus) Neck. — *Valeriana* Tourn. — *Phyllactis* Pers. — *Aretiastrum* De Cand. — *Betckea* De Cand. — ? *Triplostegia* Wallich. — ? *Axia* Loureir.

Genre NARDOSTACHYS. — *Nardostachys* De Cand.

Limbe-calicinal foliacé, persistant, 5-parti : segments ovales-oblongs, denticulés. Corolle régulière, non-éperonnée, 5-lobée; gorge barbue. Étamines 4, insérées vers la base du tube de la corolle. Ovaire 3-loculaire. Style terminé par un stigmate capitellé. Péricarpe membranacé, 1-sperme, couronné du limbe-calicinal. — Herbes vivaces, à tiges simples, subaphylles. Feuilles très-entières ou dentées : les radicales allongées. Fleurs en cyme dense, involucrée. Corolle pourpre.

NARDOSTACHYS JATAMANSI. — *Nardostachys Jatamansi* De Cand. Mém. VII, tab. 1. — *Valeriana Jatamansi* Jones, in Asat. Res. 2. p. 405. — *Valeriana Spica* Vahl. — *Patrinia Jatamansi* Don, Nepal. — Plante ayant le port du *Scorzonera humilis*. Racine pivotante, très-odorante, fibrillifère au col. Tige velue. Feuilles pubescentes : les radicales linéaires-oblongues; les caulinaires sublancéolées. Cyme pédonculée. — Cette espèce croît dans l'Himalaya; ses racines, connues en matière médicale sous le nom de *Nard*, ou *Spica-nardi*, fournit un parfum renommé de tout temps chez les Orientaux; ses racines jouissent d'ailleurs de propriétés médicales analogues à celles de la Valériane, et les Hindous en font usage à titre de stimulant.

Genre VALÉRIANELLE. — *Valerianella* Mœnch.

Limbe-calicinal irrégulièrement denté ou lobé, persistant, finalement subcoriace. Corolle subinfondibuliforme, non-éperonnée, 5-lobée : lobes égaux ou inégaux. Étamines 2 ou 3 (en général 3), insérées vers la base du tube de la corolle. Ovaire 3-loculaire. Style terminé par un stigmate entier ou 3-fide. Péricarpe chartacé, couronné du limbe-calicinal plus ou moins amplifié, 3-loculaire, ou bien par oblitération 1-ou 2-loculaire. Graine ovale, acuminée, comprimée, apérispermée. — Herbes annuelles, dichotomes ; rameaux subfastigiés. Feuilles sessiles : les radicales spathulées, très-entières ; les autres très-entières, ou incisées-dentées, ou pennatifides. Fleurs petites, sessiles, solitaires aux dichotomies supérieures, ou agrégées en cymes terminales, bractéolées. Fruit de formes très-variées suivant les espèces. — Genre renfermant environ 20 espèces, la plupart indigènes des contrées voisines de la Méditerranée, et croissant de préférence dans les champs, les vignes, ou autres localités découvertes. Ces plantes sont connues sous les noms vulgaires de *Mâche*, *Doucette*, *Blanchette*, ou *Boursette*, et fréquemment cultivées comme salades d'hiver. Les espèces habituellement cultivées sont les 2 suivantes :

VALÉRIANELLE COMMUNE. — *Valerianella olitoria* Mœnch. —Reichenb. Plant. Crit. I, fig. 121 et 122. — *Valeriana locusta* : α olitoria Linn. — Engl. Bot. tab. 811. — *Fedia olitoria* Gærtn. — Feuilles-caulinaires linéaires-liguliformes, très-entières, ou pauci-dentées vers leur base. Fruit 2-loculaire, suborbiculaire, comprimé, rugueux, 2-costé de chaque côté, obscurément 3-denté au sommet. — Plante haute de 3 pouces à 1 pied. Tige dressée, pubescente à la base ; rameaux divergents, comprimés. Feuilles obtuses, ciliolées, d'un vert gai. Bractées linéaires-spathulées, ciliées. Cymes petites, subglobuleuses, denses, pédonculées. Corolle irrégulière, bleuâtre.

VALÉRIANELLE A FRUIT CARÉNÉ. — *Valerianella carinata* Loisel. — Reichenb. Plant. Crit. I, fig. 123. — Feuilles oblongues, le plus souvent très-entières. Fruit oblong, subtétragone, non couronné, concave d'un côté. — Plante semblable à l'espèce précédente par le port, le feuillage et l'inflorescence.

Genre CENTRANTHE. — *Centranthus* Neck.

Limbe-calicinal d'abord coroniforme et involuté, après la floraison se transformant en aigrette composée de soies 1-sériées, nombreuses, longuement plumeuses, finalement caduques. Corolle irrégulière ; tube long, linéaire, comprimé, longuement éperonné ; limbe plan, étalé, inégalement 5-lobé. Une seule étamine. Ovaire 1-loculaire, comprimé bilatéralement. Style terminé par un petit stigmate tronqué. Fruit chartacé, ovale, pointu, comprimé, 1-loculaire, convexe et 1-costé d'un côté, plan et 3-costé de l'autre. Graine apérispermée, remplissant la loge.—Herbes vivaces ou annuelles, très-glabres. Tiges feuillées, ordinairement rameuses. Feuilles très-entières ou pennatifides, sessiles, ou pétiolées. Cymes terminales ou axillaires et terminales, multiflores, dichotomes, bractéolées, pédonculées. Corolle pourpre, ou rose, ou blanche.

CENTRANTHE COMMUN. — *Centranthus ruber* De Cand. — *Valeriana rubra* Linn. — Engl. Bot. tab. 1531. — *Centranthus latifolius* Dufr. — Plante vivace, haute de 1 pied à 2 pieds, touffue. Tiges ascendantes ou dressées, feuillues, cylindriques, très-lisses, plus ou moins rameuses, suffrutescentes à la base. Feuilles un peu charnues, très-lisses, veinouses, luisantes, d'un vert foncé en dessus, d'un vert glauque en dessous, la plupart

très-entières : les inférieures lancéolées ; ou lancéolées-elliptiques, ou lancéolées-oblongues, pointues, rétrécies en pétiole ; les
supérieures ovales ou ovales-lancéolées, longuement acuminées,
subsessiles ; les florales en général petites, souvent incisées-
dentées à la base, ou subpennatifides. Cymes plus ou moins longuement pédonculées, denses, disposées tantôt en panicule interrompue, tantôt en thyrse assez dense, tantôt en corymbe terminal. Bractées petites, linéaires-lancéolées, rougeâtres. Corolle
pourpre, ou rose, ou blanche : éperon 2 à 3 fois plus court que
le tube, un peu plus long que l'ovaire ; lobes oblongs, obtus,
plus ou moins divergents, 3 fois plus courts que le tube. Étamine à peine aussi longue que la corolle, débordant le style. —
Cette espèce, nommée vulgairement *Valériane rouge*, croît
dans l'Europe méridionale ; elle est fréquemment cultivée dans
les partérres ; sa racine est légèrement odorante.

Genre VALÉRIANE. — *Valeriana* Tourn.

Limbe-calicinal d'abord coroniforme et involuté, après
la floraison se transformant en aigrette composée de 12 à
18 soies 1-sériées, longuement plumeuses. Corolle hypocratériforme ou infondibuliforme, subirrégulière : tube
long, non éperonné, quelquefois gibbeux à la base ; limbe
inégalement 5-lobé. Étamines 3 (chez certaines espèces
nulles par avortement ; ou accidentellement 1 seule étamine), insérées à la gorge de la corolle ; filets subulés,
saillants ; anthères suborbiculaires, rétuses : bourses disjointes de la base jusqu'au delà du milieu. Ovaire 1-locu-
laire, comprimé. Style filiforme, saillant, terminé par
3 stigmates subulés. Péricarpe chartacé, comprimé, aigretté, marginé, 1-nervé d'un côté, 3-nervé de l'autre,
1-loculaire, 1-sperme. Graine apérispermée, remplissant la
cavité. —Herbes vivaces, ou sous-arbrisseaux. Tiges rameuses (sarmenteuses chez quelques espèces exotiques), ou
simples et subaphylles. Feuilles (souvent dissemblables)
indivisées, ou tripartíes, ou pennatiparties, sessiles, ou

pétiolées. Cymes terminales, ou latérales et terminales, ou
axillaires et terminales, dichotomes, ou trichotomes,
capitelliformes, ou corymbiformes, 2-bractéolées aux ramifications, subfastigiées, ou bien disposées en thyrse, ou
en panicule. Fleurs alaires et en épis unilatéraux, ou irrégulièrement glomérulées, en général sessiles. Chez quelques
espèces les fleurs sont par avortement unisexuelles (monoïques ou dioïques, ou polygames). Corolle rose, ou
blanche, ou bleuâtre, en général petite.

a) *Feuilles radicales pennatiparties de même que la plupart des feuilles-
caulinaires (les supérieures souvent 5-parties , comme digitées-trifo-
liolées).*

VALÉRIANE OFFICINALE. — *Valeriana officinalis* Linn. —
Blackw. Herb. tab. 271. — Flor. Dan. tab. 570. — Engl. Bot.
tab. 698. — *Valeriana sambucifolia* Mikan. — *Valeriana al-
tissima* Horn. — *Valeriana excelsa* Poiret. — *Valeriana angustifolia* Tausch. — Herbe vivace, haute de 2 à 6 pieds. Rhizome
tronqué, rampant, garni de quantité de longues fibres brunâtres.
Tige grêle, dressée, cannelée, fistuleuse, souvent rougeâtre, hispidule de la base jusque vers le milieu, ou barbue seulement
aux articulations, tantôt simple ou seulement ramulifère aux aisselles supérieures, tantôt rameuse au sommet ; entrenœuds supérieurs beaucoup plus longs que les feuilles ; rameaux trifurqués au sommet. Feuilles glabres ou pubescentes : les radicales
longuement pétiolées, longues de ½ pied à 1 pied, 7-12-ju-
guées ; les caulinaires opposées, graduellement moins grandes ;
les supérieures petites, pauci-juguées, ou 3-parties, sessiles ;
segments alternes ou opposés, sessiles (les supérieurs décurrents),
ovales, ou ovales-lancéolés, ou oblongs-lancéolés, ou linéaires-
lancéolés, acuminés, ou pointus, tantôt très-entiers, tantôt dentelés
ou pauci-dentés. Cymes plusieurs fois trichotomes, ombelliformes,
multiflores, denses, longuement pédonculées, ternées au sommet
de la tige et ordinairement aussi au sommet des rameaux supérieurs, solitaires au sommet des rameaux inférieurs. Fleurs toujours hermaphrodites, solitaires aux bifurcations et fasciculées aux

extrémités des rayons de la cyme : les fascicules s'allongeant peu
à peu de manière à former des épis unilatéraux. Bractées ovales-lancéolées, ou oblongues-lancéolées, pointues, submembranacées, souvent ciliées. Corolle d'un rose pâle ; tube non gibbeux ; lobes étalés, blanchâtres, ou d'un rose pâle. Étamines et
style presque aussi longs que la corolle. Fruit petit, ovale, rétréci en col court. — Cette plante, connue sous les noms vulgaires de *Valériane sauvage*, ou *Valériane des bois*, est commune
aux bords des fossés et dans les bois humides ; elle fleurit de
juin en août. Sa racine a une saveur âcre et amère, jointe à une
odeur très-pénétrante et assez désagréable; on l'emploie fréquemment en thérapeutique à titre de stimulant, et surtout comme
emménagogue, antispasmodique, sudorifique, et vermifuge ; suivant le docteur Loiseleur Deslongchamps, elle possède aussi
des propriétés fébrifuges très-prononcées. — Les racines de la
plupart des espèces congénères ont la même odeur que celles de
la *Valériane officinale*, et participent plus ou moins aux propriétés médicales de cette plante. Les chats recherchent avec avidité
les racines des Valérianés, dont l'odeur paraît exercer sur ces
animaux l'effet d'un narcotique ou d'une boisson alcoolique.

b) *Feuilles - radicales les unes indivisées, les autres triparties ou profondément pennati-lobées ; feuilles-caulinaires pennatiparties.*

VALÉRIANE DES JARDINS. — *Valeriana Phu* Linn. — Blackw.
Herb. tab. 250. — Jaume Saint-Hil. Flore et Pom. Franç. tab.
210. — Herbe vivace, très-glabre, haute de 2 à 5 pieds. Rhizome oblique, tronqué, brunâtre, fibreux. Tige dressée, grêle,
cylindrique, fistuleuse, finement striée, glauque, ramulifère
aux aisselles supérieures, très-simple inférieurement, quelquefois seulement trifurquée au sommet; ramules aphylles, simples, ou trifurqués au sommet, très-grêles. Feuilles lisses, d'un
vert glauque : les radicales longues de 1 pied à 2 pieds, veineuses, diversiformes, longuement pétiolées, obtuses, les unes (ou
quelquefois toutes) très-entières, lancéolées-spathulées, les autres lyrées, 3-ou 5-lobées, à lobes très-entiers ou sinuolés, obtus
(les latéraux oblongs, décurrents, le terminal suborbiculaire, ou

obovale, ou oblong-obovale, beaucoup plus grand); pétiole canaliculé. Feuilles-caulinaires 3- à 5-juguées, à segments très-
entiers ou sinuolés, décurrents, alternes, ou opposés : les segments des feuilles-inférieures ordinairement larges, obtus, suboblongs, ou elliptiques; les segments des feuilles-supérieures
lancéolés ou linéaires-lancéolés, pointus. Inflorescence comme
chez l'espèce précédente. Fleurs toujours hermaphrodites. Corolle longue de 3 lignes, blanche, infondibuliforme, à lobes oblongs, arrondis au sommet; tube non-gibbeux. Étamines un peu
plus longues que la corolle. Fruit long de 2 à 3 lignes, ovale-oblong. — Cette espèce, connue sous les noms vulgaires de *Valériane franche*, *Grande Valériane*, ou (en pharmaceutique)
Phu, croît dans les montagnes de la Bohême et de la Silésie;
elle est fréquemment cultivée comme plante d'ornement; sa racine participe aux propriétés de celle de la Valériane officinale;
mais comme elle est moins énergique, on ne l'emploie guère
en médecine.

CENT SOIXANTE-QUATRIÈME FAMILLE.

LES DIPSACÉES. — *DIPSACEÆ.*

Dipsaceæ Juss. Gen. (excl. sect. II). — De Cand. Flore Franç. IV, p. 221 ; Prodr. IV, p. 645. — Bartl. Ord. Nat. p. 129. — Endl. Gen. Plant. p. 555. — Coulter, *Mémoire sur les Dipsacées*, Mém. de la Soc. d'hist. nat. de Genève, II, p. 15. 1823. — *Dipsacearum* trib. I (*Scabioseæ*) et II (*Morineæ*), Reichenb. Syst. Nat. p. 178.

Cette famille appartient en totalité aux régions extra-tropicales, et la plupart des espèces habitent les contrées voisines de la Méditerranée. Les propriétés de la plupart des Dipsacées sont à peu près nulles.

Caractères de la Famille.

Herbes ou *sous-arbrisseaux*. Tiges et rameaux noueux avec articulation, cylindriques, ou irrégulièrement anguleux.

Feuilles opposées, ou rarement verticillées, simples (indivisées, ou lyrées, ou pennatifides, ou bipennatifides, les radicales ordinairement non conformes aux autres), non-stipulées, soit sessiles et semi - amplexicaules (quelquefois connées par la base), soit rétrécies en pétiole élargi à sa base et semi-amplexicaule.

Fleurs irrégulières, ou subrégulières, hermaphrodites, le plus souvent sessiles et agrégées en capitule sur un réceptacle-commun, accompagné d'un involucre formé d'une ou de plusieurs séries de bractées (soit squamiformes, soit foliacées); chaque fleur en général accompagnée d'une bractéole membranacée ou coriace; les fleurs de la circonférence des capitules souvent radiantes (c'est-à-dire à corolle beaucoup plus grande que celle des autres fleurs).

Calice double : *l'extérieur* (ou *calicule*) tubuleux ou turbiné, persistant, anguleux, ou sillonné, le plus souvent à peu près aussi grand que le calice intérieur, en général couronné d'un limbe cyathiforme ou coroniforme, scarieux, ou herbacé, entier, ou fimbriolé, ou denté, persistant, le plus souvent accrescent. *Calice-intérieur* en général à tube membranacé, inadhérent, mais appliqué immédiatement sur l'ovaire, souvent rétréci au delà du sommet de l'oyaire en col filiforme ou columnaire, adhérent à la partie inférieure du style; limbe disciforme, ou cyathiforme, ou cupuliforme, soit tronqué, soit 4-ou 5-denté, soit aigretté, épigyne, persistant, ou finalement caduc ; aigrette composée de soies simples ou plumeuses, en général en nombre défini. — Les Morinées s'éloignent des autres Dipsacées par un calice adhérent, couronné d'un limbe foliacé, 2-labié.

Corolle insérée à la gorge du calice, tubuleuse, non persistante; limbe irrégulier ou subrégulier, 4-ou 5-lobé, souvent 2-labié (à lèvre inférieure plus grande; 3-lobée); estivation imbricative.

Étamines 4 (la place d'une 5e, entre les 2 lobes supérieurs de la corolle, inoccupée), ou moins souvent 5, interposées, libres, insérées à la base du tube de la corolle, en général subdidynames (les 2 inférieures plus courtes). Filets défléchis, induppliqués en préfloraison. Anthères versatiles, médifixes, dithèques : bourses contiguës, longitudinalement 2-valves. — Les Morinées ont seulement 2 étamines, insérées à la gorge de la corolle, et 2 staminodes minimes, insérés vers le milieu du tube.

Pistil : Ovaire inadhérent (excepté chez les Morinées), 1-loculaire, 1-ovulé, complétement engaîné par le tube-calicinal. Ovule anatrope, suspendu au sommet de la loge. Style terminal, filiforme, indivisé, souvent adné par sa partie inférieure à la partie supère du tube-calicinal.

Péricarpe membranacé, ou chartacé, ou rarement coriace, indéhiscent, 1-loculaire, 1-sperme, recouvert par les 2 calices, le plus souvent couronné du limbe du calice intérieur.

Graine suspendue au sommet de la loge, périspermée (apérispermée chez les Morinées), en général adhérente; tégument membranacé, à peine distinct de l'endocarpe. Périsperme mince, ou plus ou moins épais, charnu. Embryon rectiligne, axile, aussi long que le périsperme : cotylédons elliptiques ou oblongs, obtus, plano - convexes, ou subfoliacés, contigus ; radicule courte, supère.

Cette famille comprend les genres suivants :

Ire TRIBU. **LES MORINÉES.** — *MORINEÆ*
De Cand. (1).

Limbe-calicinal foliacé, 2-labié. Étamines 2, insérées à la gorge de la corolle. Deux staminodes très-petits, inclus, insérés vers le milieu du tube de la corolle. Ovaire adhérent au tube du calice. Style inadhérent. Graine apérispermée. — Fleurs verticillées aux aisselles des feuilles supérieures.

Morina Tourn. (Diototheca Vaill.)

----

(1) A notre avis, ce groupe a beaucoup plus d'affinités avec les Valé-rianées qu'avec les Dipsacées, et il pourrait être considéré comme une petite famille intermédiaire.

II° TRIBU. LES SCABIOSÉES. — *SCABIOSEÆ*
De Cand.

Limbe-calicinal cyathiforme, ou cupuliforme, ou disci-
forme, urcéolé à sa base, couronné de dents ou de
soies, ou tronqué. Étamines 4 ou 5, anisomètres, insé-
rées vers la base du tube de la corolle. Point de stami-
nodes. Ovaire inadhérent. Style adhérent inférieure-
ment au col du calice. Graine périspermée. — Inflo-
rescence en capitules involucrés.

Dipsacus Tourn.—*Cephalaria* Schrad. (Lepicephalus
Lag.) — *Cerionanthus* Schott. — *Succisa* Vaill.— *Sca-*
biosa Vaill. (Trichera Schrad.)— *Sclerostemma* Schott.
— *Cyrtostemma* Mert. et Koch. (Vidua Coult. Spon-
gostemma Reichenb.) — *Asterocephalus* Vaill. (Tro-
chocephalus Mert. et Koch.) — *Pterocephalus* Vaill.
(Calistemma Mert. et Koch, non Cass.) — *Knautia*
(Linn.) Lag.

Ire TRIBU. LES MORINÉES. — *MORINEÆ* De Cand.

Limbe-calicinal foliacé, 2-labié. Étamines 2, insérées à
la gorge de la corolle. Deux staminodes très-petits,
inclus, insérés vers le milieu du tube de la corolle.
Ovaire adhérent au tube du calice. Style inadhérent.
Graine apérispermée. — Fleurs verticillées aux ais-
selles des feuilles supérieures.

Genre MORINE. — *Morina* Tourn.

Calicule subcoriace, obconique, irrégulièrement sinué-
denté au sommet : dents aristées, spinescentes ; 2 des
dents (opposées) à arêtes beaucoup plus longues. Calice

interne à tube adhérent; limbe foliacé, veineux, tubuleux, bilabié : lèvres entières ou bilobées. Corolle subhypocratériforme : tube très-long, grêle, évasé au sommet,
décliné; lèvres planes, inégales : la supérieure plus petite, bilobée; l'inférieure profondément trilobée. Étamines 2, saillantes; filets linéaires, comprimés; anthères
obliquement cordiformes, à 2 bourses inégales. Style filiforme, un peu saillant. Stigmate capitellé, ou disciforme,
pelté. Péricarpe coriace, rugueux, comprimé, convexe et
3-costé d'un côté, presque plan et 1-sulqué de l'autre,
inégalement 2-denté au sommet. Graine adhérente.

Herbes vivaces. Tiges simples. Feuilles raides, coriaces,
sinuées, ou pennatifides, ou indivisées, bordées de dents
spinescentes : les radicales agrégées, rétrécies en pétiole
ailé; les caulinaires sessiles, verticillées; les florales graduellement plus courtes et plus larges, mais raides et
spinescentes comme les feuilles inférieures. Verticilles-
floraux très-denses. Fleurs sessiles, ou subsessiles, soit non-
bractéolées, soit accompagnées chacune d'une bractée
coriace, aristée-dentée. Corolle rose ou pourpre, grande.

Morine de Perse.—*Morina persica* Linn.—Lamk. Ill. tab.
21, fig. 2.—Feuilles sinuées-pennatifides (lobes 1-3-aristés, à arêtes fortes, très-longues) : les radicales et les caulinaires-inférieures oblongues; les florales ovales ou ovales-lancéolées, longuement aristées, velues ou pubescentes. Fleurs ébractéolées. Lèvres-
calicinales oblongues, arrondies au sommet, subrétuses, ou très-
entières. — Plante haute de 2 à 3 pieds. Racine grosse, pivotante, très-longue. Tige dressée, cannelée, velue sur la partie
florifère, glabre inférieurement. Feuilles assez semblables à celles du *Carduus nutans* : les radicales longues de ¹/₂ pied à 1
pied; les caulinaires-inférieures verticillées-ternées; les florales
ternées ou quaternées. Épi long de ¹/₂ pied à 1 pied. Verticilles
multiflores : les inférieurs distancés; les supérieurs rapprochés.
Calicule velu, long de 4 lignes. Calice long de 6 lignes, un peu
débordé par les grandes arêtes du calicule. Corolle pourpre,

longue de 15 à 18 lignes, velue à la surface externe ; lobes obtus, beaucoup plus longs que le tube. Étamines un peu plus longues que la corolle. — Croît en Perse et au Liban ; cultivée
comme plante d'ornement.

Morine a longues feuilles. — *Morina longifolia* Wallich, Plant. Asiat. Rar.—Lemaire, Horticult. Univ. I, tab, 26.
— Feuilles sinuées-lobées, courtement aristées-dentées : les inférieures lancéolées ou lancéolées-oblongues ; les florales ovales
ou ovales-lancéolées, longuement acuminées, velues. Lèvres-ca-
licinales profondément 2-lobées. — Plante haute de 1 ½ pied
à 3 pieds. Tige raide, dressée, pubescente à la partie florifère.
Feuilles luisantes, d'un vert gai : les radicales longues de 15 à
18 pouces, larges de 12 à 20 lignes ; les caulinaires et les florales verticillées-ternées ; côte peu apparente en dessus, très-
grosse en dessous, trigone, carénée, blanche ainsi que les épines. Épi assez dense, feuillu, long de ½ pied à 1 pied. Involucelle à 8 dents, Calice long d'environ 6 lignes. Corolle longue de
18 lignes, presque blanche au moment de l'épanouissement, puis
carnée, à limbe pourpre en dessus ; lobes oblongs, obtus,
beaucoup plus courts que le tube : l'inférieur un peu plus
long et plus étroit. Étamines à peine saillantes.—Croît dans
l'Himalaya ; cultivée comme plante d'ornement ; fleurit en été.

IIᵉ TRIBU. LES SCABIOSÉES. — *SCABIOSEÆ*
De Cand.

Limbe-calicinal cyathiforme, ou cupuliforme, ou disci-
forme, urcéolé à sa base, couronné de dents ou de
soies, ou tronqué. Étamines 4 ou 5, anisomètres, insé-
rées vers la base du tube de la corolle. Point de sta-
minodes. Ovaire inadhérent. Style adhérent infé-
rieurement au col du calice. Graine périspermée. —
Inflorescence en capitules très - denses, solitaires,

terminaux, longuement pédonculés, involucrés, à ré-
ceptacle commun garni de soies ou de paillettes
(bractéoles solitaires sous chaque fleur) soit mem-
branacées, soit coriaces.

Genre CARDIAIRE. — *Dipsacus* Tourn.

Capitules cylindracés ou ovoïdes. Involucre formé d'é-
cailles sublinéaires, pointues, raides, coriaces, subbisériées,
anisomètres, étalées. Réceptacle-commun fusiforme ou
cylindracé, très-élevé, garni de paillettes coriaces ou scarieuses, demi-embrassantes, naviculaires, carénées au
dos, terminées en pointe subulée (ordinairement raide et
piquante) au sommet. Calicule subcoriace, prismatique,
tétraèdre, 1-ou 2-nervé à chaque face, couronné d'un
rebord chartacé, à peine apparent. Limbe-calicinal cupuliforme, 4-denté, ou tronqué, petit, finalement caduc. Corolle subrégulière, infondibuliforme, 4-fide : le lobe extérieur plus grand. Étamines 4, égales, saillantes. Style filiforme. Stigmate petit, infondibuliforme. Fruit inaigretté.
— Herbes bisannuelles, élancées, rameuses. Tige dressée,
fistuleuse, souvent garnie (ainsi que la côte des feuilles)
d'aiguillons. Feuilles indivisées ou pennatifides, penninervées : les radicales (dépéries la 2e année) roselées, rétrécies en pétiole ; les caulinaires opposées, plus ou moins
connées par leur base. Pédoncules raides, dressés. Capitules verticaux, en général gros ; floraison commençant
ordinairement par les fleurs situées vers le milieu du capitule, puis procédant à la fois de haut en bas et de bas en
haut. Fleurs horizontales, plus courtes que les paillettes-
réceptaculaires, ou à peine plus longues. Corolle blanche,
ou carnée, ou lilas, ou jaunâtre. Fruit plus court que les
écailles-réceptaculaires.

CARDIAIRE A FOULON. — *Dipsacus fullonum* Mill. — Engl.
Bot. tab. 2080. — Plante glabre, haute de 3 à 7 pieds. Racine

assez grosse, charnue, pivotante, blanchâtre, légèrement amère.
Tige ferme, anguleuse, cannelée, parsemée (surtout vers le
haut) d'aiguillons blanchâtres, rectilignes, élargis à la base.
Rameaux fermes, dressés, 1-céphales, ordinairement garnis
d'une seule paire de feuilles, lesquelles sont beaucoup plus petites que les feuilles-caulinaires. Feuilles fermes, lisses, d'un
vert glauque, tantôt inermes, tantôt à côte spinelleuse en dessous : les radicales oblongues ou oblongues-spathulées, crénelées, obtuses, longues de 10 à 20 pouces ; les caulinaires crénelées, ou dentées, ou incisées-dentées, ovales, ou ovales-oblongues, obtuses, ou pointues : les inférieures connées inférieurement en forme de bassin. Capitules d'abord hémisphériques :
les fructifères gros, cylindriques, longs de 2 à 3 pouces. Écailles-involucrales très-grandes, piquantes, linéaires-lancéolées,
recourbées au sommet, anisomètres, souvent spinelleuses aux
bords, la plupart (ou toutes) plus courtes que les capitules. Réceptacle fusiforme; paillettes un peu plus courtes que les fleurs,
coriaces, à appendice oblong-lancéolé, caréné, mucroné, très-
raide, verdâtre, recourbé au sommet, spinelleux aux bords et
sur la carène. Corolle carnée. Calicule-fructifère brun, long à
peine de 2 lignes.—Cette plante, connue sous les noms vulgaires
de *Cardère*, *Chardon à bonnetier*, et *Chardon à foulon*, croît
dans l'Europe méridionale ; elle fleurit en été. On la cultive à
cause de ses capitules, dont les bonnetiers et les drapiers font
usage pour carder les laines.

Genre ASTÉROCÉPHALE. — *Asterocephalus* Vaill.

Capitules presque plans, radiants. Involucre formé de
bractées foliacées, mutiques, étalées, 1-ou 2-sériées,
soudées par la base. Réceptacle conique ou hémisphérique, garni de paillettes membranacées, sublinéaires, mutiques, presque planes, à peine aussi longues que les
fleurs, ou plus courtes. Calicule à tube 4-gone, ésulqué
inférieurement, creusé dans sa moitié supérieure de 8 fossettes profondes, contiguës, longitudinales; limbe cya-

thiforme, membranacé, scarieux, plissé, multi-nervé, denticulé au sommet. Calice à tube souvent prolongé en col filiforme ou columnaire ; limbe charnu, cupuliforme, couronné de 5 soies filiformes-subulées, scabres, alternes chacune avec une dent peu marquée. Corolles des fleurs-radiales ringentes, bilabiées : lèvre supérieure petite, 2-partie ; lèvre inférieure très-grande, profondément 3-lobée. Tube obconique, plus court que la lèvre supérieure. Corolles des fleurs du disque subrégulières, obconiques, 5-lobées. Étamines 4 ; filets capillaires ; anthères linéaires-oblongues, échancrées aux 2 bouts. Style filiforme ; épaissi au sommet. Stigmate disciforme, ou unilatéral et oblique. Nucule petite, aigrettée, recouverte par le calicule dont le tube devient subcoriace. — Herbes, ou sous-arbrisseaux. Feuilles très-entières ou pennatifides, pétiolées ; pétioles (de chaque paire) connés par la base. Pédoncules dressés ou un peu inclinés durant la floraison. — Corolle lilas, ou jaunâtre, ou blanchâtre. — Les 3 espèces suivantes se cultivent comme plantes d'ornement.

A. *Tiges et rameaux-adultes ligneux. Ramules-florifères bis-annuels, feuillus. Feuilles très-rapprochées, toutes très-entières, couvertes (ainsi que les jeunes pousses) d'un duvet satiné-argenté. Pédoncules non-inclinés pendant la floraison. Stigmate subovale, unilatéral, oblique. Involucelles et calices très-soyeux. Involucre à limbe peu ou point débordé par les soies du limbe calicinal. Calice prolongé en col filiforme.*

Astérocéphale a feuilles de Graminée. — *Asterocephalus graminifolius* Spreng. — *Scabiosa graminifolia* Linn. — Waldst. et Kit. Plant. Hungar. tab. 188. — Bot. Reg. tab. 835. — Jaume Saint-Hil. Flore et Pom. Franç. tab. 64. — Feuilles linéaires ou lancéolées-linéaires, pointues. Bractées-involucrales linéaires-lancéolées, pointues. Calicule-fructifère à tube cylindracé, à peu près aussi long que le limbe. — Arbuste touffu, haut de ½ pied à 1 pied. Tiges diffuses ou ascendantes,

grêles, tortueuses, courtes, très-rameuses. Rameaux ascendants
ou dressés. Feuilles longues de 2 à 4 pouces, larges de 1 ligne
à 3 lignes, subpersistantes : pétiole submembranacé. Pédoncules
solitaires ou ternés, très-grêles, cylindriques, longs de 4 à 8
pouces. Capitules larges d'environ 1 pouce (y compris les fleurs-
radiales). Fleurs-radiales (au nombre de 5 à 10) plus longues
que l'involucre. Corolles lilas, pubérules à la surface externe ;
lobes obtus : ceux de la lèvre inférieure crénelés. Paillettes-réceptaculaires lancéolées-linéaires, longuement acuminées, blanchâtres avec une nervure verte. Calicule-fructifère long de 3 à
4 lignes.— Indigène de l'Europe méridionale ; fleurit tout l'été.

ASTÉROCÉPHALE DE CANDIE. — *Asterocephalus creticus*
Spreng. — *Scabiosa cretica* Linn. — Feuilles lancéolées-spathulées, ou oblongues-spathulées, obtuses, veineuses. Bractées-
involucrales oblongues ou oblongues-obovales, obtuses. Calicule-
fructifère à tube cylindracé, à peu près de moitié plus court que
le limbe. — Arbuste touffu, haut de 2 à 3 pieds. Tige dressée.
Rameaux cylindriques, ascendants ; ramules-feuillus, grêles, en
général agrégés vers l'extrémité des rameaux. Feuilles persistantes, longues de 1 pouce à 3 pouces, larges de 4 à 8 lignes.
Pédoncules solitaires ou ternés, très-grêles, longs de 4 à 8 pouces. Capitules-florifères larges d'environ 1 pouce (y compris les
fleurs-radiales). Écailles-involucrales tantôt plus courtes que les
fleurs-radiales, tantôt plus longues. Paillettes-réceptaculaires
lancéolées-linéaires, naviculaires, mucronées, soyeuses. Corolles
lilas, à lobes obtus. Calicule-fructifère long d'environ 6 lignes.
— Indigène de Sicile et de Candie ; fleurit tout l'été.

B. *Herbe vivace, à tiges trichotomes. Feuilles à peine aussi
longues que les entrenœuds, ou plus courtes, non-soyeuses :
les inférieures très-entières ; les autres ordinairement pennatifides. Pédoncules un peu inclinés pendant la floraison. Stigmate disciforme, orbiculaire, pelté. Calicule
pubescent. Calice à tube glabre, prolongé en court col columnaire ; limbe à soies longuement débordantes.*

ASTÉROCÉPHALE DU CAUCASE. — *Asterocephalus caucasicus*

Spreng. — *Scabiosa caucasica* Bieberst. Flor. Taur. Cauc. —
Bot. Mag. tab. 886.—*Asterocephalus elegans* Lagasc.—*Scabiosa connata* Horn. — Plante haute de 2 à 3 pieds. Tiges grêles, dressées, cylindriques, glabres inférieurement, pubescentes
vers le sommet ; rameaux simples, ou trifurqués, dressés. Feuilles d'un vert glauque, parsemées aux 2 faces d'une pubescence
furfuracée très-fine, quelquefois en outre poilues : les radicales
et les caulinaires-inférieures lancéolées ou lancéolées-spathulées,
pointues, longues de 1/2 pied à 1 pied; les autres graduellement plus
courtes, tantôt conformes aux radicales, tantôt (et plus souvent)
soit lyrées, soit plus ou moins profondément pennatifides (parfois l'une indivisée, l'autre pennatifide), ou incisées-dentées; segments en général linéaires-lancéolés, pointus. Pédoncules raides,
grêles, scabres, pubérules, longs de 1/2 pied à 2 pieds. Capitules-florifères larges de 2 à 3 pouces (y compris les fleurs-radiales). Réceptacle subglobuleux. Bractées-involucrales velues,
demi-lancéolées, pointues, plus courtes que les fleurs-radiales.
Paillettes-réceptaculaires presque planes, lancéolées-linéaires,
acérées, longuement ciliées. Fleurs-radiales à corolle longue de
12 à 18 lignes ; lobes de la lèvre supérieure blanchâtres, petits,
ovales, acuminulés; lèvre inférieure grande, bleue ; lobes
tronqués, irrégulièrement crénelés, imbriqués par les bords : les
latéraux oblongs, le moyen oblong-obovale, de moitié plus long.
Corolles des fleurs du disque longues de 5 à 6 lignes, d'un bleu
très-pâle, à lobes ovales, très-entiers, arrondis au sommet. Anthères roses ou violettes. Capitules-fructifères hémisphériques.
Calicule-fructifère long de 5 à 6 lignes, à tube blanc. Nucule
ovoïde, à soies brunes. — Indigène du Caucase ; fleurit de juin
en octobre.

Genre CYRTOSTÉMME. — *Cyrtostemma* Mert. et Koch.

Capitules subhémisphériques, radiants. Involucre formé
de bractées foliacées, mutiques, étalées, 1-sériées, anisomètres, libres dès leur base. Réceptacle subcylindracé,
élevé, garni de paillettes membranacées, scarieuses, na-

viculaires, acérées, lancéolées, plus courtes que les fleurs.
Calicule turbiné, 8-costé, non-fovéolé, couronné d'un
rebord membranacé, crépu, involuté. Calice à tube
prolongé en col filiforme; limbe saillant, cupuliforme,
5-angulaire, charnu, couronné de 5 soies filiformes-
subulées scabres, alternes chacune, avec un sinus ren-
trant. Fleurs-radiales à corolle rougeâtre, 2-labiée : lèvre
supérieure petite, 2-partie, dressée ; lèvre inférieure
grande, subhorizontale, profondément 3-lobée. Fleurs
du disque à corolle infondibuliforme, subringente, inégalement 5-lobée. Étamines 4 ; filets capillaires ; anthères
linéaires-oblongues, obtuses aux 2 bouts. Style filiforme.
Stigmate infondibuliforme. Nucule aigrettée, recouverte
par le calicule très-amplifié, infondibuliforme, chartacé,
scarieux; aigrette longuement saillante. — Herbes annuelles, dichotomes. Feuilles dissemblables : les radicales
et les inférieures longuement pétiolées, en général spathulées, indivisées; les autres ordinairement lyrées ou
pennatiparties, courtement pétiolées, ou subsessiles; pétioles (de chaque paire) connés par leur base. Pédoncules
dichotoméaires et terminaux, très-longs, non inclinés pendant la floraison. Corolle d'un pourpre violet, ou blanche,
ou rose, ou lilas. Fleurs odorantes. Écailles-involucrales
réfléchies après la floraison.

CYRTOSTÉMME DES JARDINS.—*Cyrtostemma atropurpureum*
Mert. et Koch. Deutschl. Flor. (*sub Scabiosa.*)—*Scabiosa atropurpurea* Linn. — Bot. Mag, tab. 247. — Plante glabre ou finement pubérule, haute de 2 à 3 pieds .Tige grêle, très-rameuse,
dressée, cylindrique, souvent luisante. Rameaux dressés ou ascendants. Feuilles luisantes, d'un vert gai, quelquefois parsemées de poils épars : les radicales ordinairement oblongues-spathulées, tantôt très-entières, tantôt dentelées, ou incisées-dentées ; les caulinaires à segments-latéraux en général linéaires ou
sublinéaires, et très-entiers. Pédoncules longs de ½ pied à 2
pieds. Capitules (y compris les fleurs-radiales) larges de 1 pouce

à 2 pouces. Bractées-involucrales tantôt plus courtes que les fleurs, tantôt à peu près aussi longues ou plus longues, linéaires, pointues, subnaviculaires, ordinairement pubescentes, élargies et subcoriaces vers leur base. Corolle ordinairement comme veloutée et d'un pourpre violet, par variation blanche, ou rose, ou panachée; lobes arrondis ou tronqués au sommet, oblongs : ceux des fleurs-radiales souvent crénelés. Styles et filets ordinairement d'un pourpre violet. Anthères et stigmate blancs. Calicule-fructifère long d'environ 3 lignes, blanchâtre, à embouchure large de près de 3 lignes. Aigrette à soies brunes, finalement étalées. — Cette espèce, connue sous le nom vulgaire de *Fleur de veuve*, paraît être originaire d'Orient; on la cultive fréquemment comme plante de parterre; elle fleurit de juillet en octobre; ses fleurs répandent une odeur assez agréable, ayant quelque analogie avec celle du musc.

Genre SCABIEUSE. — *Scabiosa* Vaill.

Capitules subhémisphériques, radiants. Involucre formé de bractées herbacées, mutiques, étalées, 2-sériées, subisomètres, libres. Réceptacle subglobuleux, couvert de soies fasciculées autour de chaque fleur. Calicule prismatique, tétraèdre, un peu comprimé, ésulqué, innervé, tronqué ou irrégulièrement denticulé au sommet. Calice à tube prolongé en col filiforme; limbe saillant, charnu, cupuliforme, 5-ou pluri-denté, finalement caduc : chaque dent prolongée en soie filiforme-subulée, scabre. Fleurs-radiales à corolle ringente, 2-labiée : lèvre supérieure petite, indivisée, dressée; lèvre inférieure grande, subhorizontale, profondément 3-lobée. Fleurs du disque à corolle infondibuliforme, subrégulière, 4-lobée. Étamines 4; filets capillaires; anthères linéaires-oblongues. Nucule finalement nue, recouverte par le calicule devenu subcoriace.

Herbes annuelles ou vivaces. Feuilles indivisées ou pennatifides : les inférieures pétiolées; les supérieures sessiles ou subsessiles; pétioles connés par la base. Tige simple ou dichotome au sommet. Fleurs lilas, ou bleues, ou blanchâtres, ou roses.

SCABIEUSE COMMUNE. — *Scabiosa arvensis* Linn. — Flor. Dan. tab. 447. — Blackw. Herb. tab. 185. — Engl. Bot. tab. 659. — Jaume Saint-Hil. Flore et Pom. Franç. tab. 49. — *Trichera arvensis* Rœm. et Schult, — *Knautia arvensis* Coult. Dips. — *Scabiosa polymorpha* Schmidt, Bohem. — Plante vivace, plus ou moins poilue, haute de 1 pied à 3 pieds. Racine longue, fibreuse, blanchâtre. Tige simple, ou dichotome au sommet, cylindrique, dressée. Feuilles d'un vert pâle, ordinairement ciliées, tantôt glabres aux 2 faces, tantôt hispidules : les radicales et les caulinaires-inférieures le plus souvent indivisées, lancéolées-oblongues, acuminées, très-entières, ou plus ou moins profondément dentées, ou rarement pennatifides ; les autres en général profondément pennatifides, à segments oblongs ou lancéolés, obtus, ou pointus, très-entiers, ou dentés. Rameaux pédonculiformes, ordinairement simples et garnis d'une seule paire de petites feuilles sessiles. Pédoncules dichotoméaires et terminaux, très-grêles, scabres, longs de ¹/₂ pied à 1 pied. Capitules larges de 12 à 18 lignes. Écailles-involucrales ovales, ou ovales-lancéolées, ou oblongues-lancéolées, ciliées, plus courtes que les fleurs-radiales. Corolles d'un bleu lilas, ou carnées, ou blanches, glabres, ou pubérules à la surface externe; lobes obtus, ceux des corolles-radiales ordinairement crénelés. Calicule-fructifère oblong, obtus, poilu, obscurément 4-denté, long de 2 à 3 lignes. Limbe calicinal ordinairement à 8 soies. — Cette plante, connue sous le nom vulgaire de *Scabieuse*, est commune dans les prés, les pâturages, les clairières des bois, etc.; elle fleurit de mai en automne. On lui attribue des propriétés dépuratives.

Genre SUCCISE. — *Succisa* Vaill.

Capitules hémisphériques, à peine radiants. Involucre formé de bractées herbacées, étalées, 2-sériées, anisomètres, mutiques. Réceptacle subglobuleux, garni de paillettes herbacées, presque planes, plus courtes que les fleurs. Calicule ovoïde ou oblong, 4-gone, 8-costé et 8-sulqué d'un bout à l'autre, couronné d'un limbe herbacé, 4-denté. Calice à tube prolongé en col court; limbe petit, charnu, cupuliforme, tronqué, ou à 5 dents prolongées en longue soie filiforme-subulée, scabre; quelquefois 1 à 4 des dents ne sont point sétifères. Corolles infondibuliformes, plus ou moins inégalement 4-lobées : les radiales un peu plus grandes. Étamines 4, grandes. Style filiforme. Stigmate subdisciforme, pelté, oblique. Nucule recouverte par le calicule devenu subcoriace. — Herbes vivaces. Tige dichotome ou paniculée. Feuilles indivisées : les inférieures pétiolées; les supérieures sessiles ou subsessiles, connées par la base. Fleurs bleues, ou blanches, ou roses.

SUCCISE DES PRÉS. — *Succisa pratensis* Mœnch, Meth. — *Scabiosa Succisa* Linn.—Flor. Dan. tab. 279. — Blackw. Herb. tab. 142.—Engl. Bot. tab. 878. —Plante glabre ou pubescente, haute de 1 $^1/_2$ pied à 3 pieds. Racine oblique, noirâtre, tronquée, garnie de longues fibres. Tige grêle, dressée, médiocrement feuillée, souvent rougeâtre, ordinairement dichotome au sommet. Feuilles glabres ou légèrement poilues, d'un vert foncé, souvent ailées, tantôt très-entières, tantôt dentées : les radicales et les caulinaires-inférieures oblongues ou lancéolées-oblongues, obtuses, décurrentes sur le pétiole; les supérieures lancéolées, pointues. Pédoncules longs, grêles, en général pubérules-incanes. Capitules d'environ 6 lignes de diamètre. Écailles-involucrales lancéolées ou ovales-lancéolées, pointues : les extérieures plus grandes, presque aussi longues que les fleurs. Paillettes-réceptaculaires lancéolées, acuminées, poilues. Corolles ordinairement bleues, moins souvent blanches ou roses; lobes obtus, entiers : le supérieur plus court. Caliculefructifère soyeux, couronné d'un limbe coroniforme, herbacé, 4-fide. Limbe-calicinal à 5 soies saillantes, noirâtres.—Cette espèce, nommée vulgairement *Succise*, *Scabieuse des bois*, *Mors du diable*, ou *Remors du diable*, croît dans les prairies humides et les bois; elle fleurit de juillet en septembre. Toutes ses parties ont une saveur astringente et amère; la décoction des feuilles passe pour un excellent remède contre les maladies de la peau.

CENT SOIXANTE-CINQUIÈME FAMILLE.

LES GLOBULARIÉES. — *GLOBULARIEÆ.*

Globularieæ De Cand. Flore Franç. III, p. 427. — Bartl. Ord.
Nat. p. 127. — Cambess. in Ann. des Sciences Nat. IX, p. 15. — *Sela-
ginearum* genn. Reichenb. Consp. p. 122. — *Globulariaceæ* Dumort.
Fam. des Plant. p. 21. — Lindl. Nat. Syst. ed. 2, p. 268.

Ce petit groupe, qui n'est fondé que sur le genre
Globularia Linn., a été réuni par M. Reichenbach aux
Sélaginées, avec lesquelles il paraît en effet avoir plus
d'affinités qu'avec toute autre famille. M. Endlicher, en
admettant les Globulariées comme une famille distincte,
les place aussi à côté des Sélaginées. M. Dumortier les
met entre les Brunoniacées et les Labiées. M. de Candolle et M. de Jussieu les rangeaient près des Primula-
cées. — Toutes les espèces sont indigènes des régions
extratropicales de l'hémisphère septentrional; la plupart habitent les contrées voisines de la Méditerranée;
ces végétaux ont des propriétés toniques et purgatives
très-prononcées.

Caractères de la Famille.

Herbes vivaces, ou *sous-arbrisseaux*, ou *arbrisseaux*.
Rameaux cylindriques, inarticulés.

Feuilles simples, indivisées (très-entières ou dentelées), alternes, ou fasciculées, non-stipulées.

Fleurs hermaphrodites, irrégulières, agrégées en capitules (terminaux, ou rarement axillaires, en général
solitaires) involucrés. Réceptacle-commun convexe,
garni de paillettes persistantes.

Calice herbacé, persistant, inadhérent, régulièrement 5-fide, ou moins souvent 2-labié (à lèvre supérieure 3-fide, et à lèvre inférieure 2-fide); gorge nue, ou plus souvent fermée par une houppe de poils; tube 4-gone après la floraison.

Corolle hypogyne, tubuleuse, non-persistante, 2-labiée, ou quelquefois 1-labiée; tube cylindracé; lèvre supérieure plus courte (quelquefois nulle), en général 2-partie, moins souvent 2-fide ou indivisée; lèvre inférieure 3-partie, ou 3-fide, ou 3-dentée, plus longue que la supérieure.

Étamines 4, insérées à la gorge de la corolle, interposées (l'interstice des 2 lobes supérieurs de la corolle non-staminifère). Filets filiformes, saillants, infléchis au sommet en préfloraison : les 2 supérieurs un peu plus courts. Anthères réniformes, incombantes, 2-thèques : bourses longitudinalement 2-valves, finalement confluentes.

Pistil : Ovaire inadhérent, 1-loculaire, 1-ovulé. Ovule anatrope, suspendu au sommet de la loge. Style terminal, indivisé, saillant. Stigmate indivisé ou échancré, terminal.

Péricarpe : Nucule mucronée, 1-sperme, recouverte par le calice.

Graine suspendue, adhérente, munie d'un périsperme charnu. Embryon rectiligne, axile, presque aussi long que le périsperme; cotylédons ovales, obtus; radicule supère.

Genre GLOBULAIRE. — *Globularia* Linn (1).

Capitules multiflores, très-denses. Involucre formé d'écailles imbriquées, subcoriaces, plus courtes que les fleurs. Paillettes-réceptaculaires solitaires sous chaque fleur, conformes aux écailles-involucrales. Calice 2-labié, ou subrégulier, 5-fide. Corolle 4-ou 5-fide, 2-labiée (par exception 1-labiée, à lèvre 3-partie) : segments linéaires, étroits, inégaux. Étamines 4, didynames, saillantes. Ovaire 1-loculaire, 1-ovulé. Style filiforme. Stigmate indivisé ou échancré. Nucule petite, incluse, 1-sperme, chartacée.

Herbes vivaces, ou sous-arbrisseaux, ou arbrisseaux. Feuilles persistantes ou marcescentes, coriaces, très-entières, ou pauci-dentées au sommet : les radicales roselées, spathulées, rétrécies en long pétiole; les autres sessiles ou subsessiles, plus petites (quelquefois squamuliformes), éparses, ou subfasciculées. Capitules terminaux (par exception axillaires), sessiles, ou pédonculés, en général solitaires. Fleurs petites, bleues.

GLOBULAIRE ALYPON. — *Globularia Alypum* Linn.—Lois. in Nouv. Duham. 5, tab. 41, fig. 1.—Tige et rameaux-adultes ligneux, aphylles. Feuilles éparses ou subfasciculées, persistantes, lancéolées-spathulées, ou obovales-spathulées, ou oblongues-spathulées, très-entières, ou 1-à 3-dentées vers leur sommet, mucronées, 1-nervées, courtement pétiolées. Écailles-involucrales très-nombreuses, ovales, subscarieuses, ciliées. Capitules terminaux ou latéraux, sessiles, solitaires. Calice subrégulier. Corolle à lèvre supérieure très-courte, bifide; lèvre inférieure très-longue, 3-dentée. — Arbrisseau touffu, rameux dès la base, haut de 1 pied à 4 pieds. Feuilles coriaces, d'un vert gai, assez rapprochées, longues de 6 à 12 lignes. Capitules de 6 à 12 lignes de diamètre. Calice très-velu. Fruit très-petit, ovoïde, jaunâtre. — Cette espèce, nommée vulgairement *Turbith*, et en

---

(1) *Globularia* et *Alypum* Tourn.

pharmaceutique *Alype* ou *Alypum*, croît dans toutes les contrées voisines du littoral de la Méditerranée; elle fleurit en mars, et souvent une seconde fois en septembre. Ses feuilles ont une saveur très-amère et légèrement âcre; suivant les expériences du docteur Loiseleur Deslongchamps, elles possèdent des propriétés à la fois purgatives et toniques, en raison desquelles on peut les substituer avec avantage au Séné.

GLOBULAIRE COMMUNE. — *Globularia vulgaris* Linn. — Svensk. Bot. tab. 364.—Bot. Mag. tab. 2256.—Cambess. Monogr. tab. 14. — Tiges simples, herbacées, aphylles vers leur sommet, feuillées inférieurement. Feuilles-radicales longuement pétiolées, obovales-spathulées, triplinervées, très-obtuses, échancrées ou 3-dentées au sommet. Feuilles-caulinaires lancéolées ou lancéolées-oblongues, acuminées, petites, sessiles, ou subsessiles. Capitules terminaux, solitaires, pédonculés. Écailles-involucrales petites, subcoriaces, ciliées, linéaires-lancéolées, acérées. Calice subrégulier. Corolle 5-fide. — Plante pluricaule, haute de quelques pouces à 1 pied. Racine ligneuse, longuement fibreuse, polycéphale. Tiges ascendantes ou dressées, grêles, cylindriques, très-simples, 1-céphales, glabres de même que les feuilles. Feuilles d'un vert gai : les radicales subpersistantes, touffues, étalées sur terre, longues de 1 pouce à 3 pouces. Capitules de 3 à 6 lignes de diamètre. Calice profondément 5-fide, hispide; segments linéaires-subulés, ciliés; gorge barbue. Corolle à tube plus court que le calice. — Cette espèce croît dans les pelouses sèches; elle fleurit au printemps; ses propriétés paraissent être les mêmes que celles de l'espèce précédente.

LES PLOMBAGINÉES. — *PLUMBAGINEÆ.*

Plumbagines Juss. Gen. — *Plumbagineæ* Vent. Tabl. II, p. 276. — R. Br. Prodr. p. 425. — Bartl. Ord. Nat. p. 126. — Endl. Gen. Plant. p. 548. — *Plumbaginaceæ* Lindl. Nat. Syst. ed. 2, p. 269. — *Plumbaginearum* trib. II : *Plumbageæ* Reichenb. Syst. Nat. p. 202.

Presque toutes les *Plombaginées* appartiennent aux régions extra-tropicales, et la plupart d'entre elles se plaisent dans les localités empreintes de sel marin : aussi abondent-elles principalement sur les plages de la Méditerranée, de la Caspienne et de l'Océan. Plusieurs Plombaginées sont âcres et caustiques, tandis que d'autres sont astringentes et toniques. Beaucoup d'espèces se cultivent comme plantes d'ornement.

CARACTÈRES DE LA FAMILLE.

Herbes (la plupart acaules, à souche suffrutescente, polycéphale), ou *arbustes* (à tige sarmenteuse chez plusieurs espèces). Tiges et rameaux (ou hampes) cylyndriques ou irrégulièrement anguleux, quelquefois noueux et articulés.

Feuilles simples, non-stipulées, le plus souvent persistantes ou marcescentes, très-entières, ou dentées, ou rarement sinuées : les radicales roselées, rétrécies en pétiole, le plus souvent spathulées ; les caulinaires (chez plusieurs espèces réduites à des écailles scarieuses ou coriaces) sessiles ou pétiolées, engaînantes, ou amplexicaules, ou semi-amplexicaules, éparses.

Fleurs hermaphrodites, régulières, 1-à 3-bractéolées à la base, disposées en épis, ou en grappes, ou en cymes, ou en panicules, ou en capitule involucré. Bractées le plus souvent scarieuses. Épis ou grappes ordinairement distiques ou unilatéraux. Pédicelles articulés aux 2 bouts. Floraison en général sans ordre régulier.

Calice articulé par sa base, inadhérent, persistant, tubuleux (par exception 5-parti), 5-denté, ou 5-aristé, ou tronqué, ou infondibuliforme, 5-costé, 5-plissé, le plus souvent couronné d'un limbe scarieux, membranacé, 5-nervé.

Corolle hypogyne, très-délicate, non-persistante, soit hypocratériforme ou infondibuliforme (à tube grêle, 5-plissé, et à limbe 5-parti), soit de 5 pétales onguiculés, distincts, ou cohérents moyennant la partie inférieure des onglets. Estivation contortive.

Étamines 5, antéposées, libres, insérées soit sur un disque hypogyne, soit à la gorge de la corolle, soit à la base des onglets. Filets filiformes ou capillaires, souvent soudés par leur base, rectilignes en préfloraison. Anthères introrses, versatiles, submédifixes, 2-thèques : bourses parallèles, contiguës, disjointes vers leur base, déhiscentes chacune par une fente longitudinale.

Pistil : Ovaire inadhérent, 1-loculaire, 1-ovulé, 5-sulqué, ou pentagone. Ovule anatrope, suspendu moyennant un funicule (long, filiforme, dressé, ou ascendant, infléchi au sommet) inséré au fond de la loge : micropyle supère. Styles au nombre de 5 (moins souvent 3 ou 4), filiformes, libres dès leur base, terminés chacun par un stigmate filiforme ou subulé, papilleux ; ou bien un seul style, terminé par 5 stigmates distincts ; par exception un style 5-furqué à partir du milieu.

Péricarpe capsulaire (5-valve), ou indéhiscent, membranacé, ou coriace, 1-loculaire, 1-spermé, recouvert par le calice ou par exception saillant.

Graine suspendue, en général inadhérente, périspermée (par exception apérispermée); tégument membranacé; raphé filiforme. Périsperme mince ou épais, farineux. Embryon rectiligne, axile, à peu près aussi long que le périsperme : cotylédons minces, plans, oblongs, ou elliptiques, contigus; radicule courte, supère.

Cette famille comprend les genres suivants :

Iʳᵉ TRIBU. **LES PLOMBAGÉES.** — *PLUMBAGINEÆ GENUINÆ* Bartl.

Calice entièrement herbacé, ou scarieux seulement entre les côtes. Corolle hypocratériforme, ou infondibuliforme, non-staminifère. Étamines insérées au bord d'un disque hypogyne, glandulaire, cupuliforme, engaînant la base de l'ovaire. Un seul style, terminé par 5 stigmates. Péricarpe coriace ou chartacé, 5-valve. — Fleurs en grappes point unilatérales.

Plumbagella Spach (1). — *Plumbago* Tourn. — *Plumbagidium* Spach. — *Ceratostigma* Bunge. — *Vogelia* Lamk.

---

(1) Genre fondé sur le *Plumbago micrantha* Ledeb. Il diffère des autres genres de la même tribu : 1° par un calice profondément 5-fide, écosté, scarieux seulement aux bords des segments, à tube finalement garni de 5 crêtes longitudinales, fongueuses, dentées, alternes avec les segments; 2° par une corolle à peine plus longue que le calice, tubuleuse-cylindracée, très-courtement 5-fide; 3° par un style court, à peine aussi long que les stigmates. — Cette espèce est annuelle (en quoi elle diffère aussi de toutes les autres Plombaginées), à tige paniculée; ses feuilles sont sinuolées ou denticulées, minces, glabres, sessiles, amplexicaules, cordiformes-bilobées à la base (à oreillettes plus ou moins adnées), couvertes en dessous d'une poussière glauque. Les fleurs sont glomérulées aux aisselles des feuilles supérieures et des bractées.

IIe TRIBU. **LES STATICÉES**. —*STATICEÆ* Bartl.

*Calice (par exception herbacé, cylindracé) infondibuli-
forme, à limbe membranacé (incolore ou coloré),
scarieux. Corolle (par exception hypocratériforme,
5-lobée, à étamines insérées à la base des lobes) de 5
pétales longuement onguiculés : onglets dressés, connivents en forme de tube, en général soudés vers leur
base moyennant les filets des étamines. Styles 3 à 5,
terminés chacun par un stigmate ; par exception :
style unique, 5-furqué à partir du milieu. Péricarpe
membranacé, indéhiscent mais facilement séparable
en 5 valves.*

Limoniastrum Mœnch. — *Statice* Linn. (Limonium
Tourn. Taxanthema Neck.) — *Armeria* Willd. (Statice
Tourn.) — *Ægialitis* R. Br.

<hr>

Ire TRIBU. **LES PLOMBAGÉES**. —*PLUMBAGINEÆ*
VERÆ Bartl.

*Calice entièrement herbacé, ou scarieux seulement entre
les côtes. Corolle hypocratériforme, ou infondibuliforme, non-staminifère. Étamines insérées au bord
d'un disque hypogyne, glandulaire, cupuliforme,
engainant la base de l'ovaire. Un seul style, terminé
par 5 stigmates. Péricarpe coriace ou chartacé, 5-
valve. — Fleurs en grappes spiciformes ou subcorymbiformes (point unilatérales ni distiques), ou bien glomérulées. Tiges et rameaux feuillés.*

Genre DENTELAIRE. — *Plumbago* Tourn.

Calice conoïde, 5-costé, 5-denté, scarieux entre les côtes,
à base charnue, écostée ; côtes larges, planes, 1-nervées,

presque contiguës, ciliées de glandules stipitées. Corolle infondibuliforme : limbe 5-parti, subringent, à segments presque dressés, subconvolutés, imbriqués par les bords, carénés en-dessous, un peu inégaux. Étamines un peu plus longues que le tube de la corolle ; anthères elliptiques-oblongues. Disque entier ou 5-lobé. Ovaire ovoïde, pentagone, courtement stipité. Style long, filiforme, épaissi vers la base. Stigmates courts, filiformes, obtus, ciliés de glandules stipitées. Capsule crustacée, fragile, ovoïde, prismatique-pentagone, courtement rostrée, 5-valve, 1-sperme, recouverte par le calice, dont la base (devenue subcoriace) est garnie de 5 tubercules alternes avec les côtes. Graine conforme au péricarpe.

Herbes vivaces, âcres, à racine pivotante, rameuse, polycéphale. Tiges, rameaux, ramules et feuilles glabres, mais couverts de squamules ponctiformes, blanchâtres. Feuilles un peu charnues, sessiles, amplexicaules-biauriculées, très-entières, ou très-finement denticulées. Grappes axillaires et terminales, solitaires, courtes, sessiles, subcorymbiformes. Pédicelles très-rapprochés, presque contigus, solitaires (les inférieurs souvent subfasciculés et un peu éloignés des autres), courts, dressés, articulés par les 2 bouts, 3-bractéolés à la base. Bractéoles herbacées, très-entières, subpersistantes : l'une (inférieure) plus grande ; les 2 autres petites, opposées. Corolle d'un violet pâle, à nervures pourpres ; tube 5-costé, plus long que le calice ; limbe beaucoup plus court que le tube. Étamines d'un blanc carné. Style et stigmates blancs. Graine à tégument simple, crustacé. Périsperme épais, blanc. Embryon jaune : cotylédons elliptiques, obtus ; radicule columnaire, presque aussi longue que les cotylédons.

Dentelaire commune. — *Plumbago europæa* Linn. — Schk. Handb. tab. 36. — Bot. Mag. tab. 1249. — Flor. Græc. tab. 191.—*Plumbago lapathifolia* Bieberst. Flor. Taur. Cauc.? — Feuilles d'un vert glauque, cordiformes à la base,

finement denticulées et scabres aux bords, la plupart très-obtuses : les inférieures ovales, ou obovales, ou oblongues-obovales,
ou lancéolées-oblongues ; les raméaires et les ramulaires oblongues, ou ovales-oblongues, ou lancéolées-obovales. Lobes de la
corolle oblongs-obovales, arrondis au sommet. Disque à 5 lobes
obtus, alternes avec les filets. — Tiges très-rameuses, fermes,
anguleuses, cannelées, dressées, feuillées, hautes de 1 pied à 4
pieds, souvent rougeâtres ; rameaux effilés, feuillés : les inférieurs paniculés, longs, ordinairement diffus ; les supérieurs
graduellement plus courts, simples ou peu rameux. Ramules
courts, feuillus : les inférieurs en général stériles et souvent
réduits à une touffe de petites feuilles axillaires ; les supérieurs
florifères. Feuilles finement penniveinées, d'un vert glauque :
les inférieures longues de 1 ½ pouce à 3 pouces, larges de
10 à 18 lignes ; les autres graduellement moins grandes ;
les ramulaires et les raméaires-supérieures longues de 3 à 6
lignes, larges de ½ ligne à 1 ligne. Grappes 5-à 20-flores,
en général axillaires et terminales : celles-ci plus précoces que
les autres. Bractées plus courtes que le calice, quelquefois
glanduleuses aux bords : les extérieures ovales ou ovales-
oblongues ; les intérieures linéaires. Calice visqueux, d'un
vert brunâtre, à l'époque de la floraison long d'environ 3
lignes ; dents courtes, subobtuses. Corolle longue de 6 à 7
lignes ; lobes longs de 2 lignes. Style velu jusqu'au milieu.
Calice-fructifère long de 3 à 4 lignes, à base turbinée. Capsule
ovoïde, luisante, d'un brun noirâtre, 10-nervée. Graine d'un
brun roussâtre, non-luisante, lisse, ovoïde, pointue, cylindrique,
remplissant la cavité de la loge ; raphé filiforme, d'un brun noirâtre ainsi que la chalaze.— Cette espèce, nommée vulgairement
Malherbe, croît dans les localités arides du midi de la France,
ainsi que dans les autres contrées de l'Europe méridionale ; elle
fleurit en août et septembre, et mérite d'être cultivée comme
plante d'ornement. Toutes ses parties, mais surtout sa racine
fraîche, sont très-âcres et un peu amères ; on l'emploie avec
succès dans le traitement de la gale ; à cet effet on fait bouillir
la racine ou les feuilles de Dentelaire dans de l'huile d'olives,

et l'on frictionne avec cette décoction les parties affectées. La racine de Dentelaire, étant mâchée, provoque une salivation abondante, et, en vertu de cette propriété, l'on peut s'en servir à titre de palliatif contre le mal de dents ; appliquée fraîche sur la peau, elle agit comme vésicatoire.

DENTELAIRE A FEUILLES ÉTROITES. — *Plumbago angustifolia* Spach. — Feuilles d'un vert foncé, pointues, à base sagittiforme, ou hastiforme, ou cordiforme (oreillettes souvent pointues) : les caulinaires-inférieures lancéolées, ou lancéolées-oblongues, ou lancéolées-elliptiques, finement denticulées et scabres aux 2 bords : les raméaires et les ramulaires linéaires, ou lancéolées-linéaires, ou linéaires-lancéolées, en général très-entières et lisses aux bords. Lobes de la corolle ovales ou elliptiques, acuminulés. Disque point lobé. — Plante haute de 3 à 5 pieds, et notablement plus grêle que l'espèce précédente. Rameaux très-grêles, effilés : les inférieurs très-longs, diffus, paniculés ; les supérieurs graduellement plus courts, plus ou moins divergents, simples ou garnis seulement de ramules très-courts. Feuilles-caulinaires inférieures longues de 3 à 4 pouces, larges de 6 à 18 lignes ; les supérieures ainsi que les raméaires et les ramulaires étroites (larges de ½ ligne à 2 lignes), graduellement plus courtes. Inflorescence comme chez la *Dentelaire commune*. Calice et corolle plus grêles. Bractées petites, beaucoup plus courtes que le calice : les extérieures ovales-lancéolées ; les intérieures linéaires ou linéaires-lancéolées. Calice vert ou violet, à l'époque de la floraison long d'environ 3 lignes ; dents courtes, pointues. Corolle longue de 6 à 7 lignes : lobes longs d'environ 2 lignes. Style pubescent de la base jusqu'au delà du milieu : pubescence glanduleuse. Stigmates tantôt saillants, tantôt inclus, toujours débordés par le limbe de la corolle. Calice-fructifère, capsule et graine comme chez l'espèce précédente. — Cette espèce a été envoyée, il y a quelques années, au Muséum d'histoire naturelle, par le directeur du jardin botanique de Brest, sous le nom de *Plumbago europæa ;* nous présumons qu'elle croît spontanément sur les côtes des dé-

partements de l'Ouest. — Il est impossible de la confondre avec
le véritable *Plumbago europœa ;* elle diffère aussi de celui-ci
par sa floraison beaucoup plus tardive, laquelle ne commence, à
Paris, qu'en octobre, et dure jusque vers le milieu de novembre,
à moins que les froids ne deviennent rigoureux avant cette
époque. Du reste, cette Dentelaire est aussi âcre que l'autre
espèce.

Genre **PLOMBAGIDE.** — *Plumbagidium* Spach.

Calice cylindracé, 5-costé, 5-denté, scarieux entre les
côtes, à base charnue, écostée ; côtes larges, convexes ;
hérissées de sétules glandulifères. Corolle hypocratériforme ; limbe 5-parti, non-ringent, à segments plans, étalés, presque égaux, carénés en dessous. Étamines un peu
plus longues que le tube de la corolle ; anthères cordiformes-ovales. Disque profondément 5-lobé. Ovaire subglobuleux ou conique, courtement stipité. Style long, filiforme. Stigmates filiformes, obtus, ciliés de glandules stipitées. Capsule conique ou ovoïde, 5-gone, chartacée,
fragile, 5-valve, 1-sperme, recouverte par le calice dont
la base est courte, cupuliforme, lisse, coriace, non-tuber-
culeuse.

Arbustes à rameaux diffus ou grimpants. Feuilles coriaces ou subcoriaces, finement furfuracées (du moins en
dessous), très-entières, penniveinées, rétrécies en pétiole
à base amplexicaule ou subamplexicaule, dilatée, quelquefois 2-auriculée (comme 2-stipulée). Grappes terminales,
ou axillaires et terminales, solitaires, ou géminées, ou fasciculées, subsessiles, ou pédonculées, courtes, ou allongées,
denses, ordinairement multiflores. Pédicelles solitaires,
courts, 3-bractéolés à la base : les fructifères finalement
réfléchis. Bractées herbacées, petites, très-entières, subpersistantes : l'une (inférieure) plus grande ; les 2 autres
opposées. Corolle blanche, ou bleue, ou pourpre, ou rose,
à tube cylindracé, grêle, 5-gone, en général beaucoup plus
long que le calice. Segments obovales, obtus.

PLOMBAGIDE AURICULÉE. — *Plumbagidium auriculatum* Spach. — *Plumbago auriculata* Lamk. Dict. — Herb. de l'Amat. vol. 6. — *Plumbago cærulea* Hortul. — *Plumbago capensis* Thunb.—Bot. Mag. tàb. 2110.—Bot. Reg. tab. 417. — Feuilles oblongues, ou oblongues-spathulées, ou oblongues-obovales, obtuses, pulvérulentes en dessous, 2-auriculées, subcoriaces ; auricules subréniformes, adnées. Grappes terminales ou axillaires et terminales, subsessiles, courtes, corymbiformes. Côtes-calicinales à sétules subbisériées. Corolle bleu de ciel. — Arbuste très-rameux, atteignant jusqu'à 8 pieds de haut. Rameaux anguleux, flexueux : les florifères grêles, feuillés, ordinairement simples. Feuilles longues de 1 pouce à 2 pouces, luisantes et d'un vert gai en dessus, d'un vert glauque en dessous. Calice vert, visqueux, long d'environ 5 lignes. Corolle à tube long de 12 à 15 lignes ; limbe large de 9 à 10 lignes. Style glabre, blanchâtre, ordinairement plus court que le tube de la corolle. — Indigène de l'Inde ; cultivé comme arbuste d'ornement ; en serre il fleurit presque tout l'hiver.

PLOMBAGIDE SARMENTEUSE. — *Plumbago scandens* Linn.— Sloan. Jam. 1, p. 211, tab. 133, fig. 1. — Jacq. Amer. pict. tab. 13. — Feuillés ovales ou ovales-lancéolées, subacuminées, subcartilagineuses aux bords, inauriculées, lisses, à peine ponctuées. Grappes terminales, spiciformes. Calice très-hispide. Lobes de la corolle obovales, mutiques. — Tiges longues, flexueuses de même que les rameaux. Feuilles coriacés, d'un vert glauque. Calice vert, visqueux, long de 5 à 6 lignes. Corolle blanche, à tube 1 fois plus court que le calice. — Cette espèce croît aux Antilles, où on la nomme vulgairément *Herbe au diable* ; toutes ses parties sont très-caustiques : on les emploie, en Amérique, à titre de vésicatoire et de détersif. La plante se cultive aussi pour l'ornement des serres.

PLOMBAGIDE A FLEURS ROSES. — *Plumbago rosea* Linn. — *Plumbago zeylanica* Burm. Zeyl. — Bot. Mag. tab. 230. — Herb. de l'Amat. vol. 5. — Feuilles ovales-oblongues, ou elliptiques-oblongues, pointues, finement ponctuées, ondulées aux bords, à pétiole inauriculé. Grappes terminales, spiciformes. Calice hispidule. Corolle à tube très-long; lobes obovales, mutiques. — Tiges noueuses inférieurement, flexueuses, striées, souvent rougeâtres, longues de 3 à 5 pieds. Feuilles coriaces, d'un vert gai, longues de 2 à 3 pouces. Grappes paniculées ou subfasciculées, longues de 3 à 6 pouces; bractées ovales ou ovales-lancéolées, acuminées, petites. Calice long de 3 à 4 lignes. Corolle d'un rose vif : tube long de près de 1 pouce. — Indigène de l'Inde et des Moluques; cultivé comme plante d'ornement de serre; sa racine est aussi très-caustique.

IIe TRIBU. **LES STATICÉES.**—*STATICEÆ* Bartl.

Calice infondibuliforme, à limbe membranacé (soit incolore, soit coloré), scarieux; par exception : calice comme celui des Plombagées. Corolle (par exception hypocratériforme, 5-lobée, à étamines insérées à la base des lobes) de 5 pétales longuement onguiculés : onglets dressés, connivents en forme de tube, le plus souvent soudés vers leur base moyennant les filets des étamines. Styles 3 à 5, terminés chacun par un stigmate; par exception : style unique, 5-furqué à partir du milieu. Péricarpe membranacé, indéhiscent, mais facilement séparable en 5 valves.

Genre LIMONIASTRE. — *Limoniastrum* Mœnch.

Inflorescences paniculées, non-involucrées. Calice tubuleux, submembranacé (finalement chartacé), 5-denté, 5-nervé, écosté, 5-plissé : dents mucronées, inégales. Corolle hypocratériforme, 5-lobée : tube long, 5-nervé; lobes obovales, obtus. Disque annulaire, adné à la base du tube de la corolle. Étamines 5, insérées à la base des lobes de la corolle, débordées par ceux-ci ; filets courts, filiformes, décurrents sous forme d'ailes sur les nervures du tube ; anthères sagittiformes-oblongues, obtuses. Ovaire oblong-cylindracé, 5-gone, courtement stipité. Style filiforme, divisé à partir du milieu en 5 branches capillaires, terminées chacune par un stigmate linéaire, obtus, papilleux. Péricarpe petit, 1-sperme, oblong-cylindracé, recouvert par le calice. Graine conforme au péricarpe. — Arbrisseau très-rameux, comme tuberculeux sur toutes ses parties herbacées (par une pubescence furfuracée). Feuilles alternes, très-rapprochées, très-entières, charnues, subcoriaces, rétrécies en pétiole semi-cylindrique, plan en-dessus, à base formant une gaîne complète, inadhérente, submembranacée, tronquée et scarieuse au sommet. Inflorescences dichotomes (rarement soit simples, soit trichotomes), paniculées, aphylles, solitaires, terminant les jeunes pousses ; rachis et ramifications subtrièdres, flexueux, articulés : chaque articulation accompagnée d'une gaîne coriace, subcyathiforme, point fendue, obliquement tronquée, membraneuse au bord, 1-à 4-flore ; fascicules dichotoméaires et alternes-distiques, subimbriqués (moins souvent un peu distancés), disposés en épis. Fleurs sessiles, enveloppées chacune dans une bractée coriace, subacuminée, membraneuse aux bords, convolutée en cornet, à peu près aussi longue que le tube de la corolle. —L'espèce que nous allons décrire constitue à elle seule ce genre.

LIMONIASTRE ARTICULÉ. — *Limoniastrum articulatum* Mœnch, Meth, — *Statice monopetala* Linn. — Arbuste touffu, haut de 1 pied à 4 pieds. Tiges dressées ou diffuses ; très-rameuses, finalement ligneuses ; rameaux dressés, ou ascendants, ou diffus, plus ou moins régulièrement dichotomes : les adultes ligneux, aphylles, annelés par les gaînes des anciennes feuilles. Jeunes pousses très-feuillues, en général courtes. Feuilles longues de 1 pouce à 3 pouces, larges de 2 à 8 lignes, d'un vert glauque ou blanchâtre, comme chagrinées, assez épaisses, spathulées-

lancéolées, ou spathulées-oblongues, en général obtuses, souvent
mucronulées. Panicules plus ou moins longuement pédonculées,
multiflores, dressées, en général assez denses, subcymeuses ;
épis peu ou point divergents : rachis raide, fortement flexueux.
Gaînes-articulaires longues de 2 à 4 lignes, de même consistance
que les feuilles. Bractées brunes, peu ou point squamelleuses.
Tube-calicinal glabre, cylindracé, long de 3 à 4 lignes. Corolle
violette : tube grêle, long de 5 à 6 lignes ; limbe à segments
obovales, plus courts que le tube. — Cette espèce croît dans les
contrées voisines de la Méditerranée ; on la cultive comme arbuste d'ornement.

Genre ARMÉRIE. — *Armeria* Willd.

Fleurs en capitule involucré : réceptacle-commun petit,
garni de bractées membranacées, scarieuses, amplexatiles.
Calice infondibuliforme : tube subscarieux, chartacé, 10-
costé ; limbe cyathiforme, membranacé, incolore, 5-nervé,
5-plissé, 5-lobé : lobes mutiques ou aristés. Pétales 5, spathulés, étalés au sommet : onglets non-cohérents. Étamines
plus courtes que les pétales ; filets filiformes, non-cohérents, insérés à la base des onglets ; anthères oblongues, à
base bifide. Ovaire subglobuleux, couronné de 5 styles filiformes. Stigmates conformés aux styles, obtus, papilleux
en dessus. Péricarpe petit, 1-sperme, oblong-cylindracé, recouvert par le tube calicinal. Graine conforme au péricarpe.
— Plantes caulescentes ou subacaules. Souches ou tiges
frutescentes, feuillues au sommet. Feuilles toutes subterminales ou radicales, roselées, très-rapprochées, très-nombreuses, étroites, nerveuses, très-entières, rétrécies en pétiole membranacé, à base élargie, subamplexatile. Pédoncules (hampes) longs, très-grêles, simples, 1-céphales,
dressés, radicaux ou terminaux, recouverts au sommet par
une gaîne membranacée, scarieuse, réfléchie, confluente
avec la base des écailles-involucrales externes. Capitule
dense, multiflore, subhémisphérique, formé d'un grand

nombre de petites grappes 2-à 6-flores, unilatérales, glomérulées, enveloppées chacune dans une bractée plus grande que celle qui accompagne chaque pédicelle. Pédicelles courts, articulés par les 2 bouts. Involucre plus court que les fleurs, formé d'écailles pluri-sériées, imbriquées, appliquées, brunâtres : les extérieures plus petites, longuement cuspidées, quelquefois subherbacées ; les intérieures obtuses ou acuminulées, concaves. Calice à limbe blanchâtre, subdiaphane. Corolle un peu plus longue que le calice, rose, ou lilas, ou blanche. Anthères jaunes. Graines à tégument lisse, mince, subcoriace ; périsperme assez épais. Embryon jaune, presque aussi long que le périsperme.

Armérie commune. — *Armeria vulgaris* Willd. — *Statice Armeria* Linn. —Flor. Dan. tab. 1092.—Engl. Bot. tab. 226. — Hook, Lond. tab. 122. — *Statice elongata* Hoffm. — *Statice linearifolia* Lois. — *Armeria maritima* Willd. (var.)— Plante subacaule, en général pubescente. Racine longue, pivotante, rameuse, ligneuse, ordinairement polycéphale. Souches courtes, serrées. Feuilles d'un vert plus ou moins glauque, fermes, un peu charnues, linéaires, 1-nervées, ciliées, tantôt pointues, tantôt obtuses, longues de 1 pouce à 3 pouces, larges d'environ 1 ligne. Hampes hautes de $^1/_2$ pied à 1 $^1/_2$ pied, fasciculées, subfastigiées, raides, cylindriques, ou un peu comprimées, glabres, ou pubérules. Capitules larges d'environ 6 lignes. Écailles-involucrales externes ovales, longuement cuspidées, à peu près aussi longues que les fleurs ; écailles intérieures elliptiques, arrondies au sommet, courtément mucronées. Bractées obovales, très-obtuses, luisantes, subdiaphanes. Pédicelles à peu près aussi longs que le tube calicinal. Calice à tube pubescent ; limbe à 5 lobes courts, courtement aristés. Corolle lilas, ou pourpre, ou blanche. Styles velus. — Cette espèce, connue sous le nom vulgaire de *Gazon d'Olympe*, croît dans les localités sablonneuses, surtout au voisinage de l'Océan et de la Méditerranée ; elle fleurit de mai en juillet, et souvent une seconde fois en automne ; on la cultive fréquemment comme plante de parterre, parce qu'elle est très-propre à faire de belles bordures.

Genre STATICE. — *Statice* Linn.

Inflorescences spiciformes, ou racémiformes, ou paniculées, distiques ou unilatérales, en général non-involucrées. Calice infondibuliforme : tube 5-nervé, subscarieux ; limbe incolore ou coloré, 5-lobé, ou 5-denté, ou tronqué, scarieux. Corolle comme hypocratériforme ; onglets cohérents vers leur base. Étamines 5, plus courtes que la corolle ; filets filiformes, soudés vers leur base tant entre eux qu'aux onglets des pétales ; anthères sagittiformes-oblongues. Pistil, péricarpe et graines comme chez les *Arméries*.

Herbes vivaces, ou sous-arbrisseaux. Tige articulée, en général rameuse, le plus souvent aphylle (mais garnie en place de feuilles, à chaque articulation, d'une écaille coriace ou scarieuse, à base amplexatile ou subamplexatile). Feuilles-radicales pétiolées, en général spathulées et très-entières, rarement sinuées, ou acéreuses. Feuilles-caulinaires (nulles chez la plupart des espèces) éparses, ou semi-verticillées, ou fasciculées, sessiles, ou pétiolées, engaînantes, ou décurrentes, très-entières. Épis (rarement solitaires) en cymes ou en panicules terminales, aphylles, articulées et 1-bractéolées aux ramifications, en général dichotomes ou trichotomes. Fleurs solitaires ou subfasciculées le long du rachis des épis (quelquefois en outre alaires), courtement pédicellées, 3-bractéolées étant solitaires (à bractée extérieure plus grande, embrassante), 1-ou 2-bractéolées étant fasciculées : chaque fascicule naissant à l'aisselle d'une bractée plus grande, embrassante. Bractées persistantes, soit coriaces, à rebord membraneux, soit entièrement membraneuses et scarieuses. Calice herbacé ou coloré, plus ou moins accrescent. Corolle blanche, ou rose, ou pourpre, ou bleue, ou violette, ou jaune. — La plupart des espèces de ce genre croissent au voisi-

nage de la Méditerranée ou de la Caspienne. Toutes les
parties, et notamment les racines des *Statices*, sont très-
astringentes.

Sous-genre LIMONIUM Spach.

Herbes vivaces. Tiges paniculées, garnies (en place de
feuilles), à chaque articulation, d'une écaille (coriace ou
subcoriace, membraneuse aux bords) à base subamplexatile ou engaînante. Feuilles-radicales coriaces, persistantes, très-entières, ou subsinuolées, roselées, rétrécies en pétiole. Épis disposés en panicules en général
dichotomes ou trichotomes. Point de fleurs alaires.
Calice à limbe 5-fide ou 5-lobé.

A. *Feuilles-radicales larges, penni-nervées, très-entières, à
pétiole semi-cylindrique, profondément canaliculé en dessus; côte très-forte. Écailles incomplètement amplexatiles.
Rameaux et ramules trigones, immarginés. Bractées très-
entières, mutiques, non-carénées.*

Statice Limonium. — *Statice Limonium* Linn. — Blackw.
Herb. tab. 481.—Engl. Bot. tab. 102.—Flor. Dan. tab. 315.
— *Statice Limonium, Statice Pseudo-Limonium* et *Statice
serotina* Reichb. Plant. Crit. VIII, fig. 997, 959 et 998. —
Plante glabre. Tige et rameaux paniculés; ramules bifurqués
ou dichotomes, en général subfastigiés. Feuilles oblongues, ou
elliptiques-oblongues, ou spathulées-oblongues, obtuses, ou rétuses, mucronulées, très-entières : pointe molle, recourbée. Épis
courts, denses, subscorpioïdes. Limbe-calicinal 5-fide : lobes
ovales, pointus. — Plante haute de ½ pied à 2 pieds. Racine
pivotante, ligneuse, ordinairement polycéphale. Feuilles étalées,
d'un vert glauque, subcartilagineuses aux bords, ponctuées,
longues de 2 à 6 pouce. Tige grêle, mais ferme, dressée, un peu
flexueuse, lisse, subcylindrique, ou obscurément trigone, rameuse
tantôt presque dès sa base, tantôt seulement vers son milieu
ou plus haut; rameaux grêles, quelquefois subfastigiés, tantôt

divariqués ou divergents, tantôt érigés. Écailles subchartacées, brunâtres, pointues, ou acuminées, membraneuses aux bords : les inférieures oblongues-lancéolées; les autres courtes, ovales. Fleurs solitaires ou géminées. Bractée-externe scarieuse, petite, ovale-arrondie, acuminée. La plus grande des bractées internes embrassante, herbacée, presque aussi longue que le calice ; l'autre petite, scarieuse, oblongue. Calice long d'environ 2 lignes; limbe bleuâtre. Corolle bleu de ciel, ou blanchâtre, plus longue que le calice : lames obovales. — Cette espèce croît sur les côtes de l'Océan et de la Méditerranée; elle fleurit d'août en octobre : on la cultive comme plante de parterre.

Statice a balais. — *Statice scoparia* Pallas. — Reichb. Plant. Crit. III, fig. 391. — Cette espèce diffère de la précédente par des panicules beaucoup plus rameuses, et par le calice, dont le limbe est à 5 lobes courts et arrondis. Les feuilles sont grandes et d'un vert gai. La corolle est bleu de ciel, 1 fois plus longue que le calice. — Cette plante habite les steppes de la Russie méridionale; on la cultive dans les parterres.

Statice a larges feuilles. — *Statice latifolia* Smith. — Plante parsemée d'une pubescence étoilée, un peu scabre. Tige très-rameuse : rameaux très-grêles, diffus, ou divergents, paniculés; ramules dichotomes. Feuilles oblongues-obovales, ou elliptiques, obtuses, mucronulées, très-entières, pubérules aux 2 faces : pointe molle, recourbée. Épis 5-à 11-flores, lâches. Fleurs solitaires ou géminées. Limbe-calicinal à 5 lobes ovales, pointus. — Plante haute de 2 à 3 pieds. Tige grêle mais ferme, dressée, obscurément trigone, scabre de même que les rameaux et ramules. Feuilles d'un vert gai, longues de ½ pied à 1 pied. Écailles-caulinaires inférieures lancéolées-spathulées, pointues, quelquefois subfoliacées. Écailles-raméaires petites, ovales-lancéolées, acuminées, chartacées, membraneuses aux bords. Bractées subscarieuses : la plus grande presque aussi longue que le calice. Calice blanchâtre, long à peine de 2 lignes. Corolle d'un bleu pâle, de moitié plus longue que le calice. — Indigène de la Russie méridionale ; cultivée comme plante d'ornement ; fleurit d'août en octobre.

B. *Feuilles-radicales 3-ou 5-nervées, très-entières (en général étroites), à pétiole subfoliacé, concave en dessus. Écailles-caulinaires et écailles-raméaires incomplétement amplexatiles. Rameaux et ramules trièdres, à angles marginés. Bractées carénées au dos : la plus grande (de chaque fleur ou de chaque fascicule de fleurs) 3-cuspidée au sommet, subcoriace, membraneuse seulement aux bords.*

STATICE DE TARTARIE. — *Statice tatarica* Linn. — Gmel. Sibir. II, tab. 92.—Sweet, Brit. Flow. Gard. tab. 37.—*Statice trigonoides* Pallas.—Tige dichotome, très-rameuse, glabre de même que toutes les autres parties ; rameaux subfastigiés, divariqués. Feuilles lancéolées, acuminées, mucronées, 3-nervées, glauques, finement ponctuées, longuement pétiolées. Épis plus ou moins lâches, allongés, flexueux. Limbe-calicinal profondément 5-fide : lobes demi-lancéolés, acérés. Corolle à peine plus longue que le calice. — Plante haute de ½ pied à 1 pied, ordinairement touffue. Racine pivotante, finalement ligneuse. Tiges grêles, fermes, dressées, obscurément trigones, rameuses en général dès avant leur milieu. Feuilles longues de 3 pouces à 1 pied, larges de 2 à 8 lignes, nombreuses, étalées, subcartilagineuses aux bords, à pointe molle et droite. Écailles ovales ou ovales-lancéolées, acuminées, subcoriaces, courtes. Épis très-nombreux, multiflores ; fleurs solitaires ou géminées, plus ou moins distancées. Bractées mucronées : les extérieures ovales, petites. Calice long d'environ 3 lignes : limbe carné ou blanchâtre. Corolle pourpre, ou rose, ou carnée. —Indigène des côtes de la Caspienne et de la mer Noire ; cultivée comme plante d'ornement ; fleurit en juillet et août.

STATICE ÉLÉGANTE. — *Statice speciosa* Linn. — Gmel. Sibir. III, tab. 91, fig. 1.— Bot. Mag. tab. 656. — Sweet, Brit. Flow. Gard. tab. 105.—Cette espèce diffère de la précédente : 1° par des feuilles plus larges, 5-nervées, spathulées-obovales, plus longuement mucronées; 2° par des épis courts, très-denses; 3° par les calices, dont le limbe est à lobes ovales-arrondis, obtus; 4° enfin, par la corolle de moitié plus longue que le calice (rose ou pourpre).—Indigène de Sibérie; cultivée comme plante d'ornement; fleurit en juillet et août.

C. *Feuilles-radicales 1-nervées, très-entières, à pétiole confondu avec le limbe. Écailles à base engaînante. Rameaux et ramules trigones, immarginés. Bractées très-entières, mutiques, non-carénées.*

STATICE A FEUILLES D'OLIVIER. — *Statice oleæfolia* Pourret. — Cavan. Ic. Rar. 1, tab. 38. — Plante glabre, haute de ¹/₂ pied à 2 pieds. Racine ligneuse, polycéphale. Feuilles d'un vert glauque, subcartilagineuses aux bords, spathulées-linéaires, ou spathulées-oblongues, ou spathulées-obovales, arrondies au sommet, mucronées. Tiges grêles, dressées, flexueuses, subcylindriques, paniculées. Rameaux paniculés ou dichotomes, tantôt dressés, tantôt plus ou moins divergents; ramules dichotomes. Écailles subcoriaces, courtes, brunâtres, membraneuses aux bords, acuminées. Épis courts ou plus ou moins allongés, denses, multiflores. Fleurs fasciculées au nombre de 2 à 5. Bractées coriaces, à rebord membraneux. Calice long d'environ 3 lignes : limbe bleuâtre, à 5 lobes ovales, subobtus. Corolle bleu de ciel, un peu plus longue que le calice. — Cette espèce croît sur les côtes de la Méditerranée; elle fleurit en été; on la cultive comme plante de parterre.

Sous-genre PTEROCLADUS Spach.

Herbes vivaces. Tiges paniculées ou dichotomes, aphylles, ou feuillées, garnies (de même que les rameaux et les ramules) de 2 à 4 ailes foliacées, inégales. Chaque articulation garnie (même lorsqu'elle porte des feuilles) d'une écaille scarieuse. Feuilles-radicales soit spathulées et très-entières, soit sinuées-pennatifides. Feuilles-caulinaires soit nulles, soit demi-verticillées (ternées) sous l'écaille articulaire, soit fasciculées à l'aisselle de l'écaille articulaire. Épis très-denses, scorpioïdes, disposés en cymes ou en panicules. Fleurs toujours fasciculées sur chaque articulation du rachis. Point de fleurs alaires.

A. *Feuilles minces, point coriaces : les radicales sinuées-pennatifides, sublyrées, rétrécies en pétiole ; les autres sessiles, décurrentes sur les ailes, entières, insérées au-dessous de l'écaille-articulaire. Ramules-florifères (disposés tantôt en cyme, tantôt en thyrse ou en grappe) courts, rapprochés, alternes (tantôt unilatéraux, tantôt distiques), simples, rapprochés, largement 3-ptères, 3-phylles au sommet (par le prolongement des ailes), terminés par un épi sessile, gloméruliforme, très-dense, composé de fascicules 2-à 5-flores, serrés, distiques : chaque fascicule enveloppé dans une écaille coriace ou herbacée, caliciforme, convolutée, 2-carénée au dos, 3-cuspidée au sommet, largement membraneuse aux bords, 2-ou 3-bractéolée à la base. Calice 1-ou 2-bractéolé à sa base : limbe soit tronqué et mutique, soit 5-fide et 5-aristé (à arêtes subulées, alternes avec les lobes), grand, coloré.*

a) *Feuilles (des tiges, des rameaux et des ramules) semi-verticillées (ternées), comme triptères (à nervure médiane largement ailée en dessous). Tige et principaux rameaux inégalement 4-ou 5-ptères. Bractées-caliciformes herbacées (finalement chartacées), à appendices laminaires, peu ou point recourbés. Limbe-calicinal tronqué, mutique.*

.STATICE A FEUILLES SINUÉES. — *Statice sinuata.* Linn. — Bot. Mag. tab. 71.—*Limonium sinuatum* Mill. Dict.—Plante plus ou moins poilue, d'un vert gai, haute de ½ pied à 2 pieds. Racine pivotante, ordinairement pluri-caule. Tiges dressées, dichotomes, semi-articulées aux bifurcations, irrégulièrement anguleuses : ailes larges de 1 ligne à 3 lignes, souvent ondulées. Feuilles-radicales longues de 1 pouce à 6 pouces, étalées, oblongues-obovales ou oblongues-spathulées en contour, arrondies et mucronées au sommet (à pointe molle, subulée), plus ou moins profondément sinuées-pennatilobées, sublyrées : lobes arrondis ou suborbiculaires, très-entiers; les inférieurs petits; les autres graduellement plus grands. Feuilles-caulinaires linéaires-lancéolées ou lancéolées-linéaires, acérées, subdenticulées, poilues aux bords : les inférieures longues de 2 à 4 pouces; les suivantes graduellement plus courtes; celles de la base des ramules-florifères en général subulées; les florales courtes, subtriangulaires, aristées au sommet. Écailles-articulaires ovales ou ovales-lancéolées, acuminées, membranacées, demi-amplexatiles, beaucoup plus courtes que les feuilles. Ramules-florifères agrégés vers l'extrémité des dernières bifurcations, tantôt unilatéraux, tantôt distiques, disposés tantôt en cyme, tantôt en grappe, tantôt en thyrse, plus largement ailés que la tige. Bractées-caliciformes poilues, 3-bractéolées à la base, presque aussi longues que le tube du calice; bractéoles poilues : l'une (externe) subulée, herbacée, défléchie; les 2 autres plus larges, scarieuses, aristées, apprimées. Calice long de 4 à 5 lignes, glabre, 5-nervé : limbe large de 3 lignes, crépu au bord, d'un bleu de ciel vif. Corolle jaunâtre, plus courte que le calice : pétales ovales-oblongs, obtus.—Espèce très-élégante, indigène des côtes de la Méditerranée; fleurit de juillet en octobre; se cultive comme plante d'ornement.

b) *Feuilles (des tiges, des rameaux et des ramules) aptères, ordinairement solitaires ou opposées, rarement ternées : les inférieures souvent courtes ou presque abortives. Tiges (ordinairement aptères inférieurement) et rameaux tantôt 2-ptères, tantôt 3-ptères. Ramules-florifères très-largement 3-ptères (à ailes-collatérales formant une lame cunéiforme ou cunéiforme-spathulée). Bractées-caliciformes coriaces, subconiques, couronnées de 3 appendices inégaux, dont l'un (médian), rectiligne, dressé, obtus, plus court, et les 2 autres en forme de cornes raides, aristées, recourbées, anisomètres. Limbe-calicinal 5-fide : lobes alternes chacun avec un appendice subulé (prolongement de la nervure correspondante), débordant.*

STATICE TRIPTÈRE. — *Statice tripteris* Delile, Ægypt. tab. 25, fig. 3. — *Statice Thouini* Vivian. — *Statice ægyptiaca* Pers. — *Statice alata* Willd. — *Statice cuneata* Smith. —

Plante glabre ou légèrement pubescente, d'un vert glauque, multicaule, haute de ½ pied à 2 pieds. Racine pivotante, ligneuse, rameuse. Tiges dressées, paniculées de même que les rameaux; rameaux plus ou moins divergents, quelquefois dichotomes; ramules bifurqués ou dichotomes. Écailles-articulaires petites, membranacées, demi-amplexatiles, ovales, ou ovales-lancéolées, acuminées. Feuilles-radicales semblables à celles de l'espèce précédente. Feuilles-caulinaires aplaties 2-latéralement, lancéolées, ou linéaires-lancéolées, quelquefois longues de 12 à 18 lignes, ordinairement beaucoup plus petites. Feuilles-florales demi-ovales, ou demi-lancéolées, ou subtriangulaires, très-inéquilatérales, 1-nervées, réticulées et subcoriaces de même que les ailes des ramules-florifères. Inflorescence-générale de la tige tantôt cymeuse, tantôt thyrsoïde, tantôt paniculée. Ramules-florifères disposés tantôt en cymes, tantôt en grappes. Bractées-caliciformes 2-bractéolées à la base, glabres, à peu près aussi longues que le tube calicinal; bractéoles subovales, mucronées, membranacées, apprimées. Calice glabre, long de 5 lignes; limbe d'un bleu clair, aussi long que le tube : lobes ovales, pointus. Corolle un peu plus courte que le tube du calice. — Cette espèce, indigène d'Égypte, se cultive comme plante d'ornement.

B. *Feuilles toutes radicales (ou accidentellement fasciculées à l'aisselle des écailles-articulaires, et conformes aux radicales), coriaces, spathulées, rétrécies en long pétiole. Ramules florifères aphylles, 2-ou 3-ptères, terminés par un épi simple ou bifurqué, sessile, très-dense, scorpioïde, plus ou moins allongé, composé de fascicules 1-3-flores, distiques : chaque fascicule accompagné de 2 bractées scarieuses, très-entières, mutiques, demi-embrassantes, écarénées.*

STATICE MUCRONÉE. — *Statice mucronata* Linn. fil. — L'hérit. Stirp. 1, tab. 13. — Plante haute de ½ pied à 1 ½ pied, parsemée de squamelles ponctiformes, blanchâtres, finalement caduques. Racine ligneuse. Tiges dressées ou ascendantes, plus ou moins rameuses ; rameaux paniculés ; ramules simples ou bifurqués, tantôt rapprochés, tantôt distancés, souvent unilatéraux ; ailes coriaces, plus ou moins larges, en général crépues, tantôt arrondies aux articulations, tantôt mucronées. Écailles-articulaires petites, brunâtres, membranacées, acuminées, amplexatiles, ordinairement opposées. Feuilles-radicales longues de 1 pouce à 2 pouces (le pétiole compris), spathulées-orbiculaires, ou spathulées-obovales, mucronées. Épis longs de 6 à 15 lignes, tantôt rapprochés en thyrse assez dense, tantôt plus ou moins distancés. Bractées brunes, chartacées (à rebord membraneux, subdiaphane, blanchâtre, assez large), elliptiques, glabres, à peu près aussi longues que le tube-calicinal. Calice long de 2 à 3 lignes, 5-nervé : tube pubescent, plus long que le limbe ; limbe large de 2 lignes, tronqué, érosé. Corolle rougeâtre, plus petite que le calice. — Indigène de Barbarie ; cultivée comme plante d'ornement.

CENT SOIXANTE-SEPTIÈME FAMILLE.

LES PLANTAGINÉES. — *PLANTAGINEÆ*.

Plantagines Juss. Gen. — *Plantagineæ* Vent. Tabl. II, p. 269. — R. Br. Prodr. p. 425. — Bartl. Ord. Nat. p. 125. — Endl. Gen. Plant. p. 346. — *Plantaginaceæ* Lindl. Nat. Syst. ed. 2, p. 267.

Cette famille, dont on connaît environ cent espèces, est répartie entre tous les climats, mais elle abonde surtout dans les contrées voisines de la Méditerranée. Les racines et les feuilles des Plantaginées sont amères et astringentes; l'enveloppe de leurs graines renferme une quantité considérable de mucilage.

Caractères de la Famille.

Herbes (souvent subacaules), ou *sous-arbrisseaux*. Tiges et rameaux cylindriques.

Feuilles simples (très-entières, ou dentées, ou pennatifides), non-stipulées, sessiles, ou rétrécies en pétiole engaînant, souvent nerveuses : les caulinaires opposées ou éparses; les radicales roselées.

Fleurs régulières ou irrégulières, hermaphrodites, (chez le *Littorella* unisexuelles; chez le *Bougueria* polygames), disposées en épis allongés ou capituliformes, simples, longuement pédonculés, terminaux, ou radicaux : chaque fleur en général accompagnée d'une bractée scarieuse (du moins aux bords), persistante.

Calice herbacé, persistant, profondément 4-fide, ou 4-parti : segments plus ou moins inégaux, scarieux aux bords, imbriqués en préfloraison. — Dans le *Littorella*, le calice des fleurs femelles est formé de 3 sépales distincts, subunilatéraux.

Corolle hypogyne, persistante, scarieuse, hypocraté-riforme (urcéolaire chez les fleurs femelles du *Litto-rella*); limbe 4-parti (ou rarement 3-lobé) : segments égaux ou inégaux, alternes avec ceux du calice, imbriqués en préfloraison.

Étamines au nombre de 4 (une seule chez le *Bougue-ria*), insérées au tube de la corolle (hypogynes chez les fleurs mâles du *Littorella*), interposées. Filets filiformes ou capillaires, persistants, flasques, longuement saillants, indupliqués en préfloraison. Anthères incombantes, dithèques, basifixes, ou supra-basifixes, introrsés en préfloraison, caduques après l'anthèse : bourses parallèles, contiguës, disjointes à la base, déhiscentes chacune par une fente longitudinale.

Pistil : Ovaire inadhérent, en général 2-ou 4-loculaire par un placentaire-central libre (septiforme ou 4-ptère); chaque face du placentaire 1-2-ou pluri-ovulée. Ovules (amphitropes?) peltés. — Chez les espèces à fleurs unisexuelles, l'ovaire est 1-loculaire, à placentaire basilaire, court, 1-ovulé, à ovule basifixe. — Style terminal, filiforme, indivisé, en général saillant hors la fleur dès avant l'anthèse. Stigmate indivisé, ou rarement 2-lobé, terminal.

Péricarpe membranacé et pyxidien, ou bien (seulement chez les espèces à fleurs unisexuelles) indéhiscent et osseux.

Graines solitaires, ou géminées, ou en nombre indéfini, périspermées, peltées chez les espèces à fruit pyxidien, basifixes chez les espèces à fruit indéhiscent. Tégument en général subcorné et se dissolvant en mucilage par la madéfaction. Périsperme charnu, épais, conforme à la graine. Embryon cylindracé, en général axile, rectiligne, presque aussi long que le périsperme, parallèle

au hile, à radicule infère (ou, chez le *Littorella*, contiguë au hile); par exception embryon un peu arqué et
transversalement périphérique au-dessus du périsperme,
à radicule centrifuge, éloignée du hile. Cotylédons
plano-convexes.

Cette famille ne renferme que 3 genres, savoir :
Plantago Linn. (Plantago, Psyllium et Coronopus
Tourn. Arnoglossum Endl.) — *Bougueria* Decaisne.—
Littorella Linn.

Genre PLANTAIN. — *Plantago* Linn.

Calice 4-parti; segments dressés, dissemblables : les 2
antérieurs un peu concaves, quelquefois soudés; les 2
postérieurs naviculaires, carénés. Corolle hypocratériforme
ou rotacée : tube ventru; limbe 4-parti, à segments réfléchis. Étamines 4, longuement saillantes, insérées à la base
du tube de la corolle; filets filiformes; anthères cordiformes à leur base, appendiculées au sommet. Ovaire 2-ou
4-loculaire; loges 1- 2- ou pluri-ovulées; ovules peltés.
Style terminal, simple. Stigmate simple, ou rarement 2-fide,
pubérule, continu avec le style. Pyxide 2-ou 4-loculaire,
membranacé; loges 1-2-ou poly-spermes; placentaire 2-ou
4-ptère, libre après la déhiscence. Graines peltées : tégument épais, muqueux; embryon axile dans un périsperme
charnu, presque aussi long que celui-ci, rectiligne, cylindrique : cotylédons elliptiques, plano-convexes; radicule
infère.— Herbes (souvent subacaules) ou sous-arbrisseaux.
Feuilles très-entières, ou dentées, ou pennatifides : les radicales roselées; les caulinaires éparses ou opposées, sessiles.
Pédoncules axillaires ou terminaux, longs, nus, simples.
Fleurs 1-bractéolées à la base, toujours hermaphrodites,
disposées en épi cylindracé ou ovoïde. Calice verdâtre, ou
brunâtre, ou noirâtre. Corolle subdiaphane, souvent poilue à la surface externe.

A. *Plantes acaules ou subacaules. Feuilles 3-à 9-nervées, indivisées, pétiolées, radicales, ou roselées au sommet d'une courte souche; pétiole barbu à la base. Capsule 2-loculaïre. Corolle glabre. Pédoncules longs, scapiformes.*

a) *Capsule à loges 4-spermes.*

PLANTAIN MAJEUR.—*Plantago major* Linn.—Flor. Dan. tab. 463.—Engl. Bot. tab. 1558.—*Plantago septinervia* Blackw. Herb. tab. 35. — Feuilles ovales, subdentées, 3-à 11-nervées, longuement pétiolées, presque glabres. Pédoncules cylindriques, finement striés. Épis denses, grêles, cylindracés. Bractées ovales, obtuses, carénées, membraneuses aux bords.—Racine vivace, courte, pivotante, garnie de longues fibres verticales. Feuilles étalées ou dressées, d'un vert foncé. Pédoncules longs de 6 pouces à 1 pied (y compris l'épi, lequel est long de 2 à 4 pouces). Fleurs blanchâtres. Lobes de la corolle ovales, obtus.—Cette espèce, connue sous les noms vulgaires de *Grand Plantain*, ou *Plantain large*, est commune aux bords des chemins et des champs, ainsi que dans les prairies; elle fleurit de juin jusqu'en automne. —Toute la plante est amère et astringente; sa décoction s'employait jadis à titre de fébrifuge et d'anti-dyssentérique; on s'en sert aussi en gargarismes contre les maux de gorge et les aphtes; l'eau distillée de Plantain entre dans la plupart des potions et des collyres astringents.

b) *Capsule à loges 1-ou 2-spermes.*

PLANTAIN MOYEN. — *Plantago media* Linn. — Flor. Dan. tab. 561. — Engl. Bot. tab. 1559. —Feuilles elliptiques ou elliptiques-oblongues, courtement pétiolées, subdentées, 5-à 9-nervées, pubescentes. Pédoncules cylindriques, finement striés. Épis très-denses, oblongs-cylindracés. Bractées ovales, glabres, membraneuses aux bords. Capsule 2-à 4-sperme. — Herbe vivace. Racine pivotante, garnie de longues fibres verticales. Feuilles d'un vert glauque, étalées sur terre. Pédoncules longs, ascendants, pubérules. Épis longs de 1 pouce à 2 pouces. Segments-calicinaux ovales, obtus, blanchâtres, à carène verte. Lobes de la corolle oblongs, obtus.

PLANTAIN LANCÉOLÉ. — *Plantago lanceolata* Linn. — Flor. Dan. tab. 437. — Engl. Bot. tab. 507. — Feuilles lancéolées, pointues aux 2 bouts, subdentées, 3-ou 5-ou 7-nervées, courtement pétiolées, glabres, ou pubescentes, ou soyeuses. Pédoncules anguleux. Épis oblongs-cylindracés ou ovoïdes, très-denses. Bractées ovales, longuement acuminées, scarieuses, glabres. Segments-calicinaux à carène barbue. Style peu saillant. Capsule 2-sperme. — Herbe vivace. Feuilles dressées, ou étalées sur terre, d'un vert foncé. Barbe-pétiolaire blanche, soyeuse. Pédoncules dressés ou ascendants, longs, glabres, ou velus, ou soyeux. Épis longs de $^1/_2$ pouce à 2 pouces. Bractées brunes ou noirâtres. Segments-calicinaux obovales : les 2 inférieurs soudés. Corolle à lobes ovales, pointus, brunâtres, à rebord blanchâtre. — Cette espèce et la précédente sont communes dans les prairies et les pâturages, ainsi qu'au bord des chemins et des champs. L'une et l'autre participent aux propriétés médicales du *Plantain majeur*.

B. *Plantes à tiges feuillées. Feuilles-caulinaires opposées. Capsule 2-loculaire : loges 1-spermes.*

PLANTAIN DES SABLES. — *Plantago arenaria* Waldst. et Kit. Hungar. tab. 51. — *Plantago Psyllium* Bull. Herb. tab. 363. — Plante annuelle, poilue, haute de $^1/_2$ pied à 1 $^1/_2$ pied. Tige dressée, souvent rameuse dès sa base ; rameaux opposés. Feuilles très-entières ou subdentées, linéaires, étroites, pointues, pubescentes, d'un vert glauque. Pédoncules axillaires, opposés, grêles, plus ou moins allongés, dressés. Épis ovales-oblongs, très-denses. Bractées imbriquées, ovales-orbiculaires ou obovales, les inférieures mucronulées ; les autres tronquées. Segments-calicinaux blanchâtres, scarieux, à carène herbacée : les 2 antérieurs spathulés, très-obtus, inéquilatéraux ; les 2 postérieurs lancéolés, pointus. Corolle à tube glabre ; lobes lancéolés ou elliptiques, acuminés. Fruit globuleux, du volume d'un grain de

Millet. Graines petites, brunes, luisantes, plano - convexes.
— Cette plante, nommée vulgairement *Herbe aux puces*, n'est
pas rare dans les lieux sablonneux. Ses graines renferment
une très-grande quantité de mucilage, qui se dissout facilement
dans l'eau chaude ; elles servent à faire des potions et des collyres adoucissants ; mais on leur préfère en général la Gui-
mauve ou les graines de Lin, qui possèdent absolument les
mêmes propriétés.

FIN DES DICOTYLÉDONES MONOPÉTALES.

DICOTYLÉDONES APÉTALES.

LES SALICINÉES.

SALICINEÆ Bartl.

CARACTERES.

Arbres ou *arbrisseaux;* par exception *herbes* suffrutescentes à la base. Rameaux cylindriques ou anguleux,
épars. Bourgeons écailleux.

Feuilles simples, indivisées (le plus souvent dentelées ou crénelées), éparses (par exception opposées),
penninervées, veineuses, non-persistantes, 2-stipulées,
pétiolées. Stipules libres, soit membranacées et caduques, soit foliacées et persistantes.

Fleurs dioïques, apérianthées, 1-bractéolées, sessiles,
ou pédicellées, disposées en chatons racémiformes ou
spiciformes, non-involucrés, souvent plus précoces que
les feuilles. Bractées subcoriaces ou scarieuses, squamiformes, indivisées, ou incisées, planes, ou presque
planes.

Fleurs mâles : Étamines en nombre défini (le plus
souvent au nombre de 2), ou en nombre indéfini, insérées sur l'écaille-bractéale, ou sur un disque cyathiforme. Filets libres ou monadelphes. Anthères dressées,
2-thèques, sans connectif apparent : bourses parallèles,

longitudinalement 2-valves. — Aucun rudiment de pistil (1).

Fleurs femelles : Pistil accompagné d'une ou de plusieurs glandes hypogynes, ou d'un disque hypogyne. Ovaire inadhérent, 1-loculaire, ou incomplétement 2-loculaire par le rentrement des bords suturaux, multiovulé. Ovules anatropes, renversés, sessiles, 2-ou plurisériés, imbriqués, attachés à un placentaire basilaire, ou à 2 placentaires pariétaux (oblitérés au delà du milieu de la loge). Style indivisé ou bifurqué (souvent très-court, quelquefois nul), persistant. Stigmates 2, échancrés, ou 2-partis, ou 2-lobés, ou 3-fides, persistants, colorés.

Péricarpe 1-loculaire ou incomplétement 2-loculaire, coriace, capsulaire, 2-valve de haut en bas, polysperme; valves finalement révolutées, séminifères au milieu ou à la base.

Graines agrégées ou imbriquées, sessiles, petites, apérispermées, subcylindracées; tronquées à la base, laquelle est couronnée d'une aigrette de longs poils soyeux, soudés en anneau par la base. Embryon rectiligne : radicule infère de même que le hile.

La famille des *Salicinées* constitue à elle seule cette classe.

***

(1) Accidentellement on trouve parmi les fleurs unisexuelles quelques fleurs hermaphrodites ou incomplétement hermaphrodites, à étamines hypogynes.

CENT SOIXANTE-HUITIÈME FAMILLE.

LES SALICINÉES. — *SALICINEÆ.*

Amentacearum genn. Juss. Gen. — *Salicineæ* L. C. Rich. ex A Rich. Élem. de Bot. IV, p. 560; id. Bot. Méd. p. 147. — Bartl. Ord. Nat. p. 118. — Endl. Gen. Plant. p. 290. — *Salicaceæ* Lindl. Nat. Syst. ed. II, p. 186. — *Amentaceæ-Saliceæ* Reichb. Syst. Nat. p. 172.

Cette famille, qui faisait partie des Amentacées d'A.-L. de Jussieu, ne comprend que 2 genres, savoir : *Salix* Tourn. (les Saules), et *Populus* Tourn. (les Peupliers). A l'exception de quelques espèces indigènes de la zone équatoriale, les *Salicinées* appartiennent exclusivement aux régions extra-tropi-cales de l'hémisphère septentrional. Les Saules et les Peupliers abondent en Europe, ainsi que personne ne l'ignore; ils sont tout aussi communs dans le nord de l'Asie et de l'Amérique. Tout le' monde sait combien ces arbres sont précieux pour nos climats, par leur utilité dans l'économie domestique et rurale; en outre, l'écorce de plusieurs espèces s'emploie à titre de remède tonique et fébrifuge.

Les caractères de la famille sont les mêmes que ceux de la classe qu'elle constitue.

Genre SAULE. — *Salix* Tourn.

Disque réduit à une ou plusieurs glandules squamiformes. — *Fleurs-mâles* 2-andres (chez quelques espèces 3-andres, ou polyandres, ou 1-andres); filets libres, ou soudés par la base (par exception soudés jusqu'au sommet), insérés à la base de l'écaille-bractéale. — *Fleurs femelles :* Ovaire 1-loculaire, multi-ovulé. Style très-court, à 2 stigmates bifurqués ou bilobés. Capsule 1-loculaire, 2-valve, polysperme; valves séminifères au milieu vers leur base. Graines aigrettées. — Arbres, ou arbrisseaux, ou arbuscules diffus; une seule espèce est presque herbacée. Racines rampantes. Rameaux cylindriques. Feuilles alternes (par exception opposées), courtement pétiolées, très-entières, ou dentelées, planes en vernation. Stipules soit foliacées et persistantes, soit scarieuses et caduques; pétiole point comprimé. Bourgeon recouvert par une seule écaille. Chatons sessiles ou pédonculés, latéraux ou terminaux (le plus souvent sur de courts ramules feuillés à la base), multiflores, ovoïdes, ou cylindracés : les florifères dressés, ou pendants, ou inclinés. Écailles-bractéales caduques ou persistantes, très-entières. Floraison en général aussi précoce ou plus précoce que la foliaison.

Ce genre comprend au moins une centaine d'espèces, dont la plupart habitent les contrées extra-tropicales de l'hémisphère septentrional; et il en est un certain nombre qui appartiennent exclusivement aux régions alpines et polaires. La plupart des Saules se plaisent dans les lieux humides et sujets aux inondations; toutefois ces végétaux sont susceptibles, en général, de prospérer en toute espèce de sol et d'exposition. L'utilité des Saules est très-variée. Au moyen de leurs longues racines traçantes, beaucoup d'espèces fixent ou affermissent les sables mobiles des rivages. Les qualités assez médiocres du bois des Saules sont compensées par la rapidité avec laquelle s'opère l'accroissement de ces végétaux, dans les terrains même les plus ingrats, ou inapplicables à d'autres cultures; du reste, comme combustible, le bois des Saules est supérieur à celui des Peupliers, et son charbon est l'un des meilleurs pour la fabrication de la poudre à canon. Personne n'ignore que les rameaux tenaces et flexibles de certaines espèces, connues sous le nom d'Osiers, s'emploient journellement comme liens, et sont indispensables à beaucoup d'autres usages : on en tire parti surtout pour les ouvrages de vannerie et pour lier les cer-

cles des tonneaux ; aussi les Osiers se cultivent-ils en grand,
dans les contrées où ces espèces n'abondent pas naturelle-
ment. L'écorce des Saules est astringente et amère : elle
sert au tannage et à la teinture ; celle de plusieurs espèces
jouit en outre de propriétés fébrifuges très-efficaces. Les
feuilles de beaucoup de Saules fournissent un excellent
fourrage pour le bétail. Les fleurs, qui sont en général
très-précoces, offrent aux abeilles la première nourriture
au retour du printemps. Enfin, le coton qui enveloppe les
graines des Saules peut être utilisé pour faire des coussins,
des matelas et autres objets de même nature. Plusieurs
Saules, en vertu de l'élégance de leur port, trouvent place
dans les bosquets et autres plantations d'agrément. Tous
les Saules sont remarquables par la facilité avec laquelle
ils reprennent de boutures, soit de racines, soit de branches, soit de rameaux ou de ramules : aussi n'a-t-on guère
recours aux graines pour la propagation des espèces cultivées. Nous ne pouvons traiter ici que des espèces les plus
intéressantes.

Section I. FRAGILES Koch.

Écailles-bractéales concolores, d'un jaune verdâtre, caduques avant la maturité du fruit. — Chatons pédonculés
(du moins les fructifères), solitaires, terminant de courts
ramules latéraux, garnis de quelques petites feuilles.
Floraison et foliaison à peu près simultanées. Capsule
stipitée ou substipitée. Fleurs-mâles 2- à 10- andres ;
disque de 2 glandules distinctes ; filets submonadelphes
et poilus à leur base. Disque des fleurs femelles réduit à
une seule glandule. Feuilles lancéolées ou elliptiques,
très-acuminées, dentelées, luisantes, très-glabres, ou
soyeuses. Arbres à rameaux très-fragiles à leur insertion (surtout à l'époque de la floraison). (*Koch, Synopsis
Floræ germanicæ et helveticæ*, vol. 2, p. 642.)

SAULE PENTANDRÉ. — *Salix pentandra* Linn. — Flor. Dan.
tab. 943. — Engl. Bot. tab. 1805. — Guimp. et Hayn. Deutsch.

Holz. tab. 161. — *Salix hermaphroditica* Linn. — *Salix tetrandra* Willd. — *Salix polyandra* Bray. —Fleurs-mâles 4-à 10-andres (le plus souvent 5-andres). Chatons pédonculés. Ovaire à stipe 2 fois plus long que la glande. Style court. Stigmates bifides. Stipules ovales-oblongues, équilatérales, droites. Pétiole multi-glanduleux au sommet. (*Koch, l. c.*)—Arbre de 10 à 30 pieds. Rameaux lisses, jaunâtres. Feuilles ovales-elliptiques, ou ovales-lancéolées, glabres, fermes, luisantes, courtement pétiolées, odorantes. Chatons denses, épais, obtus, cylindracés, ou ovales-cylindracés, quelquefois androgynes. Capsule ovale, longuement acuminée. — Cette espèce, commune dans le nord de l'Europe et en Sibérie, se retrouve dans les Alpes ; elle mérite d'être cultivée comme arbre d'ornement ; ses feuilles, à ce qu'on assure, fournissent une teinture jaune.

Saule fragile.—*Salix fragilis* Linn.—Guimp. et Hayn. tab. 167.—Engl. Bot. tab. 1807.—*Salix decipiens* Hoffm. —Engl. Bot. tab. 1937.—Chatons pédonculés. Fleurs-mâles diandres. Ovaire à stipe 2 à 3 fois plus long que la glande. Style court. Stigmates bifides. Capsules glabres, stipitées, ovales-coniques. Stipules semi-cordiformes. Feuilles à dentelures infléchies. (*Koch, l. c.*) — Arbre atteignant 40 à 45 pieds de haut, sur 3 à 4 pieds de diamètre ; branches et rameaux un peu divergents, disposés en tête conique ; articulations très-fragiles. Écorce finalement rimeuse : celle des branches et des jeunes tiges d'un vert olive ; celle des rameaux d'un brun roux ou grisâtre. Bourgeons ovales-oblongs, jaunes, ou grisâtres, ou d'un brun roux. Feuilles longues de 3 à 5 pouces, largés de 5 à 15 lignes, très-glabres, ou légèrement soyeuses étant jeunes, d'un vert foncé aux 2 faces, ou glauques en dessous, lancéolées (celles des ramules-florifères obovales, ou oblongues-obovales, obtuses), courtement pétiolées. Chatons subcylindracés, denses : les mâles longs de 1 ½ pouce ; les femelles longs de 2 ½ pouces à 3 pouces ; les fructifères pendants. Écailles-bractéales ovales, poilues. Anthères grosses, jaunes. Ovaire glabre, verdâtre. Stigmates jaunes. — Cette espèce, connue sous les noms vulgaires de *Saule*

cassant, ou *Osier cassant,* est commune dans toute l'Europe ;
elle fleurit vers la fin d'avril ou en mai : on la plante assez communément autour des prairies et au bord des eaux. Ses usages,
dans l'économie domestique, sont à peu près les mêmes que ceux
du *Saule blanc :* toutefois ses rameaux sont trop cassants pour
servir de liens. Son bois, au contraire, est plus solide. Les
feuilles sèches font un bon fourrage d'hiver pour les mou-
tons. La racine fournit une teinture pourpre. Parmi ses congénères, le *Saule fragile* est l'espèce dont l'écorce paraît possé-
der les propriétés fébrifuges les plus efficaces.

SAULE BLANC (vulgairement *Osier blanc, Osier vert, Osier
noir,* ou *Saule pliant*). — *Salix alba* Linn. — Engl. Bot. tab.
2430. —Guimp. et Hayn. Deutch. Holz. tab. 197.

— β : A FEUILLES GLABRESCENTES.—*Salix cærulea* Smith,
Engl. Bot. tab. 2431.

—γ : A RAMEAUX JAUNES (vulgairement *Saule-Osier,* ou *Osier
jaune*).—*Salix vitellina* Linn.—Engl. Bot. tab. 1389.
—Guimp. et Hayn. l. c. tab. 166.

Chatons pédonculés. Fleurs-mâles diandres. Ovaire à stipe
très-court, à peine aussi long que la glande : style court. Stigmates échancrés. Capsules ovoïdes, acuminées, glabres, substipitées. Stipules lancéolées. Feuilles ordinairement soyeuses.
(*Koch, l. c.*)—Arbre atteignant 60 à 80 pieds de haut, sur
3 à 5 pieds de diamètre. Écorce des vieux troncs grisâtre, rimeuse. Branches divergentes, formant une tête allongée (arrondie sur les individus taillés en tétards) : écorce d'un gris verdâtre. Rameaux divergents ou quelquefois inclinés, très-flexibles, à écorce d'un pourpre violet, ou (chez la variété dite *Osier
jaune*) d'un jaune orangé. Bourgeons petits, coniques, brunâtres, soyeux au sommet. Feuilles longues de 2 à 3 ½ pouces,
larges de 3 à 5 lignes, lancéolées, courtement pétiolées, finement dentelées, ordinairement d'un glauque argenté : dentelures
glanduleuses. Chatons cylindracés, denses, longs d'environ 2
pouces. Écailles-bractéales pointues, soyeuses. Anthères réni-

formes, didymes, d'un jaune vif. Stigmates jaunâtres. Chatons-fructifères pendants. — Cette espèce, qu'on désigne souvent par le nom de *Saule* ou *Osier*, sans autre épithète plus spéciale, croît dans toute l'Europe, ainsi qu'en Sibérie, aux bords des rivières; elle fleurit en mai, quelque temps après le développement de ses feuilles. C'est le Saule dont l'économie rurale et domestique retire le plus d'avantages, et qui, par cette raison, se cultive le plus fréquemment tant en oseraies que sous forme d'arbres. Le bois du *Saule blanc* est d'un blanc rougeâtre, ou un peu jaunâtre, très-léger, et d'un grain uni; il sert à faire des solives pour les constructions légères, des douves, de la menuiserie commune, des ouvrages de tour, etc.; coupé en minces lanières, on en confectionne des chapeaux imitant ceux de paille. Sous le rapport de la flexibilité, les rameaux ne le cèdent à aucune autre espèce congénère, et c'est surtout la variété dite *Osier jaune*, *Bois jaune*, ou *Amarinier*, qui passe pour fournir les meilleurs osiers. L'écorce a des propriétés fébrifuges bien avérées, et, en vertu de son astringence, elle sert au tannage de certaines sortes de cuirs fins; elle donne en outre des teintures brunes ou rouges. Les feuilles, soit fraîches, soit séchées, sont fort goûtées du bétail.

Saule Pleureur.—*Salix babylonica* Linn.—Duham. ed. nov. vol. 3, tab. 27.—Stipules obliquement lancéolées, acuminées, recourbées. Feuilles lancéolées-oblongues ou lancéolées-linéaires, acuminées, dentelées, glabres. Chatons arqués. Rameaux et ramules réclinés. Ovaire ovoïde, non-stipité, glabre. Style court. Stigmates ovales, échancrés. — Arbre haut de 20 à 30 pieds. Branches presque étalées. Rameaux très-longs, très-grêles, très-flexibles, à écorce d'un brun noirâtre. Feuilles longues de 3 à 5 pouces, larges d'environ 6 lignes, d'un vert tendre en dessus, d'un vert glauque en dessous. Chatons grêles, cylindriques, un peu lâches, d'un jaune verdâtre, longs d'environ 2 pouces, un peu moins précoces que les feuilles. — Ce Saule, si fréquemment cultivé comme arbre d'agrément, paraît indigène en Chine; mais c'est de l'Orient ou de l'Afrique septentrionale,

où on le cultive aussi dans les jardins, qu'il a été introduit en
Europe, vers la fin du dix-septième siècle. L'individu mâle
n'existe point chez nous. Les rameaux du Saule-Pleureur sont
très-flexibles, et peuvent s'employer comme ceux des Osiers. Les
feuilles sont fort goûtées du bétail.

Section II. AMYGDALINÆ Koch.

Écailles-bractéales concolores, d'un jaune verdâtre, persistantes. — Chatons et disque comme dans la section I.
Capsules longuement ou courtement stipitées. Fleurs-
mâles 2- ou 3-andres. Filets submonadelphes et poilus à
leur base. Feuilles en général lancéolées ou lancéolées-
oblongues, acuminées, glabres (du moins les adultes),
dentelées. Rameaux effilés. (*Koch, l. c.*, p. 644.)

Saule a feuilles d'Amandier. — *Salix amygdalina* Linn.
— Engl. Bot. tab. 1936. — *Salix Villarsiana* Willd. — *Salix
Hoppeana* Willd. — Guimp. et Hayn. l. c. tab. 158. — Écailles-
bractéales glabres au sommet. Fleurs-mâles 3-andres. Ovaire à
stipe 2 à 3 fois plus long que le disque. Style très-court. Stigmates horizontalement divergents, échancrés. Capsules ovales-coniques, subobtuses, glabres, stipitées. Stipules semi-cordiformes.
Feuilles très-glabres. (*Koch, l. c.*) — Arbre haut de 15 à 25
pieds, sur 1 à 2 pieds de diamètre, ou buisson. Écorce des vieux
troncs rimeuse, d'un gris cendré. Branches et rameaux formant
une tête arrondie; écorce d'un gris verdâtre. Rameaux très-
fragiles à leur insertion. Bourgeons coniques, luisants, noirâtres,
ou d'un brun de châtaigne, assez gros. Floraison et foliaison simultanées. Feuilles longues de 4 à 5 pouces, larges de 10 à 15
lignes, fermes, luisantes, d'un vert foncé en dessus, d'un vert
glauque en dessous, lancéolées-oblongues, ou lancéolées-elliptiques, ou ovales-lancéolées, ou lancéolées-linéaires. Chatons
longs d'environ 1 pouce : les mâles cylindracés; les femelles sub-
ovoïdes. Écailles-bractéales longuement poilues inférieurement.
Anthères jaunes. Stigmates d'un jaune verdâtre. — Ce Saule croît
dans toute l'Europe, ainsi qu'en Sibérie, aux bords des eaux

et dans les prairies humides ; elle ne prospère point dans les terrains secs ; elle fleurit à la fin d'avril ou au commencement de mai. Ses rameaux ne sont pas assez flexibles pour les usages auxquels s'emploient les Osiers. Les feuilles sont extrêmement amères.

SAULE TRIANDRE. — *Salix triandra* Linn. — Engl. Bot. tab. 1435. — Guimp. et Hayn. l. c., tab. 159. — Ce Saule n'est qu'une variété de l'espèce précédente, dont elle ne diffère que par des feuilles vertes aux 2 faces.

SAULE ONDULÉ. — *Salix undulata* Ehrh. — Guimp. et Hayn., l. c., tab. 160. — *Salix lanceolata* Smith, Engl. Bot. tab. 1436. — Espèce très-voisine (peut-être variété) du *Salix amygdalina;* elle en diffère : 1° par des écailles-bractéales barbues au sommet ; 2° par des ovaires à style allongé et à stigmates 2-fides ; 3° par des feuilles soyeuses étant jeunes. Les ovaires et les capsules sont tantôt glabres, tantôt pubescents. — Croît dans les mêmes contrées que les 2 précédents.

SAULE A FEUILLES DE RHAMNOÏDE. — *Salix hippophaefolia* Thuil. Flor. Par. — Écailles-bractéales hérissées. Fleurs-mâles diandres. Ovaire à stipe à peu près aussi long que la glande. Style allongé. Stigmates 2-fides. Stipules semi-cordiformes. Feuilles pubescentes étant jeunes : dentelures glanduleuses. — Arbre ou buisson. Feuilles lancéolées, longuement acuminées, souvent ondulées. Ovaires et capsules tantôt glabres, tantôt pubescents-incanes. — Croît dans les mêmes localités que les espèces précédentes. Rarement cultivé.

SECTION III. PRUINOSÆ Koch.

Écailles-bractéales discolores au sommet. Chatons latéraux, toujours sessiles. Anthères jaunes après l'anthèse. Écorce intérieure jaune durant l'été. — Chatons plus précoces que les feuilles, accompagnés d'un involucelle de plusieurs bractées subfoliacées. Fleurs-mâles diandres ; filets libres. Capsules stipitées ou non-stipitées.

Feuilles longuement acuminées, luisantes, ordinairement lancéolées : les jeunes ordinairement soyeuses ou
pubescentes ; les adultes très-glabres. Buissons ou arbres. Jeunes pousses souvent couvertes d'une poussière
glauque. (*Koch, l. c.* p. 645.)

SAULE A FEUILLES POINTUÉS. — *Salix acutifolia* Willd. —
Salix violacea Andr. Bot, Rep. tab. 581. — *Salix pruinosa*
Wendl. — Stipules lancéolées, acuminées. Feuilles linéaires-
lancéolées, longuement acuminées, dentelées, glabres de même
que les jeunes pousses. Ovaire non-stipité. Style allongé. Stigmates linéaires-oblongs. Capsules ovales-coniques, glabres. —
Arbre atteignant 20 à 30 pieds de haut. Rameaux d'un pourpre
violet, couverts d'une poussière glauque. Chatons compactes,
cylindriques, longs de 15 à 18 lignes. — Ce Saule, qui est probablement une variété de l'espèce suivante, fleurit en mars.

SAULE A FEUILLES DE GAROU. — *Salix daphnoides* Villars.
— *Salix præcox* Hoppe. — Willd. Baumz. ed. 2, tab. 57,
fig. 2. — Guimp. et Hayn. l. c. tab. 168. — *Salix cinerea* et
Salix pomeranica Willd. — Stipules demi-cordiformes. Feuilles ovales-lancéolées ou oblongues-lancéolées, acuminées, glabres (les jeunes pubescentes de même que les ramules), à dentelures glanduleuses. Ovaire non-stipité. Style allongé. Stigmates oblongs. Capsules ovales-coniques, glabres, non-stipitées.
(*Koch, l. c.*) — Arbre atteignant 30 à 40 pieds de haut, d'un
port très-élégant. Tronc à écorce lisse, verte. Rameaux d'un
pourpre luisant ou d'un gris verdâtre, fragiles à leur insertion : les jeunes ordinairement couverts d'une poussière glauque. Bourgeons-floraux ovoïdes, velus, très-développés dès
l'automne : ceux des chatons-mâles pointus ; ceux des femelles
obtus. Chatons gros, ovales-oblongs, obtus, très-soyeux. Écailles-bractéales noirâtres, obtuses. Anthères rougeâtres avant l'anthèse. Disque à une seule glandule. Feuilles longues de 1 pouce
à 3 pouces, luisantes et d'un vert foncé en dessus, d'un vert
glauque en dessous, fermes ; pétiole court, pubescent. Chatons-

fructifères longs, pendants. Capsules de couleur verte. — Cette
espèce, nommée vulgairement *Saule printanier*, *Saule noir*,
et *Saule à bois glauque*, croît dans presque toute l'Europe,
aux bords des eaux et des marais ; elle fleurit en mars ou
avril. Parmi les Saules arborescents c'est l'espèce douée de la
croissance la plus rapide. Ses jeunes pousses ne le cèdent pas en
souplesse à celles de l'*Osier jaune*.

Section IV. PURPUREÆ Koch.

Écailles-bractéales discolores au sommet. Chatons latéraux, sessiles. Anthères pourprés avant l'anthèse, puis
noirâtres. Écorce intérieure d'un jaune de Citron durant l'été. — Chatons plus précoces que les feuilles, accompagnés d'une collerette de plusieurs bractées subfoliacées. Feuilles lancéolées ou lancéolées-obovales,
dentelées ; glabres, ou soyeuses seulement étant jeunes.
Capsules courtement stipitées ou non-stipitées. Arbres
ou grands arbrisseaux, à rameaux très-effilés. (*Koch,*
l. c. p. 646.)

Saule pourpre. — *Salix purpurea* Linn. — Engl. Bot. tab.
1388. — Guimp. et Hayn. tab. 169. — *Salix Helix* Linn. —
Guimp. et Hayn. tab. 170. — *Salix monandra* Hoffm. —
Salix Lambertiana Smith, Engl. Bot. tab. 1343. — Feuilles (assez souvent opposées ou ternées) lancéolées ou lancéolées - obovales, finement dentelées, planes, ordinairement
glabres. Fleurs-mâles 2-andres : filets ordinairement soudés
jusqu'au sommet, à anthères syngénèses. Style court. Stigmates ovales. Capsules ovales, cotonneuses, non-stipitées.
(*Koch, l. c.*) — Buisson haut de 3 à 6 pieds, ou petit arbre
de 8 à 12 pieds. Écorce des vieux troncs rimeuse, d'un gris
verdâtre. Branches et rameaux grêles, dressés, ou ascendants,
effilés, à écorce d'un jaune verdâtre, ou d'un rouge verdâtre,
ou pourpre, ou grisâtre. Bourgeons petits, ovales-oblongs,
rougeâtres. Feuilles longues d'environ 3 pouces, sur 6 lignes
de large, minces, luisantes, d'un vert gai en dessus, d'un vert

glauque (ou quelquefois soyeuses) en dessous, courtement
pétiolées. Stipules fugaces, petites. Chatons longs d'environ
1 pouce, velus, cylindracés, plus ou moins grêles. Écailles-
bractéales ovales. Stigmates roses ou jaunes, plus ou moins
allongés. — Cette espèce, nommée vulgairement *Osier rouge*
(nom par lequel on désigne aussi le *Saule* à feuilles-d'Amandier), ou *Osier bleu*, est commune dans toute l'Europe, au bord
des eaux et dans d'autres localités humides ; elle fleurit en mars
et avril. On la cultive fréquemment en oseraies, en raison de
ses rameaux, qui ne le cèdent à aucun autre Saule sous le rapport de la ténacité. On la choisit de préférence pour l'affermissement des digues et des rivages, parce qu'elle pousse une
grande quantité de longues racines traçantes. L'écorce et les
feuilles sont très-amères.

SAULE ROUGE. — *Salix rubra* Huds. Flor. Angl. — Engl.
Bot. tab. 1145. — Guimp. et Hayn. tab. 171. — *Salix fissa*
Ehrh. — *Salix Forbyana* Smith, Engl. Bot. tab. 1344. —
Guimp. et Hayn. tab. 172. — *Salix membranacea* et *Salix
olivacea* Thuil. — Stipules linéaires. Feuilles lancéolées, allongées, acuminées, sinuolées-denticulées, subrévolutées aux
bords, d'abord pubescentes : les adultes glabres (ou quelquefois
soyeuses en dessous). Fleurs-mâles diandres : filets en général
soudés jusqu'au milieu seulement. Style allongé. Stigmates oblongs-linéaires ou filiformes. Capsules ovoïdes, non-stipitées,
cotonneuses. (*Koch, l. c.*) — Espèce semblable à la précédente
par le port, et croissant dans les mêmes localités.

Section V. VIMINALES Koch.

Écailles-bractéales discolores au sommet. Chatons latéraux, sessiles. Anthères jaunes après l'anthèse. Écorce-
intérieure verdâtre. — Floraison plus précoce que la
foliaison, ou contemporaine. Chatons accompagnés d'un
involucelle de quelques bractées subfoliacées. Chatons
fructifères sessiles ou courtement pédonculés. Feuilles
très-entières ou légèrement denticulées, allongées, co-

tonneuses en dessous. Arbres ou arbrisseaux; rameaux très-longs, flexibles. (*Koch, l. c.* p. 647.)

a) *Chatons femelles droits.*

SAULE VIMINAL. — *Salix viminalis* Linn. — Engl. Bot. tab. 1898. — Guimp. et Hayn. tab. 194. — Stipules lancéolées-linéaires, plus courtes que le pétiole. Feuilles lancéolées, acuminées, subsinuolées, soyeuses en dessous. Style allongé, débordant les poils de l'écaille-bractéale. Stigmates filiformes, indivisés. Capsules ovoïdes, acuminées, cotonneuses, non-stipitées. (*Koch, l. c.*)—Buisson ou arbre de 10 à 20 pieds. Écorce des vieux troncs grisâtre, fendillée. Rameaux dressés, droits, très-longs, tenaces, à écorce d'un jaune verdâtre, cotonneuse sur les jeunes pousses. Chatons plus précoces que les feuilles, longs de 15 à 18 lignes, cylindracés, denses, soyeux. Écailles-bractéales oblongues, obtuses, d'un brun roux. Fleurs-mâles diandres; filets monadelphes et poilus inférieurement; anthères suborbiculaires, didymes. Style filiforme, jaunâtre, aussi long que l'ovaire. Stigmates d'un jaune verdâtre. Feuilles longues d'environ 6 pouces, larges de 6 à 9 lignes, un peu rugueuses, luisantes et d'un vert foncé en dessus, argentées en dessous; pétiole cylindrique, long d'environ 6 lignes. —Cette espèce, appelée vulgairement *Osier blanc* (nom par lequel on désigne aussi le *Saule blanc*, ainsi que l'espèce suivante), et *Saule à longues feuilles*, est commune dans toute l'Europe, aux bords des eaux et dans les bois humides; elle fleurit en avril. Ses rameaux sont très-tenaces : ils s'emploient aux ouvrages de vannerie et comme liens. On la plante aux bords des rivières pour l'affermissement des rives. Son bois est plus solide et fournit un meilleur combustible que celui de tous les autres Saules.

SAULE A FEUILLES MOLLES. — *Salix mollissima* Ehrh. — *Salix pubera* Koch. —Stipules ovales, pointues. Feuilles longues, lancéolées, légèrement érosées-denticulées : les jeunes cotonneuses en dessous. Chatons sessiles ou courtement pédonculés. Style allongé. Stigmates linéaires, bifides, un peu débordés par les poils des écailles-bractéales. Capsules ovoïdes-coniques, cotonneuses, non-stipitées. (*Koch, l. c.*) — Espèce ayant le même port que la précédente; feuilles plus larges, point luisantes en dessous. Rameaux-adultes à écorce d'un vert olive. Bourgeons ovales. Chatons plus précoces que les feuilles, cylindracés, longs d'environ 1 pouce, moins denses que ceux du *Saule viminal*. Écailles-bractéales longuement poilues, d'un jaune brunâtre. — Cette espèce croît dans les mêmes localités que la précédente, avec laquelle on a vulgairement coutume de la confondre; elle sert aux mêmes usages.

SAULE A GRANDES STIPULES. — *Salix stipularis* Smith, Engl. Bot. tab. 1214. — Stipules demi-cordiformes, longuement acuminées, aussi longues que le pétiole. Feuilles longues, lancéolées, subérosées, cotonneuses et un peu luisantes en dessous. Chatons sessiles. Poils des écailles-bractéales à peine débordés par les stigmates. Style allongé. Stigmates filiformes, indivisés. — Buisson haut de 16 à 20 pieds. Troncs droits, grisâtres. Rameaux d'un gris verdâtre. Chatons plus précoces que les feuilles, plus longs et plus gros que ceux du *Saule viminal*. Feuilles longues de 2 à 4 pouces, larges de 9 à 18 lignes : les jeunes cotonneuses aux 2 faces; les adultes glabres et d'un vert foncé en dessus, d'un gris glauque en dessous; pétiole court, canaliculé. — Cette espèce croît dans les bois humides; ses rameaux sont trop fragiles pour servir de liens.

SAULE ACUMINÉ. — *Salix acuminata* Smith, Engl. Bot. tab. 1434. — Guimp. et Hayn. tab. 193. — *Salix mollissima* Smith, Engl. Bot. tab. 1509. (non Ehrh.) — Stipules subréniformes, acuminées. Feuilles lancéolées, ou lancéolées-oblongues, ou oblongues-lancéolées, plus ou moins ondulées, subdenticulées, en général cotonneuses-incanes (opaques ou luisantes) en dessous. Chatons sessiles. Ovaire à stipe aussi long que la glande. Style plus ou moins allongé. Stigmates indivisés ou bipartis, filiformes. Capsules coniques, pointues, sessiles, cotonneuses. — Buisson haut de 8 à 12 pieds, très-touffu. Écorce des vieux troncs d'un gris verdâtre. Écorce des rameaux adultes lisse, blanchâtre. Jeunes pousses cotonneuses. Bourgeons ovales, obtus, d'un brun jaunâtre, légèrement cotonneux. Chatons précoces, cylindracés, longs d'environ 1 pouce. Écailles-bractéales oblongues, brunâtres, soyeuses. Fleurs-mâles diandres. Anthères ovales-oblongues. Stigmates jaunes. Feuilles longues de 3 à 4 pouces, larges d'environ 1 pouce, rugueuses et d'un vert foncé en dessus, quelquefois glabres aux 2 faces; pétiole cotonneux, long de 3 lignes. Stipules aussi longues que le pétiole.—Cette espèce est commune dans toute l'Europe, au bord des eaux et dans les bois humides. On en cultive, dans les jardins, une variété à feuilles panachées. Les rameaux sont assez flexibles.

b) Chatons femelles arqués.

SAULE INCANE. — *Salix incana* Schrank. — *Salix riparia* Willd. — Guimp. et Hayn. tab. 187. — *Salix lavandulæfolia* Lapeyr. — *Salix angustifolia* Poiret. —Duham. ed. nov. vol. 3, tab. 29.—*Salix rosmarinifolia* Gouan.—*Salix Elæagnos* Scopol.—Feuilles lancéolées-linéaires ou linéaires-lancéolées -denticulées, cotonneuses en dessous. Chatons subsessiles. Écailles bractéales presque glabres, ciliolées. Ovaire à stipe 2 fois plus long que la glande. Style allongé. Stigmates bifides. Capsules ovoïdes-lancéolées, glabres, stipitées. (*Koch, l. c.*) — Buisson haut de 6 à 12 pieds, ou petit arbre de 10 à 20 pieds. Rameaux d'un brun noirâtre, ou châtains, droits. Feuilles longues de 2 à 3 pouces, larges de 2 à 4 lignes, pubérules et plus ou moins incanes en dessus, blanches ou incanes en dessous; dentelures glanduleuses; pétiole très-court. Stipules peu apparentes. Chatons précoces, grêles, longs de 9 à 18 lignes. Écailles-bractéales jaunes, ovales, ou elliptiques, obtuses. Fleurs-mâles diandres. Anthères ovales. Stigmates pourpres. — Cette espèce croît au bord des torrents et des ruisseaux, dans les vallées des Alpes; on la cultive comme arbre d'ornement; elle fleurit en avril.

SECTION VI. CAPREÆ Koch.

Écailles-bractéales discolores au sommet. Chatons laté-

raux : les florifères sessiles, accompagnés d'un involucelle de plusieurs bractées subfoliacées. Bourgeons
floraux accompagnés de bourgeons-foliaires. Chatons-
fructifères plus ou moins longuement pédonculés. Anthères jaunes après l'anthèse. Capsules longuement stipitées. (*Koch, l. c. p.* 656.)

Saule Marceau. — *Salix Capræa* Linn. — Engl. Bot. tab.
1488. — Guimp. et Hayn. tab. 192. — *Salix tomentosa* Se-
ring. — *Salix ulmifolia* Thuil. — *Salix sphacelata* Smith,
Engl. Bot. tab. 2333. — Bourgeons glabres. Stipules réniformes. Feuilles ovales, ou elliptiques, ou obovales, ou ovales-oblongues, ou ovales-lancéolées, acuminées (à pointe recourbée),
ondulées, crénelées (ou quelquefois très-entières), glabres en dessus,
sus, cotonneuses en dessous (ou quelquefois aux 2 faces). Ovaire
à stipe 4 à 6 fois plus long que la glande. Capsules ovales-lancéolées, cotonneuses. — Buisson touffu, ou arbre atteignant 25
à 30 pieds de haut, sur 1 pied de diamètre. Écorce des vieux
troncs longitudinalement rimeuse, d'un gris cendré; celle des
branches d'un vert olive ou grisâtre; celle des rameaux d'un
jaune verdâtre ou d'un brun roux. Rameaux très-tenaces, longs
(atteignant souvent, depuis le printemps jusqu'en automne, 6 à 8
pieds de long). Bourgeons gros, un peu anguleux : les floraux
plus gros, d'un brun de châtaigne; les foliaires d'un brun clair
ou d'un vert olive. Chatons plus précoces que les feuilles (assez
développés dès la fin de l'automne), longs de 12 à 18 lignes,
soyeux, gros, très-denses, ovales-cylindracés (ovoïdes avant la
floraison). Écailles-bractéales oblongues, d'un brun noirâtre.
Disque d'une seule glande oblongue. Fleurs-mâles diandres.
Stigmates jaunes. Feuilles longues de 1 pouce à 9 pouces, en
général luisantes et d'un vert foncé en dessus, blanches et incanes en dessous; pétiole long de 2 à 3 lignes. Chatons-fructifères pendants. — Cette espèce, connue sous les noms vulgaires
de *Marceau, Marsault,* ou *Malsault,* est commune dans toute
l'Europe, ainsi qu'en Sibérie, surtout dans les bois ; du reste
elle prospère en toute sorte de terrains, tant dans les plus secs

que dans les plus humides, soit à l'ombre, soit à découvert; elle fleurit en mars ou au commencement d'avril. Sous le rapport de l'utilité, ce Saule ne le cède à aucun de ses congénères. Son bois est blanc, mêlé de brun ou de roux au centre, plus pesant et plus solide que celui des autres Saules, auquel il est aussi préférable comme combustible; il s'emploie pour la menuiserie commune; et comme il est très-facile de le fendre en lames minces, on en fait des boîtes, dès cribles, des ruches, etc.; le charbon de ce bois est excellent pour la fabrication de la poudre à canon. Les rameaux sont assez tenaces. L'écorce est employée au tannage des cuirs fins; on s'en sert aussi pour teindre en noir le chanvre et le coton.

SAULE A OREILLETTES. — *Salix aurita* Linn. — Engl. Bot. tab. 1487. — Guimp. et Hayn. tab. 188. — *Salix rugosa* Seringe.—*Salix uliginosa* Willd. — Guimp. et Hayn. tab. 190. — *Salix spathulata* Willd. — Guimp. et Hayn. tab. 189. — Bourgeons en général glabres. Stipules réniformes. Feuilles obovales, ou oblongues-obovales, apiculées (à pointe recourbée); ondulées, dentelées, rugueuses, pubescentes en dessus, cotonneuses en dessous. Ovaire à stipe 3 à 4 fois plus long que la glande. Style très-court. Stigmates ovales, échancrés. Capsules ovales-lancéolées, cotonneuses, stipitées. — Buisson haut de 6 à 8 pieds; écorce des vieilles tiges d'un gris cendré. Rameaux brunâtres ou rougeâtres, plus ou moins divergents. Chatons plus précoces que les feuilles, ovales-cylindracés, obtus, soyeux, longs d'environ 9 lignes. Feuilles longues d'environ 2 pouces, sur 1 ½ pouce de large, fermes, vertes en dessus, d'un gris glauque en dessous. — Cette espèce, qu'on confond vulgairement avec le *Marceau*, est commune au bord des eaux et dans les bois marécageux; elle fleurit en mars et avril. Ses rameaux sont assez tenaces pour servir d'Osiers.

SAULE AQUATIQUE.—*Salix aquatica* Smith, Engl. Bot. tab. 1473.—Guimp. et Hayn. tab. 191.—*Salix acuminata* Hoffm. (non Smith.)—*Salix cinerea* Linn. — Engl. Bot. tab. 1897.

—Bourgeons incanes. Stipules réniformes. Feuilles elliptiques-obovales, ou lancéolées-obovales, courtement acuminées, dentelées, subondulées aux bords, d'un vert grisâtre, pubérules en dessus, cotonneuses en dessous. Ovaire à stipe 4 fois plus long que la glande. Style très-court. Stigmates ovales, bifides. Capsules ovales-lancéolées, cotonneuses, stipitées. (*Koch, l. c.*) — Buisson très-touffu, haut de 6 à 10 pieds, ou petit arbre de 10 à 15 pieds. Écorce grisâtre ou d'un gris verdâtre. Chatons cylindracés ou ovales-cylindracés, soyeux, plus précoces que les feuilles. Feuilles peu ou point rugueuses, de grandeur variable. —Ce Saule, qui n'est probablement qu'une variété du *Marceau*, est commun dans les mêmes localités que le précédent ; il fleurit à la même époque, et sert aux mêmes usages.

Saule a long style. — *Salix stylaris* Seringe, Saules de Suisse. —*Salix phylicifolia* Linn. —Flor. Dan. tab. 1052.—*Salix stylosa*-De Cand.—*Salix Amanniana* Willd.—Guimp. et Hayn. tab. 165.—*Salix Andersoniana* Engl. Bot. tab. 2343. —*Salix spireœfolia* Willd.—*Salix nigricans* Smith, Engl. Bot. tab. 1213. — *Salix rupestris* Smith, Engl. Bot. tab. 2342.— *Salix hirta* Smith, Engl. Bot. tab. 1404.—*Salix cotinifolia* Smith, l. c., tab. 1403. — Stipules semi-cordiformes. Feuilles (de forme très-variable) dentelées, grisâtres en dessous : les jeunes pubescentes ; les adultes glabrescentes. Ovaire à stipe 2 fois plus long que la glande. Style long. Stigmates bifides. Capsules ovoïdes, longuement subulées, glabres, ou pubescentes.—Buisson de 3 à 12 pieds. Rameaux plus ou moins pubescents, en général d'un brun noirâtre. Feuilles longues de 1 pouce à 3 pouces, minces, point rugueuses, vertes en dessus, ovales, ou elliptiques, ou obovales, ou lancéolées, ou lancéolées-obovales, ou lancéolées-oblongues. Chatons à peine plus précoces que les feuilles, ovales-cylindracés.—Cette espèce est commune dans les Alpes et le nord de l'Europe, au bord des eaux ; elle fleurit en avril ; ses rameaux sont très-tenaces.

Genre **PEUPLIER**. — *Populus* Tourn.

Disque cyathiforme ou cupuliforme, indivisé, obliquement tronqué, rétréci en stipe adné à la base de l'écaille-bractéale. — *Fleurs-mâles* 4- à 8-andres, ou 12- à 30-andres. Filets libres, capillaires, insérés à la base du disque. — *Fleurs femelles :* Ovaire 1-loculaire, multi-ovulé, stipité. Style court, le plus souvent bifurqué. Stigmates 2, ou 3, ou 4, 2-lobés, ou bifurqués, ou laciniés, subpétaloïdes. Capsule 1-loculaire, 2-valve, polysperme; valves séminifères au milieu vers leur base. Graines aigrettées.

Arbres (la plupart très-élevés). Racines rampantes et produisant de longs rejetons feuillés. Rameaux cylindriques ou anguleux. Feuilles involutées en vernation, éparses, pétiolées (par exception subsessiles), dentelées, ou dentées (quelquefois en outre lobées ou anguleuses), non-persistantes, le plus souvent aussi larges ou presque aussi larges que longues; celles des rejetons et des jeunes pousses-terminales en général beaucoup plus grandes et non-conformes aux autres feuilles; dentelures le plus souvent glanduleuses au sommet et courbées en dedans; pétiole en général long, grêle, 2-glanduleux au sommet, le plus souvent aplati bilatéralement (excepté aux deux bouts, d'où résulte la mobilité qui imprime un caractère si particulier au feuillage des Peupliers). Stipules membranacées, étroites, caduques. Bourgeons enveloppés d'écailles imbriquées (le plus souvent enduites d'une substance balsamique, visqueuse, gommo-résineuse): les floraux aphylles, plus gros, latéraux (sur les ramules de l'année précédente), ou latéraux et terminaux. Chatons sessiles ou pédonculés, multiflores, cylindracés, pendants, plus précoces que les feuilles: les femelles en général plus longs et moins serrés que les mâles. Écailles-bractéales glabres ou poilues, lobées, ou palmatifides, ou fimbriées, en général non-persistantes. Capsules verdâtres, glabres. Anthères de couleur pourpre.

L'utilité des Peupliers n'est pas moins multipliée que

celle des Saules. De même que ces derniers, la plupart des espèces prospèrent dans les terrains les plus ingrats, et, malgré la qualité médiocre de leur bois, ils sont d'un meilleur rapport que beaucoup d'autres arbres, grâce à la rapidité de leur croissance. La plupart se multiplient également, avec la plus grande facilité, de boutures, ou des rejetons de leurs racines. Les feuilles et les jeunes pousses peuvent servir de fourrage au bétail. Les rameaux de quelques espèces sont flexibles comme ceux des Osiers, et servent aussi à faire des liens, des paniers et autres ouvrages de vannerie. Le bois des Peupliers peut être employé avec avantage à la teinture des laines. Enfin, le coton qui enveloppe les graines de ces arbres est applicable aux mêmes usages que celui des graines des Saules.

Section I. LEUCE Reichb.

Rameaux et ramules cylindriques. Jeunes pousses-terminales et rejetons (chez certaines espèces aussi les bourgeons, la face inférieure des feuilles, et les jeunes ramules) cotonneux, ou veloutés, ou pubescents. Feuilles -ramulaires en général aussi larges ou presque aussi larges que longues, à pétiole long, grêle, aplati. Fleurs-mâles 4- à 8-andres. Écailles-bractéales plus ou moins poilues, ou laineuses, palmatifides (excepté chez une espèce). Stigmates à lanières étroites, divariquées. Chatons-fructifères plus ou moins serrés.

A. *Écailles-bractéales tantôt indivisées, tantôt légèrement incisées au sommet : celles des fleurs-mâles laineuses ; celles des fleurs-femelles légèrement poilues, caduques. Chatons-femelles beaucoup plus grêles que les chatons-mâles. Disque des fleurs-femelles cupuliforme, beaucoup plus court que l'ovaire. Style très-court, indivisé. Stigmates jaunes, 2-partis (à lanières linéaires, égales), confluents par la base, de manière à former une croix peltée.*

PEUPLIER BLANC. — *Populus alba* Linn. — Engl. Bot. tab. 1618. — Guimp. et Hayn. tab. 202. — *Populus major* Mill.

— *Populus nivea* Willd. Arbr. — Bourgeons point visqueux, cotonneux (étant jeunes) de même que les jeunes pousses. Feuilles cotonneuses (d'un blanc de neige) en dessous (les ramulaires adultes souvent glabrescentes), d'un vert foncé et luisantes en dessus : les ramulaires ovales, ou ovales-oblongues, ou ovales-orbiculaires, obtuses, sinuées-anguleuses, ou sinuées-crénelées, ou sinuées-dentées, arrondies ou subcordiformes à la base ; celles des rejetons et des jeunes pousses-terminales ovales, ou ovales-lancéolées, ou palmées, érosées-dentelées ou denticulées, 3-ou 5-lobées, pointues, arrondies ou cordiformes à leur base. — Arbre de 70 à 100 pieds, sur 3 à 5 pieds de diamètre. Cime ample, conique. Écorce des vieux troncs grisâtre, rimeuse. Branches et rameaux à écorce lisse, d'un gris verdâtre. Bourgeons ovales ou coniques, pointus, roussâtres et luisants après la chûte du duvet. Chatons-mâles longs de 3 à 5 pouces, gros, très-serrés, très-laineux, ovoïdes avant la floraison, à écailles obovales ou cunéiformes-obovales, roussâtres, érosées ou légèrement incisées au sommet. Disque des fleurs-mâles cyathiforme, jaune. Étamines à anthères pourpres. Chatons-femelles très-grêles, courtement pédonculés, à écailles ovales, ou ovales-lancéolées, acuminées, d'un jaune verdâtre, presque glabres, tantôt indivisées ; tantôt incisées au sommet ou érosées. Ovaire ovoïde, acuminé, d'un jaune verdâtre. Stigmate petit, jaunâtre, à lanières étroites, sublinéaires, subobtuses, révolutées aux bords. Feuilles fermes, plus ou moins longuement pétiolées : les ramulaires ordinairement longues de 1 ¹/₄ à 2 ¹/₂ pouces, sur 1 à 2 pouces de large. Feuilles des rejetons et des jeunes pousses-terminales souvent longues de 6 pouces sur 5 pouces de large. Pétiole moins fortement aplati que chez le Tremble. Stipules linéaires-lancéolées. Chatons-fructifères grêles. Capsules petites, ovoïdes, acuminées, verdâtres. — Cette espèce, nommée vulgairement *Peuplier blanc*, *Blanc de Hollande*, *Abèle*, et *Ypreau*, est commune en France et dans les contrées méridionales de l'Europe ; elle se plaît surtout dans les lieux frais et humides ; mais elle prospère également dans les terrains secs, tandis qu'elle se refuse à croître dans les sols glaiseux. La flo-

raison a lieu vers la fin de mars ou au commencement d'avril,
longtemps avant le développement des feuilles. Ce Peuplier vit
70 à 80 ans, et il acquiert presque tout son développement dans
l'espace de 30 à 40 ans. Son bois est blanc, quelquefois jaunâtre au centre (celui de la racine marbré de brun), léger, tenace et d'un grain fin ; il est plus estimé pour la menuiserie
que celui des autres Peupliers indigènes : dans le midi de la
France, on l'emploie presque exclusivement à toutes les boise-
ries de l'intérieur des maisons ; les tourneurs, les charrons, les
layetiers et les sculpteurs en bois, en font aussi une grande
consommation ; enfin il peut suppléer la gaude ou le bois-jaune
pour teindre les laines en jaune. Les feuilles et les jeunes pousses, soit séchées, soit en vert, fournissent un fourrage agréable
au bétail. On forme avec le Peuplier-blanc de très-belles ave-
nues, et on le plante fréquemment dans les bosquets, où son
feuillage mobile et d'un blanc argenté produit un effet très-pittoresque.

B. *Écailles-bractéales (tant des chatons-mâles que des chatons-femelles) palmatifides, garnies de longs poils soyeux.
Chatons-femelles presque aussi gros (à l'époque de la floraison) que les chatons-mâles. Disque des fleurs-femelles
cyathiforme, recouvrant tout l'ovaire. Style bifurqué.
Stigmates distincts, pourpres, obliquement peltés, subfla-
belliformes, irrégulièrement 3-ou 4-fides. — Jeunes pousses et jeunes feuilles (du moins celles des rejetons et des
jeunes individus) cotonneuses, ou floconneuses, ou pubescentes.*

a) *Feuilles des rejetons et des jeunes pousses-terminales palmatinervées,
souvent 3-ou 5-lobées.*

Peuplier Grisard. — *Populus canescens* Smith, Engl.
Bot. tab. 1619.—Guimp. et Hayn. tab. 201. —*Populus alba*
Willd. Arb. —Bourgeons pulvérulents ou cotonneux, point
visqueux. Feuilles d'un vert foncé en dessus, cotonneuses (d'un
blanc plus ou moins cendré) en dessous : les ramulaires (finale-

ment glabrescentes) ovales, ou ovales-orbiculaires, ou suborbiculaires, obtuses, sinuées-anguleuses, ou sinuées-crénelées, ou sinuées-dentées, arrondies ou subcordiformes à la base; celles des rejetons et des jeunes pousses-terminales plus ou moins profondément cordiformes à leur base, acuminées, sinuolées-denticulées ou dentelées, tantôt triangulaires ou ovales et plus ou moins anguleuses, tantôt palmées et plus ou moins profondément 3-ou 5-lobées. — Arbre de même taille que le *Peuplier blanc*, auquel il ressemble aussi par le port et les feuilles; mais la face inférieure de ses feuilles n'est jamais d'un blanc pur. Les feuilles de ce Peuplier sont faciles à distinguer de celles du *Peuplier blanc*; mais elles ne diffèrent guère de celles du *Peuplier-Tremble*, qui n'est peut-être que la même espèce sous une autre forme. — Le *Peuplier-Grisard* (ou *Grisaille*) est commun dans toute l'Europe ainsi qu'en Sibérie; il croît dans les mêmes localités et fleurit à la même époque que le *Peuplier blanc*, avec lequel il a été confondu par la plupart des auteurs. Le Grisard sert aux mêmes usages que le Peuplier blanc; toutefois il est moins généralement cultivé que ce dernier, dont le bois est préférable tant comme combustible que pour d'autres emplois.

b) Feuilles jamais palmati-lobées.

PEUPLIER-TREMBLE. — *Populus tremula* Linn. — Engl: Bot. tab. 1909. — Guimp. et Hayn. tab. 203. — *Populus villosa* Reichb. Flor. Germ. Excurs. — Bourgeons glabres, visqueux. Feuilles-ramulaires suborbiculaires ou ovales-orbiculaires, obtuses, ou subacuminées, sinuées-dentées, ou érosées-dentées, ou érosées-crénelées, discolores (d'un vert gai et peu ou point luisant en dessus, d'un vert glauque en dessous), à base arrondie ou tronquée : les jeunes glabres ou moins souvent pubescentes; les adultes en général très-glabres. Feuilles des jeunes pousses-terminales et des rejetons cordiformes, ou triangulaires, ou ovales, acuminées, plus ou moins profondément sinuolées et dentelées ou crénelées, veloutées ou cotonneuses (plus ou moins incanes) en dessous (les jeunes veloutées aux 2 faces). — Arbre de

60 à 100 pieds, et en général d'environ 2 pieds de diamètre
(dans les conditions les plus favorables, il atteint 6 à 12 pieds
de diamètre). Écorce des vieux troncs rimeuse, d'un gris cendré. Branches et rameaux subhorizontaux (à écorce d'un vert
olive ou d'un gris verdâtre), disposés en tête conique. Rejetons
et jeunes pousses-terminales pubescents ou veloutés. Bourgeons
coniques, pointus, d'un brun de châtaigne. Chatons beaucoup
plus précoces que les feuilles, ovales avant la floraison : les mâles longs de 3 à 4 pouces ; les femelles longs d'environ 2 pouces.
Écailles-bractéales roussâtres. Anthères pourpres. Disque d'un
vert clair. Stigmates à lanières obtuses, divariquées, veloutées
aux bords. Feuilles fermes : les ramulaires larges de 5 lignes à
2 pouces, longuement pétiolées ; pétiole plus fortement aplati
que chez l'espèce précédente. Feuilles des rejetons et des jeunes
pousses-terminales longues de 2 à 3 pouces, sur 18 à 30 lignes
de large, en général courtement pétiolées. Stipules linéaires-
lancéolées, veloutées. Capsules petites, ovales-coniques, verdâtres. Graines noirâtres. — Cet arbre, connu sous les noms
vulgaires de *Tremble*, ou *Peuplier-Tremble*, habite toute
l'Europe, ainsi que la Sibérie ; il vient de préférence dans les
sables frais, mais du reste il s'accommode de toute autre espèce
de sols, soit secs, soit humides. En France, sa floraison a lieu
dès les premiers jours du printemps, et ses fruits mûrissent en
mai. Le *Peuplier-Tremble* acquiert tout son développement
dans l'espace de 50 à 60 ans, et la durée de sa vie est de 80
à 100 ans. Son bois est blanc, poreux, lisse, léger, et fort tendre ; on l'emploie aux mêmes usages que celui du *Peuplier
blanc*, mais il est moins durable. Les feuilles et les jeunes
pousses sont recherchées par le bétail. En Allemagne, c'est surtout le Tremble qui fournit les longues perches indispensables
à la culture du Houblon ; mais pour que ces perches soient du-
rables, il est essentiel de les couper pendant que l'arbre est en
séve ; on assure même qu'en enlevant l'écorce d'un Tremble en
séve, et le laissant se dessécher sur pied après cette opération,
il donne un bois de construction assez solide. L'écorce peut servir au tannage et à la teinture ; en Sibérie, sa décoction passe

pour un bon remède antiscorbutique et antisyphilitique. Les cendres contiennent beaucoup de potasse. Le charbon, très-mauvais comme combustible, est l'un des meilleurs pour la fabrication de la poudre à canon.

PEUPLIER A GRANDES DENTS. — *Populus grandidentata* Michx. Flor. Bor. Amér.—Mich. fil. Arbr. vol. 3, Ic.—Rameaux et ramules cylindriques. Feuilles floconneuses aux 2 faces, finalement glabres : les ramulaires suborbiculaires, ou ovales, ou rhomboïdales, ou deltoïdes, subacuminées, pointues, sinuées-dentées ; celles des rejetons et des jeunes pousses-terminales ovales ou subcordiformes, acuminées, érosées-dentelées.—Arbre d'environ 40 pieds, sur 1 pied de diamètre. Écorce du tronc verdâtre, lisse (rimeuse à la base des vieux troncs). Cime lâche. Branches peu nombreuses, vagues. Bourgeons coniques, pointus, d'un brun de châtaigne. Feuilles fermes (les jeunes couvertes d'un duvet floconneux, blanchâtre), d'un vert gai en dessus, d'un vert pâle en dessous : les ramulaires longues de 1 pouce à 3 pouces, tantôt aussi larges que longues, tantôt moins larges, à base arrondie ou tronquée ; celles des rejetons et des jeunes pousses-terminales 2 à 3 fois plus grandes, à base arrondie, ou tronquée, ou plus ou moins profondément cordiforme. Pétiole très-grêle, aplati, souvent pourpre ou violet ainsi que les nervures. Chatons-mâles semblables à ceux du Peuplier-Tremble. Chatons-femelles (suivant la figure de l'ouvrage de M. A. Michaux) grêles, un peu lâches.—Cette espèce croît au Canada et aux États-Unis, tant au bord des marais que dans les localités sèches. On ne la cultive que comme arbre d'ornement. Son bois est inférieur à celui de la plupart de ses congénères.

C. *Écailles-bractéales palmatifides, garnies de longs poils soyeux. Stigmates sessiles, pourpres, point peltés, confluents par leur base, profondément 3-lobés, réfléchis : lobes inégaux, divergents. Jeunes pousses et rejetons glabres. Feuilles (même les jeunes) pubescentes seulement aux bords, ou très-glabres.*

PEUPLIER FAUX-TREMBLE. — *Populus tremuloides* Mich.

Flor. Bor. Amer. — Duham. ed. nov. vol. 2, tab. 53.—*Populus lævigata* Willd. —*Populus græca* Willd. — Duham. ed. nov. vol. 2, tab. 54. — *Populus atheniensis* Hortul. — *Populus cordata* Hort. Par.—Bourgeons glabres, visqueux. Feuilles discolores (d'un vert foncé en dessus, d'un vert glauque en dessous), suborbiculaires, courtement acuminées, acérées, finement dentelées, ou érosées-crénelées : les ramulaires ovales ou longuement pétiolées, souvent obliques, à base arrondie, ou tronquée, ou subcordiforme; celles des jeunes pousses-terminales la plupart cordiformes, subobtuses, équilatérales. Chatons-femelles à écailles marcescentes. — Arbre en général d'environ 30 pieds, sur 5 à 6 pouces de diamètre. Écorce du tronc verdâtre, lisse (excepté vers la base des vieux troncs, où elle devient rimeuse). Branches et rameaux à écorce brune. Bourgeons coniques, pointus, luisants, d'un brun de châtaigne. Chatons plus précoces que les feuilles, très-soyeux, longs de 1 pouce à 2 pouces. Feuilles fermes, assez semblables à celles de l'Abricotier : les ramulaires larges de 1 pouce à 2 pouces, à pétiole long de 1 pouce à 3 pouces, souvent rougeâtre de même que la côte et les nervures. Feuilles des rejetons et des pousses-terminales longues de 3 à 6 pouces, en général à peu près aussi larges que longues. Stipules subulées. Chatons-fructifères denses, cylindracés, longs de 2 à 3 pouces. Capsules petites, ovoïdes, acuminées, verdâtres. — Cette espèce croît au Canada et dans les provinces méridionales des États-Unis. L'élégance de son feuillage lui fait trouver place dans les plantations d'agrément. Au témoignage de M. Michaux, son bois n'est employé à aucun usage, aux États-Unis.

Section II. LEUCOIDES Spach.

Rameaux et ramules cylindriques. Rejetons, jeunes pousses et jeunes feuilles couverts d'un duvet pulvérulent, floconneux, non-persistant. Feuilles palmati-nervées, point palmati-lobées ni anguleuses, très-larges : pétiole aplati seulement vers le sommet, cylindrique inférieurement. (Fleurs incomplétement connues.)

PEUPLIER HÉTÉROPHYLLE.—*Populus heterophylla* Linn. —
Duham. ed. nov. vol. 2, tab. 53.—Mich. fil. Arb. 3, tab. 9.
—Feuilles ovales ou suborbiculaires, obtuses, ou subacuminées, denticulées, ou érosées-dentelées, ordinairement cordiformes à la base (à lobes équitants) : les adultes glabres en dessus, pubérules en dessous. —Arbre atteignant 70 à 80 pieds,
sur 2 à 3 pieds de diamètre. Écorce des vieux troncs très-
épaisse, profondément rimeuse. Branches et rameaux à écorce
d'un vert clair, disposés en tête ample et touffue. Feuilles larges de 3 à 12 pouces : les jeunes d'un blanc incane aux 2 faces; les adultes fermes, d'un vert un peu glauque. Chatons
(suivant M. Michaux) longs d'environ 3 pouces.—Cette espèce, nommée vulgairement *Peuplier argenté*, habite les États-
Unis; mais elle n'est commune que dans les provinces les plus
méridionales; elle croît dans les bas-fonds humides ou marécageux. Son bois est blanc, au centre d'un jaune tirant sur le rouge;
il est de qualité très-médiocre, et peu ou point employé en Amérique. Ce Peuplier mérite une place dans les plantations d'agrément; mais il paraît résister avec peine au climat du nord de
la France.

Section III. AIGÉIROS Reichenb.

Bourgeons et jeunes feuilles visqueux, ordinairement glabres, jamais cotonneux. Rameaux et jeunes pousses cylindriques ou polyèdres. Feuilles aussi larges ou presque aussi larges que longues, jamais ni anguleuses, ni
palmatilobées, presque concolores (d'un vert clair) aux
2 faces : pétiole aplati, long, grêle. Écailles-bractéales
glabres, indivisées, fimbriées. Fleurs-mâles 8- à 30-
andres. Style bifurqué. Stigmates réniformes ou suborbiculaires, obliquement peltés, crénelés aux bords,
jaunes, minces, réfléchis. Chatons-fructifères très-lâ-
ches, moniliformes.

*a) Rameaux et jeunes-pousses cylindriques, ou subcylindriques, ou
obscurément anguleux.*

PEUPLIER NOIR. — *Populus nigra* Linn.—Blackw. Herb.

tab. 248. — Engl. Bot. tab. 1910. — Guimp. et Hayn. tab.
204. — Branches étalées. Feuilles deltoïdes, ou ovales, ou subrhomboïdales, acuminées, acérées, crénelées, ou dentelées, très-
glabres, ordinairement moins larges que longues. Stipules ovales, acuminées. Stigmates suborbiculaires, courtement 2-lobés
au sommet. — Arbre atteignant 80 pieds et plus, sur 3 à 4
pieds de diamètre. Branches longues, très-rameuses. Cime ample, conique. Bois blanc, tendre, tenace, souvent marbré de
brun vers le centre. Écorce des vieux troncs d'un gris cendré,
rimeuse. Rameaux d'un blanc verdâtre. Ramules jaunes ou
bruns, obscurément anguleux. Bourgeons ovales-oblongs, acuminés, jaunâtres, ou brunâtres, glabres. Chatons beaucoup plus
précoces que les feuilles, longs de 10 à 20 lignes, arqués, cylindracés, densiflores : les mâles sessiles; les femelles pédonculés. Écailles-bractéales jaunâtres, subrhomboïdales, bordées
de longs cils pourpres; les écailles des chatons-mâles caduques
avant l'anthèse; celles des chatons-femelles caduques peu après
l'épanouissement. Fleurs-mâles ordinairement 6-à 8-andres :
filets blancs; anthères pourpres. Ovaire subglobuleux, 4-sul-
qué, presque recouvert par le disque. Style court. Stigmates
jaunes, condupliqués, récouvrant presque tout l'ovaire. Disque
cyathiforme, jaune, plus court que l'ovaire. Feuilles fermes,
en général longues d'environ 3 pouces, sur 30 lignes de large
(celles des rejetons et des pousses-gourmandes souvent longues de 5 à 6 pouces, sur à peu près autant de large), arrondies ou cunéiformes vers leur base, terminées en pointe
plus ou moins allongée, très-entière; dentelures infléchies, 1-à 4-
glanduleuses; pétiole rouge ou jaunâtre, en général moins long
que la lame. Chatons-fructifères longs de 2 à 3 pouces. — Le
Peuplier noir (auquel on applique aussi le nom impropre d'*O-
sier blanc*) est commun dans les climats tempérés de l'Europe;
il ne prospère que dans les localités découvertes et dans un sol
frais; aussi se plaît-il surtout au bord des eaux et dans les prairies humides. Sa croissance est très-rapide, mais il ne dure
guère plus de 80 ans. Il se multiplie de boutures ou de dra-
geons aussi facilement que les Saules. Ses rejets sont très-flexi-

bles, et peuvent suppléer les Osiers, pour faire des liens ou de la vannerie. Les feuilles et les jeunes pousses fournissent au bétail un bon fourrage. L'écorce donne des teintures jaunes, et elle s'emploie au tannage. La substance gommo-résineuse que les bourgeons contiennent en abondance, fait la base de l'onguent dit *populeum :* préparation pharmaceutique qu'on emploie à l'extérieur, à titre de remède calmant, mais dont les propriétés sont plutôt dues à des substances narcotiques qui entrent dans sa composition. Le bois du Peuplier noir, de qualité très-médiocre comme combustible, est plus filandreux que celui des autres Peupliers ; on l'emploie fréquemment à faire des planches, de la charpente légère, de l'ébénisterie commune, de la volige, etc.

PEUPLIER PYRAMIDAL. — *Populus pyramidalis* Roz. Dict. d'Agric. — *Populus dilatata* Ait. Hort. Kew. —*Populus fastigiata* Pers.—*Populus italica* Mœnch.—Branches verticales. Feuilles deltoïdes, ou subrhomboïdales, acuminées, acérées, crénelées, très-glabres, ordinairement plus larges que longues. Stipules ovales, acuminées.—Arbre de 70 à 100 pieds de haut, sur 3 à 4 pieds de diamètre. Tronc très-droit, ordinairement relevé de grosses côtes ; écorce finalement rimeuse, d'un gris verdâtre. Branches très-nombreuses, élancées, subverticillées presque dès la base du tronc, formant une tête pyramidale très-allongée. Rameaux et ramules jaunâtres ou d'un gris verdâtre. Chatons mâles (les femelles sont inconnus) et bourgeons comme ceux du Peuplier noir. Feuilles assez généralement un peu plus larges que longues, du reste semblables à celles du Peuplier noir.—Cette espèce, connue sous les noms vulgaires de *Peuplier d'Italie, Peuplier de Lombardie,* ou *Peuplier pyramidal,* paraît originaire d'Orient ; elle fut introduite de la Lombardie en France vers 1760. C'est, comme tout le monde sait, l'un des arbres les plus recherchés pour les plantations d'agrément, et qui, d'ailleurs, s'emploie aux mêmes usages économiques que le Peuplier noir ; il offre en outre l'avantage de croître encore plus rapidement que celui-ci, et de s'accommoder de tous les sols, la glaise exceptée; du reste, les conditions les plus favorables à son prompt développement se trouvent aussi dans les terrains frais, fertiles et découverts : à la faveur de ces circonstances, il parvient, dans l'espace de 25 à 30 ans, à une hauteur très-considérable. Le bois du Peuplier d'Italie passe pour être plus solide que celui du Peuplier noir, et pour être plus profitable, comme combustible, que celui de la plupart de ses congénères. Ce bois, ainsi que l'écorce et les feuilles, fournissent d'excellentes teintures, surtout pour diverses nuances jaunes, et l'on a même assuré que sous ce rapport le Peuplier d'Italie est préférable au bois de Quercitron.

PEUPLIER DU HUDSON. — *Populus hudsonica* Michx. fil. Arb. 3, tab. 10, fig. 1. — *Populus betulæfolia* Pursh, Flor. Amer. Sept. — Ce Peuplier paraît ne différer du *Peuplier noir* qu'en ce que ses jeunes pousses, ses pétioles et la surface inférieure de ses feuilles sont légèrement pubescents, et que ses stipules sont linéaires-subulées. Cette espèce croît dans le nord des États-Unis et au Canada.

b) *Jeunes-pousses et ramules (et quelquefois aussi les rameaux plus adultes) polyèdres; à angles marginiformes ou aliformes, formés par l'épiderme de l'écorce, et correspondants aux faisceaux-vasculaires qui pénètrent dans les pétioles.*

PEUPLIER MONILIFÈRE. — *Populus monilifera* Ait. Hort. Kew. — Wats. Dendr. Brit. tab. 102. — *Populus carolinensis* Borkh. — *Populus virginiana* Desfont. Hort. Par. — Bourgeons visqueux, bruns. Jeunes pousses à angles marginiformes, minces, jaunâtres, point subéreux, s'oblitérant la deuxième ou troisième année. Feuilles deltoïdes, ou subrhomboïdales, ou ovales, acuminées, acérées, érosées-dentelées ou crénelées, quelquefois subcordiformes à la base, en général à peu près aussi larges que longues : les jeunes ciliolées; les adultes ordinairement très-glabres. — Arbre atteignant 100 à 120 pieds de haut, sur 2 à 3 pieds de diamètre. Tronc cylindrique, point sillonné, à écorce finalement d'un gris brunâtre, rimeuse. Branches étalées, très-rameuses, d'un gris verdâtre, formant une tête ample, touffue, arrondie. Ramules jaunes. Bois tenace, blanc, brunâtre au centre. Jeunes pousses d'un vert jaunâtre ou olive. Bourgeons longs, coniques, pointus, d'un brun de châtaigne. Chatons un peu plus précoces que les feuilles : les mâles longs d'environ 3 pouces, gros, cylindracés, très-denses, sessiles ; les femelles longs de 1 ¹/₂ pouce à 2 pouces, grêles, un peu lâches, pédonculés. Écailles-bractéales brunâtres, cunéiformes-orbiculaires, caduques dès l'anthèse ; cils longs, inégaux. Disque cupuliforme : celui des fleurs-femelles engaînant seulement la base de l'ovaire. Anthères pourpres. Ovaire ovoïde, acuminé, 6-sulqué. Style 3-ou 4-furqué. Stigmates d'un jaune verdâtre, réniformes-bilobés, fimbriolés de cils rouges. Feuilles fermes : celles des individus adultes en général longues d'environ 3 pouces, et larges de 2 ³/₄ pouces ; base tronquée, ou subcordiforme, ou arrondie ; pétiole souvent plus long que la lame, tantôt blanchâtre, tantôt rouge. — Cette espèce, qu'on désigne par les noms vulgaires de *Peuplier suisse*, ou *Peuplier de Virginie*, paraît originaire de l'Amérique septentrionale. On en tire le même parti que du Peuplier noir et du Peuplier pyramidal, mais, au témoignage de toutes les autorités compétentes, c'est, parmi ses congénères, l'espèce dont la culture est la plus avantageuse, en raison de sa croissance rapide ; dans les sols frais et fertiles, elle peut acquérir, dans l'espace d'une vingtaine d'années, 70 pieds de haut, sur 3 pieds de diamètre ; du reste, elle réussit aussi dans les localités sèches, soit sablonneuses, soit autres.

PEUPLIER DU CANADA. — *Populus canadensis* Desfont. Hort. Par. — Michx. fil. Arb. Ic. — Rameaux-adultes anguleux de même que les jeunes pousses : angles presque aliformes, finalement subéreux. Feuilles deltoïdes, ou ovales-deltoïdes, ou cordiformes (surtout sur les rejetons et sur les individus jeunes), acuminées, acérées, dentelées, où érosées-crénelées, moins larges que longues, glabres. Bourgeons visqueux, bruns. — Arbre atteignant 70 à 80 pieds de haut, sur 3 à 4 pieds de diamètre. Tronc sillonné. Cime ample, conique. Branches plus ou moins

distinctement relevées de rebords blanchâtres (provenant des angles des rameaux). Rameaux d'un brun verdâtre. Feuilles fermes, plus grandes que celles de l'espèce précédente ; pétiole
rouge ou d'un jaune verdâtre : celui des feuilles des individus
adultes en général plus long que la lame. Chatons-femelles
(suivant M. A. Michaux) longs de 6 à 8 pouces.—Cette espèce
croît au Canada et aux États-Unis, où on la nomme *Cotton-
Wood* (c'est-à-dire arbre à coton); elle ne prospère que dans
les sols frais et fertiles. On ne la cultive que comme arbre d'ornement.

PEUPLIER DE CAROLINE. — *Populus angulata* Linn. —
Michx. fil. Arb. 3, tab. 12. — Rameaux adultes et branches
anguleux de même que les jeunes pousses : angles aliformes,
finalement subéreux. Bourgeons peu ou point visqueux, verts.
Feuilles deltoïdes, ou ovales-deltoïdes, ou ovales, ou cordiformes (surtout celles des rejetons et des jeunes individus), acuminées, dentelées, ou érosées-crénelées, glabres : celles des individus adultes moins larges que longues. — Arbre atteignant 80
pieds de haut, sur 3 à 4 pieds de diamètre. Cime ample, touffue. Rameaux brunâtres, à angles assez épais, persistant pendant 5 à 8 ans. Jeunes pousses d'un vert olive, à angles ordinairement rougés. Feuilles des jeunes individus et des rejetons
longues de 6 à 10 pouces, souvent aussi larges que longues.
Feuilles des individus adultes longues de 2 à 3 pouces ; pétiole
et côtes jaunâtres ou rouges. Bourgeons courts, ovoïdes, pointus. — Cette espèce croît dans les provinces méridionales des
États-Unis; elle abonde surtout dans les contrées voisines du
Mississipi, et ne se plaît que dans les bas-fonds marécageux ou
très-humides. On ne la cultive que comme arbre d'ornement;
dans le nord de la France, elle souffre souvent du froid et ne
parvient pas à une hauteur considérable ; du reste, dans les localités favorables, son accroissement n'est pas moins rapide
que celui du Peuplier suisse.

Section IV. TACAMAHACA Spach.

Bourgeons, jeunes pousses et jeunes feuilles glabres, ou
pubescents (jamais cotonneux). Rameaux et rejetons
anguleux étant jeunes. Feuilles larges ou étroites, discolores (d'un vert clair en dessus, blanches et luisantes
en dessous), jamais ni anguleuses, ni palmatilobées;
pétiole subcylindrique, point comprimé, canaliculé en
dessus : celui des feuilles des rejetons et des pousses
terminales très-court chez quelques espèces. Écailles-
bractéales glabres, indivisées, fimbriées. Fleurs-mâles
12-à 30-andres. Style 2-à 4-furqué. Stigmates larges,
subpeltés, 2-lobés. Chatons-fructifères longs, un peu
lâches. Dentelures des feuilles non-cartilagineuses.

a) *Feuilles toutes à peu près conformes, très-larges (souvent aussi larges
que longues), plus ou moins longuement pétiolées. Pétiole assez gros,
aplati au sommet, légèrement canaliculé en dessus.*

Peuplier de l'Ontario. — *Populus candicans* Hort. Kew.
— Mich. fil. Arb. Ic.—*Populus nigra* Catesb. Carol. 1, p. et
fig. 34. — *Populus ontariensis* Hortul. —Feuilles cordiformes (moins souvent deltoïdes ou ovales, à base arrondie ou
tronquée), acuminées, acérées, inégalement dentelées, souvent
pubérules en dessous. Stipules (des feuilles ramulaires) grandes,
lancéolées, chartacées. Rejetons et jeunes pousses-terminales
fortement anguleux. — Arbre atteignant 40 à 50 pieds de haut,
sur 18 à 20 pouces de diamètre. Écorce grisâtre : celle des vieux
troncs rimeuse. Branches cylindriques de même que les vieux
rameaux, formant une cime lâche, arrondie. Rameaux d'un
brun de Châtaigne. Jeunes pousses finement pubescentes. Bourgeons longs, coniques, pointus, d'un brun jaunâtre. Feuilles
larges de 2 ¹/₂ à 5 pouces, d'un vert foncé en dessus, d'un blanc
pâle en dessous (celles des rejetons de même forme que les autres,
mais plus grandes et moins longuement pétiolées, ordinairement
glabres dès leur apparition) : côte et nervures ordinairement
roussâtres à la face inférieure; pétiole long de 1 ¹/₂ pouce à 3

pouces, souvent d'un brun de Châtaigne, ordinairement pubescent étant jeune. Chatons-mâles inconnus. — Chatons-femelles beaucoup plus précoces que les feuilles, pédonculés, glabres, à l'époque de la floraison longs d'environ 1 pouce, oblongs-cylindracés, obtus, très-denses. Écailles-bractéales jaunâtres, sub-rhomboïdales, longuement fimbriées, caduques. Style court, 2-furqué. Stigmates d'un jaune pâle, réniformes-bilobés, ondulés et crénelés aux bords. Disque cyathiforme, jaunâtre, recouvrant presque tout l'ovaire. Chatons-fructifères longs de 3 à 5 pouces. Capsules ovales-pyramidales, obtuses, assez grosses, longues d'environ 2 lignes. Pédicelles-fructifères à peu près aussi longs que la capsule. — Cette espèce habite le Canada; c'est probablement celle qu'on désigne dans ce pays par le nom de *Peuplier-liard*. Elle fleurit en mars. Son accroissement est très-rapide, même dans les terrains secs et médiocres. Ses feuilles, ses jeunes pousses, et ses bourgeons ont une odeur balsamique très-forte, semblable à celle du *Peuplier-Baumier*. Au témoignage de M. A. Michaux, ce Peuplier est communément planté autour des habitations, dans quelques-unes des provinces les plus septentrionales des États-Unis; mais son bois est tendre, et peu ou point employé. On le cultive en France, depuis une quinzaine d'années seulement, comme arbre d'ornement, sous le nom de *Peuplier du lac Ontario* (1).

b) *Feuilles de formes très-variées sur le même individu (et souvent sur la même pousse), et suivant l'âge de l'individu, toujours plus longues que larges : celles des rejetons subcordiformes; les autres souvent très-allongées. Pétiole grêle, semi-cylindrique au sommet, canaliculé en dessus.*

PEUPLIER BAUMIER.—*Populus balsamifera* Linn.—Duham. ed. nov. vol. 2, tab. 50. — Mich. fil. Arb. 3, tab. 13, fig. 1. — *Populus Tacamahaca* Mill. Dict. — *Populus viminalis* Hort. Par. (olim.) — *Populus canadensis* Fouger. — *Populus*

---

(1) Dans la plupart des jardins de botanique et autres, c'est le *Populus balsamifera* qu'on cultive sous le nom de *Populus candicans*.

candicans Hortul. — Rejetons et jeunes pousses-terminales légèrement anguleux, glabres. Feuilles acuminées, glabres : les
ramulaires lancéolées, ou lancéolées-oblongues, ou lancéolées-
rhomboïdales, ou lancéolées-obovales, ou elliptiques, ou ovales,
ou ovales-orbiculaires, ou ovales-oblongues, ou ovales-lancéolées, ou oblongues-lancéolées, quelquefois subcordiformes à leur
base, légèrement crénelées, longuement pétiolées ; celles des
jeunes pousses-terminales ovales, ou ovales-lancéolées, ou oblongues-lancéolées, courtement pétiolées (du moins les supérieures),
inégalement dentelées ou crénelées, à base arrondie ou cordiforme. Stipules des feuilles-ramulaires grandes, oblongues-lancéolées, chartacées. — Arbre atteignant 80 pieds de haut, sur 3
pieds de diamètre. Racines très-longues. Écorce des vieux troncs
d'un gris brunâtre. Branches étalées, formant une tête lâche.
Rameaux cylindriques ou subcylindriques, d'un brun de châtaigne. Bourgeons longs, coniques, pointus, d'un brun jaunâtre.
Chatons très-précoces, longs de 3 à 4 pouces, semblables à ceux
du Peuplier noir. Feuilles fermes, d'un blanc subferrugineux en
dessous : les ramulaires (des individus adultes) longues de 2 à
4 pouces, larges de 1 pouce à 2 pouces; celles des rejetons et
des jeunes pousses-terminales atteignant jusqu'à 6 pouces de
long, et 1 pouce à 3 pouces de large. Stipules jaunes, visqueuses : celles des rejetons et des jeunes pousses-terminales deltoïdes,
beaucoup plus petites que celles des feuilles-ramulaires. —
Cette espèce, nommée vulgairement *Baumier*, habite le Canada.
On la cultive comme arbre d'ornement, mais son bois est de
très-médiocre qualité. Tous les terrains lui conviennent, mais
il croît de préférence dans un sol frais et sablonneux. Sa croissance est extrêmement rapide. Ses jeunes rameaux sont effilés
et assez flexibles pour suppléer aux Osiers. La substance visqueuse qui enduit ses bourgeons et ses jeunes feuilles a une
odeur forte, mais point désagréable ; les Canadiens emploient cette
substance, qu'ils appellent *Baume focot*, comme vulnéraire et
contre les maux de nerfs.

PEUPLIER A FEUILLES DE LAURIER. — *Populus laurifolia*

Ledeb. Ic. Flor. Alt. tab. 479. — *Populus balsamifera* Pallas, Flor. Ross. I, tab. 41. (non Linn.) — Jeunes rameaux fortement anguleux. Feuilles glabres ou pubérulés, subciliolées, variant de forme comme chez l'espèce précédente : les ramulaires plus ou moins longuement pétiolées ; les autres en général très-courtement pétiolées. Stipules (des feuilles ramulaires) linéaires-lancéolées ou linéaires-subulées. — Grand arbre, à tronc de 2 à 3 pieds de diamètre. Rameaux étalés. Bourgeons comme chez les 2 espèces précédentes. Jeunes pousses en général pubérules. Feuilles blanches en dessous : les ramulaires longues de 1 pouce à 4 pouces, larges de 3 lignes à 2 pouces, le plus souvent ovales ou oblongues. Feuilles des rejetons et des jeunes arbres plus grandes, ondulées, subcordiformes à la base. Chatons-femelles (suivant M. Ledebour) grêles, courtement pédonculés : rachis pubescent ; écailles-bractéales cunéiformes-obovales, ou cunéiformes-orbiculaires, subtrilobées, plus longues que les fleurs, fimbriées. Fleurs courtement pédicellées. Ovaire verruqueux. Style 4-furqué. Stigmates sagittiformes-trilobés. — Cette espèce croît en Sibérie. On la cultive comme arbre d'ornement. Ses bourgeons répandent la même odeur que les 2 espèces précédentes : les habitants de la Sibérie les emploient pour aromatiser l'eau-de-vie.

LES PROTÉINÉES.

PROTEINEÆ Bartl.

CARACTÈRES.

Arbres, ou *arbrisseaux,* ou *sous-arbrisseaux,* ou (peu d'espèces) *herbes.* Rameaux cylindriques ou irrégulièrement anguleux, point noueux. Sucs-propres aqueux.

Feuilles éparses, ou opposées, ou verticillées, simples (très-entières, ou dentées, ou pennatifides, ou irrégulièrement laciniées), non-stipulées, nerveuses, ou moins souvent penninervées, en général coriaces et persistantes.

Fleurs le plus souvent petites et hermaphrodites. Inflorescence variée.

Périanthe herbacé, ou coriace, ou pétaloïde, ou herbacé en dessous et coloré en dessus, le plus souvent persistant, ordinairement régulier, ou moins souvent irrégulier, adhérent, ou inadhérent, plus ou moins profondément fendu en 4 à 6 lobes. Estivation imbricative ou valvaire. Gorge quelquefois couronnée de squamules pétaloïdes alternes avec les lobes.

Étamines en nombre défini (le plus souvent antéposées lorsque leur nombre est le même ou moins que celui des lobes du périanthe), insérées au périanthe ou rarement sous l'ovaire. Anthères terminales.

Pistil : Ovaire adhérent ou inadhérent, 1-loculaire, 1-ovulé (par exception pluri-ovulé), 1-style. Stigmate en général entier.

Péricarpe drupacé, ou nucamentacé, ou folliculaire, en général 1-sperme.

Graines inarillées. Périsperme charnu ou nul. Embyron axile, rectiligne : radicule à sommet contigu au hile.

Cette classe comprend les *Protéacées,* les *Thymélées,* les *Éléagnées.* les *Santalacées,* et les *Laurinées* (1).

____

(1) M. Endlicher (*Gen. Plant.*), qui admet aussi la classe des Protéinées de M. Bartling (mais en la désignant par le nom de *Thymélées*), y établit plusieurs familles nouvelles, fondées aux dépens de quelques-uns des groupes ci-dessus cités.

CENT SOIXANTE-NEUVIÈME FAMILLE.

LES PROTÉACÉES. — *PROTEACEÆ.*

Proteæ Juss. Gen. — *Proteaceæ* R. Br. Prodr. p. 548 ; id. Linn. Trans. X. — Bartl. Ord. Nat. p. 115. — Lindl. Nat. Syst. ed. 2, p. 197. — Endl. Gen. Plant. p. 536. — *Proteacearum* trib. I (*Proteeæ*) et II (*Persooniæ*) Reichb. Syst. Nat. p. 169.

Quoique très-riche en espèces, la famille des *Protéacées* est absolument étrangère aux régions extratropicales de l'hémisphère septentrional, tandis qu'elle abonde singulièrement dans l'hémisphère austral ; la plupart des espèces habitent les contrées tempérées de la Nouvelle-Hollande et de l'Afrique méridionale. Les Protéacées n'offrent presque aucun végétal remarquable par des propriétés médicales, ou par quelque autre utilité particulière ; mais beaucoup d'espèces sont très-élégantes, et par cette raison recherchées pour l'ornement des serres.

CARACTÈRES DE LA FAMILLE.

Arbres (en général peu élevés), ou *arbrisseaux* ; par exception *herbes* ; rameaux le plus souvent verticillés.

Feuilles éparses, ou opposées, ou verticillées, persistantes, coriaces, indivisées (soit très-entières, soit dentées ou dentelées), ou incisées, ou pennatifides, ou pennatiparties, ou irrégulièrement multifides (par exception composées).

Fleurs bractéolées, ou moins souvent ébractéolées, hermaphrodites (par exception unisexuelles par avortement), disposées en épi, ou en grappe, ou en corymbe, ou en capitule involucré; rarement les fleurs sont solitaires et accompagnées d'un involucre caliciforme.

Périanthe 4-parti jusqu'à sa base, ou tubuleux et plus ou moins profondément 4-fide (quelquefois 2-labié), subcoriace, coloré (du moins à la surface supérieure ou interne; la surface inférieure ou externe souvent soyeuse), caduc après la floraison, ou marcescent.

Étamines au nombre de 4 (l'une d'elles stérile chez certains genres), antéposées, insérées au périanthe ou moins souvent sous l'ovaire, jamais plus longues que le périanthe. Filets courts ou très-courts, libres (par exception en partie soudés). Anthères adnées, dithèques (quelquefois les 2 bourses sont disjointes, divergentes dès leur base, mais soudées chacune à la bourse collatérale de l'anthère voisine, de manière à simuler une anthère monothèque, 2-valve), linéaires : bourses déhiscentes chacune par une fente longitudinale.

Squamules ou *glandules* au nombre de 4 (quelquefois moins de 4 ou nulles), alternes avec les segments du périanthe, distinctes, ou soudées, insérées sous l'ovaire ou moins souvent au périanthe.

Pistil : Ovaire stipité ou non-stipité, inadhérent, 1-loculaire, 1-2-ou pluri-ovulé. Ovules (bisériés lorsqu'il y en a 2 ou plus) anatropes, renversés, attachés soit au fond de la loge, soit à son sommet ou vers son milieu, soit sur une suture longitudinale. Style terminal, filiforme, indivisé, persistant, ou non-persistant, en général plus long que le périanthe. Stigmate indivisé, ou échancré, ou quelquefois 2-fide, terminal, souvent oblique, le plus souvent glabre.

Péricarpe : Noix ou samare ou drupe 1-ou 2-sperme,

1-loculaire, ou bien follicule soit coriace, soit ligneux, 2-sperme, ou polysperme, 1-loculaire, ou moins souvent 2-loculaire par une fausse cloison 2-partible, libre, longitudinale, formée après la floraison.

Graines ventrues ou plus souvent comprimées (en général ailées dans les fruits folliculaires), sessiles, apérispermées ; raphé en général inapparent ; chalaze veineuse, située à l'extrémité supérieure de la graine ; hile basilaire ou supra-basilaire. Embryon rectiligne, quelquefois à plus de 2 cotylédons : radicule infère.

Cette famille comprend les genres suivants :

Iʳᵉ TRIBU. **LES PROTÉÉES.** — *PROTEEÆ* Endl.

Anthères libres, insérées au milieu ou vers le sommet des segments du périanthe. Ovaire 1-ovulé. Péricarpe nucamentacé ou samaroïde. —'Fleurs en capitules.

Aulax Berg. — *Leucadendron* Herm. (Conocarpodendron Bœrh. Conocarpus Adans. non Linn. Euryspermum, Gissonïa et Chasme Salisb.) — *Petrophila* R. Br. (Petrophile, et Atyli sp. Salisb.) — *Isopogon* R. Br. (Atyli sp. Salisb.) — *Protea* Linn. (Leucadendron Linn. Lepidocarpodendron Bœrh. Scolymocephalus Herm. Erodendrum et Pleuranthe Salisb. Gaguedi Bruce.) — *Leucospermum* R. Br. (Conocarpodendron Bœrh. Diastella Salisb.) — *Mimetes* Salisb. (Hypophyllocarpodendron Bœrh.) — *Serruria* Salisb. — *Nivenia* R. Br. (Paronomus Salisb.) — *Sorocephalus* R. Br. (Soranthe Salisb.) — *Spatalla* Salisb. — *Adenanthos* Labill.

IIe TRIBU. **LES CONOSPERMÉES**. — *CONOSPER-MEÆ* Endl.

Anthères à bourses disjointes, soudées chacune à la bourse collatérale de l'anthère voisine de manière à simuler une anthère 1-thèque, 2-valve. Ovaire 1-ovulé. Péricarpe nucamentacé. — Fleurs en épis ou en capitules.

Synaphœa R. Br. — *Conospermum* Smith. — *Chilurus* R. Br. — *Isomerium* R. Br. — *Stirlingia* Endl. (Simsia R. Br. nec alior.)

IIIe TRIBU. **LES FRANKLANDIÉES**. — *FRANK-LANDIEÆ* Endl.

Périanthe hypocratériforme. Anthères adnées au tube du périanthe. Ovaire 1-ovulé. Péricarpe nucamentacé. — Fleurs en épis.

Franklandia R. Br.

IVe TRIBU. **LES PERSOONIÉES**. — *PERSOONIEÆ* Endl.

Étamines insérées vers le milieu ou à la base des segments du périanthe, ou très-rarement sous l'ovaire. Ovaire 1-ou 2-ovulé. Péricarpe nucamentacé, ou samaroïde, ou drupacé, 1-sperme, ou très-rarement 2-sperme. — Fleurs en épis.

Symphyonema R. Br. — *Agastachys* R. Br. — *Cenarrhenes* Labill. — ? *Potameia* Thouars. — *Persoonia* Smith. (Pentadactylon Gærtn. Linkia Cavan.) — *Brabeium* Linn. (Brabyla Linn.) — *Guevinia* Molin. (Quadria Ruiz et Pavon.) — *Bellendenia* R. Br.

Ve TRIBU. **LES GRÉVILLÉÉES.** — *GREVILLEÆ* Endl.

Ovaire 1-loculaire. Péricarpe folliculaire, 1-à 4-sperme, ou polysperme.

a) *Ovaire 1-à 4-ovulé. Follicule 1-à 4-sperme.*

Anadenia R. Br.—*Grevillea* R. Br.—*Lissostylis* R. Br. (Lyssanthe Salisb.) — *Ptychocarpa* R. Br. — *Eriostylis* R. Br. (Stylurus Salisb.) — *Plagiopoda* R. Br.— *Conogyne* R. Br. — *Cycloptera* R. Br. — *Hakea* Schrad. (Conchium Smith.)—*Lambertia* Smith. — *Xylomelum* Smith. — *Orites* R. Br. — *Amphiderris* R. Br. (Oritina R. Br.) — *Roupala* Aubl. (Rhopala Schreb. Leinkeria Scopol. Dickneckaria Flor. Flum.) — *Andripetalum* Schott. (Andriapetalum Pohl.) — *Helicia* Loureir. (Helitophyllum Blum.)—*Knightia* R. Br.—*Eucarpha* R. Br.

b) *Ovaire multi-ovulé. Follicule polysperme.*

Embothrium Forst. — *Oreocallis* R. Br. — *Telopea* R. Br. (Hylogyne Salisb.) — *Lomatia* R. Br. (Tricondylus Salisb.) — *Stenocarpus* R. Br.

VIe TRIBU. **LES BANKSIÉES.** — *BANKSIEÆ* Endl.

Ovaire 1-loculaire, 2-ovulé. Follicule en général 2-loculaire par une fausse cloison libre, ligneuse, 2-partible, qui s'est développée pendant la maturation.

Banksia Linn. — *Isostylis* R. Br. — *Dryandra* R. Br. (Josephia Salisb. Diplophragma et Aphragma R. Br.) — *Hemiclidia* R. Br.

Ire TRIBU. **LES PROTÉÉES.** — *PROTEEÆ* Endl.

Anthères libres, insérées au milieu ou vers le sommet des segments du périanthe. Ovaire 1-ovulé. Péricarpe nucamentacé ou samaroïde. Fleurs ordinairement en capitules.

Genre AULACE. — *Aulax* Berg.

Fleurs dioïques. *Fleurs-mâles :* Périanthe 4-parti, régulier. Étamines 4, insérées au milieu des segments du périanthe. Ovaire abortif. — *Fleurs-femelles :* Périanthe comme chez les fleurs-mâles. Étamines nulles. Quatre squamules hypogynes. Style filiforme. Stigmate oblique, claviforme, hispidule, échancré. Noix 1-sperme, ventrue, barbue, saillante. — Arbrisseaux (habitant l'extrémité australe de l'Afrique) très-glabres. Feuilles alternes, très-entières. Fleurs jaunes, terminales, 1-bractéolées : les mâles en grappes nues, agrégées ; les femelles en capitules solitaires, involucrés, à écailles-involucrales garnies en dedans d'un appendice multifide. — Les deux espèces suivantes se cultivent dans les collections de serre tempérée.

Aulace à feuilles de Pin. — *Aulax pinifolia* R. Br. — *Protea pinifolia* Willd. — Andr. Bot. Rep. tab. 76. — *Protea bracteata* Willd. — Feuilles filiformes, canaliculées.

Aulace à ombelles. — *Aulax umbellata* R. Br. — *Protea umbellata* Willd. — Andr. Bot. Rep. tab. 248. — *Protea aulacea* Willd. — Feuilles spathulées-linéaires, planes.

Genre LEUCADENDRE. — *Leucadendron* R. Br.

Fleurs dioïques. *Fleurs-mâles :* Périanthe 4-parti, régulier. Étamines 4, nichées dans le creux des segments du périanthe. Pistil abortif. — *Fleurs-femelles* : Périanthe comme celui des fleurs mâles. Étamines nulles. Quatre squamules hypogynes. Style filiforme. Stigmate oblique, claviforme, hispidule, échancré. Noix ou samare 1-sperme, recouverte par les écailles du cône. — Arbres ou arbrisseaux (habitant l'Afrique australe), souvent couverts d'un duvet soyeux. Feuilles alternes, très-entières. Fleurs en capitules terminaux, solitaires, involucrés : bractées-involucrales imbriquées ou verticillées, souvent colorées (jaunes). — Les espèces dont nous allons faire mention se cultivent comme arbrisseaux d'ornement, dans les collections de serre tempérée.

Leucadendre argenté.—*Leucadendron argenteum* R. Br. —*Protea argentea* Willd.—Weinm. Phytanth. 4, tab. 900. —Bot. Reg. tab. 979.—Feuilles satinées-argentées, lancéolées, velues (ainsi que les rameaux) aux bords. Bractées-involucrales courtes, cotonneuses. Périanthe des fleurs-mâles soyeux.

Leucadendre plumeux.—*Leucadendron plumosum* R. Br.—*Protea plumosa* Hort. Kew. ed. 1.—*Protea obliqua* Willd.—*Protea parviflora* Willd.—Feuilles glabres ou satinées, linéaires-lancéolées, mutiques, rétrécies et tordues à la base. Involucres et périanthes des capitules-mâles glabres. Involucres des fleurs-femelles persistants, plumeux, 4-fides. Noix cunéiformes-oblongues, velues.

Leucadendre imbriqué. — *Leucadendron imbricatum* R. Br.—Feuilles lancéolées-linéaires, glabres, imbriquées, obtuses à la base. Cônes à écailles cunéiformes, rétuses, soyeuses. Noix poilues, cuspidées.

Leucadendre Lévisanus. — *Leucadendron Levisanus* R. Br.—*Protea Levisanus* Willd.—Wendl. Hort. Herrenh. 1, tab. 1.—Feuilles obovales-spathulées, très-obtuses : les adultes glabres. Ramules poilus. Noix poilues, mutiques.

LEUCADENDRE A FEUILLES TORDUES. — *Leucadendron tortum* R. Br. — Bot. Reg. tab. 826. — Feuilles spathulées-linéaires, obtuses, tordues à la base : les adultes glabres ; les jeunes soyeuses de même que les ramules. Capitules-mâles pédonculés. Périanthe soyeux. Noix mutiques, poilues.

LEUCADENDRE CENDRÉ. — *Leucadendron cinereum* B. Br. — *Protea alba* Willd. — *Protea cinerea* Hort. Kew. ed. 1. — Feuilles spathulées-linéaires, satinées-argentées. Capitules-mâles sessiles. Noix obovales-cunéiformes, mutiques, légèrement velues.

LEUCADENDRE A CORYMBES. — *Leucadendron corymbosum* R. Br. — Bot. Reg. tab. 402. — *Protea corymbosa* Willd. — Andr. Bot. Rep. tab. 495. — Feuilles linéaires-subulées, imbriquées, glabres. Cônes à écailles pointues, recourbées au sommet. Noix subcomprimées, obcordiformes, poilues aux bords.

LEUCADENDRE ORNÉ. — *Leucadendron decorum* R. Br. — Feuilles oblongues, veineuses, terminées en callosité recourbée : les adultes glabres ; les jeunes soyeuses de même que les ramules ; les florales colorées, demi-scarieuses. Cônes à écailles cotonneuses, glabres et rétuses au sommet. Noix marginées, ponctuées.

LEUCADENDRE CONCOLORE. — *Leucadendron concolor* R. Br. — *Protea globosa* Bot. Mag. tab. 878. — Andr. Bot. Rep. tab. 307. — *Protea strobilina* Schrad. Sert. Hannov. 1, tab. 1. — Feuilles spathulées-oblongues, surmontées d'une callosité arrondie : les adultes glabres. Ramules velus. Bractées des capitules-mâles concolores. Capitules-femelles à écailles rétuses, cotonneuses à la base, ciliées.

LEUCADENDRE A GRANDES FLEURS. — *Leucadendron grandiflorum* R. Br. — *Euryspermum grandiflorum* Salisb. Parad. Lond. tab. 105. — Feuilles lancéolées-oblongues, surmontées d'une callosité arrondie : les adultes glabres ; les florales colorées. Ramules finement cotonneux. Écailles des capitules (de l'un et de l'autre sexe) ovales, subobtuses, glabres.

LEUCADENDRÉ RAIDE. — *Leucadendron strictum* R. Br. — *Euryspermum salicifolium* Salisb. Parad. Lond. tab. 75. — *Protea conifera* Andr. Bot. Rep. tab. 541. — Feuilles linéaires, mucronées, glabres. Écailles-involucrales ovales, pointues, à l'époque de la floraison plus longues que les capitules. Écailles-bractéales dilatées, arrondies, glabres. Samares aptères, ponctuées.

LEUCADENDRE ASCENDANT. — *Leucadendron adscendens* R. Br. — *Protea pallens* et *Protea conifera* Linn. — Feuilles linéaires-lancéolées, pointues : les florales concaves, colorées. Écailles-bractéales ovales, entières, cotonneuses-incanes. Samares ailées, échancrées. Tiges subdiffuses : rameaux ascendants.

LEUCADENDRE A FEUILLES DE SAULE. — *Leucadendron salignum* R. Br. — *Protea saligna* Linn. — Bœrh. Lugd. 2, p. 204, Ic. — Feuilles lancéolées-linéaires, mucronées, légèrement soyeuses : les florales lancéolées, colorées. Écailles-bractéales cotonneuses, dilatées vers le haut, rétuses-bilobées, glabres aux bords. Samares marginées, un peu élargies au sommet.

LEUCADENDRE DES MARAIS. — *Leucadendron uliginosum* R. Br. — *Protea saligna* Thunb. — Feuilles lancéolées-linéaires, satinées-argentées aux 2 faces, surmontées d'une pointe obtuse. Rameaux cotonneux. Écailles-bractéales des capitules-femelles soyeuses, dilatées, un peu ondulées, légèrement rétuses. Périanthe des fleurs-femelles à tube hérissé.

LEUCADENDRE FLEURI. — *Leucadendron floridum* R. Br. — *Protea saligna* Andr. Bot. Rep. tab. 572. — Feuilles lancéolées-linéaires, soyeuses, velues en dessus, surmontées d'une callosité pointue : les florales poilues en dessous. Ramules et périanthes des fleurs-mâles poilus. Écailles-bractéales cotonneuses, très-entières, dilatées au sommet. Samares aptères.

Leucadendre a écailles courbées.—*Leucadendron æmulum* R. Br.—*Protea incurva* Andr. Bot. Rep. tab. 429. — Feuilles-supérieures lancéolées-spathulées, pointues, striées. Cônes ovoïdes, à écailles cohérentes par la base, imberbes, recourbées aux bords. Samares suborbiculaires, noires.

Leucadendre a feuilles de Sapin.—*Leucadendron abietinum* R. Br.—*Protea teretifolia* Andr. Bot. Rep. tab. 461.— Feuilles toutes filiformes, canaliculées, subobtuses, lisses, étalées, arquées en dedans. Cônes à écailles soudées inférieurement par les bords et par l'axe, distinctes et 2-lobées au sommet.

Genre PÉTROPHILE. — *Petrophila* R. Br.

Capitules multiflores : involucre formé de bractées persistantes, imbriquées. Périanthe non-persistant (se détachant tout d'une pièce), 4-fide : segments concaves au sommet. Étamines 4, nichées dans le creux des segments du périanthe. Point de squamules hypogynes. Style filiforme, à base persistante. Stigmate fusiforme, rétréci au sommet. Noix lenticulaire, 1-sperme, poilue d'un côté; ou bien samare barbue à la base. — Arbrisseaux très-rameux, dressés. Feuilles indivisées, ou lobées, pennatifides (souvent de formes très-variées sur le même individu), glabres. Capitules ovoïdes ou oblongs, terminaux et axillaires, quelquefois agrégés. Capitules-fructifères strobiliformes, à écailles distinctes ou soudées, imbriquées. — Ce genre appartient à la Nouvelle-Hollande. Les espèces que nous allons signaler se cultivent dans les collections de serre.

Pétrophile élégant. — *Petrophila pulchella* R. Br. Prodr. — *Protea pulchella* Willd. — Bot. Mag. tab. 796. — Cavan. Ic. 6, tab. 550. — Feuilles comme biternées : segments dressés. Périanthe soyeux, cotonneux au sommet.

PÉTROPHILE A FEUILLES DIVERSIFORMES. — *Petrophila diversifolia* R. Br. l. c. — Feuilles 2-ou 3-pennatifides, planes : segments mucronés. Capitules axillaires, pédonculés; Périanthe barbu, blanchâtre. Cônes à écailles laineuses, cohérentes.

Genre ISOPOGON. — *Isopogon* R. Br.

Capitules multiflores. Involucre formé d'écailles soit imbriquées et persistantes, soit caduques après la floraison. Périanthe 4-fide : tube grêle, subpersistant; segments concaves au sommet, tombant avant le tube. Étamines 4, nichées dans le creux des segments du périanthe. Point de squamules hypogynes. Style filiforme, non-persistant. Stigmate fusiforme ou cylindracé. Noix monosperme, sessile, poilue. — Arbrisseaux dressés. Feuilles planes ou filiformes, indivisées, ou déchiquetées. Fleurs imbriquées, ou fastigiées. — Ce genre appartient à la Nouvelle-Hollande. Les espèces suivantes se cultivent dans les collections de serre.

a) *Fleurs imbriquées en cônes globuleux; bractées subpersistantes. Feuilles déchiquetées soit toutes, soit du moins les inférieures.*

ISOPOGON A FEUILLES DE FENOUIL.— *Isopogon anethifolius* R. Br. Prodr. — *Protea anethifolia* Salisb.—*Protea acufera* Cavan. Ic. 6, tab. 549. — Feuilles pennatifides ou bipennatifides : segments filiformes (de même que le rachis), dressés, sillonnés en dessus. Rameaux glabres. Périanthe (blanc) à tube pubescent; segments glabres en dessous, barbus au sommet.

ISOPOGON ÉLÉGANT. — *Isopogon formosus* R. Br. Prodr.— Bot. Reg. tab. 1288.—Feuilles comme triternées : segments divariqués, canaliculés en dessus, filiformes de même que le rachis. Ramules cotonneux. Périanthe (lilas) glabre, pubescent au sommet.

ISOPOGON A FEUILLES D'ANÉMONE. — *Isopogon anemonifolius* R. Br. Prodr.—*Protea anemonifolia* Bot. Mag. tab. 697.

— Andr. Bot. Rep. tab. 332. — *Protea tridactylites* Cavan. Ic. 6, tab. 548. — Feuilles 3-parties ou bipennatifides : segments linéaires, plans, peu divergents, lisses en dessous. Périanthe jaunâtre.

ISOPOGON A FEUILLES TRILOBÉES. — *Isopogon trilobus* R. Br. Prodr. — Feuilles cunéiformes, planes, 3-lobées, rétrécies en pétiole : segments très-entiers. Ramules cotonneux. Périanthe blanc.

Genre PROTÉE. — *Protea* Linn.

Capitules multiflores. Involucre persistant, formé d'écailles imbriquées. Réceptacle plan ou un peu convexe, garni de paillettes courtes, persistantes, quelquefois connées en alvéoles. Périanthe bilabié, 2-partible : l'une des lèvres plus large, composée de 3 segments plus ou moins soudés; segments concaves au sommet. Étamines 4, nichées dans le creux des lobes du périanthe. Quatre squamules hypogynes. Style subulé. Stigmate cylindracé, plus grêle que le style. Noix monosperme, poilue, longuement appendiculée par le style. — Arbres peu élevés, ou arbrisseaux, ou arbustes subacaules. Feuilles très-entières. Capitules terminaux ou moins souvent latéraux. Réceptacle le plus souvent glabre. Involucre turbiné ou hémisphérique, coloré. Lèvre majeure du périanthe souvent 2-ou 3-aristée. — Ce genre appartient à l'Afrique; une seule espèce a été observée en Abyssinie; les autres croissent dans les contrées voisines du Cap de Bonne-Espérance. Les espèces que nous allons signaler se cultivent dans les collections de serre.

PROTÉE ARTICHAUT. — *Protea cynaroides* Thunb. — Andr. Bot. Rep. tab. 288. — Bot. Mag. tab. 770. — Feuilles suborbiculaires, pétiolées. Involucre soyeux : écailles intérieures pointues, imberbes. Style pubescent au-dessous du milieu, —

Arbuste à souche haute à peine de 1 pied. Capitules du volume de la tête d'un enfant. Périanthe rouge.

PROTÉE A LONGUES FLEURS. — *Protea longiflora* Lamk. Ill. — *Protea lacticolor* Salisb. Parad. tab. 27. — *Protea ochroleuca* Smith, Exot. Bot. 2, tab. 81. — Feuilles ovales-oblongues, sessiles, subcordiformes ou arrondies à leur base. Rameaux cotonneux. Involucre soyeux : bractées-intérieures allongées, ciliées. Périanthe à arêtes très-courtes. Style glabre, plus long que l'involucre.

PROTÉE SUPERBE. — *Protea speciosa* Linn. (non Bot. Mag.) — Feuilles obovales-oblongues, rétrécies à la base, glabres de même que les rameaux. Involucre à bractées soyeuses : les intérieures dilatées au sommet, barbues. Périanthe (blanc) à arêtes laineuses au sommet. Style pubescent.

PROTÉE ÉLÉGANT. — *Protea formosa* R. Br. — *Protea coronata* Andr. Bot. Rep. tab. 469. — *Erodendrum formosum* Salisb. Parad. tab. 76. — Feuilles étroites, oblongues, veineuses, obliques, à base inauriculée, cotonneuses aux bords. Rameaux cotonneux. Bractées-involucrales ciliées : les intérieures liguliformes, imberbes. Périanthe écarlate, cotonneux de même que ses arêtes. Stigmate épaissi au sommet.

PROTÉE BICOLORE. — *Protea melaleuca,* R. Br. — *Protea speciosa nigra* Andr. Bot. Rep. tab. 103. — *Protea Lepidocarpon* Bot. Mag. tab. 674. — Feuilles linéaires-liguliformes, marginées, ciliées. Rameaux pubescents. Involucre allongé, turbiné. Bractées ciliées (de poils blancs) : les extérieures recourbées; les intérieures conniventes, spathulées, cotonneuses (noirâtres) au dos. Périanthe noirâtre.

PROTÉE CHARMANT. — *Protea pulchella* R. Br. — Bot. Reg. tab. 20. — Andr. Bot. Rep. tab. 270, 277 et 442. — Feuilles linéaires-liguliformes, marginées, luisantes, un peu scabres. Rameaux légèrement cotonneux. Bractées intérieures à sommet lancéolé, dilaté, soyeux, cilié de longs poils noirs. Périanthe d'un pourpre noirâtre, à arêtes à peu près aussi longues que les segments. Style pubescent.

PROTÉE ÉTALÉ. — *Protea patens* R. Br. — Andr. Bot. Rep. tab. 543. — Feuilles étroites, oblongues, un peu ondulées, marginées, rétrécies vers leur base, velues. Rameaux velus, diffus. Involucre hémisphérique; bractées soyeuses : les intérieures barbues de poils d'un pourpre noirâtre. Style pubescent vers la base. Périanthe à arêtes de la longueur des segments.

PROTÉE A LONGUES FEUILLES. — *Protea longifolia* Andr. Bot. Rep. tab. 132, 133 et 144. — Feuilles allongées, linéaires, rétrécies vers leur base. Involucre turbiné : écailles glabres, pointues, imberbes. Périanthe (noirâtre) à arêtes plus longues que les segments. Style pubescent, courbé au sommet.

PROTÉE MELLIFÈRE. — *Protea mellifera* Willd. — Bot. Mag. tab. 346. — Feuilles lancéolées-liguliformes, rétrécies vers leur base. Involucre turbiné : bractées presque glabres, imberbes, visqueuses. Périanthe (blanc ou rose) à arêtes laineuses, aussi longues que les segments. Style glabre.

PROTÉE A GRANDES FLEURS. — *Protea grandiflora* Willd. — Bot. Mag. tab. 2447. — Bot. Reg. tab. 569. — Feuilles oblongues, sessiles, glabres de même que les rameaux. Involucre hémisphérique, imberbe, presque glabre. Périanthe cotonneux, rose : onglets glabres au dos; arêtes très-courtes. Style glabre.

PROTÉE A PETITES FLEURS. — *Protea Scolymus* Willd. — Andr. Bot. Rep. tab. 409. — Bot. Mag. tab. 698. — *Protea angustifolia* Salisb. Prodr. — Feuilles linéaires-lancéolées, pointues, submucronées, rétrécies vers leur base. Involucre hémisphérique : bractées glabres, obtuses. Périanthe (rose ou blanc) mutique. Tige rameuse, polycéphale.

PROTÉE A FEUILLES MUCRONÉES. — *Protea mucronifolia* Salisb. Parad. tab. 24. — Bot. Mag. tab. 933. — Andr. Bot. Rep. tab. 500. — Feuilles lancéolées-linéaires, mucronées, piquantes, arrondies à la base. Bractées-involucrales lancéolées, mucronées, glabres. Tige dressée, multiflore. Périanthe d'un blanc rosé.

PROTÉE NAIN. — *Protea nana* Willd. — *Protea rosacea* Smith, Exot. Bot. 1, tab. 44. — *Protea acuifolia* Salisb. Parad. tab. 2. — Feuilles subulées, mucronées. Involucres nutants, hémisphériques : bractées glabres, obtuses. Périanthe pourpre.

PROTÉE TENACE. — *Protea tenax* R. Br. — *Erodendrum tenax* Salisb. Parad. tab. 70 — Feuilles linéaires-lancéolées, planes, rétrécies vers leur base, un peu scabres aux bords. Rameaux décombants. Involucre hémisphérique, soyeux, obtus. Périanthe à onglets presque glabres ; arêtes laineuses, de moitié plus courtes que les lames.

PROTÉE CANALICULÉ. — *Protea canaliculata* Andr. Bot. Rep. tab. 437. — Feuilles linéaires, point veinées, lisses, un peu concaves en dessus, glabres. Rameaux décombants, glabres. Involucre obtus : bractées intérieures légèrement soyeuses. Périanthe (pourpre) à onglets glabres ; arêtes de moitié plus courtes que les lames, barbues.

PROTÉE ACAULE. — *Protea acaulis* Willd. — *Protea glaucophylla* Salisb. Parad. tab. 11. — Rameaux déprimés. Feuilles obovales-oblongues, marginées, veineuses, rétrécies à la base. Involucres hémisphériques, inclinés. Bractées glabres. Périanthe mutique, brunâtre.

PROTÉE RAMPANT. — *Protea repens* Willd. — Tiges naines. Feuilles longues, linéaires, scabres, révolutées aux bords. Involucre turbiné : bractées obtuses, cotonneuses : les intérieures laineuses aux bords. Périanthe (rougeâtre) à onglets velus ; arêtes plus courtes que les lames.

Protée a fleurs turbinées.—*Protea turbiniflora* R. Br.
—*Erodendron turbiniflorum* Salisb. Parad. tab. 108.—*Protea cæspitosa* Andr. Bot. Rep. tab. 526.—Tiges naines. Feuilles longues, lancéolées, marginées, subondulées, lisses. Involucre subturbiné; bractées cotonneuses, obtuses. Périanthe laineux au sommet, rose, à arêtes aussi longues que les segments.

Protée Scolopendre. — *Protea Scolopendrium* R. Br. — Tiges naines. Feuilles allongées, lancéolées, marginées, lisses. Involucre turbiné : bractées lancéolées, acuminées, cotonneuses au sommet. Périanthe à arêtes de moitié plus courtes que les segments.

Protée a feuilles cordiformes.—*Protea cordata* Willd.—Andr. Bot. Rep. tab. 289.—*Protea cordifolia* Bot. Mag. tab. 649.—Feuilles cordiformes-suborbiculaires, nerveuses, glabres. Fleurs latérales. Involucre glabre. Périanthe pourpre.

Protée amplexicaule. — *Protea amplexicaulis* R. Br. — *Erodendrum amplexicaule* Salisb. Parad. Lond. tab. 67. — *Protea repens* Andr. Bot. Rep. tab. 453. — Feuilles cordiformes-ovales, amplexicaules, divariquées, recourbées au sommet. Involucre pubescent. Périanthe rose. Fleurs latérales.

Protée acéreux. — *Protea acerosa* R. Br.—Bot. Reg. tab. 351. — Feuilles subulées. Fleurs latérales. Réceptacle un peu convexe, à paillettes obtuses. Périanthe pourpre.

Genre LEUCOSPERME. — *Leucospermum* R. Br.

Capitules allongés ou déprimés, multiflores. Involucre polyphylle, imbriqué. Périanthe irrégulier, 2-labié : l'une des lèvres 3-fide; l'autre indivisée, ordinairement libre. Étamines 4, nichées dans le creux des segments du périanthe. Quatre squamules hypogynes. Ovaire 1-loculaire, 1-ovulé. Style filiforme, non-persistant. Stigmate épaissi, glabre, quelquefois inéquilatéral. Noix 1-sperme, sessile, ventrue, lisse. — Arbrisseaux ou arbustes, en général cotonneux ou poilus. Feuilles très-entières, ou dentées au sommet. Capitules terminaux. Fleurs soit imbriquées, et accompagnées de bractées persistantes, soit subfastigiées sur un réceptacle presque plan, garni de paillettes caduques. Périanthe jaune. — Ce genre est propre à l'Afrique australe ; les espèces suivantes se cultivent dans les collections de serre.

LEUCOSPERME A FEUILLES LINÉAIRES. — *Leucospermum lineare* R. Br. — *Protea linearis* Willd. — Rameaux glabres. Feuilles linéaires, entières, calleuses et barbues au sommet. Périanthe velu. Style saillant. Stigmate gibbeux. Involucre cotonneux.

LEUCOSPERME INTERMÉDIAIRE. — *Leucospermum medium* R. Br. — Feuilles linéaires-oblongues, paucidentées. Capitules nutants. Écailles-involucrales pubérules, ciliées. Périanthe velu, presque 2 fois plus court que le style. Stigmate gibbeux.

LEUCOSPERME CONOCARPE. — *Leucospermum Conocarpum* R. Br. — *Protea Conocarpa* Willd. — Feuilles elliptiques-oblongues, 3-à 9-dentées. Écailles-involucrales très-poilues de même que les périanthes et les rameaux. Style saillant. Stigmate subéquilatéral.

LEUCOSPERME A GRANDES FLEURS. — *Leucospermum grandiflorum* R. Br. — *Leucadendron grandiflorum* Salisb. Parad. Lond. tab. 116. — Rameaux très-hérissés. Feuilles 3-dentées ou entières, oblongues-lancéolées. Écailles-involucrales glabres, ciliées. Périanthe glabre, plus court que le style. Stigmate équilatéral, oblong-cylindracé.

LEUCOSPERME PUBÉRULE. — *Leucospermum puberum* R. Br. — *Protea pubera* Willd. — Feuilles lancéolées ou elliptiques, entières, courtes, pubescentes. Écailles-involucrales elliptiques, longuement acuminées, pubescentes-incanes. Périanthe poilu, plus court que le style. Stigmate équilatéral, ovoïde.

LEUCOSPERME COTONNEUX. — *Leucospermum tomentosum* R. Br. — *Protea tomentosa* Willd. — *Protea candicans* Andr. Bot. Rep. tab. 294. — Feuilles linéaires ou cunéiformes, tridentées, cotonneuses. Écailles-involucrales lancéolées, à peu près aussi longues que le tube du périanthe. Style un peu plus court que le périanthe. Tige dressée.

Genre MIMÈTE. — *Mimetes* Salisb.

Capitules multiflores. Réceptacle plan, garni de paillettes étroites, caduques. Involucre polyphylle, imbriqué. Périanthe 4-parti, régulier : segments concaves au sommet. Étamines 4, nichées dans les fovéoles des segments du périanthe. Quatre squamules hypogynes. Style filiforme, caduc. Stigmate grêle, cylindracé. Noix ventrue, lisse, non-stipitée. — Arbrisseaux. Feuilles très-entières ou à dents calleuses. Capitules axillaires ou terminaux. Écailles-involucrales membranacées ou coriaces. Ce genre est propre à l'Afrique australe ; les espèces suivantes se cultivent dans les collections de serre.

MIMÈTE HISPIDE. — *Mimetes hirtus* R. Br. — *Protea hirta* Willd. — Feuilles pointues, très-entières. Involucres équilatéraux, colorés, acuminés, demi-saillants, 8-à 10-flores. Périanthe à segments plumeux. Stigmate subulé.

MIMÈTE CUCULLÉ. — *Mimetes cucullatus* R. Br. — *Protea cucullata* Willd. — Feuilles linéaires-oblongues, 3-dentées, glabres : les florales dilatées à la base, recourbées aux bords. Involucres inéquilatéraux, subdimidiés, presque glabres. Stigmate subulé, très-pointu.

MIMÈTE DIVARIQUÉ. — *Mimetes divaricatus* R. Br. — *Protea*

divaricata Willd.—Tige procombante. Feuilles elliptiques-oblongues, obtuses, pubescentes. Style glabre.

Mimète pourpre. — *Mimetes purpureus* R. Br. —*Protea
purpurea* Willd. — Tige procombante. Rameaux ascendants.
Feuilles linéaires-subulées, canaliculées. Périanthe à segments
glabres.

Genre SERRURIA. — *Serruria* R. Br.

Capitules involucrés ou non-involucrés, multiflores.
Réceptacle convexe, garni de paillettes caduques. Périanthe 4-fide, subrégulier : onglets distincts; segments
concaves au sommet. Étamines 4, nichées dans les fovéoles des segments du périanthe. Quatre squamules hypogynes. Style filiforme, caduc. Stigmate vertical, glabre.
Noix glabre ou barbue, très-courtement stipitée. — Arbrisseaux. Feuilles pennatifides, ou trifides, ou indivisées,
filiformes. Capitules terminaux ou axillaires, simples, ou
composés, ordinairement accompagnés d'un involucre
membranacé, imbriqué. Fleurs sessiles, pourpres. Ovaire
aussi long que le périanthe. — Ce genre est propre à l'A-
frique australe ; plusieurs espèces se cultivent comme arbrisseaux d'ornement de serre ; les suivantes sont les plus
notables.

a) Capitules simples. Pédoncules nuls ou 1-céphales.

Serruria penné.—*Serruria pinnata* R. Br.—*Protea pinnata* Andr. Bot. Rep. tab. 512. — Tige procombante, poilue.
Feuilles pennatifides ou trifides. Capitules terminaux et axillaires, subfasciculés. Bractées lancéolées, acuminées, velues, de
moitié plus longues que la corolle. Périanthe à onglets soyeux;
segments barbus au sommet.

Serruria Fausse-Cyane. — *Serruria cyanoides* R. Br. —
Protea cyanoides Linn.—Tige presque dressée. Feuilles pres-

que étalées : les inférieures plus courtes, 3-fides ; les supérieures subbipennatifides. Capitules terminaux, plus longs que leurs
pédoncules. Bractées ovales-orbiculaires, acuminées, velues.
Trois des segments du périanthe longitudinalement barbus ; le
quatrième segment imberbe.

SERRURIA PÉDONCULÉ. — *Serruria pedunculata* R. Br. —
Protea pedunculata Lamk. Ill. — *Protea glomerata* Andr.
Bot. Rep. tab. 264. — Tige dressée, poilue de même que les
feuilles. Feuilles 2-ou 3-pennatifides. Capitules terminaux,
pédonculés. Bractées larges, ovales, cotonneuses. Périanthe
courbé, barbu.

SERRURIA FAUX-PHYLICA. — *Serruria phylicoides* R. Br.
— *Protea sphærocephala* Linn. — *Protea abrotanifolia* Andr.
Bot. Rep. tab. 507. — Capitules terminaux et axillaires. Pédoncules ramuliformes, recourbés. Bractées glabres, de moitié plus
longues que le capitule : les intérieures lancéolées. Trois des
segments du périanthe barbus ; onglets glabres.

b) *Capitules composés. Pédoncules polycéphales.*

SERRURIA A CAPITULES GLOMÉRULÉS. — *Serruria glomerata*
R. Br. — *Protea glomerata* Linn. — Feuilles glabres, bipennatifides. Capitules partiels multiflores. Bractées extérieures glabres. Bractées intérieures soyeuses. Pédoncules recourbés. Stigmate claviforme.

Genre NIVÉNIA. — *Nivenia* R. Br.

Involucre 4-phylle, 4-flore, durcissant après la floraison. Réceptacle plan, nu. Périanthe 4-fide, régulier, tombant en entier ; segments concaves au sommet. Étamines
4, nichées dans les fovéoles des segments du périanthe.
Quatre squamules hypogynes. Style filiforme, caduc. Stigmate claviforme, vertical. Noix luisante, ventrue, non-
stipitée, indivisée à la base. — Arbrisseaux. Feuilles épar-

ses, filiformes, ou découpées en lanières filiformes, planes.
Capitules disposés en épis ou en glomérules terminaux.
Fleurs pourpres. — Ce genre appartient à l'Afrique australe; les espèces suivantes se cultivent comme arbustes
d'ornement de serre.

a) Feuilles supérieures indivisées, plus larges que les inférieures.

NIVÉNIA SCEPTRE. — *Nivenia Sceptrum* R. Br. — *Protea
Sceptrum* Willd.—Feuilles obovales ou sublancéolées, presque
planes, immarginées. Périanthe satiné.

NIVÉNIA SPATHULÉ. —*Nivenia spathulata* R. Br.—*Protea
spathulata* Willd. — Feuilles cuculliformes, marginées, plus
larges que longues. Bractées-involucrales, obtuses. Périanthe
barbu. Style glabre. Stigmate oblong-claviforme.

b) Feuilles toutes bipennatifides.

NIVÉNIA A ÉPIS. — *Nivenia spicata* R. Br.—*Protea spicata*
Willd.—Rameaux cotonneux. Feuilles glabres. Épis cylindracés, longuement pédonculés, disposés en ombelles. Bractées ovales. Style très-velu inférieurement.

NIVÉNIA A FEUILLES DE CRITHME.—*Nivenia crithmifolia*
R. Br.—*Protea Lagopus* Andr. Bot. Rep. tab. 243.—Feuilles
glabres, divariquées. Épis coniques-cylindracés, à peu près aussi-
longs que les pédoncules, disposés en ombelle. Bractées ovales,
acuminées. Style velu jusqu'au milieu.

Genre SOROCÉPHALE. — *Sorocephalus* R. Br.

Involucre 1-ou pauci-flore (à fleurs en nombre défini),
3-6-phylle : le fructifère point durci. Réceptacle nu. Périanthe 4-fide, régulier : segments concaves au sommet.
Étamines 4, nichées dans les fossettes des segments du périanthe. Quatre squamules hypogynes. Style filiforme,
caduc. Stigmate claviforme, vertical. Noix ventrue, cour-

tement stipitée, ou échancrée à la base. — Arbrisseaux à rameaux effilés. Feuilles planes ou filiformes, éparses, ordinairement indivisées. Capitules subsessiles, 1-bractéolés, agrégés en épis capituliformes. Fleurs pourpres. — Ce genre est propre à l'Afrique australe. Les espèces suivantes se cultivent comme arbustes de serre.

SOROCÉPHALE LAINEUX. — *Sorocephalus lanatus* R. Br. — *Protea lanata* Willd. —Feuilles filiformes, trièdres, 1-sulquées en dessus. Capitules multiflores. Périanthe à segments barbus de poils plumeux.

SOROCÉPHALE IMBRIQUÉ. —*Sorocephalus imbricatus* R. Br.— *Protea imbricata* Willd.—Andr. Bot. Rep. tab. 517.—Feuilles lancéolées, scabres en dessous. Périanthe à onglets barbus de poils glanduleux.

IVe TRIBU. LES PERSOONIÉES. — *PERSONIEÆ* Endl.

Étamines (par exception hypogynes.) insérées au milieu ou à la base des segments du périanthe. Ovaire 1-ou 2-ovulé. Péricarpe nucamentacé, ou samaroïde, ou drupacé, ordinairement 1-spermé. — Fleurs en épis.

Genre PERSOONIA. — *Persoonia* R. Br.

Périanthe 4-parti, régulier : segments recourbés. Étamines 4, saillantes, insérées au milieu des segments du périanthe. Quatre glandules hypogynes. Ovaire 1-ou 2-ovulé, 1-loculaire, stipité. Style filiforme. Stigmate obtus. Drupe charnu, à noyau 1-ou 2-loculaire, 1-ou 2-sperme. — Arbustes ou arbrisseaux. Écorce souvent composée de lamelles scarieuses. Feuilles éparses, très-entières, planes. Pédoncules axillaires, solitaires, ébractéolés, ou 1-

bractéolés. Fleurs jaunes. Embryon souvent à plus de 2
cotylédons.— Ce genre est propre à la Nouvelle-Hollande.
On en cultive plusieurs espèces dans les collections de
serre ; les 2 suivantes sont les plus notables.

PERSOÓNIA À FEUILLES LINÉAIRES..— *Persoonia linearis*
R. Br.—Andr. Bot. Rep. tab. 77.— Bot. Mag. tab. 760.—
Vent. Malm. tab. 32.— Feuilles étroites, linéaires, allongées,
glabres. Pédoncules dressés, pubescents de même que les périanthes. Ovaire à stipe inarticulé.—Tige arborescente, à écorce
lisse.

PERSOONIA À FEUILLES LANCÉOLÉES.— *Persoonia lanceolata*
R. Br.—Andr. Bot. Rep. tab. 74.— Feuilles lancéolées ou elliptiques, mucronées, glabres, lisses. Pédoncules axillaires,
1-flores. Périanthe soyeux. Ovaire à stipe inarticulé.

Vᵉ TRIBU. LES GRÉVILLÉES. — *GREVILLEÆ.*
Endl.

Ovaire 1-loculaire. Péricarpe folliculaire, 1-à 4-sperme,
ou polysperme.

Genre GRÉVILLÉA. — *Grevillea* R. Br.

Périanthe 4-parti, irrégulier : segments subspathulés,
unilatéraux, révolutés. Etamines 4, nichées dans les fovéoles des segments du périanthe. Une seule glande hypogyne, dimidiée. Ovaire stipité ou non-stipité, 2-ovulé.
Style ascendant. Stigmate soit oblique et déprimé, soit
subvertical et conique. Follicule coriace ou ligneux, 1-lo-
culaire, 2-sperme. Graines marginées ou courtement ailées
au sommet. — Arbrisseaux ou arbres, glabres, ou à pu-
béscence médifixe. Feuilles indivisées, ou pennatifides, ou
2-pennatifides, alternes. Fleurs en épis, ou en grappes,

ou en fascicules; pédicelles géminés ou subfasciculés : paires ou fascicules 1-bractéolés. Fleurs rougeâtres où jaunes. — Ce genre appartient à la Nouvelle-Hollande ; les espèces dont nous allons faire mention se cultivent dans les collections de serre.

GRÉVILLÉA SOYEUX. — *Grevillea sericea* R. Br.—*Embothrium sericeum* Willd. — Andr. Bot. Rép. tab. 100. — Bot. Mag. tab. 862. — *Embothrium cytisoides* Cavan. Ic. 4, tab. 386, fig. 2. —Feuilles elliptiques ou oblongues, obtuses, mucronées, réfractées aux bords. Ramules-florifères dressés. Grappes courtes, recourbées. Fleurs roses.

GRÉVILLÉA A FEUILLES LINÉAIRES. — *Grevillea linearis* R. Br.—*Embothrium lineare* Andr. Bot. Rep. tab. 272.—*Embothrium linearifolium* Cavan. Ic. 4, tab. 386, fig. 1.—*Grevillea incarnata* Bot. Mag. tab. 2661.—*Grevillea alba* Lodd. Bot. Cab. tab. 858.—Feuilles linéaires-lancéolées, pointues, mucronées, réfractées aux bords. Grappes courtes, dressées. Style très-glabre au sommet. Fleurs blanches, où roses, ou lilas.

GRÉVILLÉA DES SABLES.—*Grevillea arenaria* R. Br.—Feuilles oblongues, obtuses, mucronulées. Grappes recourbées, pauciflores. Pistil cotonneux. Périanthe lilas.

GRÉVILLÉA ACUMINÉ. — *Grevillea acuminata* R. Br. — Sweet, Flor. Austral. tab. 55. — Feuilles lancéolées, subacuminées, mucronées, chagrinées en dessus, cotonneuses-incanes en dessous. Grappes horizontales ou recourbées, pauciflores. Ramules pubescents. Périanthe (verdâtre) finalement glabrescent. Pistil poilu.

GRÉVILLÉA A FEUILLES DE BUIS.—*Grevillea buxifolia* R. Br. —Bot. Reg. tab. 443. — *Embothrium buxifolium* Willd. — Andr. Bot. Rep. tab. 218.—*Embothrium genianthum* Cavan. Ic. 4, tab. 387.—Feuilles elliptiques, chagrinées en dessus, cotonneuses-incanes en dessous. Stigmates orbiculaires.

Genre HAKÉA. — *Hakea* Schrad.

Périanthe 4-parti, irrégulier : segments subspathulés, unilatéraux. Étamines 4, nichées dans les fovéoles des segments du périanthe. Une seule glande hypogyne, dimidiée, ou bilobée: Ovaire stipité, 2-ovulé. Style ascendant. Stigmate suboblique, mucroné, à base dilatée. Follicule ligneux, 1-loculaire, 2-sperme : cavité excentrique. Graine prolongée au sommet en aile plus longue que l'amande. — Arbrisseaux, ou arbres peu élevés. Pubescence nulle ou médifixe. Feuilles éparses, souvent dissemblables. Bourgeons-floraux enveloppés d'écailles scarieuses, caduques. Fleurs fasciculées ou en grappes. Pédoncules en général axillaires. Pédicelles courts, géminés sur les grappes : chaque paire accompagnée d'une seule bractée. Périanthe blanc ou jaunâtre. — Ce genre appartient à la Nouvelle-Hollande ; nous n'allons signaler que les espèces qui se cultivent le plus souvent dans les collections de serre.

a) *Feuilles cylindriques. Fruit point éperonné.*

HAKÉA A FRUIT PUGIONIFORME.—*Hakea pugioniformis* Cavan. Ic. 6, tab. 533. — *Hakea glabra* Schrad. Sert. Hannov. 3, tab. 17.—*Conchium pugioniforme* Smith. — Feuilles filiformes, indivisées, glabres. Périanthe soyeux. Follicules lancéolés, acuminés, droits, munis de chaque côté (au dessous du milieu) d'une crête transversale.

HAKEA A FLEURS OBLIQUES. — *Hakea obliqua* R. Br. — Feuilles indivisées. Rameaux cotonneux. Glandule hypogyne adnée au sommet du pédoncule. Périanthe soyeux. Follicules gibbeux, subtoruleux.

b) *Feuilles cylindriques. Fruit muni au-dessous de son sommet de 2 éperons.*

HAKÉA A FRUIT GIBBEUX.—*Hakea gibbosa* Cavan. Ic. 6, tab. 534. — *Hakea pubescens* Schrad. — *Conchium gibbosum*

Smith.—*Banksia gibbosa* Willd.—Feuilles filiformes, indivisées, légèrement sillonnées en dessous, subpubescentes de même que les rameaux. Ramules et pédoncules hérissés. Follicules gibbeux, lacuneux en dedans. Graines à aile demi-elliptique.

HAKÉA A FEUILLES ACICULAIRES. — *Häkea acicularis* R. Br. —*Hakea sericea* Schrad.—*Conchium aciculare* Vent. Malm. tab. 111.—Feuilles filiformes, indivisées, glabres, légèrement sillonnées en dessous, aussi longues que les fruits. Jeunes pousses soyeuses. Pédoncules hérissés. Périanthe glabre, aussi long que le pédoncule. Follicules gibbeux, subrugueux, lacuneux en dedans.

HAKÉA ODORANT.—*Häkea suaveolens* R. Br.—Feuilles pennatifides ou indivisées, filiformes, sillonnées en dessus. Fleurs glabres, disposées en grappes à rachis cotonneux. Follicules gibbeux.

c) Feuilles planes.

HAKÉA MULTIFLORE.—*Hakea florida* R. Br.—Feuilles étroites, lancéolées, finement ponctuées, spinelleuses et scabres aux deux bords. Ramules et pédoncules finement pubescents. Follicules un peu convexes, bi-éperonnés.

HAKÉA A FEUILLES DE HOUX.— *Hakea ilicifolia* R. Br. — Feuilles elliptiques, opaques, sinuées-dentées, subpétiolées : dents spinescentes. Rameaux cotonneux. Follicules bi-éperonnés, ovoïdes, gibbeux, comprimés au sommet, scrobiculés en dedans.

HAKÉA A FEUILLES LUISANTES. — *Hakea nitida* R. Br. — Feuilles lancéolées ou oblongues, rétrécies à la base, paucîdentées (dents spiniformes), ou très-entières, luisantes, un peu veineuses, très-glabres de même que les ramules. Follicules bi-éperonnés, un peu gibbeux, presque lisses en dedans.

HAKÉA A FEUILLES AMPLEXICAULES.—*Hakea amplexicaulis*

R. Br.—Feuilles sinuées-dentées, luisantes, un peu veineuses, à base dilatée, cordiforme, amplexicaule. Tige procombante. Rameaux glabres. Follicules point éperonnés.

HAKÉA PROCOMBANT.—*Hakea prostrata* R. Br. — Feuilles anguleuses, dentées, cunéiformes au sommet, cordiformes-amplexicaules à la base. Tige procombante. Rameaux pubescents. Follicules point éperonnés.

HAKÉA A FEUILLES CORNUES.—*Hakea ceratophylloides* R. Br. —*Conchium ceratophyllum* Smith.—Feuilles pennatifides, linéaires. Périanthe cotonneux-ferrugineux. Follicules point éperonnés.

HAKÉA A FEUILLES ONDULÉES. —*Hakea undulata* R. Br. —Feuilles obovales, 3-nervées, veineuses, réticulées, ondulées, bordées de dents spinescentes. Follicules bouffis, point éperonnés.

HAKÉA A FEUILLES D'OLIVIER. — *Hakea oleæfolia* R. Br.—*Conchium oleifolium* Smith. — Feuilles lancéolées, très-entières, 1-nervées, légèrement veineuses, mucronées, piquantes : les supérieures pubescentes. Ramules cotonneux. Follicules terminaux, bi-éperonnés, gibbeux.

HAKÉA A FEUILLES DE SAULE. — *Hakea saligna* R. Br. —*Conchium salignum* Smith.—*Embothrium salignum* Andr. Bot. Rép. tab. 215. — *Embothrium salicifolium* Vent. Hort. Cels. tab. 8.—Feuilles longues, lancéolées, très-entières, 1-nervées, pointues, apiculées, toutes très-glabres de même que les ramules. Follicules axillaires, gibbeux, comprimés et carénés de chaque côté au sommet.

HAKÉA A FEUILLES INCANES.—*Hakea cinerea* R. Br.—Feuilles longues, linéaires-lancéolées, très-entières, 3-nervées, obscurément veineuses, un peu scabres, apiculées, cotonneuses de même que les ramules et les écailles-involucrales. Follicules lancéolés, acuminés, un peu comprimés, point éperonnés.

Hakéa a feuilles nervéuses.—*Hakea dactyloides* Cavan. Ic. 6, tab. 535.—Feuilles très-entières, triplinervées, veineuses, obovales-oblongues. Ramules anguleux. Pédicelles poilus. Périanthe glabre. Follicules verruqueux, point éperonnés.

Hakéa a feuilles elliptiques.—*Hakea elliptica* R. Br.— *Conchium ellipticum* Smith. —Feuilles très-entières, 5-nervées, veineuses, réticulées, elliptiques, ou elliptiques-oblongues, mutiques. Pédicelles glabres de même que le périanthe. Follicules pointus, gibbeux, luisants, point éperonnés.

Genre LAMBERTIA. — *Lambertia* Smith.

Périanthe tubuleux, 4-fide : segments révolutés en spirale. Étamines 4, saillantes, insérées aux segments du périanthe. Disque cupuliforme, ou de 4 glandules distinctes. Ovaire stipité, 2-ovulé. Style filiforme. Stigmate subulé. Follicule coriace, presque ligneux, souvent cuspidé d'un côté au sommet, 1-loculaire, 2-sperme. Graines marginées. — Arbrisseaux à rameaux verticillés. Feuilles verticillées-ternées, le plus souvent très-entières. Fleurs terminales, accompagnées d'un involucre formé d'écailles imbriquées, colorées, caduques; réceptacle-commun plan, nu. — Genre propre à la Nouvelle-Hollande extra-tropicale; l'espèce suivante est remarquable par l'élégance de son inflorescence.

Lambertia élégant.—*Lambertia formosa* Smith, in Linn. Soc. Trans. 4, p. 223, tab. 20.—Andr. Bot. Rep. tab. 69.— Cavan. Ic. 6, tab. 547.—Bot. Reg. tab. 542. —Feuilles linéaires-lancéolées, cuspidées-mucronées, révolutées aux bords. Involucres 7-flores : écailles roses, les intérieures aussi longues que les fleurs. Style poilu. Follicules bicornes.

Genre XYLOMÈLE. — *Xylomelum* R. Br.

Périanthe 4-parti, régulier : segments subspathulés, révolutés au sommet. Étamines 4, saillantes, insérées au-dessous du sommet des segments du périanthe. Quatre glandules hypogynes. Ovaire stipité, 2-ovulé. Style filiforme, caduc. Stigmate vertical, claviforme, obtus. Follicule ligneux, obpyriforme, excentriquement 1-loculaire, 2-sperme. Graines ailées au sommet. — Arbres. Feuilles opposées : les jeunes dentées ; les adultes très-entières. Épis axillaires, opposés, amentiformes ; fleurs géminées : chaque paire 1-bractéolée ; les fleurs inférieures hermaphrodites ; les supérieures mâles par avortement. Un seul follicule parvient à maturité sur chaque épi.

Le *Xylomelum pyriforme* R. Br. (*Hakea pyriformis* Cavan. Ic. 6, tab. 556), se cultive dans les collections de serre.

Genre TÉLOPÉA. — *Telopea* R. Br.

Périanthe irrégulier, 4-fide au sommet, longitudinalement fendu d'un côté. Étamines 4, nichées dans les fovéoles des segments du périanthe. Une seule glande hypogyne, semi-annulaire. Ovaire stipité, multi-ovulé. Style filiforme, persistant. Stigmate oblique, claviforme, convexe. Follicule cylindracé, 1-loculaire ; polysperme. Graines prolongées au sommet en aile immarginée d'un côté, marginée et veineuse de l'autre côté, séparées les unes des autres par des diaphragmes membraneux. — Arbrisseaux. Feuilles dentées ou entières, éparses. Grappes terminales, corymbiformes, accompagnées d'un involucre à écailles imbriquées, non-persistantes ; pédicelles géminés : chaque paire 1-bractéolée. Fleurs écarlates, très-élégantes. — Genre propre à la Nouvelle-Hollande.

TÉLOPÉA MAGNIFIQUE. — *Telopea speciosissima* R. Br. — Bot. Reg. tab. 1128.—*Embothrium speciosissimum* Willd.— Smith, New. Holl. tab. 7. — Bot. Mag. tab. 1128. — *Embothrium speciosum* Salisb. Parad. tab. 111.—*Embothrium spathulatum* Cavan. Ic. 4, tab. 388. — Feuilles-cunéiformes-oblongues, incisées-dentées, veineuses, très-glabres de même que les écailles-involucrales.—Cultivé dans les collections de serre.

Genre LOMATIA. — *Lomatia* R. Br.

Périanthe irrégulier, 4-parti : segments ovales, unilatéraux. Étamines 4, nichées dans les fovéoles des segments du périanthe. Trois glandules hypogynes, unilatérales. Ovaire stipité, multi-ovulé. Style filiforme, persistant. Stigmate oblique, suborbiculaire, presque plan. Follicule elliptique-oblong, 1-loculaire, polysperme. Graines prolongées au sommet en aile marginée, point veineuse, séparées les unes des autres par des diaphragmes membraneux. — Arbrisseaux. Feuilles pennatifides, ou bipennatifides, ou indivisées, alternes. Grappes terminales ou axillaires, soit lâches et allongées, soit courtes et corymbiformes, point involucrées; pédicelles géminés : chaque paire 1-bractéolée. Périanthe d'un jaune pâle. — Genre propre à la Nouvelle-Hollande extra-tropicale; l'espèce suivante se cultive dans les collections de serre.

Lomatia a feuilles de Silaus.—*Lomatia silaifolia* R. Br. —Bot. Mag. tab. 1272.— *Embothrium silaifolium* Willd. — Smith, New. Holl. tab. 8. — *Embothrium herbaceum* Cavan. Ic. 4, tab. 384. —Feuilles bipennatifides, très-glabres : segments cunéiformes-linéaires ou lancéolés, incisés, pointus, mucronés, veineux, réticulés. Grappes simples ou rameuses, allongées, très-glabres.

VIe TRIBU. LES BANKSIÉES. — *BANKSIEÆ* Endl.

Ovaire 1-loculaire, 2-ovulé. Follicule en général 2-loculaire par une fausse cloison libre, ligneuse, 2-partible, qui s'est développée pendant la maturation.

Genre BANKSIA. — *Banksia* Linn.

Périanthe 4-parti ou 4-fide. Étamines 4, nichées dans les fovéoles des segments du périanthe. Quatre squamules

hypogynes. Ovaire 1-loculaire : ovules collatéraux, supramédifixes. Style filiforme. Stigmate claviforme. Follicule
ligneux, comme 2-loculaire, 2-sperme. Graines prolongées au sommet en aile cunéiforme, attachées à la base de
la cloison. — Petits arbres ou arbrisseaux. Rameaux en
ombelles. Feuilles éparses ou rarement verticillées, entières, ou dentelées, ou pennatifides, souvent dissemblables sur le même individu. Épis dépourvus d'involucre,
terminaux, ou rarement latéraux, ordinairement allongés.
Fleurs géminées sur le rachis : chaque paire accompagnée
de 3 bractées persistantes (dont 1 plus grande, externe, solitaire, les 2 autres plus petites, collatérales). Épis-fructi-
fères à rachis épais, soudés à la base des follicules. —
Genre propre à la Nouvelle-Hollande ; beaucoup d'espèces se cultivent dans les collections de serre, en raison de
l'élégance de leur feuillage ; nous ne ferons mention que
des plus répandues.

BANKSIA ÉLÉGANT. — *Banksia pulchella*. R. Br. — Feuilles
acéreuses, très-entières, mutiques. Segments du périanthe à onglets laineux ; lames glabres, Stigmate capitellé, déprimé.

BANKSIA À FRUIT SPHÉRIQUE. — *Banksia sphærocarpa* R. Br. —
Feuilles acéreuses, très-entières, mucronulées. Périanthe hérissé. Stigmate subulé. Follicules ventrus, un peu comprimés au
sommet, disposés en cône sphérique.

BANKSIA A FLEURS NUTANTES. — *Banksia nutans* R. Br. —
Feuilles acéreuses, très-entières, mucronulées. Épis nutants.
Périanthe soyeux. Follicules déprimés, dilatés au sommet.

BANKSIA A FEUILLES DE BRUYÈRE. — *Banksia ericæfolia*
Willd. — Andr. Bot. Rep. tab. 156. — Bot. Mag. tab. 738. —
Cavan. Ic. 6, tab. 538. — Feuilles acéreuses, échancrées au
sommet, très-entières aux bords. Épis allongés. Périanthe
soyeux. Stigmate capitellé.

Banksia spinelleux.—*Banksia spinulosa* Willd.—Smith, New Holland. tab. 4. — Andr. Bot. Rep. tab. 457. — Cavan. Ic. 6, tab. 537.— Feuilles acéreuses, 3-dentées au sommet (la dent terminale plus longue), spinelleuses ou très-entières aux bords. Périanthe imberbe à la base. Stigmate subulé.

Banksia occidental.—*Banksia occidentalis* R. Br.—Feuilles linéaires, sans veines en dessous, spinelleuses aux bords vers leur sommet. Bractées glabres au sommet. Périanthe marcescent : onglets barbus antérieurement à leur base. Follicules ventrus, cotonneux, glabres et un peu comprimés au sommet. — Arbrisseau à ramules glabres.

Banksia littoral. — *Banksia littoralis* R. Br. — Feuilles longues, linéaires, spinelleuses aux bords, rétrécies à leur base, point veineuses en dessous. Périanthe non-persistant. Follicules comprimés, cotonneux au sommet de même que les bractées.— Arbre à ramules cotonneux.

Banksia a feuilles marginées.— *Banksia marginata* Cavan. Ic. 6, tab. 544.—Feuilles linéaires, tronquées, mucronulées, très-entières, ou dentées, point veineuses en dessous. Jeunes pousses hérissées. Bractées glabres au sommet : les majeures pointues.

Banksia a feuilles entières.—*Banksia integrifolia* Willd. —Cavan. Ic. 6, tab. 546.—*Banksia oleæfolia* Cavan. l. c. tab. 545.—Feuilles verticillées, oblongues-lancéolées, entières, mucronulées, réticulées en dessous. Follicules cotonneux. Tige arborescente.

Banksia verticillé.—*Banksia verticillata* R. Br.—Feuilles verticillées, liguliformes-oblongues, obtuses, mutiques, d'un blanc de neige en dessous. Bractées cotonneuses, obtuses. Tige arborescente.

Banksia a fleurs écarlates.—*Banksia coccinea* R. Br. —

Feuilles cunéiformes-obovales ou oblongues ; alternes, dentées, tronquées, costées, réticulées, veineuses. Bractées subulées, laineuses de même que le périanthe. Stigmate pyramidal.

BANKSIA DES MARAIS. — *Banksia paludosa* R. Br. — Feuilles subverticillées, cunéiformes-oblongues, subtronquées, rétrécies à la base, dentelées vers le sommet, un peu recourbées aux bords, réticulées en dessous. Pétioles et ramules glabres. Périanthe soyeux. — Arbrisseau.

BANKSIA A FEUILLES OBLONGUES. — *Banksia oblongifolia* Cavan. Ic. 6, tab. 542. — Feuilles éparses, étroites, oblongues, tronquées, dentelées, rétrécies à la base, réticulées en dessous. Pétioles et ramules cotonneux. Bractées majeures acuminées. Périanthe soyeux. — Arbrisseau.

BANKSIA A LARGES FEUILLES. — *Banksia latifolia* R. Br. — *Banksia Robur* Cavan. Ic. 6, tab. 543. — Feuilles obovales-oblongues, dentelées (dentelures spinescentes), pointues à leur base, réticulées et cotonneuses-incanes en dessous. Périanthe à onglets soyeux ; lames glabres. — Arbrisseau.

BANKSIA MARCESCENT. — *Banksia marcescens* R. Br. — *Banksia præmorsa* Andr. Bot. Rep. tab. 258. — Feuilles cunéiformes, planes, éparses, tronquées, dentelées vers leur sommet, pointues à la base. Rameaux cotonneux. Périanthe persistant, glabre de même que les follicules.

BANKSIA A FEUILLES RÉTRÉCIES. — *Banksia attenuata* R. Br. — Feuilles longues, linéaires, tronquées, rétrécies à la base, dentelées vers le sommet, réticulées et cotonneuses en dessous. Bractées hérissées au sommet. Périanthe glabre. Follicules cotonneux.

BANKSIA A FEUILLES DENTELÉES. — *Banksia serrata* Willd. — Andr. Bot. Rep. tab. 82. — Feuilles longues, linéaires, tronquées, dentelées, rétrécies à la base, réticulées et presque glabres en dessous. Style pubérule à la base. Stigmate cylindracé, sillonné, obliquement épaissi à la base. Tige arborescente.

BANKSIA A FEUILLES DE CHÊNE.—*Banksia quercifolia* R. Br. —Feuilles oblongues-cunéiformes, subtronquées, glabres, incisées-dentelées : incisions mucronées. Périanthe à segments aristés. Follicules presque glabres.

BANKSIA MAGNIFIQUE. —*Banksia speciosa* R. Br.—Feuilles linéaires, pennatifides : lobes triangulaires, semi-ovales, mucronés, cotonneux (d'un blanc de neige) en dessous et obscurément nerveux. Périanthe à segments laineux vers le sommet. Style pubescent. Follicules cotonneux.

BANKSIA A GRANDES FLEURS.—*Banksia grandis* Willd. — Feuilles pennatifides : lobes triangulaires-ovales, pointus, plans, nerveux et presque glabres en dessous. Périanthe glabre de même que le fruit.

BANKSIA RAMPANT.—*Banksia repens* Labill. Voyage, 1, tab. 23.—Feuilles pennatifides : lobes sinués ou dentés. Tige procombante.

Genre DRYANDRA.— *Dryandra* R. Br.

Périanthe 4-parti ou 4-fide. Étamines 4, nichées dans les fovéoles des segments du périanthe. Quatre squamules hypogynes. Ovaire 1-loculaire : ovules collatéraux, supramédifixes. Style filiforme. Stigmate claviforme. Follicule 1-ou 2-loculaire, ligneux, 2-sperme. Graines ailées au sommet. — Arbrisseaux en général bas ; rameaux épars ou en ombelles. Feuilles pennatifides ou incisées, éparses. Fleurs agrégées en capitule sur un réceptacle plan, involucré, nu ; ou garni de paillettes étroites. Involucre polyphylle, à écailles imbriquées, apprimées. Capitules terminaux ou latéraux, sessiles, solitaires, hémisphériques, entourés de feuilles roselées. — Genre propre aux contrées extra-tropicales de la Nouvelle-Hollande; les espèces suivantes se cultivent comme arbustes d'ornement de serre.

DRYANDRA MULTIFLORE. — *Dryandra floribunda* R. Br. — Bot. Mag. tab. 1581. — Feuilles cunéiformes, incisées-dentelées. Écailles-involucrales striées : les extérieures presque glabres. Périanthe glabre. Stigmate subclaviforme, obtus.

DRYANDRA A FEUILLES CUNÉIFORMES. — *Dryandra cuneata* R. Br. — Feuilles cunéiformes, sinuées-dentées, épineuses, pétiolées. Écailles-involucrales toutes lisses, soyeuses. Périanthe barbu vers le sommet. Stigmate filiforme-subulé, pointu.

DRYANDRA A FEUILLES PIQUANTES. — *Dryandra armata* R. Br. — Feuilles pennatifides : lobes triangulaires, plans, divariqués, rectilignes, mucronés-spinescents (le terminal plus long), réticulés en dessous, à veinules nues. Rameaux glabres de même que le périanthe. Style pubescent à la base, Stigmate subulé, sillonné.

DRYANDRA ÉLÉGANT. — *Dryandra formosa* R. Br. — Sweet, Flor. Austral. tab. 53. — Feuilles longues, linéaires, pennatifides : lobes triangulaires, mutiques, plans, cotonneux (d'un blanc de neige) en dessous. Involucre cotonneux : bractées intérieures linéaires-oblongues. Réceptacle garni de paillettes. — Fleurs roses, odorantes.

DRYANDRA PLUMEUX. — *Dryandra plumosa* R. Br. — Feuilles longues, linéaires, pennatifides : segments triangulaires, mucronulés, un peu recourbés aux bords, cotonneux (blanc de neige) en dessous. Écailles-involucrales intérieures terminées en arête plumeuse. Réceptacle sans paillettes.

DRYANDRA A FEUILLES OBTUSES. — *Dryandra obtusa* R. Br. — Tige décombante. Feuilles plus longues que la tige, linéaires, pennatifides : lobes triangulaires, obtus, cotonneux (blanc de neige) en dessous, épaissis et recourbés aux bords. Écailles-involucrales extérieures ovales; écailles-involucrales intérieures linéaires-oblongues.

DRYANDRA À FEUILLES BLANCHES. — *Dryandra nivea* R. Br. — *Banksia nivea* Labill. Voyage 1, tab. 24. — Feuilles linéaires, pennatifides, presque aussi longues que la tige : lobes triangulaires, pointus, mucronulés, cotonneux (blanc de neige) en dessous, recourbés aux bords. Écailles-involucrales linéaires-lancéolées, glabres, ciliées. Périanthe hérissé, plus court que le style.

DRYANDRA À LONGUES FEUILLES. — *Dryandra longifolia* R. Br. — Feuilles très-longues, linéaires, pennatifides, pointues, cotonneuses-incanes en dessous : base rétrécie, très-entière ; lobes triangulaires, ascendants, décurrents, recourbés au bord. Écailles-involucrales longues, linéaires, acuminées-subulées au sommet, barbues au bord, glabres à la surface externe. Segments du périanthe à onglets laineux à la base ; lames poilues. Tige cotonneuse.

CENT SOIXANTE-DIXIÈME FAMILLE.

LES THYMÉLÉES. — *THYMELEÆ.*

Thymeleæ Juss. Gen. — R. Br. Prodr. p. 558. — Bartl. Ord. Nat.
p. 114, — Arnott, in Edinb. Encycl. 127. — Kunth, in Linnæa, V,
p. 667. — *Daphnoideæ* Vent. Tabl. — Endl. Gen. Plant. p. 529. —
Thymelæaceæ Reichb. Syst. Nat. p. 169. — *Thymelaceæ* Lindl. Nat.
Syst. ed. 2, p. 195.

Les Thymélées appartiennent presque toutes aux
régions extra-tropicales; le Cap de Bonne-Espérance et
la Nouvelle-Hollande en possèdent le plus grand nombre. La plupart des espèces sont ornées de fleurs très-
élégantes. L'écorce des Thymélées est en général très-
âcre et vénéneuse : propriété à laquelle participent aussi
plus ou moins les feuilles fraîches et les fruits (surtout
ceux-ci, lorsqu'ils sont charnus); le liber est très-tenace, et ses feuillets forment des réseaux. Quelques
espèces servent à teindre en jaune.

CARACTÈRES DE LA FAMILLE.

Arbrisseaux, ou *sous-arbrisseaux;* quelques espèces
seulement sont herbacées. Rameaux cylindriques, articulés, ou inarticulés.

Feuilles éparses ou opposées, simples, très-entières,
non-stipulées, souvent nerveuses.

Fleurs le plus souvent hermaphrodites et régulières
(chez quelques espèces dioïques par avortement), axillaires, ou terminales, solitaires, ou fasciculées, ou en
capitules (involucrés chez plusieurs genres), souvent
2-bractéolées.

Périanthe simple, inadhérent, coloré (blanc, ou rouge, ou jaune, ou très-rarement bleu), pétaloïde, tubuleux : limbe 4-ou 5-parti (par exception tronqué et très-court); segments égaux ou moins souvent inégaux, imbriqués en préfloraison; gorge quelquefois couronnée de squamules pétaloïdes (soit en même nombre que les segments et interposées, soit en nombre double des segments et antéposées 2 à 2).

Disque soit nul, soit charnu et adné au fond du périanthe.

Étamines en nombre défini (soit en même nombre que les segments du périanthe, interposées, ou par exception antéposées; soit en plus petit nombre que les segments du périanthe, antéposées; soit en nombre double des segments du périanthe, bisériées : celles de la série supérieure antéposées), insérées à la gorge ou au tube du périanthe. Filets (quelquefois très-courts) libres, filiformes, dressés en préfloraison. Anthères dressées, 2-thèques : bourses parallèles, contiguës, s'ouvrant chacune par une fente longitudinale (soit latéralement, soit antérieurement).

Pistil : Ovaire inadhérent, 1-loculaire, 1-ovulé (par exception 2-ou 3-ovulé), le plus souvent oblique d'un côté, rectiligne et stylifère de l'autre. Style (nul chez quelques genres) latéral ou subterminal, indivisé, en général plus court que le tube du périanthe. Stigmate capitellé. Ovule anatrope, suspendu au sommet de la loge.

Péricarpe baccien, ou drupacé, ou nucamentacé, 1-loculaire, 1-sperme (par exception 2-ou 3-sperme), nu, ou recouvert par le tube du périanthe.

Graine périspermée ou apérispermée, suspendue; tégument membranacé ou testacé; raphé linéaire, longitudinal. Périsperme nul, ou mince et charnu. Embryon rectiligne : cotylédons plano-convexes, charnus, entiers, parallèles; radicule courte, supère; plumule imperceptible.

Cette famille comprend les genres suivants :

Dirca Linn. — *Lagetta* Juss. — *Daphne* Linn. (Capura Linn. Scopolia Linn. fil. Thymelæa Scopol.) — *Daphnopsis* Martius. — *Schœnobiblos* Martius. — *Dais* Linn. — *Lachnœa* Linn. — *Passerina* Linn. — *Stellera* Linn. — *Diarthron* Turcz. — *Drapetes* Lamk. — *Pimelœa* Banks et Soland. (Banksia Forst. non Linn. Cookia Gmel. Thecanthes Wickstr.) — *Struthiola* Linn. — *Gnidia* Linn. (Canalia F. W. Schmidt.) — *Thymelina* Hoffmannsegg. (Nectandra Berg.) — *Linostoma* Wallich. (Nectandra Roxb. nec alior.) — *Cansjera* Juss. — *Eriosolena* Blum. — *Wickstrœmia* Endl. — *Inocarpus* Forst. — *Hernandia* Plum. — ? *Phaleria* Jack. (? Drymispermum Reinw.)

Genre DIRCA. — *Dirca* Linn.

Fleurs hermaphrodites. Périanthe subinfondibuliforme, obliquement tronqué et obscurément 4-lobé au sommet, non-persistant, sans squamules. Disque mince, tapissant la base du périanthe. Étamines 8, 1-sériées, saillantes, alternativement plus longues et plus courtes, insérées au-dessus du milieu du périanthe; filets longs, filiformes; anthères petites, suborbiculaires, continues avec le filet, latéralement déhiscentes : bourses bivalves. Point de squamules hypogynes. Style filiforme, terminal, longuement saillant. Stigmate petit, capitellé, échancré. Baie charnue, 1-sperme, nue. Graine apérispermée. — Arbrisseau très-rameux. Rameaux dichotomes, articulés, renflés aux articulations. Bourgeons écailleux, solitaires, à la fois foliaires

et floraux, avant la chute des feuilles renfermés dans la
base des pétioles; écailles cotonneuses à la surface externe, submembranacées, imbriquées, 2-sériées, caduques
après la floraison. Fleurs plus précoces que les feuilles,
latérales, nutantes, courtement pédicellées, ébractéolées,
géminées ou ternées dans chaque bourgeon. Feuilles plus
tardives que les fleurs, non-persistantes, minces, penninervées, courtement pétiolées, distancées; pétiole renflé à
la base. Périanthe et étamines d'un jaune pâle. — L'espèce
que nous allons décrire constitue à elle seule le genre.

DIRCA DES MARAIS. — *Dirca palustris* Linn. Amœn. Acad.
III, tab. 1, fig. 7. — Schk. Handb. tab. 107, fig. 6. — Lamk.
Ill. 1, tab. 293. — Duham. ed. nov. III, tab. 48. — Bot. Reg.
tab. 292. — Guimp. et Hayn. Fremd. Holz. tab. 49. — Arbrisseau touffu, haut de 3 à 6 pieds. Rameaux bruns. Jeunes-pousses flexueuses. Feuilles longues de 2 à 4 pouces, larges de 1 pouce
à 2 pouces, d'un vert gai en dessus, d'un vert glauque en dessous, oblongues, ou elliptiques-oblongues, ou lancéolées-oblongues, ou elliptiques, subacuminées : les jeunes pubescentes ; les
adultes glabres. Bourgeons ovales, obtus : écailles ovales ou elliptiques, jaunâtres en dessus, cotonneuses-ferrugineuses en dessous. Fleurs glabres. Périanthe long de 2 lignes. — Cette espèce
croît aux États-Unis ; elle fleurit en mars et en avril ; on la cultive dans les jardins, comme arbrisseau d'ornement ; elle ne
prospère que dans les localités humides ou marécageuses. La
ténacité de ses rameaux lui a fait donner le nom vulgaire de
Bois-Cuir ; en Amérique on l'emploie à faire des nattes et des
cordages.

Genre LAGÉTTA. — *Lagetta* Juss.

Fleurs hermaphrodites ou dioïques. Périanthe persis-
tant, tubuleux, 4-fide ; gorge barbue, sans squamules.
Étamines 8, incluses, insérées à la gorge du périanthe.
Huit squamules hypogynes, linéaires, distinctes, ou sou-

dées 2 à 2 par leur base. Ovaire 1-à 3-ovulé. Style terminal. Stigmate capitellé, échancré. Drupe 1-à 3-sperme, recouvert par le périanthe devenu charnu; noyau fragile,
crustacé. Graines apérispermées. — Arbres ou arbrisseaux,
habitant l'Amérique équatoriale. Feuilles opposées ou alternes, persistantes, coriaces. Fleurs en grappes ou en
épis ; pédoncules terminaux.

Les espèces de ce genre sont remarquables par leur liber,
qu'on peut séparer facilement en un grand nombre de feuillets,
formant chacun un réseau élégant et semblable à une dentelle.
L'espèce la plus notable est le *Lagetta lintearia* Juss. (*Daphne
Laghetto* Linn.), indigène des Antilles, où on le connaît sous
le nom vulgaire de *Bois-dentelle* ou *Laghetto*.

Genre DAPHNÉ. — *Daphne* Linn.

Fleurs hermaphrodites. Périanthe non-persistant, hypocratériforme : limbe 4-parti ; gorge sans squamules.
Étamines 8, incluses, ou peu saillantes, 2-sériées (les 4
inférieures plus courtes), insérées au tube de la corolle ;
filets filiformes, plus courts que les anthères ; anthères elliptiques ou oblongues, cordiformes à la base, innées, latéralement déhiscentes. Disque charnu, hypogyne, cupuliforme, engaînant la base de l'ovaire. Ovaire ovoïde ou
ellipsoïde, substipité. Style court ou presque nul, terminal. Stigmate subhémisphérique, pelté. Baie nue, charnue, 1-sperme, à endocarpe membranacé. Graine apérispermée.—Arbrisseaux à rameaux inarticulés ou articulés
par leur base. Bourgeons écailleux : les floraux le plus
souvent aphylles. Feuilles persistantes ou non-persistantes, sessiles, ou courtement pétiolées, alternes, ou opposées. Fleurs latérales, ou terminales, ou axillaires et terminales, odorantes, en général ébractéolées, ordinairement
subsessiles et fasciculées, rarement en grappes. Périanthe
blanc, ou rose, ou pourpre, ou d'un jaune verdâtre.
Graine ovoïde, lisse, pointue au sommet, remplissant la

cavité de la loge : tégument externe membranacé, adhérent ; tégument interne testacé. — L'écorce, les feuilles
et les fruits des *Daphnés* renferment un principe très-âcre
et vénéneux ; néanmoins plusieurs espèces se cultivent
dans les jardins et les serres, en raison du parfum de
leurs fleurs, ou de l'élégance de leur feuillage.

Section I. MEZEREUM Spach.

Bourgeons-floraux aphylles, axillaires (latéraux à l'époque
de la floraison, par suite de la chute des feuilles).
Feuilles non-persistantes. Fleurs subsessiles, fasciculées, ébractéolées, plus précoces que les feuilles. Périanthe rose (ou blanc par variation).

Daphné Bois-gentil. — *Daphne Mezereum* Linn. — Flor.
Dan. tab. 268. — Engl. bot. tab. 1381. — Guimp. et Hayn.
Deutsch. Holz. tab. 48. — Duham. ed. nov. vol. 1, tab. 8. —
Blackw. Herb. tab. 582. — Bull. Herb. tab. 1. — Feuilles lancéolées ou lancéolées-spathulées, subobtuses, sessiles. Fascicules
2-à 4-flores, rapprochés en épi raméaire. Périanthe à tube soyeux ;
limbe à segments ovales ou elliptiques, pointus, aussi longs que
le tube. Anthères des étamines supérieures un peu saillantes.
Stigmate subsessile. Baie subglobuleùse, écarlate. — Arbrisseau
en général haut de 3 à 4 pieds, quelquefois atteignant jusqu'à
10 pieds. Racines rampantes. Tiges dressées, rameuses, à écorce
lisse, verdâtre. Rameaux grisâtres ou d'un vert olive, inarticulés, effilés. Bourgeons ovoïdes, acuminés, 6-à 12-squamellés :
écailles d'un brun bleuâtre, luisantes, subovales, ciliolées.
Feuilles longues de 2 à 4 pouces, larges de 5 à 10 lignes, minces, finement penniveinées, alternes, rapprochées, d'un vert gai
en dessus, d'un vert glauque en dessous : les jeunes pubérules
aux bords ; les adultes glabres. Périanthe à limbe large d'environ 4 lignes. Baies du volume d'un Pois, rarement jaunâtres.
— Cette espèce, connue sous les noms vulgaires de *Bois-gentil*, ou *Lauréole gentille*, ou *Garou*, croît dans les bois humides ; elle fleurit en mars et en avril, ou dès le mois de fé-

vrier, lorsque l'hiver n'est pas rigoureux ; on la cultive comme
arbrisseau d'ornement. Ses baies sont très-vénéneuses : en Russie, le peuple les considère comme un bon remède contre l'hydropisie et les scrofules. L'écorce s'emploie comme épispastique ; elle peut aussi servir, ainsi que les feuilles de l'arbrisseau, à teindre les laines en jaune. Les fleurs exhalent une odeur
semblable à celle des Jacinthes, mais qui, à ce qu'on prétend,
occasionne, à la longue, des vertiges et des maux de tête.

Section II. THYMELÆA Spach.

**Feuilles non-persistantes. Fleurs terminales, ou axillaires
et terminales, subsessiles, fasciculées, ébractéolées,
naissant des mêmes bourgeons que les feuilles. Périanthe blanc.**

Daphné des Alpes.— *Daphne alpina* Linn. — Lodd. Bot.
Cab. tab. 66. — Feuilles lancéolées, ou lancéolées-oblongues,
ou lancéolées-obovales, ou subovales, subsessiles, ou obtuses :
les jeunes pubescentes ; les adultes glabres. Fascicules 3-à 6-
flores, solitaires, ordinairément terminaux. Périanthe pubescent à la surface externe. Segments oblongs-lancéolés, acuminés, à peu près aussi longs que le tube. Stigmate sessile.
Baie ellipsoïde, rouge. — Arbrisseau très-rameux, touffu, haut
de 1 pied à 4 pieds. Tiges et rameaux diffus, ou dressés, ou ascendants. Ramules-florifères souvent très-courts et feuillus.
Feuilles longues de 6 à 18 lignes, larges de 3 à 5 lignes, minces, d'un vert glauque, finement penniveinées, alternes. Fleurs
un peu plus petites que celles de l'espèce précédente, d'un
blanc tirant sur le rose. Fruit petit, ovale-oblong, d'un rouge
pâle.—Cette espèce croît dans les Alpes ; elle fleurit de mai en
juillet ; on la cultive dans les jardins.

Daphné de l'Altaï. — *Daphne altaica* Linn.— Bot. Mag.
tab. 1875.—Guimp. et Hayn. Fremd. Holz. tab. 13.—Espèce
semblable à la précédente par le port et la forme des feuilles ;
mais ses feuilles sont glabres, plus glauques en dessous, sou-

vent opposées ; le périanthe est glabre, plus grand, à segments ovales, acuminulés. Baies petites, ellipsoïdes, rouges. Graine noirâtre. — Indigène de l'Altaï; fleurit en mars et avril; cultivé comme arbrisseau d'ornement.

Section III. EUDAPHNE Spach.

Feuilles persistantes, coriaces. Bourgeons-floraux terminaux, ou axillaires et terminaux, aphylles, multiflores. Fleurs ébractéolées, subsessiles, fasciculées. Périanthe rose, ou pourpre, ou blanc par variation.

Daphné satiné.—*Daphne sericea* Vahl.— *Daphne collina* Smith, Spicil. tab. 18.—Duham. Arbr. ed. nov. 1, tab. 11. — Bot. Mag. tab. 428.—Bot. Reg. tab. 822.— *Daphne neapolitana* Bot. Cab. tab. 719.—*Daphne oleoides* Lamk.— Bot. Mag. tab. 1917.—Jaume Saint-Hil. Flore et Pom. Franç. tab. 326, fig. *a* et *b*.—Feuilles obovales, ou cunéiformes-obovales, ou oblongues-obovales, ou oblongues-spathulées, ou lancéolées-oblongues, arrondies au sommet, mucronées, subsessiles, plus ou moins soyeuses en dessus, très-glabres en dessous. Bourgeons soyeux. Périanthe cotonneux à la surface externe : limbe à segments ovales, obtus, plus courts que le tube. Stigmate subsessile.—Arbrisseau haut de 1 ½ pied à 3 pieds. Tige dressée; rameaux subdichotomes ; ramules feuillus. Feuilles longues de 6 à 12 lignes, d'un vert foncé et luisantes en dessus, plus ou moins incanes en dessous. Fleurs de la grandeur de celles du *Daphne Mezereum*. Ovaire cotonneux. Baie petite, rouge. — Indigène de l'Europe méridionale ; fleurit au printemps et en automne ; fréquemment cultivé comme arbuste d'ornement.

Daphné odorant. — *Daphne odora* Thunb. Jap. — Bot. Mag. tab. 1587.—*Daphne hybrida* Sweet, Brit. Flow. Gard. tab. 200.—Feuilles lancéolées, ou lancéolées-oblongues, ou lancéolées-elliptiques, pointues, mucronulées, glabres, subsessiles. Bourgeons pubérules. Périanthe à tube pubérule à la surface externe ; segments ovales, obtus, anisomètres, de moitié

plus courts que le tube. Stigmate subsessile. —Arbrisseau haut
de 2 à 3 pieds, ou plus. Tige dressée. Rameaux dressés, subdichotomes. Ramules grêles, feuillus, bruns, glabres. Bourgeons à écailles elliptiques ou oblongues, mucronées, subcoriaces, d'un vert pâle. Feuilles longues de 1 pouce à 2 pouces,
d'un vert gai et luisantes en dessus, d'un vert pâle en dessous.
Périanthe long d'environ 8 lignes, d'un rose vif ou lilas. Anthères orangées : celles des 4 étamines supérieures un peu saillantes. Ovaire soyeux.—Indigène du Japon ; fréquemment cultivé comme arbuste d'agrément ; fleurit presque toute l'année ;
fleurs à odeur de Jasmin.

Section IV. GNIDIUM Spach.

**Feuilles persistantes, coriaces. Fleurs terminales, ou
axillaires et terminales, ébractéolées, subsessiles, ou
courtement pédicellées, fasciculées, ou en grappes rameuses, naissant des mêmes bourgeons que les feuilles.
Périanthe rose, ou pourpre, ou blanc.**

a) *Fleurs courtement pédicellées, disposées en grappes courtes, très-
denses, dressées, rameuses.*

DAPHNÉ GNIDIUM. —*Daphne Gnidium* Linn. —Duham.
Arb. 2, tab. 94.—Lodd. Bot. Cab. tab. 150.—Rameaux feuillus, effilés. Feuilles lancéolées, ou lancéolées-oblongues, acuminées, mucronées, glabres, sessiles, étroites. Grappes terminales
ou axillaires et terminales, multiflores. Périanthe à segments
ovales, pointus, à peu près aussi longs que le tube, pubérules
à la surface externe. Stigmate courtement stipité. — Arbrisseau
touffu, haut de 2 à 6 pieds. Tige et rameaux dressés, cylindriques ; écorce brune, ou finalement grisâtre. Feuilles longues
de 6 à 15 lignes, larges de 1 1/2 ligne à 3 lignes, très-rapprochées, recouvrantes, d'un vert pâle. Jeunes-pousses pubérules-
incanes de même que les grappes. Grappes subpyramidales,
tantôt subsolitaires ou solitaires au sommet des jeunes-pousses,
tantôt axillaires et terminales, de manière à former une panicule plus ou moins longue. Pédicelles longs d'environ 1 ligne.

Périanthe blanc ou pourpre : tube un peu ventru, long de 2 lignes. Étamines toutes incluses. Baies petites, rouges, globuleuses.—Cette espèce, connue sous les noms vulgaires de *Garou*, ou *Sain-Bois*, croît dans l'Europe méridionale. Son écorce s'emploie aux mêmes usages que celle du *Daphné Bois-gentil*.

b) *Fleurs subsessiles, fasciculées (au nombre de 6 à 20) au sommet des jeunes pousses.*

DAPHNÉ CNÉORUM.—*Daphne Cneorum* Linn.—Jacq. Flor. Austr. tab. 426.—Duham. ed. nov. vol. 1, tab. 10. — Jaume Saint-Hil. Flore et Pom. Franç. tab. 326, fig. *c.*—Guimp. et Hayn. Deutsch. Holz. tab. 5o.—Bull. Herb. tab. 121.—Bot. Mag. tab. 313. — *Daphne striata* Portenschl. — Tratt. Arch. tab. 133.—Tiges diffuses ou procombantes, grêles, souvent radicantes; rameaux ascendants : les jeunes feuillus. Feuilles oblongues, ou spathulées-oblongues, ou lancéolées-oblongues, mucronées, sessiles, glabres, petites. Segments du périanthe ovales ou ovales-lancéolés, pointus, 2 à 3 fois plus courts que le tube. Stigmate subsessile.—Arbuste multicaule, formant des touffes de 3 à 12 pouces de haut. Racine napiforme. Tiges tenaces, atteignant 1 à 2 pieds de long, souvent subdichotomes ; les adultes à écorce d'un brun cendré. Rameaux bruns ou d'un jaune rougeâtre : les adultes ligneux, aphylles. Jeunes-pousses glabres ou pubérules. Feuilles longues de 5 à 10 lignes, larges de 1 ligne à 2 lignes, luisantes, d'un vert foncé en dessus, d'un vert pâle en dessous, plus ou moins rapprochées, ordinairement roselées au sommet des ramules de l'année précédente. Bourgeons terminaux, à écailles coriaces, subherbacées, ovales, mucronées, ciliolées. Périanthe rose, ou pourpre, ou moins souvent blanc, ordinairement pubérule à la surface externe, quelquefois très-glabre ; tube grêle, subcylindracé, long de 5 à 7 lignes. Anthères des étamines supérieures un peu saillantes. Ovaire pubérule. Baies (latérales, par suite de l'allongement des ramules-florifères) ovales-oblongues, orangées, presque sèches. Graine noirâtre. —Cette espèce, fréquemment cultivée comme arbuste d'agrément, croît sur les montagnes de la France, de l'Allemagne, et des contrées plus méridionales de l'Europe; elle fleurit en mai ou en juin, et quelquefois de nouveau en automne; ses fleurs ont une odeur très-agréable. En Sardaigne, on se sert de ses feuilles pour teindre en noir.

Section V. LAUREOLA Spach.

Feuilles grandes, coriaces, persistantes. Bourgeons-floraux aphylles. Fleurs en grappes très-denses, bractéolées, nutantes, solitaires aux aisselles des feuilles de l'année précédente. Bractées coriaces, herbacées, semblables aux écailles des bourgeons. Périanthe d'un jaune verdâtre.

Daphné Lauréole.—*Daphne Laureola* Linn.—Jacq. Flor. Austr. 2, tab. 183. — Blackw. Herb. tab. 62. — Duham. ed. nov. vol. 1, tab. 10.—Jaume Saint-Hil. Flore et Pom. Franç. tab. 325. — Guimp. et Hayn. Deutsch. Holz. tab. 49.—Engl. Bot. tab. 119. — Hook. Flor. Lond. tab. 206. — Arbrisseau de 2 à 4 pieds. Tiges simples ou peu rameuses, dressées; écorce d'un brun jaunâtre, finalement grisâtre. Feuilles longues de 2 à 4 pouces, larges de 8 à 15 lignes, très-rapprochées, étalées, ou réfléchies, très-fermes, luisantes, d'un vert foncé en dessus, d'un vert pâle en dessous, très-glabres, lancéolées, ou lancéolées-oblongues, ou lancéolées-elliptiques, subobtuses, souvent mucronulées, rétrécies en court pétiole. Grappes 5-à 12-flores; courtement pédonculées, beaucoup plus courtes que les feuilles. Bractées ovales ou ovales-lancéolées, acuminulées, concaves, non-persistantes : les inférieures plus longues que les fleurs. Fleurs presque inodores. Périanthe glabre, à tube cylindracé, long d'environ 3 lignes; segments ovales, acuminés, 1 fois plus courts que le tube. Anthères orangées : celles des 4 étamines supérieures un peu saillantes. Ovaire glabre. Stigmate courtement stipité. Baies ellipsoïdes, noires à la maturité, longues de 3 lignes. Graine noire.—Cette espèce, connue sous le nom vulgaire de *Lauréole*, croît dans les bois en France, en Autriche et dans les contrées plus méridionales de l'Europe; elle fleurit dès le commencement du printemps (souvent dès le mois de février). Ce Daphné se cultive dans les jardins, à cause de son feuillage touffu et toujours vert; les pépiniéristes s'en servent pour y greffer les autres espèces congénères moins communes. Les feuilles, les fruits et l'écorce du Lauréole sont très-caustiques; son écorce s'emploie aussi comme épispastique.

Section VI. LAUREOLOIDES Spach.

Feuilles coriaces, persistantes. Fleurs naissant sur la partie inférieure des jeunes pousses: pédoncules assez longs, inclinés, biflores au sommet, 1-bractéolés à la base; bractées herbacées, subcoriaces, non-persistantes. Périanthe d'un jaune verdâtre.

Daphné pontique. — *Daphne pontica* Linn. — Tournef. Voyage, II, p. 180, Ic.—Bot. Mag. tab. 1282. — Arbrisseau touffu, haut de 2 à 3 pieds. Tiges dressées, grêles, peu rameuses. Feuilles longues de 2 à 3 pouces, très-rapprochées, luisantes, glabres, d'un vert foncé en dessus, d'un vert pâle en dessous, obovales, ou lancéolées-obovales, courtement acuminées, ou obtuses et mucronées, rétrécies en pétiole très-court. Grappes multiflores, un peu lâches, longues de 1 pouce à 2 pouces, couronnées d'une touffe de feuilles. Pédoncules longs de 4 à 8 lignes, grêles; pédicelles très-courts. Bractées ovales ou elliptiques, obtuses. Périanthe glabre : tube long de 4 à 5 lignes, grêle, cylindracé; segments inégaux, linéaires-lancéolés, pointus, un peu plus courts que le tube. Anthères toutes incluses. Ovaire glabre. Stigmate courtement stipité.—Cette espèce habite l'Asie mineure et les contrées voisines du Caucase; elle fleurit en automne et au printemps; ses fleurs sont légèrement odorantes; on la cultive comme arbrisseau d'ornement.

Genre DAÏS. — *Dais* Linn.

Fleurs hermaphrodites. Périanthe hypocratériforme : limbe 4-ou 5-parti; gorge point squamelleuse. Étamines

8 ou 10, bisériées, insérées vers le sommet du tube de la
corolle : les 4 supérieures saillantes ; filets très-courts ; anthères elliptiques, échancrées aux deux bouts. Point de
squamules hypogynes. Ovaire 1-ovulé. Style terminal,
filiforme. Stigmate capitellé. Drupe 1-sperme, charnu,
recouvert par le périanthe ; noyau osseux. Graine périspermée. — Arbrisseaux. Feuilles alternes ou opposées.
Fleurs en capitules terminaux, solitaires, involucrés. Involucre formé de 4 ou 5 écailles colorées, grandes, dressées, conniventes. Pédoncule épaissi au sommet. Réceptacle commun plan, nu, aréolé.

Daïs a feuilles de Fustet. — *Dais cotinifolia* Linn. —
Jacq. Ic. Rar. tab. 77.—Bot. Mag. tab. 147.—Arbrisseau atteignant 10 pieds de haut. Rameaux lisses, dichotomes. Feuilles
longues de 2 à 3 pouces, coriaces, persistantes, d'un vert gai en
dessus, d'un vert glauque en dessous, glabres, opposées, obovales,
ou elliptiques-obovales, subacuminées, très-entières, cunéiformes
à leur base, penninervées, rétrécies en pétiole très-court. Capitules multiflores, longuement pédonculés. Écailles-involucrales
ovales ou elliptiques, subacuminées, brunâtres, plus courtes que
les fleurs, 2-sériées : les extérieures soyeuses antérieurement ;
les intérieures soyeuses aux 2 faces. Périanthe de couleur rose,
soyeux à la surface externe ; tube long d'environ 1 pouce, barbu
à la base, grêle, évasé au sommet ; segments oblongs, pointus,
3 fois plus courts que le tube.—Cette espèce, indigène du Cap
de Bonne-Espérance, se cultive comme arbrisseau d'orangerie.

Genre PASSÉRINE. — *Passerina* Linn.

Fleurs hermaphrodites, ou par avortement dioïques.
Périanthe infondibuliforme : tube urcéolé ou cylindrique ;
limbe 4-parti ; gorge point squamellifère. Étamines 8,
2-sériées, subincluses, insérées peu au-dessous de la gorge
du périanthe. Point de squamules hypogynes. Style latéral, filiforme. Stigmate capitellé. Péricarpe utriculaire,

1-sperme, recouvert par le périanthe. Graine apérispermée : tégument ligneux. — Arbustes ou arbrisseaux.
Feuilles alternes. Fleurs solitaires ou agrégées, axillaires,
bractéolées. — Les espèces suivantes, indigènes du Cap de
Bonne-Espérance, se cultivent comme arbustes d'ornement.

Passérine filiforme. — *Passerina filiformis* Linn. —
Wendl. Obs. tab. 2, fig. 15. — Feuilles linéaires, convexes,
imbriquées sur 4 rangs. Ramules cotonneux. Fleurs petites,
jaunâtres, agrégées vers l'extrémité des ramules.

Passérine a fleurs capitellées. — *Passerina capitata*
Willd.—Wendl. Obs. tab. 2, fig. 1.—Feuilles linéaires , glabres. Capitules pédonculés, cotonneux. Fleurs blanches.

Passérine uniflore.—*Passerina uniflora* Willd.—Wendl.
Obs. tab. 2, fig. 18. — Feuilles linéaires, trièdres, opposées-
croisées. Fleurs terminales, solitaires , blanches. Ramules
glabres.

Passérine a grandes fleurs. — *Passerina grandiflora*
Willd.— Bot. Mag. tab. 292.— Feuilles oblongues, pointues,
concaves, rugueuses en dessous, très-glabres de même que les
ramules. Fleurs terminales, sessiles, solitaires, blanches.

Passérine lache.—*Passerina laxa* Linn.—Lodd. Bot. Cab.
tab. 755.—Ramules lâches, nutants. Feuilles ovales, éparses.
Fleurs blanches, capitellées.

Passérine a épis.—*Passerina spicata* Linn.—Wendl. Obs.
tab. 2, fig. 19.—Feuilles ovales, velues. Fleurs latérales, solitaires, blanches, rapprochées en épis.

Genre LACHNÉE. — *Lachnæa* Linn.

Fleurs hermaphrodites. Périanthe tubuleux, inégalement 4-fide ; gorge point squamellifère. Étamines 8, 2-

sériées, saillantes, insérées à la gorge du périanthe. Point de squamules hypogynes. Style latéral, épaissi vers son sommet. Stigmate capitellé. Noix 1-sperme; recouverte par le périanthe. Graine à périsperme épais. — Arbrisseaux à feuilles opposées ou alternes, très-rapprochées, imbriquées. Fleurs en capitules. — Genre propre au Cap de Bonne-Espérance; les espèces suivantes se cultivent comme arbustes d'ornement.

LACHNÉE A CAPITULES LAINEUX. — *Lachnæa eriocephala* Willd.—Andr. Bot. Rep. tab. 104.—Bot. Mag. tab. 1295.— Feuilles opposées, imbriquées sur 4 rangs, mutiques, carénées en dessous. Capitules laineux. Périanthe (blanc) à segments pointus.

LACHNÉE A FLEURS POURPRES.— *Lachnæa purpurea* Willd. Bot. Mag. tab. 1594.— Andr. Bot. Rep. tab. 293.— Feuilles opposées, imbriquées sur 4 rangs. Capitules glabres.

LACHNÉE GLAUQUE.— *Lachnæa glauca* Salisb. Parad. tab. 109.—Bot. Mag. tab. 1658. — *Lachnæa buxifolia* Andr. Bot. Rep. tab. 524. — *Gnidia filamentosa* Willd. — Feuilles éparses, ovales-elliptiques. Capitules laineux. Fleurs blanches.

Genre PIMÉLÉE. — *Pimelea* Banks.

Fleurs hermaphrodites ou dioïques. Périanthe infondibuliforme, 4-fide; gorge point squamellifère. Étamines 2, saillantes, insérées à la gorge du périanthe (devant les 2 segments extérieurs). Point de squamules hypogynes. Style latéral. Stigmate capitellé. Noix ou drupe 1-sperme. Graine à périsperme mince. — Arbrisseaux. Feuilles opposées ou rarement alternes. Fleurs soit en capitules ou en épis terminaux, soit axillaires. Capitules involucrés ou point involucrés. Tube du périanthe en général articulé au milieu, à article inférieur persistant. — Genre propre à la Nouvelle-Hollande et aux îles voisines. Les espèces que nous allons signaler se cultivent comme arbustes d'ornement.

PIMÉLÉE A FEUILLES LINÉAIRES. — *Pimelea linifolia* Willd. — Smith, New. Holl. tab. 11. — Bot. Mag. tab. 891. — Feuilles opposées, linéaires-lancéolées. Capitules terminaux, involucrés. Involucre de 4 bractées ovales. Périanthe blanc, velu à la surface externe.

PIMÉLÉE A FLEURS ROSES. — *Pimelea rosea* R. Br. — Bot. Mag. tab. 1458. — Feuilles opposées, lancéolées-linéaires, ou lancéolées, pointues, pubescentes. Capitules terminaux, involucrés. Involucre de 4 bractées oblongues-lancéolées ou ovales-lancéolées. Périanthe rose, pubérule.

PIMÉLÉE A FEUILLES CROISÉES. — *Pimelea decussata* R. Br. — Sweet, Flor. Austr. tab. 8. — Feuilles opposées-croisées, glabres, coriaces, très-rapprochées, elliptiques ou oblongues, acuminulées, subférrugineuses en dessous. Capitules terminaux, involucrés. Involucre de 4 bractées obovales ou elliptiques. Périanthe rose, velu vers la base.

Genre STRUTHIOLE. — *Struthiola* Linn.

Fleurs hermaphrodites. Périanthe 2-bractéolé à la base, infondibuliforme, 4-fide; gorge couronnée de 8 squamules insérées 2 à 2 devant les segments. Étamines 4, incluses, insérées au tube du périanthe, alternes avec les segments. Point de squamules hypogynes. Style latéral. Stigmate capitellé. Noix 1-sperme, recouverte par la partie inférieure du tube du périanthe. Graine à périsperme charnu. — Arbustes. Feuilles alternes ou opposées. Fleurs axillaires, solitaires. Périanthe jaunâtre, à tube grêle. — Genre propre au Cap de Bonne-Espérance; on cultive dans les collections d'orangerie les espèces suivantes.

STRUTHIOLE EFFILÉ. — *Struthiola virgata* Hort. Kew. —

Andr. Bot. Rep. tab. 139. — Feuilles ovales ou ovales-oblongues, pointues, nerveuses, opposées, presque imbriquées, pubérules de même que les ramules. Ramules visqueux, effilés. Fleurs rougeâtres, petites, pubérules.

Struthiole a tige droite. — *Struthiola erecta* Thunb. — Rameaux glabres, tétragones. Feuilles linéaires, glabres. Fleurs blanches.

Struthiole imbriqué. — *Struthiola imbricata* Andr. Bot. Rep. tab. 113. — Feuilles ovales, sillonnées, imbriquées sur 4 rangs, ciliées. Fleurs jaunâtres.

Struthiole cilié. — *Struthiola ciliata* Andr. Bot. Rep. tab. 119. — Feuilles oblongues-lancéolées, mucronées, ciliées, concaves, imbriquées sur 4 rangs. Fleurs blanches.

Genre GNIDIA. — *Gnidia* Linn.

Fleurs hermaphrodites, ou par avortement dioïques. Périanthe infondibuliforme, 4-fide; gorge couronnée soit de 4 squamules entières ou 2-lobées, alternes avec les segments, soit de 8 squamules opposées 2 à 2 aux segments. Étamines 8, bisériées, insérées au tube ou à la gorge du périanthe, incluses, ou les supérieures seulement saillantes. Point de squamules hypogynes. Style latéral. Stigmate capitellé, hispide. Noix 1-sperme, recouverte par la base du périanthe. Graine à périsperme mince. — Arbrisseaux. Feuilles alternes ou opposées, très-rapprochées. Fleurs en capitules terminaux, involucrés, ou entourés de feuilles semblables aux autres. Périanthe à tube articulé au-dessus de l'ovaire : article inférieur persistant. — Genre propre au Cap de Bonne-Espérance ; les espèces que nous allons signaler se cultivent comme arbustes d'ornement.

a) *Feuilles éparses.*

GNIDIA A FEUILLES DE PIN. — *Gnidia pinifolia* Willd. — Andr. Bot. Rep. tab. 52. — Bot. Reg. tab. 19. — Feuilles trièdres, linéaires-subulées, mucronées : les florales lancéolées, plus courtes que le capitule. Périanthe pubescent, à gorge couronnée de 4 squamules barbues.

GNIDIA IMBERBE. — *Gnidia imberbis* Hort. Kew. — Bot. Mag. tab. 1463.— *Gnidia pinifolia* Wendl. Obs. tab. 2, fig. 11. — *Gnidia simplex* Andr. Bot. Rep. tab. 70. — Feuilles linéaires-tièdres, pointues : les florales linéaires-lancéolées, plus courtes que le capitule. Périanthe à gorge couronnée de 8 squamules imberbes.

GNIDIA A TIGES SIMPLES. — *Gnidia simplex* Willd. — Bot. Mag. tab. 812. — Feuillés linéaires, pointues, concaves : les florales aussi longues que le capitule. Périanthe glabre, couronné de 4 squamules imberbes.

GNIDIA A FLEURS CAPITELLÉES. — *Gnidia capitata* Willd. — Feuilles lancéolées, glabres. Capitule pédonculé. Périanthe 5-fide.

b) *Feuilles opposées.*

GNIDIA A FEUILLES OPPOSÉES. — *Gnidia oppositifolia* Linn. — Bot. Reg. tab. 2. — *Gnidia lævigata* Andr. Bot. Rep. tab. 89. — Feuilles lancéolées ou ovales, pointues, glabres. Périanthe couronné de 4 squamules.

GNIDIA SOYEUX. — *Gnidia sericea* Willd. — *Gnidia oppositifolia* Andr. Bot. Rep. tab. 225. — Feuilles elliptiques-oblongues, obtuses, cotonneuses. Périanthe à gorge couronnée de 8 squamules.

GNIDIA COTONNEUX. — *Gnidia tomentosa* Linn. (non Willd.) — Bot. Mag. lab. 2761. — Bot. Reg. tab. 757. — Feuilles elliptiques ou elliptiques-oblongues, obtuses, 3-nervées, soyeuses et pubescentes de même que les ramules. Périanthe cotonneux à la surface externe : gorge couronnée de 8 squamules.

Genre INOCARPE. — *Inocarpus* Forst.

Fleurs hermaphrodites, accompagnées chacune d'un calicule tubuleux, 2-fide, non-persistant. Périanthe infondibuliforme, non-persistant : limbe 5-ou 6-parti. Étamines 10 ou 12, 2-sériées, insérées au tube du périanthe; filets très-courts; anthères didymes. Stigmate subsessile, concave. Drupe nu, un peu comprimé, 2-valve au sommet, 1-sperme : noyau épais, coriace, fibreux, 2-valve. Graine apérispermée.—Arbres résineux. Feuilles alternes, pétiolées, subcordiformes, très-entières. Fleurs en épis axillaires. — Genre propre à l'Asie équatoriale et à la Polynésie.

INOCARPE A GRAINES COMESTIBLES. — *Inocarpus edulis* Linn. — Gærtn. fil. III, tab. 199 et 200. — Roxb. Corom. tab. 263. — *Gajanus* Rumph. Amb. 1, tab. 65. — Grand arbre. Tronc droit. Écorce lisse, d'un gris verdâtre. Branches divergentes. Ramulés nombreux, distiques, flexueux, réclinés. Feuilles longues de 6 à 12 pouces, larges de 3 à 4 pouces, distiques, courtement pétiolées, persistantes, oblongues, échancrées, entières, glabres. Stipules petites, caduques. Épis axillaires, sessiles, solitaires, ou géminés, beaucoup plus courts que les feuilles, multiflores. Périanthe à limbe 5-fide; segments lancéolés. Filets inclus. Anthères ovales : ceux de la série supérieure à peine débordées par le périanthe. Drupe obliquement ellipsoïde, du volume d'un œuf d'oie, un peu comprimé latéralement, lisse, jaune à la maturité, s'ouvrant en 2 valves au sommet. Graine conforme à la noix ; tégument double : l'extérieur ferme, élégamment veineux; l'intérieur membraneux. Radicule supère, cylindrique. (*Roxburgh, Flor. Ind.* éd. 2, vol. 2, p. 417.) — Cet arbre élégant croît aux Moluques; ses amandes sont mangeables.

CENT SOIXANTE-ONZIÈME FAMILLE.

LES ÉLÉAGNÉES. — *ELÆAGNEÆ.*

Elæagni Juss. Gen. — *Elæagneæ* R. Br. Prodr. p. 550. —A. Rich.
(Monographie des Éléagnées, 1825). — Bartl. Ord. Nat. p. 115. —
Endl. Gen. Plant. p. 333. — *Proteaceæ,* tribus III : *Elæagneæ* Reichb.
Syst. Nat. p. 169. — *Elæagnaceæ* Lindl. Nat. Syst. ed. 2 , p. 194. —
Elæagnideæ Dumort. Fam.

Caractères de la Famille.

Arbres, ou *arbrisseaux.* Rameaux inarticulés , quelquefois spinescents. Parties herbacées couvertes d'une
pubescence furfuracée.

Feuilles éparses ou opposées, courtement pétiolées,
simples (très-entières ou dentées), 1-nervées, non-stipulées.

Fleurs hermaphrodites, ou dioïques, ou polygames,
régulières, axillaires, solitaires, ou en épis, ou en
grappes.

Périanthe inadhérent, herbacé, ou coloré seulement
à la surface interne : celui des fleurs-mâles 2-ou 4-
parti ; celui des fleurs-femelles et des fleurs hermaphrodites 2-à 5-fide (à estivation valvaire), à tube ordinairement urcéolé, accrescent.

Disque adné au tube ou au fond du périanthe.

Étamines en nombre double des lobes du périanthe,
ou en même nombre que les lobes du périanthe et interposées, insérées au bord du disque. Filets très-courts.
Anthères dithèques, dressées, basifixes, ou supra-basi-

fixes : bourses juxtaposées, parallèles, s'ouvrant chacune latéralement par une fente longitudinale.

Pistil : Ovaire inadhérent (mais étroitement recouvert par le tube du périanthe), 1-loculaire, 1-ovulé; ovule anatrope, renversé, attaché au fond de la loge. Style terminal, allongé, linguiforme, couvert d'un côté de papilles stigmatiques..

Péricarpe indéhiscent, 1-sperme, mince, recouvert par le tube du périanthe devenu drupacé ou bacci-forme.

Graine apérispermée, renversée, conforme au péri-carpe, attachée au fond de la loge. Tégument membra-nacé ou osseux : hile basilaire. Raphé latéral, saillant; chalaze apicilaire. Embryon rectiligne : cotylédons épais; radicule courte, conique, infère.

Cette famille ne comprend que quatre genres, sa-voir :

Elæagnus Linn. — *Conuleum* Rich. — *Shepherdia* Nutt. (Lepargyrea Rafin.) — *Hippophaë* Linn.

Genre CHALEF. — *Elæagnus* Linn.

Fleurs hermaphrodites ou polygames. Périanthe 4-à 8-fide : lobes colorés en dessus, valvaires en préfloraison, recourbés pendant l'anthèse. — *Fleurs-mâles :* Périanthe campanulé, ou tubuleux, non-persistant. Étamines en même nombre que les lobes du périanthe, insérées à la gorge, incluses; filets très-courts, décurrents. Anthères oblongues, supra-basifixes, échancrées aux 2 bouts. Dis-que petit, conique-tubuleux, inséré au fond du périan-the. Pistil abortif, à ovaire recouvert par le disque. — *Fleurs-hermaphrodites :* Périanthe à tube subcylindracé, urcéolé au sommet, persistant, accrescent, à gorge couron-

née d'un disque conique-tubuleux ; limbe conforme au
périanthe des fleurs-mâles, articulé par sa base, non-persistant. Étamines comme celles des fleurs-mâles. Ovaire
oblong, engaîné par le tube du périanthe. Style allongé ,
engaîné inférieurement par le disque, claviforme au sommet. Péricarpe adné au tube du périanthe, qui s'est transformé en drupe charnu, à noyau ligneux, ellipsoïde ,
longitudinalement strié. — Arbres ou arbrisseaux. Bourgeons écailleux. Ramules souvent spinescents. Feuilles argentées ou subferrugineuses soit aux 2 faces, soit seulement en dessous, alternes, très-entières, courtement pétiolées. Fleurs pédicellées, ébractéolées, axillaires (solitaires
ou en cymules), dressées, fortement odorantes. Périanthe
à lobes jaunes en dessus.

CHALEF A FEUILLES ÉTROITES. — *Elæagnus angustifolia*
Linn. — Duham. ed. nov. vol. 2, tab. 26. — Pallas, Flor.
Ross. 1, tab. 4. — Guimp. et Hayn. Deutsch. Holz. tab. 4. —
Bot. Reg. tab. 1156.— *Elæagnus hortensis* Mill.— *Elæagnus
orientalis* Linn. — Pallas, *l. c.* tab. 5. — *Elæagnus spinosa*
Linn. — Arbre atteignant 20 à 30 pieds de haut, ou buisson.
Racines rampantes, et produisant un grand nombre de rejetons.
Tronc oblique, à écorce finalement grisâtre et rimeuse. Branches
et rameaux vagues, tantôt inermes, tantôt épineux, disposés en
tête arrondie ou allongée. Bois blanchâtre, assez dur. Feuilles
minces, fermes, non-persistantes, comme satinées aux 2 faces,
d'un vert blanchâtre en dessus, argentées en dessous : celles des
rejetons ovales, ou elliptiques, ou oblongues, obtuses, plus grandes ; les autres lancéolées, ou lancéolées-oblongues, ou oblongues, ordinairement pointues, longues de 2 à 3 pouces, sur 5 à
10 lignes de large ; pétiole canaliculé, long de 3 à 6 lignes.
Fleurs solitaires ou en cymules, très-nombreuses. Cymules 3-
flores : la fleur centrale seule fertile (hermaphrodite). Pédicelles de moitié plus courts que le périanthe. Périanthe long de
3 à 4 lignes, argenté à la surface externe. Anthères rouges.
Drupe jaunâtre ou rougeâtre, ellipsoïde, du volume d'une Olive :

noyau ellipsoïde, obtus aux 2 bouts. — Cet arbre, nommé vulgairement *Chalef*, *Olivier de Bohéme*, ou *Olivetier*, croît dans toutes les contrées voisines de la Méditerranée, ainsi qu'au Caucase et en Perse; il fleurit en juin, et se plaît dans les terrains pierreux ou sablonneux. On le recherche pour les plantations d'agrément, parce que la couleur argentée de ses feuilles contraste avec la verdure des autres arbres, et que ses fleurs exhalent une odeur forte, mais agréable, qui se répand à de grandes distances : cette odeur est assez analogue à celle des fraises. Le fruit est assez estimé chez les Orientaux ; sa chair est d'une saveur douccâtre ; les Boukhares en préparent une sorte de boisson vineuse ; l'amande de ce fruit est oléagineuse, et l'on dit qu'elle donne une huile d'assez bonne qualité. Les feuilles et les jeunes pousses peuvent servir à teindre en brun. Le bois ne s'emploie guère qu'au chauffage.

CHALEF ARGENTÉ.—*Élæagnus argentea* Pursh, Flor. Amer. Sept. (non Mœnch.) — Wats. Dendr. Brit. tab. 161. — Arbrisseau haut de 4 à 5 pieds. Tige dressée. Écorce brunâtre. Jeunes poussés subferrugineuses. Feuilles lancéolées, ou lancéolées-oblongues, pointues, ou subobtuses, furfuracées aux 2 faces, d'un vert blanchâtre en dessus, d'un glauque argenté en dessous, non-persistantes, longues de 1 pouce à 2 pouces. Fleurs solitaires, ou géminées, ou ternées, subsessiles, polygames. Périanthe subhypocratériforme, 4-à 6-fide, argenté à la surface externe, jaunâtre à la surface interne, long de 5 à 6 lignes : segments ovales-lancéolés, pointus, plus courts que le tube. Anthères jaunes. Style infléchi au sommet, débordé par les étamines, pubescent inférieurement. (*Watson, l. c.*) — Espèce indigène de l'Amérique septentrionale, et cultivée comme arbrisseau d'ornement.

Genre HIPPOPHAÉ. — *Hippophaë* Linn.

Fleurs dioïques. — *Fleurs-mâles* : Périanthe 2-parti : segments cohérents au sommet. Etamines 4, insérées au fond du périanthe; filets très-courts, basifixes ; anthères

oblongues, échancrées aux 2 bouts. — *Fleurs-femelles : Pé-*
rianthe subturbiné, bifide au sommet. Ovaire recouvert
par le périanthe. Style subclaviforme, obtus, saillant, 1-
sulqué d'un côté. Péricarpe membranacé, recouvert par
le périanthe devenu charnu et simulant une baie. Graine
à tégument osseux, lisse, 1-sulqué d'un côté. — Arbrisseaux épineux. Feuilles éparses, très-rapprochées, très-
entières, sessiles, ou courtement pétiolées, furfuracées en
dessous. Fleurs 1-bractéolées : les mâles en épis denses,
latéraux, solitaires, aphylles; les femelles en épis très-
courts, solitaires, latéraux, terminés par une touffe de
feuilles. Périanthe herbacé, furfuracé à la surface externe.

Hippophaé Rhamnoïde. — *Hippophaë Rhamnoides* Linn. —
Flor. Dan. tab. 265. — Engl. Bot. tab. 425. — Guimp. et
Hayn. Deutsch. Holz. tab. 199. — Buisson haut de 6 à 15
pieds. Racines très-longues, rampantes, produisant quantité de
rejetons. Tiges dressées, très-rameuses. Rameaux divariqués.
Ramules le plus souvent spinescents. Bois très-dur, d'un blanc
verdâtre. Écorce d'un brun noirâtre, finalement rimeuse. Jeunes-pousses subferrugineuses. Feuilles longues de 2 à 3 pouces,
larges de 2 à 3 lignes, fermes, non-persistantes, d'un vert foncé
en dessus, d'un blanc argenté en dessous, lancéolées, pointues,
sessiles. Épis-mâles longs d'environ 6 lignes : bractées ovales ou
elliptiques, obtuses, caduques, argentées à la surface externe.
Périanthe à segments elliptiques, obtus, verdâtres à la surface
interne, argentées à la surface externe. Étamines plus courtes
que le périanthe. Anthères jaunes. Fleurs-femelles très-petites,
à bractées foliacées, oblongues, obtuses. Stigmate charnu, d'un
jaune pâle. Périanthe-fructifère d'un jaune orangé, du volume
d'un Pois, ellipsoïde, ou obové, acidule, astringent. Péricarpe
jaunâtre, ellipsoïde. Graine conforme au péricarpe, obtuse aux
2 bouts, d'un brun roux. — Cette espèce, nommée vulgairement
Rhamnoïde ou *Argoussier*, croît sur les plages sablonneuses de
presque toute l'Europe, ainsi qu'au bord des torrents dans les
Alpes et autres montagnes; ses fleurs s'épanouissent au printemps,

en même temps que les feuilles, et elles naissent des mêmes bourgeons que celles-ci. Cet arbrisseau se cultive dans les jardins paysagers, à cause de la couleur argentée de son feuillage ; on l'utilise aussi pour faire des haies, et pour fixer les sables mobiles. Les fruits mûrissent en automne : dans le Nord on les emploie comme assaisonnement. Le bois peut servir à des ouvrages de tour.

CENT SOIXANTE-DOUZIÈME FAMILLE.

LES SANTALACÉES. — *SANTALACEÆ.*

Santalaceæ R. Br. Prodr. p. 550 ; Gen. Rem. p. 568. — Bartl. Ord.
Nat. p. 112. — Endl. Gen. Plant. p. 324. — Lindl. Nat. Syst. ed. 2,
p. 195. — *Elæagnorum* et *Onagrarum* genn. Juss. Gen. — *Santalaceæ,
Osyrideæ,* et *Nyssaceæ* Juss. in Ann. du Mus. et in Dict. des Sc. Nat. —
Osyrideæ Martius, Consp. — *Osyrineæ* Link, Handb. — *Santalacearum*
tribus II : *Nysseæ*, et III : *Santaleæ* (excl. genn.) Reichb. Syst. Nat.
p. 167.

Caractères de la Famille.

Herbes, ou *arbustes,* ou *arbrisseaux,* ou *arbres.* Rameaux cylindriques ou anguleux, inarticulés.

Feuilles alternes (quelquefois subopposées), simples,
très-entières, coriaces, ou un peu charnues, penninervées, non-stipulées, quelquefois nulles ou réduites à de
petites squamules.

Fleurs hermaphrodites, ou polygames, ou dioïques,
axillaires, ou terminales, petites, solitaires, ou en épis,
ou en grappes, ou en capitules, ou en panicules.

Périanthe adhérent, ou rarement inadhérent, 3-à 5-
fide, en général herbacé à la surface externe, et coloré à
la surface interne ; limbe persistant ou non-persistant :
estivation valvaire.

Disque adné à la gorge du calice, ou au sommet de
l'ovaire, entier, ou lobé.

Étamines insérées à la base des lobes du périanthe,
en même nombre que ces lobes, ou en nombre double,
libres. Filets subulés, en général plus courts que le
limbe du périanthe. Anthères 2-thèques (par exception
4-thèques), terminales, longitudinalement déhiscentes.

Pistil : Ovaire adhérent, ou rarement inadhérent, 1-

loculaire, à placentaire central, libre, filiforme, ou columnaire, 2-à 4-ovulé (par exception 1-ovulé). Ovules adnés au sommet du placentaire. Style court, terminal, indivisé. Stigmate capitellé (indivisé, ou 2-ou 3-lobé), ou rarement stelliforme.

Péricarpe drupacé ou nucamentacé, 1-loculaire, par avortement 1-sperme.

Graine périspermée, ordinairement adhérente. Périsperme charnu. Embryon rectiligne, axile (par exception oblique), cylindracé, en général court : radicule supère (par exception centrifuge).

Cette famille comprend les genres suivants :

Iʳᵉ TRIBU. **LES SANTALÉES.** — *SANTALEÆ* Juss.

Ovaire adhérent. Étamines en même nombre que les lobes du périanthe. — Fleurs hermaphrodites, ou polygames, ou dioïques.

Quinchamalium Juss. — *Arjoona* Cavan. (Ariona Pers.) — *Thesium* Linn. (Alchimilla Tourn. non Linn.) — *Thesiosyris* Reichenb. — *Frisca* Reichb. — *Nanodea* Banks. — *Choretrum* R. Br. — *Leptomeria* R. Br. — *Comandra* Nutt. — *Fusanus* Linn. (Colpoon Berg.) — *Osyris* Linn. (Casia Tourn.) — *Sphærocarya* Wallich. — *Santalum* Linn. (Sirium Linn.) — *Mida* Cunningh. — *Pyrularia* Mich. (Hamiltonia Willd. Calinux Rafin.) —? *Octarillum* Loureir. —? *Myoschilos* Ruiz et Pavon. — ? *Stemonurus* Blume.

IIᵉ TRIBU. **LES GRUBBIÉES.** — *GRUBBIEÆ* (*Grubbiaceæ*) Endl.

Ovaire adhérent. Étamines en nombre double des lobes du périanthe. — Fleurs hermaphrodites.

Grubbia Berg. (Ophira Linn.)

IIIe TRIBU. **LES NYSSÉES.** — *NYSSEÆ (Nyssaceæ)* Juss.

Ovaire adhérent. Étamines en nombre double des lobes de la corolle.— Fleurs polygames-dioïques.

Nyssa Linn. (Tupelo Adans.)

IVe TRIBU. **LES ANTHOBOLÉES.**—*ANTHOBOLEÆ* Bartl.

Ovaire inadhérent.

Anthobolus R. Br. —*Exocarpus* Labill.

Genre SANTAL. — *Santalum* Linn.

Fleurs hermaphrodites. Périanthe adhérent inférieurement; limbe supère, ventru, 4-fide, non-persistant.
Quatre glandules comprimées, insérées à la gorge du périanthe, alternes avec les lobes. Étamines 4, filets barbus
postérieurement; anthères 2-thèques. Ovaire semi-infère,
2-ovulé. Style filiforme. Stigmate obscurément 2-ou 3-
lobé. Drupe charnu, 1-sperme, échancré au sommet. —
Arbres ou arbrisseaux. Feuilles opposées, planes, assez
larges. Pédoncules axillaires et terminaux, subtrichotomes, pluriflores, garnis de bractées caduques. — Genre
propre à l'Asie équatoriale et à la Polynésie.

Santal blanc. — *Santalum album* Linn. —Rumph. Am-
boin. vol. 2, p. 42, tab. 11. — Turp. in Dict. des Sciences
Nat. Ic. — Hook. in Bot. Mag. tab. 3233. — Roxb. Corom.
tab. 1. — Feuilles ovales-lancéolées, pointues, veineuses.
Fleurs en panicule terminale, subthyrsiforme, feuillée à la base.
— Tronc haut de 20 à 30 pieds, sur 2 ½ à 3 pieds de circonférence, ramifié peu au dessus de terre. Écorce brunâtre, scabre,
rimeuse. Branches nombreuses, très-ramifiées, formant une tête
sphérique. Jeunes-pousses cylindriques, lisses. Feuilles pétiolées, glauques en dessous, longues de 1 ½ à 3 pouces. Thyrses

courts, axillaires et terminaux, cymeux; pédicelles subternés. Fleurs nombreuses, petites, d'abord d'un jaune pâle, plus tard d'un pourpre ferrugineux, inodores de même que toutes les parties herbacées de la plante. Périanthe à segments ovales, un peu pointus. Glandules arrondies, charnues, petites, jaunâtres, de la longueur des filets. Une touffe de poils blancs derrière chaque filet. Style de la longueur du périanthe. Drupe globuleux, lisse, noir à la maturité, de la grosseur d'une Cerise; noyau sphérique, trigone.

Le bois de cet arbre, connu dans le commerce sous le nom de *Santal blanc*, est très-odorant. Plusieurs commentateurs de la Bible pensent qu'il est le même que le célèbre *Almug* ou *Algum* tiré d'Ophir pour la construction du temple de Salomon. De nos jours les Hindous l'emploient pour la fabrication des idoles, et les Chinois comme encens. Il est aussi très-recherché pour les ouvrages de tour et de marqueterie. Ce Santal abonde dans plusieurs contrées de l'Inde continentale ainsi que dans les archipels voisins; mais c'est surtout dans les montagnes de la côte de Coromandel qu'il paraît être plus commun que partout ailleurs, et il fait pour ce pays l'objet d'un commerce très-important.

Le docteur Hamilton a donné, dans la relation de son voyage au Mysore, des détails intéressants concernant le bois de Santal. Les arbres, assure-t-on, doivent être coupés pendant la décroissance de la lune, et les troncs partagés en blocs de deux pieds de long, après en avoir enlevé l'écorce. On enterre ces blocs dans un terrain sec, où on les laisse durant environ deux mois; pendant ce temps les fourmis blanches en dévorent tout l'aubier sans toucher au bois du centre, qui est le vrai Santal. On assortit ensuite ces blocs selon leur volume. Plus la couleur du bois est foncée, plus il est odorant; il y en a de rougeâtre, de jaune et de blanc. Les parties provenant de la base du tronc et des racines fournissent en général le bois le plus odorant. Avant d'être livré au commerce, il est essentiel que le bois de Santal séjourne pendant au moins trois ou quatre mois dans des magasins, à l'abri du soleil et du grand air; ce procédé empêche que le bois ne se fendille plus tard, et il en augmente le parfum. Les éclats du bois de Santal s'exportent pour l'Arabie ; les blocs les plus volumineux s'envoient en Chine ; ceux d'un volume moyen se consomment dans l'Inde.

Le *Santal rouge* du commerce provient du *Pterocarpus santalinus*, arbre de la famille des Papilionacées.

Genre NYSSA. — *Nyssa* Linn.

Fleurs polygames-dioïques. — *Fleurs-mâles :* Périanthe 5-parti, non-persistant. Disque presque plan, adné au fond du périanthe. Étamines 5 à 10, insérées au bord du disque ; filets plus courts que le périanthe ; anthères didymes. — *Fleurs-hermaphrodites :* Périanthe à tube adhérent ; limbe supère, 5-parti, non-persistant. Disque épigyne, presque plan. Étamines 5, insérées au bord du disque ; anthères stériles, point lobées. Ovaire infère. Style subulé, infléchi : stigmate indivisé. Drupe charnu, 1-sperme : noyau anguleux, fibreux. — Arbres. Feuilles très-entières, ou anguleuses et denticulées, alternes, pétiolées. Inflorescences axillaires, solitaires, longuement pédonculées. Fleurs petites, jaunâtres : les mâles en grappes ou en capitules ; les femelles solitaires ou fasciculées au sommet des pédoncules. — Genre propre à l'Amérique septentrionale. La plupart des espèces croissent dans les bas-fonds humides ou marécageux ; l'élégance de leur feuillage les fait cultiver en Europe comme arbres d'ornement ; toutefois le climat du nord de la France ne leur est pas favorable, car, en général, ils y restent petits et ils n'y fructifient jamais.

Nyssa multiflore. — *Nyssa multiflora* Walt. — *Nyssa villosa* Mich. fil. Arb. 2, tab. 21. — *Nyssa integrifolia* Hort. Kew. — Feuilles elliptiques-oblongues, très-entières, acuminées aux 2 bouts ; pétiole, côte et bords velus. Pédoncules des fleurs hermaphrodites 3-à 8-flores. Drupe court, obové, à angles obtus. — Arbre atteignant 40 à 50 pieds de haut, sur 2 à 3 pieds de diamètre, à cime touffue. Feuilles longues de 2 à 3 pouces, fermes. Pédoncules longs de 1 à 2 pouces. Drupe d'un brun noirâtre. — Cette espèce croît dans les provinces méridionales des États-Unis ; elle se plaît dans les terrains glaiseux et humides ; les Anglo-Américains l'appellent *Black gum* ou *Highground gum ;* elle fleurit au printemps ; son bois est très-tenace : on l'emploie à faire des moyeux de roues et autres ouvrages de charronnage.

NYSSA AQUATIQUE. — *Nyssa aquatica* Linn. — *Nyssa biflora* Willd. — Michx. fil. Arb. 2, tab. 22. — Castesb. Carol. 1, tab. 41. — Feuilles elliptiques-oblongues, ou ovales-oblongues, très-entières, acuminées aux 2 bouts, glabres, ou pubescentes en dessous. Fleurs-femelles géminées. Drupe court, obové, comprimé, à angles obtus. — Arbre atteignant, dans les localités favorables à sa croissance, 60 à 80 pieds de haut, sur 2 à 4 pieds de diamètre. Drupe d'un bleu noirâtre. — Croît dans les provinces méridionales des États-Unis, au bord des rivières, et dans les bas-fonds marécageux ; fleurit en avril et en mai ; son bois est assez dur.

NYSSA A CAPITULES ARRONDIS. — *Nyssa capitata* Walt. — *Nyssa candicans* Michx. — Mich. fil. Arb. 2, tab. 20. — Feuilles elliptiques-oblongues, ou oblongues-lancéolées, ou ovales, ou obovales, très-entières, ou subdenticulées, pointues, ou obtuses, subsessiles, pubescentes (glauques ou incanes) en dessous. Fleurs-femelles solitaires. Drupe oblong ou ovoïde. — Buisson ou petit arbre irrégulier, rarement haut de plus de 20 pieds. Feuilles à base cunéiforme ou arrondie. Fleurs mâles en capitules très-serrés. Fleurs femelles courtement pédonculées. Périanthe cotonneux, à segments courts : étamines des fleurs-mâles beaucoup plus longues que le périanthe. Drupe à chair rougeâtre, agréablement acidule. — Croît en Géorgie et en Caroline, où on le nomme *Ogeechee lime* (*Citronnier du fleuve Ogeechee*) ; son fruit est mangeable.

NYSSA A FEUILLES COTONNEUSES. — *Nyssa tomentosa* Mich.

fil. Arb. 2, tab. 19. — Feuilles longuement pétiolées, elliptiques-oblongues, acuminées, cotonneuses en dessous, sinuées-denticulées : dents acuminées. Fleurs femelles solitaires. Segments du périanthe cunéiformes. — Croît aux bords des rivières, en Floride et en Géorgie.

Nyssa a feuilles anguleuses. — *Nyssa angulisans* Michx. Flor. Bor. Amer. — *Nyssa denticulata* Willd. — *Nyssa grandidentata* Michx. fil. Arb. — *Nyssa uniflora* Walt. — Catesb. Carol. 1, tab. 60. — Feuilles ovales-lancéolées ou oblongues-lancéolées, acuminées, irrégulièrement anguleuses et dentées, subpubescentes en dessous : les inférieures subcordiformes. Fleurs-femelles solitaires. — Arbre de 60 à 80 pieds de haut, sur 2 à 4 pieds de diamètre. Feuilles grandes. Drupe ellipsoïde ou ovoïde, d'un bleu noirâtre : noyau irrégulièrement sillonné. — Cette espèce croît dans les étangs, les marais, et les bas-fonds très-humides, dans les provinces méridionales des États-Unis. Son bois, blanc et mou, devient assez compacte en séchant : on en fait des caisses, des baquets, etc.; le bois de la racine est aussi léger que le liége, et conserve sa mollesse même après la dessiccation, mais il manque d'élasticité, et ne peut servir à faire des bouchons.

CENT SOIXANTE-TREIZIÈME FAMILLE.

LES LAURINÉES. — *LAURINEÆ.*

Lauri Juss. Gen.; id. in Ann. du Mus. VI, p. 197. — *Laurineæ* Vent. Tabl. II, p. 245. — R. Br. Prodr. p. 401. — Bartl. Ord. Nat. p. 111. — C. G. Nees ab Esenbeck, in Wallich, Plant. Asiat. Rar. II, p. 62; et in Linnæa, VIII, p. 1 ; id. *Programma Laurinarum* (Vratislav. 1833, 4º); *Systema Laurinarum* (Berol. 1836, 8º). — Endl. Gen. Plant. p. 315. — *Lauraceæ* et *Cassythaceæ* Lindl. Nat. Syst. ed. II. — *Laurineæ*, tribus III : *Laureæ* Reichb. Syst. Nat. p. 176 (1).

Cette famille, dont Linnée ne connaissait que 11 ou 12 espèces, mais qui aujourd'hui en comprend plus de 400, appartient en majeure partie aux contrées intertropicales; en Europe, elle n'offre d'autre représentant que le *Laurier commun.* Presque toutes les Laurinées sont des arbres plus ou moins élancés, d'un port très-élégant, et qui contiennent en général des huiles essentielles très-aromatiques, abondantes surtout dans l'écorce et les feuilles; chez beaucoup d'espèces le fruit est imprégné d'une huile grasse, fétide ou aromatique; quelques Laurinées ont des sucs-propres âcres et colorés.

CARACTÈRES DE LA FAMILLE (2).

Arbres ou *arbrisseaux* aromatiques (excepté les *Cassyta,* qui sont des herbes aphylles, volubiles, semblables aux Cuscutes par le port, point aromatiques). Rameaux cylindriques ou irrégulièrement anguleux, inarticulés.

---

(1) Suivant M. Reichenbach, les Ménispermées et les Hamamélidées constituent deux autres tribus de la famille des Laurinées.

(2) D'après le *Systema Laurinarum* de M. Nees d'Esenbeck.

Feuilles éparses, ou rarement opposées, simples, très-entières (par exception lobées), non-stipulées, pétiolées, 3-nervées, ou triplinervées, ou penninervées, souvent réticulées, en général coriaces et persistantes, ponctuées en dessous (de glandules oléifères); pétiole ordinairement articulé par sa base. Bourgeons écailleux ou nus.

Fleurs hermaphrodites ou par avortement unisexuelles (soit polygames, soit dioïques), régulières, blanches, ou jaunâtres, ou verdâtres, petites, exhalant en général une odeur spermatique, disposées en grappes, ou en ombelles, ou en cymules, ou en cymes subtrichotomes, ou en fascicules. Inflorescences axillaires, ou terminales, ou latérales, nues, ou involucrées.

Périanthe 4-ou 6- (rarement 8-) fide (par exception nul), inadhérent, persistant en tout ou en partie, ou non-persistant; segments alternes-bisériés, imbriqués en préfloraison.

Disque charnu, tapissant le fond du calice, souvent accrescent.

Étamines périgynes (insérées au bord du disque), en nombre défini (le plus souvent en nombre double des segments du périanthe; moins souvent en nombre soit triple, soit quadruple, soit quintuple, soit sextuple des segments du périanthe; rarement en même nombre seulement que les segments du périanthe), alternes 2-ou pluri-sériées (le nombre de chaque série correspondant toujours à celui d'une série des segments du périanthe): les 2 séries extérieures antéposées. Lorsqu'il y a plus de 3 séries, l'interne est stérile (réduite à des staminodes soit parfaits, soit plus ou moins abortifs). Filets libres, sublinéaires, fermes, souvent élargis vers leur sommet: les intérieurs en général garnis de 2 glandules basilai-

res ou supra-basilaires, bilatérales, sessiles, ou stipitées.
Anthères 2-thèques, continues avec le filet, toutes introrses, ou bien celles des 2 séries-extérieures introrses,
et celles des séries-intérieures extrorses; bourses parallèles (adnées aux bords d'un connectif plus ou
moins gros), soit 1-loculaires et s'ouvrant par une seule
valvule, soit transversalement 2-loculaires (à logettes
ordinairement inégales : l'inférieure plus grande que la
supérieure) : chaque logette s'ouvrant par une valvule
distincte; valvules operculaires, restant attachées, après
la déhiscence, vers le sommet des bourses ou de leurs
logettes.

Pistil : Ovaire inadhérent, 1-loculaire, 1-ovulé (par
exception 2-ou 3-ovulé) : placentaire pariétal, nerviforme. Ovule anatrope, suspendu, attaché vers le sommet du placentaire. Style indivisé, columnaire. Stigmate discoïde, ou 2-lobé, ou 3-lobé, terminal.

Péricarpe baccien, 1-loculaire, 1-sperme, soit assis
immédiatement sur un pédicelle charnu et amplifié, soit
engaîné par la partie inférieure ou la totalité du périanthe plus ou moins amplifié; par exception le péricarpe
est un carcérule utriculaire, recouvert par un périanthe
devenu bacciforme.

Graine suspendue, apérispermée, ovoïde, ou subglobuleuse. Tégument externe membranacé, ou chartacé,
ou coriace, ou cartilagineux, ou osseux : hile transverse,
supère, subterminal : raphé interne ; chalaze infère, terminale. Embryon huileux, rectiligne, conforme à la
graine : cotylédons plano-convexes, gros, charnus, supra-basifixes; plumule diphylle, en général à peu près
aussi grande que la radicule; radicule supère, courte,
conique, recouverte par la base des cotylédons.

M. C. G. Nees d'Esenbeck classe les Laurinées ainsi
qu'il suit :

Iʳᵉ TRIBU. **LES CINNAMOMÉES.** — *CINNAMO-MEÆ* Nees.

Fleurs polygames. Staminodes parfaits. Anthères 4-val-vulaires : les intérieures extrorses. Périanthe à limbe articulé. — Arbres de l'Asie équatoriale. Bourgeons nus. Feuilles (en général subopposées) 3-nervées ou tripli-nervées, persistantes, rapprochées par paires.

Cinnamomum (Burm.) Nees.

IIᵉ TRIBU. **LES CAMPHORÉES.** — *CAMPHOREÆ* Nees (1).

Fleurs polygames. Staminodes parfaits. Anthères 4-val-vulaires : les intérieures extrorses. Périanthe à limbe caduc. — Arbres habitant l'Asie équatoriale, ainsi que la Chine et le Japon. Bourgeons écailleux. Feuilles persistantes, longuement pétiolées, triplinervées, glan-duleuses aux aisselles des côtes, ponctuées en des-sous.

Camphora (Bauh.) Nees.

IIIᵉ TRIBU. **LES PHÉBÉES.** — *PHOEBEÆ* Nees.

Fleurs hermaphrodites. Staminodes parfaits. Anthères 2-ou 4-valvulaires : les intérieures extrorses. Limbe du périanthe persistant, durcissant, constituant finale-ment une cupule engaînant la base du fruit. — Ar-bres indigènes les uns des Canaries, les autres des An-tilles ou de l'Asie équatoriale. Bourgeons nus. Feuilles veineuses, penninervées, persistantes.

Apollonias Nees. — *Phœbe* Nees.

---

(1) M. Blume (*Rumphia*, I.) réunit cette tribu à la précédente,

IVᵉ TRIBU. **LES PERSÉES.** — *PERSEÆ* Nees.

*Fleurs hermaphrodites. Staminodes parfaits. Anthères
2-ou 4-valvulaires : les intérieures extrorses. Limbe du
périanthe soit persistant, étalé après la floraison, point
durcissant ni accrescent, soit caduc, la partie inférieure du périanthe formant plus tard un disque orbiculaire. Pédicelles-fructifères en général épaissis et
charnus au sommet. Feuilles persistantes, penninervées, souvent pubérules. Bourgeons nus. Fleurs en
cymes ou en panicules en général infra-terminales.
— Arbres, la plupart indigènes d'Amérique.*

Persea Gærtn. — *Machilus* Rumph. — *Boldu* Nees.
— *Alseodaphne* Nees. — *Hufelandia* Nees.

Vᵉ TRIBU. **LES CRYPTOCARYÉES.** — *CRYPTO-*
CARYEÆ Nees.

*Fleurs hermaphrodites. Staminodes parfaits. Anthères
2-ou 4-valvulaires : les intérieures extrorses. Limbe du
périanthe persistant ou caduc. Péricarpe sec ou
charnu, recouvert en entier ou presqu'en entier par le
tube du périanthe devenu dur ou charnu; très-rarement le périanthe-fructifère est plan ou très-court.
Bourgeons incomplets. Inflorescences thyrsoïdes ou
racémiformes, denses. Périanthe en général infondibuliforme. Feuilles persistantes, veineuses. — Arbres,
la plupart indigènes de l'Asie équatoriale ou de la
Nouvelle-Hollande.*

Endiandra R. Br. — *Beilschmiedia* Nees. — *Cecido-*
daphne Nees. — *Cryptocarya* R. Br. — *Caryodaphne*
Blume. — *Agathophyllum* Willd. — *Mespilodaphne*
Nees.

VIᵉ TRIBU. **LES ACRODICLIDIÉES.** — *ACRODICLIDIA* Nees.

Fleurs hermaphrodites. Staminodes soit nuls, soit dentiformes et comprimés. Étamines 3 ou 9. Anthères 2-valvulaires (valvules poriformes, subapicilaires), subsessiles : les intérieures extrorses. Péricarpe charnu, d'abord recouvert par un périanthe pomiforme (ombiliqué au sommet, à lobes connivents), plus tard saillant, engaîné inférieurement par le périanthe devenu cupuliforme. Inflorescences thyrsoïdes, ou paniculées, ou subcapitellées, pubérules. Périanthe souvent infondibuliforme, à lobes courts. Bourgeons nus. Feuilles persistantes, veineuses, cuspidées, le plus souvent pubérules. — Arbres de l'Amérique équatoriale.

Aydendron Nees. — *Evonymodaphne* Nees. — *Acrodiclidium* Nees. — *Misanteca* Schlechtend.

VIIᵉ TRIBU. **LES NECTANDRÉES.** — *NECTANDREÆ* Nees.

Fleurs hermaphrodites. Staminodes dentiformes ou moins souvent capitelliformes. Étamines 9. Anthères subsessiles, larges, à valvules basilaires, disposées en arc ; les anthères intérieures extrorses. Périanthe à segments assez larges, étalés, caducs : les extérieurs plus larges. Péricarpe charnu, engaîné inférieurement par un périanthe cupuliforme, tronqué. Inflorescences paniculées, assez amples. Bourgeons nus. Feuilles persistantes, veineuses. — Arbres, indigènes de l'Amérique équatoriale.

Nectandra (Rottb.) Nees. (Pomatia Nees.)

VIIIe TRIBU. **LES DICYPELLIÉES.** — *DICYPEL-
LIA* Nees.

*Fleurs dioïques ou polygames. Staminodes nuls. Les 6
étamines-extérieures des fleurs-femelles semblables aux
segments du limbe et persistant avec ceux-ci. Périanthe-fructifère non-recouvrant, rayonné. Anthères
3 à 6, sessiles, 4-valvulaires : valvules poriformes.
Péricarpe charnu. Inflorescences racémiformes, pauciflores, souvent bractéolées et gemmiformes avant la
floraison. Bourgeons nus. Feuilles persistantes, veineuses. — Arbres, indigènes du Brésil.*

Dicypellium Nees et Martius. — *Petalanthera* Nees
et Mart. — *Pleurothyrium* Nees et Mart.

IXe TRIBU. **LES ORÉODAPHNÉES.** — *OREO-
DAPHNEÆ* Nees.

*Fleurs dioïques ou polygames. Staminodes nuls, ou su-
bulés, ou imparfaits. Étamines 6, ou 9, ou 12 (les intérieures, lorsqu'il y en a plus de 6, extrorses). Anthères 2-ou 4-valvulaires (à valvules, lorsqu'il y.en a
4, immédiatement superposées 2 à 2). Périanthe campanulé ou rotacé, en général petit : segments égaux,
point dilatés. Fruit petit ou de grandeur médiocre,
charnu, soit engaîné à sa base par un périanthe cupulaire, soit placé sur un périanthe étalé et peu charnu,
soit immédiatement assis sur un pédicelle charnu au
sommet. Inflorescences axillaires ou infra-terminales,
paniculées, ou racémiformes, plus ou moins composées,
garnies de petites bractéoles fugaces. Bourgeons nus.
Feuilles persistantes, veineuses, souvent semblables à
celles des Saules. — Arbres ou arbrisseaux, la plupart indigènes de l'Amérique équatoriale.*

Teleiandra Nees. — *Leptodaphne* Nees. — *Ajovea*

Aubl. — *Gæppertia* Nees. — *Haasia* Blum. — *Oreo-daphne* Nees et Martius. — *Camphoromæa* Nees et Martius. — *Ocotea* Aubl. — *Gymnobalanus* Nees et Mart.

Xe TRIBU. **LES FLAVIFLORES.** — *FLAVIFLORÆ* Nees.

Fleurs dioïques ou polygames. Staminodes nuls. Étamines 9, toutes introrses; anthères 2-ou 4-valvulaires. Périanthe mince, rotacé, jaune. Baie assise sur un pédicelle presque nu , souvent charnu. Inflorescence en grappes ou en ombellules précoces, involucrées, ou bractéolées. Bourgeons écailleux. Feuilles membranacées, non-persistantes. — Arbres ou arbrisseaux, indigènes de l'Amérique septentrionale.

Sassafras Nees. — *Benzoin* Nees.

XIe TRIBU. **LES TÉTRANTHÉRÉES.** — *TETRAN-THEREÆ* Nees.

Fleurs ordinairement dioïques. Staminodes nuls. Étamines 9 à 18 (lorsqu'il y en a plus de 9, le périanthe est dépourvu de limbe, ou à segments 1-sériés). Anthères 2-ou 4-valvulaires, toutes introrses. Baie assise sur le tube du périanthe devenu disciforme. Fleurs en ombellules involucrées. Bourgeons nus , ou écailleux. Feuilles persistantes, veineuses. — Arbres de l'Inde (à l'exception d'une espèce qui habite la région méditerranéenne).

Cylicodaphne Nees. — *Tetranthera* Jacq. — *Polyadenia* Nees. — *Laurus* (Linn.) Nees. — *Lepidadenia* Nees.

XIIe TRIBU. **LES DAPHNIDIÉES.** — *DAPHNIDIÆ* Nees.

Fleurs dioïques ou hermaphrodites. Staminodes nuls.

*Étamines 6 à 15 ; anthères 2-ou 4-valvulaires, toutes
introrses. Baie assise soit sur un périanthe discoïde ou
cyathiforme, soit sur un pédicelle nu. Bourgeons écailleux. Fleurs subglomérulées ou en ombellules involucrées, naissant de bourgeons aphylles. Feuilles veineuses ou nerveuses, persistantes. — Arbres habitant
l'Inde, ou la Chine, ou le Japon.*

Dodecadenia Nees.—*Actinodaphne* Nees.—*Daphni-
dium* Nees. — *Litsœa* Juss.

XIIIe TRIBU. LES CASSYTÉES. — *CASSYTEÆ* Nees.

*Fleurs hermaphrodites. Staminodes parfaits. Étamines 9 :
les 3 intérieures extrorses ; anthères 4-valvulaires.
Péricarpe sec, recouvert par un périanthe charnu.
Herbes parasites, aphylles.*

Cassyta Linn.

GROUPE VOISIN DES LAURINÉES.

GYROCARPÉES — *GYROCARPEÆ* Dumort. (1).

*Étamines en même nombre que les lobes du périanthe.
Ovaire adhérent. Péricarpe drupacé. Cotylédons foliacés, convolutés autour de la radicule.—Arbres de
la zone équatoriale.*

Gyrocarpus Jacq. — *Illigera* Blume.

Genre CANNELLIER. — *Cinnamomum* (Burm.) Nees.

Fleurs polygames. Périanthe 6-fide (rarement 4-ou 8-
fide), coriace : limbe articulé, finalement caduc en tout

---

(1) *Gyrocarpeœ* Dumort. Fam. — Nees, Progr. 20. — *Illigereœ*
Blume, Nov. fam. — Nees, Laurin, p. 695. — *Illigeraceœ* Lindl. Nat.
Syst. ed. II, p. 202.

ou en partie, ou rarement persistant. Étamines 9 (6 lorsque le périanthe est 4-fide ; 12 ou plus lorsque le périanthe
est 8-fide) : celles de la série interne extrorses, accompagnées chacune de 2 glandules basilaires. Anthères ovales,
4-valvulaires : valvules inférieures plus latérales. Staminodes 3. Stigmate discoïde (quelquefois subtrilobé). Baie
1-sperme, engaînée inférieurement par le périanthe grossi
(qui est cupuliforme et tronqué, lorsque le limbe s'est
détaché en entier, ou bien qui est 6-fide, lorsque le limbe
persiste en tout ou en partie). — Arbres dont l'écorce est
tantôt d'une saveur de cannelle plus ou moins prononcée,
tantôt d'une saveur plus âcre et analogue à celle des clous
de girofle, ou quelquefois plus ou moins camphrée. Feuilles 3-nervées, ou triplinervées, persistantes, rapprochées
par paires, le plus souvent opposées ou subopposées, d'une
saveur de girofle ou un peu camphrée. Bourgeons nus.
Inflorescences axillaires ou terminales, nues, cymeuses,
trichotomes, pauci- ou multi-flores. Fleurs polygames-
monoïques, ou polygames-dioïques : les stériles plus petites, mais du reste hermaphrodites comme les fertiles.
(*Nees, Systema Laurinarum*, p. 31. — *Blume, Rumphia*, 1,
p. 26.) — Ce genre, dont la plupart des espèces sont remarquables par des écorces pénétrées d'un arome plus ou
moins agréable, renferme les arbres qui fournissent les
différentes sortes de cannelles du commerce et de la pharmaceutique, ainsi que plusieurs autres écorces officina-
les. L'histoire et les caractères distinctifs de ces végétaux
n'ont été éclaircis que depuis peu d'années, par les précieux travaux monographiques de MM. C. G. Nees d'Esenbeck, et Blume, auxquels nous allons emprunter tous les
détails relatifs à ce sujet. — M. Nees a décrit 27 espèces de
ce genre ; nous ne pouvons traiter ici que de celles qui
sont remarquables par leurs produits.

SECTION I. CINNAMOMA CARYOPHYLLEA Blum. (1) — *Écorce à arome d'une saveur plus ou moins âcre, analogue à celle des clous de girofle, et quelquefois un peu camphrée.*

CANNELLIER CULIWAVAN. — *Cinnamomum Culiwavan* Blume, Bydr. (non Nees); Rumphia, I, p. 26, tab. 9, fig. 1, et tab. 10, fig. 1.—Hayne, Arzn. XII, tab. 24, 6 *(folia).—Cortex Caryophylloides albus* Rumph. Amb. II, p. 65; tab. 14 *(except. infloresc.)— Laurus Culibaban* Linn.—*Laurus Cassia, var. Culibaban* Lamk. Enc.—*Laurus Culilawang* Nees. Disp. de Cinnam. —Feuilles ovales-oblongues, ou lancéolées-oblongues, acuminées, acérées, légèrement pointues à leur base, tripliner-vées, glabres, faiblement réticulées en dessous : nervures-latérales oblitérées vers le sommet. Cymes axillaires et terminales, pauci-flores, subracémiformes. Segments du périanthe caducs au des-sous du sommet.—Tronc gros, haut; écorce épaisse, d'un brun de cannelle à l'intérieur, d'un gris blanchâtre à la surface; cime touffue, mais d'une ampleur médiocre. Ramules cylindriques, droits, glabres de même que les jeunes-pousses, à écorce très-aromatique et d'une saveur assez agréable. Feuilles longues de 3 à 6 pouces, larges de 1 pouce à 2 pouces; pétiole semi-cy-lindrique, long à peine de 6 lignes. Périanthe 6-fide. Baie el-lipsoïde, presque recouverte par le périanthe devenu cupuli-forme. (*Blume, Rumphia*, I, p. 27.)—Cet arbre croît aux Moluques; au témoignage de M. Blume, c'est cette espèce qui fournit l'une des meilleures sortes de la *cannelle-giroflée* qu'on importe en Europe.

CANNELLIER-ROUGE.—*Cinnamomum rubrum* Blum. Rumph. I, tab. 2, fig. 1. — *Cortex Caryophylloides ruber* Rumph. Amb. II, p. 66. — *Laurus Caryophyllus* Loureir. Cochinch.? —Feuilles oblongues ou lancéolées, très-longuement acuminées, pointues à leur base, 3-nervées, ou courtement triplinervées,

____

(1) Toutes les espèces de cette section fournissent l'écorce officinale connue sous le nom de *Culiwavan*, ou Cannelle giroflée, et qu'on a cru longtemps ne provenir que du *Laurus Culibaban* Linn.

glabres; nervures subexcurrentes. Cymes axillaires et terminales, trichotomes, racémiformes, pauciflores. Périanthe à segments persistants. — Arbre de taille médiocre. Écorce rougeâtre. Rameaux presque étalés, brachiés. Feuilles longues de 1 ¹/₂ pouce, d'un vert foncé en dessus, glauques en dessous. Fleurs petites, blanches. Périanthe 6-fide : segments ovales-lancéolés, étalés. Baie petite, ovoïde, rougeâtre. (*Blume, l. c.* p. 29). — Cette espèce croît dans les mêmes contrées que la précédente; elle fournit aussi de la cannelle-giroflée de très-bonne qualité.

CANNELLIER SINTOC.—*Cinnamomum Sintoc* Blume, Rumph. I, tab. 12.—Hayn. Arzn. XII, tab. 24.—Feuilles ovales-oblongues ou lancéolées-oblongues, acuminées, subobtuses (les florales ovales, obtuses), à peine pointues à leur base, triplinervées, glabres, faiblement réticulées en dessous : nervures-latérales oblitérées au sommet, souvent bifurquées à la base. Panicule terminale, étalée, veloutée. Segments du périanthe tombant en entier.—Arbre atteignant 80 pieds de haut; branches fortes, longues, divergentes, très-rameuses. Écorce du tronc épaisse, rimeuse, d'un brun grisâtre à la surface, roussâtre en dedans. Ramules cylindriques, à écorce d'un brun cendré, très-aromatique, d'une odeur analogue à celle d'un mélange de noix de Muscade et d'essence de Lavande, d'une saveur amère et un peu astringente. Jeunes-pousses comprimées, tétragones, très-glabres. Feuilles luisantes et d'un vert foncé en-dessus, d'un vert glauque en dessous, courtement pétiolées, ayant une saveur de clous de girofle. Pédoncules un peu comprimés, trichotomes. Fleurs courtement pédicellées. Périanthe 6-ou 8-fide, roussâtre et velouté à la surface externe, soyeux à la surface interne. Périanthe-fructifère turbiné, tronqué. Baie ellipsoïde, à moitié recouverte par le périanthe. (*Blume, l. c. p. 30.*) — Cette espèce croît dans les montagnes de Java (où on la nomme *Sintok, Sintuk,* et *Sendok*) et dans celles de l'Inde méridionale (les habitants des Nélligerrys l'appellent *Béloré*).

CANNELLIER A NERVURES JAUNES. — *Cinnamomum xantho-*

neurum Blume, Rumphia, I, tab. 13, fig. 1.—Feuilles oblongues
ou oblongues-lancéolées, acuminées, subobtuses, pointues à la
base, courtement triplinervées, réticulées et veloutées (incanes) en
dessous: nervures rameuses au-dessus du milieu.—Arbre. Rameaux
cylindriques, glabres : les jeunes tétragones-ancipités, veloutés.
Feuilles longues de 5 à 7 pouces, larges de 15 lignes à 2 pouces, courtement pétiolées, un peu luisantes en dessous. Fleurs et
fruits inconnus.—Cette espèce croît aux Moluques et dans la
Nouvelle-Guinée. Ses feuilles et ses jeunes-pousses ont une saveur âcre, peu agréable, assez camphrée. (*Blume, l. c.* p. 33.)

CANNELLIER CAPPAROU-CORONDÉ.—*Cinnamomum Capparu-
coronde* Blume, l. c. I, tab. 9, fig. 2 et 3.—Feuilles oblongues, obliquement rétrécies à la base, courtement triplinervées,
point veinées, satinées (de couleur livide) en dessus. (Fleurs
et fruits inconnus.) (*Blume, l. c.* p. 34)—Cette espèce croît
à Ceylan ; son écorce et ses feuilles ont une saveur camphrée.

CANNELLIER CAMPHRÉ.—*Cinnamomum camphoratum* Blume,
l. c. tab. 14, fig. 1.—*Laurus callophylla* Nees, Disp. de Cinnam.—*Cinnamomum albiflorum* Nees, in Wall. Plant. Asiat.
fasc. 8, p. 63.—Feuilles elliptiques-oblongues, longuement
acuminées, pointues à la base, fortement subtriplinervées, veineuses et réticulées aux 2 faces : nervures-latérales oblitérées
vers le sommet.—Arbrisseau glabre, haut de 8 à 14 pieds. Rameaux cylindriques, peu nombreux. Feuilles longues de ¹/₂ pied
à 1 pied, larges de 2 à 4 pouces, luisantes en dessus, d'un glauque verdâtre en dessous; pétiole cylindrique, long de 4 à 6 lignes. (Fleurs et fruits inconnus.)—*Blume, l. c.* p. 34.)—
Cette espèce croît dans les forêts de Java. Son écorce et ses
feuilles ont une saveur de Muscade un peu camphrée.

CANNELLIER LUISANT.—*Cinnamomum nitidum* Hook. Exot.
Flor. tab. 176 (excl. syn. Roxb. et Nees.)—Blume, Rumphia,
I, tab. 15.—*Laurus malabathrica* Roxb. Hort. Calcutt. (non L.)
—*Laurus caryophyllata* Nees, jun. Disp. de Cinnam.—*Cin-
namomum eucalyptoides* Nees, in Wall. Plant. Asiat. II,

p. 73.—Nees, jun. Offic. Pflanz. Suppl. IV, cum fig.—Feuilles elliptiques ou elliptiques-oblongues, rétrécies aux 2 bouts (le plus souvent sphacélées au sommet), 3-nervées, ou courtement triplinervées, presque sans veines, glabres, à nervures subexcurrentes. Cyme terminale, composée, presque aussi longue que les feuilles. Fleurs satinées. Périanthe à segments caducs au milieu. — Buisson ou arbre très-rameux. Écorce mince, brunâtre. Ramules subbrachiés, cylindriques, d'un brun verdâtre, finement striés, glabres : les jeunes tétragones ou tétragones-ancipités, finement pubérules. Feuilles longues de 3 à 5 pouces, larges de 18 à 28 lignes, luisantes et très-glabres en dessus, d'un glauque verdâtre en dessous ; pétiole subcylindrique, long de 4 à 6 lignes. Panicule cymeuse, composée de grappes simples, presque aussi longues ou aussi longues que les feuilles, axillaires, ou supra-axillaires, divergentes. Bractées petites, sessiles, apprimées, ovales, pointues, concaves, soyeuses, fugaces. Fleurs-fertiles longues d'environ 2 lignes. Périanthe semi-sexfide : segments dressés, connivents, isomètres, obtus, concaves : les extérieurs ovales ; les intérieurs ovales-oblongs. Anthères ovales-oblongues, obtuses, plus larges que les filets. Staminodes cordiformes, courtement pédicellés. Baie ellipsoïde, d'un violet noirâtre, engaînée à sa base par la partie subsistante du périanthe devenue charnue, turbinée, 6-dentée. (*Blume, l. c.* p. 35.) — Cette espèce habite l'Inde, les Moluques et les îles de la Sonde ; son écorce est plus ou moins aromatique, mais elle n'entre point dans le commerce. Les feuilles ont une saveur de clou de girofle ; elles se trouvent mêlées, dans le commerce, avec les feuilles de Malabatre.

CANNELLIER INSIPIDE. — *Cinnamomum iners* Blume, Rumphia, I, tab. 17 et 18. — *Laurus iners* Nees, jun. Disp. de Cinnam.—Feuilles elliptiques-oblongues ou lancéolées-oblongues, légèrement pointues aux 2 bouts (le plus souvent sphacélées au sommet), courtement triplinervées, point veineuses : nervures-latérales oblitérées vers le sommet. Panicules racémiformes, rameuses, subterminales, plus longues que les feuilles.

Périanthe soyeux : segments caducs au-dessous du sommet. —
Arbre ou arbrisseau. Écorce d'un brun noirâtre. Ramules cylindriques, glabres : les jeunes subtétragones, pubérules. Feuilles longues de 4 à 6 pouces, larges de 15 lignes à 2 pouces,
d'un vert gai en dessus, d'un vert glauque en dessous; pétiole
canaliculé en dessus, long d'environ 6 lignes. Panicules longues
de 1/2 pied à 1 pied. Staminodes cordiformes, stipités. Péricarpe
ellipsoïde, déprimé au sommet (*Blume, l. c. p.* 41.) — Cette
espèce croît aux îles de la Sonde et à Pulo-Pinang; elle est remarquable, parmi ses congénères, en ce que son écorce et ses
feuilles sont à peu près insipides.

CANNELLIER DE JAVA. — *Cinnamomum javanicum* Blume,
l. c. tab. 19. — *Sindoc* Rumph. Amb. II, p. 69. — *Laurus Ma-*
labatrum Burm. Flor. Ind. — *Laurus Malabratum* Horsfield,
in Verhandl. Batav. Genootsch. VIII. — *Melastoma Rein-*
wardtianum Blum. Bydr. — Feuilles elliptiques-oblongues,
acuminées, pointues à la base, 3-nervées, ou courtement triplinervées, transversalement réticulées : nervures confluentes au
sommet, cotonneuses en dessous de même que les veines. Panicule terminale, étalée, très-cotonneuse. — Arbre à tronc atteignant
20 à 25 pieds de haut, et la grosseur du bras d'un homme. Rameaux raides, cylindriques, à écorce roussâtre à la surface, d'un
brun de cannelle en dedans. Ramules subopposés, cylindriques,
veloutés, roussâtres. Feuilles longues de 1/2 pied à 1 pied, larges de 3 à 6 pouces, luisantes en dessus, d'un vert glauque en
dessous; pétiole long de 1/2 pouce à 1 pouce. Panicule cymeuse,
ovoïde, multiflore. Périanthe profondément 6-fide (rarement 8-
ou 4-fide) : segments ovales, obtus, concaves, dressés, connivents : les intérieurs un peu plus courts. Filets courts, pubescents. Anthères elliptiques. Staminodes cordiformes, subsessiles,
carénés au dos (*Blume, l. c. p.* 42). — Cette espèce croît aux
îles de la Sonde; les Malais et les Javanais l'appellent *Sintoc*
(nom qu'ils donnent en outre au *Cinnamomum Sintoc Bl.*), et
ils considèrent son écorce comme un excellent remède contre les
coliques spasmodiques; cette écorce est très-aromatique.

Section II. Cinnamoma vera Blume.—*Écorce à arome d'une saveur douceâtre.*

Cannellier de Ceylan.—*Cinnamomum zeylanicum* Breyn. —Nees, Syst. Laur. p. 45.—Rameaux subtétragones, glabres. Feuilles ovales ou ovales-oblongues, acuminées, obtuses, triplinervées, ou 3-nervées, réticulées en dessous, glabres : les supérieures plus petites. Panicules axillaires et terminales, pédonculées. Périanthe soyeux, incane : segments oblongs, caducs au milieu. (*Nees, l. c.*)

—α : Cannellier commun.—*Cinnamomum zeylanicum commune* Nees, l. c.—*Cinnamomum zeylanicum* Blume, Bydr. —*Cinnamomum zeylanicum :* β, Nees, in Wall. Plant. Asiat. Rar. — *Cinnamomum zeylanicum vulgare* Hayn. Arzn. Gew. XXII, tab. 20. — *Persea Cinnamomum* Spreng.— *Laurus Cinnamomum* Linn. — Nees, Disp. de Cinn. — *Laurus Cassia* Bot. Mag. tab. 1636. (non Linn.)— *Cinnamomum* Blackw. Herb. tab. 534.—Feuilles ovales ou ovales-oblongues, obtuses, ou très-courtement cuspidées (à pointe obtuse).

—β : A feuilles subcordiformes.—*Cinnamomum zeylanicum :* β, *subcordatum* Nees, l. c. — *Cinnamomum zeylanicum cordifolium* Hayn. l. c. tab. 21. — Feuilles subcordiformes.

—γ : Laurier-Casse.—*Cinnamomum zeylanicum :* γ, *Cassia* Nees, l. c.—*Laurus Cinnamomum :* β, *angustifolium* Roxb. —*Laurus Cassia* L. — *Cassia lignea* Blackw. Herb. tab. 391.—*Karua* Hort. Malab. I, tab. 57.—Feuilles elliptiques ou oblongues, plus ou moins longuement acuminées, pointues à la base.

Arbre ou arbrisseau. Tête allongée. Rameaux roussâtres, finalement grisâtres; écorce d'un brun roussâtre en dedans, plus ou moins aromatique (quelquefois presque insipide), douceâtre. Jeunes-pousses obscurément tétragones. Feuilles longues de 3 à 5 pouces, larges de 15 à 30 lignes, d'un vert gai, souvent

pendantes, d'une saveur analogue à celle des clous de Girofle.
Panicules-partielles longues de 3 à 5 pouces, pubérules. Pédicelles longs de 1 ½ à 2 lignes. Périanthe long de 1 ½ ligne,
turbiné, profondément 6-fide (quelquefois 8-fide, 12-andre) :
segments subégaux, oblongs, mucronulés. Étamines plus courtes
que le limbe ; anthères elliptiques-oblongues, obtuses. Appendices (glandules) des filets intérieurs cordiformes, substipités.
Staminodes hastiformes-triangulaires, pointus, onguiculés, de
moitié plus courts que les étamines intérieures. Baie ovoïde ou
ellipsoïde, lisse, succulente, noire à la maturité, atteignant jusqu'à 6 lignes de long, recouverte jusque vers son milieu par la
partie subsistante du périanthe, laquelle est tantôt tronquée, tantôt 6-fide, turbinée (*Nees, l. c.—Roxburgh, Flor. Ind.* ed. 2,
vol. 2, p. 297.)—Cette espèce croît spontanément dans l'Inde,
ainsi qu'à Ceylan, aux Moluques, et aux îles de la Sonde ; elle
est fréquemment cultivée dans toutes ces contrées, ainsi que
dans les établissements coloniaux de l'Afrique et de l'Amérique
équatoriales. C'est de ce Cannellier que proviennent plusieurs
sortes de canelles, très-répandues dans le commerce, et notamment la *Cannelle de Ceylan*, qui est l'une des sortes les plus
aromatiques. — Le *Laurier-Casse* (*Laurus Cassia* L.), qui
n'est qu'une variété du *Cannellier de Ceylan*, fournit l'écorce
connue sous le nom de *Cannelle du Malabar* (en pharmaceutique
Xylo-Cassia, ou *Cassia lignea*), qui est beaucoup moins aromatique que les autres sortes de Cannelles, et qu'on n'emploie
guère, en Europe, qu'à des préparations pharmaceutiques. —
Les racines et les vieux troncs de cet arbre contiennent beaucoup
de camphre.

CANNELLIER AROMATIQUE. — *Cinnamomum aromaticum*
Nees, in Wall. Plant. Asiat. II, p. 74; Syst. Laur. p. 52.
— *Cinnamomum Cassia* Nees, jun. — Blume, Bydr. —
Hayn. Arzn. Gew. XII, tab. 23. —*Laurus Cassia* Nees,
Disp. Cinn. tab. 3. (non Linn.) —*Persea Cassia* Spreng. —
Laurus Cinnamomum Andr. Bot. Rep. tab. 595. —Ramules
anguleux, satinés de même que les pétioles. Feuilles oblongues,

pointues aux 2 bouts, veinuleuses en dessous, triplinervées :
nervures oblitérées vers le sommet. Panicules grêles, satinées.
— Arbre élégant. Ramules et rameaux étalés : les adultes grisâtres. Feuilles longues de 5 à 9 pouces, larges de 2 à 3 ½ pouces, souvent pendantes, d'un vert gai en dessus, d'un vert glauque en dessous ; pétiole long d'environ 6 lignes. Panicules axillaires et terminales, un peu divergentes, longues d'environ 3
pouces (y compris le pédoncule, qui est de près de 2 pouces).
Pédicelles gros, longs de 1 ligne. Périanthe campanulé, d'un
blanc jaunâtre, long de 1 ½ ligne : segments ovales, obtus,
égaux, aussi longs que le tube, caducs dès leur base. Étamines
plus courtes que le périanthe ; anthères ovales, obtuses, d'un
jaune orange. Appendices (glandules) des 3 filets intérieurs peltés, suborbiculaires, subferrugineux, stipités. Staminodes sagittiformes, trigones, blanchâtres, courtement stipités. Baie oblongue, semblable à un Gland, d'un bleu rougeâtre, âcre, engainée à la base par un périanthe cupuliforme, 6-denté, verdâtre. (*Nees, l. c.*) — Cette espèce croît en Chine; on la cultive à
Java ; il paraît que c'est l'une de celles qui fournissent la *Cannelle de Chine* du commerce. On la cultive souvent dans les
collections de serre, sous le nom de *Laurus Cinnamomum*.
Son écorce est douceâtre et très-aromatique.

CANNELLIER TAMALA. — *Cinnamomum Tamala* Nees, jun.
Handb.; id. Plant. Off. Suppl. fasc. IV. — Nees, in Wall. Plant.
Asiat. II, p. 75; id. Syst. Laur. p. 56. — *Laurus Tamala*
Hamilt. in Act. Soc. Linn. Lond. XIII, 2, p. 555. (excl. syn.
Roxb.) — *Persea Tamala* Spreng. — *Laurus Cassia* B, Wall.
Cat. — *Laurus albiflora* C, Wall. Cat. — Rameaux subcylindriques : les jeunes pubérules, scabres. Feuilles oblongues-lancéolées, acuminées, pointues à la base, glabres, triplinervées : ner-
vure-moyenne point rameuse vers le sommet. Panicules subterminales et axillaires, pédonculées, divariquées. Périanthe
campanulé : segments obovales, pointus, soyeux-incanes aux 2
faces, caducs au dessous du milieu. — Arbre de taille médiocre.
Branches très-rameuses. Ramules subtétragones ou anguleux,

brunâtres, ou grisâtres. Bois grisâtre, dur, luisant. Écorce d'un
gris rougeâtre, d'une saveur de Cannelle agréable, assez forte.
Feuilles longues de 3 à 7 pouces, larges de 12 à 15 lignes, d'un
vert gai en dessus, d'un glauque pâle en dessous, chartacées,
réticulées aux 2 faces, d'une saveur de clous de Girofle légèrement camphrée. Panicules rapprochées en corymbe lâche. Pédoncules longs de 2 $^1/_2$ à 3 $^1/_2$ pouces. Pédicelles longs de 1$^1/_2$ ligne à 2 lignes. Périanthe long de 1 $^1/_2$ ligne. Étamines presque
aussi longues que le périanthe ; anthères ovales, jaunes, presque
aussi longues que les filets. Appendices (glandules) des 3 filets-
intérieurs sessiles, ovales, obtus, jaunes, de la longueur des filets. Staminodes sagittiformes, pointus, à stipe de même longueur que le capitule. Baie ovale-elliptique, ombonée, lisse,
noirâtre, longue de 3 lignes ; perianthe-fructifère disciforme,
étalé, 6-lobé, plus large que le fruit. — Cette espèce croît dans
l'Inde ; on la cultive au Bengale. Suivant M. C.-G. Nees d'E-
senbeck, c'est l'un des Cannelliers qui fournit les feuilles connues en pharmaceutique sous les noms de *feuilles de Mala-*
batre, feuilles de Tamalabatre, ou *feuilles d'Inde ;* du reste,
elles se trouvent souvent mêlées avec les feuilles de plusieurs autres espèces congénères, qui ont en général la même saveur.
L'écorce de cet arbre fournit de la Cannelle d'assez bonne qualité, et qu'on ne distingue probablement point de la Cannelle de
Ceylan.

CANELLIER DOUX. — *Cinnamomum dulce* Nees, in Wall.
Plant. Asiat. Rar. II, p. 75. — *Laurus dulcis* Roxb. Flor.
Ind. — *Cinnamomum chinense* Blum. Bydr. — *Laurus Bur-*
manni Nees, Disp. de Cinnam. p. 57, tab. 4, fig. 1. — *Lau-*
rus cinnamomoïdes Hort. Berol. — Ramules cylindriques,
glabres. Feuilles oblongues, acuminées, obtuses, pointues à la
base, glabres, concolores, tripli-nervées : nervures-latérales et
côte fines, ramifiées vers le sommet. Panicules axillaires et terminales, à ramules triflores. Périanthe à segments étalés, elliptiques-oblongs, caducs au dessus du milieu. — Arbre d'un port
élégant. Tronc droit, élancé ; écorce grisâtre, lisse. Branches

vagues, souvent réclinées. Cyme grêle, allongée. Feuilles longues
de 4 à 5 pouces, larges de 12 à 18 lignes, pendantes, courtement pétiolées, lisses, d'un vert foncé aux 2 faces, colorées
étant jeunes. Panicules courtes, grêles. Pédicelles grêles, longs
de 2 ½ à 3 lignes. Périanthe jaunâtre, profondément 6-fide.
Étamines presque aussi longues que le périanthe. Staminodes
ovales, pointus, subréniformes à la base, à stipe aussi long que
le capitule. Périanthe-fructifère à tube court, obconique, et à
limbe étalé. Baie subglobuleuse, mucronée, du volume d'un
Pois. (*Nees, Syst. Laur.* p. 62. — *Roxburgh, Flor. Ind.*
ed. 2, vol. 2, p. 303.) — Cette espèce est cultivée en Chine,
au Japon, dans l'Inde et aux îles de la Sonde ; son écorce a une
saveur douce : la cannelle qu'elle fournit est l'une de celles qu'on
appelle dans le commerce *Cannelle de Chine.*

CANELLIER DE LOUREIRO. — *Cinnamomum Loureirii* Nees,
Syst. Laur. p. 65. — *Laurus Cinnamomum* Loureir. Flor.
Cochinch. (excl. syn.) — Rameaux tétragones-comprimés,
glabres. Feuilles subelliptiques, rétrécies aux 2 bouts, acuminées
ou obtuses, finement squamelleuses en dessous, triplinervées :
côte ramifiée au sommet ; nervures-latérales nervuleuses du côté
externe. — Feuilles longues d'environ 4 pouces, sur 20 lignes
de large ; pétiole semi-cylindrique, canaliculé en dessus, long
d'environ 6 lignes. (*Nees, l. c.*) — Cette espèce croît dans les
hautes montagnes de la Cochinchine ; au témoignage de M. de
Siebold, on la trouve aussi en Chine (où on l'appelle *Kio Kui*)
et au Japon (où on l'appelle *Ni Kei*). L'écorce de ses jeunes
rameaux est d'une saveur très-douce, et, suivant Loureiro, elle
fournit une cannelle beaucoup plus estimée que celle de Ceylan.

CANNELLIER KIAMIS. — *Cinnamomum Kiamis* Nees, in
Wall. Plant. Asiat. II, p. 75; id. Syst. Laur. p. 67. — *Cinnamomum Burmanni* Blum. Bydr. — *Laurus Burmanni*
Nees, Disp. Cinnam. tab. 4, fig. 2. — Ramules tétraèdres : les
jeunes pubérules, scabres. Feuilles elliptiques-lancéolées, pointues aux 2 bouts, glabres, glauques en dessous, triplinervées :
nervures-latérales et côte ramifiées vers le sommet. Panicules

axillaires, 3-fides, pauciflores. Périanthe à segments oblongs, étalés, caducs au dessus de leur base. — Rameaux brunâtres, glabres. Feuilles longues de 1 ½ pouce à 3 pouces, larges de 6 à 12 lignes. Panicules longues de 12 à 18 lignes. Fleurs semblables à celles du *Cinnamomum dulce*. Fruit obové, du volume d'un Pois. (*Nees, Syst. Laur.* p. 67.) — Cette espèce croît dans les montagnes de Java, où on la nomme *Kiamis*. Son écorce est douce et astringente; c'est l'une de celles qu'on employait jadis en thérapeutique sous le nom de *Massoy*.

Genre CAMPHRIER. — *Camphora* Nees.

Fleurs hermaphrodites (polygames suivant M. Blume), en panicules ébractéolées. Périanthe chartacé, 6-fide, à limbe caduc. Étamines 9 : les 3 intérieures extrorses, à filets garnis de 2 appendices basilaires, comprimés, stipités; anthères ovales, 4-valvulaires. Staminodes 6 : les 3 extérieurs semblables aux étamines; les 3 intérieurs stipités, à capitule ovale, glanduleux. Stigmate discoïde. Baie 1-sperme, engainée à sa base par la partie subsistante du péricarpe (laquelle est obconique ou tronquée). — Arbres indigènes de l'Inde, de la Chine et du Japon. Bourgeons écailleux : écailles nombreuses, imbriquées. Feuilles persistantes, glabres, triplinervées, coriaces, très-entières, ordinairement glanduleuses aux aisselles des veines. Panicules petites, subtrichotomes, axillaires, ou terminales. Fleurs petites, blanchâtres. (*Nees, Syst. Laur.* p. 87.)

M. C. G. Nees d'Esenbeck a décrit 4 espèces de ce genre; toutes les parties de ces végétaux, mais principalement les racines des vieux individus, contiennent beaucoup de camphre, et répandent, quand on les broie, l'odeur pénétrante qui caractérise cette substance. Du reste, le camphre existe aussi en quantité plus ou moins considérable chez plusieurs autres Laurinées (surtout du genre Cannellier), ainsi que chez quelques arbres de la famille des **Diptérocarpées** (notamment le *Dryobalanops Camphora*, qui fournit le camphre de Sumatra, et le *Shorea robusta*).

CAMPHRIER OFFICINAL. — *Camphora officinarum* Bauh.— Nees, Syst. Laur. p. 88. — Blackw. Herb. tab. 347. — *Laurus Camphora* L.— Jacq. Coll. 4, tab. 3. —Duham. ed. nov. vol. 2, tab. 55. — Bot. Mag. tab. 2658. — *Cinnamomum Camphora* Nees, jun. Plant. offic. tab. 127. — *Persea Camphora* Spreng. — Feuilles triplinervées, luisantes en dessus, glanduleuses aux aisselles des veines. Panicules axillaires et terminales, rapprochées en corymbe. Périanthe à surface externe glabre. (*Nees, Syst. Laur.* p. 88.) — Arbre atteignant la taille d'un grand Tilleul. Écorce du tronc raboteuse. Rameaux lâches, à écorce lisse, verdâtre. Feuilles longues de 2 à 3 pouces, d'un vert gai en dessus, glauques en dessous, lancéolées-elliptiques, ou lancéolées-oblongues, acuminées aux 2 bouts, acérées, souvent pendantes ; pétiole grêle, long de 12 à 18 lignes. Panicules longuement pédonculées. Fleurs petites, courtement pédicellées. Périanthe à segments oblongs, subobtus. Étamines un peu plus courtes que le périanthe. Baie noirâtre, du volume d'un gros Pois. — Cette espèce, nommée vulgairement *Laurier-Camphrier*, ou *Camphrier*, sans autre désignation plus spéciale, croît en Chine et au Japon. C'est de cet arbre que provient tout le camphre que le commerce exporte du Japon en Europe. On obtient cette substance en faisant bouillir dans un grand vase de fer, rempli d'eau, le bois du Camphrier coupé en petits morceaux : la chaleur volatilise le camphre, qui se dépose sous forme de grains dans un chapiteau rempli de paille, et adapté hermétiquement au vase de fer ; dans cet état il est livré au commerce ; on le soumet à un nouveau raffinage en Europe. Le bois du Camphrier est dur, blanchâtre, et veiné de rouge ; on l'emploie, au Japon et en Chine, à l'ébénisterie et à beaucoup d'autres ouvrages ; son odeur pénétrante y subsiste à temps indéfini. ·

CAMPHRIER VERNISSÉ. — *Camphora inuncta* Nees, in Wall. Plant. Asiat. III, p. 32 ; *id.* Syst. Laur. p. 89. — Feuilles elliptiques-oblongues, veineuses, subtriplinervées, concolores, très-luisantes en dessous, glanduleuses aux aisselles des veines. Panicules axillaires et terminales, pauciflores. — Rameaux à écorce d'un brun noirâtre, visqueuse, comme vernissée. Jeunes-pousses anguleuses, glabres. Feuilles d'un vert jaunâtre, point glauques en dessous, comme vernissées en dessus ; pétiole long d'environ 4 lignes. Panicules longues d'environ 18 lignes. Périanthe-fructifère infondibuliforme, large de 1 ligne. Baie ovoïde, du volume d'un Pois. (*Nees, l. c.*)— Cette espèce est indigène de l'Inde.

CAMPHRIER GLANDULIFÈRE.—*Camphora glandulifera* Nees, in Wall. Plant. Asiat. II, p. 72 ; *id.* Syst. Laur. p. 90. — *Laurus glandulifera* Wallich, in Act. Soc. med. et phys. Calcutt. I, p. 45, cum fig. — Feuilles subtrinervées, luisantes en dessus, glauques (les jeunes cotonneuses) en dessous, glanduleuses aux aisselles des veines. Panicules axillaires. Périanthe pubérule à la surface externe. — Grand arbre. Rameaux cylindriques. Jeunes-pousses anguleuses. Écorce d'un brun roux. Bois roussâtre, poreux. Bourgeons globuleux, satinés. Feuilles longues de 3 à 6 pouces, larges de 1 à 3 pouces, cuspidées au sommet, en général pointues à la base, ovales, ou elliptiques ; pétiole long d'environ 6 lignes, assez fort, subcylindrique, canaliculé en dessus. Périanthe à segments ovales, obtus, plus longs que les étamines. (*Nees, l. c.*) — Cette espèce croît dans les montagnes du Népaul.

CAMPHRIER DE CHINE. — *Camphora chinensis* Nees, Syst. Laur. p. 92. — *Laurus chinensis* Hort. Berol. — Feuilles elliptiques, concolores, opaques, finement réticulées et transversalement veinuleuses, triplinervées (côtes et nervures veinuleuses au sommet), poreuses en dessous aux aisselles des nervures. — Feuilles longues de 3 pouces, sur 30 lignes de large, rétrécies vers leur base, longuement acuminées-cuspidées (à pointe obtuse), d'un vert foncé ; pétiole long d'environ 6 lignes. Ramules glabres, cylindriques, à écorce verte. Bourgeons petits, pubérules. (Fleurs et fruit inconnus.) (*Nees, l. c.*) — L'auteur

de cette espèce présume qu'elle pourrait être une variété du
Camphora inuncta.

Genre PERSÉA. — *Persea* Gærtn.

Fleurs hermaphrodites, ou par avortement dioïques.
Périanthe 6-parti, persistant ou finalement caduc, point
accrescent : segments égaux ou inégaux. Étamines 9 : les
3 intérieures extrorses; filets filiformes, velus : les 3 intérieurs garnis à leur base de 2 glandes globuleuses. Anthères oblongues, 4-valvulaires : valvules oblongues, inégales. Staminodes 3, à tête cordiforme-triangulaire. Stigmate discoïde. Baie assise sur le périanthe, ou immédiatement sur le pédicelle plus ou moins épaissi et charnu au
sommet. — Arbres à feuilles coriaces, persistantes, penninervées. Bourgeons 2-valves, incomplets. Inflorescences
paniculées ou thyrsoïdes (rarement pauciflores), axillaires
ou terminales : pédicelles ordinairement fasciculés. Périanthe étalé après la floraison. (*Nees, Syst. Laur.* p. 123.)
— M. Nees d'Esenbeck a décrit 32 espèces de ce genre ; la
plupart croissent dans l'Amérique équatoriale.

Sous-genre GNESIOPERSEA Nees.

Périanthe à segments égaux ou inégaux. Staminodes imberbes. Glandules des filets substipitées.

*Inflorescences multiflores. Pédoncules-fructifères peu épais-
sis, dressés, point claviformes. Périanthe à segments
égaux, ou presque égaux. Fleurs hermaphrodites.*

Perséa Avocatier.— *Persea gratissima* Gærtn. fil. Fruct.
p. 222. — Nees, in Wall. Plant. Asiat. III, p. 32 ; *id.* Syst.
Laur. p. 128. — Bot. Reg. tab. 1258.—*Laurus Persea* Linn.
—Sloane, Jam. 2, p. 132, p. 122, fig. 2. — Pluk. Alm. tab.
267, fig. 1.— Plum. Gen. p. 44, tab. 20. — Feuilles ovales,
ou ovales-oblongues, ou obovales, pointues aux 2 bouts, réticulées en dessous, pubescentes, 9-costées, glauques. Périanthe

à segments presque égaux, oblongs. Ovaire presque glabre. Fruit gros, pyriforme. — Arbre très-élégant, atteignant 40 pieds de haut, ou plus. Cime ample, touffue. Rameaux anguleux. Jeunes-pousses pubérules, incanes. Feuilles longues de 4 à 7 pouces, larges de 2 à 3 pouces, vertes et glabres en dessus, glauques en dessous; pétiole long de 1 pouce, pubérule, canaliculé en dessus. Bourgeons-florifères axillaires vers l'extrémité des ramules, foliigènes au sommet. Panicules (de chaque bourgeon) agrégées en corymbe, longues de 3 à 4 pouces; pédicelles fasciculés, longs de 1 ¹/₂ ligne. Bractéoles petites, subulées. Périanthe campanulé-rotacé; segments obtus : les extérieurs oblongs; les intérieurs oblongs-lancéolés. Étamines aussi longues que le périanthe. Fruit verdâtre, du volume d'une grosse Poire, à chair très-épaisse. (*Nees, l. c.*) — Cette espèce, connue sous les noms vulgaires d'*Avocatier* (corruption de son nom espagnol : *Aguacate*), *Laurier-Avocatier*, ou *Laurier-Avocat*, croît aux Antilles et dans l'Amérique méridionale ; on la cultive, à titre d'arbre fruitier, dans toute l'Amérique intertropicale, ainsi que dans la plupart des établissements-coloniaux de l'ancien continent ; elle prospère encore sous le climat des Canaries. Le fruit (nommé *Avocat*, ou *Poire-Avocat*) renferme, sous une peau coriace, une chair butyracée, presque inodore, d'une saveur particulière analogue à celle de l'Artichaut et de la Noisette ; les créoles l'estiment comme l'un des meilleurs de ceux de l'Amérique, et ils ont coutume d'en manger avec les viandes, ou bien en l'assaisonnant avec du sucre et du jus de citron; presque tous les animaux, même les chiens et les chats, en sont aussi très-friands. L'amande de la graine est remplie d'un suc laiteux, qui rougit un peu à l'air, et qui imprime au linge des taches ineffaçables. L'infusion des bourgeons de l'arbre passe pour vulnéraire et emménagogue.

PERSÉA A FEUILLES DE DRYMIS. — *Persea drymifolia* Schlechtend. in Linnæa, VI, 2, p. 365. — Nees, Syst. Laur. p. 131. — Feuilles elliptiques-oblongues, pointues aux 2 bouts, en dessous lâchement réticulées, glauques, finement pubé-

rules aux nervures. Panicules presque simples. Périanthe à segments presque égaux, ovales. Fruit pyriforme.—Jeunes rameaux
anguleux, comprimés. Feuilles opaques, discolores, 7-à 9-costées
de chaque côté, les plus grandes atteignant 6 pouces de long,
sur 2 ¼ pouces de large; pétiole long d'environ 1 pouce. Panicule-générale terminale, plus courte que les feuilles. Fleurs
jaunâtres. Fruit moins grand que celui de l'espèce précédente.
(*Nees, l. c.*) — Cette espèce croît au Mexique, à Papantla; les
Espagnols l'appellent *Aguacate oloroso* (Avocatier odorant). Son
fruit est aussi mangeable, mais d'une saveur moins agréable que
celui de l'Avocatier.

Perséa des Canaries. — *Persea indica* Spreng. Syst. —
Nees, Syst. Laur. p. 135. — *Laurus indica* L.—Pluk. Alm.
p. 210, tab. 301, fig. 1. — Wendl. Obs. Bot. tab. 3, fig. 22.
— Aldin. Hort. Farn. tab. 60. — Feuilles oblongues, pointues
aux 2 bouts, scrobiculées, réticulées, opaques : les jeunes pubérules en dessous; pétiole soyeux-incane (de même que les
ramules et les panicules). Panicules axillaires. Périanthe à
segments ovales, pointus, presque égaux. Baie subglobuleuse.
— Arbre de 30 à 40 pieds, à tête ample, arrondie, touffue.
Ramules cicatriqueux. Bourgeons ovales - lancéolés, soyeux.
Feuilles longues de 4 à 6 pouces, larges de 15 lignes à 2 pouces,
rapprochées, d'un vert glauque en dessous; pétiole gros, subtri-
gone, long de 8 à 9 lignes. Pédoncules à peu près aussi longs que
les feuilles, comprimés, ancipités, rameux à partir du milieu;
panicules composées de cymules 3-à 9-flores; pédicelles très-
courts. Périanthe blanchâtre, campanulé, long de 3 lignes, large
de 4 à 4 ½ lignes. Étamines un peu plus courtes que le périanthe. Baie d'un bleu noirâtre, du volume d'une petite Cerise.—
Cette espèce, nommée vulgairement *Laurier d'Inde*, ou *Laurier-
royal*, ne croît point dans l'Inde, mais aux Canaries et à Ma-
dère. On la cultive, comme arbre d'ornement, dans l'Europe
méridionale et dans les collections d'orangerie. Son bois sert à
faire de très-beaux meubles ; on assure qu'il ne le cède guère à
l'Acajou.

Sous-genre ERIODAPHNE Nees.

Périanthe à segments-extérieurs plus courts que les seg-
ments-intérieurs. Staminodes barbus au sommet. Glandes des filets non-stipitées.

PERSÉA DE CAROLINE. — *Persea carolinensis* Nees, Syst.
Laur. p. 150. — *Laurus carolinensis* Catesb. Carol. I, p. 63,
tab. 63. —*Laurus Borbonia* Linn.—Duham. ed. nov. vol. 2,
tab. 33.—*Persea Borbonia* Spreng.—*Borbonia* Plum. Gen. 4,
tab. 60. — Feuilles elliptiques, ou oblongues, ou elliptiques-
obovales, cunéiformes vers leur base, cuspidées (à pointe obtuse), glabres ou pubérules (et en général glauques) en dessous.
Pédoncules axillaires, plus courts que les feuilles, pauciflores ;
pédicelles très-courts, disposés en cymule capitelliforme. Périanthe à segments extérieurs ovales ; segments intérieurs
oblongs, 2 fois plus courts que les extérieurs. — Arbre atteignant 30 pieds de haut, sur 18 à 20 pouces de diamètre ; plus
fréquemment buisson. Ramules cylindriques : les jeunes anguleux, tantôt glabres, tantôt pubérules ou poilus ; les adultes
glabres, brunâtres. Bourgeons ovales, soyeux. Feuilles rapprochées, longues de 5 à 8 pouces, larges de 15 à 30 lignes, luisantes et d'un vert plus ou moins foncé en dessus, d'un vert
pâle ou glauque en dessous ; pétiole trigone, long de 3 lignes.
Fleurs (polygames suivant Elliot) d'un jaune pâle ; pédoncules
-communs pubescents, longs de 3 à 18 lignes. Périanthe long
de 2 ¹/₂ lignes, large de 3 lignes, subcampanulé, soyeux à la
surface externe. Pédicelles-fructifères assez gros, pourpres. Baie
ovale, d'un bleu-noirâtre. — Cette espèce, nommée vulgairement *Laurier Bourbon*, croît dans les provinces méridionales
des États-Unis ; les habitants français de la Louisiane l'appellent *Laurier rouge*, et les Anglo-Américains *Red Bay*. On la
cultive, comme arbre d'ornement, dans l'Europe méridionale,
et dans les collections d'orangerie. Son écorce et ses feuilles sont
très-aromatiques : le bétail les recherche avec avidité en hiver.
Le bois des vieux arbres est employé aux États-Unis à des ouvrages d'ébénisterie, et aussi estimé que l'Acajou.

Genre BOLDOU. — *Boldu* Nees.

Fleurs hermaphrodites, paniculées. Périanthe 6-fide, rotacé, persistant, point accrescent; segments chartacés, presque égaux. Étamines 9 : les 3 intérieures extrorses, à filets garnis de deux glandules basilaires, non-stipitées. Anthères subovales, 2-valvulaires : valvules infra-apicilaires. Staminodes 3, subsessiles, triangulaires-subulés. Baie assise sur un pédicelle charnu au sommet, accompagnée du périanthe. — Arbres à bourgeons 2-valves. Feuilles subopposées, coriaces, persistantes, penninervées, réticulées. Panicules petites, raides, axillaires. (*Nees, Syst. Laur.* p. 177.)

Boldou du Chili. — *Boldu chilanum* Nees, *l. c.* p. 178. — Feuill. Pér. ed. germ. II, p. 43, tab. 6, fig. 2. — *Boldus chilensis* Molin. ? — *Laurus Belloto* Miers. — *Peumus fragrans* Bertero, Mercur. Chil. (non Pers.) — Arbre haut de 30 à 40 pieds, et atteignant la grosseur d'un homme. Bois grisâtre. Écorce mince, roussâtre, aromatique. Jeunes-pousses comprimées, anguleuses. Feuilles longues de 3 à 5 pouces, larges de 1 pouce à 2 pouces, oblongues, ou elliptiques, ou ovales-elliptiques, obtuses au sommet, arrondies ou pointues à la base, luisantes et glabres ou légèrement pubérules en dessus, pubescentes en dessous; pétiole long de 2 à 3 lignes, cylindrique, canaliculé en dessus. Pédoncules-communs longs d'environ 1 pouce, cotonneux-incanes : ramules 2-ou 3-flores; pédicelles très-courts, obconiques. Périanthe long de 1 ½ ligne à 2 lignes, cotonneux-incane, scabre : segments ovales-orbiculaires, obtus, dressés, coriaces, plus longs que les étamines. Baie ellipsoïde, douceâtre, mucilagineuse, d'un vert jaunâtre, du volume d'une grosse Olive. (*Nees, l. c.*) — Cet arbre croît au Chili, où on le nomme *Boldou*. Son écorce a une saveur analogue à celle de la Cannelle; les habitants du pays l'emploient à aromatiser le vin, et comme assaisonnement; la décoction de cette écorce passe pour un remède antisyphilitique et antihydropique. Le fruit est mangeable.

Genre AGATHOPHYLLE. — *Agathophyllum* Juss.

Fleurs hermaphrodites. Périanthe 6-fide, persistant, étranglé sous les segments ; segments égaux. Étamines 9 : les 3 intérieures extrorses, à filets garnis vers leur base de 2 glandules basilaires, globuleuses, non-stipitées ; anthères 2-valvulaires : les 6 extérieures ovales, membranacées au sommet ; les 3 intérieures subulées au sommet. Périanthe sec, indéhiscent, anguleux, 6-lobé à la base, recouvert par le périanthe amplifié, coriace, 5- ou 6-plissé en dedans. Embryon lobé conformément au péricarpe. — Feuilles coriaces, persistantes, penninervées. Panicule terminale, nue, contractée. (*Nees, Syst. Laur.* p. 231.)

AGATHOPHYLLE AROMATIQUE.—*Agathophyllum aromaticum* Willd. — *Evodia aromatica* Lamk. Ill. tab. 404. — *Evodia Ravensara* Gærtn. Fruct. II, tab. 103.—*Ravensara aromatica* Sonner. Voyage, 2, tab. 127. — *Voa ravendsara* Flacourt, Madag. p. 124. — Grand arbre, à cime touffue, pyramidale. Écorce roussâtre, odorante. Bois dur, pesant, inodore, blanc, avec quelques veines rougeâtres. Ramules cylindriques, striés, roussâtres : les jeunes pubérules ; les adultes glabres. Feuilles longues de 2 à 3 pouces, larges de 9 à 15 lignes, agrégées vers l'extrémité des ramules, dressées, glabres, vertes en dessus, blanchâtres et presque glauques en dessous, réticulées aux 2 faces, oblongues-obovales, arrondies ou rétuses au sommet, cunéiformes vers leur base ; pétiole plan, long de 3 à 4 lignes. Panicule longue de 2 pouces, sessile, pubérule : ramules étalés, équidistants, longs de 3 à 6 lignes. Pédicelles longs à peine de 1 ligne. Fleurs longues de 1 ligne, subinfondibuliformes : tube obconique, 2 fois plus court que le limbe : segments elliptiques-oblongs, obtus, un peu plus longs que les étamines. Périanthe-fructifère pyriforme ou ovale-globuleux, du volume d'une Cerise, fongueux à la surface externe, coriace en dedans, et offrant, à sa partie inférieure, 6 plis rentrants. (*Nees, l. c.*)—Cet arbre croît à Madagascar, où il porte le nom de *Raven-tsara* (ce qui veut dire bonne feuille). Ses

feuilles, son écorce, et l'enveloppe de ses fruits (c'est-à-dire
le périanthe), sont pénétrés d'un arome très-agréable; les Ma-
décasses les emploient comme épices; l'amande du fruit fraîche-
ment cueilli a également une odeur aromatique très-recher-
chée, mais sa saveur est amère et très-âcre. L'arbre fleurit en
janvier et février; le fruit n'est parfaitement mûr que 10 mois
après la floraison; on le cueille à 6 ou 7 mois, parce que c'est
à cette époque que ses qualités aromatiques ont acquis la plus
grande perfection.

Genre **MESPILODAPHNÉ.** — *Mespilodaphne* Nees.

Fleurs dioïques? Périanthe 6-fide; tube obconique;
segments égaux, persistants. Étamines 9; les 3 intérieures
extrorses, à filets garnis de 2 glandes basilaires, sessiles,
non-stipitées. Anthères 4-valvulaires, ovales : les 3 intérieures plus étroites. Staminodes 3, courtement stipités,
à capitule cordiforme-lancéolé. Stigmate capitellé, déprimé. Baie d'abord recouverte par le périanthe épais, subéreux, fermé par la connivence des segments, finalement
plus ou moins saillante par suite de la chute des segments
du périanthe. — Arbres à feuilles persistantes, coriaces,
penninervées. Inflorescences thyrsoïdes ou paniculées,
axillaires, avant la floraison renfermées chacune dans un
bourgeon écailleux. (*Nees, Syst. Laur.* p. 235.) — Genre
propre à l'Amérique équatoriale; on en connaît 4 espèces.

MESPILODAPHNÉ CANÉLILLA. — *Mespilodaphne pretiosa*
Nees, Laurin. Sellow. in Linnæa, VIII, 1, p. 45; *id.* Syst.
Laur. p. 237. — *Cryptocarya pretiosa* Martius, ined. —
Laurus Canelilla Willd. Herb. — *Laurus Quinos* Lamk. Enc.
— Rameaux glabres : les jeunes anguleux; les adultes subcy-
lindriques, à épiderme roussâtre ou grisâtre, comme réticulé.
Bois rougeâtre. Écorce très-aromatique, rousse en dedans. Bour-
geons-foliaires petits, lancéolés, 2-valves, incanes. Feuilles
longues de 5 à 7 pouces, larges de 1 1/2 à 2 1/2 pouces, oblon-
gues, ou elliptiques-oblongues, rétrécies aux 2 bouts, obtuses,

ou courtement cuspidées, glabres, concolores, luisantes, divergentes. Panicules thyrsoïdes, 3-furquées presque. dès la base, glabres : ramules inférieurs 3-flores; ramules supérieurs 1-flores. Périanthe large de 3 lignes, glabre, subrotacé, blanchâtre : segments ovales, obtus, étalés, nerveux. Pédoncules-fructifères longs d'environ 1 pouce. Calice-fructifère finalement.pyriforme, long d'environ 4 lignes. — Cette espèce croît dans l'Amérique méridionale : les habitants des contrées voisines de l'Orénoque l'appellent *Canelilla* (Cannellier); les colons portugais de la province de Para le désignent par le nom de *Paó precioso* (arbre précieux). Son écorce a une saveur très-agréable, analogue à celle d'un mélange d'essence de Bergamotte et de Canelle ; on l'emploie comme épice dans les contrées où l'arbre est indigène.

Genre AYDENDRE. — *Aydendron* Nees et Martius.

Fleurs hermaphrodites, paniculées. Périanthe infondibuliforme, 6-fide : segments égaux, irrégulièrement décidus. Étamines 9. Filets gros, courts, hérissés : les 3 intérieurs garnis de 2 glandules basilaires, sessiles, comprimées. Anthères 4-valvulaires (à valvules poriformes , infra-apicilaires): les trois intérieures extrorses, plus petites. Staminodes 3, squamiformes, subulés. Stigmate étroit, tronqué. Baie glandiforme, finalement caliculée par la partie subsistante du périanthe plus ou moins amplifié. — Arbres à feuilles persistantes, penni-nervées. Panicules axillaires (finalement latérales, par suite de la chute des feuilles), bractéolées avant la floraison. (*Nees, Syst. Laur.* p. 245.) — Genre propre à l'Amérique équatoriale; il renferme 12 espèces, la plupart remarquables par des propriétés aromatiques très-prononcées.

Aydendre Cujumary.—*Aydendron Cujumary* Nees, Syst. Laur. p. 247. — *Ocotea Cujumary* Martius, in Buchner, Repert. 1830, XXXV, p. 178; id. in Féruss. Bullet. 1831, p. 63. — Arbre à branches étalées, obscurément 4-gones, rameuses au

sommet. Ramules grêles, cylindriques, glabres, feuillus au sommet. Bois blanchâtre, mou. Bourgeons tous terminaux, solitaires, écailleux, ovoïdes, obtus, cotonneux. Feuilles longues de 5
à 6 pouces, larges de 18 lignes à 2 pouces, subdistiques, luisantes et très-glabres en dessus, finement pubérules en dessous,
oblongues, acuminées (à pointe subobtuse), pointues à leur
base; pétiole long d'environ 3 lignes, gros, cylindrique. Panicules fructifères longues de 2 à 5 pouces, très-raides : ramules
pauciflores. Périanthe-fructifère cupuliforme, obconique, épais,
coriace-subéreux, verruqueux à la surface externe, tronqué,
large de 4 à 5 lignes, 2 fois plus court que la baie. Baie longue
de 6 lignes, ellipsoïde, obtuse, mucronulée, à chair assez épaisse.
(*Nees, l. c.*) — Cette espèce habite les provinces intertropicales du Brésil ; les naturels de ces contrées l'appellent *Cujumary*. L'amande de ses graines est très-aromatique, et elle passe,
chez les colons du Brésil, pour un excellent remède stomachique.

AYDENDRE FAUX-PICHURY. — *Aydendron Laurel* Nees,
Syst. Laur. p. 249. — *Ocotea Pichurim* Kunth, in Humb. et
Bonpl. Nov. Gen. et Spec. II, p. 166. — Arbre à rameaux
pendants, cylindriques, striés, glabres, à écorce d'un brun grisâtre. Feuilles lancéolées ou oblongues-lancéolées, acuminées
aux 2 bouts, glabres (les jeunes soyeuses en dessous), luisantes
en dessus, réticulées, longues d'environ 6 pouces, sur 18 lignes
de large, aromatiques ; pétiole long d'environ 6 lignes, canaliculé. Pédoncules-communs axillaires, multiflores, beaucoup
plus courts que les feuilles. Périanthe-fructifère cupuliforme,
coriace, tronqué. Baie de la forme et du volume d'une Olive.
(*Kunth, l. c.*) — Cette espèce habite les environs de Vene-
zuela, où on la nomme *Laurel* (Laurier) ; ses fruits ont les
mêmes propriétés que ceux de l'espèce précédente ; mais c'est à
tort, suivant M. de Martius, qu'ils ont été considérés comme
identiques avec ceux qu'on appelle *Fèves de Pichury*.

Genre NECTANDRA. — *Nectandra* Rottb.

Fleurs hermaphrodites. Périanthe 6‑parti, rotacé :
segments caducs : les 3 extérieurs un peu plus larges.
Étamines 9, subsessiles : les 3 intérieures extrorses, gar‑
nies à leur base de deux glandes globuleuses, non‑stipitées.
Anthères ovales, 4‑valvulaires : valvules infra‑apicilaires,
disposées en arc. Staminodes 3, soit dentiformes, à base
2‑glanduleuse, soit églanduleux et couronnés d'un capitule
ovale. Style très‑court. Stigmate petit, tronqué. Baie plus
ou moins enfoncée dans le tube du périanthe transformé
en cupule tronquée. — Arbres à bourgeons incomplets.
Feuilles persistantes, penninervées. Inflorescences panicu‑
lées ou corymbiformes, plus ou moins lâches, axillaires,
le plus souvent amples. (*Nees*, *Syst. Laur.* p. 277.) —
Genre propre à l'Amérique équatoriale ; on en connaît 42
espèces, dont les suivantes sont les plus remarquables.

Sous-genre PROSTENIA Nees.

Staminodes églanduleux, terminés en capitule. Fleurs glà‑
bres ou pubérules, de grandeur médiocre.

*Panicules axillaires, paraissant en même temps que les
feuilles, subtrichotomes, garnies de bractéoles caduques.
Bourgeons-foliaires petits, recouverts par quelques écailles
carénées, contiguës. Feuilles penninervées, à nervures
réunies, vers le bord de la feuille, par un plexus veineux.*

NECTANDRA A CANOTS. — *Nectandra cymbarum* Nees,
Syst. Laur. p. 3o5. — *Ocotea cymbarum* Kunth, in Humb.
et Bonpl. II, p. 166. — *Ocotea amara* Martius, in Buchner,
Repert, 183o, XXXV, p. 18o; et in Férussac, Bullet. 1831,
p. 63. — Feuilles oblongues‑lancéolées, chartacées, luisantes
en dessus, glabres. Pédoncules courts, naissant à la base des
jeunes pousses. Cupule‑fructifère grande, à bord double. —
Arbre atteignant 100 pieds de haut. Rameaux cylindriques in‑

férieurement, anguleux et verruqueux vers leur sommet. Bois dense, blanchâtre. Écorce roussâtre en dedans, épaisse, aromatique et amère. Bourgeons ovales ou ovales-lancéolés, cuspidés, 2-valves, glabres. Feuilles longues de 5 à 12 pouces, larges de de 1 ½ pouce à 2 pouces, rapprochées vers l'extrémité des ramules, à pointe subobtuse; pétiole semi-cylindrique, canaliculé, long de 1 pouce. Pédoncules-fructifères longs de 18 lignes, assez grêles, anguleux. Cupule-fructifère longue et large d'environ 1 pouce, épaisse, couverte à la surface externe de verrues blanchâtres. Baie ellipsoïde, ombonée, longue de 18 lignes à 2 pouces, à chair aromatique. — Cette espèce croît dans les forêts-vierges de l'Orénoque et du Rio-Negro; son tronc sert à faire des pirogues; l'écorce est employée au Brésil à titre de stomachique.

NECTANDRA FAUX-CANNELLIER. — *Nectandra cinnamomoides* Nees, Syst. Laur. p. 307. — *Laurus cinnamomoides* Kunth, in Humb. et Bonpl. II, p. 169. — Feuilles oblongues, acuminées-cuspidées, acérées, pointues à leur base, subcoriaces, glabres et luisantes en dessus, finement pubérules en dessous. — Arbre à rameaux cylindriques, glabres. Écorce très-aromatique. Feuilles longues de 5 à 7 pouces, larges de 15 lignes à 2 pouces, subdistiques; pétiole glabre, long d'environ 6 lignes. Fleurs et fruits inconnus. (*Kunth. l. c.*) — Cette espèce croît dans les Andes de la Nouvelle-Grenade, où on la nomme *Canela* (Cannelle); on la cultive près de Mariquita. Son écorce s'emploie dans ces contrées en place de Cannelle, et sa saveur approche beaucoup de celle de cette épice.

NECTANDRA PUCHURY - MAJEUR. — *Nectandra Puchury major* Nees, Syst. Laur. p. 328. — *Ocotea Puchury major* Martius, in Buchner, Repert. 1830, XXXV, p. 171; *id.* in Féruss. Bullet, 1831, p. 12. — Feuilles elliptiques ou oblongues, cuspidées, subcoriaces, concolores, glabres, réticulées. Pédoncules courts, axillaires. Cupule-fructifère très-grande, spongieuse. — Arbre. Rameaux assez gros, raides, presque étalés, cylindriques, glabres : les jeunes anguleux. Bois po-

reux, mou. Écorce assez épaisse, roussâtre, aromatique. Ramules feuillus au sommet. Feuilles longues de 4 à 6 pouces,
larges de 15 lignes à 2 pouces, pendantes. Pédoncules-fructifères longs de 1 pouce à 2 pouces, raides, épais. Fruit nutant.
Cupule hémisphérique, rugueuse, glabre, aromatique, large
d'environ 18 lignes. Baie ellipsoïde, longue de près de 2 pouces.
(*Nees, l. c.*) — Cette espèce croît au Brésil, dans les forêts de
la province du Rio-Negro ; les naturels de ces contrées l'appellent *Puchury*, *Puchéry* et *Puchyry*. L'amande de son fruit,
connue sous le nom de *Fève de Puchury*, a une saveur aromatique : on la fait sécher à un feu doux, et, ainsi préparée, elle
constitue un remède en grande vogue, chez les Brésiliens, contre
toutes les maladies dues à la débilitation du système digestif.

NECTANDRA PUCHURY-MINEUR. — *Nectandra Puchury
minor* Nees, Syst. Laur. p. 336. — *Ocotea Puchury minor*
Martius, l. c. p. 172. —Feuilles elliptiques ou oblongues, acuminées, fortement penninervées, finement cotonneuses (de même
que les jeunes pousses) en dessous. Pédoncules-fructifères courts,
gros. — Arbre. Rameaux gros, étalés : les adultes cylindriques,
glabres, grisâtres : les jeunes anguleux, cotonneux. Bois grisâtre, mou. Écorce mince, roussâtre, ayant une odeur de Sassafras. Ramules raides, aphylles à la base. Feuilles longues de
7 à 10 pouces, larges de 2 1/2 à 3 pouces, subcoriaces ; pétiole
long de 6 à 9 lignes, subcylindrique, canaliculé en dessus. Pédoncules-fructifères longs de 6 à 9 lignes. Cupule-fructifère hémisphérique, large de 6 à 9 lignes. Baie ellipsoïde, longue de 9
à 12 lignes. — Cette espèce croît dans les mêmes contrées que
la précédente ; l'amande de son fruit a une odeur analogue à celle
du baume du Pérou ; les Brasiliens l'emploient aux mêmes
usages médicaux que les fèves de Puchury.

Genre ORÉODAPHNÉ. — *Oreodaphne* Nees.

Fleurs hermaphrodites, ou polygames, ou dioïques.
Périanthe 6-parti ou 6-fide : segments presque égaux, finalement caducs ou oblitérés. Étamines 9 : les 3 extérieures

extrorses. Filets étroits. Anthères oblongues, 4-valvulai-
res : valvules superposées 2 à 2. Staminodes nuls, ou subulés. Baie plus ou moins enfoncée dans le tube du périanthe transformé en cupule épaisse, tronquée. — Arbres
ou arbrisseaux. Bourgeons incomplets. Feuilles persistantes, veineuses. Inflorescences paniculées, ou racémiformes,
ou thyrsiformes, ou ombellées, axillaires, le plus souvent
denses. (*Nees, Syst. Laur.* p. 380.) — Ce genre comprend
60 espèces, dont presque toutes habitent l'Amérique équatoriale.

Sous-genre AGRIODAPHNE Nees.

Fleurs dioïques ou polygames. Périanthe rotacé, ou campanulé, ou subinfondibuliforme. Staminodes nuls.
Baie profondément enfoncée dans la cupule. Fleurs en
grappes, ou en petites panicules. Périanthe petit, glabre, ou pubérule.

ORÉODAPHNÉ ÉLANCÉ. — *Oreodaphne exaltata* Nees, Syst.
Laur. p. 406. — *Laurus exaltata* Swartz, Prodr. — *Persea
exaltata* Spreng. — Feuilles elliptiques-oblongues, acuminées
(à pointe obtuse), rétrécies à la base, glabres, subcoriaces, d'un
vert pâle en dessous, point poreuses aux aisselles des veines.
Panicules corymbiformes, à peu près aussi longues que les
ramules. Baie ellipsoïde, recouverte jusqu'au milieu par la cupule. — Arbre élancé. Tronc cylindrique, très-droit, à écorce
lisse, d'un brun roux. Rameaux lisses. Feuilles longues d'environ 3 pouces, luisantes, d'un vert foncé ; pétiole long de ¹/₂ pouce.
Fleurs petites, blanches. Drupe ellipsoïde. (*Nees, l. c.*) — Cet
arbre croît dans la Jamaïque, où les Anglais le désignent par le
nom de *Timber-sweetwood*; il fournit un bois de construction
très-estimé, et considérablement plus dur que le bois de toutes
les autres Laurinées des Antilles.

Sous-genre CERAMOPHORA Nees.

Fleurs dioïques ou polygames. Périanthe infondibuliforme
ou rotacé. Staminodes petits, subulés ou rarement ter-

minés en capitule. Fleurs en grappes ou en panicules étroites.

A. *Fleurs polygames. Glandules des filets intérieurs petites.*

Oréodaphné cupulaire. — *Oreodaphne cupularis* Nees, Syst. Laur. p. 438. — *Laurus cupularis :* var. α, Lamk. Enc. — Feuilles ovales-elliptiques, pointues aux 2 bouts, rétrécies en pétiole, légèrement réticulées, glabres, point poreuses en dessous aux aisselles des veines. Grappes pauciflores, incanes, rapprochées en panicule racémiforme. Périanthe-fructifère sub-globuleux. — Grand arbre à écorce odorante, d'une saveur âcre et camphrée. Ramules cotonneux. Feuilles longues de 4 à 6 pouces, larges de 2 à 2 ¹/₂ pouces. Panicule longue de 1 pouce à 2 pouces. Baie ovoïde, mamelonnée et mucronée au sommet, enfoncée jusqu'aux ³/₄ dans la cupule.—Cet arbre croît aux îles de France et de Bourbon, où on le nomme *bois de Cannelle.* Il est cultivé à Cayenne. Son écorce peut être employée en guise d'épices. Son bois a une odeur pénétrante; il est dur et recherché pour la menuiserie et les constructions.

Oréodaphné fétide.—*Oreodaphne fœtens* Nees, Syst. Laur. p. 449. — *Laurus fœtens* Ait. Hort. Kew. — Buch, Descr. Ins. Canar. p. 140, cum fig. — *Persea fœtens* Spreng. — *Laurus maderensis* Lamk. Enc. — *Laurus Til* Poir. Enc. Suppl. — Feuilles oblongues, subobtuses, pointues à la base, réticulées, glabres, barbues et finalement pertuisées en dessous aux aisselles des veines. Périanthe à segments plus longs que le tube. Staminodes subulés. —Grand arbre. Bois dur, très-fétide. Écorce roussâtre. Jeunes-pousses anguleuses, pubérules. Feuilles longues de 3 ¹/₂ pouces à 5 pouces, larges de 1 pouce à 2 pouces, subconcolores, luisantes, d'un vert gai, subcoriaces, courtement pétiolées; les jeunes pubérules. Pédoncules anguleux, subdichotomes, longs de 1 à 2 pouces : pédicelles courts, disposés en courtes grappes. Périanthe jaunâtre, subrotacé, large de 1 ¹/₂ ligne; segments ovales, obtus. Pédoncules-fructifères longs de 3 à 5 pouces. Cupule hémisphérique, de 4 à 6 lignes de dia-

mètre. Baie subglobuleuse, noirâtre, du volume d'une petite
Cerise. (*Nees. l. c.*) — Cet arbre croît aux Canaries et à Ma-
dère. M. de Buch assure que lorsqu'on en coupe un tronc, le
bois répand une odeur tellement fétide, que force est aux ou-
vriers d'abandonner leur tâche, et d'y revenir à plusieurs re-
prises.

Genre SASSAFRAS. — *Sassafras* Nees.

Fleurs dioïques. Périanthe 6-parti, membranacé : segments égaux, marcescents.—*Fleurs-mâles:* Étamines 9, toutes introrses : les filets des 3 intérieures garnis de 2 appendices
épais, stipités. Anthères linéaires, 4-valvulaires : les 2 valvules inférieures latérales, recouvrant les supérieures. Point
de staminodes ni de rudiment de pistil. — *Fleurs-femelles :*
Staminodes au nombre de 9 ou de 6 : les trois intérieurs
souvent monadelphes. Ovaire à style filiforme. Stigmate
capitellé, déprimé. Baie portée sur un pédicelle épaissi et
charnu au sommet, couronné par le périanthe point amplifié. — Arbres à bourgeons écailleux. Fleurs petites,
jaunâtres, plus précoces que les feuilles, disposées en grappes ou en corymbes; pédoncules latéraux (à la base des
jeunes pousses), bractéolés à la base de même que les pédicelles. Feuilles alternes, minces, non-persistantes, pétiolées, souvent lobées. Bois et écorce aromatiques. (*Nees,
Syst. Laur.* p. 487.)

Sassafras commun. — *Sassafras officinale* Nees, jun.
Handb. — Nees, Syst. Laur. p. 488. — *Laurus Sassafras*
Linn. — Pluk. Alm. tab. 222, fig. 6. — Catesb. Carol. I,
p. et tab. 55. — Mich. fil. Arb. Ic. — Duham. ed. nóv. II,
tab. 34. — *Persea Sassafras* Spreng. — Feuilles pubérules et
grossement veineuses en dessous, tantôt indivisées (lancéolées-
oblongues, ou lancéolées-elliptiques, ou ovales-lancéolées, ou
ovales-oblongues, ou obovales, cunéiformes vers leur base), tantôt cunéiformes et plus ou moins profondément 2-ou 3-lobées.
Fleurs en grappes lâches, pédonculées. — Arbre de 15 à 30

pieds, ou buisson. Racines rampantes, très-longu es, produisant
quantité de rejetons. Tronc droit, acquérant 1 pied de diamètre.
Cîme ample, touffue, arrondie. Branches et rameaux plus ou
moins étalés, cylindriques, tenaces, à écorce luisante, verdâtre.
Bois grisâtre, ou d'un blanc rougeâtre, léger, ayant une saveur
de Fenouil. Jeunes - pousses cotonneuses, subferrugineuses.
Bourgeons ovoïdes ou subglobuleux; les adultes glabres; écailles au nombre de 4 ou 6, suborbiculaires, obtuses, scarieuses.
Feuilles longues de 3 à 10 pouces , larges de 1 ¹/₂ pouce à 6
pouces : les jeunes subincanes aux 2 faces; les adultes d'un vert
gai et glabres en dessus, d'un vert glauque et plus ou moins
pubérules en dessous ; pétiole long de 6 à 12 lignes, convexe
en dessous, canaliculé en dessus, ordinairement rougeâtre, de
même que les veines; segments des feuilles-incisées oblongs ou
suboblongs, subobtus, séparés par de larges sinus arrondis.
Grappes subfasciculées, subcorymbiformes, 5-à 12-flores, longues de 1 pouce à 2 pouces, nutantes ou étalées, accompagnées
chacune d'une bractée membranacée, oblongue, cotonneuse,
caduque, longue de près 1 pouce; pédoncules-communs grêles,
florifères à partir du milieu ; pédicelles longs de 2 à 3 lignes,
filiformes, subopposés. Fleurs subrotacées : les mâles larges de
3 à 3 ¹/₂ lignes; les femelles un peu plus petites. Périanthe
glabre, à segments oblongs, obtus, à peine plus longs que les
étamines. Filets filiformes, 2 fois plus longs que les anthères :
les 3 intérieurs à 2 glandules subréniformes, courtement stipitées, basilaires, de couleur orange. Staminodes des fleurs-femelles en général au nombre de 6, ovales-cordiformes, stipités.
Pédicelles-fructifères longs de 6 à 9 lignes, épaissis au sommet
en cupule charnue, infondibuliforme, de couleur pourpre, large
de 3 à 4 lignes, couronnée des lobes du périanthe. Baie bleue,
du volume d'un gros Pois (*Nees, l. c.*) — Cette espèce, connue
sous les noms de *Sassafras*, et *Laurier-Sassafras*, croît dans
l'Amérique septentrionale, depuis la Floride jusqu'au Canada;
mais ce n'est que dans les provinces méridionales des États-Unis
qu'elle acquiert une taille plus ou moins élevée, tandis que dans
le nord, elle ne se rencontre que sous la forme d'un arbrisseau

ou d'un buisson; elle se plaît dans les terrains légers, et dans les localités ombragées; la floraison a lieu au printemps. Ce Sassafras, très-remarquable par ses propriétés médicales, mérite aussi d'être cultivé comme arbre d'ornement; il est du petit nombre des Laurinées qui résistent, sans abri, aux hivers du nord de la France. L'infusion de son bois et de son écorce s'emploie fréquemment, surtout aux États-Unis, comme sudorifique et comme fébrifuge; c'est surtout de la racine qu'on fait usage à cet effet; l'écorce entre aussi dans la composition de diverses liqueurs de table, et l'on dit qu'elle donne aux laines une couleur orange très-durable; la saveur de cette écorce est d'un arome particulier et très-agréable.

SASSAFRAS BLANC. — *Sassafras albidum* Nees, Syst. Laur. p. 490. — *Evosmus albida* Nutt. gen. (ex Nees.) — *Tetranthera albida* Spreng. — Feuilles cunéiformes à la base, elliptiques-oblongues, tantôt indivisées, tantôt subtrilobées, très-glabres, finement veineuses en dessous. Bourgeons et jeunes-pousses presque glabres. Grappes denses, subglobuleuses. — Arbre semblable, par le port, à l'espèce précédente. Ramules glauques. Feuilles plus minces, à pétiole plus long. Pédoncule-commun long à peine de 3 lignes; fleurs larges seulement de 2 à 2 ¹/₂ lignes. Anthères plus courtes, plus ovales. (*Nees, l. c.*) — Cette espèce est commune dans les Carolines, où on la distingue de la précédente (qu'on appelle *Sassafras rouge*) par le nom de *Sassafras blanc*. Le bois de sa racine est blanc et d'une saveur beaucoup plus camphrée que celle du *Sassafras commun*. Les jeunes-pousses sont très-mucilagineuses : on les emploie aux mêmes usages culinaires que les fruits du Gombo.

SASSAFRAS PARTHÉNOXYLE. — *Sassafras Parthenoxylon* Nees, l. c. p. 491. — *Camphora Parthenoxylon* Nees, in Wall. Plant. Asiat. II, p. 72. — *Laurus Parthenoxylon* Jack, Mal. Misc. — *Laurus porrecta* Roxb. Cat. Hort. Calcutt. — *Laurus Pseudo-Sassafras* Blume, Bydr. — Feuilles subtriplinervées, opaques. Fleurs en petits corymbes paraissant à la même époque que les feuilles. — Grand arbre. Rameaux glabres, étalés : les adultes

cylindriques ; les jeunes tétragones. Écorce brune, mince, d'une
saveur légèrement camphrée. Bois mou, poreux, roussâtre, sub-
satiné, ayant une odeur aromatique, douceâtre, analogue à celle
du bois du *Sassafras commun*. Bourgeons ovoïdes, obtus, subterminaux, à écailles nombreuses, subcoriaces, orbiculaires, obtuses, jaunâtres, membraneuses aux bords, glabres. Feuilles longues de 5 à 6 pouces, larges de 20 à 30 lignes, elliptiques,
courtement cuspidées au sommet, acérées, glabres ; pétiole long
de 15 lignes. Corymbes subfasciculés, pauciflores, dressés, pédonculés ; pédicelles simples ou 2-ou 3-flores, grêles, longs de
2 à 3 lignes. Périanthe rotacé, à peine large de 6 lignes, glabre
en dessous, cotonneux en dessus : segments ovales, obtus, non-
persistants. Étamines fertiles plus courtes que le périanthe.
(*Nees, Syst. Laur.* p. 491.) — Cette espèce croît à Java et à
Sumatra.

Genre BENJOIN. — *Benzoin* Nees.

Fleurs dioïques, involucrées. — *Fleurs-mâles* : Périanthe
6-parti ; segments égaux, persistants. Étamines 9, toutes
introrses ; anthères ovales, 2-valvulaires. Six ou neuf
glandes stipitées, alternes soit avec les 3 séries staminales,
soit seulement avec les 2 séries intérieures. — *Fleurs-femelles* : Périanthe comme chez les fleurs-mâles (mais plus
petit), persistant, point accrescent. Neuf filets stériles, alternes avec autant de staminodes spathulés. Ovaire à style
court. Stigmate à 2 lobes oblongs, divergents. Baie nue
ou accompagnée d'un périanthe point amplifié. — Arbres
ou arbrisseaux. Bourgeons écailleux : les florifères aphylles. Feuilles alternes, pétiolées, très-entières, non-persistantes, minces, plus tardives que les fleurs. Fleurs en ombellules (soit fasciculées et pédonculées, soit disposées en
ombelle au sommet d'un court pédoncule), accompagnées
chacune d'un involucre de 4 écailles caduques. Périanthe
jaune. (*Nees, Syst. Laur.* p. 493.)

BENJOIN ODORANT. — *Benzoin odoriferum* Nees, in Wall.

Plant. Asiat. p. 63 ; id. Syst. Laur. p. 497. — *Laurus Ben-*
zoin Linn.—Commel. Hort. I, tab. 97.—Pluk. Alm. tab. 139,
fig. 3 et 4. — *Laurus Pseudo-Benzoin* Mich. Flor. Bor. Amer.
— *Evosmus Benzoin* Nutt. Gen.— Feuilles cunéiformes-oblongues ou cunéiformes-elliptiques. Ombellules agrégées, pédonculées. Bourgeons presque glabres.—Arbrisseau ou buisson très-
rameux, haut de 6 à 10 pieds. Rameaux effilés, cylindriques,
glabres, à écorce verdâtre ou brune, mince, aromatique de même
que le bois. Bois blanc, dur. Bourgeons petits, supra-axillaires.
Feuilles longues de 2 à 3 pouces, pointues aux 2 bouts, vertes
aux 2 faces, glabres en dessus, pubérules en dessous, penninervées; pétiole long de 2 à 3 lignes. Ombellules 3-à 5-flores,
agrégées au nombre de 3 à 5 dans chaque bourgeon, nutantes
avant la floraison. Pédoncules longs de $^1/_2$ ligne à 1 $^1/_2$ ligne,
nus, glabres, assez gros. Involucre presque aussi long que les
fleurs, formé de 3 à 4 écailles-bractéales coriacés, glabres, elliptiques, obtuses. Pédicelles pubescents, à peine aussi longs que
les fleurs. Périanthe subrotacé, large à peine de 1 $^1/_2$ ligne : segments ovales, obtus, aussi longs que les étamines. Anthères
presque aussi longues que les filets, ovales, glanduleuses aux 2
bouts, jaunes. Staminodes au nombre de 6, stipités, alternes
2 à 2 avec les 3 étamines intérieures. Baie ellipsoïde, pourpre.
(*Nees, l. c.*)—Cette espèce, nommée vulgairement *Laurier*
Benjoin, Laurier Faux-Benjoin, Benjoin, et *Faux-Benjoin*
(noms sous lesquels on confond aussi l'espèce suivante), croît
dans l'Amérique septentrionale, au bord des ruisseaux, depuis
la Floride jusqu'au Canada ; les Anglo-Américains l'appellent
Spice-Wood (arbre à épice, ou bois épicé). Le nom de Benjoin
lui vient de ce qu'on a cru autrefois qu'elle produisait le Benjoin, (gomme-résine balsamique, qui provient d'une espèce de
Styrax de l'Inde). Les baies de cet arbrisseau ont une saveur
aromatique approchant de celle du Piment : aussi, en Amérique, le peuple les emploie-t-il à la place de cette épice, ainsi que
comme remède stomachique.—Cette espèce résiste au climat du
nord de la France ; mais il paraît qu'on ne la possède pas vivante
en Europe ; car, suivant M. Nees d'Esenbeck, tout ce qu'on y

cultive sous le nom de *Laurus Benzoin* appartient à l'espèce suivante.

Benjoin estival. — *Benzoin æstivale* Nees, Syst. Laur. p. 495. — *Laurus Benzoin* Willd. Baumz. (excl. syn.) — *Laurus æstivalis* Wangenh. (non Mich.) — *Evosmus æstivalis* Nutt. Gen. — Feuilles oblongues, acuminées, glabres. Ombellules subsolitaires, sessiles. Bourgeons glabres. — Arbrisseau très-rameux. Rameaux irréguliers, subflexueux, à écorce brune, glabre. Bois mou, blanchâtre, odorant de même que l'écorce. Bourgeons-floraux ovales, bicārénés. Feuilles longues de 3 à 5 pouces, larges de 15 à 20 lignes, cunéiformes vers leur base, glauques en dessous, penniveinées : les jeunes pubérules; pétiole long de 2 à 3 lignes, étroit, canaliculé, glabre. Ombellules subglobuleuses, 3-à 5-flores, solitaires, ou géminées dans chaque bourgeon. Involucre de 4 écailles-bractéales scarieuses, jaunes, ou rougeâtres, suborbiculaires, concaves. Fleurs courtement pédicellées. Périanthe rotacé-campanulé, glabre, large de 2 lignes : segments obovales. Étamines 6 ou 9, aussi longues que le périanthe, jaunes, glabres. Anthères obovales, échancrées, un peu plus courtes que les filets; les 3 filets intérieurs alternes chacun avec une paire de glandules réniformes, stipitées. Baie ovoïde, pourpre, du volume d'un gros Pois. (*Nees, l. c.*) — Cette espèce croît dans les mêmes contrées que la précédente, sous les noms de laquelle on la cultive, chez nous, dans les plantations d'agrément. Elle jouit du reste des mêmes propriétés aromatiques que le Benjoin odorant.

Benjoin a feuilles de Mélisse. — *Benzoin melissæfolium* Nees, Syst. Laur. p. 494. — *Laurus melissæfolia* Walt. Carol. — Bot. Mag. tab. 1470. — *Laurus diospyroides* Mich. Flor. Bor. Amer. — *Laurus Diospyros* Pursh, Flor. Amer. — *Evosmus Diospyros* Nutt. Gen. — Feuilles oblongues, arrondies ou cordiformes à la base, pubescentes de même que les ramules. Ombellules subsolitaires, sessiles. Bourgeons-floraux velus. — Arbrisseau diffus, haut de 2 à 3 pieds. Racine rampante. Rameaux grêles, lâches, cylindriques. Bourgeons comprimés, 2-

valves, rouges. Feuilles longues de 1 ½ pouce à 4 pouces, larges de 9 à 12 lignes, arrondies ou subacuminées au sommet, opaques, incanes en dessous, penniveinées ; pétiole long de 1 ligne à 2 lignes, velu. Ombellules 3-à 5-flores. Involucre à folioles suborbiculaires, velues, scarieuses. Pédicelles courts, velus. Fleurs d'un jaune verdâtre. Segments du périanthe ovales. Pédicelles-fructifères épaissis au sommet. Baie elliptique-oblongue, écarlate, du volume d'un Pois. (*Nees, l. c.*)—Cette espèce croît dans les provinces méridionales des États-Unis, au bord des marais et des ruisseaux.

Genre LAURIER. — *Laurus* Linn.

Fleurs dioïques, involucrées. Périanthe 4-parti : segments égaux, non-persistants. — *Fleurs-mâles :* Étamines 12, 3-sériées, toutes introrses ; filets fermes, droits, tous biglanduleux vers leur milieu. Anthères oblongues, 2-valvulaires. Point de staminodes ni de rudiment de pistil. —*Fleurs-femelles :* Deux ou quatre staminodes onguiculés, subhastiformes-trilobés. Ovaire à style court, columnaire. Stigmate subcapitellé, obscurément trigone. Baie nue. — Petit arbre. Bourgeons-floraux aphylles, axillaires, écailleux. Bourgeons-foliaires 2-valves. Feuilles coriaces, persistantes, penninervées, alternes, très-entières, courtement pédonculées. Fleurs en ombellules pédonculées, subfasciculées (dans chaque bourgeon-floral), involucrées (avant la floraison) par les écailles du bourgeon. Périanthe jaunâtre. (*Nees, Syst. Laur.* p. 379.) — L'espèce dont nous allons traiter constitue aujourd'hui à elle seule ce genre.

LAURIER COMMUN.— *Laurus nobilis* Linn.—Blackw. Herb. tab. 175.—Duham. ed. nov. II, tab. 32.— *Laurus vulgaris* Duham. Arbr. I, tab. 134, et tab. 135. — Arbre de 15 à 40 pieds, à tête allongée, d'un port semblable à celui du Peuplier d'Italie. Racine rampante, produisant beaucoup de rejetons. Tronc droit, élancé. Bois tendre, mais souple et assez tenace, d'un jaune pâle. Branches et rameaux dressés, flexibles, tenaces. Ramules feuillus. Écorce d'un brun verdâtre, aromatique, d'une saveur un peu âcre et amère. Jeunes-pousses glabres de même que les feuilles. Bourgeons-foliaires ovoïdes, pubérules, naissant au sommet des ramules et aux aisselles de quelques-unes des feuilles supérieures, enveloppés de 4 à 6 écailles ovales, pointues, carénées. Bourgeons-floraux axillaires, infra-terminaux (garnissant la plupart des aisselles), plus gros que les bourgeons-foliaires, ovales-oblongs, obtus, quelquefois folifères au sommet (après la floraison), enveloppés de 3 ou 4 écailles triangulaires, obtuses, carénées, caduques. Feuilles longues de 2 ½ à 6 pouces, larges d'environ 1 pouce (larges seulement de de 2 à 5 lignes chez une variété à *feuilles étroites*), rapprochées, presque verticales, d'un vert gai et un peu luisantes en dessus, d'un vert pâle en dessous, lancéolées, ou lancéolées-oblongues, pointues, ou acuminées, ou subobtuses, rétrécies en pétiole long d'environ 3 lignes, d'un pourpre verdâtre, un peu comprimé, canaliculé; aisselles des nervures finement barbellulées en dessous. Ombellules 4-à 6-flores, subglobuleuses, solitaires, ou géminées, ou ternées : les mâles du volume d'une petite Cerise; les femelles 2 fois moins grosses. Pédoncule-commun long de 1 ½ ligne à 3 lignes, pubérule; pédicelles longs de 1 ligne. Segments du périanthe ovales, obtus, minces, à peine plus longs que les étamines. Filets plus longs que les anthères, glabres, à glandules suborbiculaires, comprimées, courtement stipitées. Staminodes des fleurs-femelles aussi longs que le pistil. Baie ellipsoïde ou ovoïde, d'un bleu noirâtre, du volume d'une Olive (*Nees, l. c.*) — Cette espèce, connue sous les noms vulgaires de *Laurier franc*, *Laurier d'Apollon*, *Laurier commun*, et *Laurier-sauce*, croît dans toute la région méditerranéenne; c'est la seule Laurinée indigène de ces contrées. Les feuilles du Laurier ont des propriétés toniques et stimulantes, mais on ne les emploie guère que pour l'assaisonnement. La pulpe du fruit contient une huile volatile d'une odeur pénétrante, analogue à celle des feuilles, mais beaucoup plus forte, et d'une saveur très-âcre. L'amande des graines fournit, par expression, où en les faisant bouillir dans de l'eau, une huile grasse, verdâtre, de la consistance du beurre, d'une odeur plus faible que celle des fleurs ; cette huile, qui passe pour avoir des propriétés résolutives très-efficaces, s'emploie fréquemment dans l'art vétérinaire. Dans le midi de l'Europe, le Laurier est très-recherché comme arbre d'agrément ; dans le nord de la France, il ne résiste pas, sans abri, aux hivers rigoureux.

TRENTE-SEPTIÈME CLASSE.

LES FAGOPYRINÉES.

FAGOPYRINÆ Bartl.

CARACTÈRES.

Herbes, ou *sous-arbrisseaux,* ou *arbrisseaux.* Tige et rameaux cylindriques, ou irrégulièrement anguleux, noueux avec articulation.

Feuilles alternes ou opposées, simples, indivisées (le plus souvent très-entières), penninervées, pétiolées, non-stipulées (lorsqu'elles sont opposées), ou bien à pétiole muni d'une gaîne-stipulaire adnée.

Fleurs hermaphrodites ou moins souvent unisexuelles, régulières, ou subrégulières, axillaires, ou terminales, herbacées, ou colorées. Inflorescence variée.

Périanthe pétaloïde ou subpétaloïde, plus ou moins profondément 3-à 5-fide, ou quelquefois à peine lobé.

Disque hypogyne, ou adné au fond du périanthe.

Étamines en nombre défini, insérées au bord du disque. Anthères 2-thèques : bourses déhiscentes chacune par une fente longitudinale.

Pi til : Ovaire inadhérent, 1-loculaire, 1-ovulé, 1-à 3-style; ovule orthotrope ou campylotrope, attaché au fond de la loge.

Péricarpe utriculaire ou nucamentacé, indéhiscent, 1-sperme.

Graine périspermée, le plus souvent adhérente. Périsperme farineux. Embryon rectiligne, ou plus ou

moins arqué, ou condupliqué, intraire, ou extraire,
axile, ou excentrique, ou unilatéral, ou périphérique;
cotylédons foliacés, souvent condupliqués ou chiffon-
nés; radicule supère, ou infère.

Cette classe comprend les *Nyctaginées* et les *Polygonées*.

CENT SOIXANTE-QUATORZIÈME FAMILLE.

LES NYCTAGINÉES. — *NYCTAGINEÆ.*

Nyctagineæ Juss. Gen. — R. Br. Prodr. p. 421. — Bartl. Ord. Nat.
p. 109. — Endl. Gen. Plant. p. 510. — *Nyctaginaceæ* Lindl. Nat. Syst.
ed. 2, p. 215. — *Nyctaginearum* tribus II : *Allionieæ* (excl. genn.)
Reichenb. Syst. Nat. p. 174.

Cette famille, qui ne compte aucune espèce indigène, appartient en grande partie à la zone intertropicale, et elle est plus abondante en Amérique que dans
l'ancien continent. A l'exception de quelques plantes
d'ornement très-marquantes, elle ne renferme que des
végétaux d'un intérêt purement scientifique. Les racines
de quelques espèces sont purgatives. Du reste, les caractères des Nyctaginées sont fort tranchés, et leurs
rapports avec les Polygonées et autres familles apétales,
sont plus artificiels que naturels.

Caractères de la Famille.

Herbes, ou *sous-arbrisseaux,* ou *arbrisseaux,* ou *arbres.* Tige et rameaux subcylindriques, noueux avec articulation, à faisceaux-vasculaires épars comme chez les
Monocotylédones.

Feuilles opposées (celles de chaque paire souvent
anisomètres), ou rarement alternes, simples (le plus
souvent très-entières), indivisées, penninervées, pétiolées, non-stipulées, point engaînantes.

Fleurs hermaphrodites (ou, par exception, dioïques),
axillaires, ou terminales, solitaires, ou fasciculées, ou en
panicules, ou en cymes, le plus souvent involucrées. Involucre 1-ou pluri-flore, le plus souvent caliciforme

(quelquefois pétaloïde) et 5-parti, persistant, ou non-persistant.

Périanthe pétaloïde ou subpétaloïde, inadhérent, tubuleux, ou hypocratériforme, ou infondibuliforme, à limbe entier, ou 5-denté, ou 5-lobé, plissé en préfloraison ; tube à partie inférieure ventrue, étranglée au-dessus de l'ovaire, persistante, accrescente, durcissant après la floraison ; partie supérieure du tube en général marcescente et tombant avec le limbe peu après la floraison.

Disque annulaire ou urcéolaire, hypogyne.

Étamines en même nombre que les lobes ou les plis du périanthe, ou moins, ou plus, insérées au bord du disque, quelquefois unilatérales. Filets infléchis en préfloraison, inclus, ou moins souvent saillants, quelquefois inéquilatéraux, souvent soudés au tube du périanthe dans une partie de leur longueur. Anthères dithèques, basifixes, ou supra-basifixes : bourses parallèles, contiguës, disjointes aux 2 bouts, déhiscentes chacune par une fente longitudinale.

Pistil : Ovaire inadhérent, 1-loculaire, 1-ovulé, 1-style (ou, par exception, astyle), recouvert par le tube du périanthe. Ovule campylotrope, renversé, attaché au fond de la loge. Style terminal ou sublatéral, filiforme, roulé en crosse avant la floraison. Stigmate claviforme, ou capitellé, ou pointu ; par exception le stigmate est pénicilliforme, sessile immédiatement sur l'ovaire.

Péricarpe membranacé ou chartacé, indéhiscent, 1-sperme, recouvert par la partie inférieure du tube du périanthe durcie et plus ou moins amplifiée, ordinairement anguleuse ou costée.

Graine adhérente : tégument mince, presque oblitéré. Périsperme en général épais. Embryon superficiel, soit replié, soit rectiligne ; cotylédons foliacés, enveloppant le périsperme ; radicule courte ou allongée, infère.

Cette famille comprend les genres suivants :

Bœrhaavia Linn. — *Colignonia* Endl. — *Abronia* Juss. (Tricratus L'Hérit.) — *Mirabilis* Linn. (Jalapa Tourn. Nyctago Juss.) — *Oxybaphus* L'Hérit. (Calyxhymenia Orteg. Calymenia Pers. Vittmania Turra.) — *Allionia* Linn. (Wedelia Lœffl.) — *Okenia* Schiede. — *Tricycla* Cavan. — *Bougainvillea* Commers. (Josepha Flor. Flum.) — *Reichenbachia* Spreng. — *Salpianthus* Humb. et Bonpl. (Boldoa Cavan.) — *Neea* Ruiz et Pav. (Mitscherlichia Kunth.) — *Pisonia* Plum. (Calpidia Thouars.)

GENRES DOUTEUX.

Torreya Spreng. — *Epilithes* Blum.

Genre NYCTAGE. — *Mirabilis* Linn.

Involucre caliciforme, herbacé, persistant, campanulé, 5-lobé, 1-flore. Périanthe pétaloïde, hypocratériforme : tube allongé, à partie inférieure ventrue, urcéolaire, herbacée, persistante, accrescente, et à partie supérieure longue, grêle, submarcescente, finalement tombant avec le limbe ; limbe 5-angulé, 5-denté. Étamines 5, subsaillantes, insérées au bord d'un disque cupuliforme, charnu, urcéolé. Style filiforme. Stigmate capitellé. Périanthe-fructifère épais, coriace, subglobuleux, ou ellipsoïde, pentagone, caduc à la maturité, accompagné de l'involucre peu ou point amplifié. — Herbes vivaces (annuelles dans les jardins d'Europe), indigènes du Mexique. Racine tubéreuse, pivotante. Tige dichotome ou trichotome. Feuilles opposées, subcordiformes, très - entières, isomètres. Fleurs terminales, fasciculées, subsessiles, ou courtement pédicellées, éphémères, nocturnes, odorantes. Périanthe rose, ou jaune, ou blanc, ou panaché, à tube notablement plus long que l'involucre. — Les 2 espèces suivantes se cultivent communément comme plantes de parterre.

NYCTAGE BELLE-DE-NUIT. — *Mirabilis Jalapa* Linn. — Bot. Mag. tab. 371. — Blackw. Herb. tab. 404. — *Jalapa congesta* Mœnch, Meth. — *Nyctago Jalapa* Juss. — Plante presque glabre, point visqueuse. Fleurs pédicellées, dressées. Périanthe-fructifère pointu à la base, étranglé au-dessous du sommet. — Périanthe jaune, ou blanc, ou rose, ou panaché. Périanthe-fructifère noirâtre. Feuilles d'un vert gai. — Plante connue sous les noms vulgaires de *Belle-de-nuit*, ou *Belle-de-nuit commune*.

NYCTAGE A LONGUES FLEURS. — *Mirabilis longiflora* Linn. — Smith, Exot. Bot. 1, tab. 23. — *Jalapa longiflora* Mœnch, Meth. — *Nyctago longiflora* Juss. — Plante couverte d'une pubescence visqueuse. Fleurs subsessiles, nutantes, à tube du périanthe très-long. Périanthe-fructifère ellipsoïde, obtus aux 2 bouts, point étranglé. — Feuilles d'un vert glauque. Périanthe toujours blanc, à tube long de 2 ½ pouces. Périanthe-fructifère brun, fortement tuberculeux. — Vulgairement *Belle-de-nuit à longues fleurs*.

CENT SOIXANTE-QUINZIÈME FAMILLE.

LES POLYGONÉES. — *POLYGONEÆ.*

Polygoneæ Juss. Gen. — **R. Br.** Prodr. p. 418. — **Bartl.** Ord. Nat.
p. 107. — **Endl.** Gen. Plant. p. 504, — *Polygonaceæ* Lindl. Nat. Syst.
p. 211, — *Portulacacearum* tribus II : *Polygoneæ* Reichb. Syst. Nat.
p. 255. — *Rumiceæ* et *Polygoneæ* Dumort. Anal,

Les Polygonées ont en général des propriétés très-
marquées ; la plupart des espèces contiennent beaucoup
de tannin, et sont, par conséquent, astringentes ; chez
d'autres, toutes les parties herbacées de la plante offrent
une acidité plus ou moins prononcée, due à la présence
de l'acide oxalique ; certaines espèces (notamment
les Rhubarbes) ont des racines purgatives ; quelques-
unes renferment des sucs extrêmement âcres. Plusieurs
Polygonées, dont les graines ont un gros périsperme
farineux, se cultivent à titre de plantes alimentaires.
Enfin, cette famille renferme plusieurs végétaux intéressants soit pour l'horticulture ou l'économie domestique, soit pour l'art tinctorial. Les Polygonées ne sont
étrangères à aucun climat, mais c'est surtout dans les
contrées extra-tropicales de l'hémisphère septentrional
qu'elles abondent.

Caractères de la Famille.

Herbes, ou *arbustes,* ou *arbrisseaux.* Tige et rameaux
cylindriques, ou anguleux et sillonnés, noueux, articulés,
volubiles chez certaines espèces, en général feuillés.

Feuilles alternes, ou très-rarement opposées, simples,
indivisées (le plus souvent très-entières), pétiolées (rarement sessiles), le plus souvent penninervées, en gé-

néral accompagnées d'une gaîne-stipulaire oppositifo-
liée, close, adnée inférieurement ou dans toute sa
longueur aux bords ou à la surface supérieure du pétiole (quelquefois en outre à la tige), membranacée, ou
coriace, ou herbacée, souvent fimbriée au sommet; pétiole à base épaissie, plus ou moins dilatée, complétement ou incomplétement embrassante (en général engaînante lorsqu'il n'y a pas de stipule). Vernation invo-
lutive.

Fleurs hermaphrodites, ou par avortement unisexuelles, axillaires, ou terminales, disposées en panicule, ou en grappe, ou en épi, ou en cyme, ou en capitule, quelquefois accompagnées (soit chacune, soit
par fascicules) d'un involucre cyathiforme ou tubuleux
et simulant un calice extérieur; pédicelles nus, ou plus
souvent bractéolés à la base, ordinairement articulés au
périanthe; bractées 1-ou pluri-flores, le plus souvent
semblables aux gaînes-stipulaires.

Périanthe herbacé, ou pétaloïde (blanchâtre, ou
rose, ou rarement d'un pourpre foncé), inadhérent,
marcescent, ou accrescent, ou rarement non-persistant,
3-à 6- parti, ou rarement tubuleux et 3-à 6-fide; lobes
ou segments imbriqués en préfloraison, soit 1-sériés
et égaux, soit 2-sériés et souvent inégaux (les intérieurs
ordinairement plus grands).

Disque lamellaire ou annulaire, tapissant le fond du
périanthe, en général peu apparent.

Étamines insérées au bord du disque, en nombre
défini (soit géminées ou ternées devant chacun des segments externes du périanthe, et solitaires devant chacun
des segments internes; soit toutes insérées devant les
segments externes; soit solitaires devant tous les segments, ou rarement interposées). Filets filiformes ou

subulés, libres, ou rarement monadelphes par la base, inclus, ou saillants. Anthères introrses, ou déhiscentes latéralement, soit médifixes et versatiles, soit (moins souvent) dressées et basifixes, 2-thèques; bourses contiguës, souvent disjointes aux 2 bouts, s'ouvrant chacune par une fente longitudinale.

Pistil : Ovaire inadhérent (rarement adhérent vers sa base), 2-à 4-style, 1-loculaire, 1-ovulé, ordinairement trigone, moins souvent lenticulaire, rarement 4-gone. Ovule orthotrope, dressé, sessile au fond de la loge; par exception l'ovule est renversé à l'époque de la floraison, et attaché sur un funicule partant du fond de la loge. Styles en général distincts dès leur base, en même nombre que les angles de l'ovaire, terminés chacun par un stigmate discoïde, ou capitellé, ou plumeux.

Péricarpe lenticulaire ou trièdre (par exception tétraèdre), nucamentacé, ou utriculaire, 1-sperme, souvent recouvert par le périanthe amplifié (ou quelquefois devenu charnu); angles souvent marginés ou ailés.

Graine adhérente ou inadhérente, dressée, en général sessile; tégument mince, souvent confondu avec le péricarpe; hile et chalaze basilaires, confluents. Périsperme farineux, ou moins souvent corné. Embryon rectiligne, ou plus ou moins arqué, axile, ou excentrique, ou périphérique, antitrope, en général aussi long que le périsperme; cotylédons larges ou étroits, en général minces, contigus, ou séparés l'un de l'autre par le périsperme, plans, ou convolutés. Radicule plus ou moins allongée, supère.

Cette famille renferme les genres suivants :

Ⅰʳᵉ TRIBU. **LES ÉRIOGONÉES.** — *ERIOGONEÆ* Benth (1).

Fleurs recouvertes (soit chacune séparément, soit plusieurs ensemble) d'un involucre cyathiforme, ou tubuleux, ou (par exception) diphylle. Feuilles (alternes, ou fasciculées, ou opposées) non-stipulées.

Pterostegia Fisch. et Mey. — *Mucronea* Benth. — *Chorizanthe* R. Br. — *Eriogonum* Michx. (Espinoza Lag.)

Ⅱᵉ TRIBU. **LES POLYGONÉES-VRAIES.** — *POLY-GONEÆ* Benth.

Fleurs point involucrées. Feuilles alternes, en général accompagnées d'une gaîne-stipulaire.

Oxyria Hill. (Donia R. Br.)—*Emex* Neck. (Centropodium Burch.) — *Rumex* Linn. (Acetosa et Lapathum Tourn. Rumastra Campder.)—*Rheum* Linn. (Rhabarbarum Tourn.) — *Kœnigia* Linn. — *Atraphaxis* Linn. — *Tragopyrum* Bieberst. — *Polygonella* Michx. (Lyonella Rafin.)— *Polygonum* Tourn. (Centinodia Bauh. Avicularia Meisn.) — *Aconogonum* Meisn. — *Cephalophilon* Meisn. (Didymocephalon et Corymbocephalon Meisn.)—*Echinocaulon* Meisn.—*Persicaria* Tourn. (Artenoron Rafin. Towara Adans. Amblyogonum Meisn. Lagunea Lour.) — *Bistorta* Tourn. — *Tiniaria* Meisn. (Helxine Linn.) — *Fagopyrum* Tourn. — *Oxygonum* Burch.— *Calligonum* Linn. — *Calliphysa* Fisch. et Mey. — *Pterococcus* Pallas. (Pallasia Linn.) — *Coc-*

---

(1) M. Reichenbach (Syst. Nat. p. 174) comprend cette tribu dans les Nyctaginées.

coloba Jacq. — *Ceratogonum* Meisn. — *Podopterus*
Humb. et Bonpl. — *Triplaris* Linn. (Blochmannia Reichenb.) — *Brunnichia* Banks. — *Antigonon* Endl.

Genre OXYRIE. — *Oxyria* Hill.

Fleurs hermaphrodites. Périanthe herbacé, accrescent,
4-parti : segments bisériés : les 2 intérieurs plus larges.
Étamines 6, géminées devant les segments extérieurs, solitaires devant les segments intérieurs; filets courts; anthères oblongues, basifixes, introrses, échancrées aux 2
bouts, versatiles. Stigmates 2, subsessiles, pénicilliformes.
Nucule lenticulaire, chartacée, plus grande que le périanthe, bordée d'une large aile membraneuse. Graine
adhérente, à périsperme farineux. Embryon rectiligne,
axile : cotylédons plans, sublinéaires, contigus; radicule allongée. (*Nees jun. Gen. Plant.* fasc. VIII.) —
Herbe vivace. Feuilles toutes radicales, longuement pétiolées, subréniformes; gaîne - stipulaire membranacée,
fendue presque jusqu'à la base, acuminée. Hampes simples, ou paniculées au sommet, garnies à la base de
chaque ramule d'une gaîne courte, tronquée, membranacée; pédicelles capillaires, articulés, pendants, demi-
verticillés, disposés en grappes simples ou rameuses, interrompues : demi-verticilles alternes, 1-bractéolés. Fleurs
petites : les segments intérieurs du périanthe rougeâtres après la floraison.

OXYRIE A FEUILLES RÉNIFORMES.—*Oxyria reniformis* Hook.
Flor. Scot. — *Oxyria digyna* Campd. — *Rumex digynus*
Linn. —Engl. Bot. tab. 910. — Flor. Dan. tab. 11.—*Rheum
digynum* Wahlenb. Flor. Lapp. tab. 9. — *Lapathum digynum* Lamk. — *Donia sapida* R. Br. — Racine pivotante, polycéphale; souches écailleuses. Feuilles glabres de même que
toute la plante, échancrées, subsinuolées, larges d'environ 6 lignes. Hampes dressées, grêles, à l'époque de la floraison hautes
de 3 à 6 pouces, finalement hautes de 1 pied. Périanthe à seg-

ments extérieurs divergents, lancéolés; segments intérieurs
obovales, obtus, dressés. — Cette plante croît dans les régions
arctiques et dans les Alpes; ses feuilles et ses tiges ont la saveur
de l'Oseille : elle remplace celle-ci chez les habitants du Nord.

Genre RUMEX. — *Rumex* Linn.

Fleurs hermaphrodites, ou unisexuelles, ou polygames.
Périanthe 6-parti, persistant ; segments 2-sériés : les 3 extérieurs herbacés, confluents vers leur base, étroits, plus
courts; les 3 intérieurs plus larges, colorés ou submem-
branacés, distincts dès leur base, dressés, accrescents,
après la floraison connivents valvairement, souvent munis
vers leur base d'un tubercule osseux; pennatifides ou dentés chez beaucoup d'espèces. Étamines (nulles dans les
fleurs femelles) 6, insérées 2 à 2 à la base des segments
externes; filets courts, filiformes; anthères oblongues,
basifixes, dressées, échancrées aux 2 bouts, latéralement
déhiscentes. Pistil nul dans les fleurs mâles. Ovaire trièdre, 3-style. Styles filiformes, réfléchis. Stigmates pénicilliformes. Nucule coriace ou crustacée, trièdre, aptère,
recouverte par les 3 segments intérieurs du périanthe.
Graine adhérente, à périsperme farineux. Embryon latéral, légèrement arqué ; cotylédons étroits, plans, contigus; radicule allongée. — Herbes annuelles ou vivaces ;
quelques espèces sont frutescentes ou suffrutescentes ;
parties vertes le plus souvent plus ou moins acides. Feuilles pétiolées, alternes, très-entières, ou subdenticulées,
à base le plus souvent soit cordiforme, soit sagittiforme
ou hastiforme; gaîne-stipulaire membranacée, plus ou
moins profondément fendue, adnée inférieurement au
pétiole. Grappes terminales ou axillaires et terminales,
souvent paniculées, articulées ; articles munis d'une feuille
stipulée, ou seulement d'une gaîne-stipulaire ; pédicelles
verticillés ou subverticillés aux articulations, pendants, ou
réclinés, souvent très-serrés : les florifères filiformes ou
capillaires ; les fructifères souvent épaissis au sommet.

Sous-genre **LAPATHUM** Tourn. (Vulgairement *Patience.*)

Fleurs hermaphrodites, ou polygames. Périanthe-fructifère à segments intérieurs point scarieux (ordinairement
subcoriaces), souvent pennatifides ou dentés, ordinairement calleux à leur base. Stigmates multifides. Verticilles multiflores; pédicelles 2-à 5-sériés. Feuilles (peu
ou point acides, de même que les autres parties herbacées) penninervées, à base inauriculée (ordinairement
cordiforme).

a) *Segments intérieurs du périanthe point calleux ni dentés.*

RUMEX RHAPONTIC. — *Rumex alpinus* Linn. — Engl. Bot.
tab. 127. — *Rhaponticum* Blackw. Herb. tab. 262. —Feuilles-radicales cordiformes-orbiculaires, obtuses, rugueuses : pétiole canaliculé en dessus. Grappes aphylles, dressées, disposées
en panicule dense. Fleurs polygames. Segments intérieurs du
périanthe-fructifère cordiformes-orbiculaires, chartacés, subdenticulés. — Plante vivace, haute de 3 à 4 pieds. Racine longue,
grosse, rameuse, brunâtre. Tige ferme, droite, cannelée, glabre,
ou pubérule, rameuse; rameaux paniculés. Feuilles minces,
glabres, d'un vert foncé, ondulées aux bords : les radicales
grandes, longuement pétiolées; les caulinaires inférieures ovales; les supérieures lancéolées. Fleurs verdâtres. Pédicelles
assez longs, pendants, filiformes, articulés vers le milieu. —
Cette espèce, nommée vulgairement *Rhapontic commun*, *Patience des Alpes*, *Rhubarbe des Alpes* et *Rhubarbe des moi-
nes*, croît dans les Alpes et les Pyrénées; elle fleurit en été. Sa
racine est amère, tonique et légèrement purgative; on peut l'employer aux mêmes usages médicaux que la Rhubarbe, en la
donnant toutefois à plus forte dose.

b) *Segments internes du périanthe-fructifère calleux à la base, très-
entiers, ou subdenticulés.*

RUMEX PATIENCE. — *Rumex Patientia* Linn. — *Patientia*
Blackw. Herb. tab. 489. —Feuilles acuminées : les inférieures
ovales-lancéolées ; les supérieures oblongues-lancéolées ou lan-

céolées. Grappes aphylles, à verticilles rapprochés. Segments-internes du périanthe cordiformes-orbiculaires, très-entiers, subcoriaces, à callus allongé (très-apparent sur l'un des segments, peu apparent sur les 2 autres). — Plante vivace, haute de 3 à 4 pieds. Racine rameuse, pivotante. Tige grêle, cannelée, rameuse vers le haut, dressée, souvent rougeâtre. Feuilles molles, d'un vert clair : les supérieures étroites, courtement pétiolées. Fleurs verdâtres. Pédicelles fins, pendants, épaissis au sommet, articulés à la base. — Cette espèce, nommée vulgairement *Patience*, *Patience commune*, *Parelle*, *Épinard sauvage*, et *Épinard immortel*, croît dans l'Europe méridionale. On la cultive comme plante potagère ; ses jeunes feuilles peuvent être substituées aux Épinards. La racine est amère et astringente ; elle possède des propriétés toniques et dépuratives ; sa décoction s'emploie fréquemment contre les maladies cutanées.

RUMEX CRÉPU. — *Rumex crispus* Linn. — Engl. Bot. tab. 1998. — Flor. Dan. tab. 1334. — *Lapathum crispum* Lamk. — Feuilles lancéolées, pointues, ondulées, crépues. Grappes aphylles, à verticilles rapprochés. Segments intérieurs du périanthe-fructifère ovales-orbiculaires, subcordiformes à la base, obtus, chartacés, réticulés, tous fortement calleux. — Plante haute de 1 ¹/₂ pied à 3 pieds, glabre, ou pubérule. Racine pivotante, rameuse, vivace. Tige sillonnée, anguleuse, dressée, rameuse en général presque dès la base ; rameaux dressés. Feuilles molles, d'un vert foncé, souvent pendantes. Pédicelles filiformes, allongés, articulés au-dessous du milieu. — Cette espèce, nommée vulgairement *Patience crépue*, *Patience frisée*, *Patience sauvage*, et *Parelle sauvage*, est commune dans les prairies, les champs et les décombres ; elle fleurit en juin et juillet. Sa racine a les propriétés de celle de l'espèce précédente et s'emploie aux mêmes usages médicaux.

RUMEX AQUATIQUE. — *Rumex Hydrolapathum* Huds. — *Rumex aquaticus* Smith, Flor. Brit. (non Linn.) — *Rumex maximus* Gmel. Flor. Bad. (non Schreb.) — Feuilles lan-

céolées, acuminées, planes, légèrement crénelées et ondulées
aux bords; pétiole plan en dessus, demi-cylindrique. Grappes aphylles. Segments intérieurs du périanthe-fructifère chartacés, ovales - triangulaires, réticulés, tous fortement calleux.
— Plante glabre ou pubérule, vivace, haute de 4 à 6 pieds. Racine grosse, pivotante, rameuse. Tiges grêles, dressées, anguleuses, cannelées, rameuses vers le haut. Feuilles assez fermes,
d'un vert un peu glauque : les radicales longues de 1 $\frac{1}{2}$ pied à
2 $\frac{1}{2}$ pieds; pétiole de la grosseur d'un doigt, profondément sillonné en dessus. Rameaux paniculés, contractés après la floraison. Verticilles rapprochés. Pédicelles grêles, épaissis au sommet,
articulés au-dessous du milieu.

RUMEX ÉLANCÉ. — *Rumex maximus* Schreb. — *Rumex
acutus* Hartm. Flor. Scand. — Feuilles inférieures oblongues,
pointues, à base obliquement ovale ou cordiforme; pétiole plan
en dessus, marginé de chaque côté par une côte. Grappes paniculées, aphylles. Segments intérieurs du périanthe-fructifère
cordiformes, denticulés vers leur base, chartacés, réticulés, tous
fortement calleux. — Plante ayant le même port que l'espèce
précédente, et quelquefois encore plus élancée. Feuilles plus
larges, d'un vert foncé. Pédicelles plus fins. Périanthe-fructifère
plus grand. — Cette espèce, ainsi que la précédente, et le vrai
Rumex aquaticus Linn. (1), sont confondues sous les noms
vulgaires de *Patience aquatique*, *Oseille aquatique*, et *Parelle des marais ;* elles croissent dans les fossés aquatiques,
ainsi qu'aux bords des étangs et des rivières; leurs racines participent aux propriétés médicales des autres Patiences.

---

(1) Le *Rumex aquaticus* L. (Smith, Engl. Bot. 2104. — Blackw.
Herb. tab. 490) se distingue facilement des 2 autres espèces avec lesquelles on a coutume de le confondre par des feuilles-radicales cordiformes-ovales, à pétiole profondément canaliculé en dessus, ainsi que
par les segments internes du périanthe, lesquels sont tous dépourvus de
callosité.

Sous-genre ACETOSA Tourn.

Fleurs dioïques, ou· polygames-monoïques. Périanthe-fructifère à segments intérieurs membranacés, subdiaphanes, scarieux, très-entiers, en général point calleux. Stigmates multifides. Feuilles penninervées ou palmatinervées, succulentes, plus ou moins fortement acides (de même que les autres parties herbacées de la plante), à base ordinairement sagittiforme ou hastiforme. Verticilles pauciflores.

a) *Fleurs dioïques. Segments du périanthe point calleux. Tiges dressées.*

RUMEX OSEILLE.— *Rumex Acetosa* Linn.—Blackw. Herb. tab. 23o. — Engl. Bot. tab. 127. — Jaume Saint-Hil. Flor. et Pom. Franç. tab. 472. — Racine pivotante. Feuilles sagittiformes, ou hastiformes-oblongues, veineuses : gaîne-stipulaire déchiquetée au sommet. Segments intérieurs du périanthe cordiformes-orbiculaires, réticulés, entiers, munis à la base d'une squamelle réfléchie; segments extérieurs réfléchis. — Plante vivace, haute de 1 pied à 2 ½ pieds. Tige dressée, cannelée, paniculée et aphylle au sommet, glabre, ou finement pubérule. Feuilles d'un vert gai : les radicales obtuses; les caulinaires pointues; les supérieures sessiles. Verticilles 3-à 4-flores, plus ou moins distancés, aphylles. Pédicelles articulés au milieu, rouges de même que le périanthe. Fleurs très-petites. — Cette plante, nommée vulgairement *Oseille*, *Oseille commune*, *Surelle*, et *Vinette*, est commune dans les prairies et les pâturages secs; on la cultive, comme l'on sait, à titre de plante potagère; elle fleurit en mai et juin ; ses feuilles sont rafraîchissantes et antiscorbutiques. Cette espèce et la suivante contiennent beaucoup d'oxalate de potasse (vulgairement *sel d'Oseille*) : mais ce sel se retire plus généralement de l'*Oxalis Acetosella* que de l'Oseille.

b) *Fleurs polygames-monoïques. Segments du périanthe point calleux. Tiges ascendantes.*

RUMEX A FEUILLES SCUTELLIFORMES. — *Rumex scutatus*

Linn. — Blackw. Herb. tab. 5o6. — *Rumex glaucus* Jacq. Ic.
Rar. 1, tab. 67. — *Rumex hastifolius* Bieberst. — *Lapathum
scutatum* Lamk. — Racine pivotante. Feuilles panduriformes,
ou ovales, ou triangulaires, à base hastiforme, ou sagittiforme,
ou cordiforme. Segments intérieurs du périanthe cordiformes-
orbiculaires, entiers, réticulés, inappendiculés à leur base. —
Plante touffue, glabre. Racine longue, rameuse, multicaule.
Tiges longues de ½ pied à 1 pied, cylindriques, finement cannelées, rameuses, souvent rougeâtres. Feuilles d'un vert glauque, de forme très-variable, en général longues d'environ 18
lignes sur autant de large. Grappes terminales, aphylles, interrompues; verticilles 3-à 5-flores. Pédicelles courts, fins, articulés au milieu. Fleurs petites, verdâtres. — Cette espèce, connue sous les noms d'*Oseille romaine*, *Oseille ronde*, ou *Petite
Oseille*, croît dans les localités rocailleuses ou pierreuses; elle
fleurit de mai en juillet; on la cultive dans les potagers, en place
de l'*Oseille commune*, dont elle ne diffère point quant aux
propriétés.

Genre RHUBARBE. — *Rheum* Linn.

Fleurs polygames-monoïques. Périanthe subpétaloïde
(blanchâtre, ou rarement d'un pourpre violet), marcescent,
6-parti : les 8 segments intérieurs plus larges, apprimés
après la floraison. Étamines 9, géminées devant les segments externes, solitaires devant les segments internes;
filets subulés; anthères ovales, versatiles. Pistil abortif
dans les fleurs-mâles. Ovaire pyramidal, 3-èdre, 3-style
(accidentellement 4-èdre, 4-style). Styles courts, étalés,
terminés chacun par un stigmate subdiscoïde, entier. Nucule crustacée, ovale-trièdre (accidentellement tétraèdre),
obtuse, beaucoup plus grande que le périanthe; angles
bordés d'une aile chartacée, en général amincie et presque
diaphane vers les bords. Graine adhérente, à périsperme
farineux, plus ou moins rugueux. Embryon rectiligne,
tantôt subaxile, tantôt excentrique : cotylédons plans,
contigus, aussi larges que le périsperme, minces, ellipti-

ques-oblongs ; radicule courte. — Herbes vivaces, en général élancées, à rameaux effilés, dressés, striés, disposés en longue panicule pyramidale. Racine grosse, charnue, rameuse, pivotante, polycéphale étant adulte ; par exception traçante. Feuilles indivisées, ou rarement palmatifides, palmati-nervées, ordinairement réniformes ou profondément cordiformes à la base, le plus souvent minces et molles : les radicales longuement pétiolées, très-amples ; les caulinaires (quelquefois nulles) alternes, graduellement moins grandes et plus courtement pétiolées ; les supérieures et les raméaires subsessiles ; pétiole ferme, gros, plan ou concave en-dessus ; gaîne-stipulaire scarieuse, adhérente seulement par la base, ou inadhérente, lâche, plus ou moins profondément fendue du côté qui regarde le pétiole, point fimbriée. Inflorescence terminale, paniculée, ordinairement très-rameuse ; rameaux et ramules subverticillés aux articulations, lesquelles sont garnies chacune d'une gaîne semblable à celle des feuilles ; les articulations inférieures du rachis sont garnies soit d'une feuille, soit seulement d'une gaîne. Pédicelles filiformes ou capillaires, inclinés, subverticillés, accrescents après la floraison, disposés en grappes simples ou rameuses, en général très-denses à l'époque de la floraison ; pédicelles-fructifères pendants, épaissis au sommet ; verticilles 1-bractéolés à la base. Fleurs petites, innombrables.

Ce genre appartient aux contrées extra-tropicales de l'Asie : presque toutes les espèces croissent sur les plateaux et les montagnes de l'Asie centrale. Les racines des Rhubarbes constituent, comme l'on sait, un médicament précieux et d'un emploi très-répandu ; ces racines, remarquables en général par la grosseur qu'elles acquièrent avec l'âge, ont une saveur fort désagréable, amère et astringente ; elles jouissent de propriétés à la fois toniques et purgatives. En raison de ces propriétés médicales, plusieurs espèces sont devenues l'objet d'une culture assez importante, tant en France que dans d'autres pays de l'Europe; cette culture n'offre aucune difficulté, et les racines qui en proviennent peuvent rivaliser en tout point avec celles d'Asie, si ce n'est qu'il faut les administrer à plus forte dose. Les Rhubarbes sont en outre intéressantes comme plantes potagères : leurs feuilles et autres parties herbacées, mais surtout leurs jeunes tiges et pétioles, ont une saveur acide, et peuvent servir aux mêmes usages que l'Oseille.

A. *Panicules subpyramidales, très-rameuses; grappes en général courtes. Fleurs d'un brun jaunâtre.*

a) *Tiges, rameaux, pétioles et feuilles point verruqueux. Ailes des nucules réticulées, à rebord subdiaphane, limité du côté intérieur par une veine filiforme, arquée conformément au bord. Périsperme légèrement rugueux.*

RHUBARBE PALMÉE. — *Rheum palmatum* Linn. — Blackw. Herb. tab. 600. — Chaumet. Flore Médic. 6, tab. 297. — Feuilles palmatifides, pubérules, un peu scabres, subcordiformes à la base : segments sinués-pennatifides, acuminés de même que les lobes; pétiole subcylindrique, légèrement concave en dessus, à bords arrondis. — Plante haute de 3 à 4 pieds. Racine grosse, jaune en dedans et à la surface, atteignant la grosseur du bras d'un homme. Tiges glabres, rameuses vers le haut; rameaux paniculés. Feuilles molles, opaques, d'un vert foncé en dessus, blanchâtres en dessous : les radicales larges de 1 pied à 2 pieds; pétiole rougeâtre; gaîne-stipulaire ample, obtuse, fendue presque jusqu'à la base. Panicule générale très-ample. Rameaux et ramules presque dressés. Nucules longues de 4 lignes, larges de 3 lignes (y compris les ailes, lesquelles sont plus larges que l'amande, d'un brun clair), d'un brun noirâtre à la maturité, rougeâtres avant la maturité. — Cette espèce, nommée vulgairement *Rhubarbe des boutiques, Rhubarbe officinale,* et *Rhubarbe de Chine,* croît dans la Boukharie, la Mongolie, et les provinces septentrionales de la Chine; parmi les Rhubarbes cultivées en Europe, c'est celle à laquelle on donne la préférence pour l'emploi médical; mais quant aux racines qu'on exporte d'Asie, et qui se trouvent dans le commerce sous le nom de *Rhubarbe de Chine*, elles proviennent, sinon toutes, du moins en partie, d'autres espèces congénères.

RHUBARBE COMPACTE. — *Rheum compactum* Linn. — Mill. Ic. 2, tab. 218. — Feuilles fermes, luisantes en dessus, sub-cordiformes, très-obtuses, légèrement sinuées-lobées, glabres, cartilagineuses et denticulées aux bords ; lobes arrondis. Grappes nutantes. — Plante haute de 4 à 6 pieds. Racine grosse, jaune à l'intérieur. Tiges glabres, cannelées, rameuses vers le sommet. Feuilles radicales amples. — Cette espèce croît dans les mêmes contrées que la precédente. On la cultive pour l'emploi médical.

RHUBARBE A FEUILLES ONDULÉES. — *Rheum undulatum* Linn. — Feuilles cordiformes, obtuses, molles, pubescentes, ondulées, crépues aux bords : pétiole semi-cylindrique, plan en dessus, à bords tranchants. — Plante haute de 3 à 5 pieds. Racine d'un jaune foncé en dedans, brune à la surface. Tiges fortes, anguleuses, rameuses, rougeâtres, ou jaunâtres. Feuilles minces, opaques, d'un vert un peu glauque : les inférieures à lame longue de 1 pied à 3 pieds ; pétiole gros, strié en dessous, souvent rougeâtre. Panicules grêles, allongées, un peu lâches, distancées, dressées de même que leurs ramifications. Nucules longues de 3 à 4 lignes, d'un brun noirâtre : ailes d'un brun pâle. — Vulgairement *Rhubarbe de Moscovie*. Habite la Sibérie méridionale et les plateaux de l'Asie centrale ; cultivée comme plante médicinale et dans les potagers ; ses racines sont moins estimées que celles de la Rhubarbe palmée.

RHUBARBE RHAPONTIC. — *Reum rhaponticum* Linn. — Sabb. Hort. Rom. 1, tab. 34.—Chaum. Flor. Méd. 6, tab. 296. — Feuilles cordiformes, ou cordiformes-orbiculaires, obtuses, légèrement ondulées, molles, glabres en dessus, pubérules en dessous (du moins aux veines et aux nervures) : pétiole semi-cylindrique, sillonné en dessous, plan en dessus, à bords arrondis. Panicules à grappes diffuses. — Plante ayant le même port que l'espèce précédente. Feuilles amples, opaques, d'un vert foncé. Racine rougeâtre en dehors, jaune en dedans. Panicules denses, dressées. Nucules longues de 3 à 4 lignes, d'un brun noirâtre, à ailes d'un brun clair, plus étroites que l'amande. — Cette espèce, nommée vulgairement *Rhapontic, Rhubarbe anglaise*, et *Rhubarbe pontique*, croît dans la Sibérie méridionale et dans l'Asie centrale ; on substitue quelquefois ses racines à celles de ses congénères, mais elle est beaucoup moins efficace, et d'une saveur un peu douceâtre ; en Asie, on l'emploie à teindre les cuirs en jaune.

b) *Tige, rameaux, pétiole et lame des feuilles verruqueux, scabres. Ailes des nucules point réticulées, obscurément veinées, entièrement opaques. Périsperme fortement rugueux, recouvert d'une croûte rouge (pulpeuse avant la maturité).*

RHUBARBE RIBÈS. — *Rheum Ribes* Linn. — Dill. Hort. Elth. tab. 158, fig. 192. — Desfont. in Annal. du Mus. 2, tab. 49. — Plante haute de 3 à 4 pieds. Racines grosses, très-longues. Tiges fortes, striées, peu rameuses. Feuilles fermes, opaques, d'un vert gai, cunéiformes-orbiculaires, très-obtuses, rugueuses, ondulées et crépues aux bords : les radicales larges de 1 pied à 3 pieds ; pétiole semi-cylindrique, plan en dessus, strié en dessous, à bords arrondis. Nucules d'un brun roux, larges de 4 à 5 lignes. — Cette espèce croit au Liban, ainsi que dans l'Asie Mineure et en Perse ; les habitants de ces contrées l'appellent *Ribès*, et la cultivent dans les jardins ; ses jeunes tiges et pétioles sont d'une acidité agréable : on les emploie à toutes sortes d'usages alimentaires, ainsi que dans la préparation des sorbets et autres boissons rafraîchissantes. Les racines de la plante passent aussi pour apéritives et rafraîchissantes.

B. *Panicules grêles, lâches, composées de grappes simples. Fleurs d'un pourpre violet.*

RHUBARBE AUSTRALE. — *Rheum australe* Don, Prodr. Flor. Nepal. — Sweet, Brit. Flow. Gard. tab. 269. — *Rheum Emodi* Wallich. — Bot. Mag. tab. 3508. — Plante finement

pubérule, haute de 3 à 5 pieds. Tige grêle, rameuse, souvent
rougeâtre; rameaux dressés, simples, disposés en panicule très-
allongée. Feuilles molles, minces, opaques, d'un vert foncé, obtuses, cordiformes, légèrement ondulées aux bords, rugueuses :
les inférieures longues de 1 pied à 2 pieds. Grappes denses,
spiciformes. Fleurs très-petites. Nucules d'un brun roux, rugueuses, longues de 3 lignes, sur autant de large (y compris les
ailes, qui sont opaques, fermes, plus étroites que l'amande). —
Cette espèce croît dans l'Himalaya; on la cultive depuis quelques années seulement en Europe; il paraît que ses racines ne
le cèdent pas à celles de la *Rhubarbe palmée*, quant aux propriétés médicales.

Genre ATRAPHAXIS. — *Atraphaxis* Linn.

Fleurs hermaphrodites. Périanthe coloré, persistant,
4-parti; segments 2-sériés : les 2 intérieurs plus grands,
accrescents, connivents après la floraison. Étamines 6, géminées devant les segments externes, solitaires devant les
segments internes. Filets subulés, épaissis à la base. Anthères suborbiculaires, médifixes, versatiles. Ovaire comprimé, immarginé. Styles 2, très-courts. Stigmates capitellés. Nucule lenticulaire, subcoriace, recouverte par les
segments internes du périanthe. Graine à périsperme farineux. Embryon latéral, un peu courbé : cotylédons
plans, elliptiques; radicule allongée. — Arbrisseaux très-
rameux. Ramules souvent spinescents. Feuilles petites,
alternes, ou fasciculées par l'avortement des ramules, coriaces, persistantes, très-entières, rétrécies en court pétiole articulé au-dessus de sa base; gaîne-stipulaire membranacée, scarieuse, petite, adnée inférieurement aux
bords du pétiole, bifide (finalement 2-partie du côté op-
posé à la feuille). Pédicelles axillaires (soit immédiatement aux aisselles des anciennes feuilles, soit sur de courts
ramules naissant aux aisselles de ces feuilles), fasciculés,
filiformes, inclinés, articulés vers leur milieu. Périanthe

finement réticulé, rose, finalement subscarieux : les 2 segments extérieurs réfléchis après la floraison.

ATRAPHAXIS ÉPINEUX. — *Atraphaxis spinosa* Linn.—Dill. Elth. tab. 4o, fig. 47. — L'Hérit. Stirp. tab. 14. — Arbrisseau de 2 à 3 pieds. Rameaux et ramules flexueux, divariqués, striés. Ramules tantôt mutiques, tantôt spinescents. Feuilles longues de 2 à 5 lignes, d'un vert glauque, réticulées, ovales, ou obovales, ou elliptiques, ou sublancéolées, acuminulées. Fascicules 3-à 8-flores, disposés en grappes lâches, feuillées, plus ou moins allongées ; pédicelles longs de 3 à 4 lignes. Périanthe-fructifère à segments intérieurs cordiformes-orbiculaires, larges de 3 lignes. Nucule ovale, acuminée, à peine plus courte que le périanthe, mais 2 fois moins large. — Cette espèce, indigène d'Orient, se cultive comme arbrisseau d'ornement.

Genre RENOUÉE. — *Polygonum* Tourn.

Fleurs hermaphrodites. Périanthe profondément 5-fide, coloré, persistant, peu accrescent ; segments presque égaux. Étamines 8 (dont 5 interposées), ou moins souvent 5 ou 6 ; filets subulés. Anthères ovales, médifixes, versatiles, introrses : bourses disjointes. Point de glandules. Ovaire trigone. Styles 3, courts. Stigmates subglobuleux. Nucule trièdre, crustacée, recouverte par le périanthe. Graine à périsperme corné. Embryon unilatéral, légèrement arqué ; cotylédons plans, contigus, étroits ; radicule allongée. — Herbes ou sous-arbrisseaux. Feuilles sessiles ou courtement pétiolées, alternes, très-entières ; gaîne-stipulaire membranacée, scarieuse, 2-partie, fimbriée. Fleurs solitaires ou fasciculées, axillaires, ou en grappes terminales, petites.

RENOUÉE DES OISEAUX. — *Polygonum aviculare* Linn. — Blakw. Herb. tab. 315.—Flor. Dan. tab. 8o3. — Plante annuelle, glabre, tantôt diffuse ou décombante, tantôt dressée. Tige en général très-rameuse. Feuilles plus ou moins rapprochées, courtement pétiolées, linéaires, ou lancéolées, ou oblongues, ou elliptiques, ou ovales, obtuses, ou peu pointues, veineuses, planes, scabres aux bords, d'un vert glauque; gaîne-pétiolaire striée, diaphane, d'un blanc argenté, à segments ovales-lancéolés, acuminés. Fleurs axillaires (tout le long des rameaux et ramules), géminées, ou ternées, ou quaternées. Périanthe panaché de vert et de rose, après la floraison ventru et trigone; segments suboblongs, obtus. Nucules finement rugueuses, à peine luisantes. — Cette plante, nommée vulgairement *Renouée*, *Traînasse*, et *Centinode*, est commune dans les champs, les décombres et autres localités découvertes; elle fleurit pendant tout l'été. Sa racine, sa tige et ses feuilles s'employaient jadis à titre de remède astringent; les graines passent pour émétiques et purgatives.

Genre PERSICAIRE. — *Persicaria* Tourn.

Fleurs hermaphrodites. Périanthe profondément 5-fide, coloré, persistant, peu accrescent; segments presque égaux. Étamines soit 6 à 8 (dont 5 interposées), soit 5 (toutes interposées); point de glandes entre les filets interposés; filets subulés; anthères ovales, médifixes, versatiles, introrses : bourses disjointes. Ovaire comprimé ou trigone, 1-style. Style 2-ou 3-furqué : chaque branche terminée par un stigmate capitellé. Nucule lenticulaire ou trièdre, crustacée, recouverte par le périanthe. Graine à périsperme corné; embryon unilatéral, un peu arqué : cotylédons étroits, plans, contigus; radicule allongée. — Herbes annuelles, ou rarement vivaces. Feuilles alternes, très-entières; gaîne-stipulaire tronquée, submembranacée, striée, fimbriolée au bord, adnée inférieurement au bord du pétiole. Grappes solitaires ou géminées, terminales, composées de fascicules pauci-flores ou multiflores : chaque fascicule accompagné d'une gaîne semblable aux gaînes-stipulaires.

a) *Fleurs ordinairement 6-andres, à style 5-furqué.*

PERSICAIRE ACRE. — *Persicaria Hydropiper* Linn. (*sub Po-lygono.*) — Flor. Dan. tab. 1576. — Bull. Herb. tab. 127. — Reichenb. Ic. Plant. Crit. fig. 687. — Grappes lâches, grêles, spiciformes, nutantes, interrompues à la base. Fleurs hexandres, ponctuées de glandules. Feuilles lancéolées, ou lan-céolées-elliptiques, ou lancéolées-linéaires; gaîne-stipulaire pres-que glabre, à bord courtement cilié. — Plante annuelle. Tige tantôt dressée, tantôt décombante, simple ou rameuse, souvent rouge. Feuilles luisantes, d'un vert foncé, plus ou moins ondu-lées, souvent marbrées d'une tache noire. Gaînes-bractéales plus courtes que les fleurs, peu ou point ciliées. Fleurs panachées de vert et de rose (ou de blanc), petites, ordinairement 4-fides. Nucules tantôt lenticulaires, tantôt trièdres, finement chagri-nées, point luisantes. — Cette plante, nommée vulgairement *Poivre d'eau*, *Piment d'eau*, *Curage*, et *Persicaire âcre*, est commune aux bords des fossés aquatiques, des ruisseaux et des rivières; elle fleurit durant tout l'été; toutes ses parties, à l'état frais, ont une saveur âcre et caustique; on l'emploie comme épispastique et comme détersif; sa décoction jouit de propriétés apéritives, diurétiques et vermifuges.

PERSICAIRE TINCTORIALE. — *Persicaria tinctoria* Loureiro, Flor. Cochinchin. (*sub Polygono.*) — Grappes courtes, très-denses, spiciformes. Feuilles ovales ou elliptiques, larges, ob-tuses; gaîne-stipulaire à bord longuement cilié. — Plante annuelle, haute de 1 pied à 2 pieds. Tige ferme, dressée, angu-leuse, feuillue, très-rameuse. Feuilles larges de 1 pouce à 2 pouces, d'un vert foncé, légèrement ondulées aux bords; pé-tiole long de 6 à 12 lignes; gaîne rougeâtre, ordinairement cy-lindracée. Grappes longues de 6 à 12 lignes, pédonculées, quelquefois interrompues à la base, la plupart naissant sur de courts ramules axillaires. Fleurs d'un rose vif. Nucules mucro-nées, trièdres, luisantes. — Cette espèce, indigène en Cochin-chine, est remarquable comme plante tinctoriale; ses feuilles contiennent une quantité considérable d'indigo. La plante est cultivée en France depuis plusieurs années; mais jusqu'aujourd'hui on n'a pas encore trouvé de procédé assez économique pour permettre d'en extraire avec avantage la matière tinctoriale.

b) Fleurs 7-andres, à style bifurqué.

PERSICAIRE D'ORIENT. — *Persicaria orientalis* Tourn. — *Polygonum orientale* Linn. — Bot. Mag. tab. 213. — Plante annuelle, haute de 5 à 10 pieds. Tige ferme, dressée, rameuse au sommet; rameaux paniculés, scabres, pubescents. Feuilles pubescentes, d'un vert gai, acuminées, penninervées : les caulinaires grandes, cordiformes, longuement pétiolées; les raméaires ovales, ou ovales-lancéolées; les ramulaires étroites, lancéolées. Gaîne-stipulaire brunâtre, courte, cyathiforme, ciliolée; pétiole marginé par la décurrence de la lame. Épis longs de 1 pouce à 3 pouces, denses, cylindracés, pédonculés, disposés en panicules lâches, simples, aphylles. Fleurs pourpres. Nucules lenticulaires, luisantes, d'un brun noirâtre. — Cette espèce, connue sous les noms de *Renouée d'Orient, Grande Renouée*, et *Polygone d'Orient*, est indigène de Chine; on la cultive comme plante de parterre, et ses graines peuvent servir à nourrir la volaille.

Genre BISTORTE. — *Bistorta* Tourn.

Fleurs hermaphrodites. Périanthe coloré, persistant, profondément 5-fide, peu accrescent; segments presque égaux. Étamines 6 à 8, dont 5 interposées; filets subulés : les intérieurs (ou quelquefois tous) glanduleux à la base; anthères ovales, médifixes, versatiles, introrses : bourses disjointes. Ovaire trigone, 3-style. Styles longs, filiformes. Stigmates petits, subglobuleux. Nucule crustacée, trièdre, recouverte par le périanthe. Graine à périsperme corné; embryon unilatéral, largement arqué : cotylédons étroits, plans, contigus; radicule allongée. — Herbes vivaces, à rhizome rampant, ligneux. Tiges très-simples. Feuilles alternes, pétiolées, très-entières : les supérieures à pétiole adné dans toute sa longueur à la gaîne-stipulaire;

gaîne-stipulaire tubuleuse, adnée jusqu'au milieu ou au delà au pétiole : partie adhérente herbacée; partie inadhérente membranacée, obliquement tronquée, souvent fendue presque jusqu'à la base, point fimbriée. Grappe solitaire, terminale, spiciforme, dense, pédonculée; pédicelles engaînés chacun par une bractéole scarieuse, géminés ou ternés aux aisselles de bractées membranacées, scarieuses, mucronées, subamplexatiles. Fleurs roses ou blanches.

Bistorte officinale. — *Bistorta officinalis* Spach. — *Polygonum Bistorta* Linn. — Bull. Herb. tab. 314. — Flor. Dan. tab. 421. — Engl. Bot. tab. 509. — Plante glabre, haute de 1 pied à 3 pieds. Rhizome horizontal, tortueux, de la grosseur d'un doigt, brun à la surface, rougeâtre à l'intérieur, garni de fortes fibres radicales. Tige dressée, cylindrique, striée, un peu comprimée, aphylle vers le sommet, médiocrement feuillée inférieurement. Feuilles fermes, d'un vert gai en dessus, d'un vert glauque en dessous, finement penninervées, réticulées, légèrement ondulées et scabres aux bords, ordinairement acuminées, oblongues-lancéolées, ou ovales-lancéolées, ou ovales-oblongues : les radicales et les caulinaires-inférieures brusquement rétrécies en long pétiole ailé; les supérieures immédiatement sessiles sur la gaîne, à base subcordiforme. Gaîne-stipulaire à partie-inadhérente brunâtre, ordinairement liguliforme. Épi long de 2 à 3 pouces. Périanthe campaniforme, d'un rose vif, plus court que les étamines. Nucules lisses, luisantes, d'un brun clair, subpyramidales, acuminées, longues à peine de 2 lignes. — Cette plante, nommée vulgairement *Bistorte*, ou *Renouée Bistorte*, croît dans les prairies humides des montagnes; sa racine est fortement astringente : elle jouit de propriétés toniques et fébrifuges.

Genre SARRASIN. — *Fagopyrum* Tourn.

Périanthe 5-parti presque jusqu'à la base, pétaloïde, marcescent, point accrescent : segments presque égaux.

Disque de 8 glandes insérée s au fond du périanthe. Étamines 8 : dont 5 interposées, insérées en dehors du
disque ; les 3 autres insérées en dedans du disque ; filets
subulés ; anthères introrses, médifixes, versatiles, elliptiques : bourses disjointes. Ovaire pyramidal, 3-gone,
3-style. Styles courts, divergents. Stigmates petits, capitellés. Nucule pyramidale, trièdre, crustacée, beaucoup
plus grande que le périanthe : angles marginés, ou immarginés, ou tuberculeux. Graine à périsperme farineux.
Embryon axile : cotylédons larges, foliacés, irrégulièrement convolutés, enveloppant en partie le périsperme ;
radicule courte, cylindracée, recouverte par les cotylédons.
— Herbes annuelles ou vivaces. Feuilles alternes, à base
sagittiforme ou profondément cordiforme : les inférieures
longuement pétiolées ; les supérieures sessiles ou courtement pétiolées ; gaîne-stipulaire membranacée, courte ou
tubuleuse, point fimbriée, finalement fendue ou irrégulièrement déchirée. Inflorescences axillaires et terminales
(celles-ci souvent fasciculées ou en cyme au sommet du
pédoncule-commun), racémiformes, denses, subscorpioïdes, pédonculées, aphylles, ou rarement garnies de petites
feuilles ; pédicelles filiformes, fasciculés : les fructifères
recourbés ; chaque fascicule accompagné d'une bractée
membranacée, petite, engaînante.

Les Sarrasins sont remarquables comme plantes alimentaires ; leurs graines fournissent une farine blanche et
nutritive, mais de qualité inférieure à celle des vraies céréales ; toutefois ces végétaux sont une ressource précieuse
pour beaucoup de contrées, parce qu'ils prospèrent dans
les terres les plus ingrates.

SARRASIN COMMUN. — *Fagopyrum esculentum* Mœnch,
Meth. — *Polygonum Fagopyrum* Linn. — Engl. Bot. tab.
1044. — Feuilles sagittiformes-triangulaires ou cordiformes,
pointues. Grappes courtes, denses, spiciformes, aphylles : les
axillaires solitaires ; les terminales géminées, ou en corymbe.

Nucules acuminées, à angles ni marginés, ni dentés. — Plante annuelle, glabre, lisse, haute de 1 à 2 pieds. Tige dressée, cylindrique, finement cannelée, paniculée au sommet, souvent rouge. Feuilles minces, d'un vert gai, scabres aux bords ; gaîne-pétiolaire d'un brun roux. Pédoncules dressés, très-grêles ; les inférieurs longs, les autres graduellement plus courts. Grappes subhorizontales, plus ou moins recourbées. Périanthe blanc ou rose, étalé pendant l'anthèse. Étamines un peu saillantes : les 5 extérieures divergentes ; les 3 intérieures dressées. Nucules d'un brun noirâtre. — Cette espèce, originaire de l'Asie tempérée, est connue sous les noms vulgaires de *Sarrasin*, *Blé noir*, *Polygone Sarrasin*, et *Renouée Sarrasin ;* on la cultive fréquemment dans les terres sablonneuses, notamment en Bretagne, dans la basse Normandie, et dans les contrées montueuses, où elle remplace souvent toutes les autres céréales ; ailleurs, on la cultive plus spécialement pour la nourriture de la volaille ; la plante en vert fournit un excellent fourrage.

SARRASIN DE TARTARIE. — *Fagopyrum tataricum* Gærtn. Fruct. II, tab. 119, fig. 6. — *Fagopyrum dentatum* Mœnch, Meth. — Gmel. Sibir. III, tab. 13, fig. 1. — Feuilles sagittiformes ou cordiformes, pointues. Grappes interrompues, solitaires, pendantes : les axillaires souvent garnies de petites feuilles. Nucules acuminées, à angles sinuolés-crénelés. — Plante annuelle, semblable à l'espèce précédente par le port et le feuillage. Fleurs plus petites, d'un blanc sale. Nucules noirâtres. — Cette espèce se cultive moins communément que la précédente.

SARRASIN A NUCULES MARGINÉES. — *Fagopyrum marginatum* Roth. (*sub Polygono.*) — Bot. Reg. tab. 1065. — Feuilles sagittiformes, pointues. Grappes denses, tantôt courtes, tantôt allongées, aphylles, plus ou moins recourbées. Nucules ovales-pyramidales, rétrécies au sommet, très-obtuses, à angles marginés. — Plante annuelle, semblable au *Sarrasin commun* par le port et les feuilles. Feuilles ordinairement glauques en dessous. Fleurs roses. Nucules d'un brun roux à la maturité, à rebords aliformes, chartacés, d'un brun pâle. — Cette espèce, en-

core peu répandue en Europe, se cultive fréquemment dans les
contrées montueuses du nord de l'Inde.

Sarrasin cymeux. — *Fagopyrum cymosum* Treviran. (*sub
Polygono.*)—Tige élancée, flexueuse. Feuilles sagittiformes ou
subhastiformes, acuminées, acérées, toutes pétiolées. Grappes en
cymes axillaires et terminales, aphylles. Nucules acuminées, à
angles marginés.—Plante vivace, multicaule, haute de 6 à 12
pieds. Tiges grêles, dressées, rameuses vers le sommet, glabres,
finement striées. Feuilles minces, d'un vert gai en dessus, d'un
vert glauque en dessous : les inférieures atteignant ¼ pied de
large ; pétiole grêle, ordinairement pubérule d'un côté. Pédoncules grêles, dressés, les inférieurs longs de 3 à 6 pouces. Grappes plus ou moins recourbées, grêles, assez denses. Fleurs petites, blanches. Nucules brunes.—Cette espèce croît au Népaul,
où on la cultive aussi comme plante alimentaire ; elle est remarquable par la hauteur de ses tiges, ce qui doit faire présu-
mer qu'on la cultiverait avec avantage, en Europe, comme plante
fourragère ; elle résiste aux hivers les plus rigoureux du nord
de la France, mais ses fruits n'y arrivent que rarement à maturité.

Genre COCCOLOBA. — *Coccoloba* Jacq.

Fleurs hermaphrodites. Périanthe 5-parti, subcoloré,
accrescent; segments presque égaux. Étamines 8, toutes
antéposées; filets subulés, monadelphes par la base; anthères globuleuses, didymes, versatiles. Ovaire 3-style,
trigone, à base adnée au périanthe. Stigmates capitellés.
Nucule trièdre, spongieuse, recouverte par le périanthe
amplifié et devenu charnu. Graine à périsperme farineux.
Embryon axile : cotylédons larges, ondulés. — Arbres ou
arbrisseaux. Feuilles sessiles ou pétiolées, alternes, en
général grandes; gaîne-stipulaire herbacée, obliquement
tronquée. Fleurs en grappes ou en épis oppositifoliés, allongés; bractées conformes aux gaînes-stipulaires. —
Tous les Coccoloba habitent l'Amérique équatoriale; ces

végétaux sont remarquables par l'élégance de leur feuillage et de leurs fruits ; ceux-ci sont en général mangeables. Les espèces dont nous allons faire mention se cultivent comme plantes d'ornement de serre.

COCCOLOBA A GRAPPES. — *Coccoloba uvifera* Linn.—Lamk. Ill. tab. 316, fig. 2.—Plum. Ic. tab. 145.—Catesb. Carol. II, tab. 96.— Jacq. Amer. 112, tab. 73.—Feuilles luisantes, cordiformes-orbiculaires.—Grand arbre, à bois rougeâtre. Rameaux diffus, d'un gris cendré. Feuilles glabres. Grappes longues de 1 pied, subterminales, solitaires sur chaque ramule : les fructifères pendantes. Fruit pourpre, du volume d'une petite Cerise. —Cette espèce croît aux Antilles, où on la nomme *Raisinier*, où *Arbre à baguettes ;* son fruit, qui a une saveur acidule et douceâtre, est assez estimé. Le bois de l'arbre, à ce qu'on assure, donne une belle couleur rouge.

COCCOLOBA A LARGES FEUILLES. — *Coccoloba latifolia* Poir. Enc.—Lamk. Ill. tab. 316, fig. 4.—*Coccoloba rheifolia* Desfont. Hort. Par.—Espèce différant de la précédente, suivant les auteurs cités, par des feuilles plus amples, plus minces, membranacées, point échancrées ; croît aux Antilles.

COCCOLOBA PUBESCENT. — *Coccoloba pubescens* Linn.— Pluk. Phyt. tab. 222, fig. 8. —*Coccoloba grandifolia* Jacq. Amer.—Feuilles suborbiculaires, rugueuses, pubescentes (subferrugineuses).—Arbre haut de 60 à 80 pieds. Feuilles très-grandes. —Indigène des Antilles ; son bois est très-dur, pesant, d'un rouge foncé, presque incorruptible : on l'emploie aux constructions, et l'on assure que sous terre il acquiert la dureté d'une pierre.

COCCOLOBA A FEUILLES DIVERSIFORMES. — *Coccoloba diversifolia* Jacq. Amer. 114, tab. 76.—Feuilles luisantes, rugueuses : les raméaires cordiformes ; les ramulaires ovales, acuminées, obtuses.—Arbrisseau de 10 à 12 pieds, indigène de Saint-Domingue. Grappes courtes. Fruit du volume d'une Cerise, pourpre, à pulpe molle, acidule, mangeable.

Coccoloba excorié. — *Coccoloba excoriata* Linn. —
Plum. Ic. 146, fig. 1.—Feuilles ovales-oblongues, pointues,
à base cordiforme. Grappes pendantes.—Arbre de hauteur médiocre. Écorce des rameaux très-mince. Feuilles coriaces, jaunâtres en dessous. Grappes longues. — Indigène des Antilles.

Coccoloba a fruits blancs. — *Coccoloba nivea* Swartz.—
Jacq. Amer. tab. 78.—Feuilles oblongues, acuminées, veineuses, luisantes en dessus. Grappes presque dressées. —Arbre
d'environ 20 pieds de haut. Feuilles minces. Fruit douceâtre,
blanc à la maturité.—Indigène de Saint-Domingue.

Coccoloba a feuilles de Laurier.—*Coccoloba laurifolia*
Jacq. Hort. Schœnbr. 3, tab. 267. — Feuilles coriaces, lancéolées-oblongues, obtuses, glabres, luisantes. Grappes dressées.—
Arbrisseau haut d'environ 10 pieds; écorce d'un gris cendré;
rameaux diffus. Feuilles longues de 4 à 5 pouces. Grappes cylindriques, denses, longues de 3 pouces. —Croît aux environs
de Caracas.

LES ARISTOLOCHIÉES.

ARISTOLOCHIEÆ Bartl.

CARACTÈRES.

Plantes herbacées, parasites (sur les racines de végétaux ligneux), à tige nue ou écailleuse, simple,
aphylle. Ou bien, plantes non-parasites, herbacées, ou
ligneuses ; tiges et rameaux cylindriques ou anguleux,
feuillés, volubiles chez beaucoup d'espèces.

Feuilles alternes, simples, pédatinervées, réticulées,
non-stipulées, le plus souvent indivisées, rarement pédatifides, souvent à base bilobée ou bi-auriculée.

Fleurs hermaphrodites ou unisexuelles, souvent irrégulières, axillaires, ou latérales, ou terminales.

Périanthe (quelquefois nul) coloré, adhérent inférieurement à l'ovaire ; limbe supère, soit régulier et 3-
à 6-fide, soit irrégulier et liguliforme, ou bilabié.

Étamines en nombre défini, épigynes, le plus souvent soudées en colonne avec les styles. Anthères continues avec le filet, ou sessiles, le plus souvent extrorses,
dithèques, ou rarement 1-thèques.

Pistil : Ovaire 1-à 6-loculaire, adhérent à la partie
inférieure du périanthe, en général 1-style ; placentaires
centraux ou pariétaux, en général multi-ovulés: Stigmate
ordinairement discoïde, à plusieurs bourrelets rayonnants.

Péricarpe sec ou charnu, indéhiscent, ou capsulaire.

Graines (des espèces non-parasites) anatropes, pé-
rispermées ; périsperme charnu ou farineux. Embryon
minime, apicilaire, presque superficiel, à cotylédons à
peine distincts avant la germination. La structure des
graines des espèces-parasites n'est pas encore suffisamment éclaircie.

M. Bartling comprend dans cette classe les *Balano-phorées* (1), les *Cytinées* (2), les *Asarinées* (Aristolo-chiées Juss.) et les *Taccacées*. Cette dernière famille, suivant tous les autres auteurs, appartient aux Mono-cotylédones.

(1 et 2) On est loin d'être d'accord sur la classification de ces deux fa-milles. M. Endlicher réunit les Cytinées (aux dépens desquelles il a cru devoir établir une nouvelle famille : les Rafflésiacées) et les Balanopho-rées en une classe particulière, qu'il appelle Rhizanthées (nom par lequel M. Blume avait déjà désigné les Cytinées seules), et qu'il considère comme un groupe de transition des Cryptogames aux Monocotylédones ; car, suivant lui, et plusieurs autres botanistes célèbres, les graines des Rhi-zanthées seraient dépourvues d'embryon, et ne se composeraient que d'un tissu cellulaire rempli de sporules analogues à celles des Crypto-games. D'après les observations de M. Blume, confirmées par celles de M. Meyen et de MM. Nees d'Esenbeck, les graines des deux espèces de Rhizanthées examinées par ces botanistes, n'offrent qu'un tégument membraneux, recouvrant un tissu cellulaire homogène, lâche, grumeux, entremêlé de fils confervoïdes, irrégulièrement ramifiés : d'où M. Blume conclut aussi que ces graines ne sont autre chose que des spores, et que par cette raison les Rhizanthées (Cytinées) tiennent le milieu entre les Cryptogames et les Phanérogames. — L. C. Richard, au contraire, avait placé les Balanophorées parmi les Monocotylédones, auprès des Aroïdées ; et M. R. Brown croit que les graines des Cytinées ont la même structure que celles des Asarinées. Toutes ces opinions, à ce qu'il nous semble, sont également hypothétiques : car les graines de la plupart des espèces n'ont pas été examinées, et leur germination est absolument inconnue ; du reste, les graines des espèces sur lesquelles des recherches ont été faites sont extrêmement petites, et, par cette raison, il est peut-être impossible d'y découvrir l'embryon, ainsi que cela arrive aussi chez la plupart des Orchidées. On ne saurait donc se prononcer positivement sur la place que les Cytinées et les Balanophorées doivent occuper dans la série des familles naturelles, tant qu'on n'aura pas observé leur germination. Quant à l'interprétation que M. Blume donne de la fructification de ses Rhizanthées, on peut assurer qu'elle est fausse, car il est de toute évi-dence que les organes qu'il décrit et figure comme de jeunes spores, ne sont autre chose que de jeunes ovules, dont le nucelle n'est pas encore recouvert par le tégument.

CENT SOIXANTE-SEIZIÈME FAMILLE.

LES BALANOPHORÉES.—*BALANOPHOREÆ* (1).

Balanophoreæ Rich. in Mém. du Mus. VIII, p. 428. — A. Rich. Élem. p. 444.—Bartl. Ord. Nat. p. 79. —Schott et Endl. Melet, p. 10. — Martius, Nov. Gen. et Spec. III, p. 150. — Endl. Gen. Plant. p. 72. — Reichenb. Syst. Nat. p. 163. — *Balanophoreæ* et *Cynomoriaceæ* Lindl. Nat. Syst. ed. 2, p. 593 et 594.

Les *Balanophorées* ressemblent à certains Champignons par le port et la consistance ; elles sont dépourvues de faisceaux-vasculaires et de feuilles, mais souvent garnies d'écailles imbriquées ; du reste, aucune de leurs parties n'est de couleur verte. Ces singuliers végétaux vivent toujours en parasites sur les racines de certains arbres ou arbrisseaux. A l'exception du *Cynomorion*, indigène de la région méditerranéenne, toutes les espèces de cette famille sont exotiques : la plupart appartiennent à la zone équatoriale.

CARACTÈRES DE LA FAMILLE.

Plantes-parasites charnues, aphylles, dépourvues de système vasculaire. Rhizome 1-caule ou plus souvent pluri-caule, soit tubériforme, soit rameux et rampant, adné aux racines des végétaux aux dépens desquels se nourrit le parasite, ou bien fixé à ces racines par des prolongements particuliers. Tige très-simple, ou par exception rameuse au sommet, nue ou écailleuse, sub-cylindrique, dressée, engaînée dans sa jeunesse par une spathe tubuleuse, persistante, finalement laciniée au sommet. Écailles imbriquées ou distancées, colorées.

Fleurs monoïques ou dioïques, disposées en capitules

---

(1) Voyez, p. 545, la note relative à cette famille et à la suivante.

unisexuels ou androgyniflores; par exception les *fleurs-mâles* sont disposées en panicule terminale.

Fleurs-mâles sessiles ou subpédicellées, 1-andres, ou 3-andres, ou 4-andres. — *Périanthe* soit (lorsque les fleurs sont 1-andres) squamiforme, tronqué, creusé antérieurement d'une fossette dans laquelle est niché le filet de l'étamine, ou bien engaînant l'étamine, quelquefois accompagné de squamules subverticillées; soit (lorsque les fleurs sont 3-ou 4-andres) 3-ou 4-parti, ou tubuleux et 3-ou 4-fide; estivation valvaire, ou induplicative, ou par exception imbricative.— *Étamines* en même nombre que les lobes ou les segments du périanthe, antéposées (insérées à la base des segments, ou au tube). Filets libres, ou soudés en androphore tubuleux. Anthères basifixes, extrorses, libres, ou syngénèses, 1-thèques, ou 2-thèques: bourses (juxtaposées et le plus souvent inégales lorsque les anthères sont 2-thèques) s'ouvrant chacune par une fente soit dans toute leur longueur, soit seulement au sommet. — *Pistil* nul ou rudimentaire.

Fleurs-femelles sessiles ou subsessiles, serrées, quelquefois cohérentes, le plus souvent séparées les unes des autres par des squamules. —*Périanthe* adné à l'ovaire: limbe inapparent ou réduit à quelques squamules supères, unilatérales. —*Pistil :* Ovaire soit 1-loculaire et 1-style, soit 2-loculaire et 2-style. Ovules solitaires, suspendus au sommet de la loge. Styles terminés chacun par un stigmate discoïde ou capitellé.

Péricarpe nu, coriace, ou rarement charnu, indébiscent, 1-loculaire, 1-sperme; quelquefois tous les fruits d'un capitule sont entregreffés.

Graine conforme à la cavité du péricarpe. Tégument coriace ou osseux. L'amande, suivant MM. Schott et

Endlicher, est dépourvue d'embryon : elle n'offre qu'un tissu cellulaire homogène, contenant quantité de granules (que ces auteurs considèrent comme des sporules); suivant C.-L. Richard, au contraire, ce serait un périsperme charnu, contenant un très-petit embryon globuleux, indivisé, niché dans un fovéole apicilaire.

M. Endlicher classe les genres de cette famille ainsi qu'il suit :

Ire TRIBU. **LES SARCOPHYTÉES.** — *SARCOPHYTEÆ* Endl.

Tige paniculée au sommet. Étamines libres. Ovaire 1-loculaire.

Sarcophyte Sparm. (Ichthyosma Schlechtend.)

IIe TRIBU. **LES LOPHOPHYTÉES.** — *LOPHOPHYTEÆ* Schott et Endl.

Tige simple, produisant beaucoup de capitules florifères. Étamines libres. Ovaire 2-loculaire.

Lophophytum Schott et Endl. — *Ombrophytum* Pœppig.

IIIe TRIBU. **LES CYNOMORIÉES.** — *CYNOMORIEÆ* Schott et Endl.

Tige terminée par un seul réceptacle-florifère. Étamines libres, ou soudées. Ovaire 1-loculaire.

Cynomorium Micheli. — *Balanophora* Forst.

IVe TRIBU. **LES HÉLOSIÉES.** — *HELOSIEÆ* Endl.

Tige terminée par un seul réceptacle-florifère. Étamines soudées. Ovaire 2-loculaire.

Cynopsole Endl. — *Scybalium* Schott et Endl. — *Helosis* Rich. (Caldasia Mutis.) — *Langsdorfia* Martius.

CENT SOIXANTE-DIX-SEPTIÈME FAMILLE.

LES CYTINÉES. — *CYTINEÆ.*

Cytineæ Brongn. in Annal. des Sc. Nat. 1824, I, p. 29. (excl. gen.)—
Bartl. Ord. Nat. p. 80. — Reichenb. Syst. Nat. p. 164. — *Rhizantheæ*
Blume, in Diar. Batav., 1825, n° XII ; Flor. Jav. fasc. I. — *Cytineæ* et
Rafflesiaceæ Dumort. Fam.—Schott et Endl. Melet.—Endl. Gen. Plant.
p. 75. — *Cytinaceæ* et *Rafflesiaceæ* Lindl. Nat. Syst.— *Aristolochiarum*
genn. Juss. Gen. — *Pistiacearum* genn. et *Hydnorinæ* Agardh.

Les *Cytinées* forment un groupe très-voisin des Balanophorées ; de même que ces dernières, ce sont des
plantes parasites charnues, aphylles, jamais vertes, dépourvues de système vasculaire, et ressemblant parfaitement, du moins dans leur jeunesse, à certains Champignons. Mais presque toutes les espèces offrent cela de
particulier, que l'individu entier n'est constitué que par
une seule fleur, attachée immédiatement à la racine ou
au rameau du végétal ligneux qui le nourrit, et recouverte, avant l'épanouissement, par des écailles imbriquées ; chez quelques espèces cette fleur acquiert une
grandeur énorme, et peut à juste titre être comptée au
nombre des productions les plus extraordinaires du règne végétal. Cette famille ne renferme qu'un petit
nombre d'espèces, dont la plupart habitent la zone équatoriale : le *Cytinus Hypocistis* est l'unique représentant
de la famille dans toute la flore de l'hémisphère septentrional.

CARACTÈRES DE LA FAMILLE.

Plantes-parasites (sur des végétaux ligneux), charnues, aphylles, jamais vertes, dépourvues de système

vasculaire, acaules (à fleurs naissant soit sur un rhizome rampant, soit immédiatement de la racine ou du rameau de l'arbre ou de l'arbuste qui nourrit le parasite). Tige des espèces caulescentes très-simple, couverte d'écailles imbriquées.

Fleurs hermaphrodites, ou par avortement unisexuelles, régulières : celles des espèces acaules solitaires, accompagnées d'un grand nombre d'écailles-bractéales imbriquées (recouvrantes avant l'épanouissement) ; celles des espèces caulescentes 2-ou 3-bractéolées à la base, disposées en épi terminal.

Périanthe plus ou moins profondément 3-à 6-lobé : tube (dans les fleurs-femelles et dans les fleurs-hermaphrodites) adné à l'ovaire ; estivation imbricative ou induplicative.

Étamines soit en même nombre que les lobes du périanthe (et antéposées), soit en nombre double des lobes du périanthe, ou en nombre indéfini. Filets nuls ou confondus avec le style. Anthères libres ou syngénèses, insérées ou adnées au style, extrorses, 1-2-ou concentriquement poly-thèques, s'ouvrant soit par des fentes longitudinales, soit par 1 ou 2 pores apicilaires ; bourses juxtaposées, quelquefois flexueuses et anisomètres. — Dans les fleurs-femelles les étamines manquent, ou bien elles sont rudimentaires ou stériles.

Pistil : Ovaire infère, 1-loculaire, ou incomplétement pluri-loculaire (par des placentaires pariétaux septiformes), 1-style ; placentaires nombreux, pariétaux, multi-ovulés. Style columnaire ou conique, inadhérent, ou adhérent au tube du périanthe, terminé par un ou par plusieurs stigmates. — Dans les fleurs mâles l'ovaire est nul ou rudimentaire.

Péricarpe charnu ou coriace, pulpeux en dedans, polysperme.

Graines nidulantes dans la pulpe. Tégument coriace suivant M. Endlicher, membranacé suivant M. Blume. Amande conformée comme chez les Balanophorées.

Cette famille comprend les genres suivants :

Ire TRIBU. **LES EUCYTINÉES.** — *EUCYTINEÆ*
Spach. (*Cytineæ* Endl. — *Cytinaceæ* Lindl.)

Plantes caulescentes, ou acaules, mais pourvues d'un rhizome rameux. Étamines en nombre défini. Anthères 2-ou poly-thèques : bourses s'ouvrant chacune par une fente longitudinale, flexueuses et anisomètres lorsque l'anthère en a plus de deux.

Cytinus Linn. (Hypocistis Tourn. Hypolepis Pers.) — *Hydnora* Thunb. (Aphyteia Linn.)

IIe TRIBU. **LES RAFFLÉSIÉES.**—*RAFFLESIACEÆ*
Schott et Endl. (*Rhizantheæ* Bl.)

Plantes acaules, arhizes, réduites à une seule fleur attachée immédiatement à la racine (par exception au rameau) de l'arbre ou de l'arbuste qui la nourrit (1), et accompagnée d'un grand nombre d'écailles-bractéales imbriquées (recouvrantes avant l'épanouisse-

---

(1) D'après les observations de M. Blume, ces parasites naissent, comme certains Champignons, sous forme de masses globuleuses, homogènes, solitaires, greffées à la surface du bois, et dans l'origine complétement recouvertes par l'écorce; mais à mesure que le parasite prend de l'accroissement, il soulève peu à peu cette enveloppe corticale qui, après s'être rompue, persiste sous forme de coupe ou de gaîne à la base de la fleur. Du reste, les racines des espèces sur lesquelles M. Blume a trouvé des Rafflésiées rampent à la surface du sol, de sorte que jamais aucune partie du parasite ne se trouve sous terre.

ment). *Étamines en nombre indéfini. Anthères* 1-*ou*
2-*thèques, s'ouvrant par* 1 *ou* 2 *pores ; bourses tou-*
jours rectilignes et égales.

Pilostyles Guillem. (Frostia Bertero.) — *Rhizanthes*
Dumort. (Zippelia Reichenb. non Blum. Brugmansia
Blum. non Pers.) — *Rafflesia* R. Br. — ?*Apodanthes*
Poiteau.

Genre HYPOCISTE. — *Cytinus* Linn.

Plantes caulescentes, écailleuses. Fleurs monoïques, 2-
ou 3-bractéolées, disposées en épi terminal : les inférieures femelles ; les supérieures mâles. — *Fleurs-mâles :* Périanthe tubuleux-campanulé, persistant : limbe 3- ou 4-ou
6-lobé, étalé, imbriqué en préfloraison. Étamines en nombre double des lobes du périanthe. Anthères 2-thèques,
soudées en capitule terminal : bourses rectilignes, déhiscentes chacune par une fente longitudinale. Ovaire inapparent. Style columnaire, saillant, adhérent inférieurement au tube du périanthe (moyennant des membranes
septiformes, alternes avec les lobes du limbe). — *Fleurs-*
femelles : Périanthe comme chez les fleurs-mâles, épigyne.
Étamines nulles. Ovaire infère, 1-loculaire, à 8 placentaires multi-ovulés. Style columnaire, adhérent (comme
celui des fleurs-mâles). Stigmate terminal, subglobuleux,
tronqué, 8-sulqué. Baie charnue, pulpeuse en dedans,
polysperme. Graines petites, arrondies.

HYPOCISTE COMMUN. — *Cytinus Hypocistis* Linn. — Cavan.
Ic. 2, tab. 171. — Duham. Arb. 1, tab. 68. — Hook. Exot.
Flor. tab. 153. — Plante haute de 2 à 4 pouces. Tige rouge ou
jaunâtre de même que les autres parties de la plante, épaisse,
un peu succulente. Écailles charnues, imbriquées. Épi 5-à 10-
flore. Fleurs petites, odorantes, 4-fides, 8-andres. — Cette plante,
nommée vulgairement *Hypociste, Hipociste,* et *Cytinel,* croît
sur les racines des Cistes ligneux, dans la France méridionale,

ainsi que dans les autres contrées voisines de la Méditerranée ;
elle fleurit en mai ; ses fruits ont une saveur acidule et astringente; on l'emploie, dans le midi de l'Europe, contre les dys-
senteries, les hémorragies, etc.

Genre RHIZANTHE. — *Rhizanthes* Dumort.

Plantes acaules, arhizes : une seule fleur constituant
tout l'individu. Fleurs hermaphrodites, avant l'épanouissement recouvertes par des écailles-bractéales imbriquées.
Périanthe subinfondibuliforme, charnu, glabre à la surface externe, cotonneux à la surface interne, déliquescent
peu après la floraison (ainsi que toutes les autres parties
de la plante) : tube (partie supère) campanulé, continu
avec l'ovaire et la base du style, rétréci vers la base ; limbe
5-parti, étalé : segments inégaux, finalement 2-ou 3-fides ;
gorge couronnée d'environ 15 tubercules charnus ; estivation induplicative. Anthères nombreuses, sessiles, cohérentes, subglobuleuses, 1-thèques, transversalement 2-lo-
culaires, 1-sériées, verticillées autour de la base du stigmate, nichées chacune dans une fossette, et s'ouvrant par
2 pores dorsaux superposés (ou quelquefois par un seul
pore). Ovaire infère, comme pluri-loculaire par des placentaires septiformes, charnus, nombreux, atteignant presque
le centre de la cavité, ovulifères des deux côtés. Ovules
innombrables, nidulants, très-petits. Style court, gros,
charnu, columnaire, élargi vers la base. Stigmate gros,
subglobuleux, pelté, terminal, cotonneux à la surface externe, concave au sommet. Fruit : l'ovaire déliquescent
peu après la floraison sans avoir pris de l'accroissement (1).
(Extrait de la description de M. Blume, *Flora Javæ*, Rhizantheæ.) — Ce genre ne comprend que l'espèce suivante.

---

(1) Les ovules qui se trouvent en quantité innombrable dans la pulpe
de l'ovaire déliquescent, sont considérés par M. Blume comme des sporules, et, suivant ce botaniste, la plante ne produit pas de graines.

Rhizanthe de Zippel. — *Rhizanthes Zippelii* Blume (*sub Brugmansia*), Flor. Jav. Rhizantheæ, p. 17, tab. 4, 5, et 6.— *Zippelia Brugmansia* Reichenb. Syst. Nat. p. 164. (in adnot.) — Plante croissant à la surface supérieure des racines du *Cissus tuberculata* Blume (ce *Cissus* est un arbuste grimpant, à racines rampant à fleur de terre), tantôt solitaire, tantôt en nombre plus ou moins grand sur chaque racine. — Ces parasites, dit M. Blume, croissent quelquefois si près les uns des autres, qu'ils se compriment mutuellement, mais sans jamais s'entregreffer. — Bouton du volume d'un œuf d'oie vers l'époque de l'épanouissement, à peine du volume d'un Pois lorsqu'il commence à paraître, assis sur une sorte d'involucre cupuliforme, rugueux, coriace, provenant de l'écorce du *Cissus*. Écailles-bractéales au nombre d'une vingtaine, imbriquées, insérées sur la base de l'ovaire, d'abord blanchâtres, puis brunes, finalement noires, épaisses, coriaces, anisomètres : les inférieures plus petites, suborbiculaires, adhérentes au réceptacle-cortical ; les suivantes ovales, arrondies, appliquées ; les intérieures oblongues. Périanthe blanchâtre au moment de l'épanouissement, finalement roussâtre, glabre à la surface externe ; limbe large de 4 à 5 pouces : segments ovales, à 2 ou 3 lanières acuminées ; tubercules de la couronne linéaires-oblongs, glabres, équidistants, cachés par le duvet. Style et stigmate inclus, blancs. Anthères blanchâtres ; pollen ellipsoïde ou subglobuleux, visqueux. (Extrait de la description de M. Blume.) — Cette plante habite les forêts des montagnes de Java ; à l'époque de l'anthèse elle exhale une odeur cadavéreuse ; toutes ses parties sont très-astringentes.

Genre RAFFLÉSIA. — *Rafflesia* R. Br.

Plantes acaules, arhizes : une seule fleur constituant tout l'individu. Fleurs hermaphrodites, ou par avortement dioïques, avant l'épanouissement recouvertes par des écailles bractéales imbriquées. Périanthe subrotacé, charnu, déliquescent peu après la floraison (ainsi que toutes les autres parties de la plante) : tube (partie supère)

court, ventru, continu avec l'ovaire et la base du style ;
limbe 5-parti, étalé : segments égaux, indivisés; gorge
couronnée d'un anneau charnu, continu; estivation imbricative. Anthères nombreuses, sessiles, distinctes, subglobuleuses, 1-thèques, concentriquement pluri-loculaires,
1-sériées, verticillées autour du style, à demi enfoncées
chacune dans une fossette de celui-ci, et s'ouvrant par un
pore apicilaire. Les fleurs-femelles sont dépourvues d'anthères. Ovaire infère, comme pluriloculaire (par des placentaires pariétaux, charnus, septiformes, nombreux, atteignant presque le centre de la cavité, ovulifères des deux
côtés), garni (autour de la base du style) de 2 anneaux
charnus, superposés : l'inférieur plus gros, multisulqué ; le
supérieur ésulqué. Chez les individus mâles l'ovaire n'offre
ni cavité, ni ovules. Ovules innombrables, nidulants.
Style court, très-gros, charnu, en forme de col, continu avec
l'ovaire, dilaté au sommet en disque cupuliforme, stig-
matifère en dessus, anthérifère en dessous (au bord du col).
Stigmates coniques, distincts, nombreux, charnus. Fruit
comme chez le genre précédent. (Extrait des descriptions
de MM. Blume et R. Brown.) — Ce genre, dè même que
le précédent, paraît appartenir aux îles de la Sonde ; on
n'en connaît que 3 espèces, dont les 2 suivantes sont surtout remarquables par la dimension monstrueuse de leur
fleur.

RAFFLÉSIE PATMA. — *Rafflesia Patma* Blum. Flor. Jav.
Rhizantheæ, p. 9; tab. 1, 2, et 3. — Fleur hermaphrodite.
Périanthe à tube glabre et de couleur pourpre en dedans ; limbe
d'abord d'un blanc carné, puis d'un brun roussâtre. Stigmates
rectilignes, à sommet tronqué. — Plante croissant (en général
solitaire) sur les racines du *Cissus scariosa* Blume (les racines
de ce Cissus rampent à fleur de terre). Bouton vers l'époque de
l'épanouissement subglobuleux (et, tant qu'il est encore plus ou
moins recouvert par les écailles-bractéales, il offre le volume et
l'aspect d'une assez grosse tête de Chou), assis sur une sorte

d'involucre cupuliforme, coriace, aréolé, entier, provenant de l'écorce du *Cissus.* Écailles-bractéales nombreuses, imbriquées, pluri-sériées, glabres, rugueuses, insérées sur la paroi de la partie adhérente du périanthe, d'abord carnées, puis roussâtres, finalement d'un pourpre noirâtre et plus ou moins étalées ou défléchies : les inférieures plus petites ; les supérieures suborbiculaires, grandes, concaves. Périanthe à limbe large de 1 pied à 2 ¹/₂ pieds ; segments charnus, suborbiculaires, glabres, verruqueux, d'abord étalés, finalement révolutés, alternes chacun avec un petit pli saillant ; anneau de la gorge gros, convexe, verruqueux, de même couleur que le limbe. Style remplissant presque toute la cavité du tube du périanthe, mais un peu plus court que celui-ci, de couleur pourpre de même que les stigmates ; bord du disque étalé, crénelé. Stigmates concentriquement pluri-sériés, subisomètres, gros, un peu saillants, barbellulés au sommet. Anthères au nombre de 30 à 40, d'un blanc de lait, du volume d'un Pois ; pollen globuleux, diaphane, visqueux. (*Blume, l. c.*)—Cette espèce a été trouvée par M. Blume dans l'île de Nusa Kambanga, près de Java ; les naturels du pays l'appellent *Patma.* Il ne s'écoule qu'environ 3 mois depuis la première apparition du bouton (sous forme d'une petite excroissance hémisphérique) à la surface de la racine de l'arbuste qui le nourrit, jusqu'à l'épanouissement du périanthe, qui pourrit bientôt après, ainsi que l'ovaire et toutes les autres parties ; à l'époque de l'anthèse, cette fleur répand une odeur cadavéreuse, qui se fait sentir au loin, et qui attire des essaims d'insectes, au moyen desquels s'opère probablement la fécondation : car les anthères sont placées de telle sorte à la face inférieure du disque stylaire, que le pollen ne peut pas arriver autrement aux stigmates. Suivant l'hypothèse de M. Blume au sujet de la propagation des Rhizanthées (V. la note, p. 545), il n'y aurait point fécondation chez ces plantes.

RAFFLÉSIA D'ARNOLD. — *Rafflesia Arnoldi* R. Br. Diss. de Rafflesia, in Trans. Linn. Soc. XIII ; tab. 15 ad 22. — *Rafflesia Titan* Jack, in Hook. Comp. to Bot. Mag. 1, p. 259. —

Fleurs dioïques. Périanthe à tube hérissé en dedans de longs poils bleuâtres, filiformes, simples ou rameux ; limbe et couronne d'un jaune orange. Stigmates flexueux, anisomètres, très-nombreux, fimbriés ou irrégulièrement laciniés au sommet. — Plante croissant sur les racines du *Cissus angustiolia* Roxb. Bouton, vers l'époque de l'épanouissement, de la forme et du volume d'une tête de Chou, assis, comme l'espèce précédente, sur une cupule corticale. Écailles-bractéales nombreuses, arrondies, coriaces, très-glabres, rugueuses, brunes. Périanthe à tube court, suburcéolé, lisse à la surface externe ; limbe large de près de trois pieds : segments très-épais, suborbiculaires, très-entiers, glabres, lisses à la surface externe, verruqueux en dessus, longs de près d'un pied ; couronne épaisse, convexe, de même couleur que le limbe, à surface interne mouchetée de poils fasciculés. Style charnu, gros, inclus, remplissant presque tout le tube du périanthe : disque presque plan en dessus. Stigmates très-nombreux, concentriquement pluri-sériés, saillants, de couleur orange, souvent barbellulés au sommet. Anthères du volume d'un Pois : pollen petit, lisse. (Extrait des descriptions de MM. R. Brown. et Jack.) — Cette espèce croît dans les forêts de Sumatra, où on la nomme *Krubut* et *Ambun ;* on ne la trouve que durant la saison pluvieuse. Comme chez l'espèce précédente, la première apparition du bouton précède d'environ 3 mois l'épanouissement de la fleur, et toute la plante pourrit peu de temps après. A l'époque de l'anthèse, cette fleur, qui est sans doute la plus volumineuse que l'on connaisse, exhale aussi une odeur cadavéreuse très-forte ; au témoignage de sir Stamford Raffles et de M. Jack, elle pèse de 12 à 15 livres.

CENT SOIXANTE-DIX-HUITIÈME FAMILLE.

LES ASARINÉES. — *ASARINEÆ*.

Aristolochiæ Juss. Gen. (excl. *Cytino.*)—*Aristolochieæ* R. Br. Prodr. p. 349. — Endl. Gen. p. 544. — *Asarineæ* Bartl. Ord. Nat. p. 84. — *Aristolochiaceæ* Lindl. Nat. Syst. ed. 2, p. 205. — *Pistolochinæ* et *Asarineæ* Link, Handb. — *Aristolochiacearum* tribus II : *Aristolochieæ* Reichenb. Syst. Nat. p. 175. — *Aristolochieæ* et *Asarineæ* Dumort. Fam.

Cette famille, l'une des plus caractérisées parmi les dicotylédones apétales, correspond aux Aristolochiées de Jussieu ; elle appartient en majeure partie à la zone équatoriale ; quelques espèces seulement habitent l'Europe. La plupart des Asarinées sont remarquables par des propriétés médicales très-prononcées : leurs racines sont ordinairement amères et aromatiques, ou moins souvent fétides, âcres et drastiques. Beaucoup d'espèces ont des fleurs très-élégantes, et non moins curieuses par leur ampleur que par la singularité de leurs formes.

Caractères de la Famille.

Herbes vivaces, ou *sous-arbrisseaux*, ou *arbrisseaux* (le plus souvent grimpants, à bois très-poreux, sans couches-concentriques bien distinctes). Tiges simples ou rameuses, cylindriques, ou anguleuses et cannelées, subarticulées (souvent noueuses), feuillées.

Feuilles alternes, simples, pétiolées, pédatinervées, ou rarement penninervées, ordinairement réticulées, très-entières, ou dentées, ou (rarement) pédatifides, à base le plus souvent profondément cordiforme ou réniforme ; pétiole subamplexicaule. Stipules nulles, ou solitaires - oppositifoliées (squamiformes ou subfoliacées).

Fleurs hermaphrodites ou unisexuelles, solitaires, ou fasciculées, ou quelquefois en grappes, axillaires, ou rarement terminales, pédicellées, le plus souvent irrégulières.

Périanthe adhérent inférieurement à l'ovaire; partie infère herbacée; partie-supère tubuleuse ou campanulée, caduque, ou persistante, pétaloïde, ou subcoriace, colorée, à limbe soit régulier et 3-ou 5-ou 6-fide (à estivation soit valvaire, soit induplicative), soit liguliforme et indivisé, soit 2-labié et ringent.

Étamines au nombre de 6 ou de 12 (rarement au nombre de 5, ou de 8, ou de 9, ou par exception en nombre indéfini), soit libres et insérées sur un disque périgyne ou épigyne, soit adnées ou insérées au style ou au stigmate. Filets courts, ou nuls (du moins complétement soudés au style). Anthères extrorses (par exception subintrorses), 2-thèques, dressées : bourses parallèles, contiguës, déhiscentes chacune par une fente longitudinale.

Pistil : Ovaire infère (par exception semi-supère), 6-loculaire (moins souvent 3-ou 4-ou 5-loculaire); placentaires axiles, multi-ovulés. Ovules horizontaux ou renversés, 1-2-ou pluri-sériés, anatropes. Style nul ou columnaire, terminal. Stigmate discoïde, ou globuleux, ou stelliforme (à autant de lobes ou de dents que l'ovaire offre de loges), terminal.

Péricarpe capsulaire, ou carcérulaire, ou baccien, 6-loculaire (moins souvent 3-ou 4-ou 5-loculaire); loges polyspermes (par exception oligospermes, ou par avorteme nt 1-spermes).

Graines horizontales, ou renversées, ou vagues, pé-rispermées ; tégument membranacé ou coriace ; chalaze terminale ; hile à l'extrémité opposée à la chalaze ; raphé le plus souvent superficiel, gros, charnu ou fongueux. Périsperme charnu ou subcorné. Embryon petit ou minime, inclus, voisin du hile ; cotylédons en général à peine apparents avant la germination.

Cette famille comprend les genres suivants :

Iʳᵉ TRIBU. **LES ARISTOLOCHIÉES.** — *ARISTO-LOCHIEÆ* Dumort. (*Pistolochinœ* Link.)

Étamines dépourvues de filets; anthères adnées ou in-sérées au style ou au stigmate. Périanthe caduc ou marcescent.

Thottea Rottb. — *Bragantia* Loureir. (Ceramium Blum. Vanhallia Schult. Munnickia Reichb. Trimeriza Lindl.) — *Aristolochia* Tourn. (Glossula Rafin. Clematitis Endl. Pistolochia Rafin. Cardiolochia et Serpentaria Reich.) — *Eudodeca* Rafin. — *Enomeia* Rafin. — *Dictyanthes* Rafin. — *Isotrema* Rafin. (Siphisia Rafin. Hocquartia Dumort. Sipho Endl. Siphonolochia Reichb.)

IIᵉ TRIBU. **LES ASARÉES.** — *ASAREÆ.* (*Asarineœ* Link. — Dumort.)

Étamines libres, à filets insérés sur un disque épigyne ou périgyne. Périanthe persistant, accrescent.

Asarum Tourn. — *Heterotropa* Morren et Decaisne.

GENRE INCOMPLÉTEMENT CONNU.

Trichopodium Lindl.

LES NÉPENTHIDÉES. — *NEPENTHIDEÆ* Dumort. (1).

Fleurs dioïques. Étamines monadelphes, syngénèses, in-sérées au fond du périanthe. Ovaire inadhérent. Péri-carpe capsulaire, à placentaires médivalves, pariétaux. — Feuilles terminées en vrille portant un appendice en forme d'ampoule munie d'un opercule mobile.

Nepenthes Linn. (Phyllamphora Loureir. Bandura Burm. Cantharifera Rumph.)

Genre ARISTOLOCHE. — *Aristolochia* Tourn.

Fleurs hermaphrodites, irrégulières. Périanthe supère, coloré, non-persistant, à tube rectiligne ou courbé, ventru à la base; limbe 1-ou 2-labié. Anthères 6, sans filets, adnées à la surface externe du stigmate, ou au sommet du style. Ovaire infère, 6-loculaire ; loges multi-ovulées ; ovules ho-rizontaux, 1-sériés dans chaque loge. Style court ou nul. Stigmate subglobuleux, ou discoïde, ou stelliforme, 6-lo-bé, ou 6-radié. Capsule membranacée ou coriace, 6-locu-laire, septicide-sexvalve, ou irrégulièrement ruptile, po-lysperme. Graines aplaties, strophiolées, ou recouvertes

---

(1) *Nepenthideæ* Dumort. Fam. (1829). — *Nepentheæ* Bartl. Ord. Nat. p. 81, in adnot.— Blume, Enum. Plant. Jav. I, p. 84. — R. Br. in Edinb. Phil. Mag. 1832. — Endl. Gen. Plant. p. 345. — Korthals (*Monogr. Nepenth.*) in Verhandel. over de naturl. Gesch. der nederl. overzeesch. Bezitt.; Botan. fasc. I, cum fig.— *Nepenthineæ* (Aristolo-chiarum sectio) Link, Elem. — *Nepenthaceæ* Lindl. Nat. Syst. — *Hy-drocharidearum* tribus II : *Nepentheæ*, Reichb. Syst. Nat. — *Cytinea-rum* gen. Brongn. in Annales des Sc. nat. 1824.

d'un arille fongueux ; tégument coriace ou crustacé. —
Herbes, ou sous-arbrisseaux, ou arbrisseaux. Tiges dressées, ou diffuses, ou grimpantes (souvent volubiles). Feuilles alternes, pédatinervées, réticulées, très-entières, ou
lobées, souvent stipulées. Pédoncules 1-2-ou pluri-flores,
axillaires, nus, solitaires, ou fasciculés. Périanthe très-
grand chez beaucoup d'espèces, le plus souvent de couleur livide, à fond ordinairement barbu de poils rétrorses
(recouvrant les organes sexuels, lesquels sont plus courts
que le renflement de la base du tube).

Sous-genre CLEMATITIS Endl. (*Glossula* Rafin.)

Limbe du périanthe obliquement 1-labié, très-entier.
Estivation convolutive.

a) *Tiges point grimpantes, herbacées.*

Aristoloche Clématite. — *Aristolochia Clematitis* Linn.
— Engl. Bot. tab. 398. — Flor. Dan. tab. 1235. — Hook.
Flor. Lond. tab. 149. — Feuilles ovales ou suborbiculaires,
obtuses ou rétuses, glabres, scabres aux bords, non-stipulées, à
base cordiforme ou réniforme. Pédoncules courts, 1-flores, fasciculés : les florifères dressés ; les fructifères pendants. Périanthe à tube rectiligne, subcylindracé, à renflement basilaire
globuleux ; labelle ovale-oblong, obtus. Capsule obovée ou pyriforme. Graines recouvertes d'un arille fongueux. — Herbe vivace, touffue, haute de 1 pied à 2 pieds, glabre. Racine rampante, garnie de longues fibres. Tiges flexueuses, dressées.
Feuilles fermes, d'un vert glauque. Périanthe d'un jaune livide,
long d'environ 6 lignes. Fruit d'abord charnu, finalement subcoriace, obscurément hexagone, du volume d'un œuf de pigeon.
Graines triangulaires, presque planes : arille épais, brunâtre.
— Cette espèce, connue sous le nom vulgaire d'*Aristoloche
Clématite*, est commune dans les vignes et au bord des chemins ;
elle fleurit en mai et juin. Toute la plante, mais notamment la
racine, a une odeur forte, et une saveur âcre et très-amère ; elle
jouit de propriétés toniques et stimulantes.

Aristoloche ronde. — *Aristolochia rotunda* Linn. —
Blackw. Herb. tab. 256. — Tige dressée ou décombante.
Feuilles cordiformes, obtuses, subsessiles, glabres, non-stipulées. Pédoncules courts, solitaires, 1-flores, dressés. Tube du
périanthe rectiligne, subclaviforme, à renflement basilaire globuleux, stipitulé: Labelle oblong, obtus. — Herbe vivace,
glabre. Racine charnue, tuberculeuse, subglobuleuse, de la
grosseur d'une Noix. Tige grêle, longue de ½ pied à 1 pied,
un peu rameuse à la base, flexueuse. Feuilles fermes, lisses, d'un
vert glauque. Périanthe long d'environ 1 pouce : tube jaunâtre; labelle d'un violet livide. Stigmate subglobuleux, stipitulé, couronné de 6 mamelons. Fruit ovoïde. — Cette espèce
habite l'Europe méridionale ; elle croît dans les localités sèches
et découvertes; fleurit en avril et mai. Sa racine a une odeur
forte et aromatique, jointe à une saveur âcre et amère; elle jouit
de propriétés toniques et stimulantes; on l'emploie surtout
comme remède emménagogue, et c'est à ce titre qu'elle était
célèbre dans la thérapeutique des anciens.

Aristoloche longue. — *Aristolochia longa* Linn. —
Blackw. Herb. tab. 257. — Mill. Ic. tab. 51, fig. 2. — Plante
semblable à l'espèce précédente par le port et la plupart des caractères. Racine subfusiforme, allongée. Feuilles moins courtement pétiolées, subréniformes. Périanthe à tube plus fortement
claviforme: labelle ovale-oblong. — Croît dans les mêmes contrées que la précédente, dont elle a aussi toutes les propriétés
médicales.

b) *Tiges ligneuses ou suffrutescentes, volubiles.*

Aristoloche a grandes fleurs. — *Aristolochia grandiflora* Tussac, Flore des Antilles, vol. 1, p. 189; tab. 27. —
Tiges suffrutescentes; ramules striés. Feuilles cordiformes,
glabres, pointues; pétiole très-long, cylindrique. Périanthe à
labelle très-grand, cordiforme, longuement appendiculé au sommet. Pédoncules 1-flores, munis vers leur milieu d'une bractée
perfoliée. — Tiges très-longues, point branchues, subéreuses

jusqu'à quelques pieds de hauteur du collet de la racine. Rameaux filiformes, lâches, très-nombreux, herbacés. Feuilles amples ; pétiole plus gros que les ramules. Périanthe à tube hexagone, long de 8 à 9 pouces, et de plus de 1 ¼ pouce de diamètre dans certaines parties ; au-dessus de sa base, qui est pointue, il y a une courbure ventrue ; il se redresse ensuite, devient plus étroit, et presque égal dans son diamètre, jusque vers son sommet, et se termine par une ouverture ovale, oblique ; limbe large de 7 à 8 pouces, plan, ayant des nervures saillantes qui partent des bords de l'orifice et s'étendent en forme de rayons jusqu'à la marge du limbe, dont la pointe se termine par un appendice linéaire long de plus de 1 pied. Gorge couronnée d'un anneau pubescent, de couleur pourpre. Le tube du périanthe est cotonneux en dehors, et de couleur blanchâtre ; le dedans est d'un pourpre terne. Le dessus du limbe est jaspé de blanc jaunâtre et de pourpre : le dessous est blanchâtre. Capsule oblongue, hexagone. (*Tussac. l. c.*) — Cette espèce, remarquable par l'ampleur de ses fleurs, croît à Saint-Domingue ; ces fleurs exhalent une odeur très-fétide, analogue à celle du *Chenopodium Vulvaria*. La racine et les jeunes pousses sont un poison pour tous les animaux domestiques.

ARISTOLOCHE A LONGUE QUEUE. — *Aristolochia caudata* Bot. Reg. tab. 1435. — Nouv. Herb. de l'Amat. II, tab. 35. — Tiges suffrutescentes. Feuilles stipulées : les inférieures réniformes-triangulaires, ou légèrement 3-lobées ; les supérieures profondément 3-lobées, à segments suboblongs, rétrécis vers leur base. Périanthe à tube courbé en forme de siphon, ventru à la base ; labelle plus court que le tube, cuspidé : pointe terminée en appendice filiforme, tortillé, beaucoup plus long que le périanthe. — Feuilles larges d'environ 3 pouces, pétiolées, d'un vert glauque, à base réniforme. Stipules amples, subcordiformes. Pédoncules solitaires, arqués, 1-flores. Périanthe à tube d'un vert livide ; labelle d'un pourpre violet, large d'environ 18 lignes ; appendice long de près de 2 pieds. — Cette espèce, indigène du Brésil, se cultive dans les collections de serre : elle est remarquable par la longueur de l'appendice du labelle de son périanthe.

Sous-genre **PISTOLOCHIA** Rafin.

Limbe du périanthe bi-labié, subringent.

a) *Tiges volubiles.*

ARISTOLOCHE A GRAND LABELLE. — *Aristolochia labiosa* Ker, Bot. Reg. tab. 689. — Bot. Mag, tab. 2545. — Nouv. Herb. de l'Amat. II, tab. 31. — *Aristolochia ringens* Link, Hort. Berol. tab. 13. — Feuilles réniformes ou cordiformes-orbiculaires, très-obtuses, stipulées. Périanthe à tube court, très-ventru inférieurement, courbé en forme de siphon; lèvre inférieure très-grande, plane, bilobée au sommet; lèvre supérieure beaucoup plus courte, naviculaire, oblongue-lancéolée. — Tiges très-longues, subéreuses à la base. Jeunes pousses grêles, cylindriques, d'un vert glauque. Feuilles larges d'environ 4 pouces, d'un vert gai en dessus, d'un vert glauque en dessous. Stipules réniformes. Pédoncules solitaires, 1-flores, tortueux, inclinés, longs d'environ 4 pouces. Périanthe long de près de 1 pied, blanc à la surface externe; tube beaucoup plus court que la lèvre inférieure, marbré de taches brunes, de même que la lèvre supérieure, qui est plus courte que le tube; la surface intérieure du tube et la partie inférieure de la lèvre inférieure sont d'un pourpre brunâtre; celle-ci est longue d'environ 6 pouces, rétrécie au milieu, très-élargie vers le sommet, et marquée de quantité de points bruns, disposés en réseau.—Cette espèce, remarquable par l'ampleur de sa fleur, est originaire du Brésil; on la cultive comme plante d'ornement de serre, quoique ses fleurs exhalent une odeur cadavéreuse.

b) *Tiges herbacées, dressées.*

ARISTOLOCHE SERPENTAIRE. — *Aristolochia Serpentaria* Linn. — Tige flexueuse. Feuilles cordiformes-oblongues, acuminées. Pédoncules subradicaux. Périanthe irrégulièrement campanulé : lèvre supérieure courte, 2-fide ; lèvre inférieure allongée, lancéolée.— Herbe vivace. Racine composée d'un grand nombre de fibres filiformes. Tige haute de 6 à 8 pouces, pubescente, géniculée et noueuse à la base. Feuilles peu nombreuses, pubescentes. Fleurs peu nombreuses, naissant sur la partie souterraine de la tige, ou aux aisselles inférieures. Pédoncules 1-flores. Périanthe d'un rouge brunâtre. — Cette espèce, nommée vulgairement *Serpentaire de Virginie*, croît dans les provinces méridionales des États-Unis. Sa racine a une odeur aromatique et camphrée ; elle possède des propriétés stimulantes très-énergiques ; les médecins anglo-américains la regardent comme un excellent remède contre les fièvres typhoïdes ; on lui attribue aussi, à tort ou à raison, la vertu d'être un antidote contre la morsure des serpents venimeux.

Genre ISOTRÈME. — *Isotrema* Rafin.

Ce genre ne diffère essentiellement du précédent que par son périanthe, dont le limbe est partagé en 3 segments égaux à estivation valvaire.

Isotrème Siphon. — *Isotrema Sipho* Rafin. in Journ. de Phys. vol. 89 (1819), p. 102.—*Aristolochia Sipho* L'hérit. Stirp. tab. 7.—Duham. ed. nov. vol. 4, tab. 10.—Guimp. et Hayn. Fremd. Holz. tab. 120.—Bot. Mag. tab. 534.—Tiges ligneuses, volubiles. Feuilles longuement pétiolées, non-stipulées, non-persistantes, cordiformes, acuminulées, pubérules. Pédoncules axillaires, subsolitaires, 1-flores, pendants, garnis vers leur milieu d'une bractée foliacée, cordiforme. Périanthe à tube en forme de siphon, légèrement ventru à la base ; limbe à segments suborbiculaires, acuminulés. Capsule oblongue, hexagone. — Arbuste s'élevant jusqu'au sommet des plus grands arbres. Ramules très-nombreux, cylindriques, glabres, luisants, d'un vert d'olive, finement striés. Jeunes-pousses pubescentes. Feuilles minces, d'un vert gai, larges de 6 à 15 pouces : les adultes glabres, excepté aux nervures de la face inférieure ; pétiole grêle, cylindrique, long d'environ 3 pouces. Bourgeons petits, cotonneux, pointus. Pédoncules solitaires, ou géminés, ou ternés, souvent plus longs que les pétioles. Périanthe d'un brun verdâtre, glabre; limbe large de 6 à 9 lignes, étalé, plus court que le tube. Stigmate subglobuleux, subsessile. Anthères rouges. Capsule chartacée, brunâtre, longue d'environ 4 pouces. Graines obovales, à arille subéreux. — Cette espèce, nommée vulgairement *Aristoloche à grandes feuilles*, et *Aristoloche Siphon*, est indigène de l'Amérique septentrionale; on la cultive comme arbuste d'ornement : ses nombreux sarments et son ample feuillage la rendent propre à couvrir en peu de temps des murs, des berceaux, etc.; fleurit en été. Le bois a une forte odeur de camphre; il est très-poreux, de sorte que, coupé transversalement, il a l'aspect d'une dentelle.

ISOTRÈME COTONNEUX. — *Isotrema tomentosum* Sims (*sub Aristolochia*), Bot. Mag. tab. 1369. — Tiges ligneuses, volubiles. Feuilles cordiformes-orbiculaires, cotonneuses en dessous. Pédoncules 1-flores, subsolitaires, ébractéolés, pendants. Périanthe velu : tube en forme de siphon. —Arbuste semblable à l'espèce précédente par le port et l'ampleur du feuillage. Périanthe d'un jaune verdâtre. — Indigène des États-Unis; se cultive aussi comme arbuste d'ornement.

Genre ASARET. — *Asarum* Linn.

Fleurs hermaphrodites, régulières. Périanthe subcampanulé, persistant, accrescent, 3-fide, subcoriace; tube adhérent inférieurement; estivation valvaire. Disque charnu, adné au sommet de l'ovaire. Étamines 12, libres, incluses, insérées au disque, alternativement plus longues et plus courtes. Filets courts, filiformes, prolongés au delà de l'anthère en appendice subulé; anthères extrorses, elliptiques, adnées au filet. Ovaire infère, 6-loculaire; loges multi-ovulées; ovules nidulants, vagues. Style court, gros, columnaire. Stigmate gros, à 5 lobes obtus, recourbés, papilleux en-dessus. Péricarpe chartacé, couronné, 6-locu-

laire, irrégulièrement ruptile ; loges par avortement oligospermes. Graines ovoïdes, vagues, légèrement concaves du
côté du raphé ; tégument coriace; raphé large, ventral,
garni d'une crête (strophiole) fongueuse ; périsperme sub-
convoluté. — Herbes vivaces, fétides. Racine rampante,
Tiges courtes (quelquefois presque nulles), 1-ou 2-phylles
au sommet, et ordinairement écailleuses inférieurement,
très-simples, 1-flores. Feuilles réniformes, ou cordiformes, ou subhastiformes, ordinairement rétuses, longuement pétiolées, non-stipulées : les radicales finalement
subcoriaces, persistant d'une année à l'autre. Fleurs terminales, pédonculées, nutantes ; pédoncules nus : les fructifères pendants. Périanthe à l'époque de la floraison d'un
pourpre verdâtre.

a) *Tiges terminées par 2 feuilles opposées, réniformes.*

ASARET D'EUROPE. — *Asarum europæum* Linn. — Bull.
Herb. tab. 69.—Engl. Bot. tab. 1083.—Flor. Dan. tab. 633.
— Nees, Gen. Plant. fasc. 8. — Pédoncule à peine aussi long
que le périanthe. Périanthe pubérule à la surface externe : segments ovales-triangulaires, dressés, un peu recourbés au sommet. — Racine grêle, jaunâtre, longue, horizontale, garnie de
longues fibres. Tiges à peine longues de 1 pouce, ascendantes, en
partie souterraines. Feuilles d'un vert gai, luisantes, larges de
2 à 3 pouces, un peu scabres, finement pubérules ; pétiole grêle,
dressé, long de 2 à 3 pouces. Périanthe long de 5 à 6 lignes.
Péricarpe ovoïde. Graines brunes. — Cette espèce, connue sous
les noms vulgaires d'*Asaret, Cabaret, Rondelle, Oreillette,
Oreille d'homme, Nard sauvage,* et *Girard-Roussin,* croît
dans les bois ; elle fleurit au printemps. Ses feuilles et surtout
sa racine ont une odeur nauséeuse, et une saveur âcre, un peu
amère ; elles sont émétiques étant prises à la dose de 20 à 40
grains ; mais il paraît que cette propriété se perd, du moins en
grande partie, par la dessiccation ; du reste, on les emploie aujourd'hui moins en médecine que dans l'art vétérinaire, quoi-
qu'on pourrait, au besoin, les substituer à l'ipécacuanha. L'A-

saret, à l'état sec, est un violent sternutatoire : il fait la base de
la préparation pharmaceutique appelée poudre de Saint-Ange.
Jadis cette plante était en vogue comme sudorifique, diurétique,
fébrifuge, emménagogue, et céphalique.

ASARET DU CANADA. — *Asarum canadense* Linn. —Sweet,
Brit. Flow. Gard. tab. 95. —Pédoncule 2 à 3 fois plus long
que le périanthe. Périanthe cotonneux : segments oblongs-lancéolés, acuminés, réfléchis. — Plante ayant le même port que
l'*Asaret d'Europe*. Feuilles plus larges, plus velues surtout au
pétiole, d'un vert glauque. Fleurs d'un pourpre violet. — Cette
espèce croît au Canada et aux États-Unis, où on l'appelle *Gin-
gembre sauvage ;* ses propriétés sont les mêmes que celles de
l'espèce précédente ; les médecins anglo-américains l'adminis-
trent souvent à titre de fébrifuge. Fleurit au printemps.

b) *Tiges presque nulles, 1-phylles au sommet.*

ASARET DE VIRGINIE.—*Asarum virginicum* Linn.—Sweet,
Brit. Flow. Gard. tab. 18. — Feuilles cordiformes-orbiculaires,
glabres, coriaces. Fleur subsessile. Périanthe campanulé, glabre
à la surface externe.—Plante semblable à l'espèce précédente
par le port. Feuilles marbrées de taches blanches. — Indigène
des États-Unis; cultivée comme plante d'agrément, à cause de
l'élégance de son feuillage.

ASARET A FEUILLES DE GOUET. — *Asarum arifolium* Mich.
Flor. Bor. Amer.—Hook. Exot. Flor. tab. 40. — Feuilles
cordiformes ou sagittiformes, souvent pointues. Périanthe urcéolé : segments connivents, pubescents à la surface interne. —
Racine assez grosse. Feuilles subcoriaces, pubescentes aux bords
et à la surface inférieure, d'un vert foncé en dessus, marbrées
de taches blanches; pétiole pubescent. Fleur comme radicale;
pédoncule souterrain. Périanthe d'un pourpre foncé. — Croît
dans les provinces méridionales des États-Unis; cultivée comme
plante d'agrément; fleurit au printemps.

Genre NÉPENTHE. — *Nepenthes* Linn.

Fleurs dioïques, régulières. Périanthe subherbacé, persistant, profondément 4-fide; estivation imbricative. — *Fleurs-mâles :* Étamines environ 16, monadelphes, syngénèses, insérées au fond du périanthe; androphore columnaire; anthères extrorses, agrégées en capitule globuleux.—*Fleurs-femelles :* Ovaire inadhérent, tétragone, 4-loculaire (par 4 placentaires pariétaux, médians, septiformes); ovules anatropes, imbriqués, renversés, nidulants sur toute la surface des placentaires. Stigmate sessile, discoïde, obscurément 4-lobé. Capsule 4-loculaire, 4-valve, polysperme, coriace, tétragone, tronquée, couronnée du stigmate; valves placentifères au milieu. Graines petites, subfusiformes, imbriquées, renversées; tégument membranacé, prolongé au delà des deux bouts de l'amande en forme de tube. Périsperme charnu. Embryon rectiligne, subcylindracé, presque aussi long que le périsperme : cotylédons linéaires; radicule courte, infère. — Herbes vivaces, suffrutescentes à la base. Feuilles sessiles ou pétiolées, alternes, très-entières, nerveuses, engaînantes à leur base, cirrifères au sommet : vrille pendante, simple, plus ou moins tortillée, préhensile, dilatée au sommet en ampoule coriace ou herbacée, operculée, redressée, souvent colorée, plus ou moins aplatie (et quelqufois 2-ptère) antérieurement : orifice muni d'un rebord en forme de bourrelet, strié, de couleur plus foncée que celle de l'ampoule même; les feuilles supérieures ont quelquefois des vrilles dépourvues d'ampoule. Fleurs petites, très-nombreuses, disposées en grappes ou en panicules terminales (ou oppositifoliées par suite de l'allongement du rameau ou de la tige). — La structure des feuilles des *Népenthes* a été signalée depuis longtemps comme l'une des curiosités les plus extraordinaires du règne végétal. Le singulier appendice qui surmonte la vrille de ces feuilles (et qu'on appelle urne ou ascide) est une sorte d'outre ou d'ampoule, dont

la forme et la grandeur varient suivant les différentes espèces du genre. Dans leur jeunesse, ces urnes sont remplies à peu près jusqu'à moitié d'un suc limpide, presque insipide, et leur orifice est complétement fermé par
un couvercle (ou opercule) : lorsque l'urne approche du
terme de son développement, son opercule s'ouvre moyennant une sorte de charnière (articulée à l'angle postérieur
de l'urne), mais il ne se referme jamais après, et, le liquide une fois évaporé, il ne se renouvelle plus (1). La
structure de la tige des *Népenthes* offre aussi des particularités non moins remarquables que les feuilles de ces
plantes, et elle s'écarte beaucoup de la structure habi-
tuelle des végétaux dicotylédones. Le bois de ces tiges ne
présente aucune trace de couches concentriques, tandis
que les trachées y abondent, de même que dans la moelle;
et, entre l'écorce et le bois, se trouve une autre couche,
entièrement composée de trachées.

On connaît aujourd'hui neuf espèces de ce genre, dont
une indigène de Madagascar; toutes les autres appartiennent à l'Asie équatoriale, et la plupart d'entre elles aux
îles de la Sonde. Ces végétaux croissent dans les localités
humides ou marécageuses; ils se prêtent très-difficilement
à la culture en serre : aussi en possède-t-on bien rarement dans les collections de plantes vivantes. Nous ne
pouvons faire mention que de l'espèce la plus ancienne-
ment connue.

NÉPENTHE DISTILLATOIRE. — *Nepenthes distillatoria* Linn.
—Burm. Zeyl. p. 42, tab. 17. — Pluk. tab. 237, fig. 3. —

---

(1) On avait avancé que le couvercle de l'urne des Népenthes se fermait
chaque soir, pour se rouvrir le lendemain, et que, durant cet intervalle,
l'urne, par une nouvelle sécrétion de liquide, réparait la perte que lui
avait fait éprouver l'évaporation journalière; mais, au témoignage de
MM. Blume, Jack, Korthals, et autres botanistes par lesquels les Népenthes ont été observés dans leur climat natal, ces assertions sont absolument erronées.

Ait. Hort. Kew.—Lodd. Bot. Cab. tab. 1017. (fœm.)—
Graham, in Bot. Mag. tab. 2798.—*Nepenthes Phyllamphora* Sims, in Bot. Mag. tab. 2629. (non Loureir.)—Tige
haute d'environ 8 pieds, cylindrique, grêle et suffrutescente à
la base, deux fois plus grosse et rameuse supérieurement. Feuilles canaliculées, ondulées, glabres, longues de 1 pied à 1 1/2 pied
(non compris la vrille et l'appendice), lancéolées, décurrentes
sur le pétiole; côte forte, proéminente en dessous, prolongée en
vrille longue de 10 à 12 pouces, tortillée vers sa partie moyenne,
dilatée à son extrémité; ampoule ventrue, subcylindracée, longue de 1/2 pied, sur 2 pouces environ de diamètre à son embouchure, laquelle est oblique, rugueuse et fermée par un couvercle
suborbiculaire. Grappes solitaires, oppositifoliées, subterminales, penchées avant l'anthèse. Pédoncule-commun cylindrique,
long d'environ 2 1/2 pieds, garni de fleurs aux deux tiers de sa
longueur supérieure. Pédicelles irrégulièrement fasciculés, longs
de 6 à 8 lignes, souvent bifides. Périanthe vert en dehors, rougeâtre en dedans : lobes obtus.—Cette espèce croît à Ceylan.

CENT SOIXANTE-DIX-NEUVIÈME FAMILLE.

LES TACCACÉES. — *TACCACEÆ.*

Ce petit groupe étant généralement reconnu aujourd'hui comme appartenant aux Monocotylédones, où il vient se placer très-naturelle-
ment auprès des Aroïdées, c'est à la suite de cette dernière famille que
nous devons le reproduire.

FIN DU DIXIÈME VOLUME DES PHANÉROGAMES.

COLLABORATEURS.

MM.

AUDINET-SERVILLE, *ex-président de la Société Entomologique, Membre de plusieurs Sociétés savantes, nationales et étrangères.* (ORTHOPTÈRES, NÉVROPTÈRES ET HÉMIPTÈRES).

AUDOUIN, *Professeur-Administrateur au Muséum, Membre de plusieurs Sociétés savantes, nationales et étrangères.* (ANNÉLIDES).

BIBRON, *Aide-Naturaliste au Muséum, collaborateur de M. Duméril pour les Reptiles.*

BOISDUVAL, *Membre de plusieurs Sociétés savantes, nationales et étrangères, auteur de l'Entomologie de l'Astrolabe, de l'Icones des Lépidoptères d'Europe, de la Faune de Madagascar, etc. etc.* (LÉPIDOPTÈRES).

DE BLAINVILLE, *Membre de l'Institut, Professeur-Administrateur du Muséum d'Histoire Naturelle, Professeur à la Faculté des Sciences, etc.* (MOLLUSQUES).

DE BREBISSON, *Membre de plusieurs Sociétés savantes, auteur des Mousses et de la Flore de Normandie.* (PLANTES CRYPTOGAMES).

A. DE CANDOLLE, *de Genève* (BOTANIQUE).

CUVIER (Fr.), *Membre de l'Institut* (CÉTACÉS).

DEJEAN (le comte) *Lieut.-général, Pair de France.* (COLÉOPTÈRES).

DESMAREST, *Membre correspondant de l'Institut, Professeur de Zoologie à l'École vétérinaire d'Alfort.* (POISSONS).

MM.

DUMÉRIL, *Membre de l'Institut, Professeur-Administrateur du Muséum d'Histoire Naturelle, Professeur à l'École de Médecine, etc. etc.* (REPTILES).

LACORDAIRE, *Naturaliste-voyageur, Membre de la Société Entomologique, etc.* (INTRODUCTION A L'ENTOMOLOGIE).

HUOT, GÉOLOGIE.

* BRONGNIART | DELAFOSSE } MINÉRALOGIE.

LESSON, *Membre correspondant de l'Institut, Professeur à Rochefort, etc.* (ZOOPHYTES ET VERS).

MACQUART, *Directeur du Muséum de Lille, auteur des Diptères du Nord de la France, etc. etc.* (DIPTÈRES).

MILNE-EDWARS, *Professeur d'Histoire Naturelle, Membre de diverses Sociétés savantes, etc. etc.* (CRUSTACÉS).

LE PELETIER DE SAINT-FARGEAU, *Président de la Société Entomologique, auteur de la Monographie des Tenthrédines, etc. etc.* (HYMÉNOPTÈRES).

SPACH, *Aide-Naturaliste au Muséum.* (PLANTES PHANÉROGAMES).

WALCKENAER, *Membre de l'Institut, travaux sur les Arachnides, etc. etc.* (ARACHNIDES ET INSECTES APTÈRES).

CONDITIONS DE LA SOUSCRIPTION.

Les Suites à Buffon formeront 55 volumes in-8° environ, imprimés avec le plus grand soin et sur beau papier; ce nombre paraît suffisant pour donner à cet ensemble toute l'étendue convenable. Chaque auteur s'occupant depuis longtemps de la partie qui lui est confiée, l'éditeur sera à même de publier en peu de temps la totalité des traités dont se composera cette utile collection.

A partir de janvier 1834, il paraîtra à peu près tous les mois un volume in-8°, accompagné de livraisons d'environ 10 planches noires ou coloriées.

Prix du texte, chaque volume (1), ...		5f. 50c.
Prix de chaque livraison {	*noire* 3	
	coloriée 6	

N^a *Les personnes qui souscriront pour des parties séparées paieront chaque volume* 6 fr. 50

Un petit nombre d'exemplaires seront imprimés sur grand papier vélin, dont le prix sera double.

ON SOUSCRIT, SANS RIEN PAYER D'AVANCE,

A LA LIBRAIRIE ENCYCLOPÉDIQUE DE

RUE HAUTEFEUILLE, N° 10 bis, A PARIS,

AU COIN DE CELLE DU BATTOIR.

(1) *L'Éditeur ayant à payer pour cette collection des honoraires aux auteurs, le prix des volumes ne peut être comparé à celui des réimpressions d'ouvrages appartenant au domaine public et exempts de droits d'auteur, tels que Buffon, Valmont, etc. etc.*

* *N'ont pas été compris dans la première souscription les ouvrages de MM.* BRONGNIART, DELAFOSSE, HUOT.